290 TIPS TO USE UNITY BETTER!

Unity 实战技巧精粹

[日] 药师寺国安 著
晋清霞 译

中国青年出版社

图书在版编目（CIP）数据

Unity实战技巧精粹：290秘技大全／（日）药师寺国安著；晋清霞译. -- 北京：中国青年出版社，2023.8
ISBN 978-7-5153-6759-0

I.①U… II.①药… ②晋… III. ①游戏程序—程序设计 IV. ①TP317.6

中国版本图书馆CIP数据核字（2022）第164926号

版权登记号：01-2020-2831

Unity实战技巧精粹：290秘技大全
著　　者：[日] 药师寺国安
译　　者：晋清霞

出版发行：中国青年出版社
地　　址：北京市东城区东四十二条21号
网　　址：www.cyp.com.cn
电　　话：010-59231565
传　　真：010-59231381
编辑制作：北京中青雄狮数码传媒科技有限公司
策划编辑：张鹏
责任编辑：张佳莹
执行编辑：张沣
封面设计：乌兰

印　　刷：天津旭非印刷有限公司
开　　本：787mm x 1092mm 1/16
印　　张：26
字　　数：968千字
版　　次：2023年8月北京第1版
印　　次：2023年8月第1次印刷
书　　号：ISBN 978-7-5153-6759-0
定　　价：148.00元
（附赠超值秘料，含案例文件，关注封底公众号获取）

本书如有印装质量等问题，请与本社联系
电话：010-59231565
读者来信：reader@cypmedia.com
投稿邮箱：author@cypmedia.com
如有其他问题请访问我们的网站：http://www.cypmedia.com

前言

Unity是在游戏开发和虚拟现实开发方面应用得非常广泛的软件，其功能强大，用户体验友好，是一款多平台的综合型开发工具。本书解读了关于该软件的290个应用秘技。

本书是基于Unity 2021.2.15版本编写的，由于Unity不断地以一周一次的频率进行版本升级，到本书开始出售时，它必定又升级了，但本书的示例与内容在应用上均有效，不会受到太大影响。

本书对使用Unity进行游戏开发方面的各种功能进行系统全面的介绍，包括Unity的基本操作、系统设置、对象创建、脚本编写、资源导入、UI界面设置、导航处理、场景管理、效果应用以及着色器系统应用等。全书结构完整、内容系统全面、讲解清晰易懂，适合Unity 3D开发零基础读者学习，也适合对游戏开发或虚拟现实开发感兴趣的IT设计人员学习阅读。此书还可以作为应用型高校及相关培训机构的Unity 3D教材或参考用书。

Unity每一次版本升级后，功能都会变得更加丰富，制作出的内容也越来越逼真，丰富了成人与孩子们的世界。Unity中存在着无限的可能性与趣味性。如果本书能让你尽享Unity世界之乐，我将不胜荣幸。

[日] 药师寺国安

本书的使用方法

在使用Unity的过程中，如果读者为“做什么”或“怎么做”之类的问题而烦恼，请从本书的目录中搜索所需要的“秘技”，来解答疑问。

另外，关于书中使用的标记、图标，请参照下列介绍。本书的构成如下。

秘技的构成

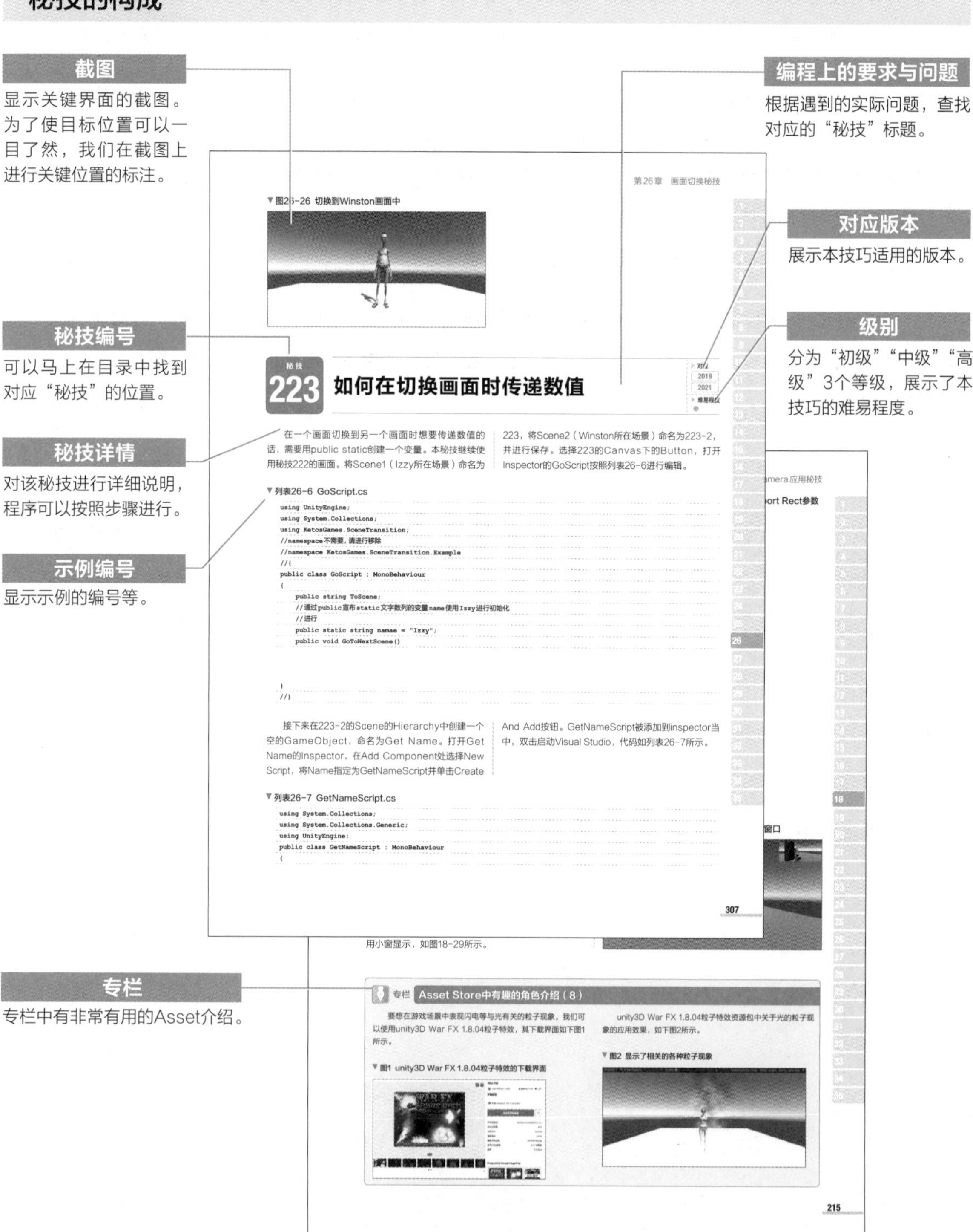

目录

即学即用！
Unity 的290条秘诀

第23章 Humanoid应用秘技

第24章 反射效果设置秘技

第25章 Post Processing应用秘技

第26章 画面切换秘技

第27章 TextMeshPro应用秘技

第28章 Camera的种类与应用秘技

第29章 Characters Package应用秘技

第30章 场景环境设置秘技

Unity基础秘技

秘技001 Unity是什么

对应 2019 2021
难易程度 ●

Unity是由Unity Technologies公司开发的跨平台游戏引擎，主要用于计算机、控制台以及移动设备的2D、3D视频游戏与虚拟现实的开发。Unity版本有Unity 3.x、Unity 4.x、Unity 5.x、Unity 2017.x、Unity 2018.x与Unity 2019.1、Unity 2020.3和Unity 2021.2等。用户可以从Unity的官方网站下载各个版本的安装文件。

进入Unity官网的软件下载界面，单击Download区域的Get Unity下载链接，就可以开始下载所需的Unity版本，如图1-1所示。

▼图1-1 下载界面

Unity Plans
Personal
Plus
Pro
Student
Enterprise
Compare plans

Download
Get Unity
Download Archive
Beta Program

Unity releases
About Unity releases
Long Term Support (LTS) releases
Latest TECH stream release

Resources
About Unity Platform
All Unity products
Documentatio n
Release notes
Support & Services
Resellers
Technical Support
Find your salesperson

本书是基于Unity 2021.2.15版本编写而成的。

本书出版时，Unity可能已经升级了多个版本。推荐用户从图1-1的界面中下载本书使用的Unity版本。

要安装Unity的计算机需满足以下条件。

OS： Windows 7 SP1、Windows 8、Windows 10，64-bit版本；Mac OS X10.11及以上版本。

GPU：具有DX10（着色器模型4.0）性能的显卡。

32位的Windows与此不兼容，请一定要注意。

秘技002 Unity可以做什么

对应 2019 2021
难易程度 ●

Unity开发工具以3D游戏开发的简单化及其物理引擎而闻名，也可以用于2D游戏的开发，在其官网上定位为“Game Engine”。实际上Unity并不只是游戏引擎，还包括开发环境与执行环境的“游戏开发平台”。

Unity提供可以使用虚拟相机显示游戏世界的3D图形环境。然而，它并不需要编写执行这些动作的代码。此外，Unity还提供了构建场景及其中出现的模型转化为动画的工具。

最重要的一点是，由于Unity与多种类型的硬件兼容，想移植游戏时，不必考虑机型的问题。

Unity的游戏开发功能非常强大，上面介绍的是几种非常重要的功能。之前的游戏开发者为了使游戏可以在各种设备上运行，必须付出辛苦的劳动，Unity的出现使这些问题迎刃而解。比如，游戏开发者可以轻松地在Android与iOS设备上构建项目。当然，Unity也与Windows的UWP兼容。

Unity的画面效果如图1-2所示。其相关功能介绍如下。

▼图1-2 Unity的画面效果

- **可编程渲染管线（Scriptable Render Pipeline，SRP）**

这是Unity 2018.1新增的功能。SRP支持C#代码与材质着色器轻松自定义渲染管线，从而消除创建或修改完整的C++渲染管道时的复杂性与烦琐性，并最大限度地控制渲染管线。

- **The C# Job System & Entity Component System(ECS)**

该功能无须编码，即可创建关卡、电影内容、游戏播放序列，为艺术家、设计师、开发者更有效地协力合作提供支持。比如，ProBuilder/Polybrush或新视觉ShaderGraph等新型工具，可以提供一种无须编程，即可设计关卡、创建着色器的直观方法。

- **高清渲染管线（HDRP）（测试版）**

高清渲染管线是支持有限平台（PC DX11+、PS4、Xbox One、Metal、Vulkan，尚未有XR支持）的最新渲染器。高清渲染管线以高端PC以及控制台为目标，可以创建富有魅力的高分辨率视觉效果，但是在HDRP环境下，现阶段从Asset Store中导入的Asset材质全部用粉色来表示。

- **轻量级渲染管线（The Lightweight Render Pipeline，LWRP)**

轻量级渲染管线是使用更少绘制调用的单通道传送渲染器。与使用内置的渲染管线连接相比，轻量级渲染管线减少了项目的绘制调用数。轻量级渲染管线支持所有平台，对于像XR这样移动性能高的应用程序来说，是最理想的解决方案。与高清渲染管线相比，它是轻量级的渲染管线。

- **着色器视图（Shader Graph）**

开发者可以使用着色器视图可视化地构建着色器，无须手工编写代码，而是在图形网络中创建和连接节点，图形框架会对这些更改做出实时反馈。因为它足够简单，即使是新用户，也能即刻上手进行着色器的制作。

- **视觉特效（Visual Effect Graph，VEG）**

视觉特效是一个新的基于节点的粒子系统，可以用于创建节点，或者将节点中添加了新块的节点连接起来，无须编写任何一行代码，即可创建丰富的粒子特效。自2021.2版本起，VEG的更新主要集中在稳定性和性能优化上。

- **渐进式光照贴图（Progressive Lightmapper）**

渐进式光照贴图提供优秀的烘焙光照效果，可以改善创作艺术家的工作流程，在Unity编辑器中提供进度更新，能够实现迅速且可预测的重复工作流程。

- **后期处理特效包（Post Processing Stack）**

后期处理特效包是将多种效果集中在一起，成为一个后处理管线的集合。

在Unity中，用户可以使用各种各样的效果，将现实的滤镜应用到场景中。通过对用户友好的设计界面，可以轻松地制作出高质量的视觉效果，进行微调即可获得形象逼真的效果。

- **实例化渲染（GPU Instancing）**

目前，GPU实例已经能够支持提取每个实例的全局照明数据。它可以使Unity渲染环境自动对Light-Probe-lit或Lightmap-lit等对象进行批量处理，或者通过手动调用的新API，在场景中烘焙处理LightProbe数据，实现将数据提取至在实例渲染中使用的Material-ProbeBlock对象物体。

- **重叠光照贴图UV（Lightmap UV overlap visualization）**

该功能可以解决伪影问题。在将光照贴图分割成多个图表进行采样时，某个图表的纹理值（在相近的情况下）弥散入其他图表中，会导致不希望出现的伪像。通过新的UV重叠可视化功能，可以看到受到该问题影响的图表/纹理。重叠光照贴图UV功能可以帮助用户解决这类问题。

- **金属镶嵌（Tessellation for Metal）**

Tessellation for Metal是使用低质量网格提高视觉准确度的方法。使用该功能的HLSL着色器的交叉编译，以平台之间的无缝迁移为目的（目标图形API与以实际安装镶嵌为目的的基本方法不同），转换成金属计算着色器。

秘技003 如何下载Unity

扫码看视频

对应 2019 2021
难易程度 ●

下载并安装Unity之前，需要用户在Unity的官方网站先下载并安装Unity Hub管理工具。

进入Unity官方网站的下载界面后，请单击“下载Unity Hub”按钮，如下页图1-3所示。

▼图1-3 访问Unity Hub的下载页面

弹出的提示框会询问用户是否保存UnityHub-Setup.exe文件，请保存在适当的文件夹中，如图1-4所示。

▼图1-4 询问是否保存UnityHubSetup.exe文件

启动UnityHubSetup.exe，会显示“许可证协议”界面，请单击“我同意”按钮，如图1-5所示。

▼图1-5 同意“许可证协议”

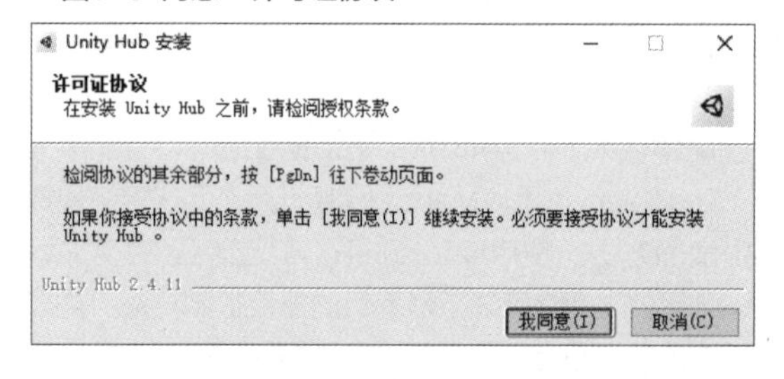

显示“选定安装位置”界面，指定任意文件夹，单击“安装”按钮，如图1-6所示。

▼图1-6 单击“安装”按钮

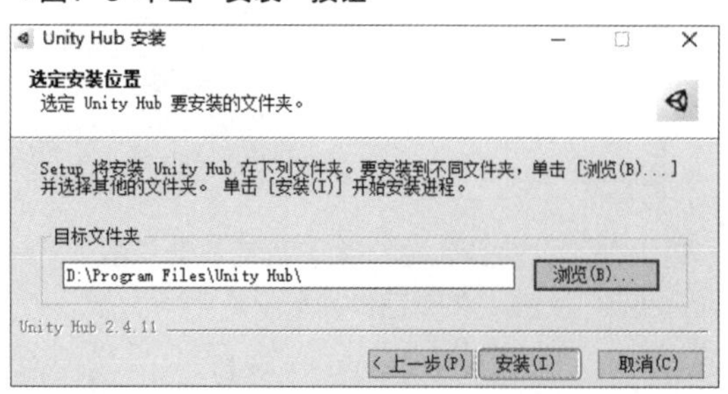

开始安装Unity Hub的进度，如图1-7所示。

▼图1-7 显示安装Unity Hub的进度

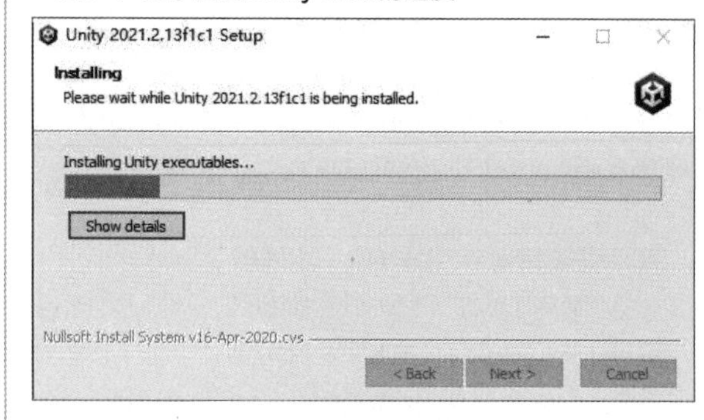

Unity Hub安装结束，如图1-8所示。

▼图1-8 Unity Hub安装完成

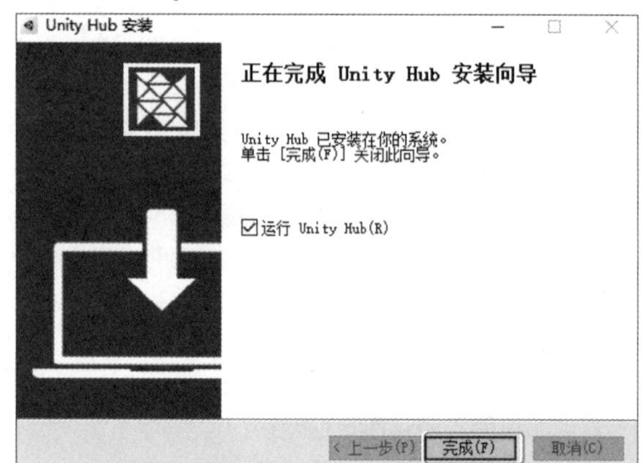

单击“完成”按钮，因已勾选了“运行Unity Hub”复选框，“Windows安全中心警报”对话框会显示出来，请单击“允许访问”按钮，如图1-9所示。随之，Unity Hub就会启动了。

▼图1-9 “Windows安全中心警报”对话框

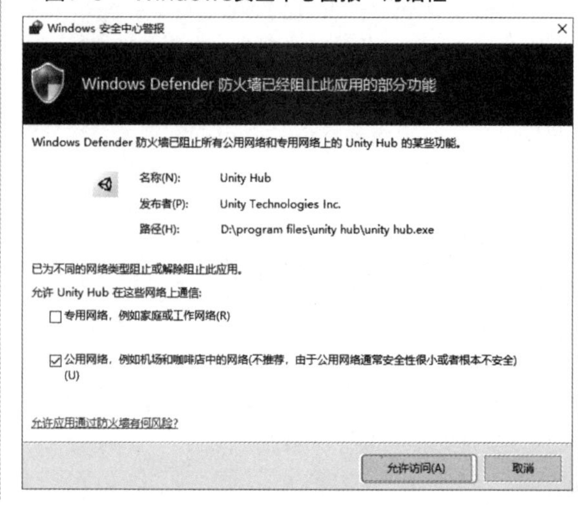

Unity Hub界面会显示出来，用户可以从Installs面板中单击Official releases，显示Unity不同的版本，如图1-10所示。Unity Hub也会不断升级，当本书出版时，有可能Unity Hub的界面也会发生变更。

▼图1-10 显示不同的版本

单击版本2021.2.14f1c1右侧的Install按钮，安装组件的选择画面会显示出来，勾选所需的组件复选框，如图1-11所示。在未安装Visual Studio的情况下，请勾选Microsoft Visual Studio Community 2019复选框。目前，Microsoft Visual Studio Community 2022已经公开发布。

▼图1-11 安装组件的选择界面

Android SDK & NDK Tools是从Unity中添加的组件，并不只限于Unity。为了开发适用于Android的应用程序，以前需要另外安装名为Android Studio的开发环境，但是从Unity 2019.1版开始可以一起安装了。

请用户根据需要勾选对应组件的复选框。

此外，用户还可以滚动至页面下方，安装中文版的Unity，如图1-12所示。中文版可以按照随后解说的方法切换到英文版。但是，如果没有中文选项，中文版与英文版就无法切换，会只显示英文版。

▼图1-12 在LANGUAGE PACKS选项区域中勾选“简体中文”复选框

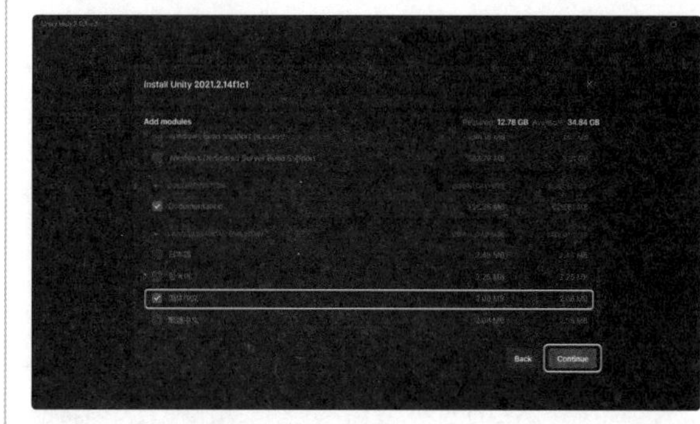

接下来请单击Continue按钮，因为在图1-11中已勾选Android SDK & NDK Tools复选框，Android SDK and NDK License Terms from Google画面会显示出来，请阅读并勾选同意条款的复选框，单击Install按钮，如图1-13所示。

▼图1-13 显示Android SDK and NDK License Terms from Google画面

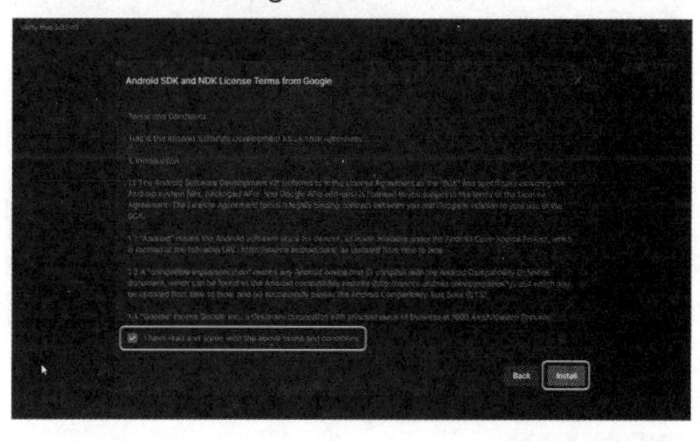

开始安装。安装进度显示在Downloads界面下方的进度条中，如图1-14所示。该界面在最新版的Unity Hub中是不一样的，请以最新版的界面为准。

▼图1-14 下载已开始

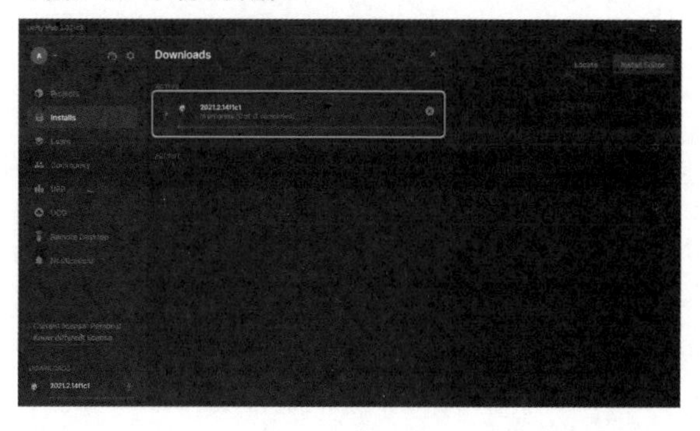

下载后就会开始安装，需要花费很长时间，如图1-15所示。

▼图1-15 安装已开始

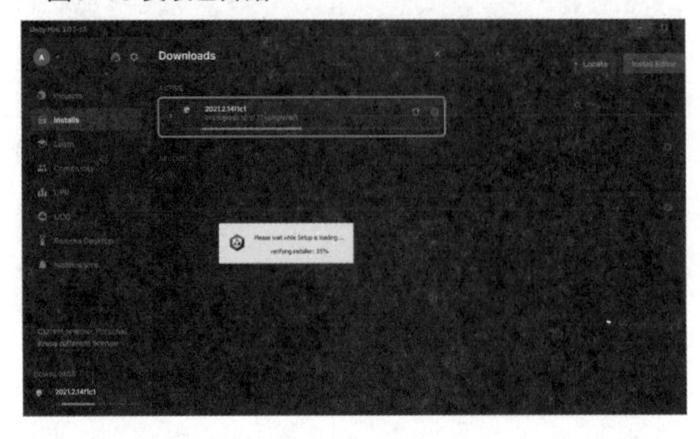

Unity安装结束，会显示Visual Studio Installer的下载进度，如图1-16所示。

▼图1-16 显示Visual Studio Installer的下载进度

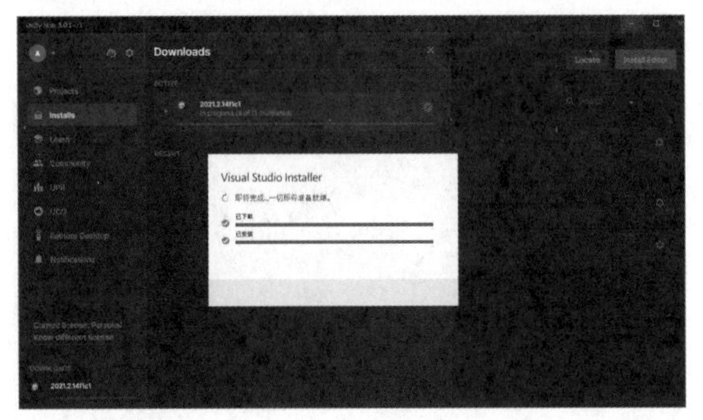

Unity Hub安装完成后，桌面上会显示图1-17的Unity Hub图标。

▼图1-17 Unity Hub图标

由于Unity本身的原因，Unity Hub会经常升级版本，本书出版时Unity与Unity Hub版本均会升级，Unity Hub的界面发生变更的可能性很大，请知悉。

Unity的版本

扫码看视频

▶对应 2019 2021

▶难易程度 ●

Unity有免费的Personal版与收费的Plus版、Pro版。授权费如表1-1所示。

▼表1-1 Unity的授权费

版本	授权费
Personal	免费
Plus	4,200日元/月
Pro	15,000日元/月

Plus版是面向创作者的具有高级功能的方案。作为优惠产品，可享受Asset Store产品的八折优惠，颇具吸引力（这只是笔者个人的想法）。Pro版是商业性质的专业游戏创作方案。作为优惠产品，除了可享受Asset Store产品的八折优惠之外，还附赠为期12个月访问Unity Teams Advanced的福利。

通常情况下，免费的Personal版在功能上没有什么亮眼的地方。用Personal版在Android及iOS中进行创作，一启动就会出现Made With Unity标志。而用Plus及Pro版进行创作时，不会显示该标志。

秘技 005

Unity的界面构成

扫码看视频

对应 2019 2021

难易程度 ●

笔者使用的是Unity的2 by 3布局，这里采用该布局进行解说。图1-18为Unity的界面构成。在安装Unity时，已勾选了“简体中文”复选框，因此一开始Unity菜单就会用中文显示。

▼图1-18 中文显示的Unity主界面

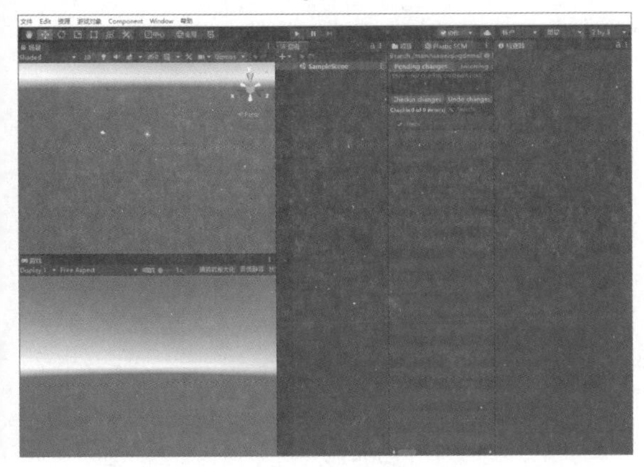

如果用户习惯使用英文菜单，我们也可以设置为英语菜单。

从图1-18的中文菜单中选择“Edit→首选项”命令，打开Preferences面板，在Languages选项面板中将“Editor language”设为English，如图1-19所示。

▼图1-19 设置英文Unity界面

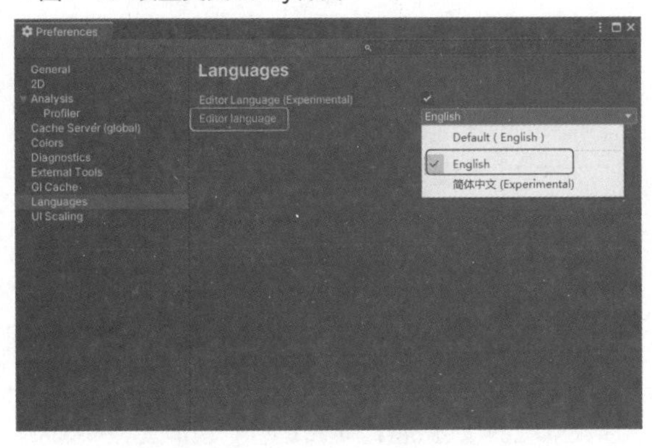

选择English选项后，Unity的主界面马上就会变成英语界面，如图1-20所示。下面将基于此界面构成进行解说。

▼图1-20 Unity的界面变成英文

(1) 工具栏

工具栏的构成如图1-21所示。

▼ 图1-21 工具栏的构成

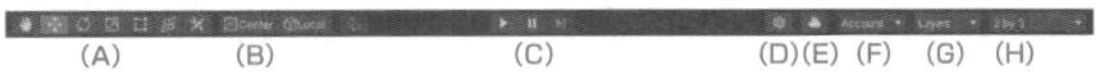

(A) 变形工具

在Unity的工具栏中，变形工具如图1-22所示。

▼图1-22 变形工具

变形工具在移动、旋转配置模型（零部件）的情况下使用。

从左边开始，依次由Hand Tool、Move Tool、Rotate Tool、Scale Tool、Rect Tool、Move Rotate or Scale selected objects工具构成。最后的图标是Unity中新添加的工具，名叫Available Custom Editor Tools。

请分别进行各种尝试，看看实际操作中会发生什么样的变化。实际动手去尝试，是熟悉工具的捷径。关于Unity中新添加的工具Available Custom Editor Tools，会在后面讲述。

(B) 变形小发明切换按钮

单击Center按钮会切换为Pivot组件。在移动、旋转有子物体与父物体关系的模型时，须确定基准点的放置位置。在显示Center按钮的情况下，基准点会放置于有子物体与父物体关系模型的正中央。在显示Pivot按钮的情况下，基准点置于父物体模型中。单击Local按钮会切换到Global按钮。在Local状态下，显示模型本身的坐标轴。在Global状态下，显示从场景整体看到的坐标轴。

(C)播放、停止按钮

这些按钮在使游戏运行或停止时使用。

(D)协作按钮

该按钮用于为Unity提供像Dropbox那样上传到云端的服务。

(E)云端按钮

该按钮在打开Unity Service窗口时使用。

(F)Account下拉按钮

该下拉按钮在访问Unity账户时使用。

(G)层次下拉按钮

该下拉按钮用于对在场景中显示哪个对象物体进行管理。

(H)Layout下拉按钮

该下拉按钮在变更开发环境中画面布局时使用。一般是默认布局，这里使用2 by 3布局。

(2)Scene视图

是配置各种资源(Asset)的界面。

(3)Game视图

是对在Scene视图中已配置的资源(Asset)看起来是什么样子进行确认的界面。在Scene视图中对已配置的零部件使用工具栏的变形工具，进行Move、Scale、Rotate等操作，在Game视图中效果会实时呈现。

(4)Hierarchy(层次结构)

保存目前选择的场景内已配置的所有游戏对象(GameObject)，可以确认、编辑这些层次结构。通过将人物及模型放置于Hierarchy中查看，可以配置人物及模型。

(5)项目与控制台

在项目(Project)面板中，用户可以查看保存在当前制作的游戏项目内配置的模型、纹理、图形、声音、脚本等形成游戏的要素。此外，还可以用层次列表来显示文件夹的结构。

(6)Inspector面板

在Inspector面板中，可以显示、编辑目前选择的GameObject属性。如果需要在GameObject中增加组件，可以在Inspector面板中显示该信息或添加、删除组件。

秘技 006 如何应用Available Custom Editor Tools

扫码看视频

对应 2019 2021

难易程度 ●●

我们可以注册自己制作的Custom Editor。

输入下页列表1-1的Editor Tool代码，在Assets文件夹内创建名为Editor的文件夹，并将代码加入其中。

在代码中(A)位置的public Texture2D myIcon中导入保存在本地计算机中的“瓢虫”图像，并指定。指定方法是选择MyEditorTool.cs，显示Inspector面板后，在My Icon中通过Select按钮指定“瓢虫”图像，如图1-23所示。该“瓢虫”图像在Inspector面板的Texture Type中指定Sprite(2D and UI)。这样，单击工具栏的Available Custom Editor Tools工具，“瓢虫”图标就会显示出来，在Scene视图中已配置好的Cube上会显示绿色箭头。Cube只能向这个方向移动，如下页图1-24所示。

▼图1-23 在My Icon 中指定“瓢虫”图像

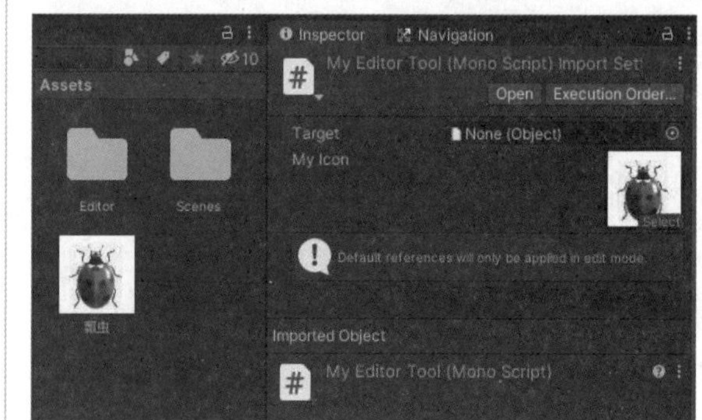

▼列表1-1 MyEditorTool.cs

```
using UnityEngine;
using UnityEditor.EditorTools;
using UnityEditor;

[EditorTool("MyEditorTool")]
public class MyEditorTool : EditorTool
{
    public Texture2D myIcon; ······························ (A)
    GUIContent myContent;
    void OnEnable()
    {
        myContent = new GUIContent()
        {
            image = myIcon,
            text = "MyEditorTool",
            tooltip = "MyEditor Tool"
        };
    }

    public override GUIContent toolbarIcon {
        get { return myContent; }
    }


    public override void OnToolGUI(EditorWindow window)
    {
        EditorGUI.BeginChangeCheck();

        Vector3 position = Tools.handlePosition;

        using (new Handles.DrawingScope(Color.green))
        {
            position = Handles.Slider(position, Vector3.right);
        }

        if (EditorGUI.EndChangeCheck())
        {
            Vector3 delta = position - Tools.handlePosition;

            Undo.RecordObjects(Selection.transforms, "Move Platform");

            foreach (var transform in Selection.transforms)
                transform.position += delta;
        }
    }
}
```

▼图1-24 单击Available Custom Editor Tools工具，“瓢虫”的图标就会显示出来，选择Cube，会出现只能向1个方向移动的箭头

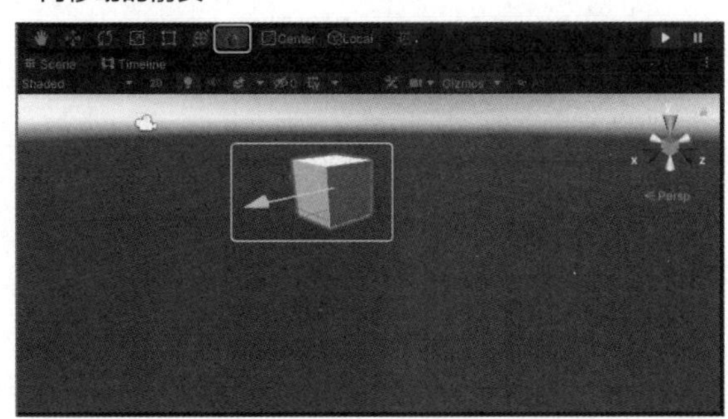

秘技 007 Scene视图与Game视图

扫码看视频

▶对应 2019 2021

▶难易程度 ●

Scene视图和Game视图可以实时同步，便于观察分析场景中的渲染效果。例如，在图1-25的Scene视图中拖放人物进行配置，在人物上显示3个方向的箭头。使用该箭头，可以将人物移动到需要的位置。

▼图1-25 在Scene视图中配置人物

在Scene视图中配置的人物，在Game视图中的效果如图1-26所示。该显示画面会成为我们实际看到的效果。

在图1-26中，人物离得很远，是背对我们的。从图1-25可以看出照相机在其背后，因此拍摄的是背部。为了朝向正面，须将Inspector面板Rotation 的Y值设置为180，使人物旋转180度，即可使照相机的方向转过来。关于Inspector面板中的设置方法，在此之后会多次出现，后续会对其进行解说。此外，人物越靠近照相机，显示就会越大。调整照相机的位置，使人物以适当的大小显示出来，如图1-27所示。关于照相机（Main Camera）的操作方法，将在第18章中进行解说。

▼图1-26 在Game视图中看到的人物效果

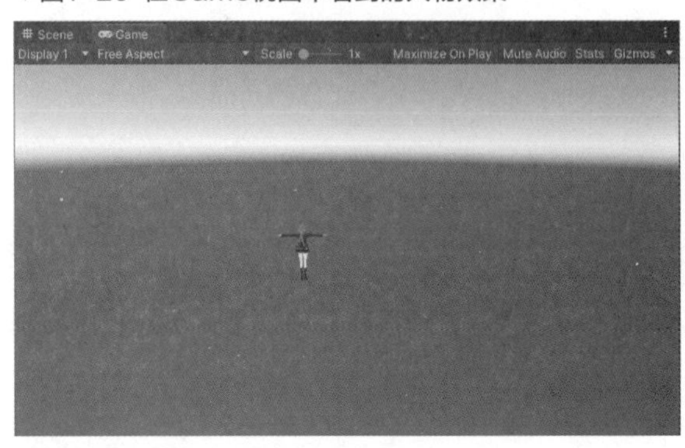

▼图1-27 人物在Game视图中的显示

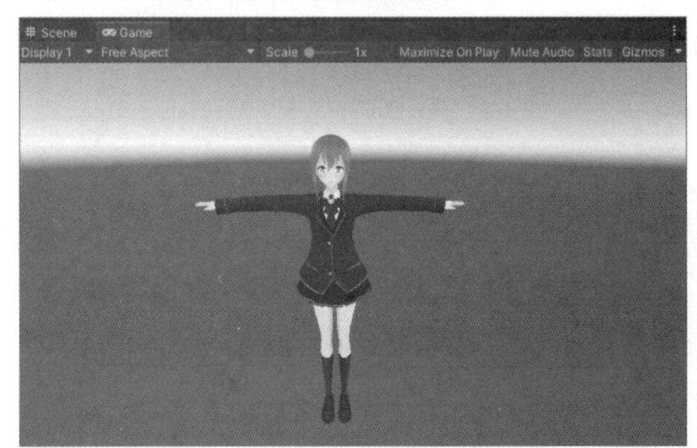

秘技 008 什么是Asset Store

扫码看视频

▶对应 2019 2021

▶难易程度 ●

Asset Store是指可以在Unity中使用并销售各种素材的商店，出售许多付费与免费的素材。本书从Asset Store中导入了许多素材作为示例。当本书出版时，笔者正在使用的资源可能显示“已受理完毕”，而无法使用。在这种情况下，请从Asset Store中寻找一种相似的素材代替即可。

用户可以从Unity菜单中执行Window→Asset Store命令，进入Asset Store。

Scene视图内会显示Asset Store界面，在Asset Store标签上单击鼠标右键，即会显示Maximize，勾选Maximize，使其最大化。如果想从最大化画面返回原来的Scene视图，则取消勾选Maximize即可。进入Asset Store后，下页图1-28的画面会显示出来。

用户可以在界面最上面的搜索栏内输入关键词进行素材的搜索，也可以单击下页图1-28左上角的Assets下拉按钮，下拉列表将显示全部类别，搜索各种Asset，如下页图1-29所示。

▼图1-28 Asset Store界面

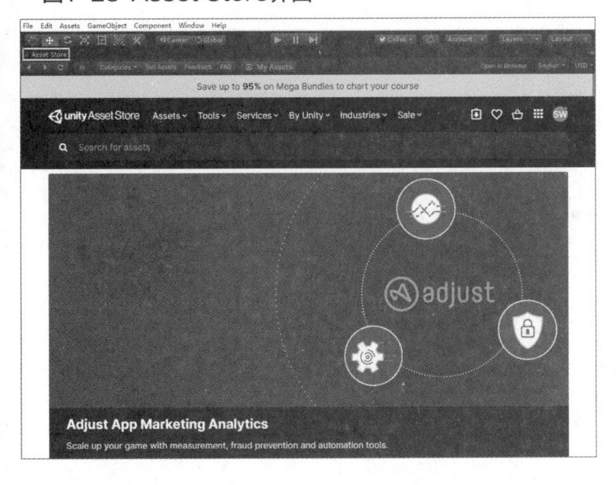

▼图1-29 从Assets下拉列表中显示资源类别

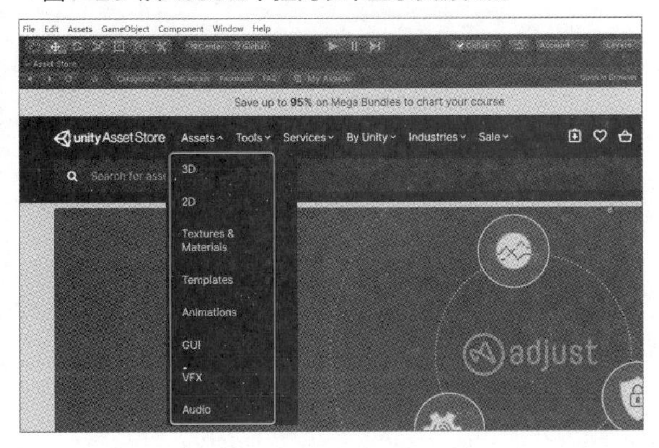

在第一次使用免费的Asset时，会显示如图1-30所示的下载界面。之后，显示导入选项。一次下载导入的素材，之后即会显示已导入。这是因为在本地的C:\Users\用户名\AppDate\Roaming\Unity\Asset Store-5.x文件夹中下载了Asset。

▼图1-30 第一次使用时显示下载界面

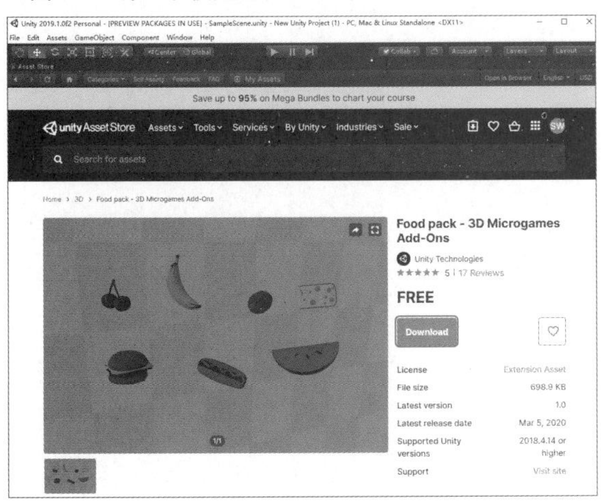

在使用收费的Asset时，会显示Buy Now按钮。办理购买手续后，即可下载资源，如图1-31所示。

▼图1-31 下载收费素材时会显示Buy Now按钮

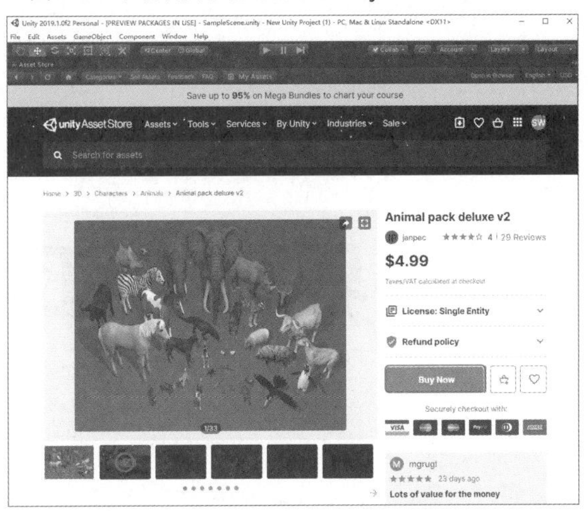

要将Asset Store从英语显示切换到中文显示，则单击如图1-32所示蓝色矩形框的位置，选择“简体中文”选项。不过，虽说选择了中文，也并不是全部都用中文显示。

▼图1-32 将Asset Store进行中文显示的方法

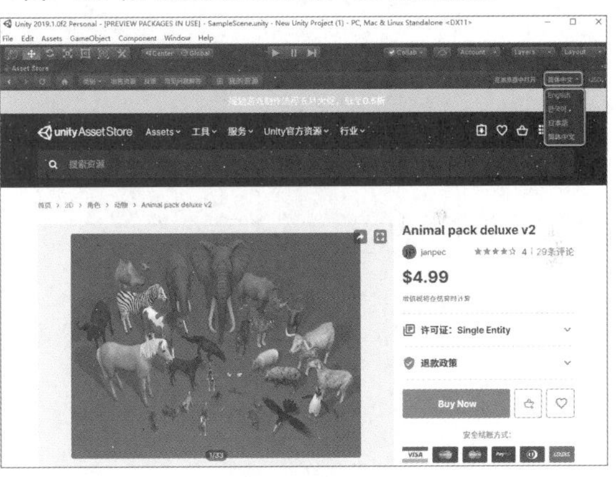

注意，Asset Store经常升级，所以在本书出版时，Asset Store 的界面可能已经发生了变更。

界面与工具应用秘技

秘技

009 如何设置Unity的Editor

扫码看视频

对应 2019 2021
难易程度 ●

在Unity的Edit菜单列表中选择Preferences选项，打开Preferences面板。选择左边的External Tools选项，在右侧的面板中单击External Script Editor右侧的下拉按钮，选择所需的选项，这里选择Visual Studio Community 2022 [17.1.0]选项，如图2-1所示。

用户可以从Rider官方网站下载并安装Rider工具。

Rider是JetBrains目前正在开发的跨平台C#用的综合开发环境，适用于Windows、Mac和Linux等平台。

▼图2-1 在Editor中选择Visual Studio Community 2022 [17.1.0]选项

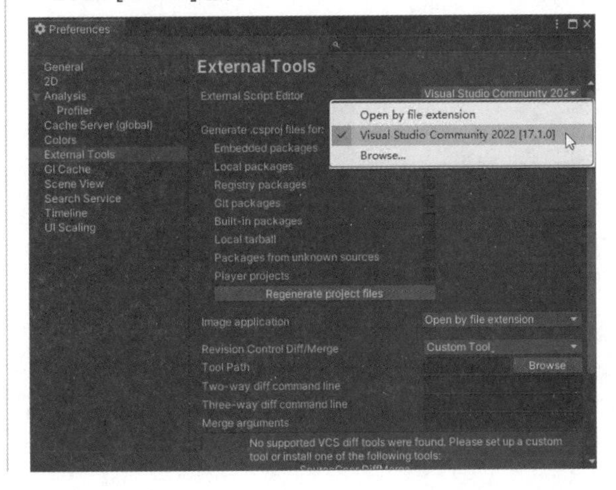

秘技

010 如何变更Unity的布局

扫码看视频

对应 2019 2021
难易程度 ●

关于Unity界面的布局，笔者认为Scene与Game这种可以展示全部功能的布局（2 by 3）更方便一些。请按照个人喜好选择布局。

图2-2所示为Scene视图与Game视图上下并排显示的2 by 3布局。Unity默认布局如图2-3所示。

▼图2-2 笔者使用的2 by 3布局

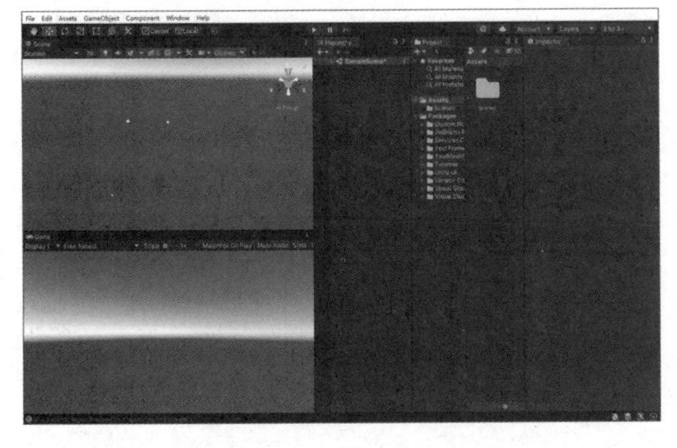

想变更Unity布局时，单击图2-2右上角2 by 3（通常是Layout）右侧▼按钮，选择各种布局选项，如图2-4所示。不同的布局会显示成什么样子呢？请分别进行尝试，选择适合自己的布局样式。

▼图2-3 Unity默认的布局

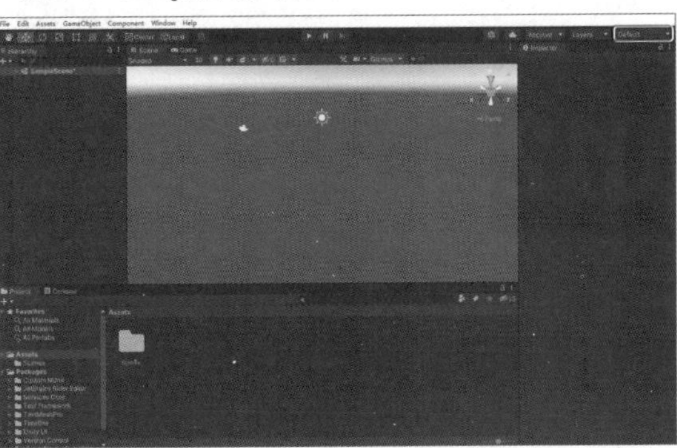

▼图2-4 显示Unity中可以选择的Layout种类

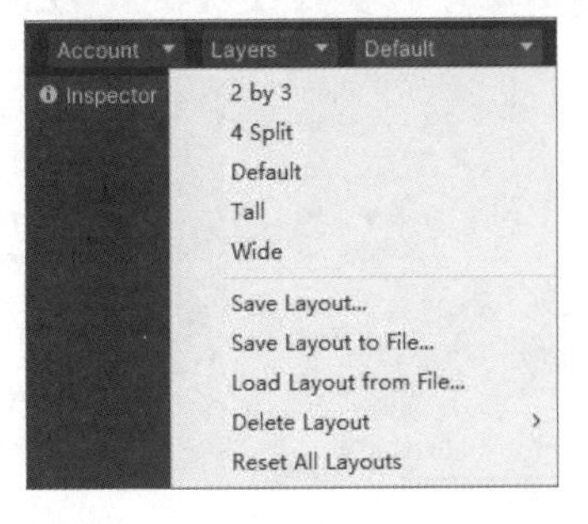

秘技 011 如何应用Hand Tool变形工具

扫码看视频

对应 2019 2021

难易程度 ●

变形工具指的是图2-2左上角的6个图标，具体如图2-5所示。

▼图 2-5 变形工具

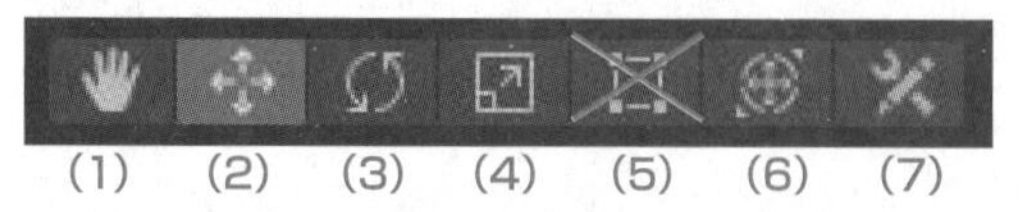

Hand Tool是指（1）的图标。选择该工具，光标会变为手的形状，按住鼠标左键拖动Scene视图，可以变更视点，如图2-6所示。

▼图 2-6 用Hand Tool工具移动Scene视图

秘技 012 如何应用Move Tool变形工具

扫码看视频

对应 2019 2021

难易程度 ●

选择并显示对象物体的三向箭头，分别指*X*、*Y*、*Z*。Move Tool是图2-5中（2）的图标。选择该工具，单击Scene中的对象物体（这里是Cube），此时三向箭头就会显示出来。按住鼠标左键拖拉箭头，即可将Cube移动到任意位置上，如图2-7所示。

▼图2-7 用三向箭头可以将Cube移动到任意位置

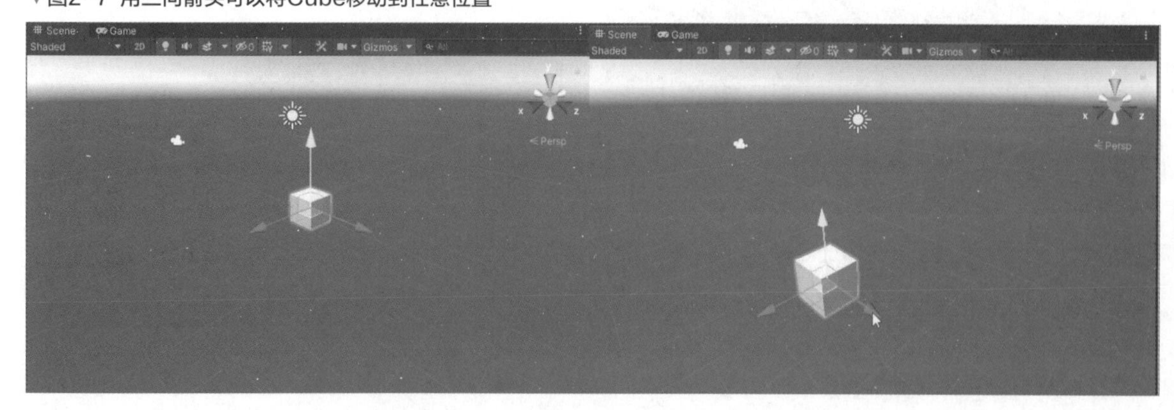

秘技 013 如何应用Rotate Tool变形工具

扫码看视频

对应 2019 2021

难易程度 ●

选择Rotate Tool工具后，圆的外周与圆中会显示线条，按住鼠标左键拖拉该线，即可自由地进行旋转。Rotate Tool图标位于图2-5中（3）处。选择该工具，Scene视图中的对象物体（这里是Cube）会被圆包围起来，如图2-8所示。按住鼠标左键拖拉该圆运动，在*X*、*Y*、*Z*轴上进行旋转，效果如图2-9所示。

▼图2-8 Cube被圆包围

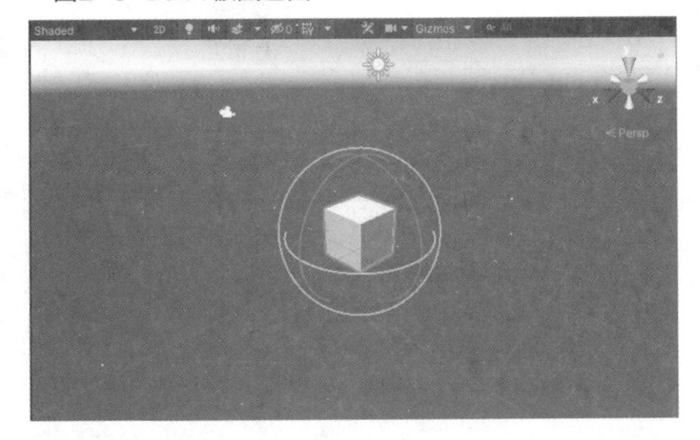

▼图2-9 通过拖拉圆与圆中的线，旋转Cube

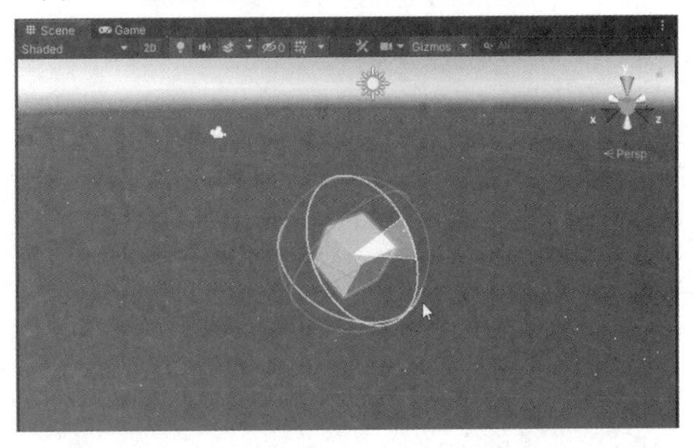

秘技 014 如何应用Scale Tool变形工具

扫码看视频

对应 2019 2021

难易程度 ●

三向线前头所带的绿色小Cube表示*Y*轴，红色小Cube表示*X*轴，蓝色小Cube表示*Z*轴。中心是灰色的小Cube。

Scale Tool工具是指图2-5的（4）图标。选择该工具，Scene视图中的对象物体Cube如图2-10所示。线向三个方向上延伸，箭头与中央会有小小的带颜色的Cube。拖拉三个方向的小Cube，Cube在被拖拉的方向上，大小会发生变化，三个方向分别指*X*轴、*Y*轴、*Z*轴，如图2-11所示。单击中央灰色的小Cube，不改变Cube的形状，可以执行扩大、缩小操作。

▼图2-10 Cube上显示可以改变大小的三个方向的线

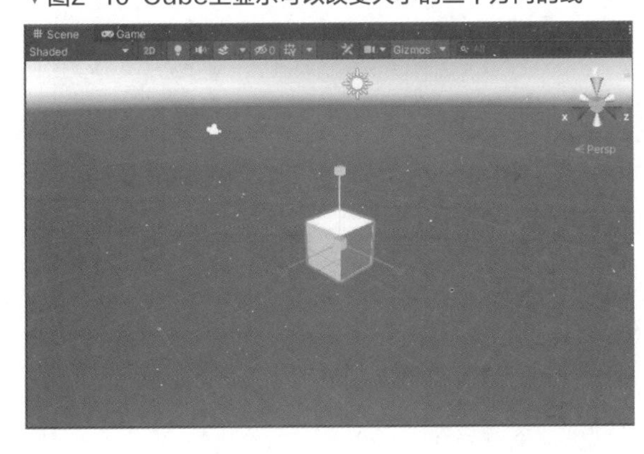

▼图2-11 拖拉红色小Cube，对象物体Cube在*X*轴方向上扩大。拖拉过程中，已选择的小Cube和所在轴会变成黄色

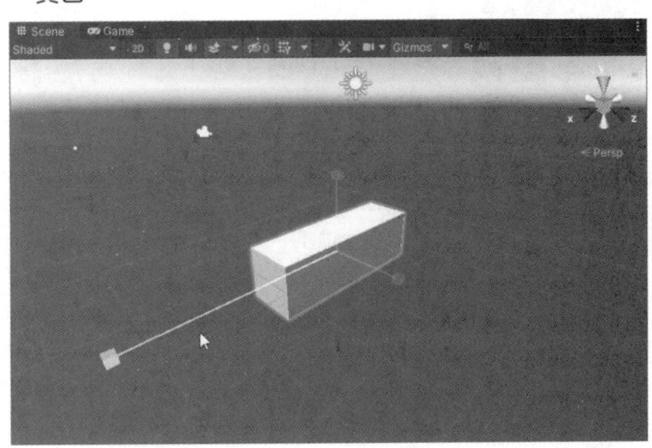

秘技

015 如何应用自由变换工具

扫码看视频

▶对应 2019 2021

▶难易程度 ●

图标（6）自由变换工具是能够将之前介绍的图2-5中（2）到（4）的功能进行汇总的工具。无须一个一个地选择工具，非常方便。选择图2-5中（6）的图标，会在Cube上显示之前我们看到的功能（2）到（4），如图2-12所示。使用该工具，用户可以对对象进行移动、旋转与缩放操作，如图2-13所示。

▼图 2-12 在Cube上显示所有可以操作的功能

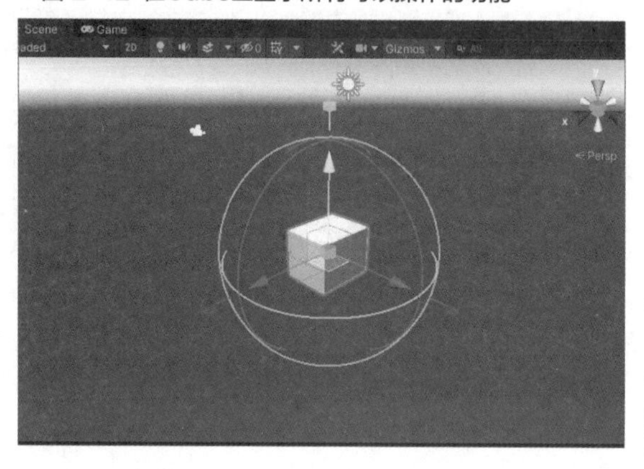

▼图2-13 通过操作图2-5中的（6）图标，可以得到与操作（2）到（4）相同的功能

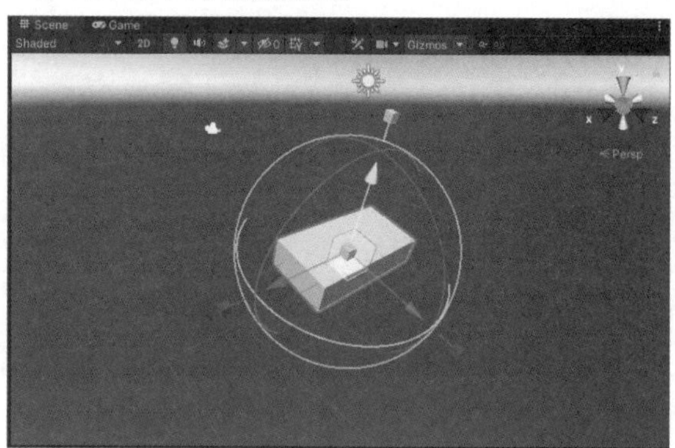

秘技

016 如何应用自定义变形工具

扫码看视频

▶对应 2019 2021

▶难易程度 ●●

关于Available Custom Editor Tools工具的应用，请参照第1章秘技006的内容。

用户可以自定义Custom Editor Tool。写下Editor Tool的代码，在Asset文件夹内创建名为Editor的文件夹，并将代码放入其中。使用Available Custom Editor Tools工具可以自定义Move Tool和Scale Tool等定制工具。

秘技

017 如何应用Persp视图模式

扫码看视频

▶对应 2019 2021

▶难易程度 ●

Persp视图模式是Scene视图右上角配置的名为“场景小发明”的小工具，如图2-14所示。单击界面中央的立方体，可以忽略Z轴（景深）显示。再次单击，即会还原。请分别进行单击确认。不过，如果过度单击，有可能会使坐标轴混乱，请一定要注意。

单击Persp图标，可以每次以90度角旋转Scene的视点。

▼图2-14 场景小发明

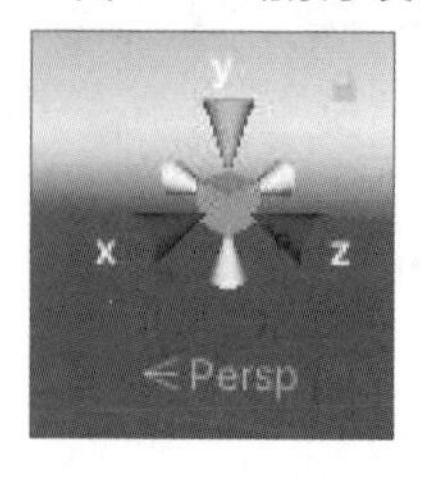

场景小发明中包含“红色”“绿色”“蓝色”的圆锥，分别标记为X、Y、Z，这是指Scene视图的X、Y、Z轴。通过单击“场景小发明”图标，可以从各个角度观察对象，如图2-15所示。

▼图2-15 在Scene视图操作已配置模型的场景小发明的圆锥，从各个角度观察对象

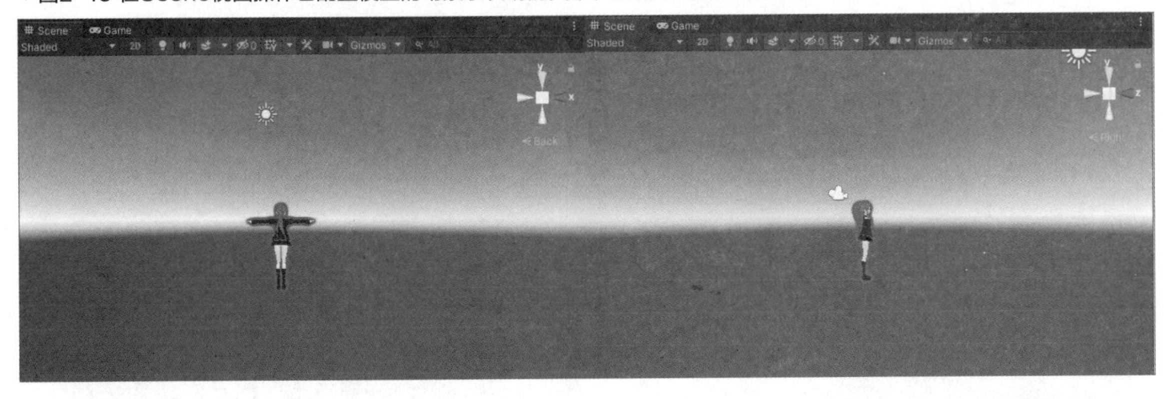

秘技 018

如何切换场景的显示设置

扫码看视频

对应 2019 2021

难易程度 ●

Shaded默认为有纹理的Shaded显示。用户可以在Shaded下拉列表中切换场景的显示设置，如图2-16所示。即单击Shaded右侧的▼图标，从下拉列表中可以选择场景的显示方式。系统默认为只显示纹理的Shaded模式，如图2-17所示。此外，还有显示线框的Wireframe模式（图2-18）与显示纹理和线框的Shaded Wireframe模式（图2-19）等，用户可逐一尝试。

▼图2-16 Shaded下拉按钮

▼图2-17 默认选择Shaded选项

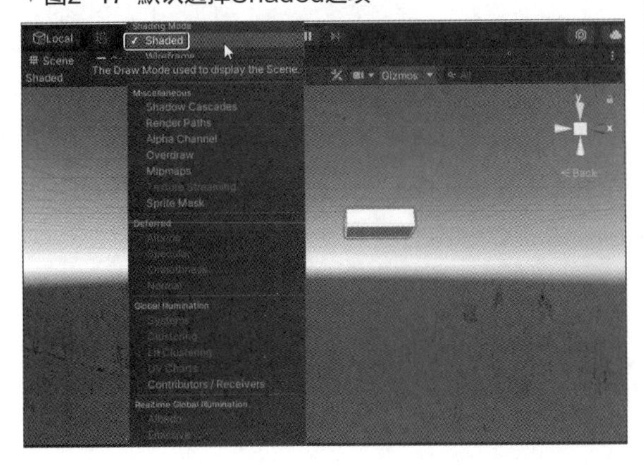

▼图2-18 选择Wireframe选项

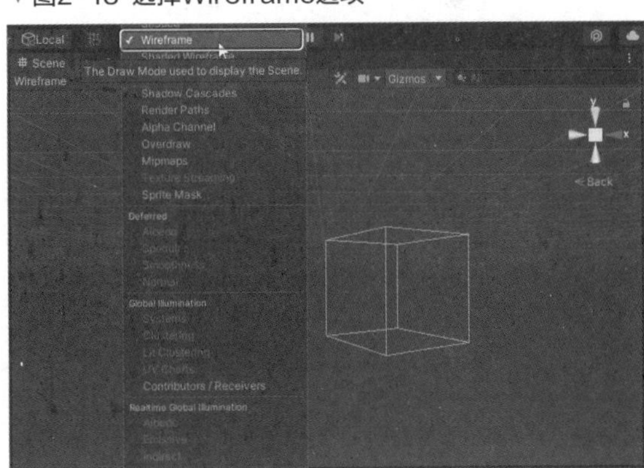

▼图2-19 选择Shaded Wireframe选项

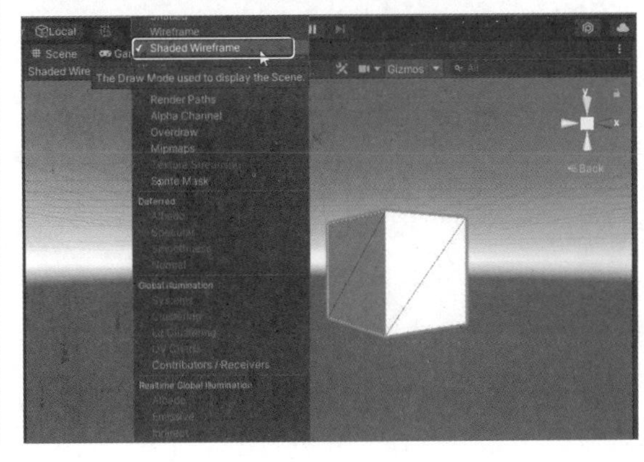

专栏 Asset Store中有趣的角色介绍（1）

下图1是可使Unity角色在桌面上移动的Desktop Mascot Maker游戏引擎插件（收费$20）。

▼图1 Desktop Mascot Maker的下载画面

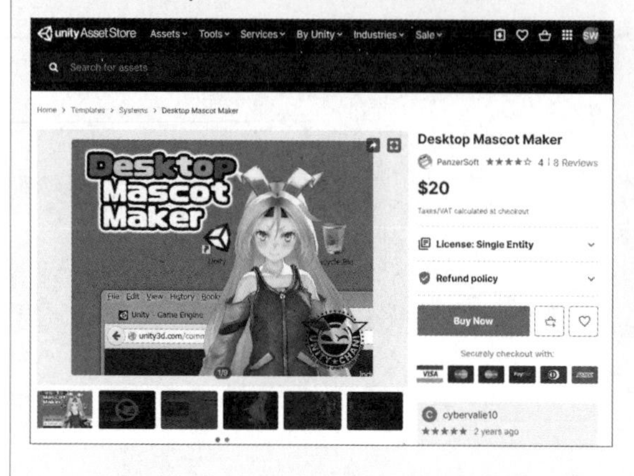

下载Desktop Mascot Maker后，用户可以轻松制作非常有趣的交互式桌面角色，使其可以在桌面上移动。

▼图2 角色在桌面上移动

三维对象设置秘技

秘技 019 如何创建各种三维对象

扫码看视频

对应 2019 2021
难易程度 ●

选择Unity菜单中的GameObject→3D Object命令，可以在场景中创建相应的对象物体。在Hierarchy面板中执行Create→3D Object命令，也可以进行同样的操作。

从Unity的GameObject→3D Object子菜单中选择Cube（立方体）选项，如图3-1所示。在Scene视图内会显示Cube。

在3D Object子菜单中，选择Sphere，则显示球体；选择Capsule，则显示胶囊体；选择Cylinder，则显示圆柱体。Plane则是作为地板的对象物体。如果选择Tree，则只会显示一棵树的主干，既无树枝，也无树叶，如图3-2所示。还有很多其他选项，请分别尝试一下吧。

▼图3-1 选择GameObject→3D Object选项，然后选择子菜单中的Cube选项

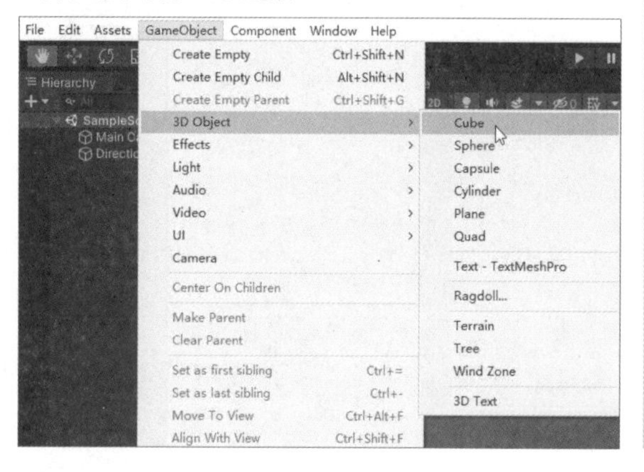

▼图3-2 显示Cube、Sphere、Capsule、Cylinder、Plane、Tree等三维对象

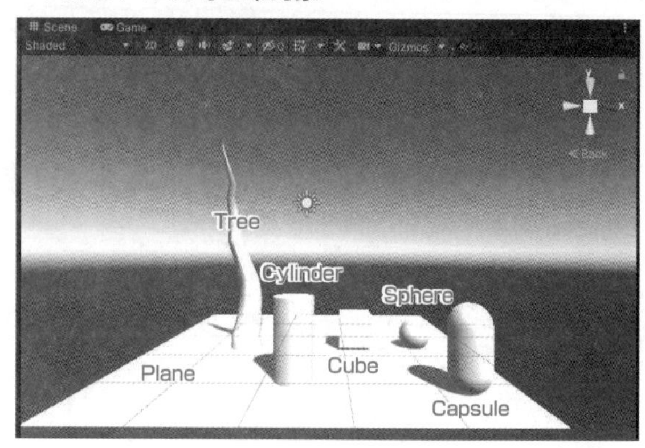

创建Plane时，默认显示为白色。之后，在创建好Unity菜单的 New Scene画面中，配置Plane与各种对象物体后，颜色则显示为灰色。请将下页图3-3的Plane与图3-2的Plane进行比较，很显然颜色不一样。这是默认的设置，到第25章中间部分，笔者一直在使用灰色的对象物体。如果勾选了Unity菜单中的Windows→Rendering→Lighting最下面的Auto Generate复选框，对象物体又显示为正常的白色。

Auto Generate复选框在每次创建New Scene时都需要重新勾选。这是默认的设置，从下页图3-4的位置上也可以切换Auto Generate。Auto Generate在Off的情况下，光照贴图则进入未烘培状态。

秘技 020 如何变换对象的外观

扫码看视频

对应 2019 2021
难易程度 ●

笔者已介绍了如何使用变形工具和“场景小发明”变更对象的外观，在这里，我们尝试通过变更Main Camera的位置，来改变看到对象的角度。

一般情况下，如果在Hierarchy面板内拖放模型，在Scene和Game视图中的显示效果如下页图3-3所示，我们会发现模型是背对镜头的。要想改变镜头的方向，只需打开Inspector面板，在Transform选项区域设置Rotation *Y*轴的值为180，镜头的方向就会发生改变，如下页图3-4所示。

比较图3-2与图3-3的Plane，我们会发现图3-3中Plane的颜色不一样。这是因为Auto Generate的功能处于关闭状态。Auto Generate是操作过程中Unity自动进行光照计算的功能，如果取消了Auto Generate复选框的勾选，没有手动单击Generate Lighting按钮，则光照贴图不会自动烘焙。在一开始启动Unity时，Auto Generate为开启的状态。一旦创建了New Scene,

Auto Generate会进入关闭状态。当笔者察觉到这一点的时候已经晚了，期间Auto Generate一直为关闭状态（光照贴图处于不烘焙状态），而Asset一般会呈白色且较明亮。中途察觉到时，笔者才将Auto Generate设置为开启，继续操作。

该Auto Generate的On与Off的切换在图3-4右下角，单击Auto Generate Lighting Off处，Lighting的画面启动，在最下面的Auto Generate上可以勾选或不勾选。Off为不勾选。原本应当在这里进行勾选，即设置为On，Asset就会明亮地进行显示。

接下来，在Hierarchy面板内选择Main Camera选项，在Scene的右下角会显示Camera Preview，与在Game中看到的场景是相同的。选择Main Camera，表示移动的三个方向的箭头会显示出来，请多多进行尝试。Camera Preview与Game视图会发生变化。当然，将镜头移近模型，画面会变大，如图3-5所示。镜头距离越远，画面越小。

▼图3-3 在Hierarchy面板中拖放模型时的画面

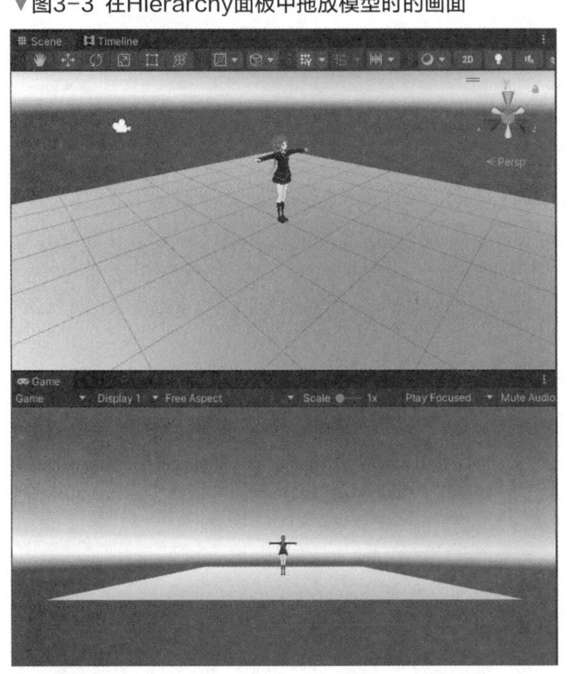

▼图3-4 使模型朝向镜头方向时的画面

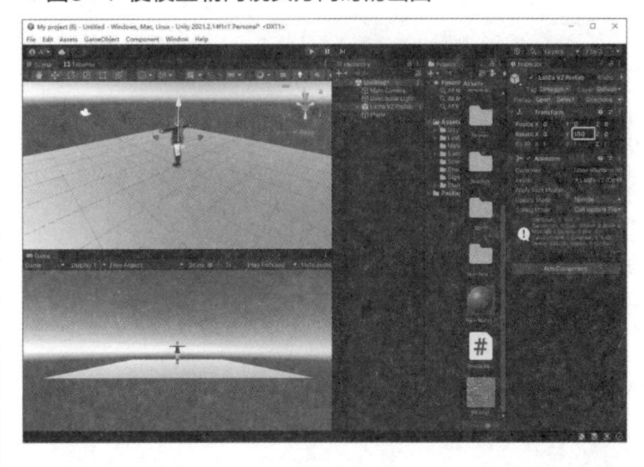

▼图3-5 将Main Camera移近模型

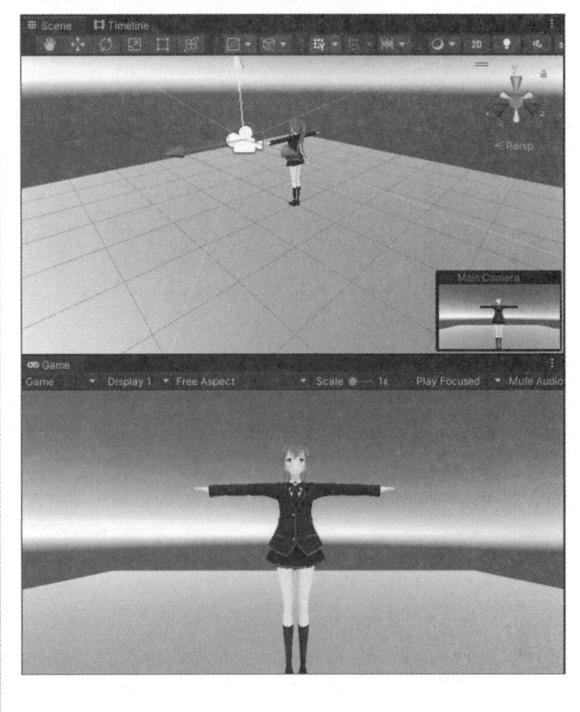

秘技

021 如何创建材质

扫码看视频

对应 2019 2021

难易程度

材质（Material）是指对渲染对象的表面各种可视属性的定义，例如，为要使用的纹理的参照、信息的平铺显示、颜色的浓淡等。

首先在Project面板的Assets下创建名为Materials的文件夹。选择创建的Materials文件夹，单击鼠标右键，从弹出的快捷菜单中选择Create→Material命令，如下页图3-6所示。创建名为Red与Green的材质球，如下页图3-7所示。

▼图3-6 选择Create→ Material命令

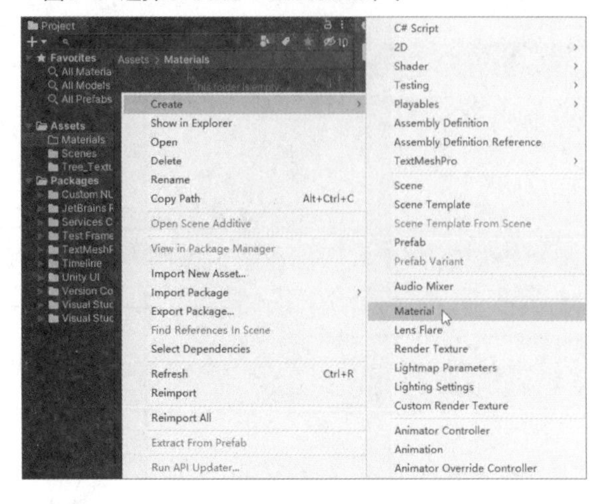

▼图3-7 在Materials文件夹内创建名为Red与Green的材质球

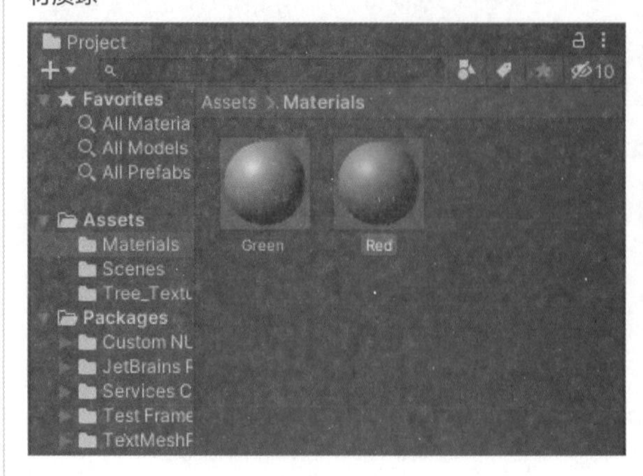

这样，就创建了两个材质。接下来，让我们为这两个材质指定颜色。

秘技 022 如何为材质指定颜色

若想为材质指定颜色，首先选择该材质，然后在打开的Inspector面板中对材质的颜色进行设置。从图3-7中可以看出，已创建的两个材质均为灰球体。单击选择Red材质球后，显示图3-8的Inspector面板，在Main Maps选项区域中单击Albedo右侧的白色矩形，在打开的图3-9的Color面板中进行颜色设置。同样的操作方法，为Green材质球设置颜色。这样，原本灰色的球体，就会呈现出指定的颜色了，如图3-10所示。

▼图3-8 选择Red材质球，显示Inspector面板

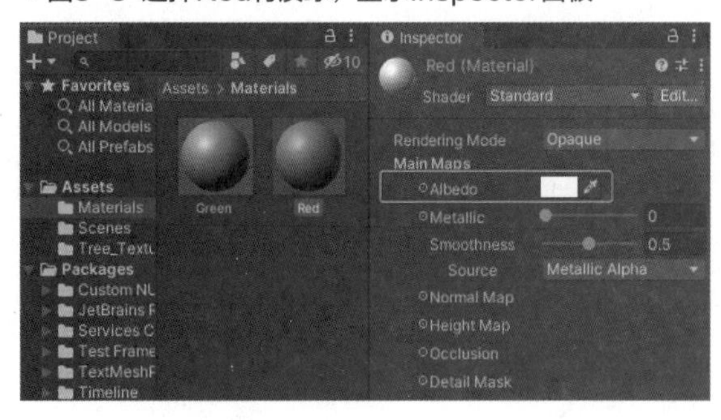

▼图3-9 颜色显示出来了

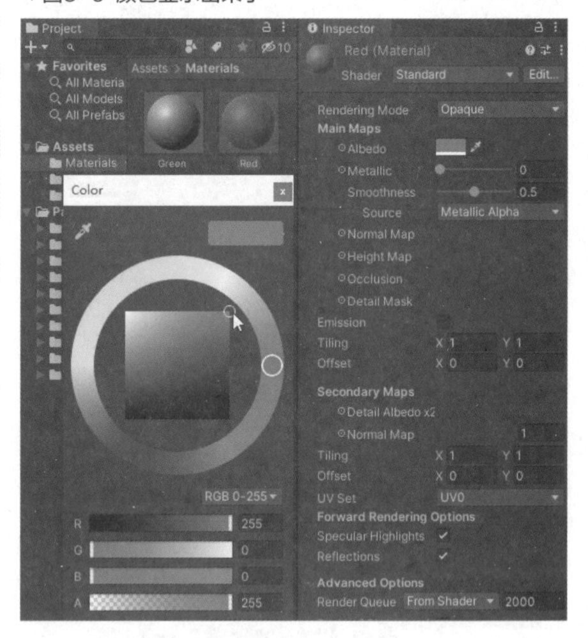

▼图3-10 Red与Green材质球呈现出指定的颜色

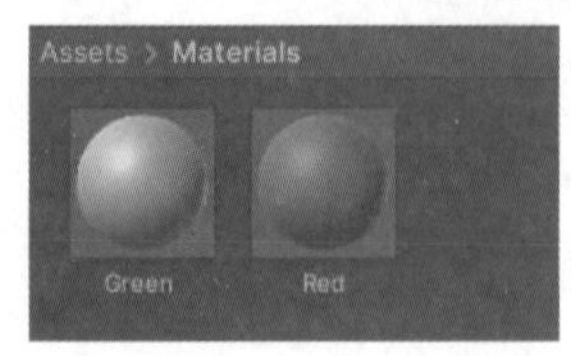

秘技 023

如何在材质上指定图像

扫码看视频

▶对应 2019 2021

▶难易程度 ●●

要想为材质指定计算机中保存的图像，请从Inspector面板中单击Texture Type右侧下三角按钮，选择Sprite（2D and UI）选项后，单击Apply按钮。在Materials文件夹内创建名为Image的材质球并选中，在Unity菜单中执行Assets→Import New Asset命令，选择并导入本地计算机中.png格式的图像，如图3-11所示。此时导入的图像将显示在Inspector面板中。要想将该图像指定给材质，则单击Texture Type右侧下三角按钮，选择Sprite（2D and UI）选项后，单击Apply按钮，如图3-12所示。

▼图3-11 在Materials文件夹中创建名为Image的材质球，然后导入.png格式的本地图像

▼图3-12 选择Sprite（2D and UI）选项

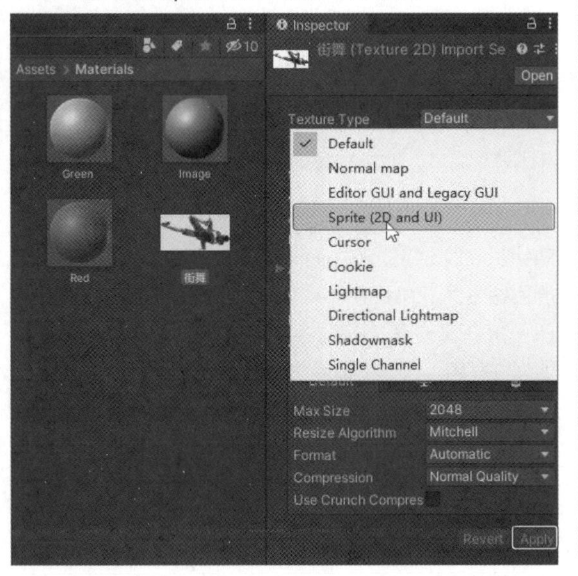

选择创建的Image材质球，并显示Inspector面板。将刚导入的已转换为Sprite（2D and UI）的图像拖入Main Maps选项区域Albedo左侧的矩形框中，如图3-13所示。

▼图3-13 在Albedo左侧的■中拖放图像

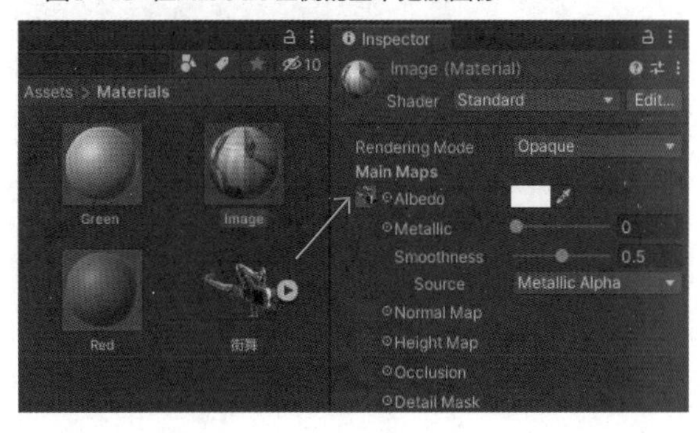

这样，图像即可应用于Materials文件夹内Image材质球上，如图3-14所示。

▼图3-14 图像应用于Image材质

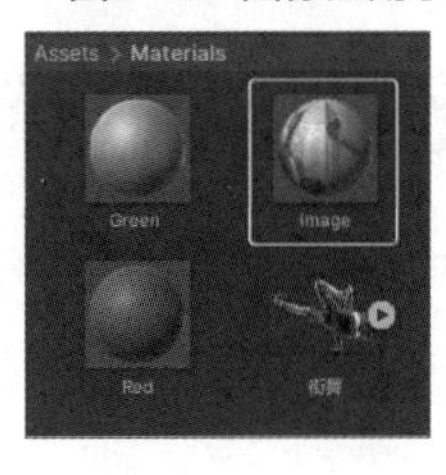

至此，如何在材质上指定颜色和图像的方法就介绍完了。接下来将讲解将材质应用于各种对象的方法。

秘技 024

如何将材质效果应用到对象上

扫码看视频

▶对应 2019 2021

▶难易程度 ●

在Unity中，常用的将材质赋予对象的方法有两种，即直接将材质拖放到对象上，或者直接将材质拖放到Hierarchy面板的对象上。

拖放到Hierarchy面板的对象上的方法能更准确一

些。在实际操作中，用户可以根据实际情况，灵活应用。在Scene视图中创建Plane、Cylinder与Cube模型，在Hierarchy面板中也会显示创建的模型，如图3-15所示。

▼图3-15 在Scene视图中创建的模型也会相应地显示在Hierarchy面板中

将已创建的材质拖放到图3-15中Scene视图的对象上，即可为该对象应用对应的纹理材质，效果如图3-16所示。

用户可以根据自己的实际需要，将任意材质拖放到任意对象上。笔者这里是直接在Scene视图中的对象物体上拖放材质，用户也可以在Hierarchy面板内的各个对象名称上直接拖放赋予材质，如图3-17所示。

此外，将带颜色的材质赋予对象的操作方法也是一样的。

▼图3-16 将材质赋予Scene视图内的Plane对象

▼图3-17 为Hierarchy面板内的各个对象赋予材质

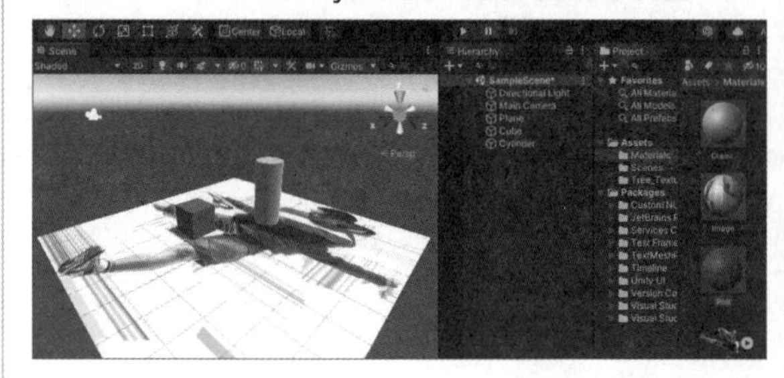

秘技 025 如何在场景中配置人物

扫码看视频

对应 2019 2021

难易程度 ●

用户可以在Inspector面板中，通过设置Transform下Rotation *Y*轴的值为180，使已配置的人物面向镜头。前面介绍了在Scene视图中创建Cube或Sphere等对象的方法，下面介绍从Asset Store中下载人物对象的方法。Asset Store的使用方法，在第1章已经讲过了。在Asset Store中执行下载→导入命令，在Asset下拉列表中选择要导入的素材类型，下载后在Project面板内即可获取相关文件，如图3-18所示。

▼图3-18 从Asset Store中获取的文件

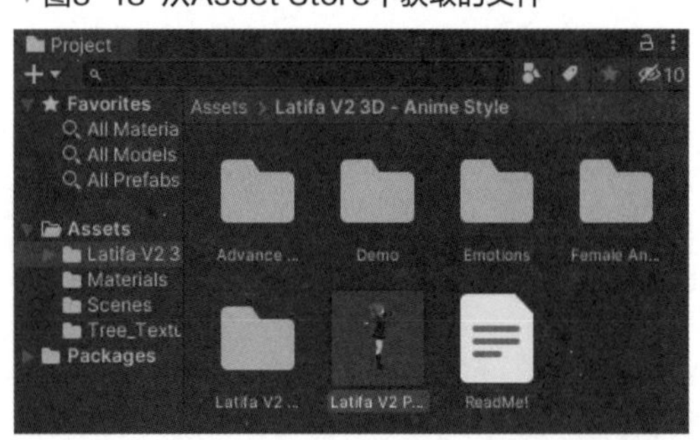

通常，从Asset Store中获取的文件中有一个名叫Prefab的文件夹，其中有一种在Scene视图中可以配置的后缀名为.Prefab的Asset。然而，在这里没有名为Prefab的文件夹，在名为Latifa V2 3D-Anime Style的文件夹内，有一个由蓝色矩形围成的BigHeads.fbx。

首先选择该Latifa V2 Prefab，直接在Scene视图中拖放，或者在Hierarchy面板内拖放，即可进行配置，如下页图3-19所示。

在下页图3-19的Game视图中，我们会发现人物是背向镜头的。之前也曾讲解过，为了让人物面向镜头，可以在Scene视图或者Hierarchy面板内选择Latifa V2 Prefab，显示出Inspector面板。在Transform选项区域设置Rotation *Y*轴的值为180，即设置人物旋转180°，可以看到此时人物已经面向镜头了，如下页图3-20所示。

▼图3-19 直接在Scene视图或者Hierarchy面板内拖放Latifa V2 Prefab，进行配置

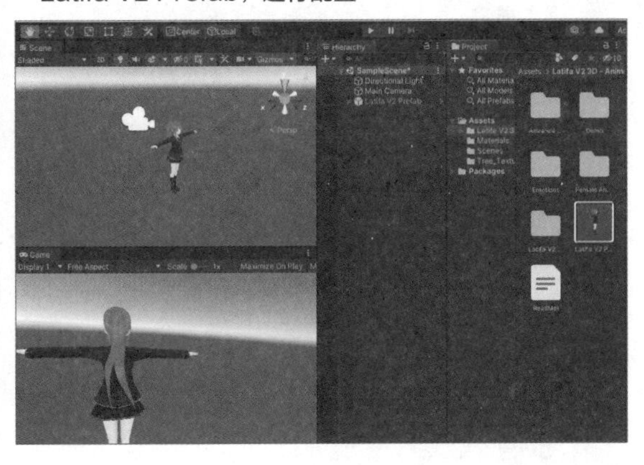

▼图3-20 使Latifa V2 Prefab面向镜头

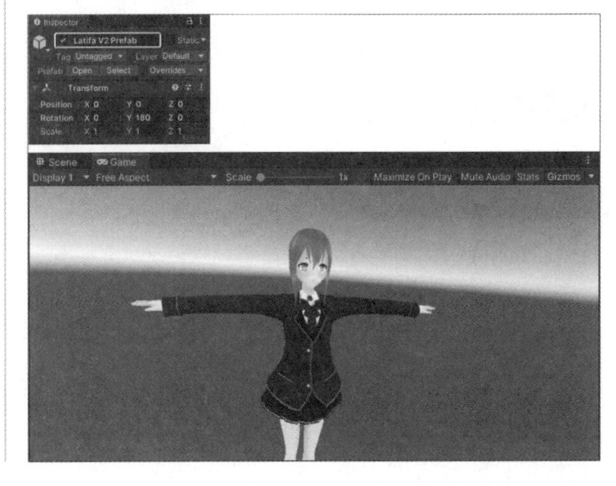

秘技

026 如何切换人物模型的显示与隐藏

扫码看视频

对应 2019 2021

难易程度 ●

将人物模型导入Unity后，在Hierarchy面板内会显示人物模型已经导入，我们可以设置在Scene视图或Game视图中显示或隐藏人物模型。在图3-21中，可以看到Scene视图和Game视图中人物模型是显示的。

▼图3-21 在Scene视图与Game视图中显示人物模型

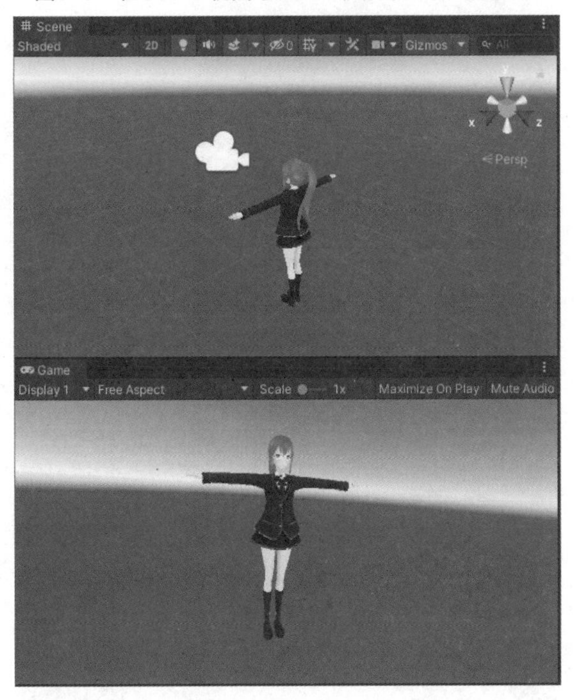

要想切换图3-21中人物的显示与隐藏，则选择Latifa V2 Prefab，在Inspector面板中取消勾选Latifa V2 Prefab前面的复选框，则人物隐藏，如图3-22所示。即使隐藏了，Hierarchy面板内Latifa V2 Prefab也是存在的，只是不显示而已，并不是真的已经消失了。要想让人物显示出来，则再次勾选Latifa V2 Prefab前面的复选框。

▼图3-22 取消Latifa V2 Prefab复选框的勾选，人物模型不会显示出来

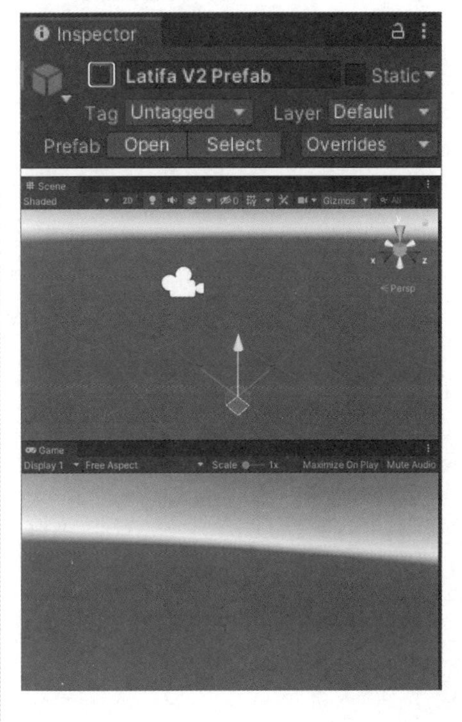

如何为对象添加脚本文件

在Unity中，用户可以为对象添加脚本或其他组件。要为对象添加脚本文件，则首先选择Scene视图或者Hierarchy面板内的对象，在打开的Inspector面板下方单击Add Component按钮，如图3-23所示。

▼图3-23 单击Add Component按钮

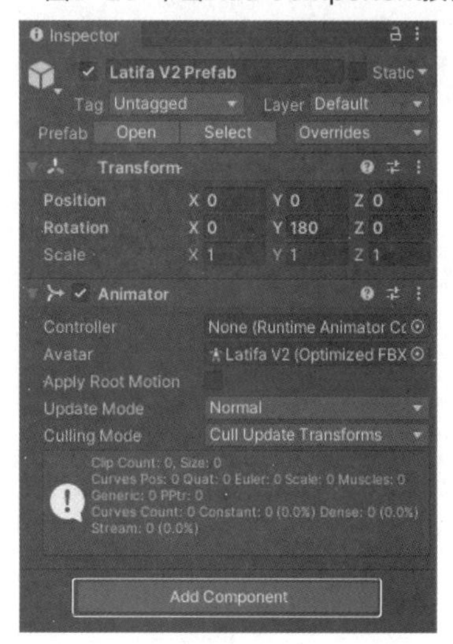

在可添加的项目列表中选择所需的组件，这里选择New script选项，如图3-24所示。此时会出现如图3-25所示的界面，在Name文本框中指定Chapter3Script，单击Create and Add按钮。

打开Inspector面板，在Script选项的右侧显示了创建好的Chapter3Script脚本，如图3-26所示。双击该脚本，启动Visual Studio（简称VS）工具，即可进行脚本的编辑，如图3-27所示。

▼图3-24 选择New script选项

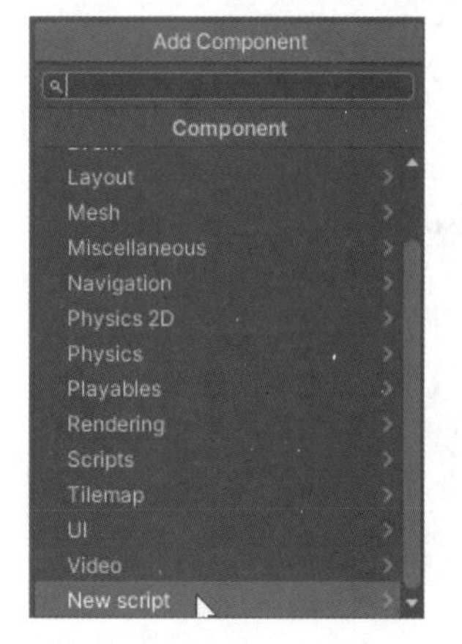

▼图3-25 创建名为Chapter3Script的脚本

▼图3-26 在Inspector面板内添加了刚创建的脚本

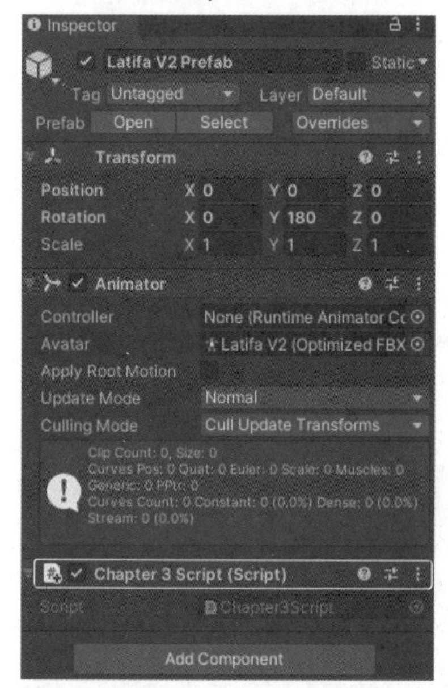

▼图3-27 启动Visual Studio工具

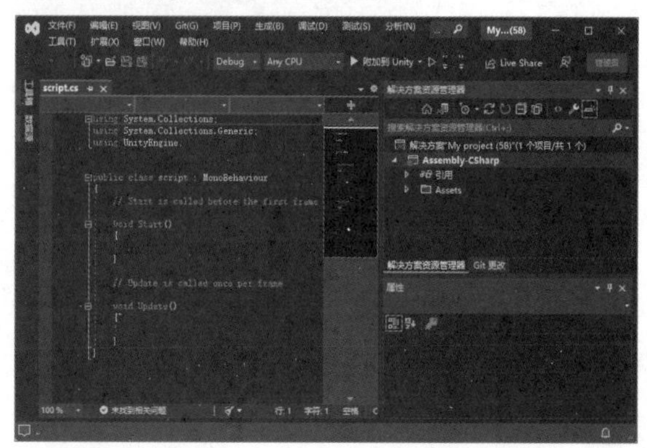

秘技 028 如何调整平行光的照射角度

扫码看视频

对应 2019 2021

难易程度 ●

使用旋转工具可以调整平行光的照射角度。在Hierarchy面板中，我们可以看到Directional Light选项，它是Unity的默认场景光源，通常用作太阳光照。选择Hierarchy面板中的Directional Light选项，即选中Scene视图中的太阳图标，如图3-28所示。

▼图3-28 选择Scene视图中的Directional Light

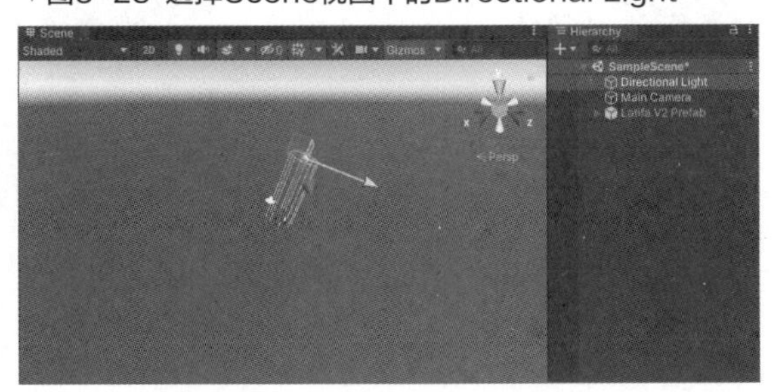

选择旋转工具后，用户可以根据场景光照效果的需要自由改变Directional Light的照射角度。

▼图3-29 改变Directional Light的照射角度

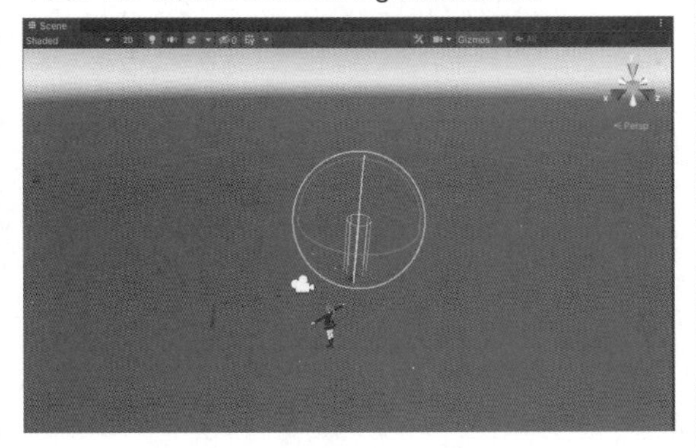

选择旋转工具后操作鼠标，Directional Light的光照方向就会像图3-30那样发生变化，画面变暗，在Game视图中产生一种黄昏时分的效果。

当Directional Light的光照在人物头顶正上方时，会给人一种正午的太阳从正上方照射下来的感觉，如图3-31所示。用户可以自己尝试改变不同的光照角度，探索一天中不同时间的光照效果。

▼图3-30 Game视图中产生一种黄昏时的氛围

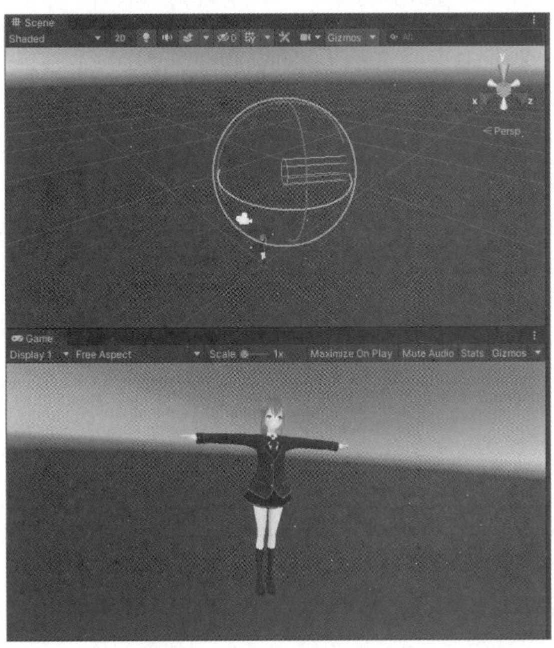

▼图3-31 Directional Light的光线从人物头顶的正上方照射下来的效果

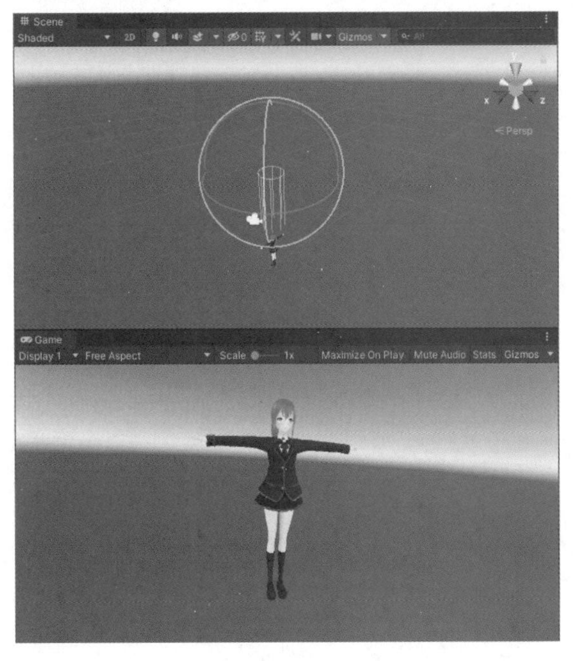

专栏 **Asset Store中有趣的角色介绍（2）**

下图1是可以进行各种图像处理的OpenCV plus Unity插件（免费）。

▼图1 OpenCV plus Unity插件的下载界面

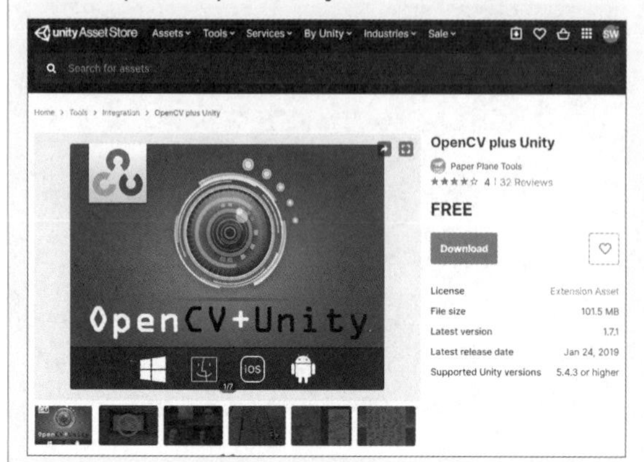

OpenCV plus Unity插件的应用演示如下图2所示。

▼图2 用线条显示Web相机中的图像

天空与地板设置秘技

秘技 029

如何变换天空的背景

▶对应 2019 2021

▶难易程度 ●

要应用Sky5X One中的天空盒效果，首先需要从Asset Store中下载并导入Sky5X One资源（Asset Store的使用方法，笔者在第1章中已经进行过解说），如图4-1所示。用户可以从Project面板获取与Sky5X One相关的文件，如图4-2所示。

▼图4-1 从Asset Store中下载并导入Sky5X One

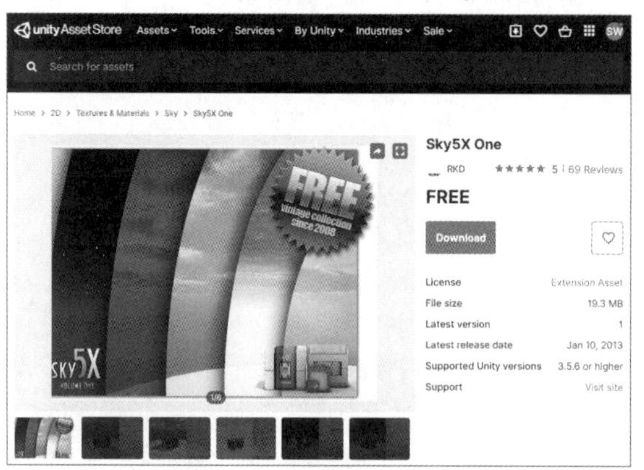

▼图4-2 从Project面板中获取关于Sky5X One的文件

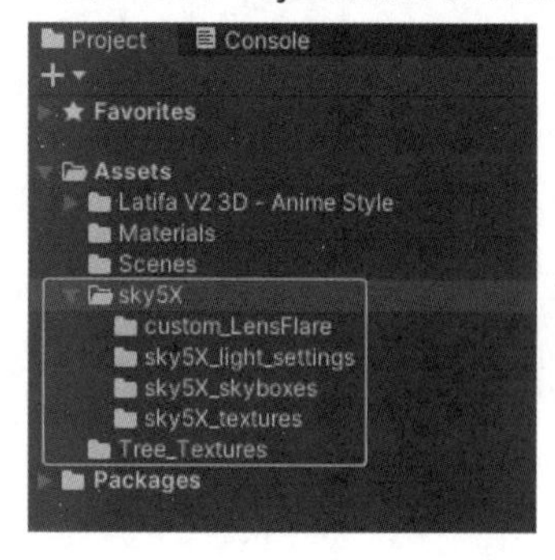

在Unity的菜单栏中执行Window→Rendering→Lighting命令，如图4-3所示。

打开Lighting面板，选择Environment标签，单击位于Skybox Material右端的图标，从显示出来的Select Material中指定关于sky5X的天空图像。这里选择了sky5X2天空效果选项，如图4-4所示。

我们在Scene视图中可以看到天空瞬间变为所设置的效果，如图4-5所示。

▼图4-3 选择Window→Rendering→Lighting命令

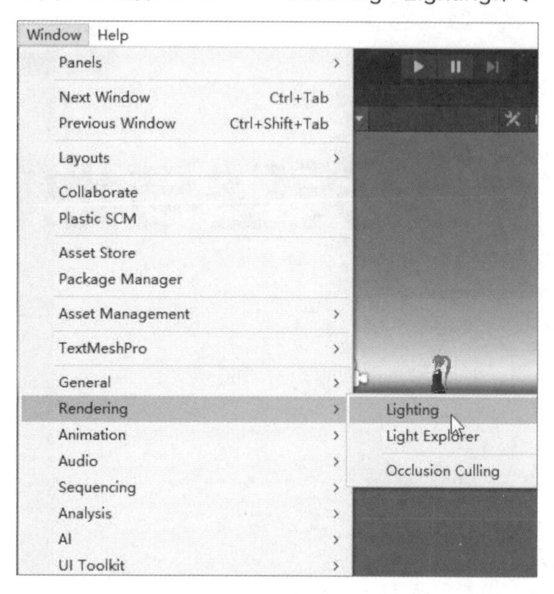

▼图4-4 指定Skybox Material为sky5X2

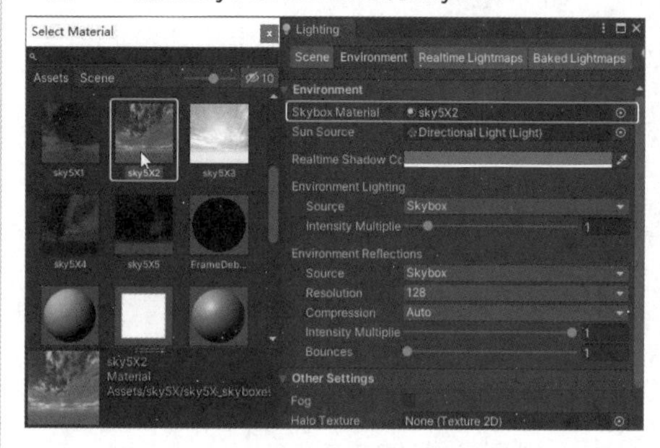

▼图4-5 Scene视图中的天空背景发生了变化

秘技
030 如何以天空为背景显示模型

扫码看视频

对应 2019 2021

难易程度

用户可以先从Asset Store下载Jammo Character模型，如图4-6所示。然后以秘技029创建的天空为背景，尝试将Jammo Character角色模型导入，并让其自由地行走。首先进入Asset Store，在搜索栏中输入Jammo Character，单击放大镜图标，导入Jammo Character资源，然后执行添加至我的资源操作，在Unity中打开。

▼图4-6 下载并导入Jammo Character资源

这样即可在Project面板中显示与Jammo Character相关的文件，如图4-7所示。

▼图4-7 获取与Jammo Character相关的文件

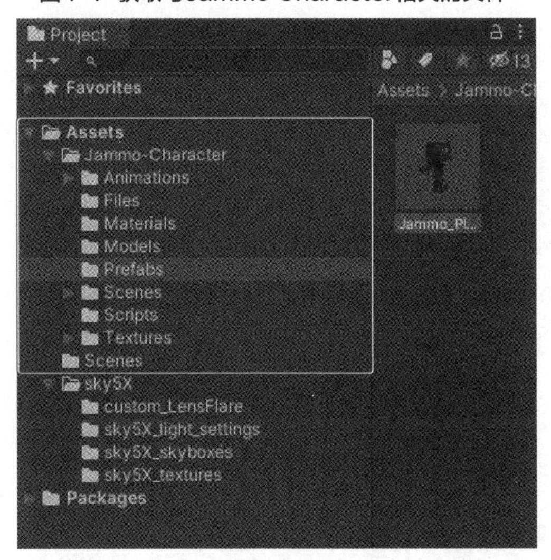

将Project面板中Assets→Jammo-Character→Animations→Prefabs文件夹内的Jammo-Player角色拖放至Scene视图。此时角色是背对镜头的，请在Inspector面板中，通过设置Transform下Rotation *Y*轴的值为180，改变镜头方向。此外，把镜头拉近，在Game视图中会显示出如图4-8所示的场景。

▼图4-8 在Scene视图中配置模型

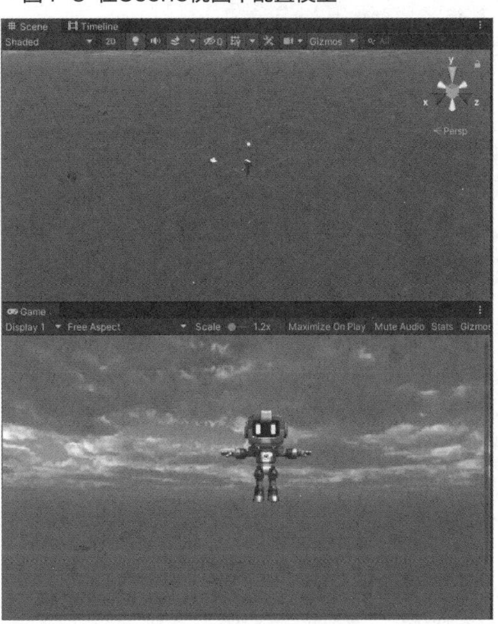

此时，单击Play按钮，就会看到角色在Game视图中sky5X2天空背景下摆出各种姿势，效果如图4-9所示。

▼图4-9 导入的角色以天空为背景摆出各种姿势

在Inspector面板的Animator选项区域，可以看到Controller指定为AnimatorController_Jamo控制器，如图4-10所示。通过该控制器，用户可以控制Jammo Character的动作。关于Animator的应用，请参考第9章的相关内容。

▼图4-10 在Jammo Character的Controller中指定了名为AnimatorController_Jamo的控制器

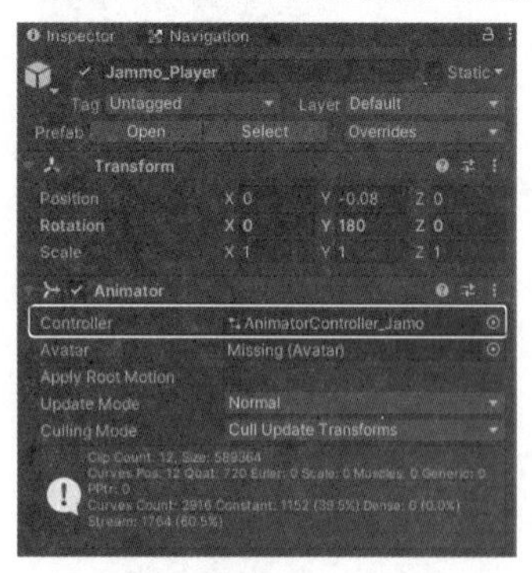

秘技

031 如何在场景中配置地板

在游戏场景中若施加了重力（Rigidbody），如果没有地板，在Play对象物体时，会跌入无底深渊。用户可以将Plane作为地板使用，如图4-11所示。

也可以在Unity菜单中执行GameObject→3D Object→Cube命令，创建Cube对象，然后使用缩放工具（Scale Tool）将Cube拉成扁平状，加大尺寸，作为地板使用，如图4-12所示。

▼图4-11 把Plane作为地板使用

▼图4-12 将Cube作为地板使用

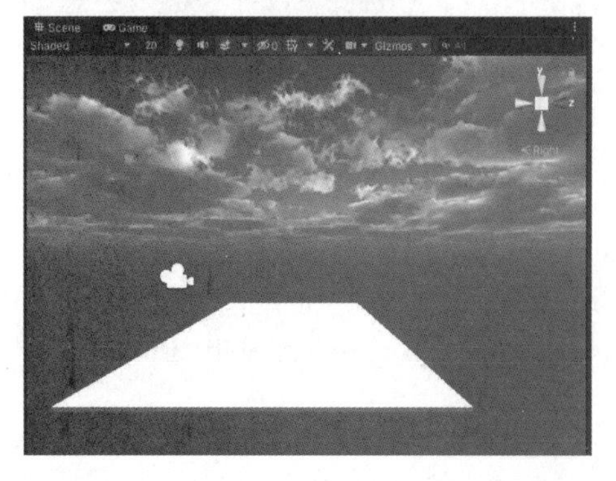

如前文所述，在Scene视图中配置对象并施加重力后，如果没有地板，在重力的作用下对象会跌入无底深渊。选中需要添加重力的对象后，在Inspector面板中单击Add Component按钮，选择Physics→Rigidbody选项，为对象添加重力。关于重力的相关操作，将在第15章进行详细讲解。

在Scene视图中配置Sphere对象，在没有地板的状态下对象会跌入无底深渊，如图4-13所示。为Sphere对象配置地板后，可以看到执行Play后，地板会牢牢接住Sphere，如下页图4-14所示。

▼图4-13 因没有地板，Sphere向无底深渊跌落

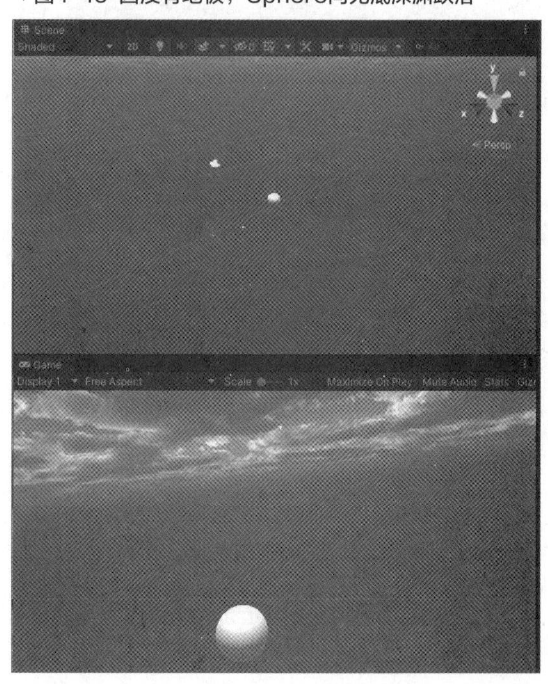

▼图4-14 地板接住Sphere

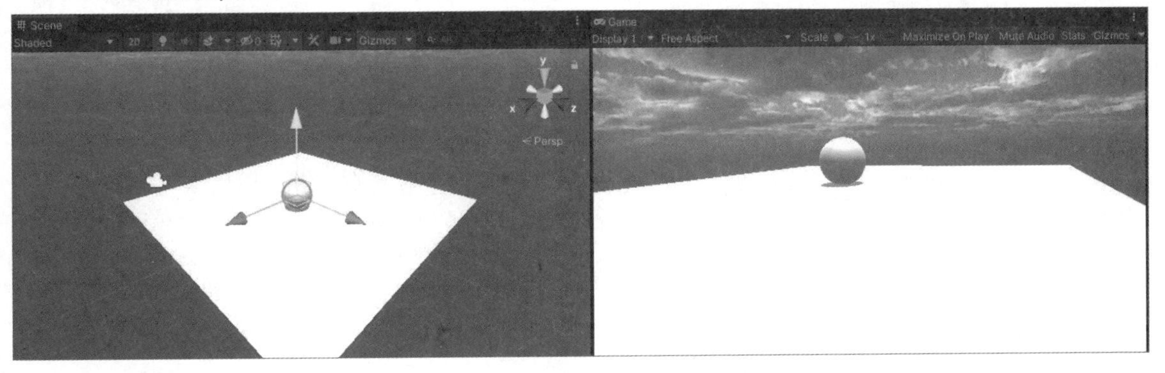

秘技 032

如何让Plane看上去像镜子

扫码看视频

对应　2019　2021
难易程度　●●

在Unity中，用户可以使用Reflection Probe将Plane镜面化，用以对对象进行映照（关于Reflection Probe 的详情，将在第24章中详细解说）。首先配置Plane，在其上放置机器人与Sphere对象。在Asset Store的搜索栏内输入Kyle，Space Robot Kyle会显示出来，然后执行下载 → 导入操作，如图4-15所示。Project面板中即会获取关于Robot Kyle的相关文件，如图4-16所示。

在已配置了Plane的Scene视图或者Hierarchy面板内拖放Assets→Robot Kyle→Model文件夹内的Robot Kyle对象。若Robot Kyle背对镜头，则在Inspector面板的Transform选项区域中，将Rotation *Y*轴的值指定为180，如图4-17所示。设置完成后，Robot Kyle面向镜头了，如下页图4-18所示。在配置Sphere对象时，为了方便在Game视图中查看，请用移动工具（Move Tool）进行配置。接着为Sphere上色，首先创建命名为Blue的材质球（Material），并将其应用在Sphere上，如下页图4-19所示。

▼图4-15 导入Space Robot Kyle

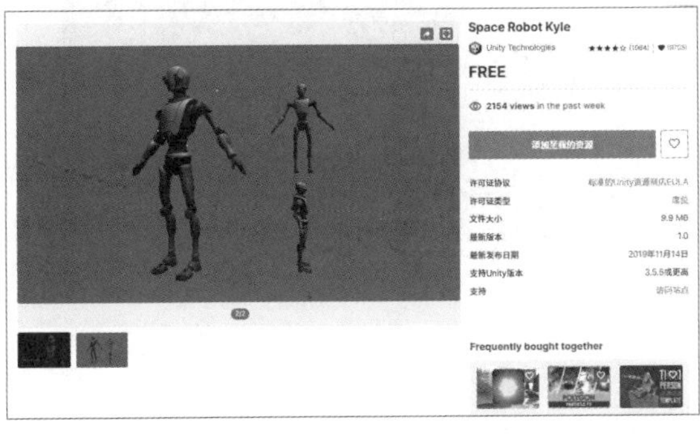

▼图4-16 在Project中查看关于Robot Kyle的文件

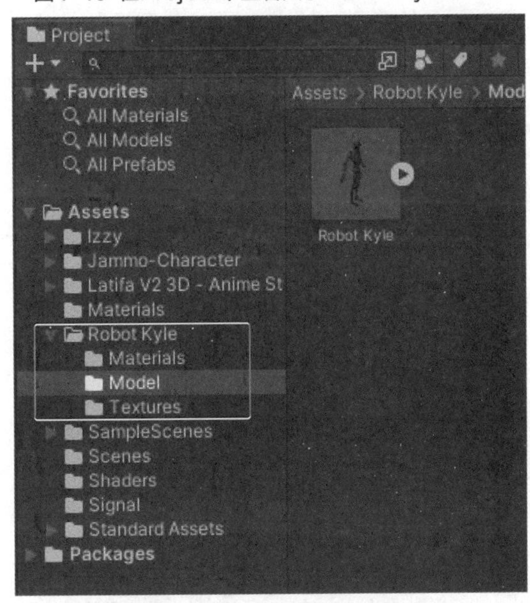

▼图4-17 设置Rotation *Y*轴的值为180

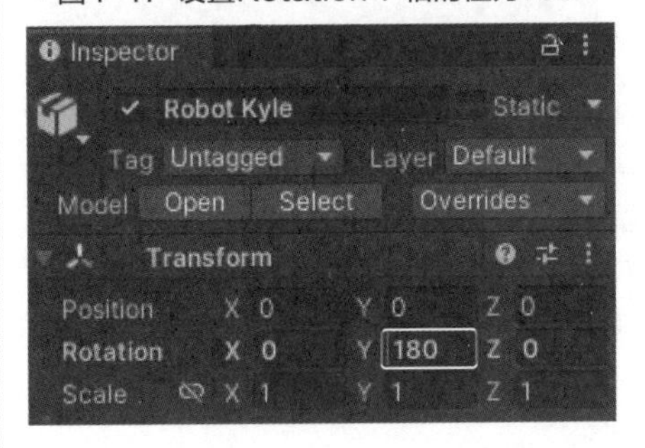

▼图4-18 Robot Kyle面向镜头

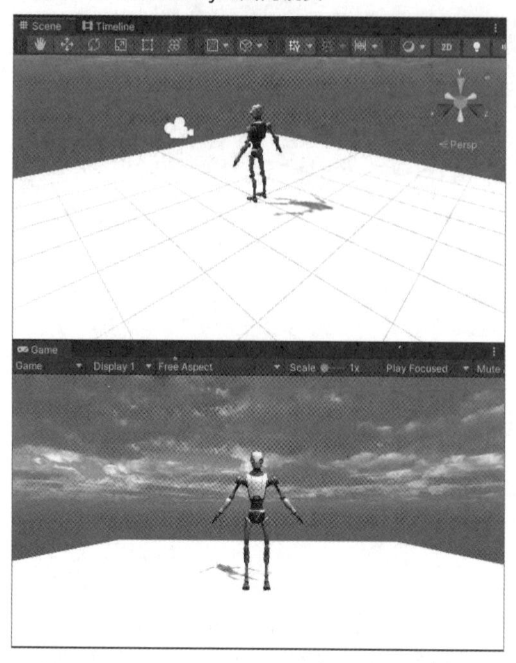

▼图4-19 将Blue的Sphere配置到Robot Kyle旁边

接下来，为地板创建材质并命名为Mirror。显示Inspector面板，在Main Maps选项区域中设置Albedo为Color（灰色），将Metallic与Smoothness都设置为1，如图4-20所示。将创建的地板材质应用于Plane，效果如图4-21所示。

Reflection Probe是一个“可以全方位捕捉周围各个方向的球形视图的、类似照相机的应用”。要创建Reflection Probe，则执行GameObject→Create Empty命令，创建天空的GameObject，命名为Reflection Probe。在Inspector面板的Add Component搜索栏中输入Reflection，选择Reflection Probe选项。

在Inspector面板上添加的Reflection Probe的Type下拉列表中选择Realtime选项，如下页图4-22所示。设置完毕，如果无法顺利得到镜面效果，请更改Shadow Distance的值。

▼图4-20 设置Mirror的材质属性

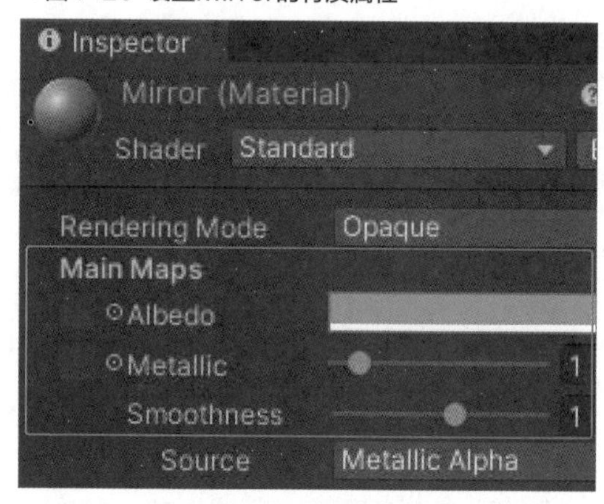

▼图4-21 将Mirror材质应用于Plane

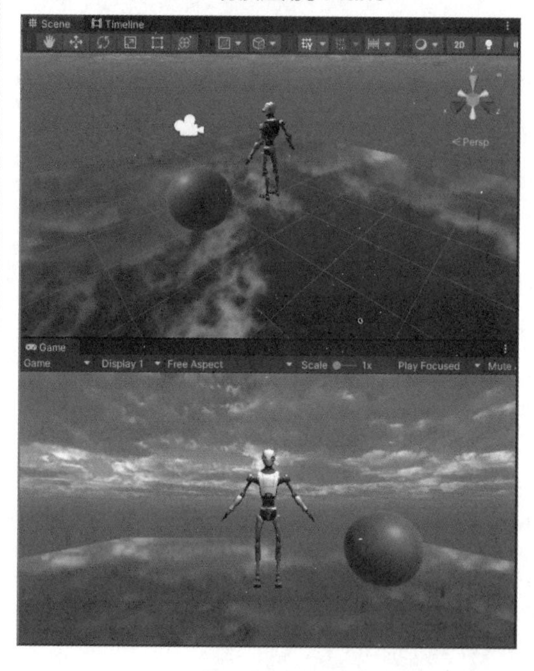

▼图4-22 设置Reflection Probe的Inspector

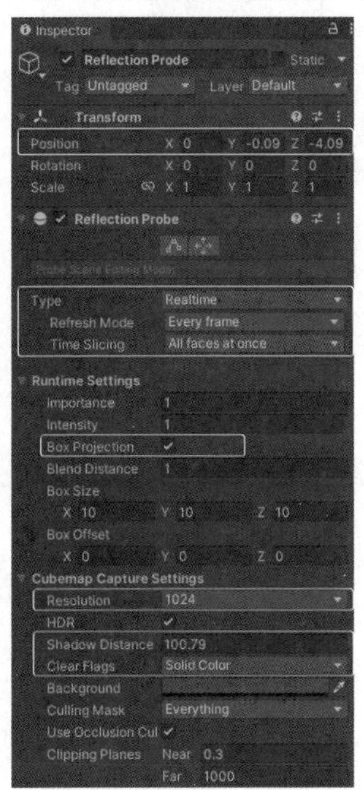

虽然Transform与Main Camera相同，但因为*Y*值需要与Main Camera保持对称位置，所以指定为负值。在Type右侧下拉列表中选择Realtime选项，选择Probe的设置。只有在Type选择Realtime的情况下，才能设置Refresh Mode参数，选择是否刷新Probe。Time Slicing只有在选择Realtime的情况下，才能设置发布Probe的更新时间。勾选BoxProjection右侧的复选框，则可以在UV映射中进行Box投影。Resolution参数用于指定捕捉到的图像的分辨率，这里选择1024，选择512也可以。然后对Shadow Distance的值进行设置。Clear Flags可以设置选择如何填充立方体贴图背景的空白区域，这里选择的是Solid Color选项。

Reflection Probe的具体参数设置，如图4-22所示。单击Play按钮（不Play也可以），在Game视图中地板就像镜子一样会映照出对象来，如图4-23所示。

▼图4-23 地板像镜子一样，把对象映照出来

事实上，我们也可以不按照这样复杂的步骤设置，在High Definition Render Pipeline(HDRP)中，GameObject上有一个名为Mirror的对象，只要在Scene视图中对Mirror进行设置，也可获得镜子的效果。

秘技 033 如何在Plane上显示视频

扫码看视频

对应 2019 2021

难易程度 ●

在Unity中，我们可以根据需要让视频显示在Plane上。在Inspector面板中单击Add Component按钮，添加Video Player组件。在Assets文件夹中创建一个名为Video的文件夹并右击，选择Import New Asset命令，导入MP4格式的视频文件，如图4-24所示。

在Video文件夹中导入指定的MP4视频文件后，对显示视频的Plane进行设置。首先使用旋转工具（Rotate Tool）使Plane纵向显示，如下页图4-25所示。在下页图4-25中，如果Plane反向旋转直立，则Game视图中不会显示任何内容。因此，要设置Game视图中灰色的Plane纵向显示。Plane的背面是透明的，不会显示。选择Plane，在Inspector面板的Add Component列表中选择Video Player选项，如下页图4-26所示。

▼图4-24 获取 MP4格式的视频文件

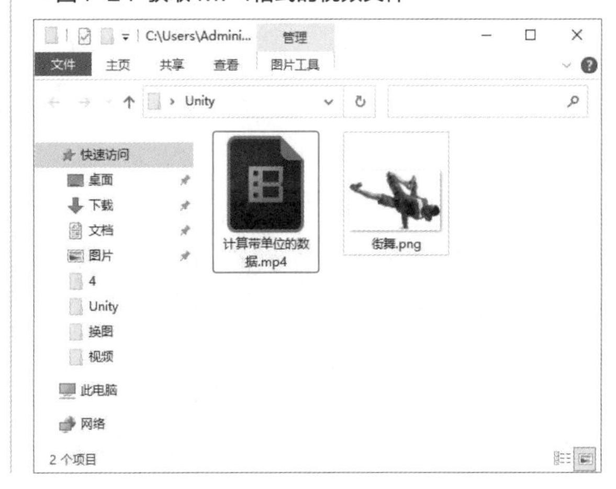

▼图4-25 使Plane纵向显示

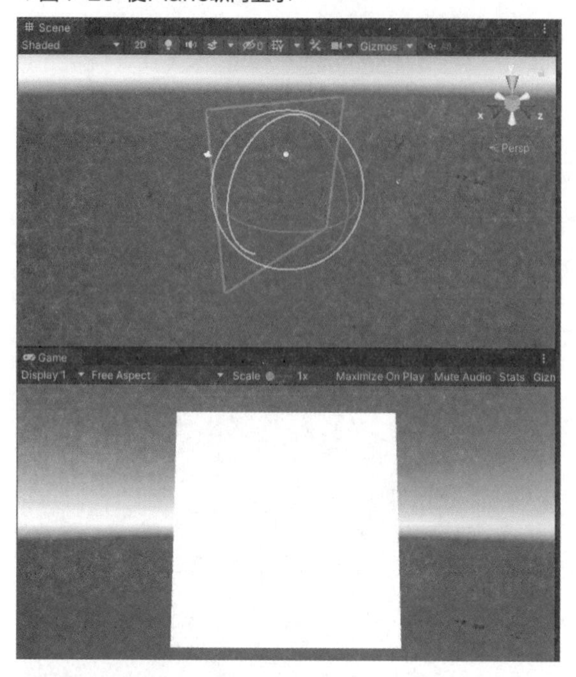

▼图4-26 选择Video Player选项

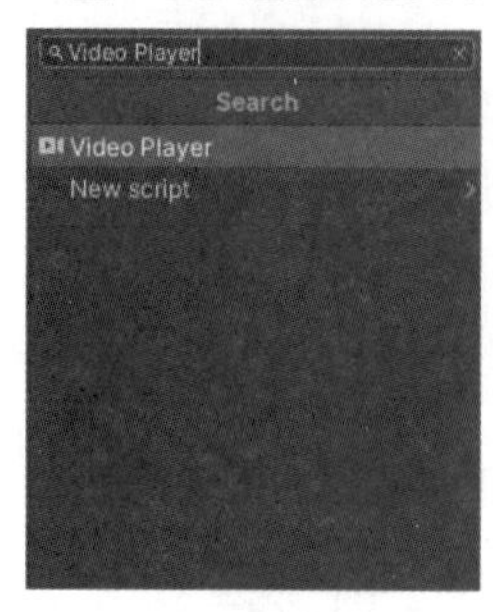

在Plane的Inspector面板中添加了Video Player，单击 Video Clip右端的⊙图标，从Select Video Clip中指定已获取的视频文件，如图4-27所示。在图4-27中，虽然未勾选Loop复选框，但在实际操作中，要先勾选Loop复选框。

在Game视图中播放视频，我们发现视频的显示是倒置的，如图4-28所示。

▼图4-27 在Video Clip上指定视频文件

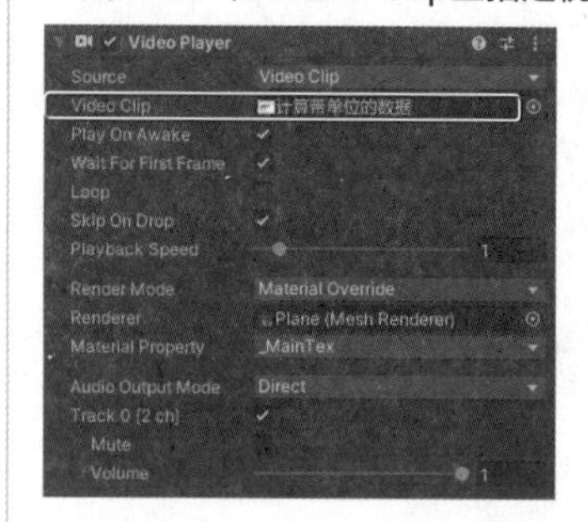

▼图4-28 视频倒过来播放

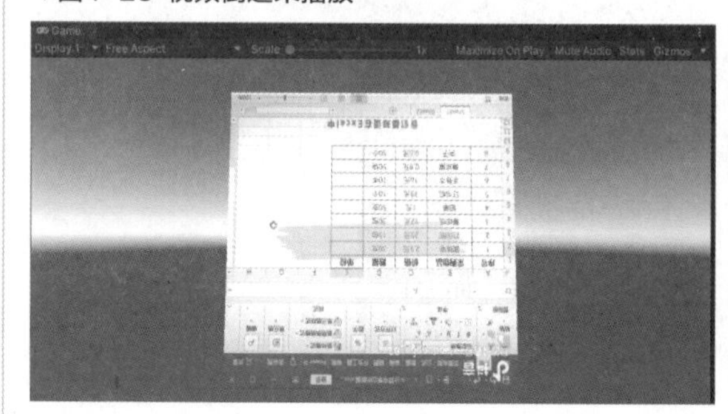

使用旋转工具将Plane纵向旋转。这样，Game视图中的Plane就会消失。再次使用旋转工具将Plane横向旋转后，再进行微调，设置Plane为面向正前方。执行Play，可以看到视频正常播放了，如图4-29所示。

▼图4-29 视频正常播放

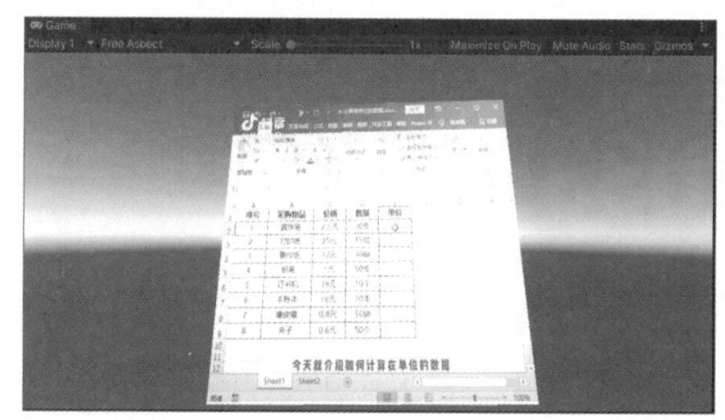

秘技 034 如何创建透明的地板

扫码看视频

对应 2019 2021

难易程度 ●

为了创建一个透明的地板，需要在地板材质的Inspector面板中取消设置Rendering Mode为Transparent，而是选择Fade选项。然后在Color面板中将 A（Alpha值）指定为0。

在Scene视图内配置好Plane。在Assets文件夹中创建一个名为Transparent的材质。选择该Transparent的Material，则会显示Inspector面板，其中的参数设置如下页图4-30所示。

▼图4-30 透明地板的参数设置

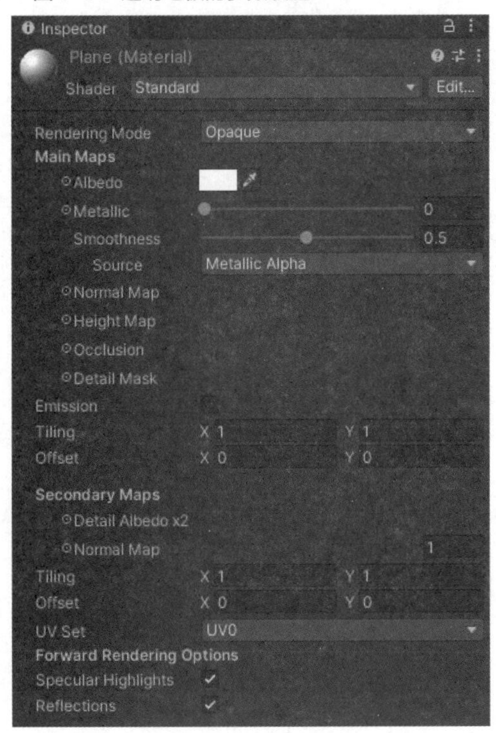

在图4-30中，指定Rendering Mode为Fade，是因为虽然已经存在名为Transparent的项目，但一旦选择了该Transparent，地板就不能完全透明化，所以要选择Fade。在Main Maps的Albedo中显示Color面板，设置R、G、B、A的值均为0，如图4-31所示。

▼图4-31 设置Rendering Mode为Fade，设置R、G、B、A的值均为0

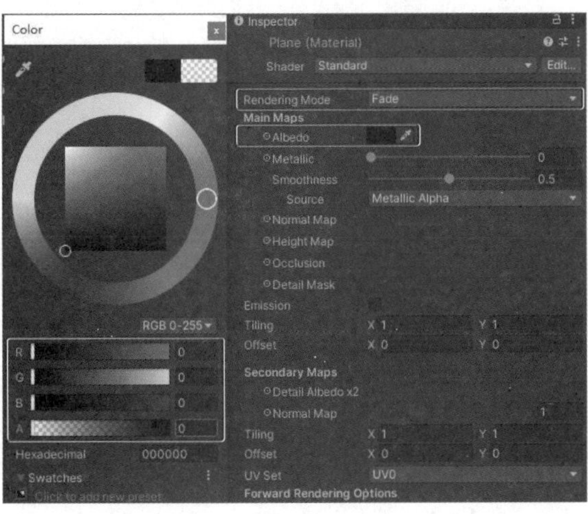

在Plane上拖入Transparent的Material。这样，在Scene视图上配置的Plane会消失不见。如果从Hierarchy面板中选择Plane，可以看到透明的Plane还是存在的，如图4-32所示。

▼图4-32 Plane依然存在，只是透明化了

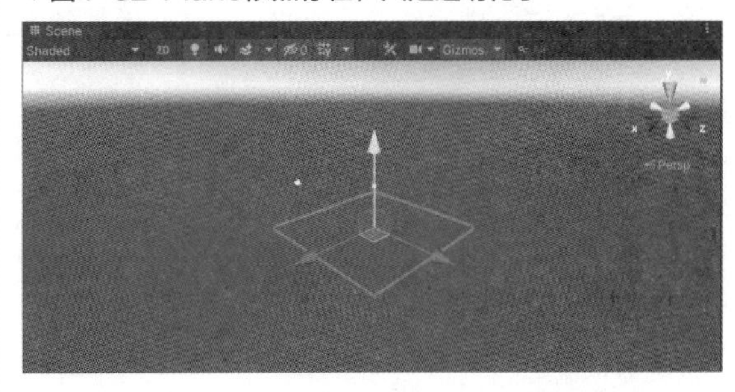

在透明的Plane上方配置Sphere。在Inspector面板中单击Add Component按钮，选择Physics→Rigidbody选项，为Sphere添加重力（如果没有重力，则不会下落），然后执行Play。在Play前，Game视图中的Sphere显示为飘浮在空中的状态，如图4-33所示。在这种状态下执行Play，Sphere会掉落，在下落时被透明的Plane接住，如图4-34所示。

▼图4-33 Play前Sphere的状态

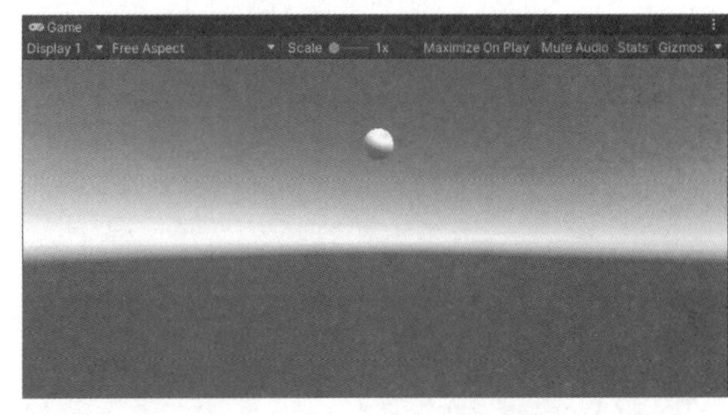

▼图4-34 执行Play，Sphere在透明的Plane上停止

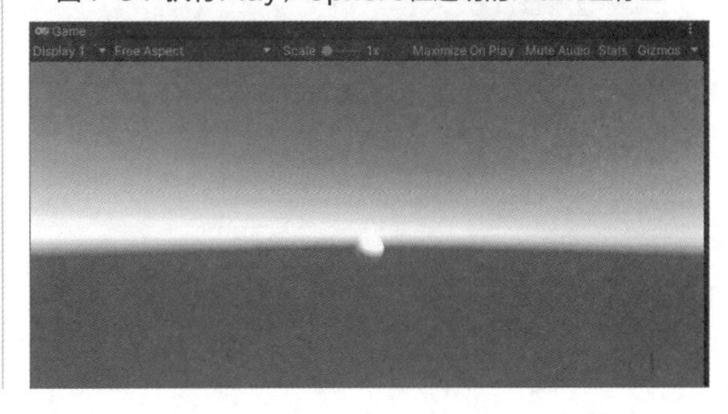

鼠标事件处理秘技

秘技 035 如何在单击的位置显示预设的球体

扫码看视频

对应 2019 2021
难易程度 ●●

在Unity中，Prefab（预设）是一种可以被重复使用的游戏对象，用户可以把Prefab理解为将各种各样的处理打包在一起，是与Asset相似的功能。在Unity菜单中执行Assets→Create→Prefab命令，即可在Assets文件夹下创建一个新预设。使对象Prefab化，只要在Assets文件夹中拖放对象即可。

下面介绍如何创建球体的预设。首先选择Unity菜单中的GameObject→3D Object→Sphere命令，在Scene视图中可以看到创建的球体，如图5-1所示。在Hierarchy面板中也可以看到添加的Sphere。

▼图5-1 创建Sphere

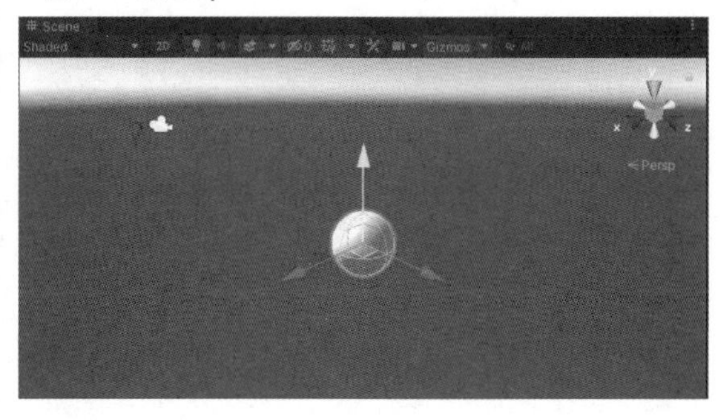

拖放Hierarchy面板中的Sphere到Assets文件夹内，即可创建Sphere的 Prefab，如图5-2所示。然后删除Hierarchy面板中的Sphere。

▼图5-2 在Assets文件夹中拖放Sphere，使其Prefab化

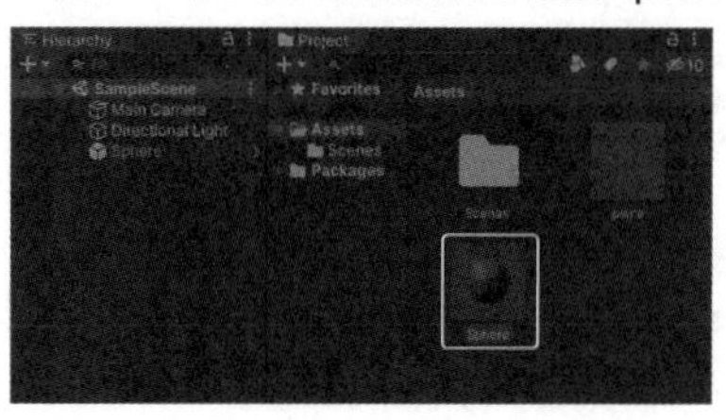

接下来进行脚本编写。先选择Unity菜单中的GameObject→Create Empty命令，创建一个空的游戏对象。然后在Hierarchy面板中将该游戏对象命名为CreateSphere。

接下来选择CreateSphere，显示出Inspector面板。单击Add Component按钮，选择New Script选项，在Name文本框中输入CreateSphereScript，单击Create and Add按钮。这样，Inspector面板内便添加了 CreateSphereScript，双击此脚本，启动Visual Studio工具，代码如列表5-1所示。

▼列表5-1 CreateSphereScript.cs

```
using System.Collections;
using System.Collections.Generic;
using UnityEngine;

public class CreateSphereScript : MonoBehaviour
{
    //在public中声明GameObject类型的变量prefab
    public GameObject prefab;
    //声明Vector3中的变量mousePosition
    private Vector3 mousePosition;
    //Update()函数
    void Update()
    {
        //按下鼠标右键时的处理
        if (Input.GetMouseButtonUp(0))
        {
            //保存在变量mousePosition中单击的坐标
            mousePosition = Input.mousePosition;
            //z轴表示纵深。该值越小，Prefab在面前的显示越大
            //值越大，会向里显示，Prefab的显示越小
            mousePosition.z = 5f;
            //用Instantiate创建prefab的复制，用ScreenToWorldPoint将屏幕坐标变更为世界坐标
            //这样，在已单击的位置上会显示Sphere
            Instantiate(prefab, Camera.main.ScreenToWorldPoint(mousePosition), prefab.transform.rotation);
        }
```

```
    }
}
```

在列表5-1的代码中，public已经声明了变量，CreateSphere在Inspector面板的CreateSphereScript处会显示其属性。回到Unity中，将Assets文件夹内刚刚建立好的Prefab拖放到Inspector面板中脚本里的Prefab，如图5-3所示。

▼图5-3 在Prefab中指定Assets文件夹内的球体预设

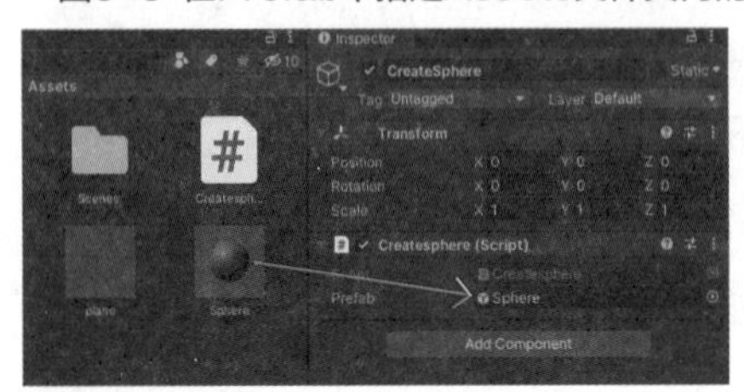

这样就完成了球体的预设设置。运行后，可以在Game视图中看到，鼠标左键单击的位置会自动生成预设的球体，如图5-4所示。

▼图5-4 在鼠标单击的位置生成了预设的Sphere

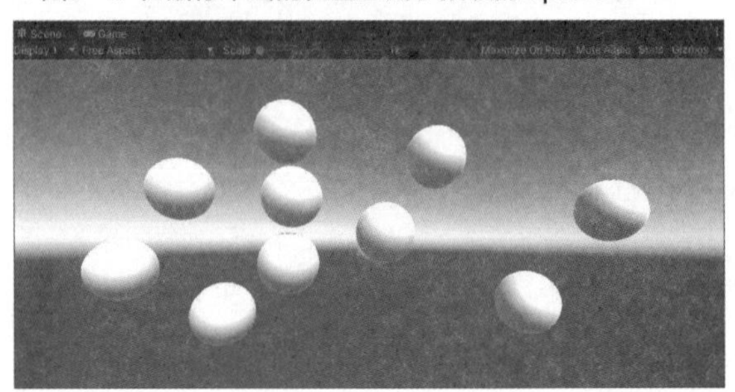

秘技036 如何通过把光标放在对象上改变其颜色

扫码看视频

▶对应 2019 2021

▶难易程度 ●

在Unity中，要实现当光标悬停在蓝色球体上颜色变红、光标离开恢复为蓝色的效果，我们可以使用函数OnMouseOver()和OnMouseExit()实现。即当光标悬停在对象上时，发生OnMouseOver()事件；当光标离开对象时，发生OnMouseExit()事件。首先，在Scene视图中显示创建的Sphere，接着创建名为Blue的材质球，并指定为蓝色。将该蓝色材质球应用在Scene视图中的Sphere上，可以看到Sphere显示为蓝色，如图5-5所示。

选择Hierarchy面板上的Sphere，在Inspector面板中单击Add Component按钮，选择New Script选项，在Name文本框中输入ChangeColorScript，单击Create and Add按钮。

双击Inspector面板中添加的ChangeColorScript脚本，启动Visual Studio工具，代码如列表5-2所示。

▼图5-5 Scene视图中存在一个蓝色的Sphere

▼列表5-2 ChangeColorScript.cs

```
using System.Collections;
using System.Collections.Generic;
using UnityEngine;

public class ChangeColorScript : MonoBehaviour
{
    //声明GameObject的类型变量sphere
    GameObject sphere;

    //Start()函数
    void Start()
    {
```

```
        //访问名为Sphere的GameObject，参照变量Sphere
        sphere = GameObject.Find("Sphere");
    }


    //光标在Sphere上时的处理
    void OnMouseOver()
    {
        //Sphere的颜色变为红色
        sphere.GetComponent<Renderer>().material.color = Color.red;
    }

    //光标从Sphere上离开时的处理
    void OnMouseExit()
    {
        //Sphere的颜色恢复了原来的蓝色
        sphere.GetComponent<Renderer>().material.color = Color.blue;
    }
}
```

回到Unity中运行并查看效果，当光标悬停在蓝色Sphere上时，颜色变为红色，如图5-6所示。

▼图5-6 光标在上方时，Sphere的颜色变为红色

当光标从Sphere上移开时，Sphere恢复原来的蓝色，如图5-7所示。

▼图5-7 光标离开时，Sphere变为蓝色

秘技 037

如何通过单击悬浮于空中的对象使其落下

扫码看视频

▶对应 2019 2021

▶难易程度 ●

在Scene视图中的Plane上方新建Sphere对象，如图5-8所示。为了让Sphere落在Plane上，我们需要为Sphere添加重力。

选择Sphere对象，在Inspector面板中单击Add Component按钮，选择Physics→Rigidbody选项，为Sphere添加重力（Rigidbody）。启用重力功能时，先不勾选Use Gravity复选框，如下页图5-9所示。

▼图5-8 在Plane上方创建Sphere对象

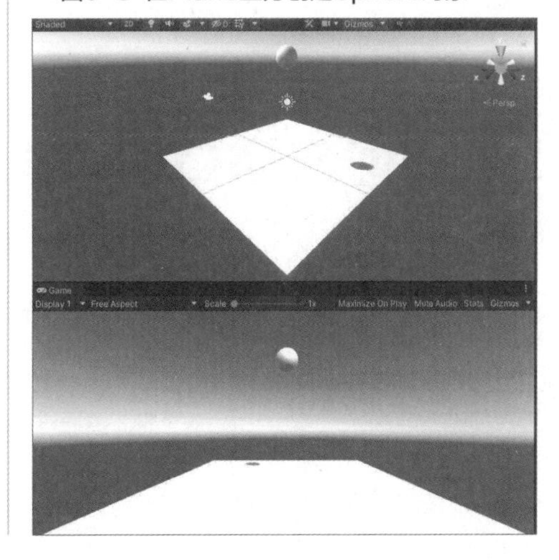

▼图5-9 不勾选Use Gravity复选框

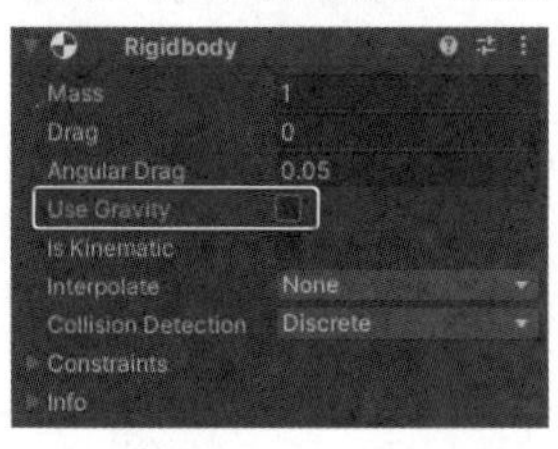

在Hierarchy面板中选中Sphere，在Inspector面板中单击Add Component按钮，选择New Script选项，然后在Name文本框中输入DropSphereScript，单击Create and Add按钮，在Inspector内添加DropSphereScript脚本。双击该脚本，启动Visual Studio工具，代码如列表5-3所示。

▼列表5-3 DropSphereScript.cs

```
using System.Collections;
using System.Collections.Generic;
using UnityEngine;

public class DropSphereScript : MonoBehaviour
{
    //单击鼠标左键时，可获得Rigidbody组件
    //在useGravity属性中指定true，Sphere在重力作用下掉落在地板上
    void Update()
    {
        if (Input.GetMouseButtonUp(0))
        {
            GetComponent<Rigidbody>().useGravity = true;
        }
    }
}
```

回到Unity中运行并查看效果，此时Sphere会飘浮在Plane上，如图5-10所示。

▼图5-10 Sphere飘浮在Plane上空

单击Sphere，它掉落到地板上，如图5-11所示。

▼图5-11 单击Sphere，即会掉落到地板上

秘技 038

如何应用OnMouseDown事件

扫码看视频

对应 2019 2021

难易程度 ●●

在Unity中，要实现“鼠标左键被按下时触发事件”功能，可以使用OnMouseDown方法。OnMouseDown事件在按下鼠标左键时发生，启用OnMouseDown事件前，需要在模型上添加Box Collider碰撞器。要通过鼠标单击Tiger创建动作，首先进入Asset Store，搜索并导入Golden Tiger资源，如下页图5-12所示。

在Project面板内选择Golden Tiger文件，如下页图5-13所示。在已配置Plane的Scene视图或Hierarchy面板内拖放Tiger文件夹内的Walk（Tiger）。若Walk（Tiger）背向镜头，可以在Inspector面板的Transform选项区域中，将Rotation *Y*轴的值指定为180，如下页图5-14所示。

▼图5-12 导入Golden Tiger资源

▼图5-13 获取Tiger的相关文件

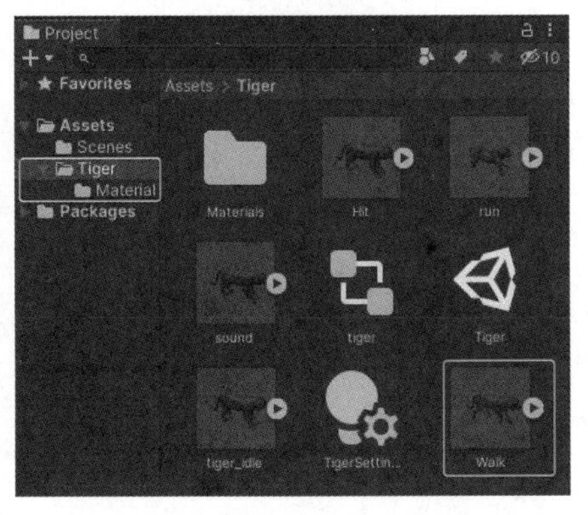

▼图5-14 在Scene视图中配置Walk

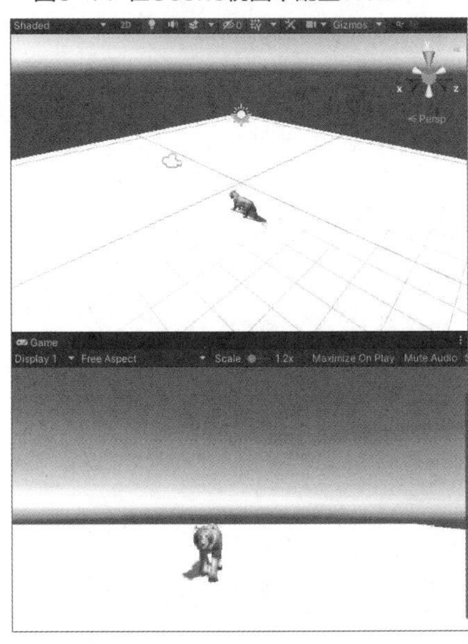

在Tiger文件夹中选择Walk，在Inspector面板中切换至Rig选项卡，单击Animation Type右侧下三角按钮，选择Legacy选项，然后单击Apply按钮，如图5-15所示。完成Apply后切换至Rig右侧的Animation选项卡，在Wrap Mode下拉列表中选择Loop选项。该Wrap Mode下方还有一个选项，将其也指定为Loop，单击Apply按钮，如图5-16所示。

▼图5-15 在Animation Type中指定Legacy

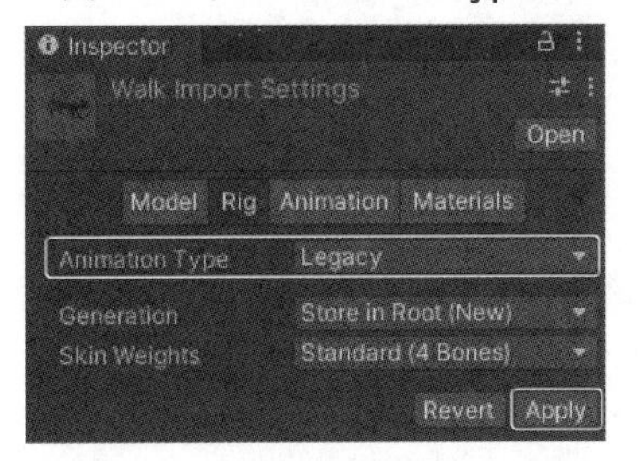

▼图5-16 将Wrap Mode指定为Loop

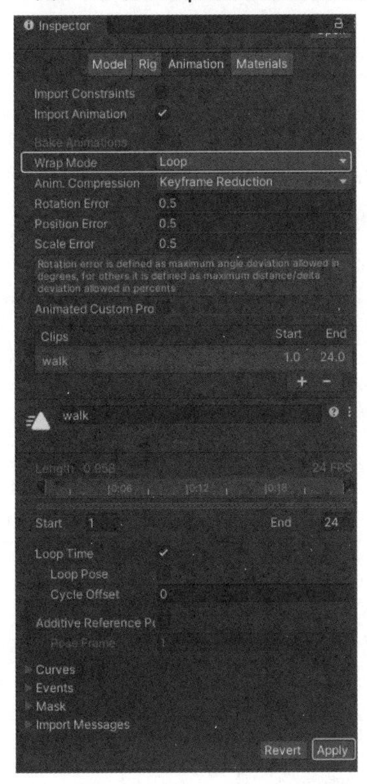

接下来，在Hierarchy面板内选择Walk，在Inspector面板中单击Add Component按钮，选择Physics→Box Collider选项，在Inspector面板中添加Box Collider。调整Center和Size的值，把Walk用图5-17的绿色细线围起来。如果在Walk中未添加Box Collider碰撞器，则OnMouseDown事件不会发生。

▼图5-17 为Walk添加Box Collider碰撞器

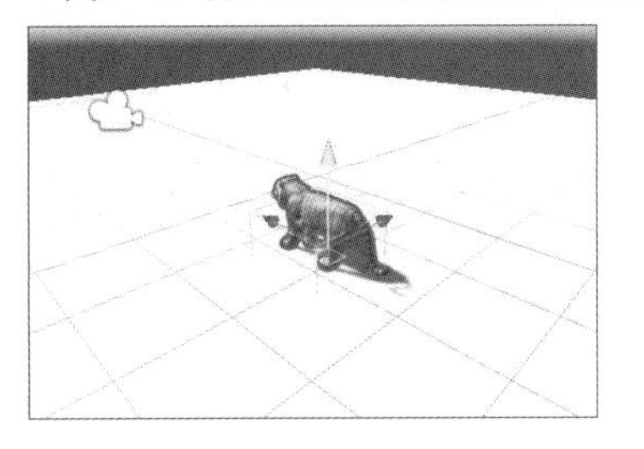

同样，在不勾选Inspector面板中Walk（Tiger）的Animation复选框后Play，可以看到Walk（Tiger）没有动画效果。单击Add Component按钮，选择New Script选项，在Name文本框中输入WalkScript，单击Create and Add按钮，然后在Inspector面板中添加WalkScript脚本并双击，启动Visual Studio，代码如列表5-4所示。

▼列表5-4 WalkScript.cs

```
using System.Collections;
using System.Collections.Generic;
using UnityEngine;

public class WalkScript : MonoBehaviour
{
    //声明GameObject类型变量obj
    GameObject obj;
    //声明Animation类型变量anim
    Animation anim;

    //Start()函数
    void Start()
    {
        //用Find方式访问Walk(Tiger),参照变量obj
        obj = GameObject.Find("Walk");

        //在GetComponent中获取Animation组件,并在变量anim中引用
        anim = obj.GetComponent<Animation>();
    }

    //Update()函数
    void Update()
    {
        //如果已启用Animation,使Walk(Tiger)向前进
        if (anim.enabled == true)
        {
            obj.transform.Translate(Vector3.forward * Time.deltaTime * (transform.localScale.x * .2f));
        }
    }

    //OnMouseDown事件处理
    private void OnMouseDown()
    {
        //启用Animation,执行walk动画效果
        anim.enabled = true;
        anim.Play("walk");
    }
}
```

回到Unity中运行并查看效果，按下鼠标左键点击Walk（Tiger）的上方，Walk（Tiger）开始向前行走，如图5-18所示。

▼图5-18 Walk（Tiger）正在向前方行走

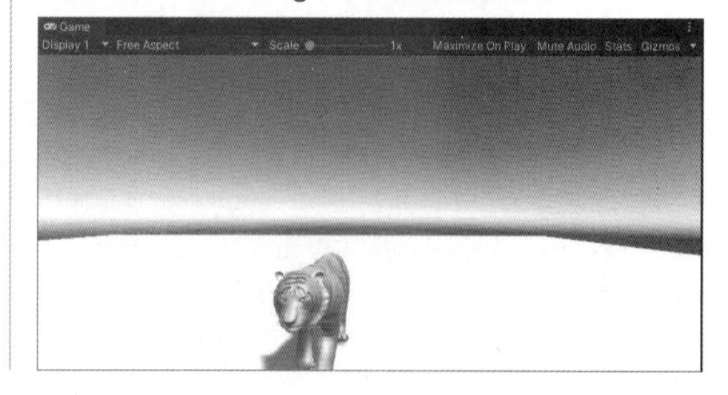

秘技 039

如何应用OnMouseUp事件

扫码看视频

▶对应 2019 2021

▶难易程度 ●●

在Unity中，OnMouseDown和OnMouseUp分别是按下鼠标左键时触发的事件和松开按下的鼠标左键时触发的事件。下面将介绍通过OnMouseUp事件，使浮在空中的Sphere落下来。在Scene视图中创建一个Sphere，并进行配置，如图5-19所示。选择Sphere，在Inspector面板中单击Add Component按钮，执行Physics→ Rigidbody操作，在Inspector面板中添加Rigidbody属性，如图5-20所示。

▼图5-19 创建球体

▼图5-20 添加Rigidbody属性

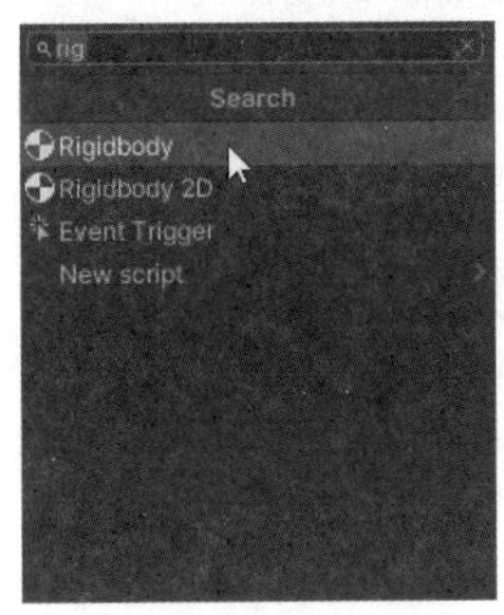

这样即可在Inspector面板中为Sphere添加Rigidbody属性。此时系统默认勾选Use Gravity复选框，这里取消勾选，不要启用重力，如图5-21所示。

▼图5-21 取消Rigidbody的Use Gravity复选框的勾选

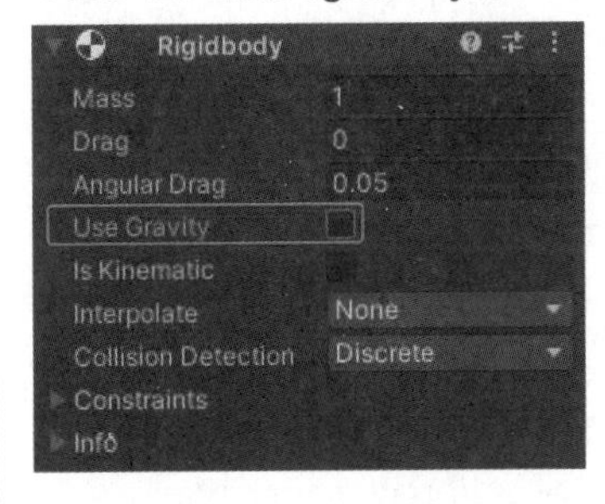

单击Add Component按钮，选择New Script选项，在Name文本框中输入OnMouseUpScript，然后单击Create and Add按钮，即可在Inspector面板中添加OnMouseUpScript脚本。双击该脚本，启动Visual Studio，代码如列表5-5所示。

▼列表5-5 OnMouseUpScript.cs

```
using System.Collections;
using System.Collections.Generic;
using UnityEngine;
public class OnMouseUpScript : MonoBehaviour
{
    //OnMouseUp事件的处理
    //通过GetComponent访问Rigidbody组件，在useGrabity属性上
    //指定true。这样，Sphere会在重力作用下，向下面掉落
    void OnMouseUp()
    {
        GetComponent<Rigidbody>().useGravity = true;
    }
}
```

回到Unity中并运行程序，可以看到Sphere是飘浮于空中的状态，如图5-22所示。

▼图5-22 Sphere飘浮在空中

点击Sphere后松开鼠标左键，Sphere在重力的作用下会向下方掉落，如图5-23所示。

▼图5-23 通过OnMouseUp事件，Sphere在重力的作用下向下方掉落

秘技 040

如何应用OnMouseDrag事件

在Unity中，我们可以组合使用OnMouseDown与OnMouseDrag事件，实现拖放游戏对象的功能。首先，从Asset Store中下载需要使用的游戏角色。进入Asset Store，在搜索栏内搜索并导入Barbarian warrior资源至Unity，如图5-24所示。此时用光标拖动Barbarian warrior，即可移动。

▼图5-24 下载并导入Barbarian warrior资源

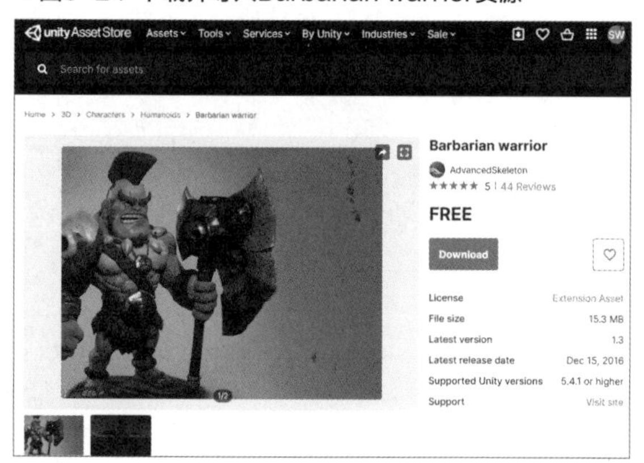

现在我们可以看到在Project面板内显示的Barbarian文件，如图5-25所示。

在Hierarchy面板中选择Barbarian对象，在Inspector面板中单击Add Component按钮，选择Physics Box Collider，添加Box Collider碰撞器。调整Center与Size的值后，可以看到用细绿框将Barbarian围起来的效果，如图5-26所示。

接着，在Scene面板中拖放Assets→Barbarian→Models文件夹内的Barbarian对象。由于Barbarian是背对镜头的，可以在Inspector面板的Transform选项区域中，将Rotation *Y*轴的值指定为180，改变镜头的方向，如下页图5-27所示。

▼图5-25 读取Barbarian文件

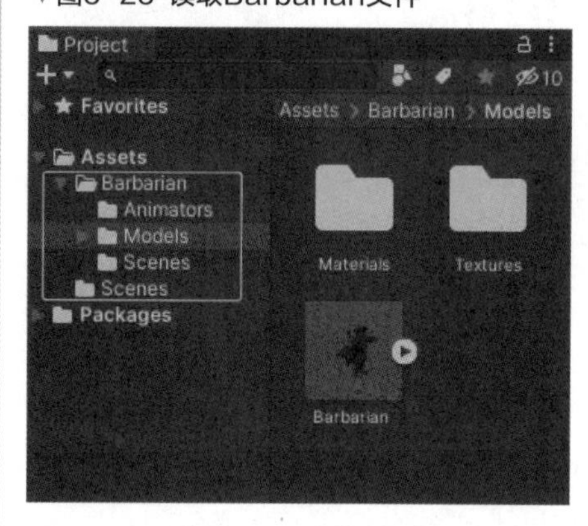

▼图5-26 为Barbarian添加Box Collider碰撞器

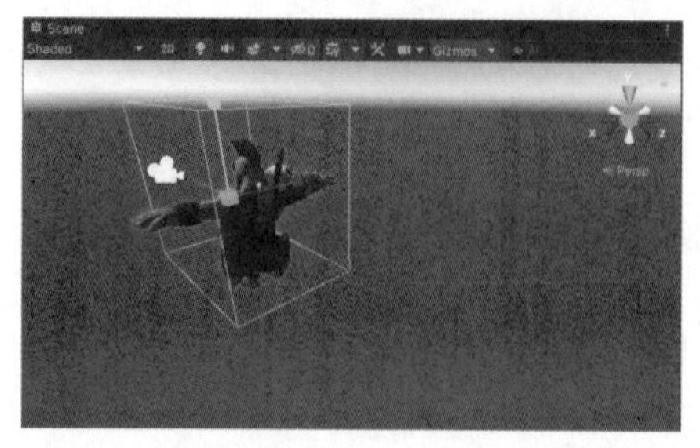

▼图5-27 调整Barbarian为正对镜头

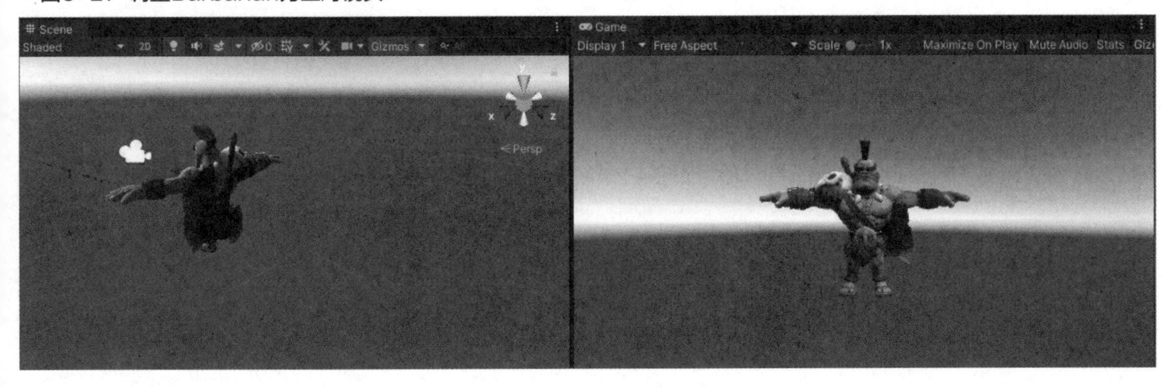

在Hierarchy面板中选择Barbarian，显示Inspector面板后，单击Add Component按钮，选择New Script选项，在Name文本框中输入BarbarianMouseDragScript，单击Create and Add按钮，即可在Inspector面板中添加OnMouseDragScript脚本。双击该脚本，启动Visual Studio，代码如列表5-6所示。

▼列表5-6 BarbarianMouseDragScript.cs

```
using System.Collections;
using System.Collections.Generic;
using UnityEngine;

public class BarbarianMouseDragScript : MonoBehaviour
{
    //声明Vector3型的screenAxis与offset变量
    Vector3 screenAxis;
    Vector3 offset;

    //按下鼠标右键时的处理
    void OnMouseDown()
    {
        //将人物的位置(transform.position)从世界坐标变更为屏幕坐标
        //保存于变量screenAxis中
        screenAxis = Camera.main.WorldToScreenPoint(transform.position);

        //从人物的位置开始，由屏幕坐标变更为世界坐标
        //求出光标位置之差，保存在变量offset中
        offset = transform.position - Camera.main.ScreenToWorldPoint(new Vector3(Input.mousePosition.x, Input.
mousePosition.y, screenAxis.z));
    }

    //用光标拖放人物时的处理
    void OnMouseDrag()
    {
        //将人物的当前位置保存在变量presentPoint中
        Vector3 presentPoint = new Vector3(Input.mousePosition.x, Input.mousePosition.y, screenAxis.z);
        //将人物的当前位置从屏幕坐标变换为世界坐标
        //在其上再加上变量offset的值，保存在变量presentPosition中
        Vector3 presentPosition = Camera.main.ScreenToWorldPoint(presentPoint) + offset;

        //将人物的位置作为presentPosition
        transform.position = presentPosition;
    }
}
```

回到Unity中并运行程序，用光标拖拉Barbarian对象，查看拖动效果，如图5-28所示。

▼图5-28　用光标拖拉移动Barbarian

秘技 041 如何应用Input.GetButton处理

扫码看视频

对应 2019 2021

难易程度 ●●

在Unity中，Input.GetButton的语法格式为Input.GetButton（string buttonname）。保持buttonname键为按下状态时，返回true。对象的显示、隐藏在程序中作为SetActive方法的自变量，通过指定为true或false，即可进行切换。

在Asset Store中搜索并导入Battle Wizard Poly Art资源，如图5-29所示。

▼图5-29　导入Wizard Poly Art资源

这样，即可在Project面板中导入WizardPolyArt文件，如图5-30所示。

这里使用的是Asset→WizardPolyArt→Prefabs文件夹内名为PolyArtWizard的两个角色。在Scene视图中拖放这两个角色并添加红色和绿色材质。

这两个角色为水平状态，在Inspector面板的Transform选项区域中，将Rotation *Y*轴的值指定为90，将两个角色设置为站立状态。在Transform选项区域中将Rotation *Y*轴的值指定为180，使角色面向镜头。

调整Main Camera的位置，如下页图5-31所示。下面将介绍如何实现在绿色衣服的PolyArtWizard上按住鼠标左键不放时，衣服显示为红色，放开左键后，衣服显示为绿色。

▼图5-30　导入WizardPolyArt文件

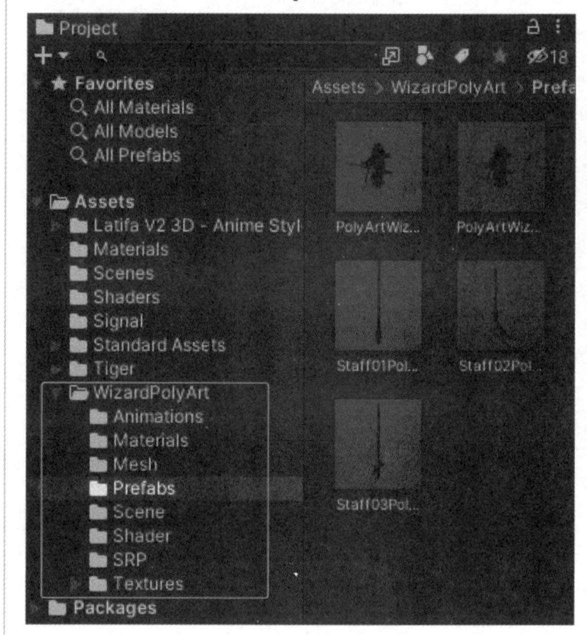

▼图5-31 为两个PolyArtWizard角色设置绿色与红色衣服

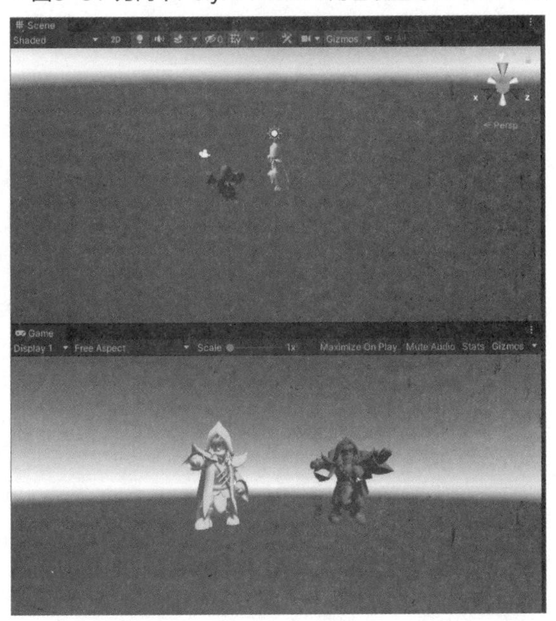

将这两个角色重叠于相同的位置，哪个置于上方均可，如图5-32所示。

从Hierarchy面板中选择任意一个PolyArtWizard，显示Inspector面板，取消任意一个PolyArtWizard复选框的勾选，如图5-33所示。

▼图5-32 重叠两个角色

▼图5-33 取消PolyArtWizardStandardMat...复选框的勾选

这样，红色模型被隐藏，在Game视图中只显示绿色模型，如图5-34所示。

▼图5-34 红色模型被隐藏，只显示绿色模型

选择Hierarchy面板中的绿色模型，显示Inspector面板，单击Add Component按钮，选择New Script选项。在Name文本框中输入ChangeKohakuScript，单击Create and Add按钮，ChangeKohakuScript脚本被添加到Inspector面板中。双击该脚本，启动Visual Studio，代码如列表5-7所示。

▼列表5-7 ChangeKohakuScript.cs

```
using System.Collections;
using System.Collections.Generic;
using UnityEngine;

public class ChangeKohakuScript : MonoBehaviour
{

    //在public中声明GameObject类型的变量obj1与obj2
    public GameObject obj1;
    public GameObject obj2;

```

```
    //Update()函数
    void Update()
    {
        //在Input.Button("Fire1")中写下按下鼠标左键时的处理
        if (Input.GetButton("Fire1"))
        {
            //显示在Inspector面板中显示出来的obj2(红色人物模型)
            //不按鼠标左键时，把obj1(绿色人物模型)设置为不显示
            obj2.SetActive(true);
            obj1.SetActive(false);
        }
        //如果不按鼠标左键，obj2(红色人物模型)将被隐藏
        //obj1(绿色人物模型)将被显示
        else
        {
            obj2.SetActive(false); obj1.SetActive(true);
        }
    }
}
```

将该脚本也添加到红色人物模型中：选择红色人物模型，单击Add Component按钮，选择Scripts选项，创建好的Script就会显示出来，这时选择该Script。使红色人物模型与绿色人物模型显示出来之后，可以看到列表5-7中声明的public变量显示在Inspector面板的Change Kohaku Script（Script）属性栏中。将obj1指定为绿色人物模型，将obj2指定为红色人物模型，如图5-35所示。Input.GetButton（Fire1）对应鼠标的左键。

▼图5-35 将obj1与obj2指定为绿色人物模型与红色人物模型

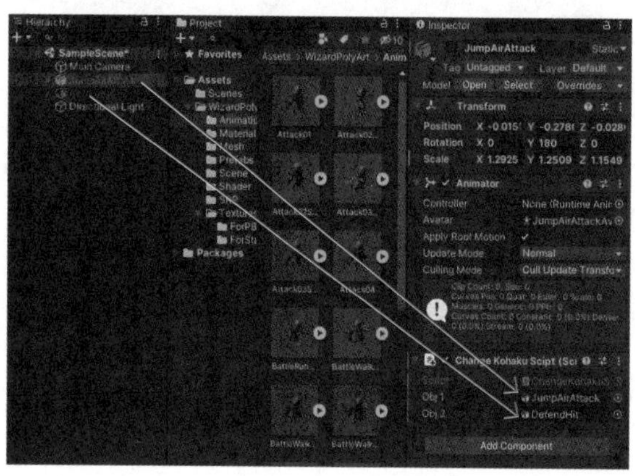

执行Play后，在绿色人物模型上按住鼠标左键不放，红色人物模型会显示出来；松开鼠标左键，绿色人物模型就会显示出来。如图5-36所示。

▼图5-36 在绿色人物模型上按住鼠标左键不放，显示红色人物模型；松开鼠标左键，显示绿色人物模型

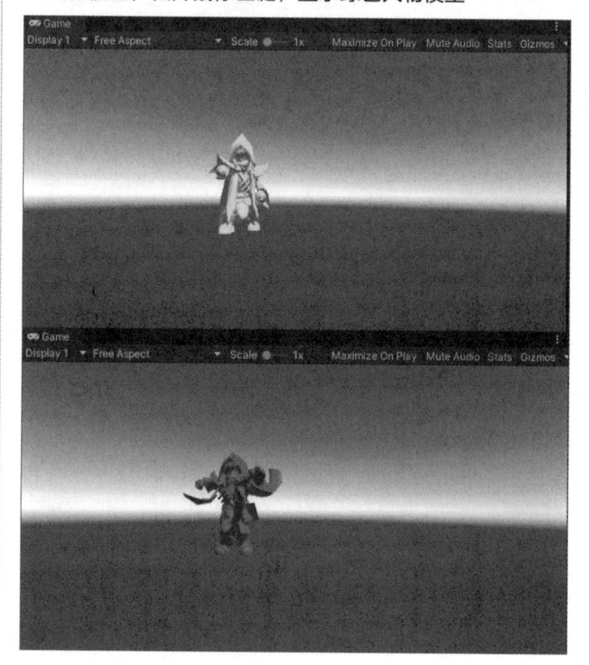

秘技042 如何应用Input.GetKeyDown处理

扫码看视频

对应 2019 2021

难易程度 ●●

Input.GetKeyDown的语法格式为Input.GetKeyDown（name），用户按下用name指定的按键返回true。这里使用秘技041中的人物模型，使用Assets→WizardPolyArt→Prefabs文件夹内的两个PolyArtWizard角色。在Scene面板中拖放这两个角色，此时为水平状态。在Inspector面板的Transform选项区域中，将Rotation *Y*轴的值指定为90，将两个角色设置为站立状态。在Transform选项区域中将Rotation *Y*轴的值指定为180，改变镜头的方向并添加红色和绿色材质。

接着将这两个人物模型重叠在相同的位置上，无论谁在上面均可。到此为止的操作均与秘技041相同，详情请参照秘技041。在秘技041中，按下鼠标左键，将绿色人物模型变换为红色人物模型。这里将介绍如何通过按下键盘上的Space键，使其发生变化。从Hierarchy面板中选择红色人物模型，显示Inspector面板并取消红色人物模型复选框的勾选，如图5-37所示。

▼图5-37 取消红色人物模型复选框的勾选

于是，红色人物模型被隐藏，在Game视图中只显示绿色人物模型，如图5-38所示。

▼图5-38 红色人物模型为隐藏状态，只显示绿色人物模型

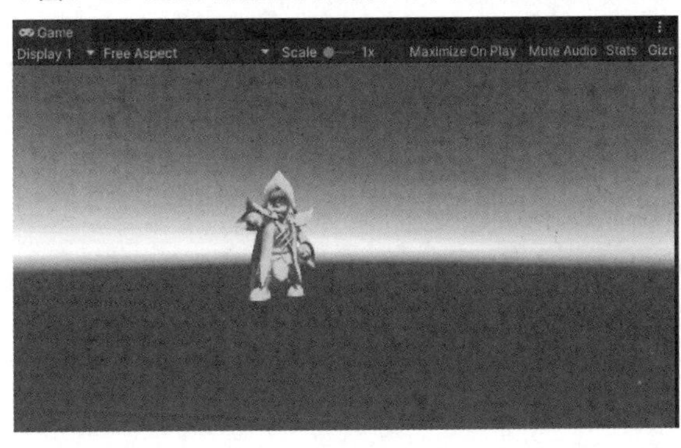

接下来，选择Hierachy面板内的绿色人物模型，显示Inspector面板，单击Add Component按钮，选择New Script选项。在Name文本框中输入UnityKohakuGetKeyDownScript，单击Create and Add按钮，将脚本添加到Inspector面板中。双击该脚本启动Visual Studio，代码如列表5-8所示。

▼列表5-8 UnityKohakuGetKeyDownScript.cs

```
using System.Collections;
using System.Collections.Generic;
using UnityEngine;
public class UnityKohakuGetKeyDownScript : MonoBehaviour
{

    //在public中声明GameObject型的变量obj1与obj2
    public GameObject obj1;
    public GameObject obj2;
    //Update()函数

    void Update()
    {
        //记述按下键盘上的Space键时的处理
        if (Input.GetKeyDown("space"))
        {
            //在Inspector面板中显示出来的obj2(unityman)，设置obj1(unitymask)
            obj2.SetActive(true);
            obj1.SetActive(false);
        }
    }
}
```

将该脚本也添加到红色人物模型中：选择红色人物模型，单击Add Component按钮，选择Scripts，创建好的Script就会显示出来，这时选择该Script。使红色人物模型与绿色人物模型显示出来之后，可以看到列表5-8中声明的public变量显示在Inspector面板的UnityKohakuGetKeyDownScript（Script）属性栏中。

将obj1指定为绿色人物模型，将obj2指定为红色人物模型，详细设置见秘技041的图5-35。

执行Play，显示绿色人物模型，效果与秘技041几乎相同，如图5-39所示。在秘技041中按下鼠标左键，变换为红色人物模型。在这里，可以通过按下键盘上的Space键进行变换。

▼图5-39 按下Space键，从绿色人物模型转换为红色人物模型的状态

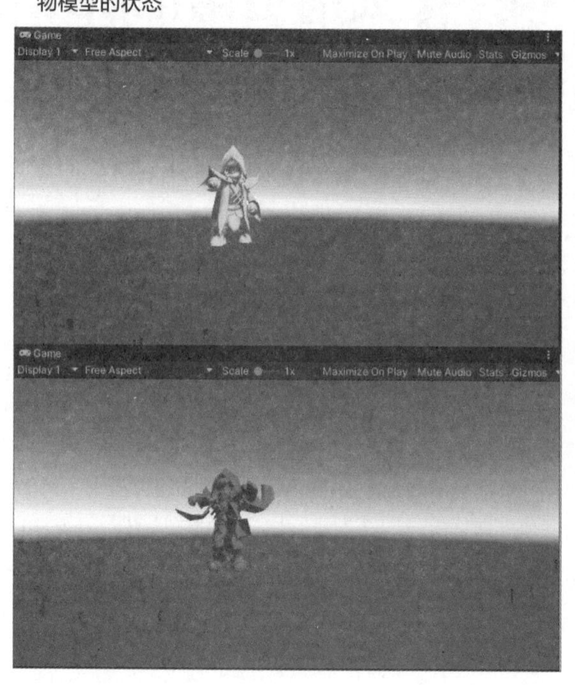

秘技043 如何应用Input.GetKey处理

扫码看视频

对应 2019 2021

难易程度 ●●

Input.GetKey语法格式为GetKey（string name）。按住用name指定的按键不放，返回true。这里也使用秘技041中的人物模型。

使用Assets→WizardPolyArt→Prefabs文件夹内的PolyArtWizard两个角色。在Scene面板中拖放这两个角色，此时为水平状态。在Inspector面板的Transform选项区域中，将Rotation *Y*轴的值指定为90，设置两个角色为站立状态。在Transform选项区域中将Rotation *Y*轴的值指定为180，改变镜头的方向并添加红色和绿色材质。

然后将这两个人物重叠在相同的位置上，无论谁在上面均可。到此为止的操作均与秘技041相同，详情请参照秘技041。

从Hierarchy面板中选择红色人物模型，显示Inspector面板，取消红色人物模型复选框的勾选，如图5-37所示。这样，在Game视图中只显示绿色人物模型。

到此为止的操作均与秘技041相同，详情请参照秘技041。下面将介绍通过按下键盘上的X键，使绿色人物模型变换为红色人物模型的处理。

选择Hierarchy面板内的绿色人物模型，显示Inspector面板，单击Add Components按钮，选择New Script选项。在Name文本框中输入UnityKohakuGetKeyScript，单击Create and Add按钮，在Inspector面板中添加UnityKohakuGetKeyScript脚本并双击，启动Visual Studio，代码如列表5-9所示。

▼列表5-9 UnityKohakuGetKeyScript.cs

```
using System.Collections;
using System.Collections.Generic;
using UnityEngine;

public class UnityKohakuGetKeyScript : MonoBehaviour
```

```
{
    //在public中声明GameObject型的变量obj1与obj2
    public GameObject obj1;
    public GameObject obj2;

    //Update()函数
    void Update()
    {
        //记述按下键盘上X键时的处理
        if (Input.GetKey(KeyCode.X))
        {
            //显示在Inspector面板中显示出来的obj2(红色人物模型)
            //把obj1(绿色人物模型)设置为隐藏状态
            obj2.SetActive(true); obj1.SetActive(false);
        }
    }
}
```

指定Input.GetKey的自变量时，需要通过KeyCode枚举器属性指定Key。不指定KeyCode，只记述为Input.Get("X")也是可以的。

将该脚本也添加到红色人物模型中：选择红色人物模型，单击Add Component按钮，选择Scripts，创建好的脚本就会显示出来。这时选择该脚本，在Inspector面板中显示出来，在UnityKohakuGetKeyDownScript(Script)属性栏中，将列表5-9中声明的public变量作为属性显示。将obj1指定为绿色人物模型，将obj2指定为红色人物模型，具体设置参照秘技041的图5-35。

执行Play，会显示绿色人物模型，与秘技042的效果几乎相同。在秘技042中按下键盘上的Space键，使其变换为红色人物模型。在这里，通过按下键盘上的X键进行变换，如图5-40所示。秘技041与秘技042的处理几乎是一样的。

▼图5-40　按下键盘上的X键，把绿色人物模型变换为红色人物模型

秘技044　如何应用Input.GetButtonUp处理

扫码看视频

对应 2019 2021

难易程度 ●●

Input.GetButtonUp的语法格式为Input.GetButtonUp(string buttonname)。松开Buttonname指定的按键后返回true。

这里也使用秘技041中的人物模型。在Scene面板中拖放Assets→WizardPolyArt→Prefabs文件夹内的PolyArtWizard两个角色，此时为水平状态。在Inspector面板的Transform选项区域中，将Rotation *Y*轴的值指定为90，将两个角色设置为站立状态。在Transform选项区域中将Rotation *Y*轴的值指定为180，改变镜头的方向并添加红色和绿色材质。

然后将这两个人物重叠在相同的位置上，无论谁在上面均可。到此为止的操作均与秘技041相同，详情请参照秘技041。从Hierarchy面板中选择红色人物模型，显示Inspector面板，取消红色人物模型复选框的勾选，如图5-37所示。这样，在Game视图中只显示绿色人物模型。到此为止的操作均与秘技041相同，详情请参照秘技041。

下面将介绍通过按下鼠标左键，使绿色人物模型变换为红色人物模型的处理，与单击鼠标左键时是相同的。

选择Hierarchy面板内的绿色人物模型，显示Inspector面板，单击Add Components按钮，选择New Script选项。在Name文本框中输入UnityKohaku-GetButtonUpScript，单击Create and Add按钮，在Inspector面板中添加UnityKohakuGetButtonUp-Script脚本并双击，启动Visual Studio，代码如列表5-10所示。

▼列表5-10 UnityKohakuGetButtonUPScript.cs

```
using System.Collections;
using System.Collections.Generic;
using UnityEngine;

public class UnityKohakuGetButtonUpScript : MonoBehaviour
{
    //在public中声明GameObject类型变量obj1与obj2
    public GameObject obj1;
    public GameObject obj2;
    //Update()函数
    void Update()
    {
        //记述按下鼠标左键的处理
        if (Input.GetButtonUp("Fire1"))
        {
            //显示在Inspector面板中显示出来的obj2(红色人物模型)
            //把obj1(绿色人物模型)设置为隐藏状态
            obj2.SetActive(true);
            obj1.SetActive(false);
        }
    }
}
```

将该脚本添加到红色人物模型中。添加方法是选择红色人物模型，从Add Component中选择Scripts，创建好的脚本就会显示出来。选择该脚本，使红色和绿色人物模型都显示出来，然后在UnityKohakuGetButton-UPScript（Script）属性栏中，将列表5-10中声明的public变量作为属性显示。将obj1指定为绿色人物模型，将obj2指定为红色人物模型，参照秘技041的图5-35。

执行Play，会显示绿色人物模型，与秘技043的效果几乎相同。在秘技043中按下键盘上的Space键，使其变换为红色人物模型。这里是通过按下鼠标左键或键盘上的左Ctrl键，放开后即会变换为红色人物模型，如图5-41所示。

▼图5-41 按下鼠标左键，放开后即会变换为红色人物模型

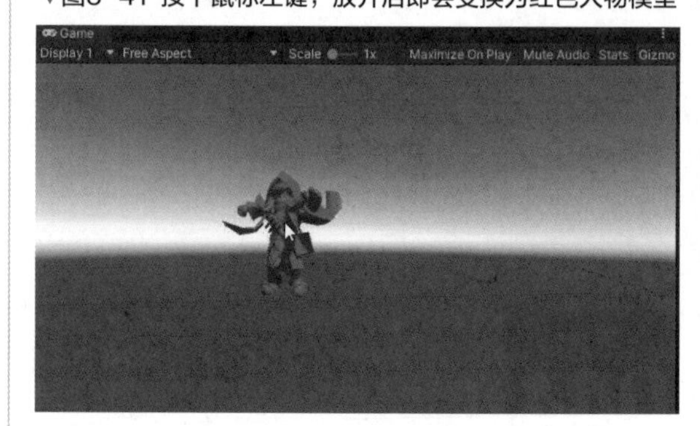

uGUI按钮处理秘技

秘技045 如何添加uGUI按钮

Canvas是画布，是所有UI控件的根类，我们也可以将其看作所有UI控件的父物体，所有UI控件都必须在Canvas上面绘制。要在UI中添加按钮，则可以在Unity的Hierarchy面板中右击，在弹出的快捷菜单中选择UI→Button命令，如图6-1所示。

▼图6-1 从UI子菜单中选择Button命令

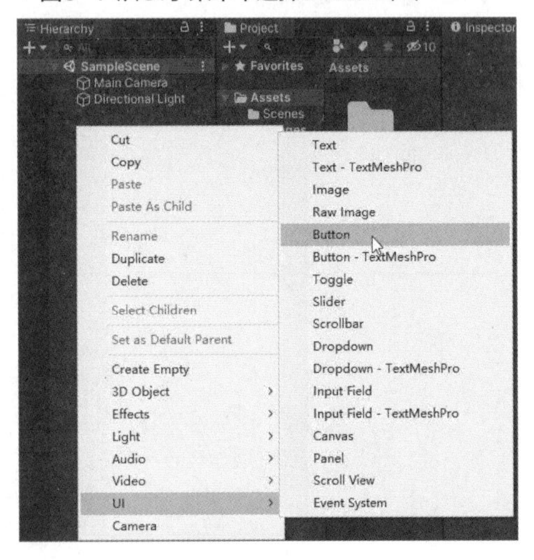

添加按钮后，在Hierarchy面板的Canvas下会显示添加的Button。由于Canvas太庞大了，通常情况下添加的Button在Scene视图中是看不到的，如图6-2所示。可以通过滚动鼠标滚轮来放大显示添加的按钮。

在Game视图中我们看到按钮上会显示三个方向的箭头。选中该按钮，可以将其移动到视图中的合适位置，如图6-3所示。

▼图6-2 尽管在Hierarchy面板内添加了Button，但是在Scene视图中看不到

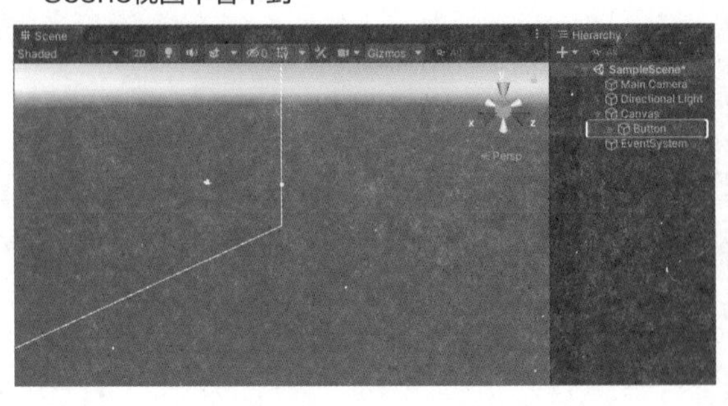

▼图6-3 在Scene视图中放大显示Button并移至恰当的位置

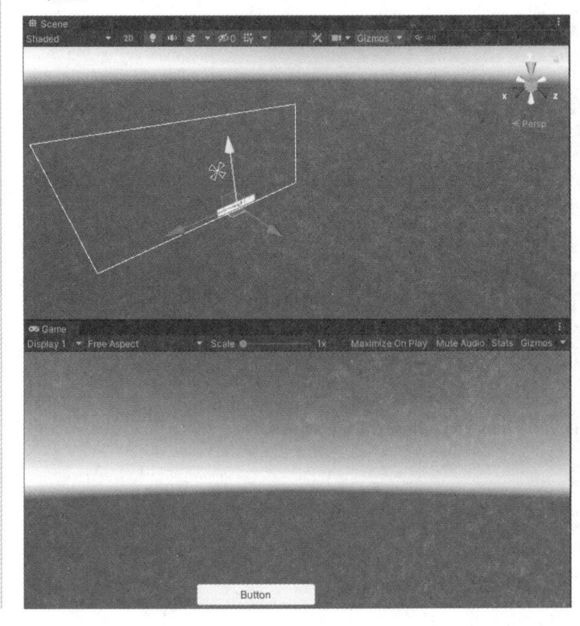

秘技
046

秘技046 如何设置Canvas显示模式

扫码看视频
对应
2019
2021
难易程度

画布UI缩放的模式默认为Scale With Screen Size，标准分辨率默认为800×600。在秘技045中图6-2状态下，从Hierarchy面板中选择Canvas选项，显示Inspector面板。将Canvas Scaler（Script）的UI Scale Mode缩放模式设置为Constant Pixel Size，即将画布尺寸设置为恒定像素大小，如图6-4所示。

▼图6-4 将UI缩放模式设置为Constant Pixel Size

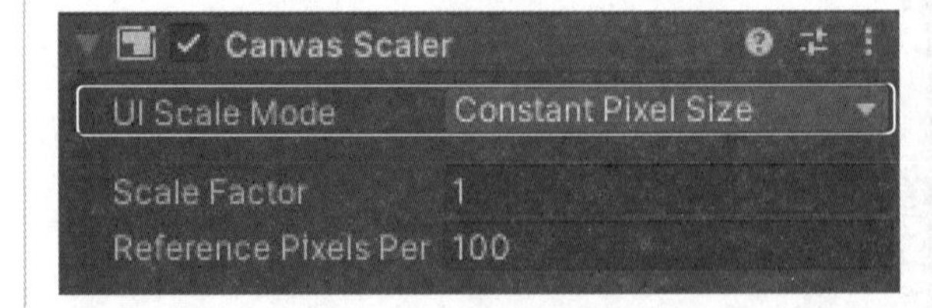

此时在Game视图中全屏显示时可以看到现在的按钮位置与秘技045中图6-3按钮的位置产生了错位，如图6-5所示。

将画布UI的缩放模式变更为Scale With Screen Size，于是Canvas Scaler组件中会发生图6-6的变化。在该模式下，在Game视图中执行全屏显示，就会看到按钮位置并未产生错位，如图6-7所示。

▼图6-5 选择Constant Pixel Size模式并将Game视图全屏显示

▼图6-6 将UI Scale Mode设置为Scale With Screen Size模式

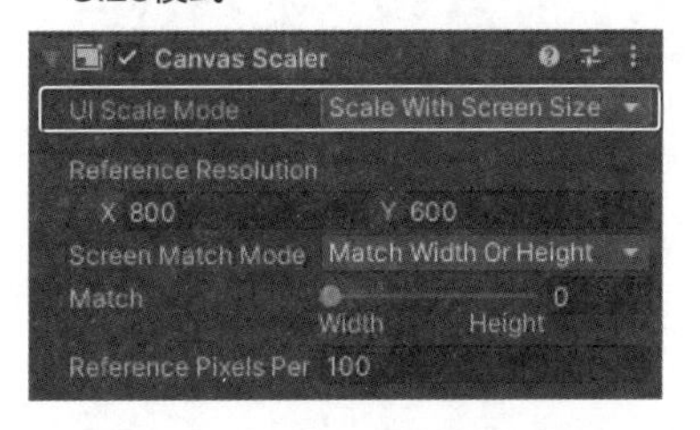

▼图6-7 将Game视图全屏显示，按钮并未产生错位

秘技
047 如何设置按钮的尺寸

扫码看视频

对应 2019 2021
难易程度 ●

在Unity创建按钮后，用户可以根据需要对按钮的大小进行设置。这里以秘技045的图6-3为例，介绍如何更改按钮的尺寸。首先打开Inspector面板，在Rect Transform选项区域中可以看到Width与Height的值分别为160与30，如图6-8所示。

▼图6-8 在Inspector面板内设置按钮Width与Height的值

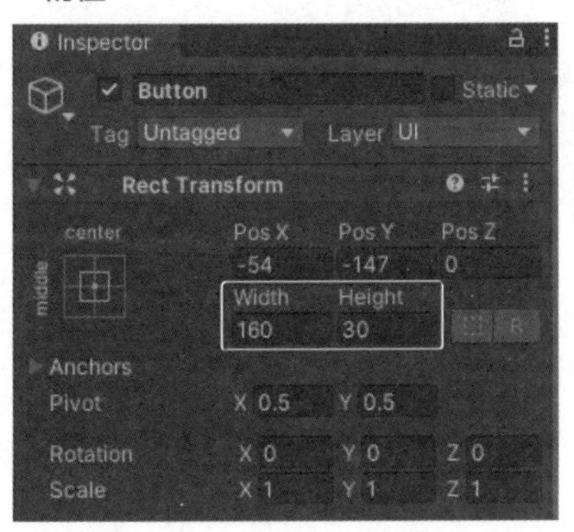

将Width的值设定为200、Height的值设定为50，如图6-9所示。可以看到，按钮放大显示了，如图6-10所示。

▼图6-9 将Width指定为200，将Height指定为50

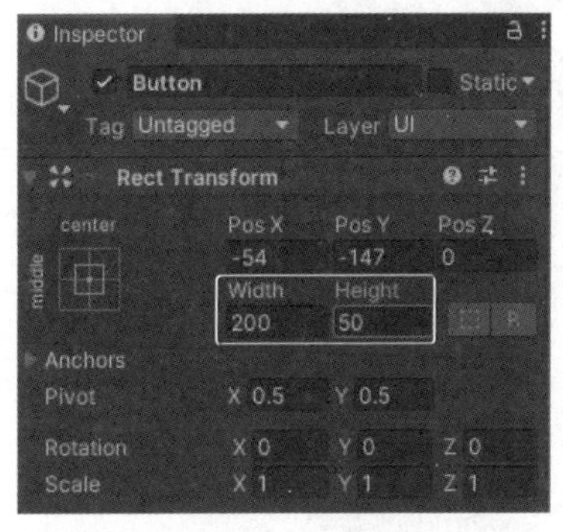

▼图6-10 按钮的尺寸已经变大

秘技

048 如何设置按钮的名称

创建按钮的同时，会创建对应的文本组件，用户可以根据需要设置按钮的名称。创建按钮后，在Hierarchy面板Canvas子列表中显示创建的Button，可以看到子列表中包含Text选项，如图6-11所示。选择Text选项，显示Inspector面板，如图6-12所示。

▼图6-11 Text作为Button的子要素存在

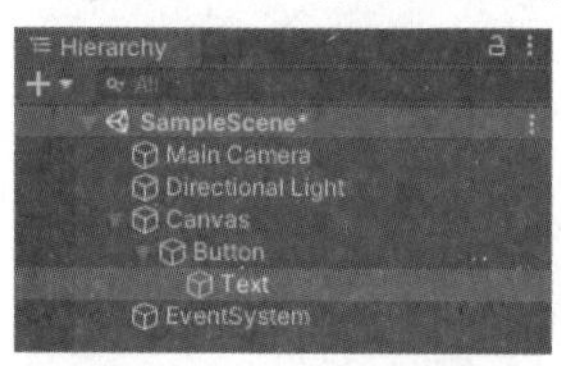

▼图6-12 显示Button中Text的Inspector面板

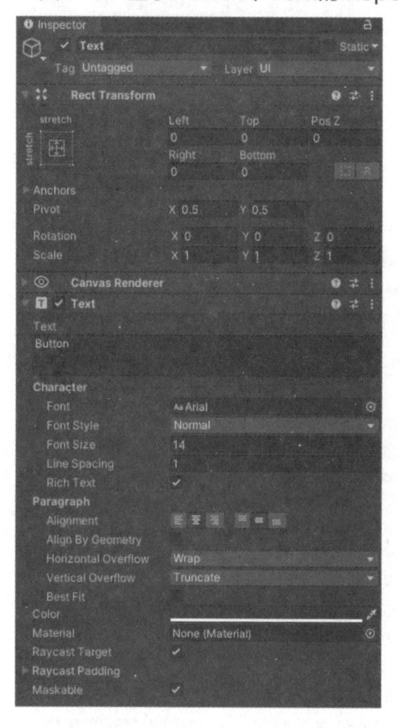

在Text文本框中输入按钮的名称，这里输入“开始”。然后将Font Size指定为25，单击Color右侧的色块，在打开的Color面板中指定文字的颜色，此处指定为红色。如图6-13所示。

▼图6-13 设置Text的属性

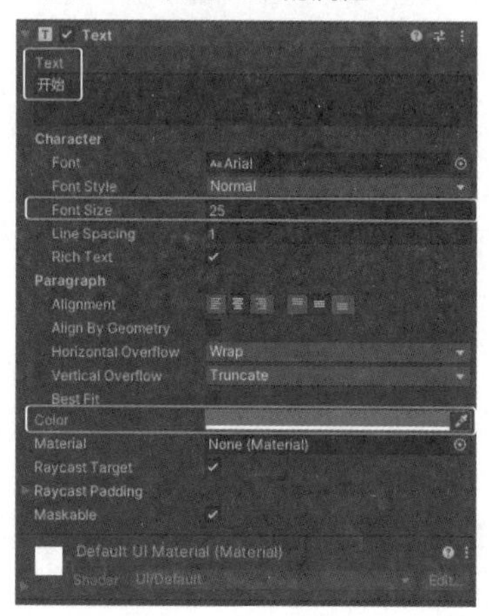

确认其他参数后，切换到Game视图中，Button修改名称后的效果，如图6-14所示。

▼图6-14 在Inspector面板中设置Button名称后的效果

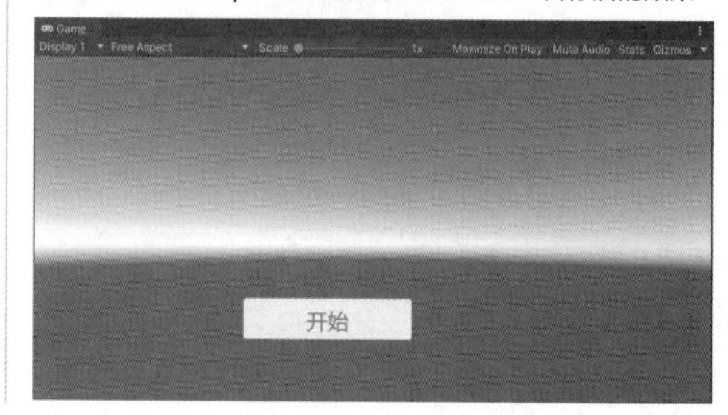

秘技

049 如何设置按钮的颜色

秘技048创建按钮并设置名称后，在Inspector面板内会显示该按钮的Image组件，用户可以通过指定Image选项区域中Color的颜色来改变按钮的显示效果，如下页图6-15所示。

单击图6-15中Image选项区域Color右侧的色块，显示Color面板，选择按钮的颜色。因为文字为红色，所以按钮颜色可以设置为蓝色，如下页图6-16所示。

▼图6-15 显示Button的Inspector面板

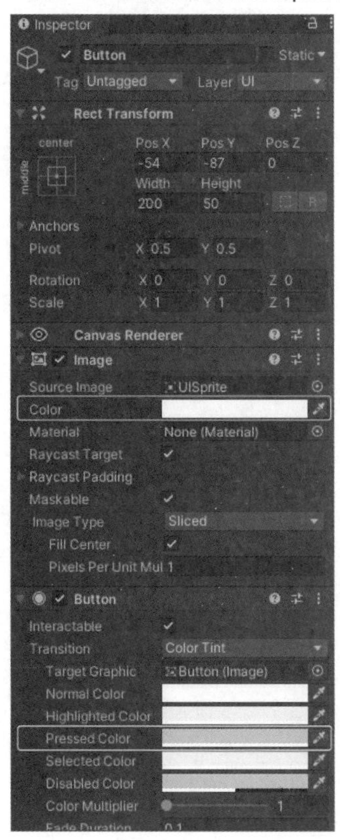

▼图6-16 将Button的颜色指定为蓝色

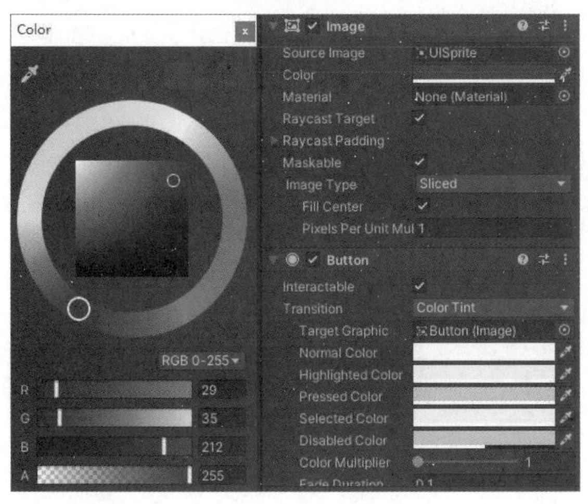

用户还可以设置单击Button时按钮的显示颜色。设置方法是：在图6-15的Button选项区域中单击Pressed Color右侧的色块，显示Color面板，设置单击时的按钮颜色。这里设置为绿色，如图6-17所示。

执行Play。开始时Button的颜色为蓝色，单击按钮，则变为绿色。释放按钮，则恢复为原来的蓝色，如图6-18所示。

▼图6-17 将单击Button时的颜色指定为绿色

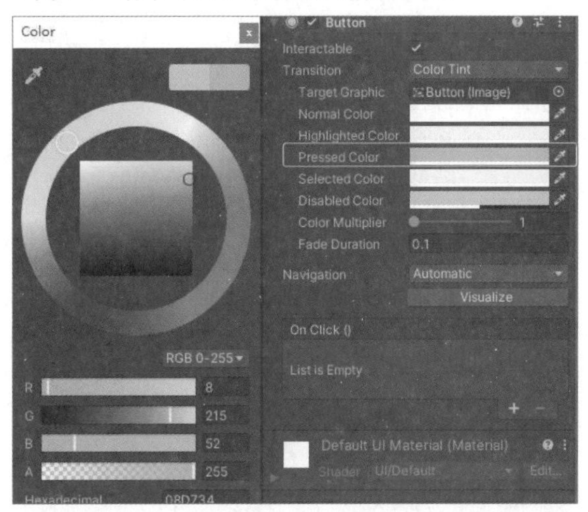

▼图6-18 单击Button，按钮变为绿色

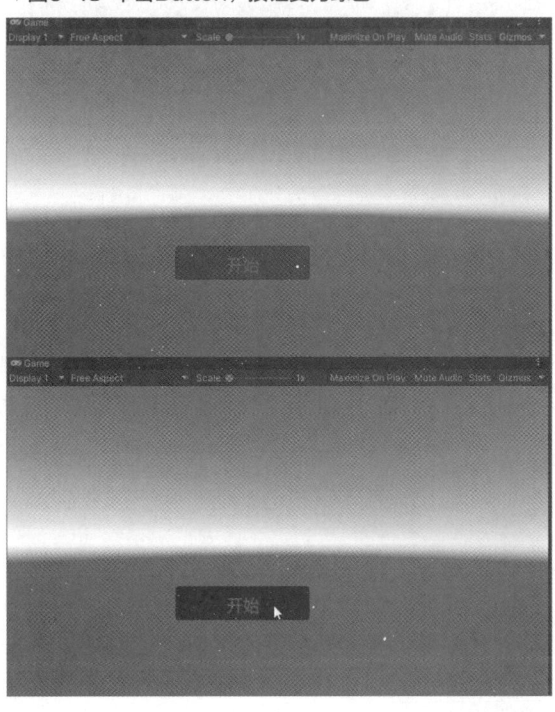

如何创建多个按钮并整齐排列

对应
2019
2021
难易程度 ●

在Unity中创建按钮后，用户可以通过执行Duplicate命令，复制出多个按钮。在Hierarchy面板中单击鼠标右键，在弹出的快捷菜单中选择UI→Button命令，创建一个新的按钮，并根据需要对按钮的参数进行设置。创建好的新Button，如图6-19所示。

▼图6-19 新创建的Button

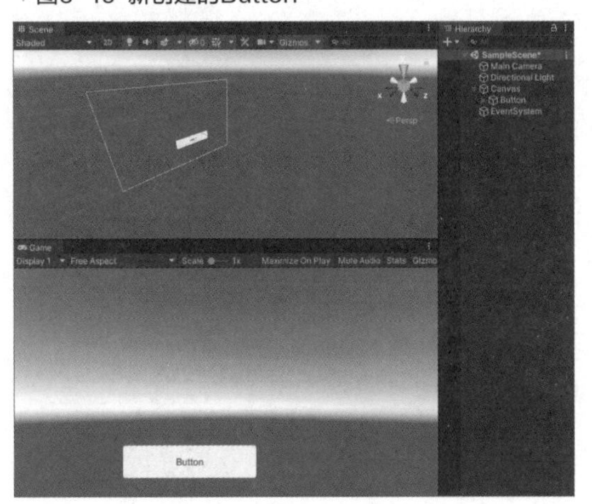

当用户需要创建多个按钮时，除了在Hierarchy面板中右击，在弹出的快捷菜单中选择UI→Button命令进行创建外，还可以在Hierarchy面板中鼠标右键单击之前创建的Button，在弹出的快捷菜单中选择Duplicate命令，复制出新的Button，如图6-20所示。快速复制4个Button，新建的Button参数和原Button相同，如图6-21所示。

▼图6-20 右击Button，选择Duplicate命令

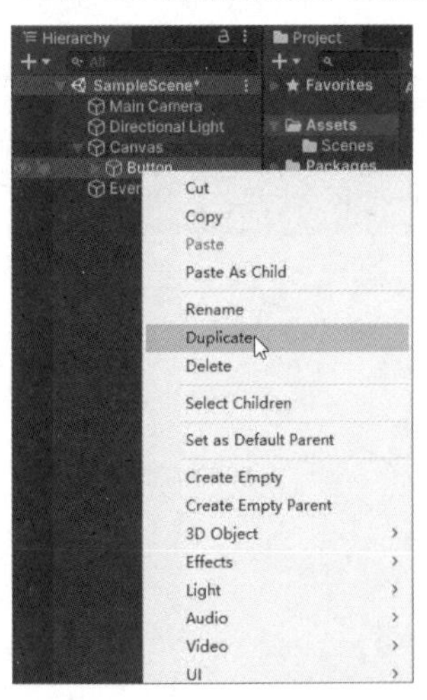

▼图6-21 创建了5个Button

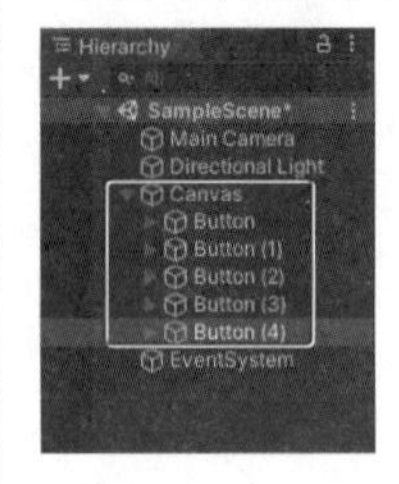

参照秘技048的方法，对5个Button进行重命名，将5个Button命名为Button1~Button5。在Hierarchy面板中Text的内容也变更为Button1~Button5，如图6-22所示。另外，将Font Size指定为25。

▼图6-22 将Button的名称更改为Button1~Button5

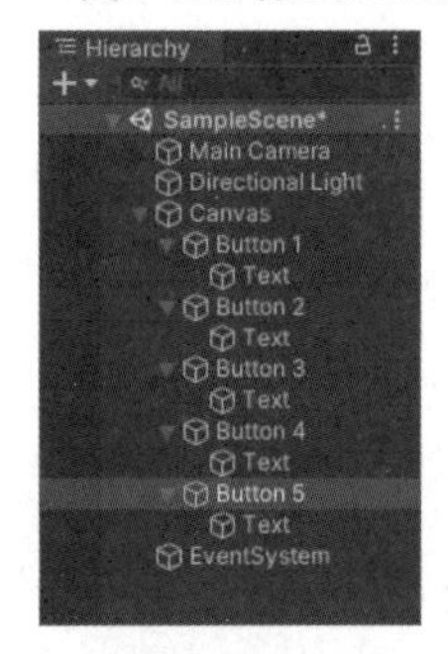

创建的5个Button会全部重叠显示在相同的位置，在Game视图中只能显示最上方的Button，如图6-23所示。

▼图6-23 复制的Button在相同的位置上重叠显示

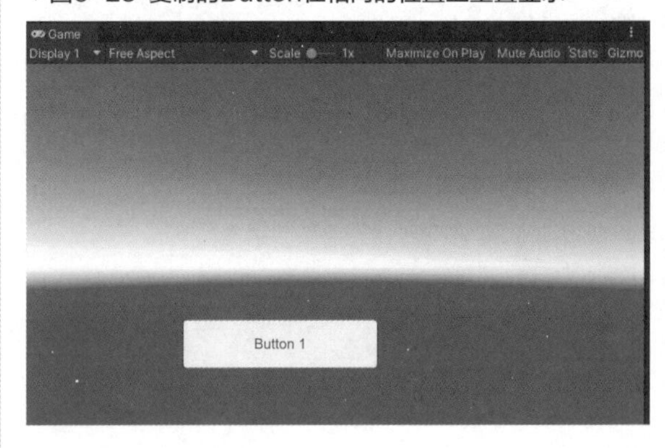

使用移动工具（Move Tool），在Scene视图中将5个Button分别移动到合适的位置上，然后在Game视图中查看移动效果，笔者的配置如下页图6-24所示。

▼图6-24 用移动工具配置5个按钮

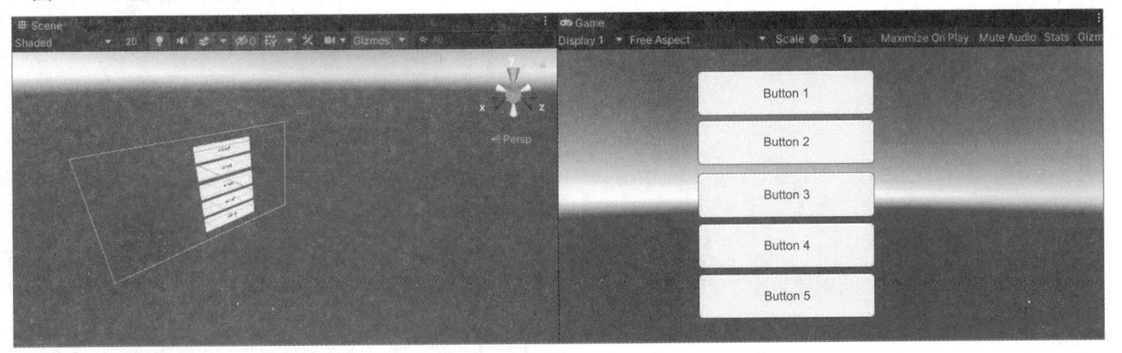

秘技 051

如何为按钮添加脚本文件

扫码看视频

对应 2019 2021

难易程度 ●

用户可以使用public()函数来创建与Button相关的脚本。首先在Scene视图中创建1个Sphere与1个uGUI按钮。将按钮的Width指定为160、Height指定为50，在Inspector面板的Text文本框中设置Button名称和字体大小，创建的按钮效果如图6-25所示。

下面介绍单击该按钮，Sphere的颜色变为红色的处理方法。

▼图6-25 创建Sphere和Button

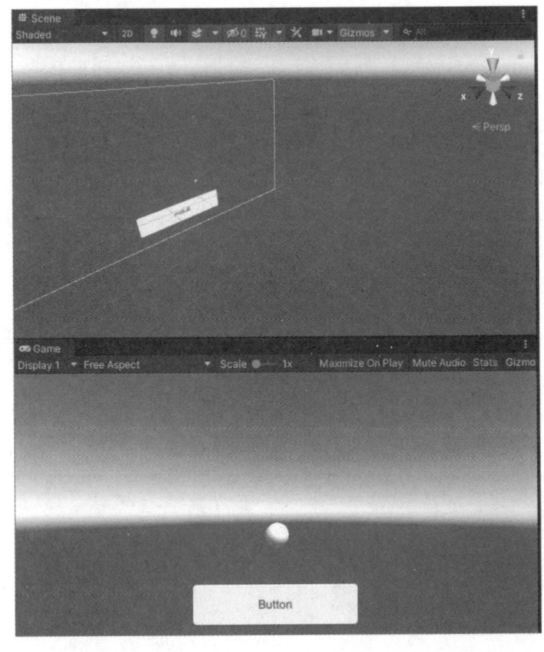

在Game视图中Sphere是可见的。在Scene视图中为了显示出Button，需要将画面缩小，Sphere会因变得太小而不可见。在Hierarchy面板中选择Sphere，显示Inspector面板。单击Add Component按钮，选择New Script选项，在Name文本框中输入ChangeColor-Script，单击Create and Add按钮，将ChangeColor-Script脚本添加到Inspector面板中，如图6-26所示。双击该脚本，启动Visual Studio。

▼图6-26 双击已创建的ChangeColorScript脚本

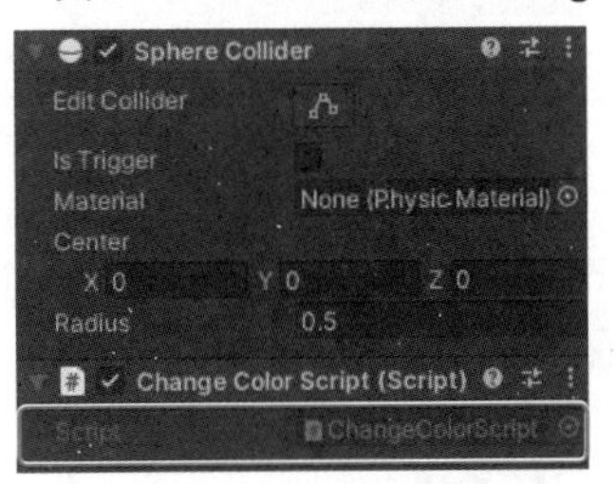

脚本代码如列表6-1所示。

▼列表6-1 ChangeColorScript.cs

```
using System.Collections;
using System.Collections.Generic;
using UnityEngine;

public class ChangeColorScript : MonoBehaviour
{
    //创建ColorChange()函数
    public void ColorChange()
    {
        //把Sphere的颜色设置为red
        GetComponent<Renderer>().material.color =
Color.red;
    }
}
```

返回Unity中，执行Play，查看运行效果。

秘技

052 如何让按钮与脚本文件相关联

扫码看视频

对应 2019 2021

难易程度 ●●

为了使按钮与脚本相关联，需要在Inspector面板中单击Button组件的On Click()选项区域下面的“+”图标，拖放显示None（Object）位置上添加的对象物体，激活No Function列表，选择显示出来的脚本。

使用秘技050的方法创建按钮，并配置一个Sphere。接下来，为Sphere添加单击按钮。使Sphere变为红色的ChangeColorScript脚本内容如列表6-1所示。下面介绍将该脚本与按钮相关联的方法。首先，在Hierarchy面板中选择Button，显示Inspector面板。Button组件选项区域中有一个名为On Click()的项目，显示为List is Empty，如图6-27所示。

单击位于图6-27右下角蓝色框内的“+”图标，显示内容如图6-28所示。

▼图6-27 Inspector面板中的Button组件内容

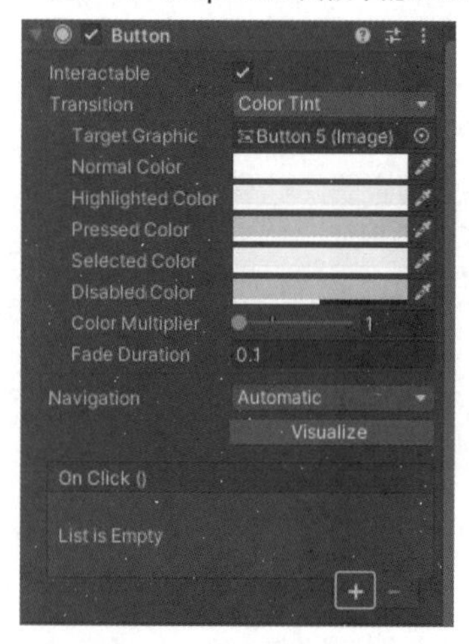

▼图6-28 单击+图标，内容发生了变化

将Hierarchy面板中的Sphere拖放到图6-28的None(Object)位置上，如图6-29所示。

于是，原本呈灰色显示的No Function就可以使用了。单击右侧的▼图标，选择ChangeColorScript→ColorChange()选项，如图6-30所示。

即可在No Function的位置添加ChangeColor-Script→ColorChange()选项，如图6-31所示。

▼图6-29 将Hierarchy面板的Sphere拖放到None（Object）的位置上

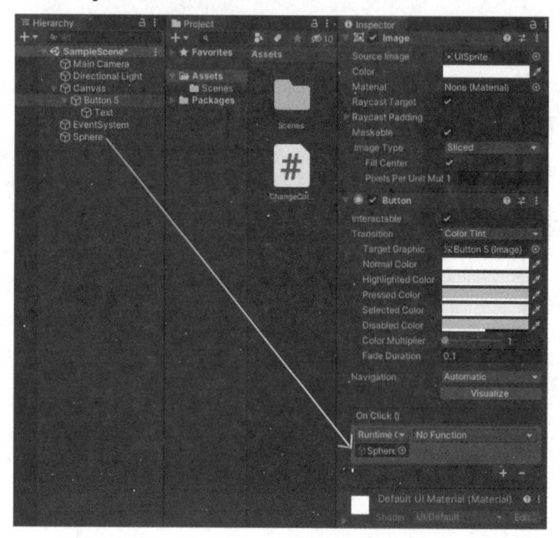

▼图6-30 从No Function中选择ChangeColorScript→ColorChange()选项

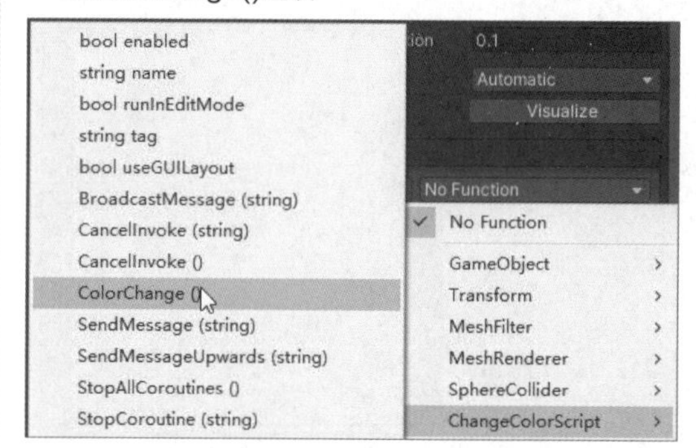

▼图6-31 在No Function中添加ChangeColorScript.ColorChange

执行Play，单击按钮，可以看到Sphere会变为红色，如下页图6-32所示。

▼图6-32 单击按钮将Sphere变为红色

秘技

053 如何为按钮应用图像效果

扫码看视频

对应 2019 2021

难易程度

要想将指定的图像应用于Button的外观，需要在Inspector面板中，将Texture Type设置为Sprite（2D and UI）。具体操作方法如下。

首先在Hierarchy面板中单击鼠标右键，在弹出的快捷菜单中选择UI→Button命令，创建一个新的按钮。在Inspector面板中将Width指定为200，将Height指定为100。然后将按钮移动到合适的位置上，笔者的配置如图6-33所示。

▼图6-33 配置Width为200、Height为100的Button

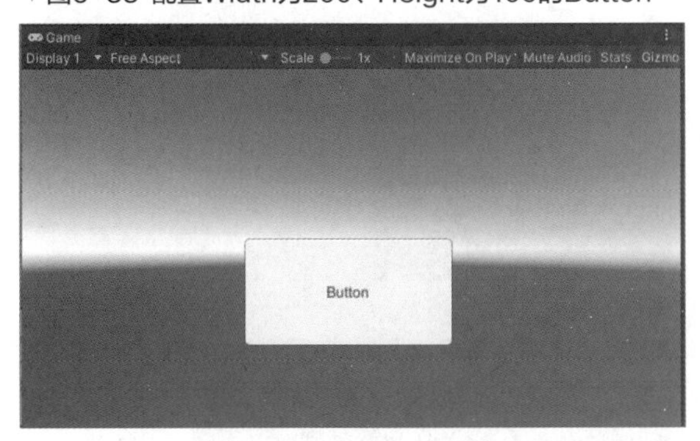

接下来，导入所需的图像。在Assets文件夹下创建名为Image的文件夹，在选择Image文件夹的状态下，执行Asset→Import New Asset命令，在打开的对话框中导入本地图像。图像导入后，Image文件夹内会显示该图像，如图6-34所示。接下来在Inspector面板中，将Texture Type设置为Sprite（2D and UI），单击Apply按钮，如图6-35所示。

▼图6-34 将本地图像导入Image文件夹

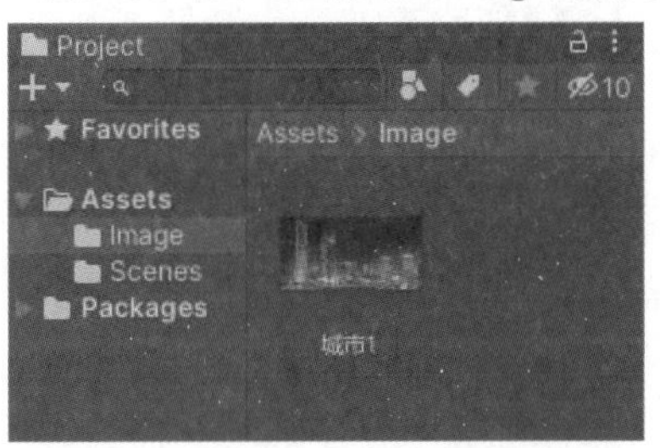

▼图6-35 在Texture Type中指定Sprite(2D and UI)

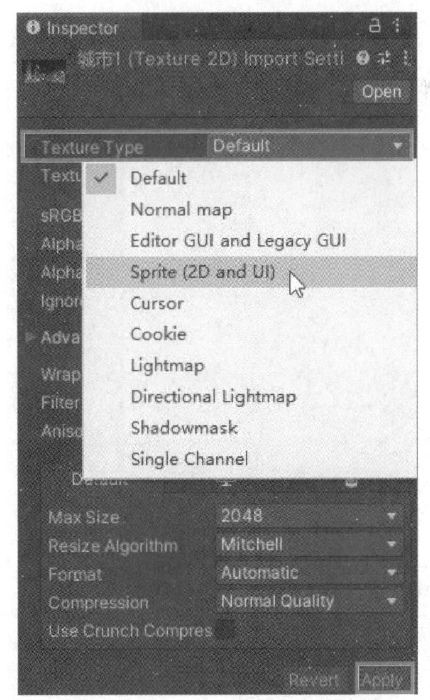

在Hierarchy面板中选择Button，显示Inspector面板。单击Image组件选项区域中Source Image右侧的

图标，打开Select Sprite面板，选择之前导入的图像，如图6-36所示。

▼图6-36 在Source Image上指定导入的图像

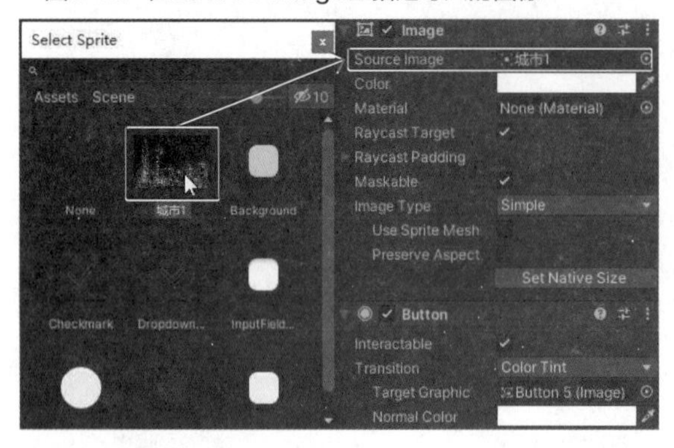

在Game视图中可以看到按钮应用图像的效果，如图6-37所示。执行Play，可以看到按钮的功能也能正常应用。

▼图 6-37 在Button上应用导入的图像

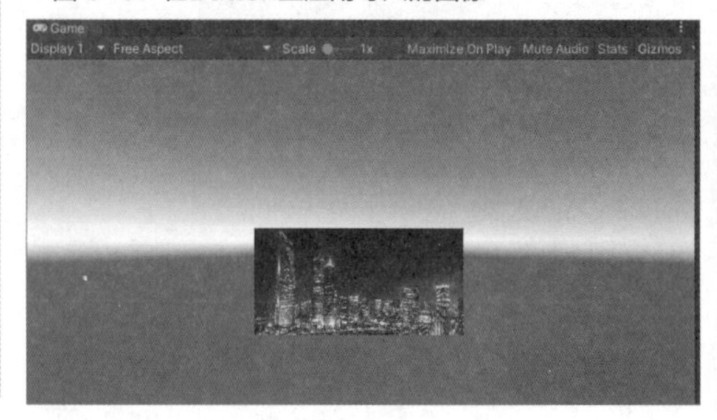

秘技

054

如何为uGUI应用Raw Image控件

对应 2019 2021

难易程度 ●

使用Raw Image控件为uGUI应用图像效果时，不需要将Texture Type设置为Sprite(2D and UI)。首先在Hierarchy面板的Create上单击鼠标右键，选择UI→Raw Image命令，然后将添加的Raw Image配置在合适的位置上，笔者的配置如图6-38所示。

▼图6-38 已配置了Raw Image

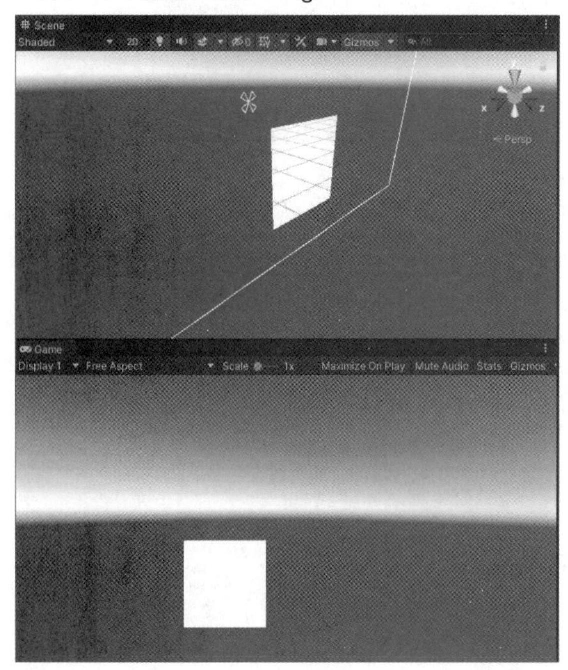

用与秘技053相同的方法，在创建的Image文件夹中导入PNG格式的“街舞”图像，如图6-39所示。在这里，不需要像秘技053那样将“街舞”图像设置为Sprite（2D and UI）。在Hierarechy面板选择Raw Image选项，显示Inspector面板，将“街舞”图像拖放到Raw Image控件内的Texture位置上，如图6-40所示。

▼图6-39 在Image文件夹中导入“街舞”图像

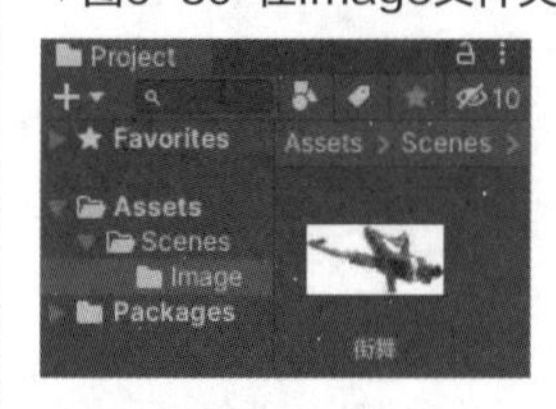

▼图6-40 将“街舞”图像拖放到Texture中

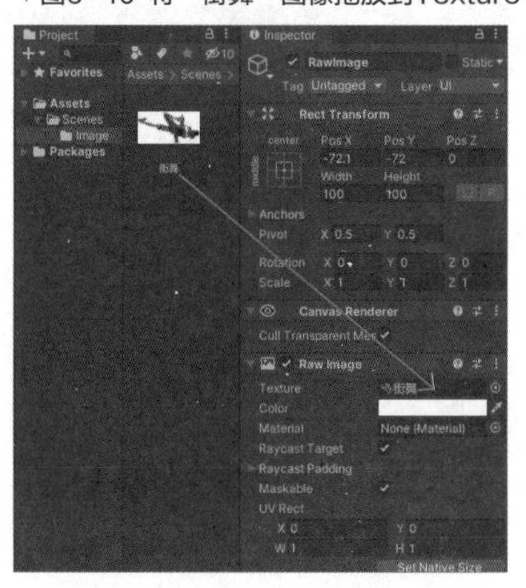

在Game视图中可以看到按钮变成了“街舞”的图像效果，如图6-41所示。

▼图6-41 “街舞”的图像显示出来了

秘技

055 如何应用Shader设置UI效果

扫码看视频

对应 2019 2021

难易程度 ●●

接下来讲解如何应用Shader为按钮自定义图像效果的方法。首先在Hierarchy面板上鼠标右键单击Create，执行UI→Raw Image命令。然后创建所需的按钮后，使用缩放工具（Scale Tool）调整按钮的显示大小，如图6-42所示。此外，请删除该按钮的Text属性。

▼图6-42 创建按钮后用缩放工具放大显示

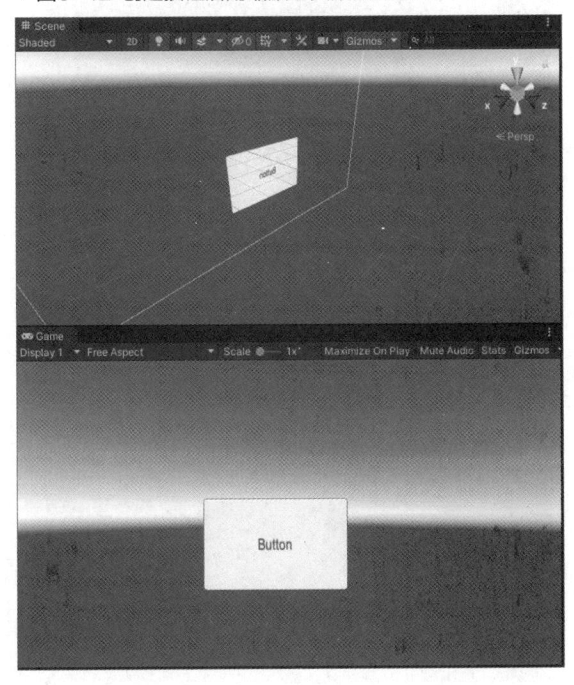

用与秘技053相同的方法创建Image文件夹并导入所需的图像，如图6-43所示。然后，在Assets文件夹下创建名为Material的文件夹并选中，执行Create→Material命令，创建新的材质并命名为TempleMaterial，如图6-44所示。

▼图6-43 在Image文件夹中导入新的图像

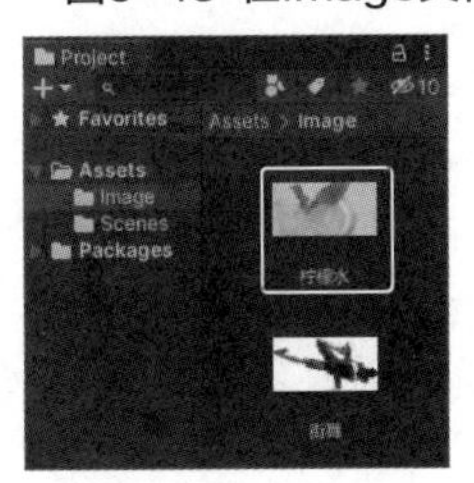

▼图6-44 创建名为TempleMaterial的材质

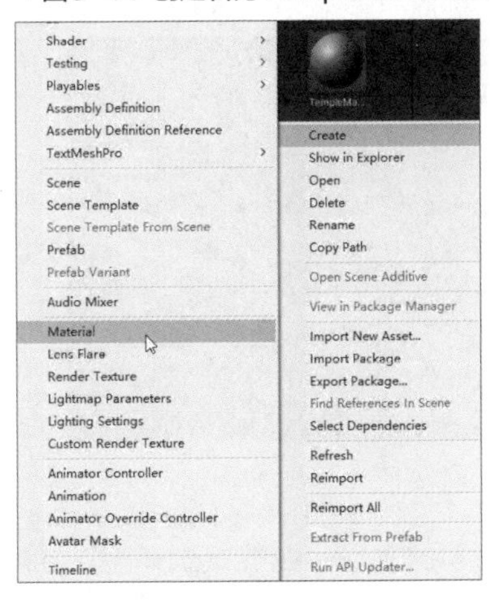

选择已创建的TempleMaterial，在Inspector面板中将Shader指定为Standard，这里选择Legacy Shaders→Diffuse选项，如下页图6-45所示。Inspector面板的参数如下页图6-46所示。

▼图6-45 选择Legacy Shaders→Diffuse选项

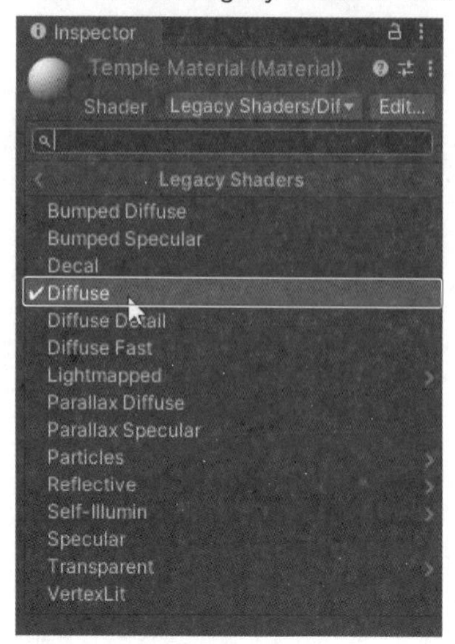

▼图6-46 Inspector面板发生了变化

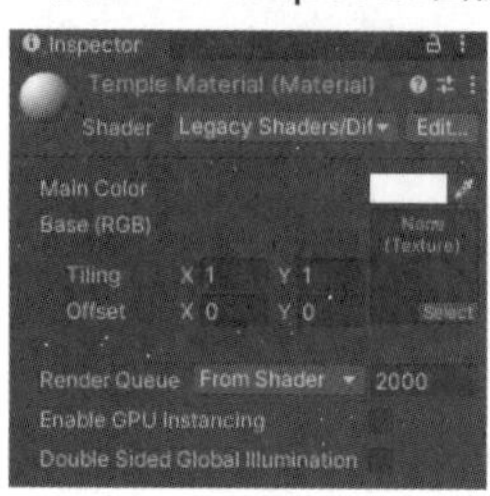

单击图6-46中None（Texture）内的Select按钮，将Image文件夹中的TempleMaterial拖拉至Select Texture，如图6-47所示。

▼图6-47 将TempleMaterial指定给Select Texture

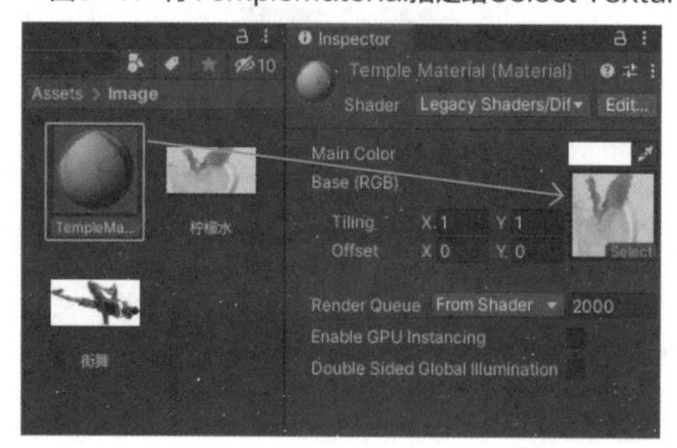

在图6-47的状态下，将Shader的Legacy Shaders Diffuse设置为UI→Default，如图6-48所示。这样，TempleMaterial变为图6-49的效果。

将该材质效果应用于按钮中，从Hierarchy面板中选择Button。将Inspector面板内Image组件选项区域中的Source Image选为UISprite，这里指定给None组件，然后单击右侧的⊙图标。

将TempleMaterial拖放到Material属性上，如图6-50所示。在Game视图中可以看到应用设置的图像效果的按钮，如图6-51所示。

▼图6-48 将Shader设置为UI→Default

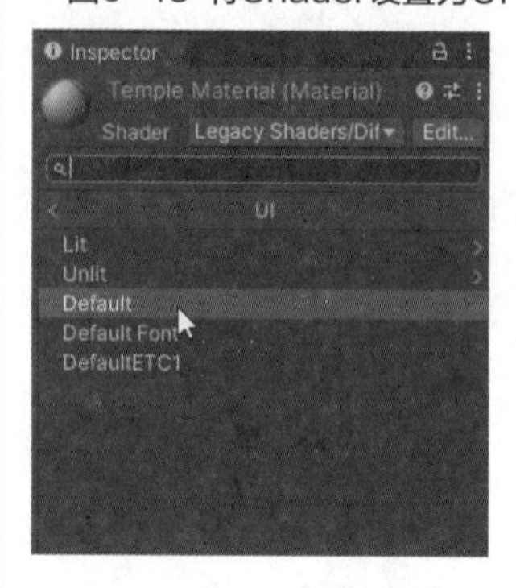

▼图6-49 TempleMaterial发生了变化

▼图6-50 在Material项目中拖放TempleMaterial

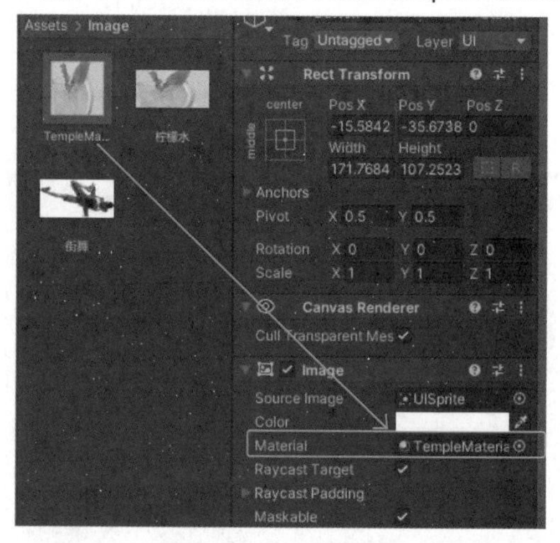

▼图6-51 在Button中应用Temple的图像

秘技053介绍的是在Button上应用图像的方法，本技巧介绍的是利用Shader设置Button图像的方法。关于Shader的更多详情，将在第35章进行解说。

移动模型的秘技

秘技 056

如何通过键盘实现模型的自由移动

扫码看视频

对应 2019 2021

难易程度

如果想不通过编程即可运行Humanoid模型，与Third Person Controller-Basic Locomotion组合使用是非常简单的方法。要实现Amane Kisora-chan人物模型通过键盘的上、下、左、右键操作，使其自由运动，则首先在Asset Store中搜索并导入Amane Kisora-chan资源，如图7-1所示。

▼图7-1 搜索并下载Amane Kisora-chan资源

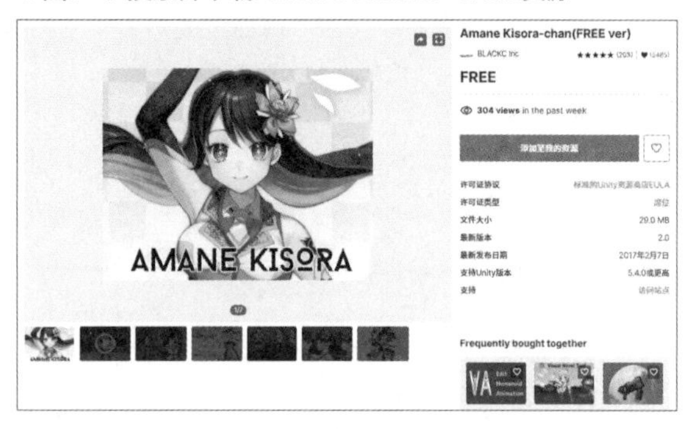

同样的方法，在Asset Store搜索栏中输入Third Person，单击搜索图标，下载并导入Third Person Controller-Basic Locomotion资源，如图7-2所示。

▼图7-2 下载并导入Third Person Controller-Basic Locomotion资源

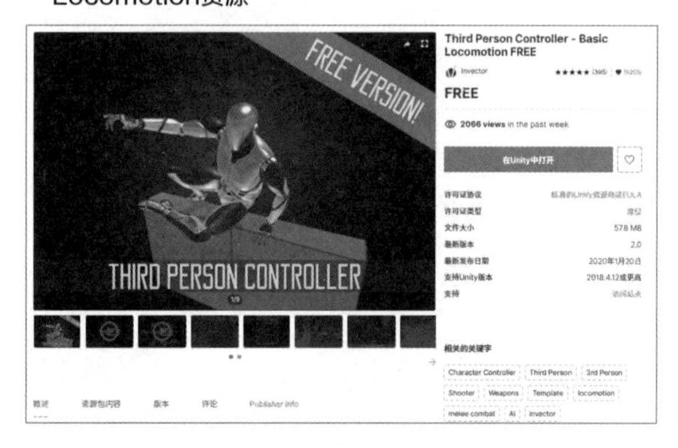

此时在Unity界面的Project面板内可以看到导入的相关文件，如图7-3所示。选择Assets→SapphiArt→SapphiArtchan→FBX文件夹内的SapphiArt@running，显示Inspector面板。切换至Rig选项卡，单击Animation Type下拉按钮，选择Humanoid选项，然后单击Apply按钮，如图7-4所示。

▼图7-3 导入SapphiArt与Locomotion Setup相关的文件

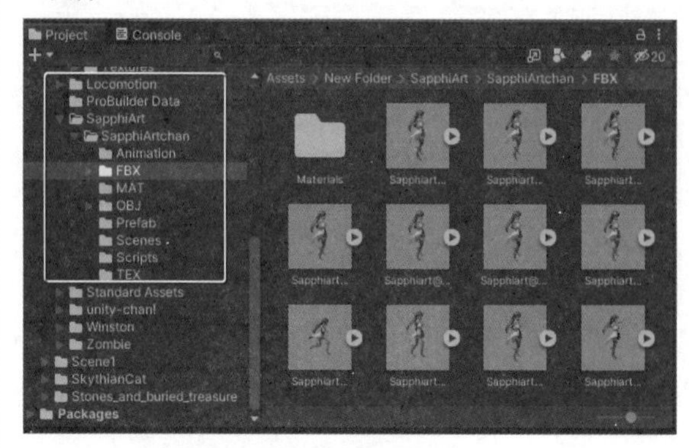

▼图7-4 将Animation Type设置为Humanoid

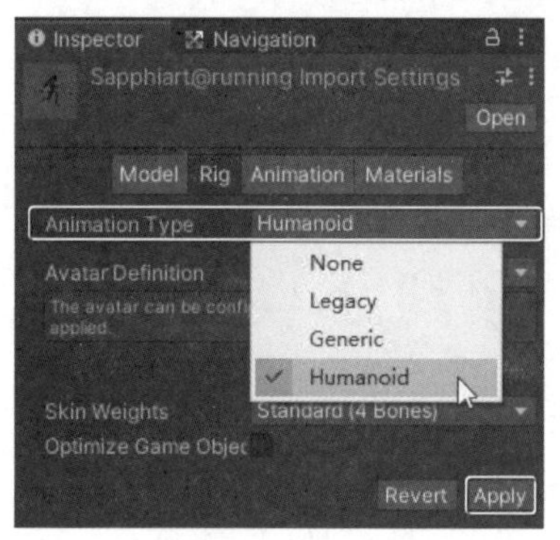

在Scene视图中创建Plane，然后在Hierarchy面板中拖放刚才已经转化为Humanoid模式的SapphiArt @running。移动Main Camera的位置，将相机靠近SapphiArt@running。由于SapphiArt@running背对着镜头，显示Inspector面板，将Transform选项区域Rotation *Y*轴的值指定为180，使其面朝镜头，如下页图7-5所示。

选择Hierarchy面板内的SapphiArt@running，显示Inspector面板。在Animator选项区域中单击Controller属性右侧的图标，从打开的Select Runtime-AnimatorController面板中选择ThirdPerson-AnimatorController，如下页图7-6所示。

▼图7-5 配置SapphiArt@running并改变镜头的方向

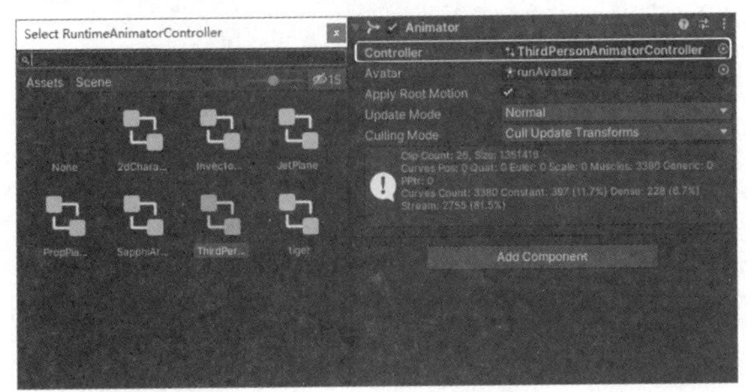

▼图7-6 在Controller中指定Locomotion

单击Add Component按钮，选择Physics Character Controller选项，在Inspector面板中添加Character Controller组件。设置Center *Y*的值为1，从而使身体的中心接受撞击，如图7-7所示。在这里不进行命中判定，所以与它没有直接的关系。但是如果不指定为1，在执行的时候，SapphiArt@running会稍微从Plane上游离开来。同样的方法，单击Add Component按钮，添加Locomotion Player组件。

▼图7-7 添加Character Controller与Locomotion Player组件

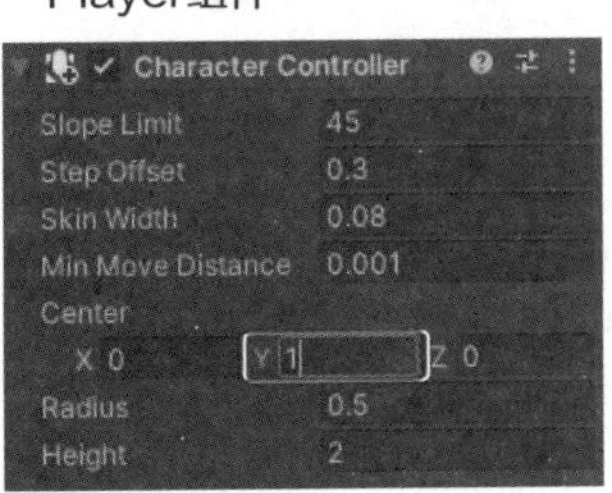

此时，就可以通过键盘上的上、下、左、右键控制SapphiArt@running了。

由于镜头不能跟踪SapphiArt@running的动作，所以会丢失SapphiArt@running。若想使镜头一直跟随人物的动作，需要从Asset Store中导入Standard Assets资源包，如图7-8所示。下载与导入Asset需要相当长的时间。

▼图7-8 导入Standard Assets资源包

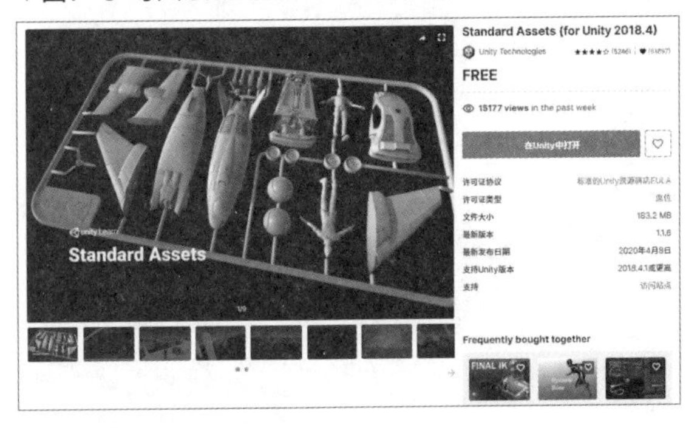

在Unity中导入Standard Assets资源包后，在Project面板中可以看到相关的文件，如图7-9所示。

▼图7-9 导入Standard Assets的文件

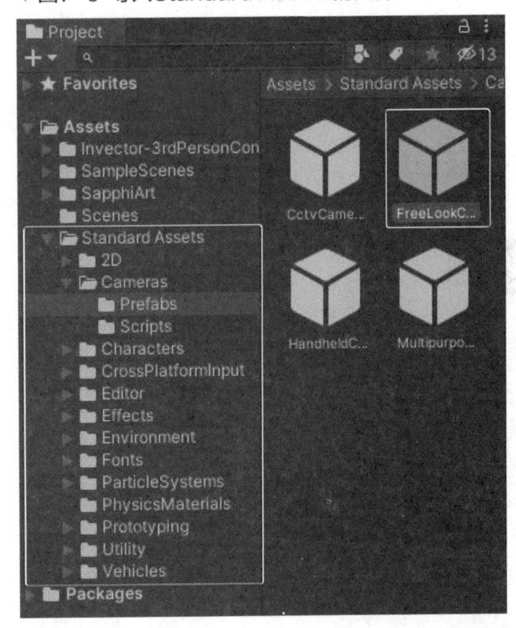

Standard Assets资源包中包括各种各样的功能，其中的相机功能将在第29章详细说明。这里使用的是FreeLookCameraRig（图7-9右侧用蓝色框中的相机），添加相机追随人物的功能。

适当缩放Scene视图的显示大小，拖放Assets→Standard Assets→Cameras→Prefabs文件夹中的FreeLookCameraRig，如图7-10所示。从Hierarchy面板中删除默认的Main Camera。如果忘记删除，FreeLookCameraRig不会起作用。

▼图7-10 在Scene视图中配置FreeLookCameraRig

在Hierarchy面板中选择FreeLookCameraRig，显示出Inspector面板，如图7-11所示。

▼图7-11 FreeLookCameraRig的Inspector面板

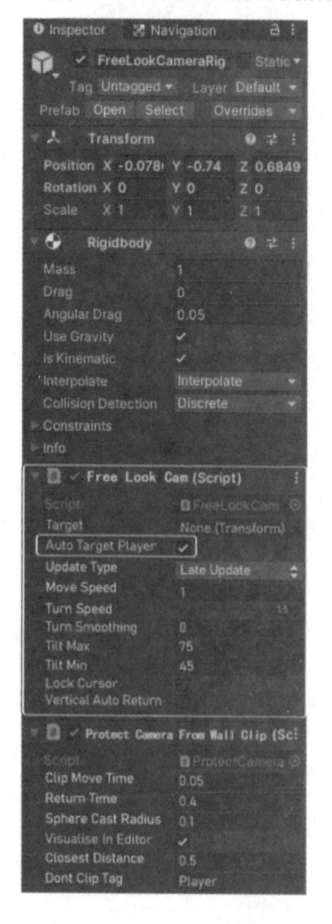

在Inspector面板中设置Free Look Cam(Script)的参数（图7-11蓝色矩形框内），Target属性从层级中拖放SapphiArt@running。勾选Auto Target Player复选框，即“把自动追随目标设置为Play”。即从层级中选择SapphiArt@running，使检测视图显示出来，如图7-12所示。

▼图7-12 SapphiArt@running的检测视图

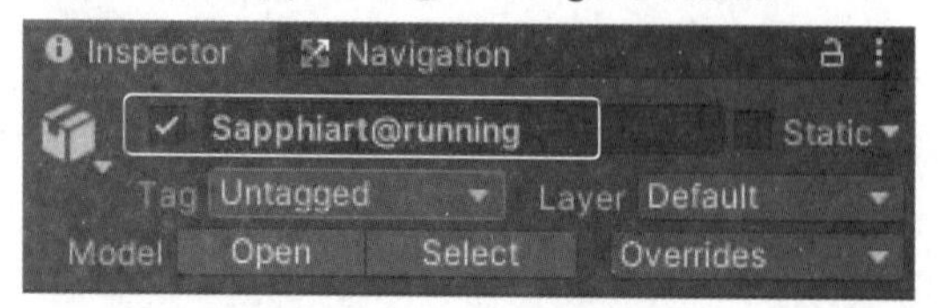

此时Tag设置为Untagged。单击右侧的▼图标，从列表中选择Player选项，如图7-13所示。

▼图7-13 指定Player

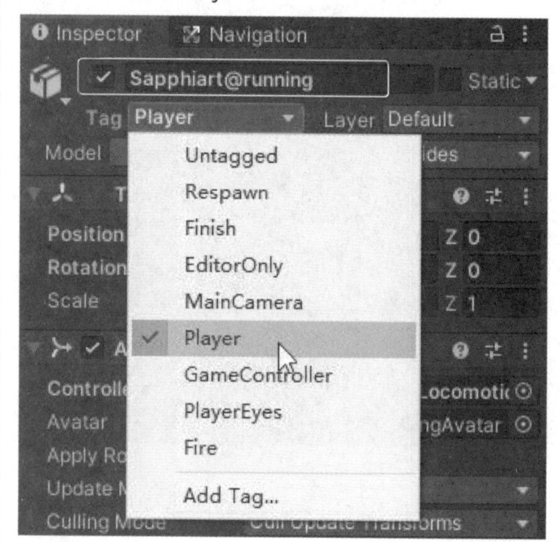

把Tag当作是一个资源的分类。SapphiArt@running的标签会在Player中进行分类。这样，“把Player当作自动追随目标”这个条件就满足了。

再次显示FreeLookCameraRig的检测视图，将Move Speed指定为5，将Turn Speed指定为4。这里的数值可以根据实际需要自由设置，如下页图7-14所示。Move Speed是相机的移动速度，Turn Speed是相机转动时的速度。

▼图7-14 指定Move Speed与Turn Speed的值

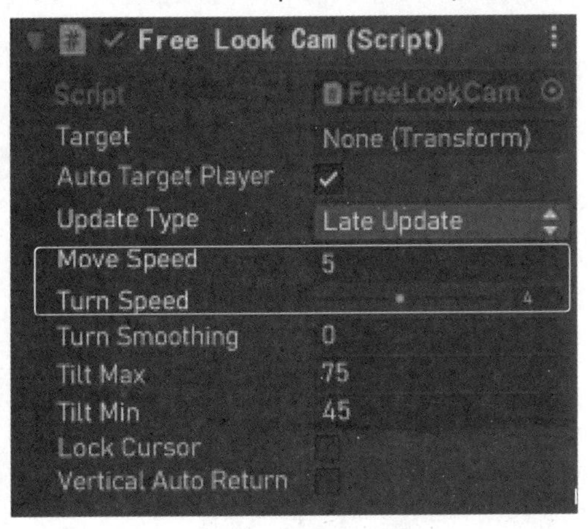

现在，我们来播放一下吧。

跟随光标的移动，视点在不断发生变化。通过控制键盘上的上、下、左、右键，SapphiArt@running会移动，可以看到相机也在紧紧跟随，如图7-15所示。

▼图7-15 相机跟随SapphiArt@running，随着光标的移动，视点也在发生变化

秘技 057

如何通过单击按钮切换模型的显示和隐藏

扫码看视频

对应 2019 2021

难易程度 ●

要显示或隐藏模型，首先要检查Inspector面板中该模型是否处于选中状态，然后进行设置。这里将以从Asset Store中导入的Unity-chan和Cyber Soldier资源为例，讲解如何通过单击按钮，查看或者隐藏这两个角色。首先，在Asset Store中搜索并导入Unity-Chan！Model资源，如图7-16所示。

▼图7-16 下载并导入Unity-Chan！Model资源

同样的方法，将Cyber Soldier也下载并导入Unity中，如图7-17所示。

▼图7-17 导入Cyber Soldier资源

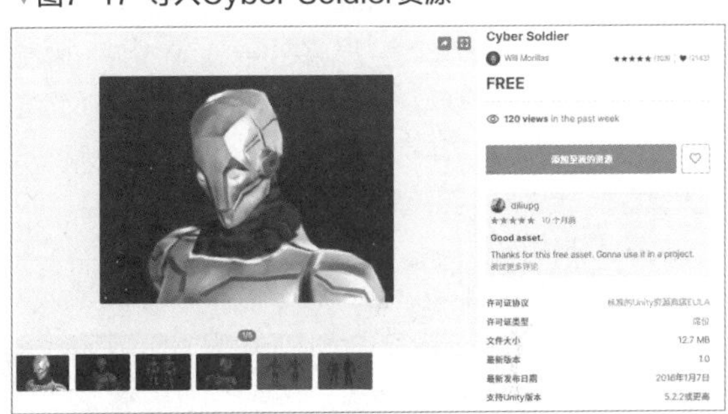

可以看到Project面板内导入了Unity-Chan!和CyberSoldier的相关文件，如下页图7-18所示。

▼图7-18 获取Unity-Chan!和CyberSoldier文件

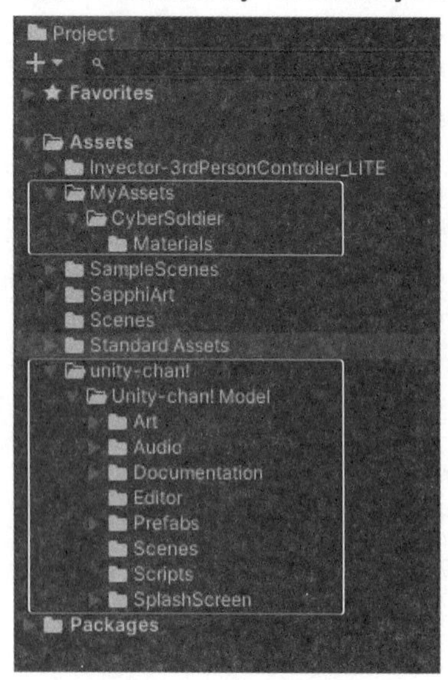

在Scene视图中创建Plane，然后将Assets→CyberSoldier文件夹内的CyberSoldier拖放到Scene视图中。同样的方法，将Assets→unity-chan!→Unity-chan! Model→Prefabs文件里的unitychan.prefab下载并导入到Scene视图中。此时两个模型都是背对着照相机，所以同时选中两个模型，在Inspector面板的Transform选项区域中，将Rotation *Y*轴的值指定为180，这样两个模型就朝向照相机了。调整Main Camera，使其靠近两个模型。将两个模型重叠放置在同一位置，上下顺序可随意，如图7-19所示。

▼图7-19 两个模型重叠显示

首先在Hierarchy面板中选择CyberSoldier，显示Inspector面板，在Animator的Controller中指定Locomotion。同样地，选择unitychan，在Animator的Controller中指定Locomotion。

在该状态下播放时会显示错误。查看错误的内容，我们发现似乎是AutoBlink.cs的脚本出了错误，所以不能使用该脚本文件。选择Assets→unity-chan!→Unity-chan! Model→Scripts里的AutoBlink.cs，单击鼠标右键并选择Delete命令，将其删除。另外，因为unitychan在Inspector内显示的是Idle Changer（Script）Face Update（Script）和AutoBlink.cs，将显示为Missing的Script全部从Remover Component中删除。

如果一开始就显示两个模型，这样并不好，所以设置一开始只显示CyberSoldier。为此，只需从Hierarchy面板中选择unitychan来显示Inspector面板，并取消unitychan复选框的勾选，如图7-20所示。

▼图7-20 取消unitychan复选框的勾选

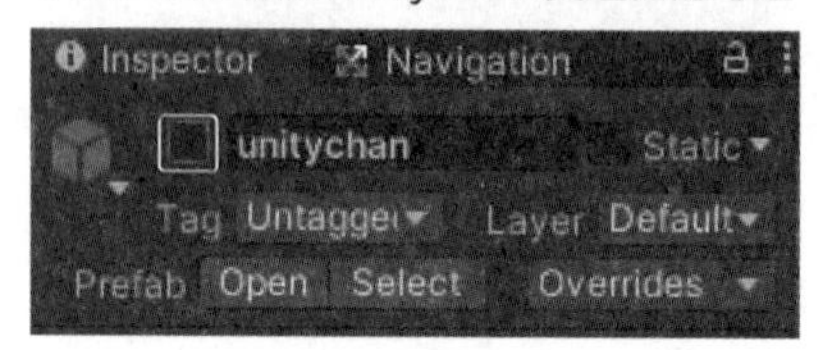

此时，在Game视图中只显示CyberSoldier模型，如图7-21所示。

▼图7-21 只显示了CyberSoldier模型

要实现单击按钮，切换CyberSoldier和unitychan的显示和隐藏模式。首先在Hierarchy面板中选择Create并单击鼠标右键，执行UI→Button命令，创建一个Button。但在Canvas下配置Button时，因为Canvas非常大，通常在Scene视图中看不到按钮，需要用鼠标中键缩小Scene视图。所以请务必将Canvas的Canvas Scaler（Script）的UI Scale Mode指定为Scare With Screen Size。

选择Hierarchy面板中的Button，显示Inspector面板，将Width指定为200、Height指定为50。Button的属性中默认包含Text，选择此项以显示Inspector面板，在Text文本框中输入“显示Unitychan”，将Font Size的值设置为20。选择Button并单击鼠标右键，选择Duplicate命令，复制一个Button，名字是unityButton和cyberButton。将复制的cyberButton的Text设置为“显示士兵”。然后使用移动工具（Move Tool）将其移至适当的位置，如下页图7-22所示。

▼图7-22 配置了按钮

接下来，编写切换模型的程序。首先，从Hierarchy面板中选择CyberSoldier，显示Inspector面板。单击Add Component按钮，选择New Script选项，在Name文本框中输入ChangeModelScript，单击Create and Add按钮。在Inspector面板中追加ChangeModelScript，双击该脚本，启动Visual Studio。代码如列表7-1所示。

▼列表7-1 ChangeModelScript.cs

```
using System.Collections;
using System.Collections.Generic;
using UnityEngine;

public class ChangeModelScript : MonoBehaviour
{
    //public中声明Gameobject变量为cyber和unitychan
    public GameObject cyber;
    public GameObject unitychan;

    //CyberSoldier转换为unithchan()函数
    public void CyberSoldierToUnityChange()
    {
        cyber.SetActive(false);
        unitychan.SetActive(true);
    }

    //从unitychan切换到CyberSoldier()函数
    public void UnityToCyberSoldierChange()
    {
        cyber.SetActive(true);
        unitychan.SetActive(false);
    }
}
```

将列表7-1的代码添加到CyberSoldier和unitychan中。因为用public变量表示的属性会在各自的Inspector面板内显示，所以从Hierarchy面板中把CyberSoldier拖放到Inspector面板内Cyber的属性中。用同样的方法拖放unitychan，如图7-23所示。

▼图7-23 设置public中声明的属性内容

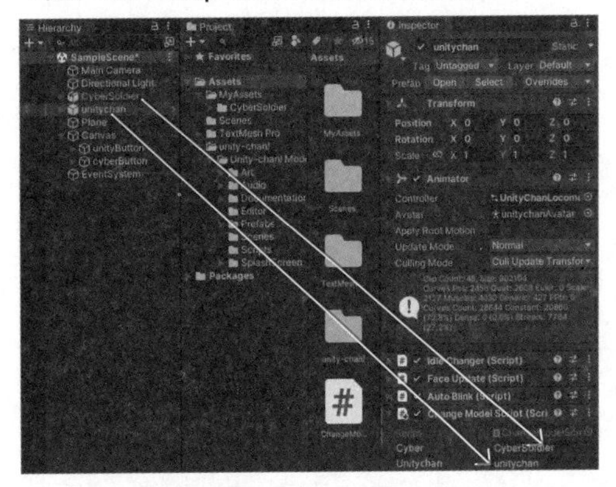

最后，请参考第6章的秘技052，将每个按钮中创建的脚本关联起来。

执行Play，单击各自的按钮进行模型切换，如图7-24所示。

▼图7-24 从CyberSoldier切换到unitychan

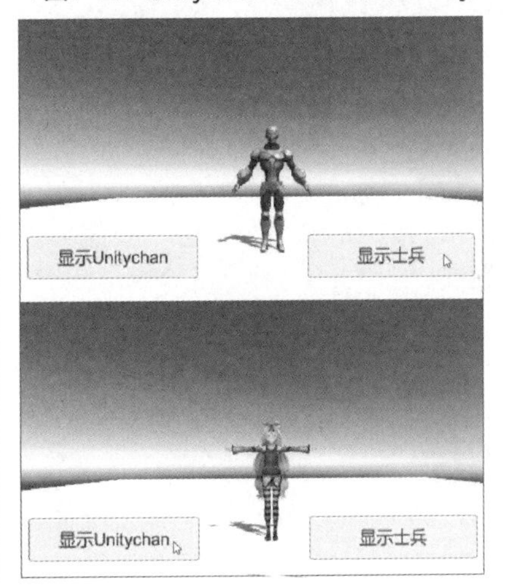

秘技 058 如何使模型穿过指定对象

扫码看视频

▶对应 2019 2021

▶难易程度 ●

通过对Character Controller复选框进行勾选或是取消勾选，会让对象无法从Cube上穿过或可以从其中穿过。使用Jammo Character模型，显示Jammo Character的Inspector面板，指定Add Component的Physics为Character Controller，将Center的*Y*值指定为1，即可用键盘上的上、下、左、右键控制Jammo

Character自由转动了。为了让照相机追随Jammo Character移动，Standard Assets的Cameras的FreeLookCameraRig也需要配置在Scene视图中。此时删除Main Camera，指定Jammo Character的Inspector中Tag的Player。

接下来，在Plane上创建一个长方形的Cube。为了醒目一些，为其赋予相应的材质并设定成红色，如图7-25所示。

▼图7-25 Plane上创建长方形的Cube

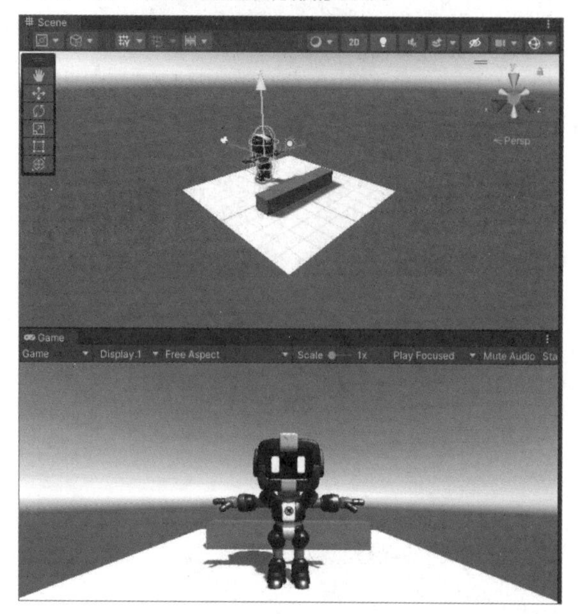

Jammo Character指定了Character Controller，无法穿过对象，是因为勾选了Character Controller复选框，如图7-26所示。取消该复选框的勾选，使之无效。

试着以这个状态执行Play。Jammo Character撞到红色Cube上，会像幽灵一样从中穿过对象，如图7-27所示。

▼图7-26 Character Controller复选框

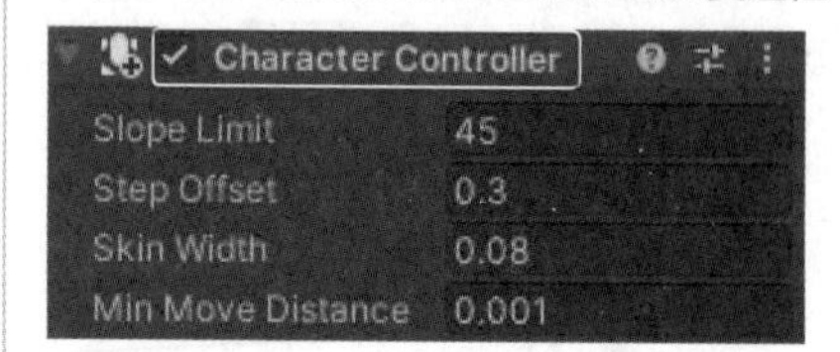

▼图7-27 Jammo Character从Cube中穿过

如果不想让Jammo Character从Cube中穿过，只需勾选图7-26的Character Controller复选框，这样Jammo Character就会像图7-28那样在Cube前踏步却无法穿过对象。

▼图7-28 Jammo Character在Cube前踏步

本秘技介绍了设置角色的Character Controller复选框勾选和取消勾选时的区别。接下来，让我们来看看Sphere从地板上穿过Plane的情况吧。

秘技 059 如何使Sphere穿过Plane而掉入无底深渊

扫码看视频

对应 2019 2021

难易程度 ●

如果Plane上没有Mesh Collider的设定，Sphere就会从地板中穿过掉落到画面的底部。从Unity菜单中选择File→New Scene命令，创建新的Scene。首先，在Plane及其上方配置Sphere，将Sphere设置为红色，如下页图7-29所示。

▼图7-29 Plane和Sphere的配置

从Hierarchy面板中选择Sphere，在Inspector面板中单击Add Component按钮，选择Physics→Rigidbody选项，如果不为Sphere添加重力，Sphere就会一直浮在空中。接下来，执行Play，Plane会将Sphere接住，如图7-30所示。

▼图7-30 Sphere被Plane接住了

为Sphere添加Rigidbody后，若勾选Plane的Mesh Collider复选框，则Sphere会从地板中穿过掉到画面的底部。Collider提供与冲突有关的功能。Mesh Collider是基于游戏对象的网格碰撞体，可以进行正确的冲突检测，但相应的处理会变得复杂，所以只在需要重要冲突判定的情况下使用。

取消Mesh Collider复选框的勾选，如图7-31所示。执行Play，Sphere从地板穿过，如图7-32所示。

▼图7-31 取消勾选Plane的Mesh Collider复选框

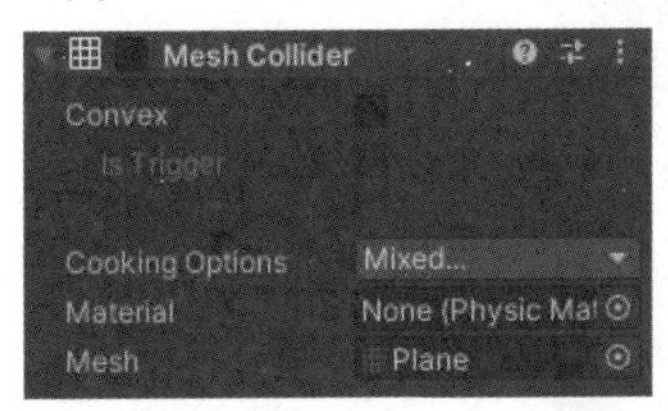

▼图7-32 Sphere从地板穿过

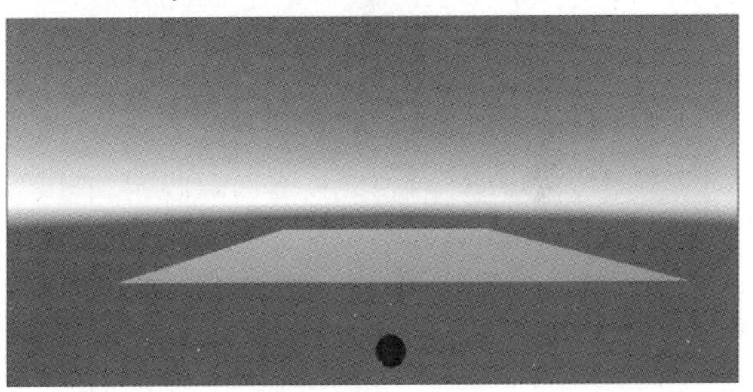

因此，Sphere是否从地板中穿过，取决于Inspector面板中Plane的Mesh Collider复选框是否勾选。

秘技 060 如何切换模型阴影的ON/OFF模式

扫码看视频

对应 2019 2021

难易程度 ●●

用户可以在Inspector面板中，通过将Directional Light设置为Shadow Type，为对象添加阴影。

选择Unity菜单的File→New Scene命令，来新建场景。

在Scene视图创建Plane，然后导入秘技057的CyberSoldier。因为CyberSoldier背对着照相机，所以在Inspector面板的Transform选项区域中将Rotation *Y*轴的值指定为180，使其朝向照相机。调整Main Camera的位置，使CyberSoldier显示得更大，如图7-33所示。此时可以看到CyberSoldier已经显示了影子。此时在Inspector面板中我们可以看到Directional Light复选框为勾选状态。

▼图7-33 将照相机靠近CyberSoldier，使其看起来更大

Inspector面板中Directional Light的具体参数设置，如下页图7-34所示。

▼图7-34 Directional Light的Inspector

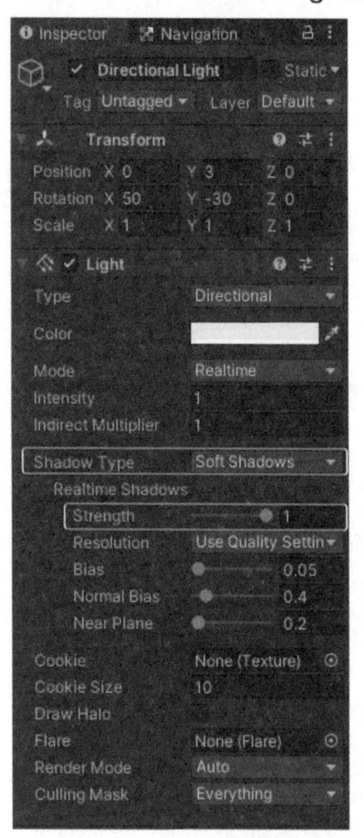

因为Shadow Type指定为Soft Shadows，所以会显示影子。Shadow Type还可以选择None Shadows和Hard Shadows两个模式。如果不想显示影子，则选择None Shadows模式。选择Hard Shadows模式，会显示轮廓清晰的影子，如图7-35所示。在Strength中可以设置影子的深浅度，若设置的值比1小，则影子会变浅，如图7-36所示。

▼图7-35 在Shadow Type中选择了Hard Shadows

▼图7-36 Strength值为0.2，影子变浅了

秘技 061

如何复制模型

扫码看视频

对应 2019 2021

难易程度 ●

要复制模型，首先选择要复制的模型对象，单击鼠标右键，选择Duplicate命令即可。这里使用秘技060的场景，Shadow Type为Soft hadow，Strength设置为1。显示CyberSoldier的Inspector面板，相关设定与秘技056相同，照相机的设置也一样。设置完Inspector面板中的所有参数后，即可制作CyberSoldier的复制品。这种操作能够复制Inspector面板的所有设置，所以不需要再设定任何参数。

在Hierarchy面板中选择CyberSoldier，单击鼠标右键，选择Duplicate命令，如图7-37所示。执行5次相同的复制操作，如下页图7-38所示。此时，包含原来的CyberSoldier，场景中有6个Cyber Soldier，复制的CyberSoldier会自动添加序号，名字可以自由更改。

▼图7-37 单击鼠标右键，选择Duplicate命令

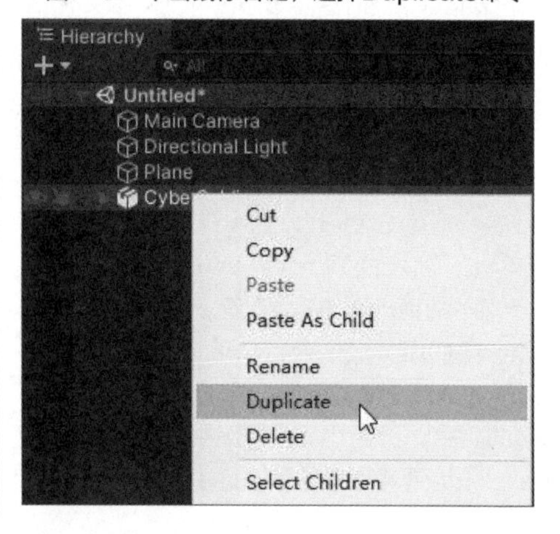

▼图7-38 复制时会被自动以序号命名

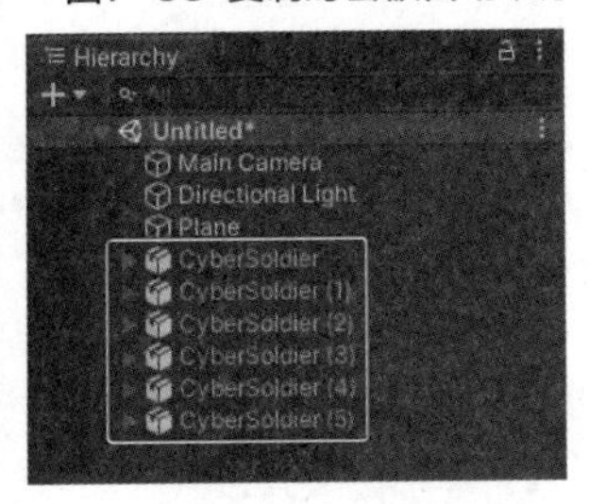

虽然有6个CyberSoldier，但是在Scene视图上只显示1个。这是因为CyberSoldier在完全相同的位置重叠显示了。

在Hierarchy面板中分别选择各个CyberSoldier，使用移动工具（Move Tool）分别移动到合适的位置，如图7-39所示。

如果执行Play，则所有模型会执行相同的动作，图7-40所示。

▼图7-39 配置了6个相同的模型

▼图7-40 执行Play，所有模型执行相同的动作

秘技

062 如何为模型设置标签

扫码看视频

▶对应 2019 2021

▶难易程度 ●●

Tag标签可以起到标识、区分的作用。在Unity中，同一类的模型，我们可以根据需要设置成统一的标签。

首先执行File→New Scene命令，新建一个场景，配置Plane、CyberSoldier和unitychan，如图7-41所示。下面我们为CyberSoldier和unitychan设定Tag，根据Tag区别CyberSoldier和unitychan。使用鼠标随便单击其中一个，在Console窗口输出相应的内容。

▼图7-41 配置了CyberSolder和unitychan

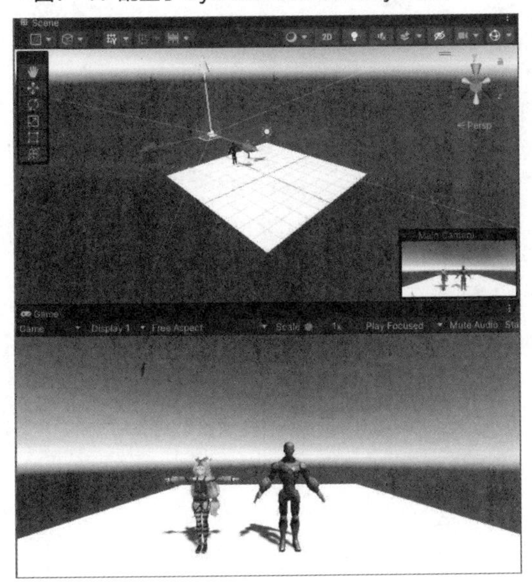

首先从Tag的设定开始。在Hierarchy面板中选择CyberSoldier，在显示的Inspector面板中包含Tag属性选项，如图7-42所示。单击Tag右侧的▼图标，将打开相应的选项列表，如下页图7-43所示。

▼图7-42 显示了Tag项目

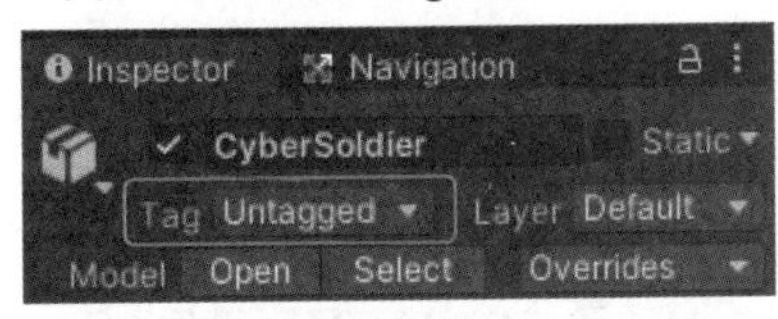

▼图7-43 显示了Tag选项列表

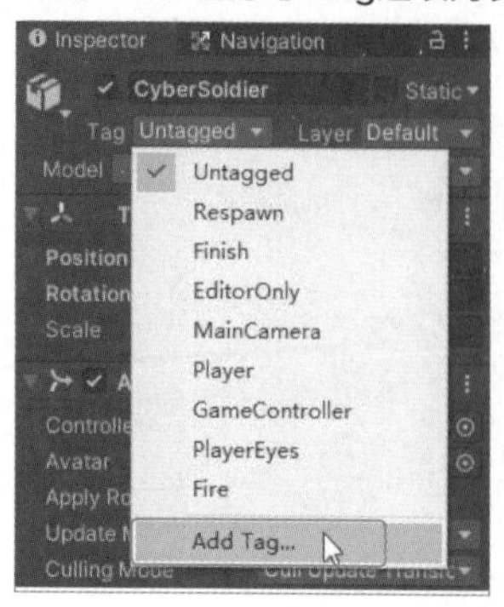

在图7-43的选项列表中选择Add Tag选项，单击“+”图标，如图7-44所示。此时会显示New Tag Name文本框，这里输入CyberSoldier，如图7-45所示。

▼图7-44 单击“+”图标

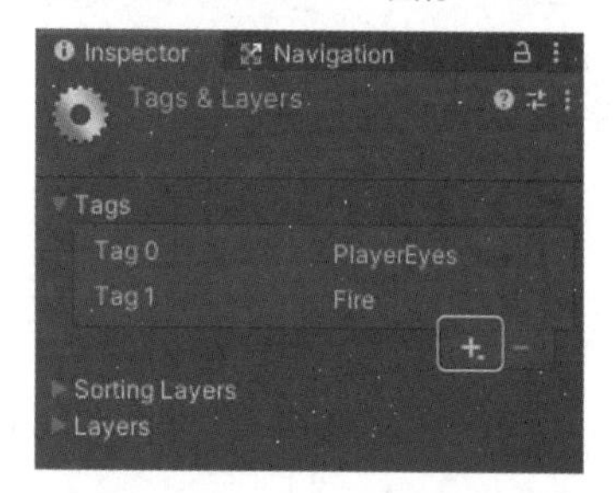

▼图7-45 将New Tag Name指定为CyberSoldier

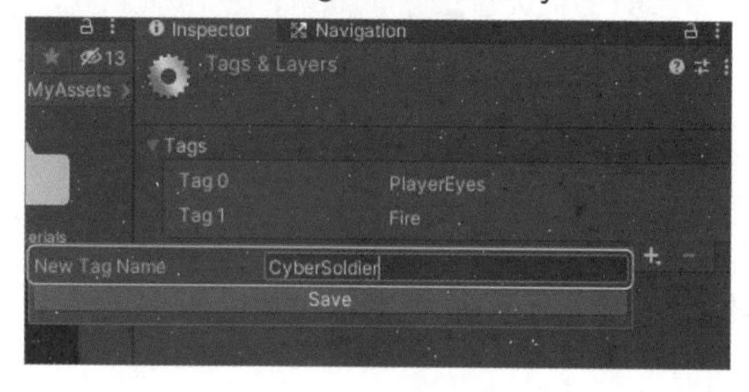

单击Save按钮，即可将CyberSoldier注册给Tag 2，如图7-46所示。

▼图7-46 在Tag 2中注册了CyberSoldier

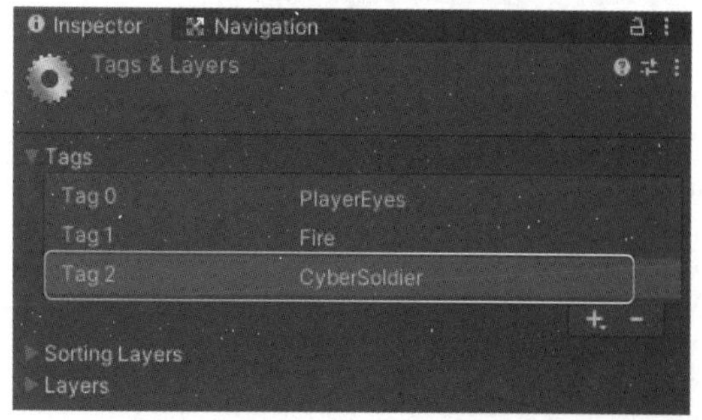

同样的操作，再次单击“+”图标，指定unitychan的Tag，将Tag的名字设置为myIdle。目前新注册了两个Tag，如图7-47所示。

▼图7-47 CyberSoldier和unitychan的myIdle Tag已注册

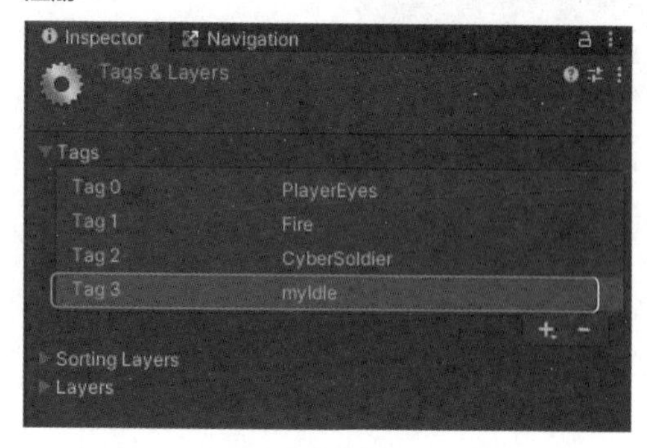

在Hierarchy面板中选择CyberSoldier，显示Inspector面板后，在Tag选项列表中会显示刚才注册的CyberSoldier，选择它，如图7-48所示。同样地，选择unitychan，指定Tag名。接下来，在CyberSoldier和unitychan的Inspector面板中单击Add Component按钮，设置Physics为Box Collider。更改Center或Size的值，使模型被绿色细线包围。从下页的图7-49中，可以看到在CyberSoldier中设置了Box Collider，unitychan也是一样。这里需要设定的Collider是跳过Ray，获取Ray撞到的对象Tag名并写出执行代码，因此需要设定Collider，用于判定碰撞。

▼图7-48 在Tag下拉列表中选择CyberSoldier选项

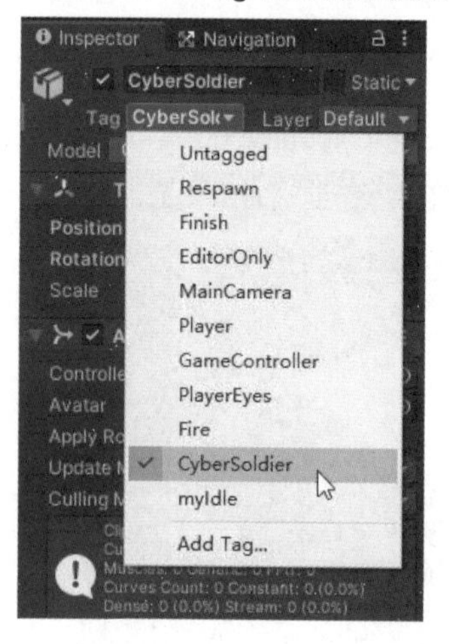

▼图7-49 在CyberSoldier中设置了Box Collider

在unitychan的Inspector面板中删除IdleChanger（Script）、Face Update（Script）和AutoBlink.cs文件，从Remove Component中删除Missing的3个Script。

接下来，要在Main Camera中写入脚本。首先显示Main Camera的Inspector面板，单击Add Component按钮，选择New Script，在Name文本框中输入DeterminationProcessingScript，单击Create and Add按钮。在Inspector中追加了DeterminationProcessing脚本，双击即可启动Visual Studio，代码如列表7-2所示。

▼列表7-2 DeterminationProcessingScript.cs

```
using System.Collections;
using System.Collections.Generic;
using UnityEngine;
public class DeterminationProcessingScript:MonoBehaviour
{
    private void Update()
    {
        //单击鼠标左键时的处理
        if (Input.GetMouseButtonDown(0))
        {
            //将单击后的屏幕坐标转换成ray
            Ray ray = Camera.main.ScreenPointToRay(Input.mousePosition);
            //将Ray中的对象信息保存在变量hit中
            RaycastHit hit = new RaycastHit();

            //单击ray对象时的处理
            if (Physics.Raycast(ray, out hit, 100))
            {
                //获取目标Tag名称
                string tagName = hit.collider.gameObject.tag;
                //Tag名为CyberSoldier时的处理
                if (tagName == "CyberSoldier")
                {
                    Debug.Log("这是士兵");
                }
                //Tag名为myIdle时的处理
                if (tagName == "myIdle")
                {
                    Debug.Log("这是小女孩");
                }
            }
        }
    }
}
```

开始执行Play，查看效果。单击unitychan后，Console窗口输出“这是小女孩”，如图7-50所示。

▼图7-50 Console窗口输出“这是小女孩”

单击CyberSoldier后，Console窗口输出“这是士兵”，如图7-51所示。

▼图7-51 Console窗口输出“这是士兵”

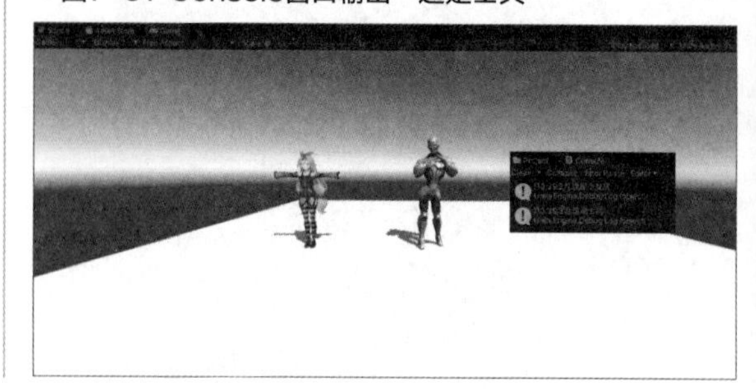

专栏　Asset Store中有趣的角色介绍（3）

Paintz Free（免费）是Unity中用于涂鸦的插件，其下载界面如下图1所示。

▼图1 Paintz Free的下载界面

该程序使用示例如下图2所示。

▼图2 用鼠标描出对象的颜色

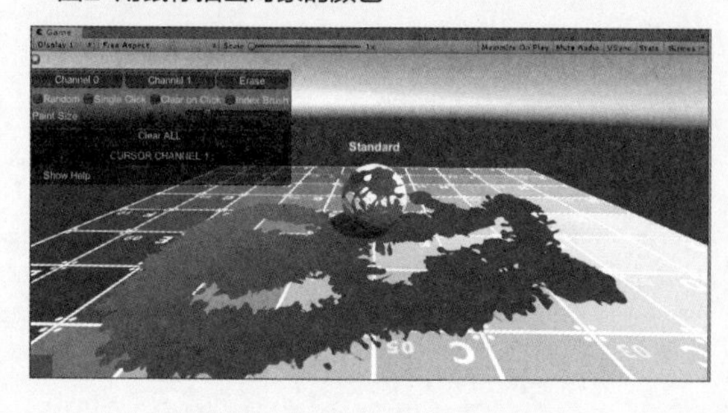

导航处理秘技

秘技 063 如何进行导航设置（1）

扫码看视频

对应 2019 2021

难易程度 ●

Unity的导航系统可以让游戏世界里的角色灵活地行动。要对导航系统进行设置，首先需要新建一个场景，并创建Plane。接着在Plane上配置Cube、Cylinder等作为障碍物，然后为障碍物赋予相应的材质。障碍物在Scene视图中的显示效果，如图8-1所示。障碍物在Game视图中的显示效果，如图8-2所示。

▼图8-1 Scene视图中的障碍物

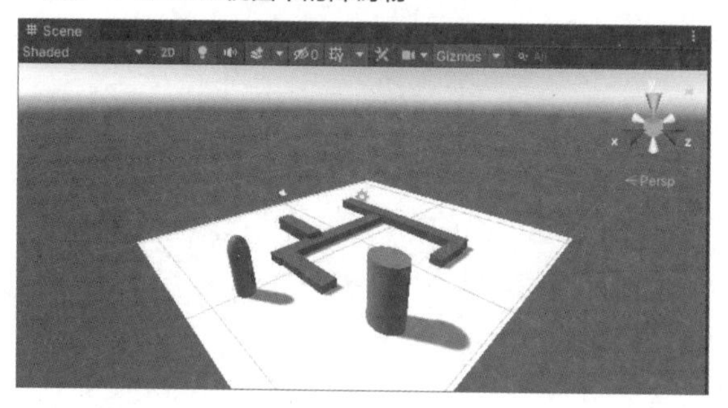

接着，全选Plane、Cube和Cylinder等对象，显示Inspector面板，并勾选Static复选框，确保这些物体在程序运行时是静止不动的。一定要进行这个操作，否则之后的导航设置将无法顺利进行，如图8-3所示。

▼图8-2 Game视图中的障碍物

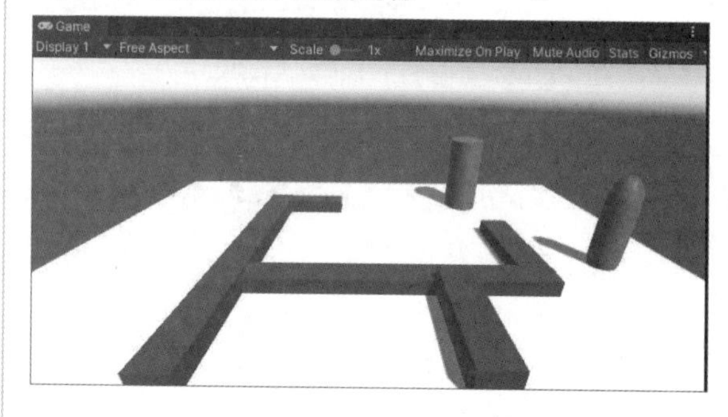

▼图8-3 选择全部对象，勾选Static复选框

秘技 064 如何进行导航设置（2）

扫码看视频

对应 2019 2021

难易程度 ●

单击Navigation面板中的Bake按钮，可以确认对象的可移动区域。在Unity菜单中执行Window→AI→Navigation命令，如图8-4所示。在显示的图8-5的Navigation面板中单击Bake按钮，相应的属性显示如下页图8-6所示。

▼图8-4 选择Window→AI→Navigation命令

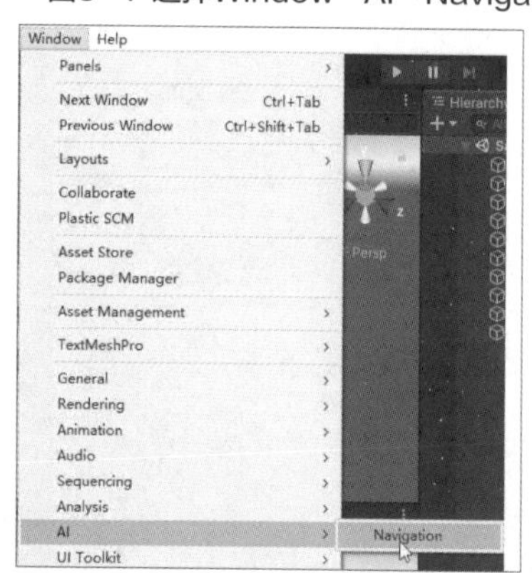

▼图8-5 显示了Navigation面板

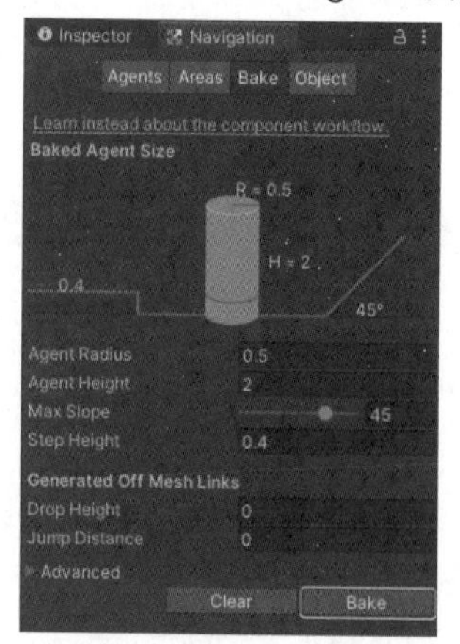

▼图8-6 显示了Bake的界面

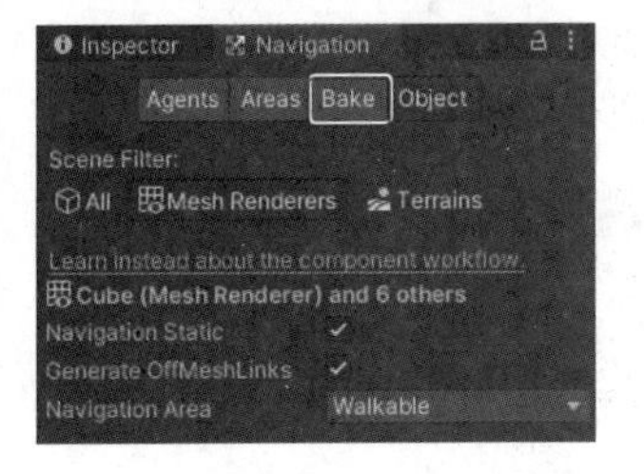

接着，对当前Scene执行File→Save As Scene Template命令，命名为“64”（秘技的序号）并保存。

单击Bake按钮后，Scene视图发生了变化，效果如图8-7所示。

▼图8-7 Scene视图发生了变化

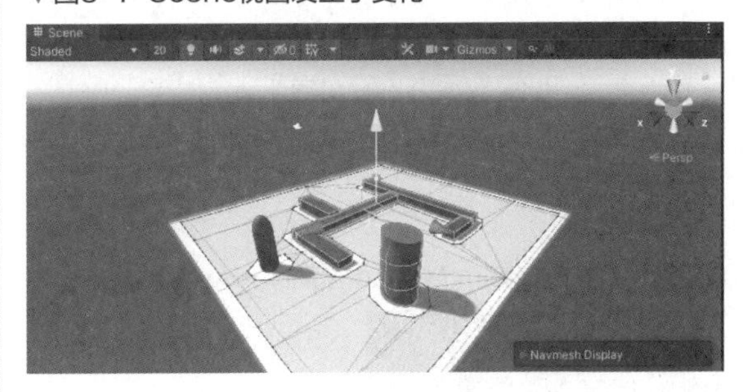

图8-7的蓝色区域为对象的可移动区域。

秘技 065 如何让角色移动到鼠标单击的位置

扫码看视频

对应 2019 2021

难易程度 ●●

在场景中添加Nav Mesh Agent组件，可以帮助用户创建在朝目标移动时能够彼此避开的角色。接下来将在上一个秘技创建的图8-7的场景中，实现模型可以移动到单击的位置，这里使用僵尸模型。首先在Asset Store中搜索并导入Zombie资源，如图8-8所示。

▼图8-8 下载并导入Zombie资源

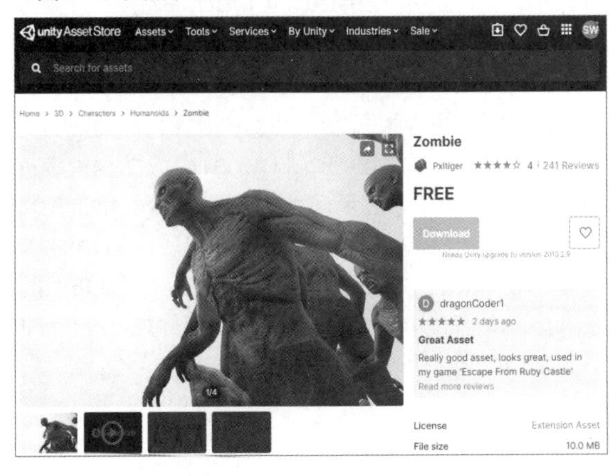

将Zombie资源导入Unity后，在Project面板内可以看到创建的名为Zombie的文件夹，在其中的Animation文件夹内包含各种各样的Zombie素材。这里使用Zombie@walk，如图8-9所示。

选择图8-9的Zombie@walk并显示Inspector面板后，切换至Rig选项卡，单击Animation Type下拉按钮，选择Legacy选项并单击Apply按钮。然后切换至Animation选项卡，将Warp Mode指定为Loop。Wrap Mode下面有另一个Warp Mode，两个Wrap Mode都需要指定为Loop，单击Apply按钮。

将设置好的Zombie@walk拖放到Scene视图的任意位置，如图8-10所示。

▼图8-9 使用Zombie@walk

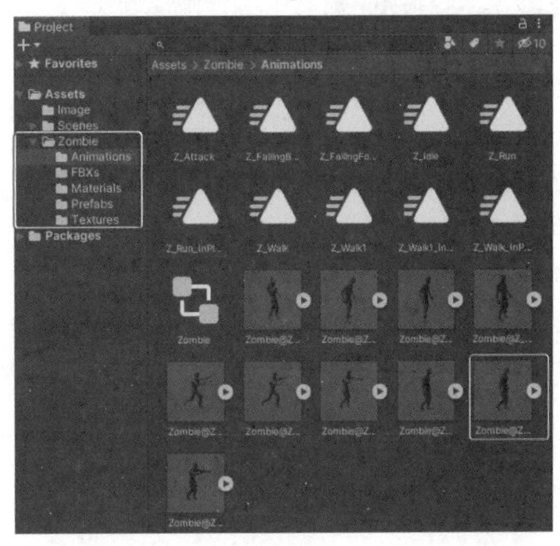

▼图8-10 将Zombie@walk拖放到Scene视图中

在Hierarchy面板中选择Zombie@walk选项，显示Inspector面板。单击Add Component按钮，执行Navigation→Nav Mesh Agent操作。然后将Speed设置为慢速的1，如图8-11所示。默认情况下僵尸会以滑行的方式移动。

▼图8-11 在Zombie@walk中追加Nav Mesh Agent

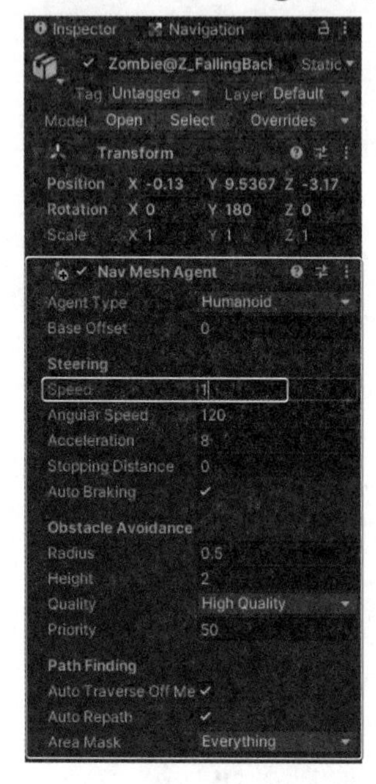

接下来，设置当僵尸移动到鼠标单击的位置时，照相机也跟随僵尸的设定。从Asset Store中导入Standard Assets资源包。这个资源包以前也使用过，这里需要照相机相关的Cameras的FreeLookCameraRig文件夹。如图8-12所示。

在Scene视图中的适当位置配置FreeLookCameraRig，并删除Main Camera。

FreeLookCameraRig的设定在第7章已有介绍，在此只进行简单说明。

设置在Free Look Cam(Script)中进行。本来在

▼图8-12 导入Standard Assets

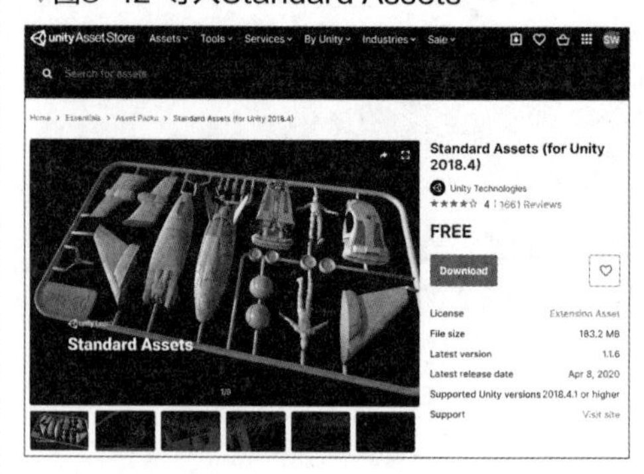

Target的某个地方，可以从Hierarchy面板中直接拖放Zombie@walk，但是勾选了Auto Target Player复选框，这就意味着“有自动追逐的目标”。原因是从Hierarchy面板中选择Zombie@walk，显示Inspector面板。Tag标签用于对模型进行分类。单击Tag右侧的▲▼图标，从选项列表中选择Player选项，将Zombie@walk归到Player中，就满足了“将Player作为自动追逐的目标”。

再次显示FreeLookCameraRig的Inspector面板。将Move Speed指定为5，将Turn Speed指定为4。数值可以根据实际情况进行自由设置。Move Speed是照相机移动的速度，Turn Speed是照相机转动时的速度。

从Hierarchy面板中选择Zombie@walk，在Inspector面板中单击Add Component按钮，添加Physics→Box Collider组件，调节Center和Size的值，用浅绿色的线圈住Zombie@walk。添加Box Collider组件，可以避免Zombie@walk陷入障碍物中。

最后编写代码。首先在Hierarchy面板中选择Zombie@walk，显示Inspector面板。单击Add Component按钮，选择New Script选项，在Name文本框中输入MoveScript，单击Create and Add按钮。在Inspector面板中追加MoveScript组件并双击，启动Visual Studio，代码如列表8-1所示。

▼列表8-1 MoveScript.cs

```
using System.Collections;
using System.Collections.Generic;
using UnityEngine;
//导入UnityEngine.AI
using UnityEngine.AI;

public class MoveScript : MonoBehaviour
{
    //声明NavMeshAgent类型变量agent
    NavMeshAgent agent;
    //Start()函数
    void Start()
    {
```

```
        //在GetComponent中访问NavMeshAgent组件，并通过变量agent进行参照
        agent = GetComponent<NavMeshAgent>();
    }

    //Update()函数
    void Update()
    {
        //单击鼠标左键后跳过Ray，单击Ray
        //将僵尸移动到交换位置
        if (Input.GetMouseButtonDown(0))
        {
            RaycastHit hit;
            if (Physics.Raycast(Camera.main.ScreenPointToRay(Input.mousePosition), out hit, 100))
            {
                agent.destination = hit.point;
            }
        }
    }
}
```

返回Unity中，执行Play并查看效果。可以看到僵尸会走到光标单击的位置，如图8-13所示。

▼图8-13 僵尸移动到单击的位置

秘技066 如何在单击处生成小球体，并使胶囊体移至该位置

扫码看视频

对应 2019 2021

难易程度 ●●

本秘技要实现当我们鼠标左键单击某位置时会生成一个小球体，并且胶囊体会移至小球体的位置。这里直接使用秘技065的场景，执行File→Save As命令，将场景另存为“66”。

删除配置好的Zombie。假设Navigation的Bake设置也全部完成。这里用胶囊体代替僵尸。在Scene视图中创建胶囊体，然后在Inspector面板的Transform选项区域将Scale指定为0.5。再将胶囊体的颜色设置为黑色，如图8-14所示。我们将黑色胶囊体作为Player。

▼图8-14 将黑色Capsule（Player）配置在Scene视图中

从Hierarchy面板中选择Capsule（Player），显示Inspector面板，单击Add Component按钮，追加Navigation→Nav Mesh Agent组件。接下来，在光标单击的位置，会显示一个小的白色球体，以便知道单击了哪里。在秘技065中，单击的位置不会显示任何内容。但是如果应用这里的方法，就可以知道单击的位置。

首先，在Scene视图中创建Sphere，将尺寸缩小到0.1，设置成与Plane接触的形式。将Sphere拖放到Assets文件夹中，创建一个新预设，并删除Hierarchy面板中的Sphere。

接着在Hierarchy面板中选择Player（Capsule），单击Add Component按钮，选择New Script选项，在Name文本框中输入CapsuleMoveScript，单击Create and Add按钮。在Inspector面板中追加CapsuleMoveScript组件并双击，启动Visual Studio工具，代码如列表8-2所示。

▼列表8-2 CapsuleMoveScript.cs（与秘技065列表8-1相同处的省略）

```
using System.Collections;
using System.Collections.Generic;
using UnityEngine;
using UnityEngine.AI;
public class CapsuleMoveScript : MonoBehaviour
{
    NavMeshAgent agent;

    //用public声明GameObject类型的变量sphere
    public GameObject sphere;
    Vector3 myPosition;
    void Start()
    {
        agent = GetComponent<NavMeshAgent>();
    }

    void Update()
    {
        if (Input.GetMouseButtonDown(0))
        {
            RaycastHit hit;
            //通过Ray跳过光标单击的位置
            Ray ray = Camera.main.ScreenPointToRay(Input.mousePosition);
            if (Physics.Raycast(Camera.main.ScreenPointToRay(Input.mousePosition), out hit, 100))
            {
                //Ray处于的位置为hit.point，然后生成对象并将Capsule移动到其位置
                Instantiate(sphere, hit.point, Quaternion.identity);
                agent.destination = hit.point;
            }

        }
    }
}
```

返回Unity中，在Player（Capsule）的Inspector面板中可以看到CapsuleMoveScript组件内显示了作为public变量的Sphere属性，拖放Assets文件夹内的Sphere，如图8-15所示。

接下来在Scene视图中为FreeLookCameraRig设置合适的位置，因为在秘技065中已经设置好了，这里维持原状也可以。

FreeLookCameraRig的设定在第7章中也有说明，所以在此就不再细说了。

首先从Hierarchy面板中选择Capsule（Player）来显示Inspector面板。单击Tag右侧的▲▼图标，从列

▼图8-15 小球体应用了Assets文件夹内Sphere的预设

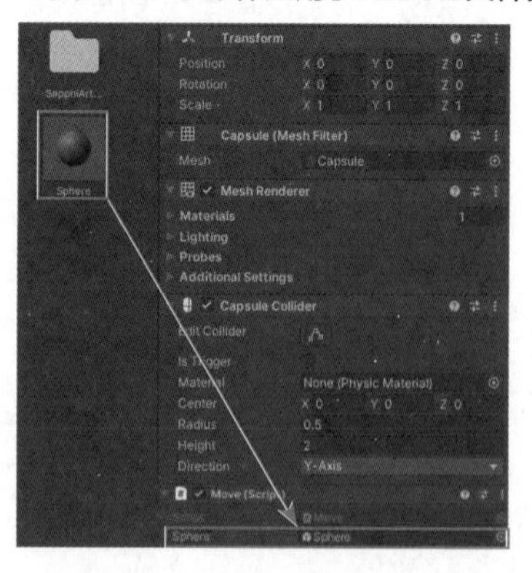

表中选择Player选项。Tag用于标识标签，这样Capsule（Player）的标签就被分类到了Player，即实现了“自动追逐的目标是Player”功能。

再次显示FreeLookCameraRig的Inspector面板。将Move Speed指定为5，将Turn Speed指定为4。这里的数值可以根据情况自由设定。Move Speed设置的是照相机移动的速度，Turn Speed设置的是照相机转动时的速度。

执行Play查看效果，可以看到单击的位置会显示一个白色小球体，而黑色胶囊会移动到此位置，如图8-16所示。

▼图8-16　黑色胶囊体移动到小球体显示的位置

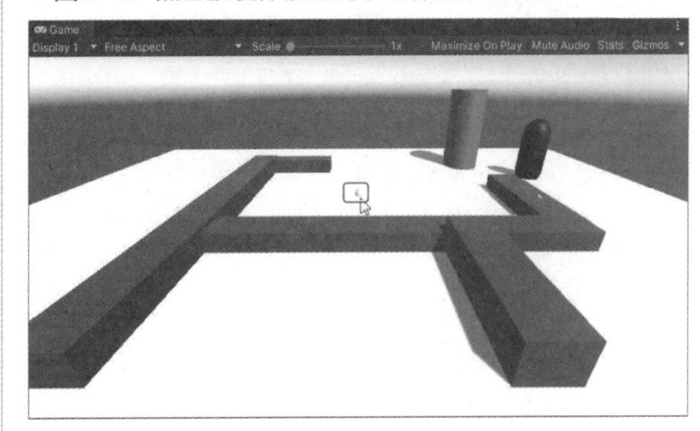

秘技

067 如何实现在模型后面有许多僵尸追赶的场景

扫码看视频

对应 2019 2021

难易程度 ●●

下面将介绍如何实现让僵尸追赶目标的场景效果。这里使用秘技066的场景，删除原场景中的Capsule（Player）。假设Bake中Navigation的设定已完成。被僵尸追赶的模型使用了以前也使用过的Jammo，请从Asset Store中导入该资源。另外僵尸使用的也是秘技065使用过的Zombie。

首先在场景中拖入Assets→Jammo Character→Prefabs文件夹内的Jammo_Player。在Inspector面板中将Scale指定为0.7，稍微设置得小一点。为了让对象移动，切换至Rig选项卡，设置Animation Type为Humanoid。

接下来将Assets→Zombie→Animation文件夹内的Zombie@Walk拖放到场景中。Animation在秘技065中使用过。从Asset Store导入时，不要忘记在Inspector面板中进行Animation Type和Wrap Mode的设定，将角色的尺寸稍微调小一些。

选择Zombie@walk并显示Inspector面板后，单击Add Component按钮，添加Navigation→Nav Mesh Agent组件。在Hierarchy面板中选择Zombie@walk并右击，在弹出的快捷菜单中选择Duplicate命令，复制6个Zombie@walk副本。使用移动工具（Move Tool）将重叠显示的Zombie@walk移动到合适的位置，如图8-17所示。

▼图8-17　在场景中配置了Jammo_Player和6个Zombie@walk

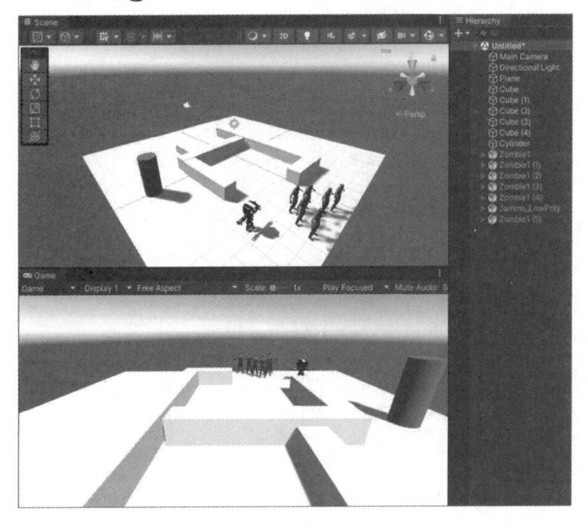

在Hierarchy面板中选择Jammo_Player，要想实现用键盘上的方向键控制模型移动，则在Inspector面板中展开Character Controller选项区域，将Center的*Y*值指定为0.98，如图8-18所示。

现在，FreeLookCameraRig已经配置好了，请从Jammo_Player中将Tag指定为Player。如果不进行指定，照相机就不会追随Jammo_Player移动。

在Hierarchy面板中选择Zombie@walk，显示Inspector面板，单击Add Component按钮，选择New Script选项，在Name文本框中输入ZombieScript，单击Create and Add按钮，添加ZombieScript组件并双击，双击启动Visual Studio工具，编写如列表8-3所示的代码。

▼图8-18 对Jammo_Player的参数进行设置

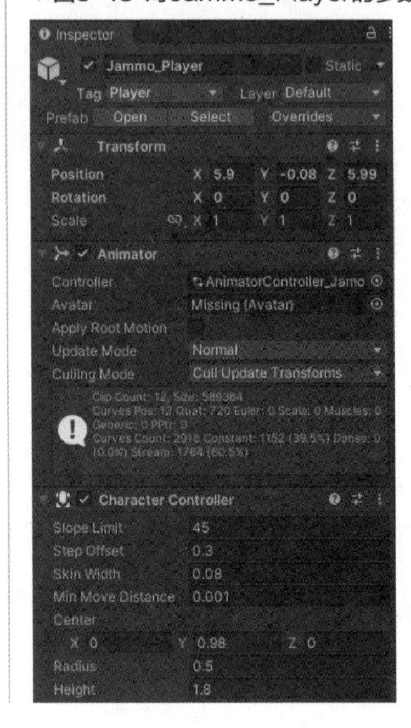

▼列表8-3 ZombieScript.cs

```
using System.Collections;
using System.Collections.Generic;
using UnityEngine;
//导入Unity Engine.AI
using UnityEngine.AI;

public class ZombieScript : MonoBehaviour
{

    //用public声明GameObject类型的变量target
    //声明NavMeshAgent类型变量agent
    public GameObject target;
    NavMeshAgent agent;
    //Start()函数
    void Start()
    {
        //通过GetComponent访问NavMeshAgent组件
        //参照变量agent
        agent = GetComponent<NavMeshAgent>();
    }

    //Update()函数
    void Update()
    {
        //Nav Mesh Agent设定的僵尸被指定为public变量target
        //跟在GameObject后面
        agent.destination = target.transform.position;
    }
}
```

返回Unity中，选择Add Component→Scripts后，会显示创建的ZombieScript组件，在其他复制的Zombie@walk中添加此ZombieScript组件。在代码中会显示已声明为public变量的Target属性，接着从Hierarchy面板内拖放Jammo_Player至Target属性框，如下页图8-19所示。

▼图8-19 在Zombie@walk的ZombieScript中将Target指定为Jammo_Player

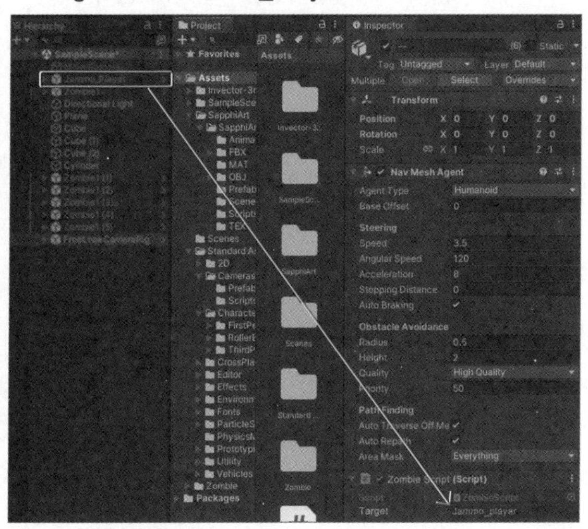

执行Play，移动Jammo_Player，就会有6只僵尸追过来，如图8-20所示。

▼图8-20 僵尸正在Jammo_Player后面追随着

秘技 068

如何使老虎躲开障碍物并移动至单击的位置

扫码看视频

对应 2019 2021

难易程度 ●●

在Unity的Navigation面板中进行相关设置，可以实现让角色避开障碍物并移动到单击的位置。

首先在Unity菜单中选择File→New Scene选项，创建一个新场景。然后在Plane上创建Cube和Cylinder模型来作为障碍物。笔者制作了如图8-21所示的障碍物，用户可自由配置障碍物。应用秘技022的方法，为模型指定相应的颜色。

▼图8-21 在Plane上配置Cube和Cylinder作为障碍物

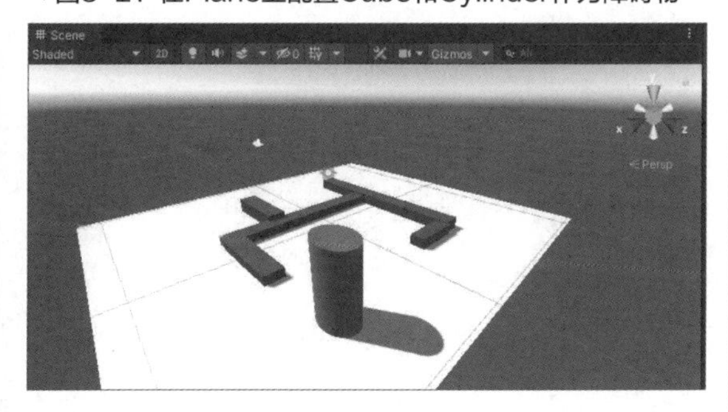

保存当前场景并命名为“68”。接下来在Hierarchy面板中将Cube、Cylinder和Plane选中，然后显示Inspector面板，勾选Static复选框，如图8-22所示。

▼图8-22 选择全部Cube、Cylinder和Plane，显示Inspector面板，勾选Static复选框

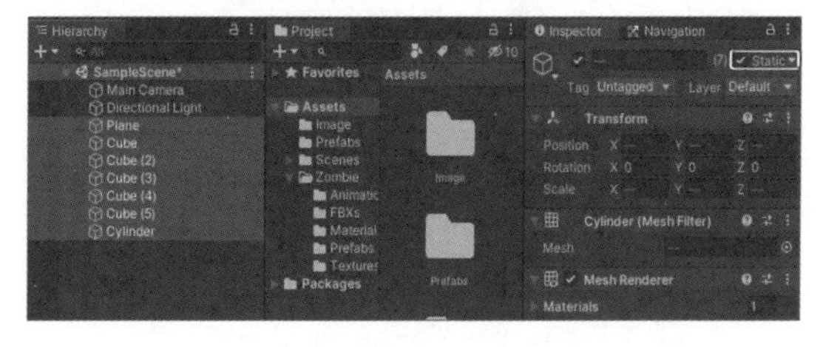

在此状态下，选择Unity菜单的Window→AI→Navigation选项来显示Navigation面板。已添加Navigation标签的用户不需要此操作。切换到Bake选项卡，单击下面的Bake按钮，角色的可移动区域如图8-23所示。

▼图8-23 角色的可移动区域

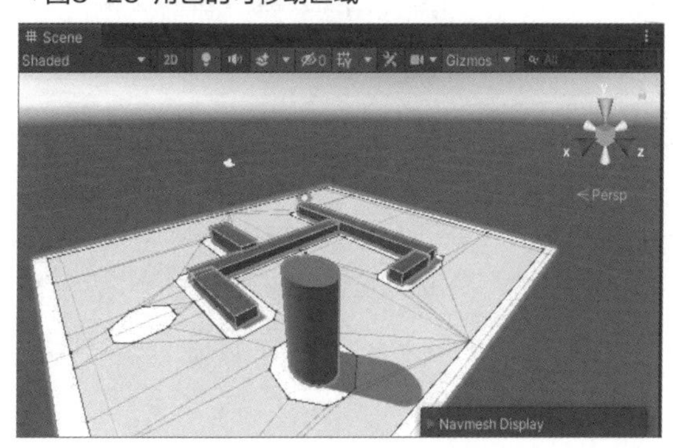

要移动的角色模型使用从Asset Store导入Golden Tiger。这个Golden Tiger以前导入过，所以在此不再详细说明，用户自行导入即可。在Project面板的Assets→Tiger文件夹内选择Walk的fbx文件，显示Inspector面板。在Rig选项卡下指定Animation Type为Legacy，单击Apply按钮。再切换至Animation选项卡，将Wrap Mode指定为Loop。该Wrap Mode下方还有一个选项，将其也指定为Loop，单击Apply按钮。将设置好的Walk（Tiger）配置在Plane上，如图8-24所示。

在Hierarchy面板中选择Walk（Tiger），然后单击Add Component按钮，添加Navigation→Nav Mesh Agent组件。

使用秘技066创建的Sphere预设，以便在下一个单击位置显示白色小球体。

在Hierarchy面板中选择Walk（Tiger），单击Add Component按钮，选择New Script选项，在Name文本框中输入ClickPositionMoveScript，单击Create and Add按钮，在Inspector面板中添加ClickPositionMoveScript组件并双击，启动Visual Studio，编写如列表8-4所示的代码。

▼图8-24 Scene视图中配置了Walk（Tiger）角色

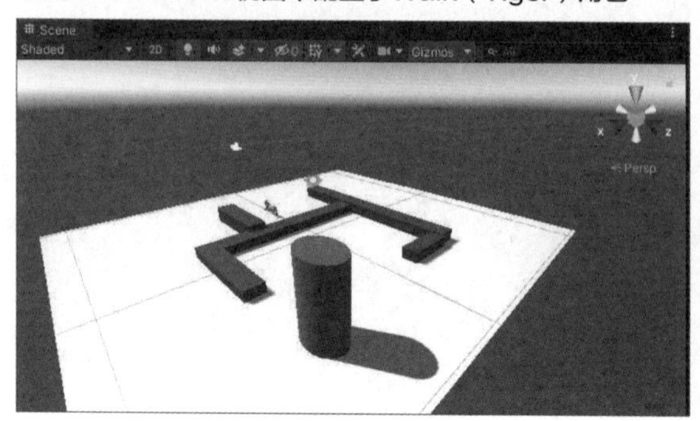

▼列表8-4 ClickPositionMoveScript.cs

```
using System.Collections;
using System.Collections.Generic;
using UnityEngine;
using UnityEngine.AI;

public class ClickPositioMoveScript : MonoBehaviour
{

    NavMeshAgent agent;
    public GameObject sphere;
    Vector3 myPosition;
    void Start()
    {
        agent = GetComponent<NavMeshAgent>();
    }

    void Update()
    {
        if (Input.GetMouseButtonDown(0))
        {
            RaycastHit hit;
            Ray ray = Camera.main.ScreenPointToRay(Input.mousePosition);
            if (Physics.Raycast(Camera.main.ScreenPointToRay(Input.mousePosition), out hit, 100))
            {
                Instantiate(sphere, hit.point, Quaternion.identity);
                agent.destination = hit.point;
            }
        }
    }
}
```

返回Unity中，选择Walk（Tiger），可以在Inspector面板的ClickPositionMoveScript（Script）内显示了作为public变量的Sphere属性。拖放Assets文件夹内的Sphere，如下页图8-25所示。

▼图8-25 Sphere属性指定了Assets文件夹内Sphere的Prefab

在Scene视图中配置Standard Assets资源包中的Cameras→FreeLookCameraRig，删除Main Cameral。在Hierarchy面板中选择Walk（Tiger），显示Inspector面板，在Tag选项卡下指定Player，使相机追逐Walk（Tiger）。执行Play后，单击的位置会显示一个白色小球体，Walk（Tiger）会一边避开障碍物一边移动到单击的位置，如图8-26所示。

▼图8-26 Walk（Tiger）在避开障碍物的同时移动到单击的位置

秘技

069 如何让模型到达终点

扫码看视频

▶对应 2019 2021

▶难易程度 ●

这里继续使用秘技068的场景，创建一个Sphere作为目标终点，在Inspector面板中为Sphere设置相应的颜色和大小并重命名为Gold，实现让Walk（Tiger）自动移动到Sphere（Goal）的位置，图8-27所示。

因为在秘技068中已经设置了Navigation和Walk（Tiger）Nav Mesh Agent，所以这些设定此处不再介绍。接下来选择Walk （Tiger），在Inspector面板中删除ClickPositionMoveScript（Script）的组件。单击Add Component按钮，选择New Script选项，在Name文本框中输入AutoMoveScript。在Inspector面板中追加AutoMoveScript并双击，启动Visual Studio，编写如列表8-5所示的代码。

▼图8-27 在Scene视图中设置Sphere（Goal）的位置

▼列表8-5 AutoMoveScript.cs

```
using System.Collections;
using System.Collections.Generic;
using UnityEngine;
using UnityEngine.AI;

public class AutoMoveScript : MonoBehaviour
{
    public GameObject target;
    NavMeshAgent agent;
    void Start()
    {
        agent = GetComponent<NavMeshAgent>();
    }
    void Update()
    {
        agent.destination = target.transform.position;
```

```
        }
    }
```

列表8-5的代码功能和秘技067中列表8-3代码的功能完全相同，请参照列表8-3。返回Unity，在Walk（Tiger）的AutoMoveScript（Script）中会显示在代码中声明为public变量的Target属性，请从Hierarchy面板中指定Goal，如图8-28所示。

▼图8-28 在Target中指定Hierarchy的Goal

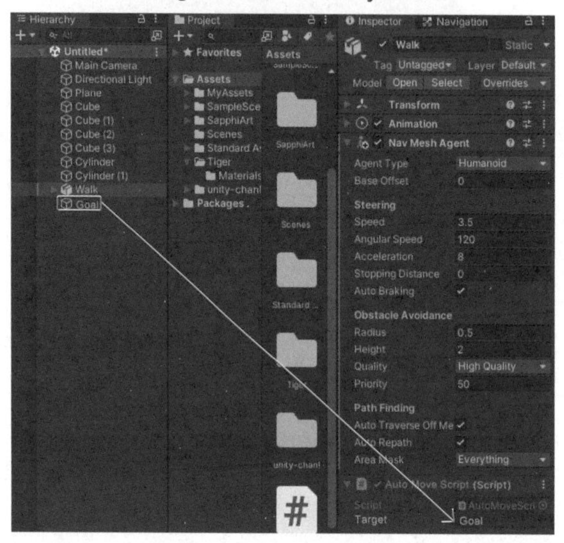

在Scene视图中配置Standard Assets资源包中的Cameras→FreeLookCameraRig，删除Main Camera。在Hierarchy面板中选择Walk（Tiger），显示Inspector面板，在Tag选项卡下指定Player，使相机追逐Walk（Tiger）。执行Play后，Tiger（Walk）到达Goal位置时，Walk（Tiger）的身体会陷入Goal中。因此，需要在Tiger（Walk）的Inspector面板中单击Add Component按钮，追加Physics→BoX Collider组件，调整Center和Size的值，用绿色的线包围Walk（Tiger）。

此外，还需要在Inspector面板中单击Add Component按钮，选择Physics→Rigidbody选项，为Walk（Tiger）添加重力。这时可以看到老虎可以避开障碍物并顺利到达终点，如图8-29所示。

▼图8-29 Player到达了Goal的位置

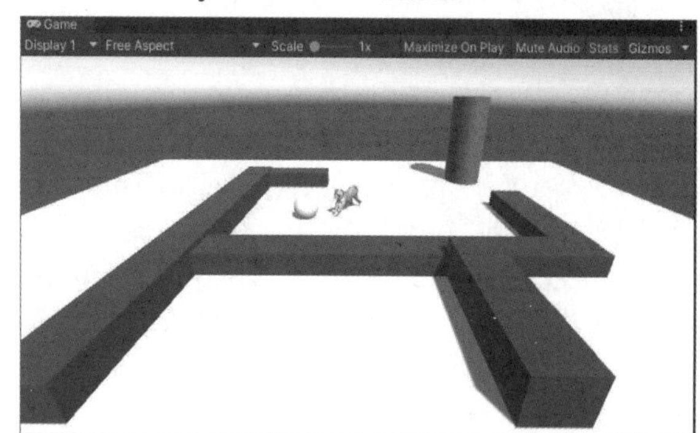

秘技070 到达终点后，如何隐藏模型

要实现到达终点后隐藏Walk（Tiger），需要进行Walk（Tiger）和Goal的碰撞判定，所以需要为Walk（Tiger）添加Rigidbody（在秘技069中已经添加），直接使用秘技069的场景，介绍如何实现Walk（Tiger）刚到达Goal时便隐藏。

Navigation和FreeLookCameraRig的设定与秘技069相比，只有Script是不一样的，所以先从添加代码开始。

首先在Hierarchy面板中选择Walk（Tiger），删除原场景中的AutoMoveScript（Script）。然后单击Add Component按钮，选择New Script选项，在Name文本框中输入ArrivedGoalDisappearTigerScript，单击Create and Add按钮。即在Inspector面板中添加ArrivedGoalDisappeaTigerScript组件（这个Script只是名称不同，内容和秘技069的列表8-5完全相同，请复制其内容，并更改相应的等级、名称不同）。

在Inspector面板中将Target属性指定为Goal。此时在Goal Sphere中也添加代码。从Hierarchy面板中选择Goal，显示Inspector面板。单击Add Component按钮，选择New Script选项，在Name文本框中输入DisappearTigerScript，单击Create and Add按钮。在Inspector中追加DisappearTigerScript组件并双击，启动Visual Studio，编写下页列表8-6的代码。

▼列表8-6 DisappearTigerScript.cs

```
using System.Collections;
using System.Collections.Generic;
using UnityEngine;

public class DisappearTigerScript : MonoBehaviour
{
    //声明GameObject类型的变量obj
    GameObject obj;

    //Start函数
    void Start()
    {
        //用Find方法访问Walk(Tiger),用变量obj参照
        obj = GameObject.Find("Walk");
    }

    //Walk(Tiger)与Goal发生碰撞时的处理
    private void OnCollisionEnter(Collision collision)
    {
        //如果碰撞的对手是Walk(Tiger),则需要隐藏Walk(Tiger)
        if (collision.gameObject.name == "Walk")
        {
            obj.SetActive(false);
        }
    }
}
```

代码编写完成后返回Unity，执行Play，可以看到Walk（Tiger）到达Goal时会进行碰撞判定，从而隐藏Walk（Tiger），如图8-30所示。

▼图8-30 Walk（Tiger）到达Goal后隐藏

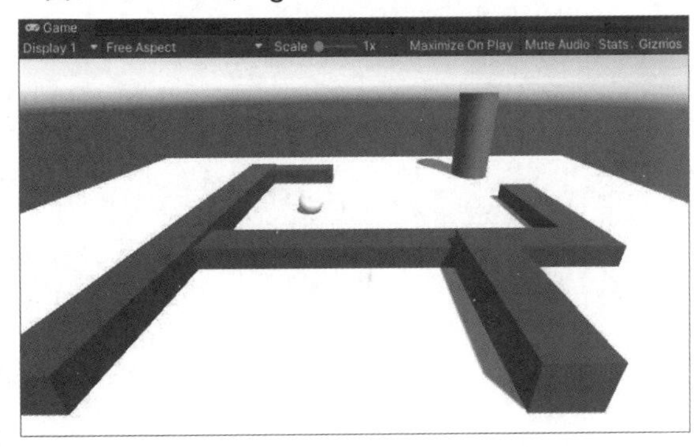

动画处理秘技

秘技 071 Animation和Animator有什么区别

扫码看视频

对应 2019 2021
难易程度 ●

使用Animation组件进行动画的制作和编辑时，可以在Inspector面板中设置动画游戏对象的位置、材质颜色、灯光亮度、声音音量等可编辑的属性，也可以进行代码的编写，如图9-1所示。Animation组件是旧动画系统中使用的结构，兼容性较差，所以在新项目中不推荐使用。

在新版本的Unity中，一般推荐使用Animator组件。进行动画制作与编辑时，其参数设置面板如图9-2所示。Animator组件可以使用与被称为状态机的流程图相似的系统，对动画剪辑整体进行整理、构思，如图9-3所示。

不过，Animation在Asset Store上有很多公开的资源，笔者觉得没有必要全部使用现在推荐的Animator来代替，应根据具体场景需要加以选择。

▼图9-1 不推荐的Animation组件

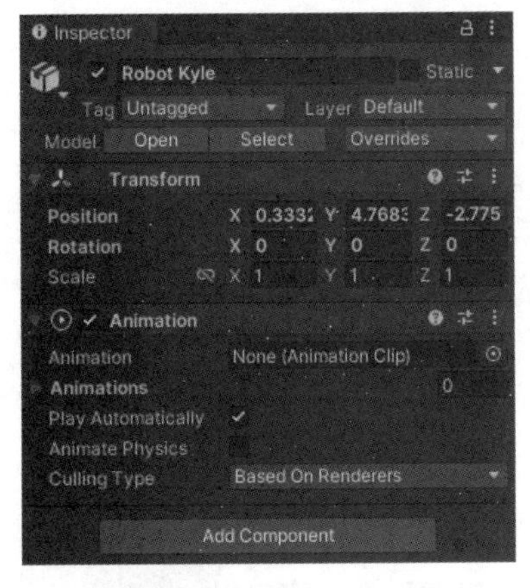

▼图9-2 推荐的Animator组件

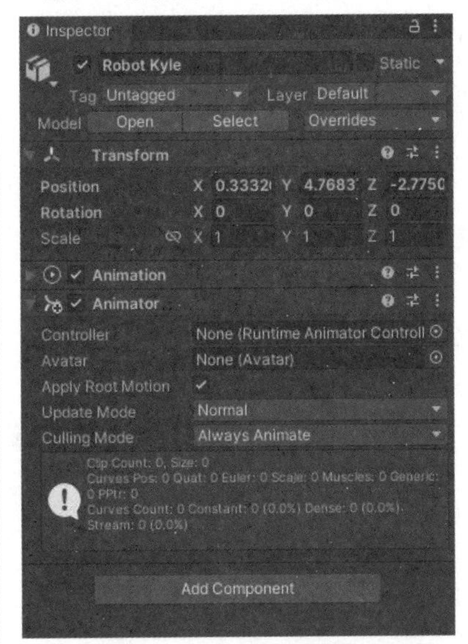

▼图9-3 Animator组件中使用状态机的画面

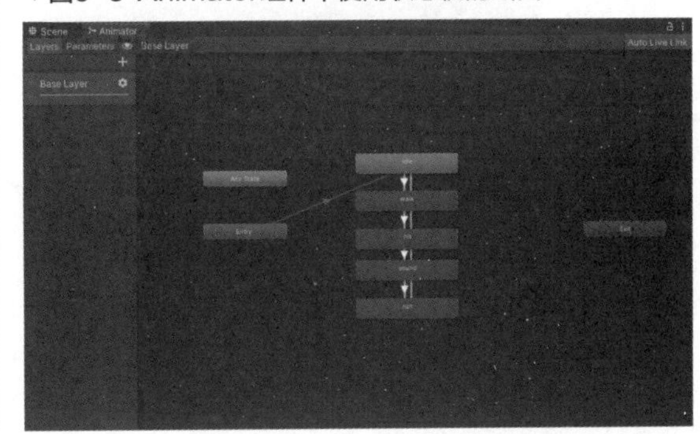

秘技 072 如何设置动画类型

扫码看视频

对应 2019 2021
难易程度 ●●

用户可以在Inspector面板的Animation Type下拉列表中对角色动画的类型进行设置。

从Asset Store下载模型并导入后，选择模型的fbx文件，会显示Inspector面板中的Animation Type属性。Animation Type下拉列表中包含None（不导入动画Animation Clip）、Generic（支持人形、非人形Model，如老虎等四脚爬行的角色）、Legacy（用于早期动画设置，不支持状态机Animator，无法对动画进行编辑，导入完后直接用Animation播放）、Humanoid（只支持人形Model，导入后用Animator播放。设置后Hirearchy模型里面自动添加Animator组件，如Robot Kyle这类机器人角色）四种选项类型。

下面以之前在Asset Store中下载并导入的Golden Tiger资源包为例进行解说。选择Walk来显示Inspector面板。在Rig选项卡下显示Animation Type的相关选项，如下页图9-4所示。

▼图9-4 Animation Type选项列表

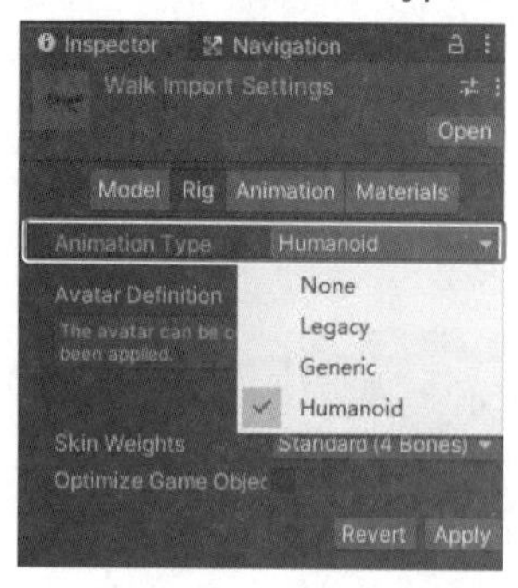

在图9-4的界面中选择Humanoid选项，然后在Inspector面板中将显示Animator组件，如图9-5所示。

如果选择了Legacy选项，则显示Animation组件。

▼图9-5 因为Animation Type选择Humanoid选项，所以显示了Animator组件

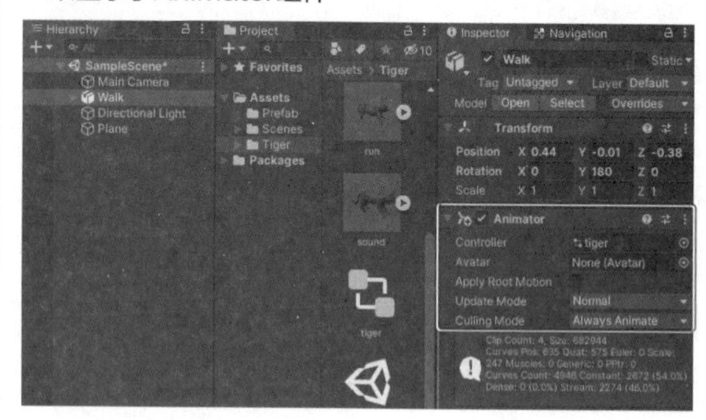

秘技 073 如何对Animator组件的相关属性进行设置

扫码看视频

对应 2019 2021

难易程度 ●●

要创建动画状态机，则在Project面板的空白处单击鼠标右键，执行Create→Animator Controller命令，创建一个AnimatorController 文件。这里的模型使用的是从Asset Store下载并导入的Cartoon Cat资源，如图9-6所示。

▼图9-6 导入Cartoon Cat资源

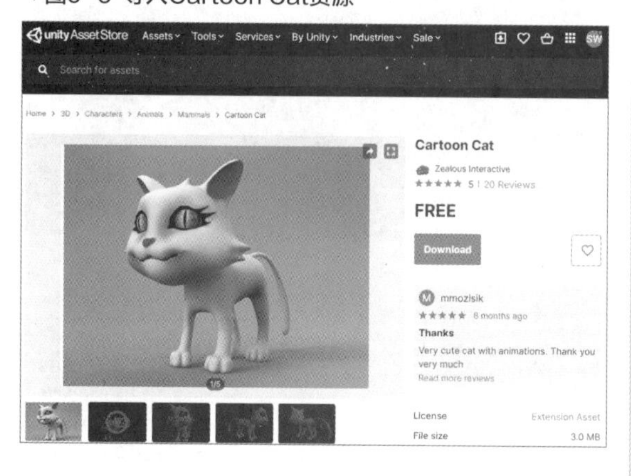

在Scene视图中创建Plane，在Project面板中选择Assets→Cartoon Cat→fbx文件夹中的cat_Jump来显示Inspector面板。切换至Rig选项卡，Animation Type选择的是Generic选项。

选择Hierarchy面板内的cat_Jump。因为cat_Jump背对着照相机，显示Inspector面板后，在Transform选项区域设置Rotation *Y*轴的值为180，使之面向镜头。再将Main Camera也靠近cat_Jump，如图9-7所示。

▼图9-7 在Scene视图中配置了cat_Jump

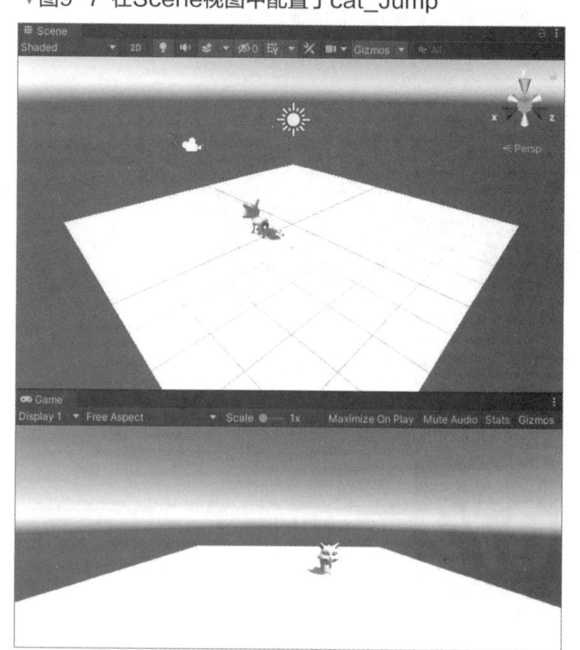

选择Hierarchy面板内的cat_Jump，显示出Inspector面板。此时会显示Animator的相关设置面板。单击Controller右侧的◎图标，然后从打开的SelectRuntimeAnimatorController面板中选择cat，如下页图9-8所示。

▼图9-8 在Animator的Controller中选择了cat

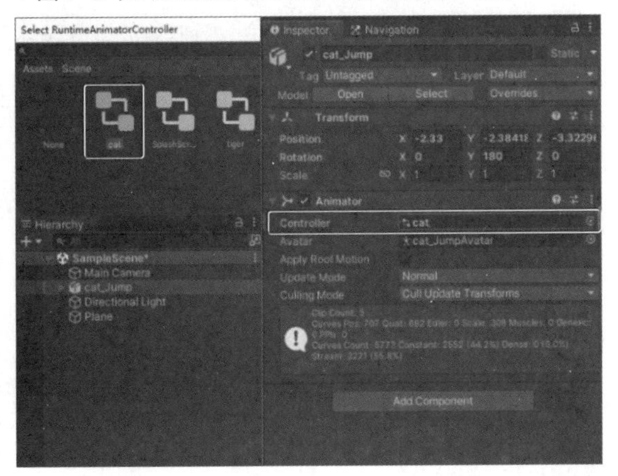

这样猫不仅仅会做出跳的动作，还会做各种各样的动作。双击fbx文件夹内的cat.Controller，可以看到cat.Controller的设置，图9-9中的状态机通过Transition连接各种各样的State。因此，在Controller里指定cat，即使选择cat_Jump，也不是只做Jump的动作。

▼图9-9 cat.Controller的内容

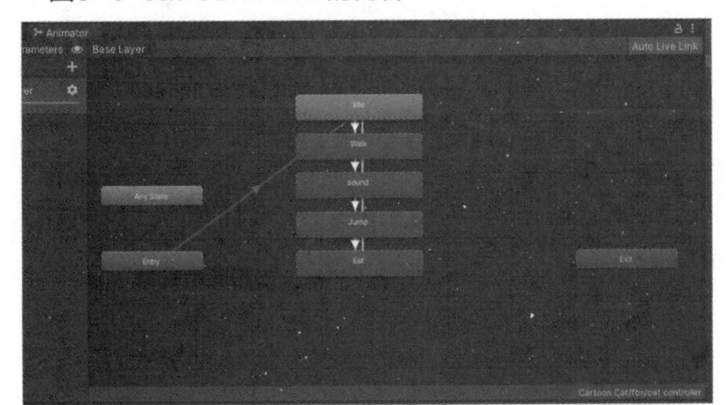

执行Play，可以看到猫会执行图9-9中定义的动作，效果如图9-10所示。

▼图9-10 猫在进行各种各样的动作

选择了cat_Jump，如果只想让猫做Jump的动作，可以创建新的动画状态机，即在Project面板的空白处单击鼠标右键，执行Create→Animator Controller命令，创建一个AnimatorController文件，如图9-11所示。

▼图9-11 选择Animation Controller选项

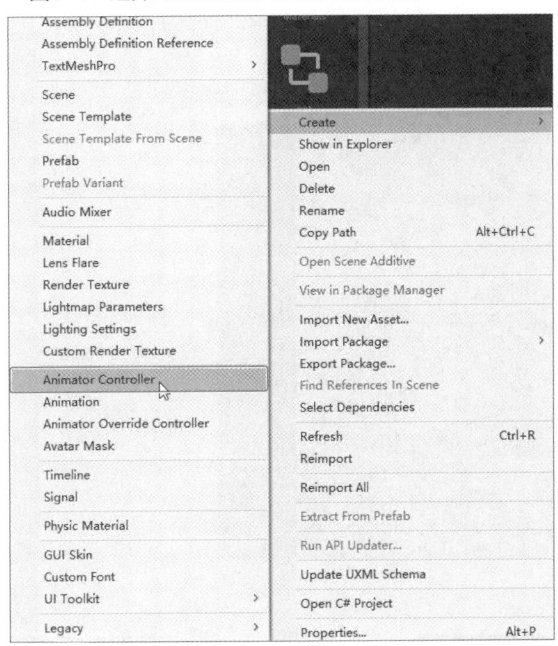

因为New Animation Controller的文件名已经被用过了，所以重新命名为JumpController。双击此JumpController，打开状态机的面板。在空白处单击鼠标右键，选择Create State→Empty命令，会显示如图9-12所示的长方形图形。

▼图9-12 显示了长方形图形

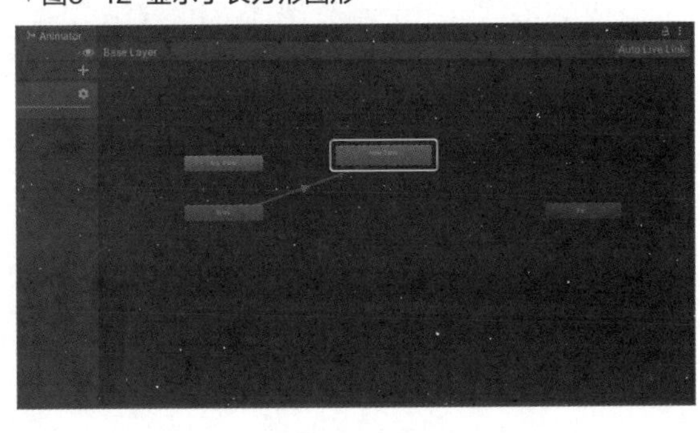

选择长方形图形，指定名称为Jump，单击Motion右侧的◎图标，从打开的Select Motion面板中将Motion指定为Jump，如图9-13所示。

选择Hierarchy面板中的cat_Jump，显示Inspector面板，在Animator选项区域中指定Controller为Jump-Controller，如图9-14所示。

执行Play，会显示这只猫在跳跃，如图9-15所示。

▼图9-13 定义JumpController的内容

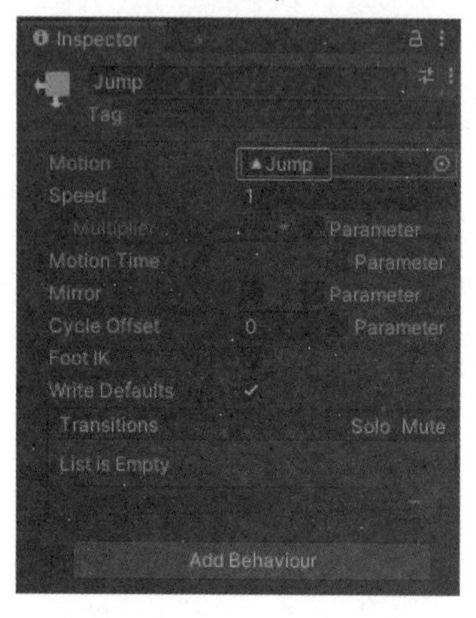

▼图9-14 指定Controller为新制作的JumpController

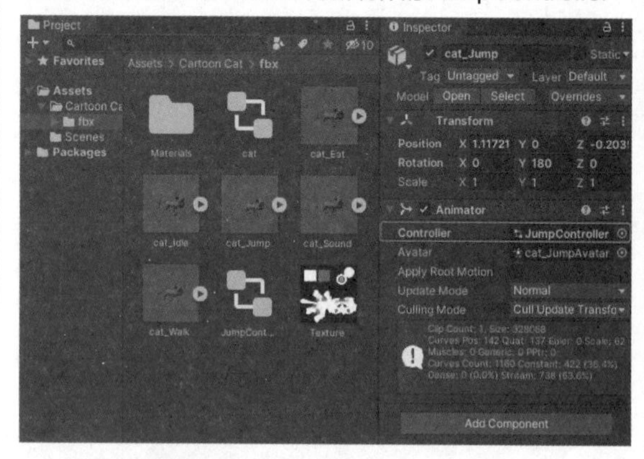

▼图9-15 猫在跳跃

秘技 074 如何对Animation组件的相关属性进行设置

应用Animation组件时，只要将任意的fbx文件拖放到Hierarchy面板内，Animation就会自动设定。这里使用在秘技072中使用过的Cartoon Cat角色，选择fbx中的cat_Walk并显示Inspector面板。切换至Rig选项卡，将Animation Type指定为Legacy。然后切换至Rig旁边的Animation选项卡，将Warp Mode指定为Loop。将Walk选项区域中的Wrap Mode属性也指定为Loop，单击Apply按钮，如图9-16所示。

在Scene视图中创建Plane后，将cat_Walk拖入，设置猫面向照相机。再将Main Camera靠近猫，如下页图9-17所示。

从Hierarchy面板中选择cat_Walk，显示Inspector面板后，可以看到Animation已经设定为Walk。展开Animation下面的Animation区域，Array Size指定为1，Element指定为Walk。通常在Animation指定为Walk时，Animation会自动设置为Walk，如下页图9-18所示。执行Play，这只猫就会开始走动，如下页图9-19所示。

▼图9-16 将Wrap Mode指定为Loop

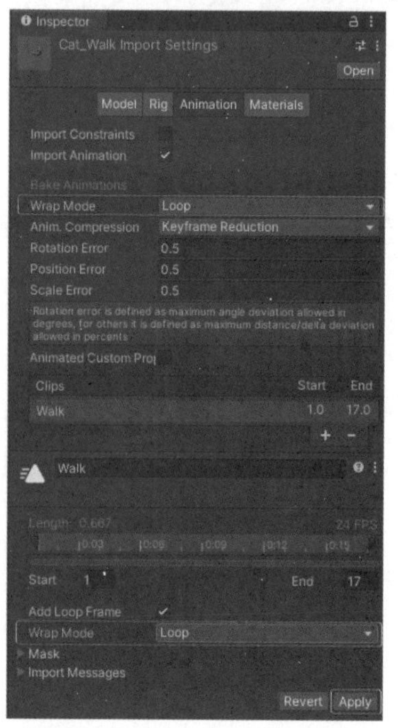

▼图9-17 cat_Walk朝向照相机，使Main Camera接近cat_Walk

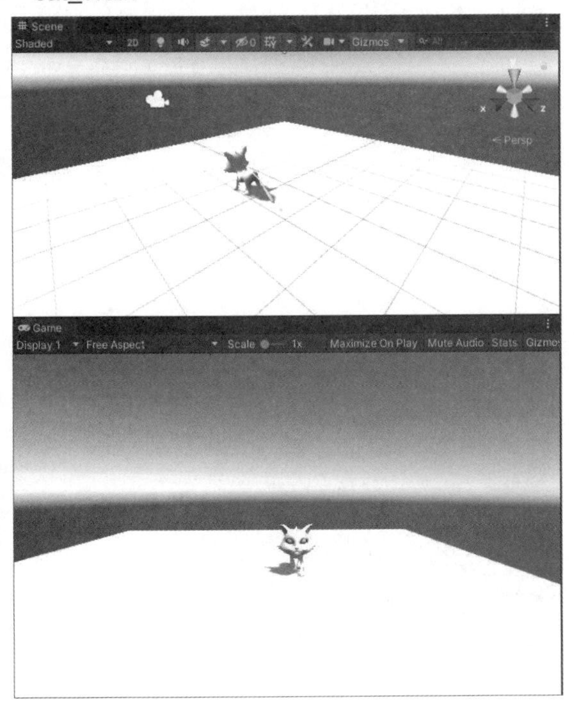

▼图9-18 展开Animation选项区域

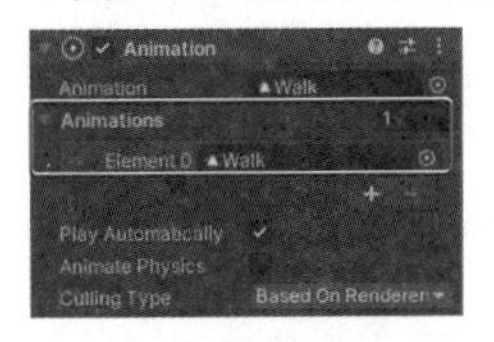

▼图9-19 查看猫原地走动的效果

在图9-19中，猫是在走动的，但只是在同一个位置做着走的动作，并没有向前走。为了让这只猫向前走，需要编写Script。选择cat_Walk显示Inspector面板，从Add Component中选择New Script，在Name文本框中输入CatMoveScript，单击Create and Add按钮，CatMoveScript脚本将被添加到Inspector中，双击启动Visual Studio，编写代码如列表9-1所示。

▼列表9-1 CatMoveScript.cs

```
using System.Collections;
using System.Collections.Generic;
using UnityEngine;

public class CatMoveScript : MonoBehaviour
{
    void Update()
    {
        //这是猫前进的处理。变更0.3f的值，猫的步行速度会发生变化
        transform.Translate(Vector3.forward * Time.deltaTime * (transform.localScale.x * 0.3f));
    }
}
```

返回Unity并执行Play，猫就可以向前走了，如图9-20所示。

▼图9-20 猫在向前走

如何创建Animator Controller

扫码看视频

对应 2019 2021

难易程度 ●●

要自定义动画状态机，则在Project面板的空白处单击鼠标右键，执行Create→Animator Controller命令，创建一个AnimatorController文件。这里的模型使用的是从Asset Store下载并导入的Unity-Chan!Model资源。

在Scene视图中新建Plane，并将Project面板中Assets→unity-Chan！→Unity-Chan！Model→Prefabs内的unitychan.prefab拖入。设置模型面向照相机。再将Main Camera靠近unitychan。不需要Inspector面板内的Idle Changer（Script）、Face Update（Script）、Auto Blink（Script），所以使用Remove Component将其删除。

从Hierarchy面板中选择unity-chan！并显示Inspector面板，在Animator选项区域可以对Controller进行设置，如图9-21所示。下面介绍如何自定义Animator Controller。

▼图9-21 在Animator中定义Controller

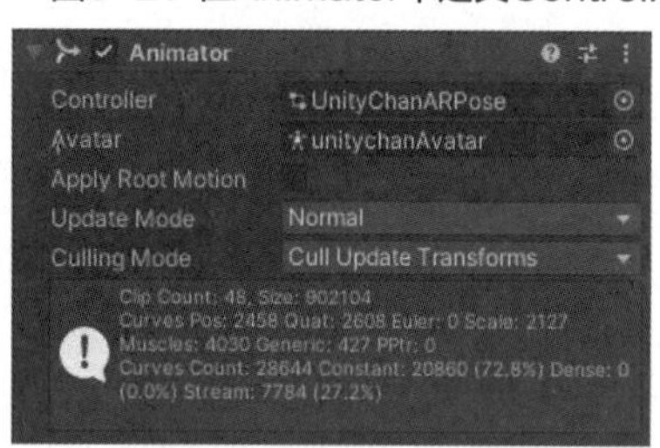

要创建动画状态机，则在Project面板的空白处单击鼠标右键，执行Create→Animator Controller命令，创建一个AnimatorController文件，将其指定为JumpandWinController。

我们要实现的Controller是unitychan跳跃后，做出“很好，我做到了！”这样动作的Animator Controller。首先双击当前创建的JumpandWinController，显示状态机的面板。在空白处单击鼠标右键，然后选择Create State→Empty命令。首先创建橙色矩形框并选中，在Inspector面板中将其命名为Jump，单击Motion右侧的⊙图标，在Select Motion面板中将Motion指定为JUMP00，如图9-22所示。

同样地，在状态机面板空白处单击鼠标右键，然后选择Create State→Empty命令，会显示一个灰色的矩形框，在Inspector面板中将其命名为Win，将Motion指定为最下面的P00。此时状态机的显示画面如图9-23所示。

▼图9-22 在Motion中指定JUMP00

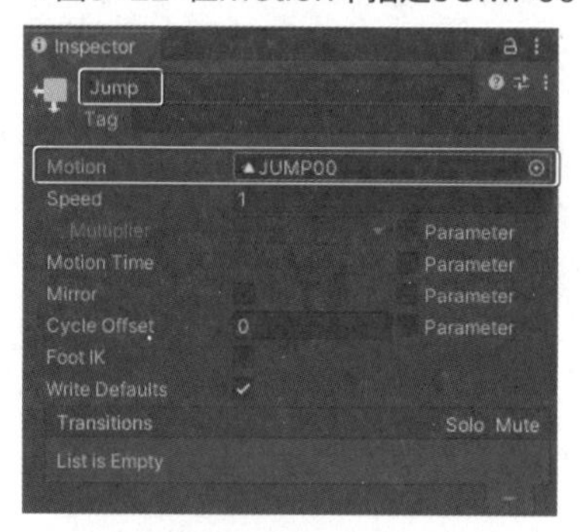

▼图9-23 设置了各种State

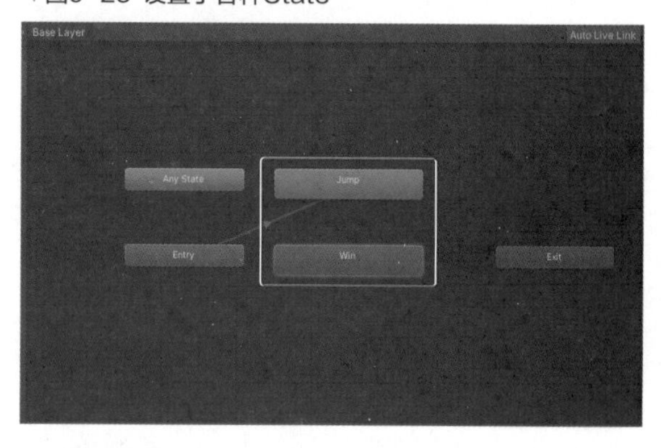

接着通过Transition连接Jump和Win。选择Jump矩形框后单击鼠标右键，在弹出的快捷菜单中选择Make Transition命令后，会显示白色带箭头的连接线，单击Win矩形框后，Jump和Win会通过Transition连接。

选择Hierarchy面板中的unitychan选项，显示Inspector面板，在Animator的Controller中指定现在创建的JumpandWinController，如下页图9-24所示。执行Play，unitychan跳跃后会做出“很好，我做到了！”这样的动作，如下页图9-25所示。

▼图9-24 在unitychan的Controller中指定了JumpandWinController

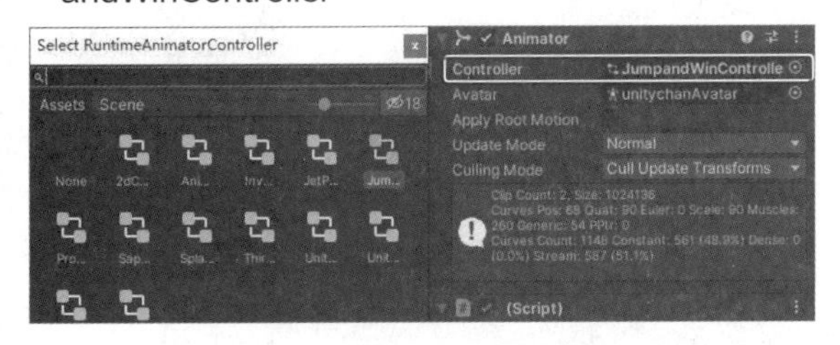

▼图9-25 unitychan Jump做出了指定的动作

秘技076 如何获取Animator中使用的Motion文件

扫码看视频

对应 2019 2021

难易程度 ●

在Unity中Motion文件的种类很多，且很多都是收费的，这里以从Asset Store下载并导入的免费的Third Person Controller-Basic Locomotion资源为例（图9-26），介绍如何为角色模型应用Animator Controller中使用的Action文件。

▼图9-26 具有各种Motion的Third Person Controller-Basic Locomotion资源包

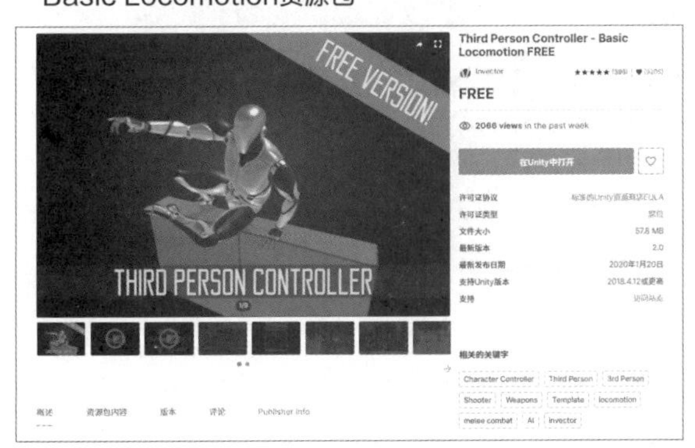

导入Third Person Controller-Basic Locomotion资源文件后，在Project面板内会创建一个名为Invector-3rdPersonController_LITE的文件夹，如图9-27所示。其Animations中包含各种不同类型的Motion文件，如图9-28所示。

▼图9-27 在Project面板中查看导入的资源文件

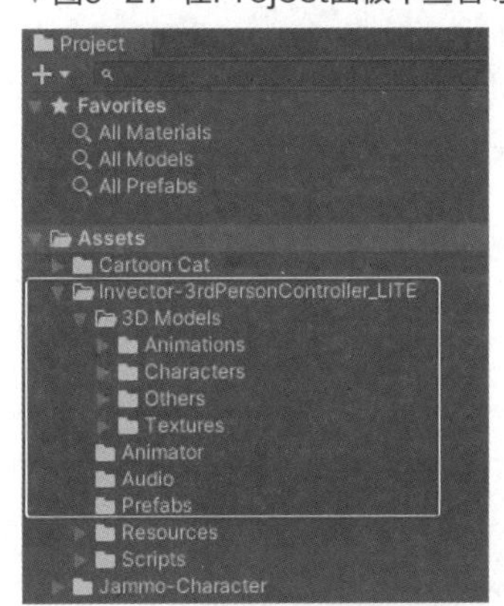

▼图9-28 Animations文件夹中的Motion文件

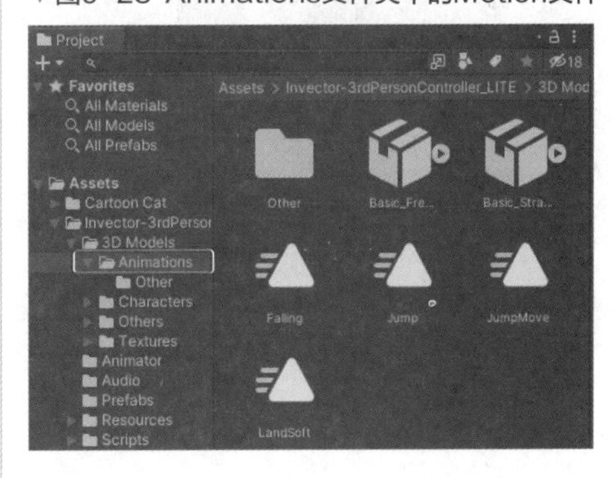

有这么多的Motion文件，如果只看名称，不知道是什么动作的Motion文件。因此，在秘技077中，将会对如何查看这些Motion文件进行介绍。

秘技 077 如何预览使用Animation创建的动画效果

扫码看视频

▶对应 2019 2021

▶难易程度 ●●

在Unity中导入Motion文件后，选择相应的动作文件，在Unity界面的右下角我们可以预览Motion文件的动作。以秘技076的Third Person Controller-Basic Locomotion资源包为例，其中的Motion文件是图9-28右侧面板中“立方体带有右向按钮”的fbx文件，例如图9-29中的Basic_FreeMovement.fbx文件（文件名非常长，选择文件，面板最下面会显示完整的文件名）。

▼图9-29 完整的文件名显示在最下面

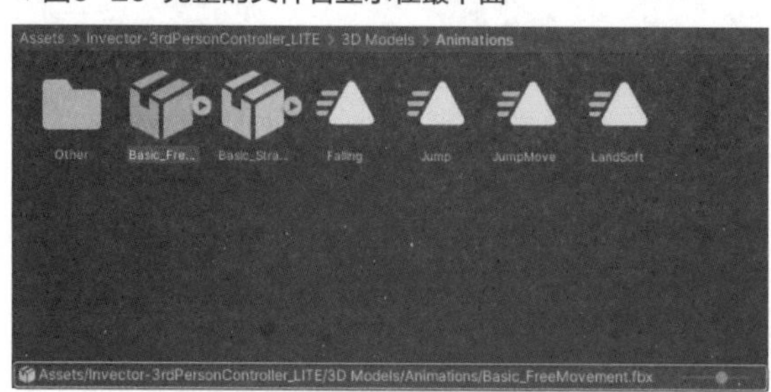

单击该文件的向右▶按钮后，内容将如图9-30那样展开。

▼图9-30 蓝色框内fbx的内容展开了

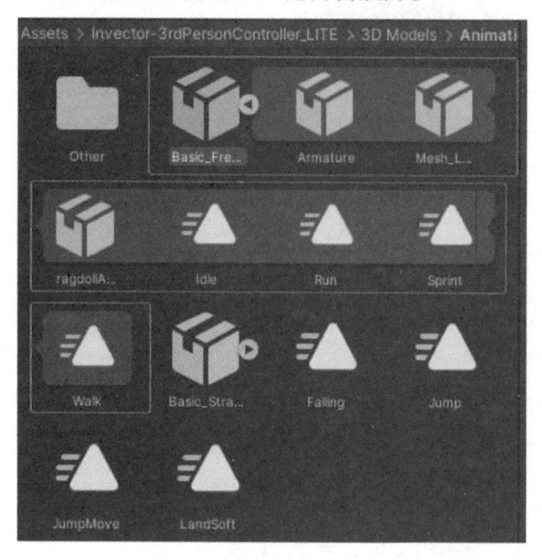

单击Walk的Motion，在Unity界面的右下角会显示一个人物模型的预览画面。如果没有显示，请用鼠标向上拉，使其显示出来。单击▶按钮，预览Motion的动作，如图9-31所示。可以看到该Motion是人在步履蹒跚地走路，如图9-32所示。

▼图9-31 预览Motion的动作

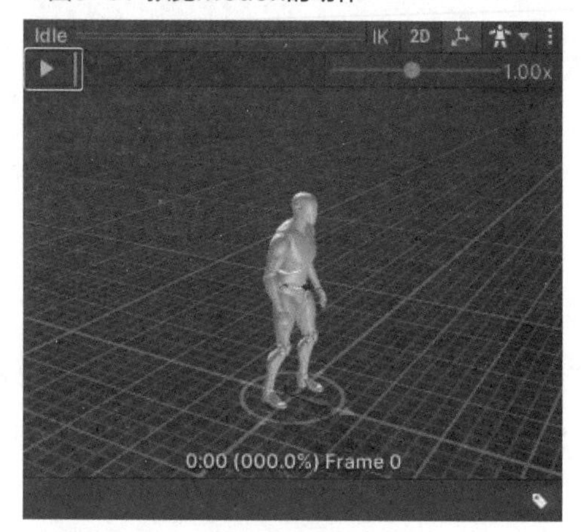

▼图9-32 执行Motion文件

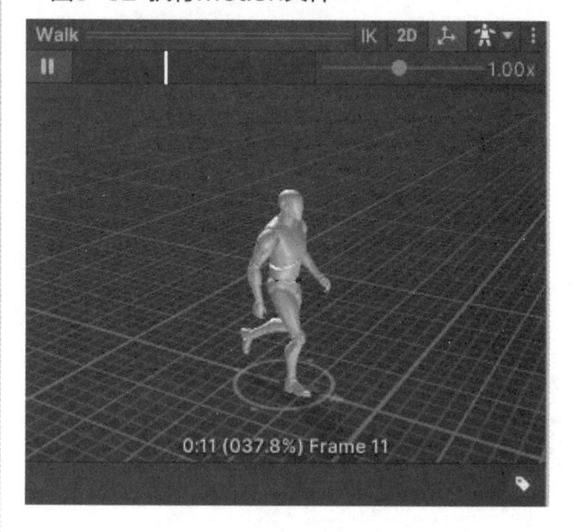

而像秘技075中使用的Jump和WIN00，可以在Project面板的搜索栏中输入WIN00进行搜索，搜索结果如图9-33所示。单击WIN00后，在Unity界面右下角可以预览动作。

▼图9-33 显示了WIN00

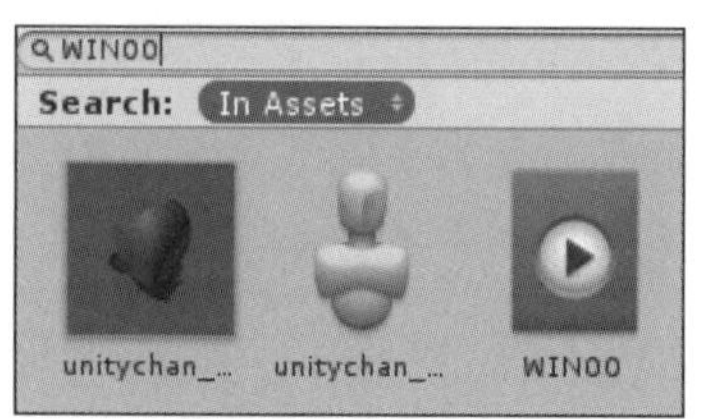

此时，将Project面板中的Assets→unity-Chan!→Unity-Chan!Model→Prefabs内的unitychan.prefab拖放到图9-34的画面中。这样应该会显示小Unity，但Unity无法确认小Unity的动作，没有显示人物模型应用动作的效果，这是因为unitychan用的Motion文件对人物模型来说是无法执行的（不匹配）。

▼图9-34 未显示人物

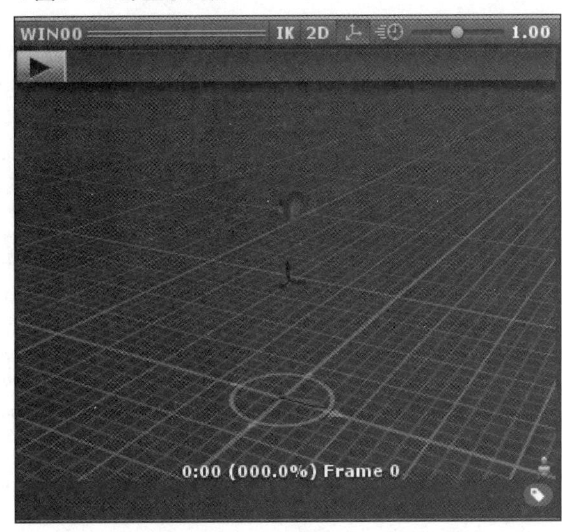

专栏 Asset Store中有趣的角色介绍（4）

Avatar Maker Free是一款编辑器扩展插件，可根据现有照片或通过跟踪网络摄像头拍摄的头部动作和面部表情对头像进行动画处理，生成逼真的3D头像。Avatar Maker Free的下载界面如下图1所示。

▼图1 Avatar Maker Free的下载画面

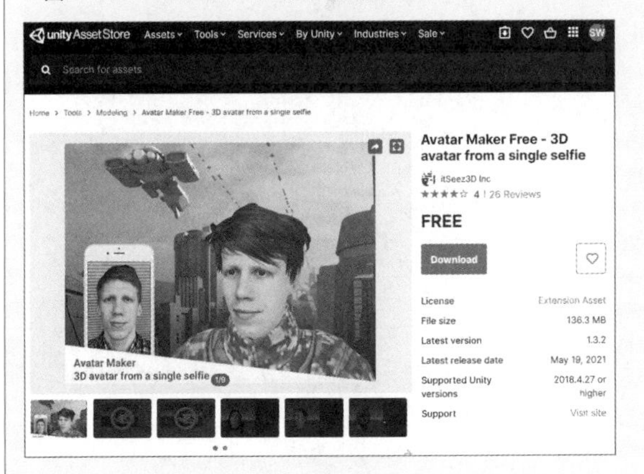

笔者通过Web摄像头拍摄的脸部效果，如下图2所示。

▼图2 可以设定各种各样的发型

粒子系统应用秘技

秘技 078 如何导入Standard Asset的粒子系统

扫码看视频

对应 2019 2021

难易程度 ●

Particle System（粒子系统）用于在场景中生成大量小型2D图像，通过动画模拟液体、云、火焰等流体。Particle System模块附属于从Asset Store导入的Standard Assets资源包。要在Unity系统中安装Particle System模块，需要在Unity菜单中选择GameObject→Effects→Particle System命令，如图10-1所示。

▼图10-1 从Unity菜单中获取Particle System

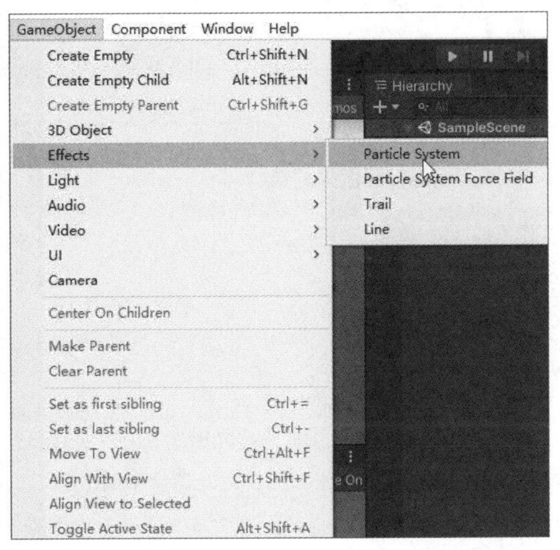

用户从Asset Store导入Standard Assets资源包至Unity后，可以看到Assets→Standard Assets→ParticleSystems→Prefabs文件夹内包含各种Particle System文件，如图10-2所示。

▼图10-2 Standard Assets中包含的ParticleSystems文件

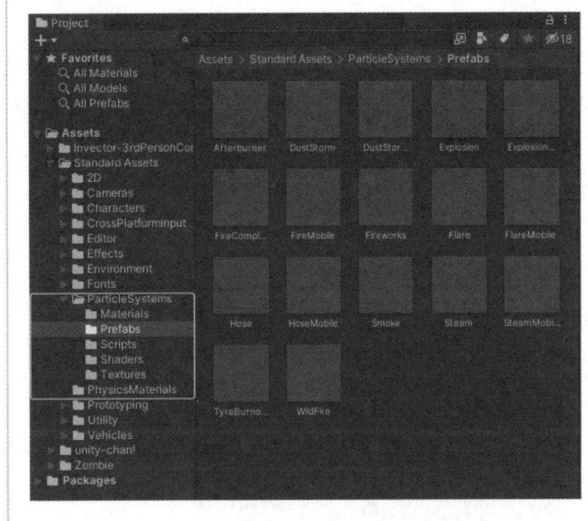

秘技 079 如何运行从Standard Asset下载的粒子系统（1）

扫码看视频

对应 2019 2021

难易程度 ●

使用Particle System时，只需将prefab文件拖放到Hierarchy面板内，Inspector面板中的属性值可以保持默认。下面以秘技078在Asset Store中获取的Standard Assets的Particle Systems为例，介绍如何运行从Standard Asset下载的粒子系统。

首先在场景中创建Plane，然后选择图10-2中的WildFire.prefab。在Scene视图中配置WildFire.prefab，并显示Inspector面板，在Particle System的WildFire中将Start Lifetime指定为8和100，让火焰燃烧时间更长一些，如图10-3所示。在默认值下，火焰会很快消失。为了让火焰效果更明显，可以将Plane设置为黑色。

▼图10-3 将WildFire的Start Lifetime指定为8和100

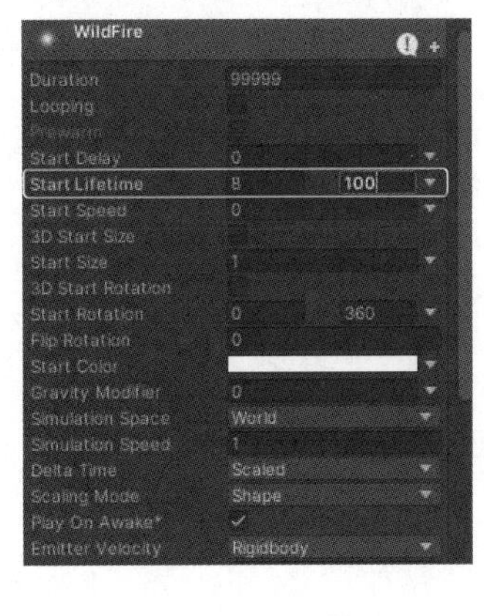

执行Play后，使用移动工具（Move Tool）让WildFire在Plane上移动，绘制火焰，效果如下页图10-4所示。

▼图10-4 描绘了火焰

秘技080 如何运行从Standard Asset下载的粒子系统（2）

扫码看视频

对应 2019 2021

难易程度 ●

本秘技将在具体场景中查看Particle System的效果。继续使用秘技079的ParticleSystems，下面介绍如何生成建筑物着火的效果。首先从Asset Store中下载并导入Building Apartment资源，选择Prefabs文件夹中的Building_Apartment_13，如图10-5所示。

▼图10-5 选择Prefab文件夹中的Building_Apartment_13

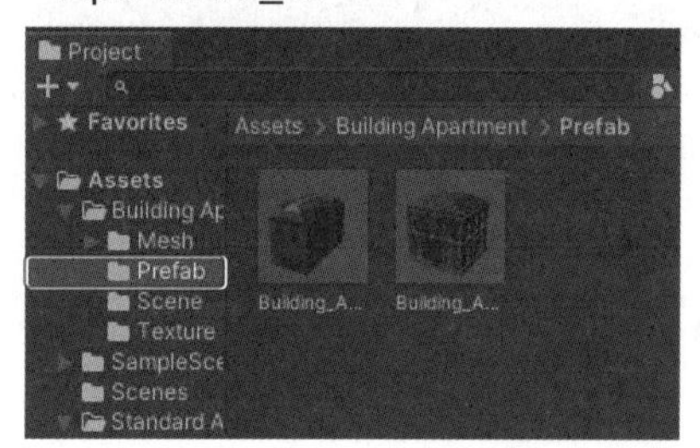

在场景中创建Plane并设置为黑色，然后将Building_Apartment_13放置在Plane上。

调整Main Camera，让建筑物显示在合适的位置。然后将Project面板中Assets→Standard Assets→ParticleSystems→Prefabs文件夹内的Firecomplex.prefab配置到场景中。为了在Game视图中展现更好的火焰效果，使用移动工具（Move Tool）让FireComplex.prefab尽量靠近Main Camera。Hierarchy面板中的结构如图10-6所示。

▼图10-6 Hierarchy面板内的结构

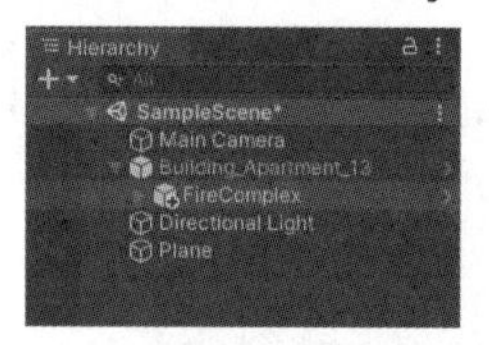

在FireComplex的Inspector面板中设置火焰的持续时间和火焰的大小，即将Particle System Destroy的Max Duration指定为1000，将Particle System Multiplie的Multiplier指定为50，如图10-7所示。

▼图10-7 指定火焰的持续时间和大小

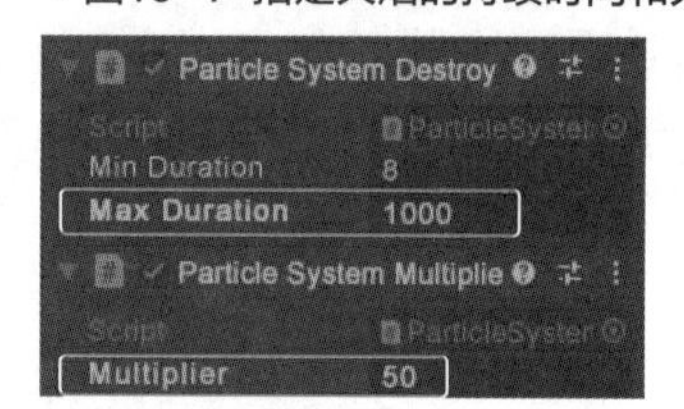

执行Play后，可以看到建筑物被火焰包围，效果如图10-8所示。

▼图10-8 建筑物被火焰包围

秘技 081

如何运行从Standard Asset下载的粒子系统（3）

扫码看视频

对应 2019 2021

难易程度 ●

在具体的游戏场景中，默认的粒子系统效果往往不能满足需求。根据不同场景的需求，用户可以制作自己想要的粒子系统效果。

这里继续使用秘技080的ParticleSystems，制作建筑物爆炸的场景效果。首先，在场景中创建黑色的Plane，在其上面配置Building_Apartment_13。选择Hierarchy面板中的Main Camera，打开Inspector面板，在Camera组件选项区域将Clear Flags属性设置为Solid Color，将Background设置为黑色，如图10-9所示。

▼图10-9 Main Camera的Inspector面板

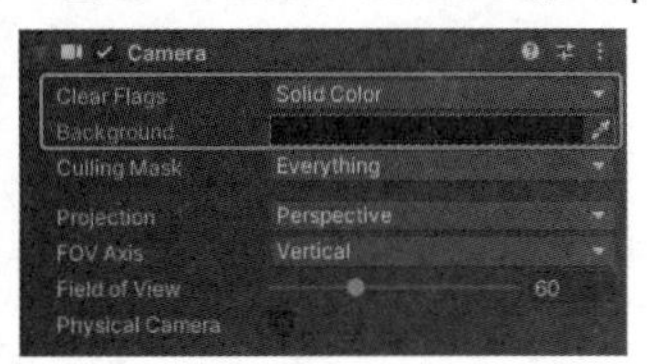

接下来，将Standard Assets→ParticleSystems→Prefabs文件夹中的Explosion拖放到场景中，在Game视图中可以看到建筑物中变亮的位置，如图10-10所示。

▼图10-10 在场景中配置了Explosion

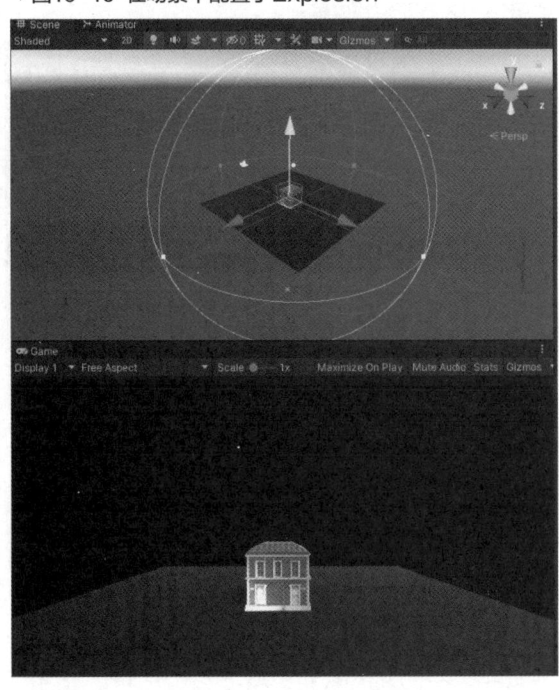

选择Hierarchy面板中的Explosion，打开Inspector面板，具体的参数设置如图10-11所示。

▼图10-11 Explosion的参数设置

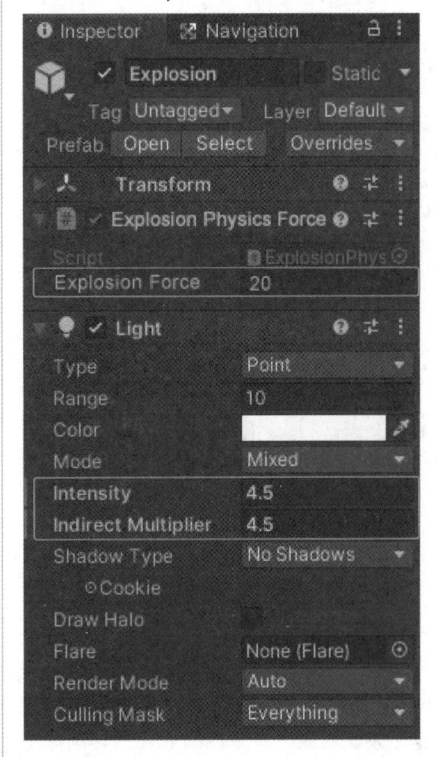

Explosion Force表示爆炸的强度，Intensity表示爆炸时光的亮度，Indirect Multiplier表示间接光的强度。

接着在Unity菜单中执行GameObject→Create Empty命令，在Hierarchy面板中将天空的GameObject命名为ExplosionScripting并选中，显示Inspector面板。单击Add Component按钮，选择New Script选项，在Name文本框中输入ExplosionScript，单击Create and Add按钮，在Inspector中追加ExplosionScript组件。双击ExplosionScript组件启动Visual Studio，编写代码如下页列表10-1所示。

▼列表10-1 ExplosionScript.cs

```
using System.Collections;
using System.Collections.Generic;
using UnityEngine;

public class ExplosionScript : MonoBehaviour
{
    //声明ParticleSystem类型的变量ps
    ParticleSystem ps;
    //声明GameObject类型的变量
    GameObject obj;

    //Start()函数
    void Start()
    {
        //通过Find方法访问Explosion的GameObject，通过变量obj进行参照
        obj = GameObject.Find("Explosion");
        //GetComponentInChidren中包含子要素的Particles系统组件
        //访问以变量ps参照
        ps = obj.GetComponentInChildren<ParticleSystem>();
        //隐藏变量obj，停止ParticleSystem的执行
        obj.SetActive(false);
    }
    //Update()函数
    void Update()
    {
        //单击鼠标左键后，将执行爆炸ParticleSystem
        if (Input.GetMouseButtonDown(0))
        {
            obj.SetActive(true);
            ps.Play();
        }
    }
}
```

返回Unity中，执行Play。单击Plane会发生大爆炸，但是大爆炸只发生在第一次单击时。之后再次单击Plane，只会发生小爆炸，如图10-12所示。

▼图10-12 查看爆炸效果

秘技082 如何运行从Standard Asset下载的粒子系统（4）

扫码看视频

对应 2019 2021

难易程度 ●

Particle System和各种场景对象组合使用，可以增强身临其境的感受。继续使用秘技081的ParticleSystems，配置沙漠场景，制作沙尘暴的效果。首先在Asset Store中搜索Ancient Ruins in the desert-Part1，将沙漠资源包下载与导入Unity中。Ancient Ruins in the desert-Part1的下载界面如下页图10-13所示。

▼图10-13 Ancient Ruins in the desert的下载界面

导入资源后，可以看到在Project面板内创建的ancient_ruins_01文件夹，其子文件夹中存储着各种各样的资源文件，如图10-14所示。

▼图10-14 Ancient Ruins资源文件

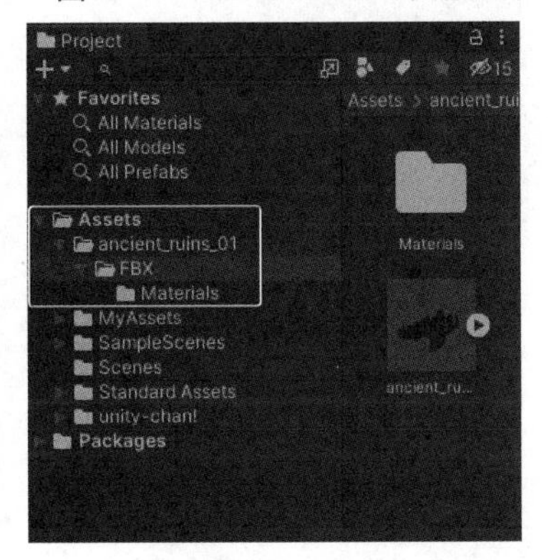

在场景中配置Plane并显示出Inspector面板，在Transform选项区域设置Scale的*Y*轴的值为5、*Z*轴的值为5，使之变宽。接着在Plane上使用Desert Sandbox LITE子文件夹内的部件创造出沙漠中的废墟建筑物。这里建造了图10-15的建筑物。

接下来，将Project面板中的Assets→Standard Assets→ParticleSystems→Prefabs文件夹内的DustStorm.prefab配置在Plane上。此时，即使不执行Play，也会掀起沙尘暴。

执行Play，沙尘暴发生后，废墟被沙尘暴掩盖了，如图10-16所示。

▼图10-15 使用Desert Sandbox LITE子文件夹内的部件制作的建筑物

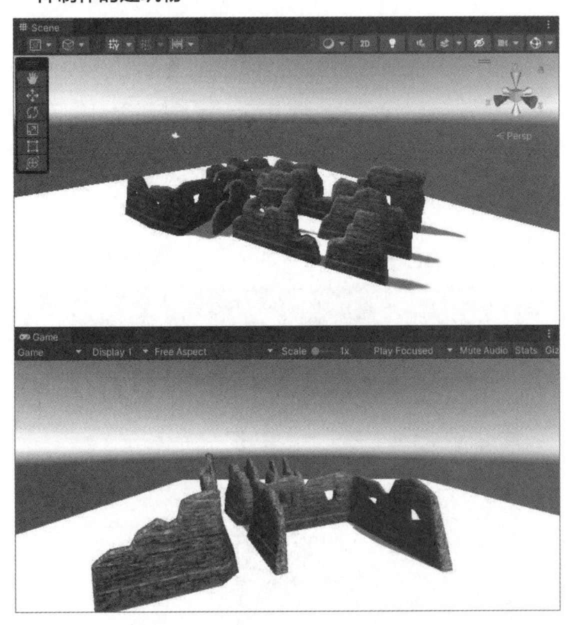

▼图10-16 沙尘暴袭击了废墟

秘技 083 如何从Asset Store下载粒子系统

扫码看视频

DL Fantasy RPG Effects中包含了很多粒子特效的资源，下面将解说从Asset Store中下载该资源的方法。首先在Asset Store的搜索栏中输入DL Fantasy RPG Effects，单击搜索图标后，会显示导入界面，如图10-17所示。

▼图10-17 DL Fantasy RPG Effects的导入界面

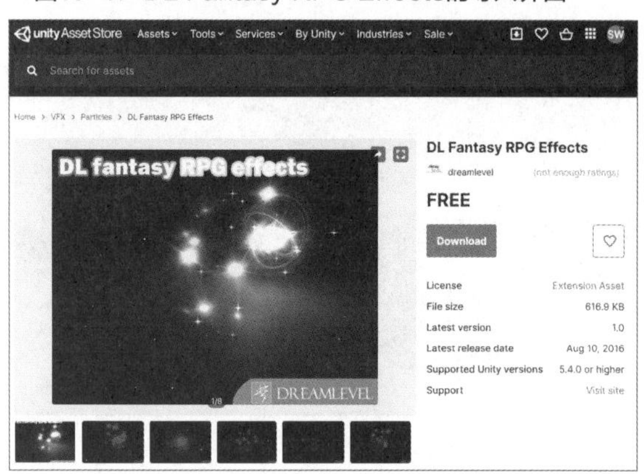

执行导入操作后，在Project面板中创建名为DL_Fantasy_RPG_Effects的文件夹，该文件夹下包含了很多的粒子特效，如图10-18所示。

▼图10-18 DL_Fantasy_RPG_Effects的文件被获取

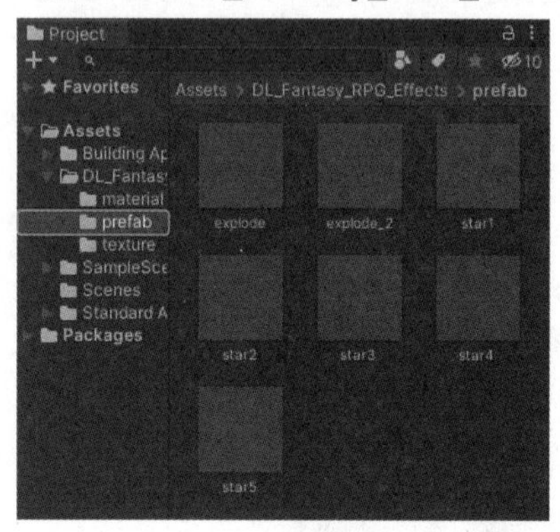

然后就可以将包含在其中的粒子特效应用到所需的项目中。

秘技 084 如何运行从Asset Store下载的粒子系统（1）

扫码看视频

对应
2019
2021
难易程度

从Asset Store下载并导入DL Fantasy RPG Effects粒子系统资源后，下面介绍如何将粒子特效应用到场景中。

首先新建场景并配置黑色的Plane，接着在Project面板中配置Assets→DL_Fantasy_RPG_Effects→prefab文件夹中的exploder_2。只是单纯配置在Plane上比较枯燥，我们可以设置鼠标单击Plane的位置引发爆炸的效果。

从Unity菜单中执行GameObject→Create Empty命令，在Hierarchy面板内创建天空的GameObject，命名为Exploder。选择此Exploder，显示Inspector面板，单击Add Component按钮，选择New Script选项，将Name指定为ExploderScript，单击Create and Add按钮，将其添加到Inspector面板内。双击启动Visual Studio，编写代码如列表10-2所示。

▼列表10-2 ExploderScript.cs

```
using System.Collections;
using System.Collections.Generic;
using UnityEngine;

public class ExploderScript : MonoBehaviour
{
    //用public声明ParticleSystem类型的变量ps
    public ParticleSystem ps;
    //声明GameObject类型的变量obj
    GameObject obj;
```

```
    //声明Vector3类型的变量mousePosition
    //保存鼠标单击的坐标值
    private Vector3 mousePosition;
    //Start()函数
    void Start()
    {
        //通过Find方法访问Explosion的GameObject1，以变量obj进行参照
        obj = GameObject.Find("explode_2");
        //GetComponentInChidren中包含子要素的ParticleSystem组件
        //访问以变量ps参照
        ps = obj.GetComponentInChildren<ParticleSystem>();
        //隐藏变量bj，停止PaticleSysteme的执行
        obj.SetActive(false);
        ps.Stop();
    }
    //Update()函数
    void Update()
    {
        //鼠标左键被按下后，单击的位置会发生爆炸
        if (Input.GetMouseButtonDown(0))
        {
            mousePosition = Input.mousePosition;
            mousePosition.z = 3f;
            Instantiate(ps, Camera.main.ScreenToWorldPoint(mousePosition), Quaternion.identity);
            obj.SetActive(true);
            ps.Play();
        }
    }
}
```

保存并返回Unity中，然后将Hierarchy面板中的exploder_2指定给Inspector面板中Particle System选项区域的Ps，如图10-19所示。

▼图10-19 拖放exploder_2

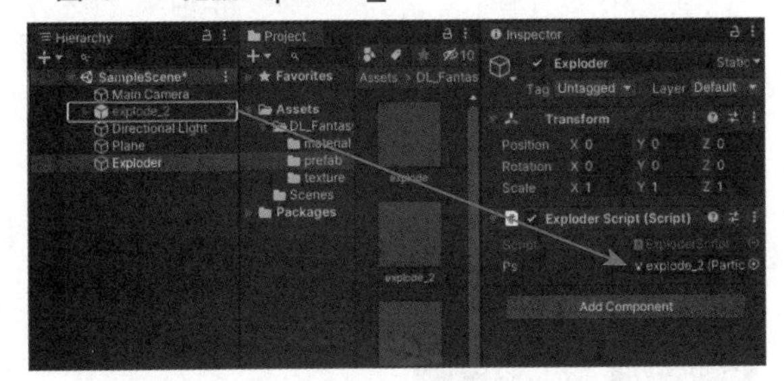

执行Play，可以看到黑色Plane的单击点会发生爆炸，如图10-20所示。

▼图10-20 单击位置发生了爆炸

秘技085 如何运行从Asset Store下载的粒子系统（2）

扫码看视频

对应 2019 2021

难易程度 ●

要为角色模型应用粒子系统的效果，首先从Unity-Chan！官方网站获取需要的角色模型资源。

用什么浏览器都无妨，这里使用的是微软的Edge浏览器。在浏览器的地址栏里输入网站地址，然后按Enter键，会显示下页图10-21的画面。

▼图10-21 Unity-chan！官方网站画面

单击官网右上角的DATA DOWNLOAD按钮，显示“Unity许可证条款”相关页面，仔细阅读并勾选最下面的同意Unity许可证复选框。然后单击DOWNLOAD按钮，如图10-22所示。

▼图10-22 同意许可证条款后进行下载

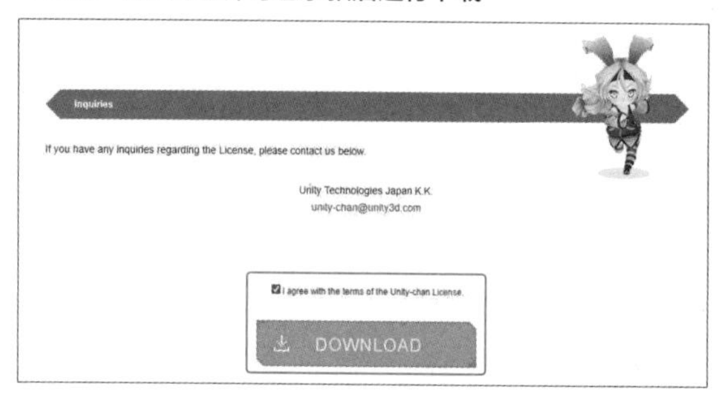

在下载页面显示可下载的各种资源列表，这里需要下载Yuko Kanbayashi HUMANOID资源，如图10-23所示。

▼图10-23 下载Yuko Kanbayashi HUMANOID

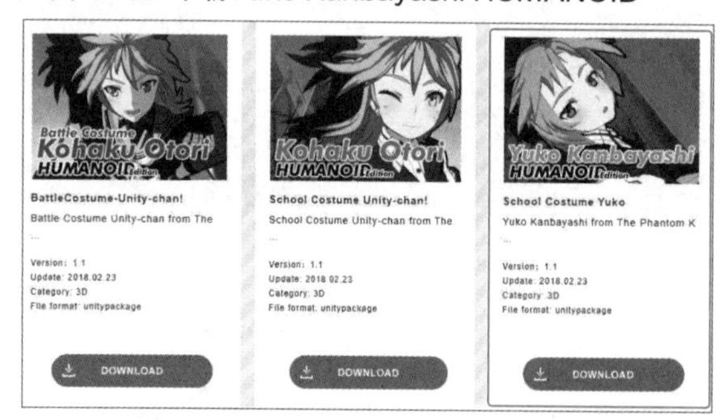

单击Yuko Kanbayashi HUMANOID资源的DOWNLOAD按钮后，会显示如图10-24所示的“新建下载任务”对话框，选择计算机中的下载位置并确认文件名称后单击“下载并打开”按钮。

▼图10-24 设置02_ yuko.unitypackage的保存位置

接下来可以在Unity菜单中选择Assets→Import Package→Custom Package选项，打开保存的02_yuko.unitypackage文件，如图10-25所示。

▼图10-25 选择Assets→Import Package→Custom Package选项

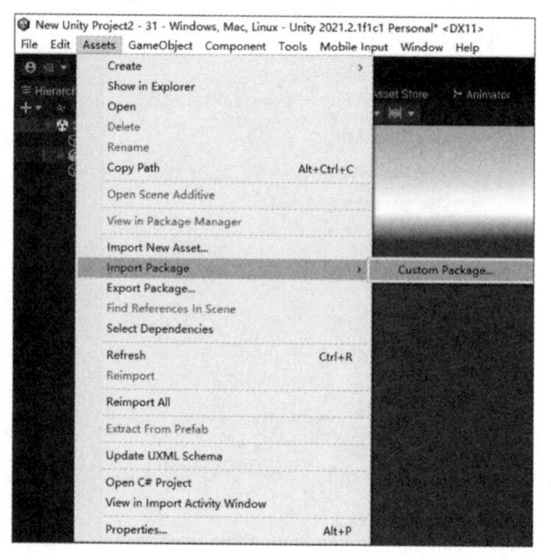

在打开的Import Unity Package对话框中导入图10-24下载并保存的02_yuko.unitypackage文件资源，然后单击Import按钮，如图10-26所示。

▼图10-26 单击Import按钮

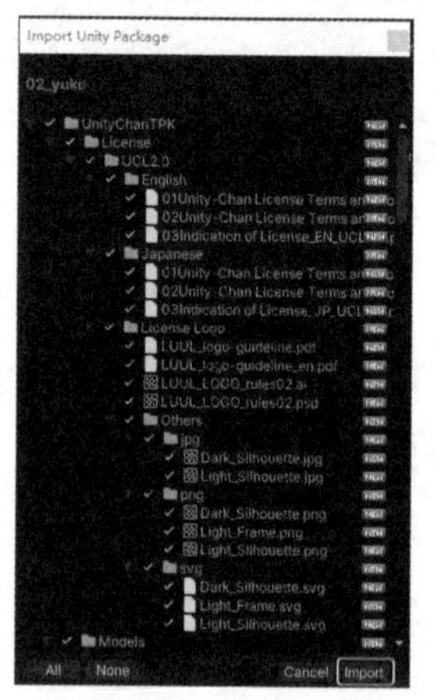

在项目中创建UnityChanTPK文件，在Prefabs文件夹中包含02_yuko文件，如下页图10-27所示。

▼图10-27 02_yuko保存在Prefabs文件夹中

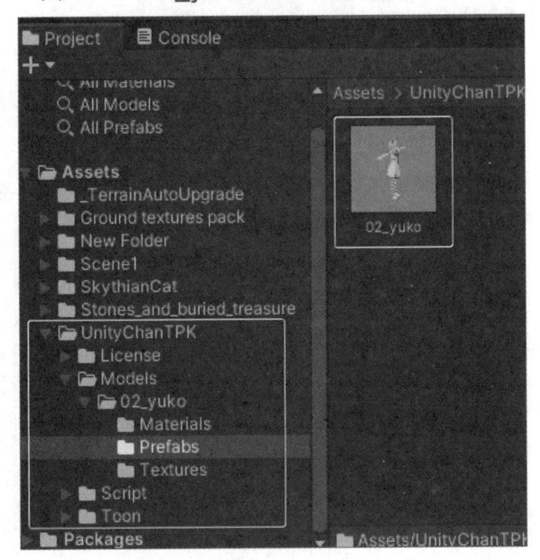

另外，请从资源库下载“女孩转来转去的动作_unity版.zip”。

因为需要登录，所以请进行用户注册登录后下载。解压ZIP文件后，导入生成的unitypackage文件。

> **该动作文件是原作者不详的gif文件，原MMD动作的作者是Gray（@@Baroque 384）。**

读者也可以使用其他类似的资源文件替代“女孩转来转去的动作_unity版.zip”。

新建场景并配置Plane，将图10-27的02_yuko配置到场景中，然后设置其朝向照相机。接下来，从“女孩转来转去的动作Unity版”的unitypackage中获取的文件进入Project面板的Animation文件夹，在Hierarchy面板内的02_yuko上拖放“旋转10周”。试着执行Play，可以看到02_yuko旋转的效果，如图10-28所示。

▼图10-28 02_yuko在旋转

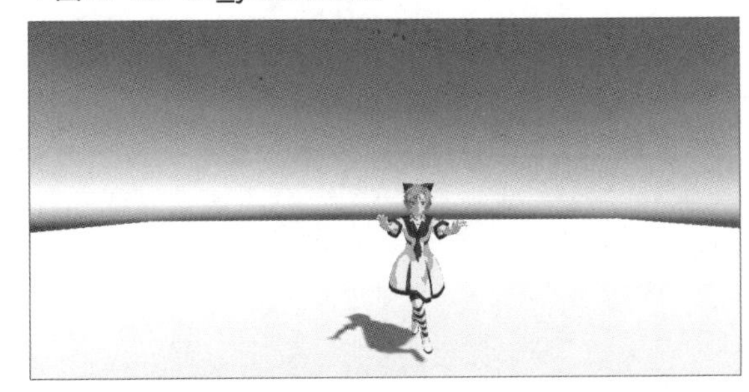

接下来应用Particle System。首先为了使背景变暗，请选择Main Camera，在Clear Flag中指定Solid Color，在Background中指定黑色，于是出现如图10-29所示的画面。

▼图10-29 背景变暗

接着，将DL_Fantasy_RPG_Effects→Prefab文件夹内的star2拖放到场景中，可以看到星光闪耀的效果。要想得到更多星星闪耀的效果，打开Inspector面板，展开Particle System属性参数，在star2选项区域中勾选Emission复选框，设置Rate over Time的值为50，如图10-30所示。

▼图10-30 将Emission的Rate over Time设定为50

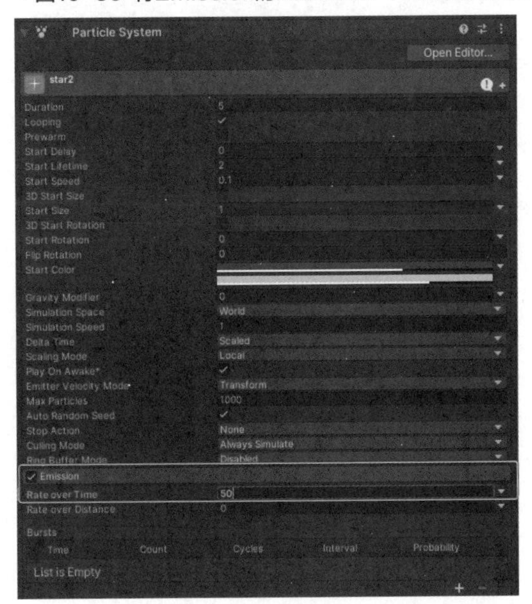

执行Play，可以看到在旋转的02_yuko背后，星星闪闪发光的效果，如图10-31所示。

▼图10-31 星光闪耀的02_yuko在旋转

如何运行从Asset Store下载的粒子系统（3）

扫码看视频

对应 2019 2021

难易程度 ●

使用秘技085的场景，然后另存并命名为“086”。

在此，请将DL_Fantasy_RPG_Effects→Prefab文件夹内的star5拖放到场景中，遍布背景的星光开始闪耀。要想再增加一些星光效果，可以把Inspector→Partical System→star5→Emission中的Rate over Time设置为50左右。与秘技085的图10-30相同。

使用移动工具（Move Tool）将star2稍微向上移动，画面如图10-32所示。

单击Plane，02_yuko开始旋转，接下来我们来编写Partical System的代码。

在Unity菜单中执行GameObject→Create Empty命令，创建空白的GameObject，命名为StarsBlink。选择StarsBlink，显示Inspector面板，选择Add Component中的New Script，指定Name为StarsBlink，然后单击Crate and Add按钮。双击Inspector面板中追加的StarsBlink脚本，启动Visual Studio，编写代码如列表10-3所示。

▼图10-32 star5配置为Emission的Rate over Time为50

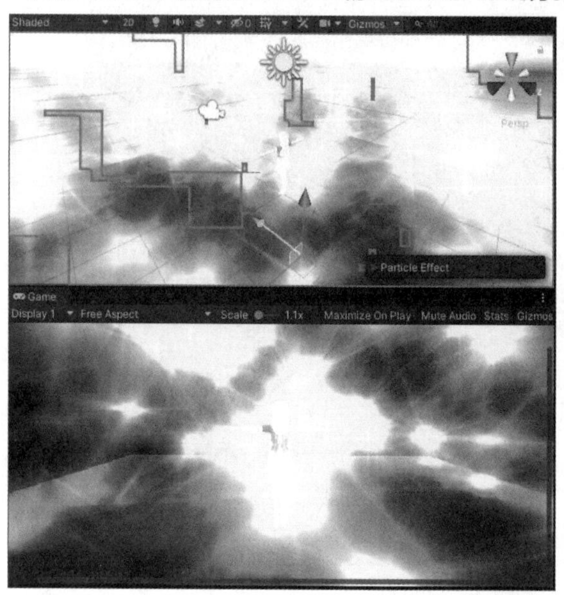

▼列表10-3 StarsBlink.cs

```
using System.Collections;
using System.Collections.Generic;
using UnityEngine;

public class StarBlink : MonoBehaviour
{
    //声明ParticleSystem类型变量ps
    ParticleSystem ps;
    //声明GameObject类型变量obj
    GameObject obj;
    //声明public的Gameobject型的yuko变量
    public GameObject yuko;
    //声明Animator类型变量anim
    Animator anim;

    //Start()函数
    void Start()
    {
        //用Find方法访问Explosion的Gameobject，以变量obj参照
        obj = GameObject.Find("star5");
        //GetComponentInChidren中包含子要素的ParticleSystem组件
        //访问变量ps
        ps = obj.GetComponentInChildren<ParticleSystem>();
        //在GetComponent访问Animator组件
        anim = yuko.GetComponent<Animator>();
        //不可使用Animator，隐藏变量bj
        //PaticleSystem暂停运行
        anim.enabled = false;
        obj.SetActive(false);
    }
```

```
        //Update()函数
        void Update()
        {
            //如果鼠标左键被按下的话，就会变成闪闪发光的星星ParticleSystem
            //执行02_yuko的旋转
            if (Input.GetMouseButtonDown(0))
            {
                anim.enabled = true;
                obj.SetActive(true);
                ps.Play();
            }
        }
}
```

保存代码并返回Unity中，可以看到在Inspector面板内显示用public声明的yuko游戏对象。从Hierarchy面板中拖放02_yuko，将其指定为Inspector面板中Yuko的属性。

执行Play，单击Plane后，02_yuko开始旋转，背后会产生强烈的星光效果，如图10-33所示。

▼图10-33 单击Plane，02_yuko开始旋转，在背后产生强烈的星光效果

秘技 087 如何使用Effect的Particle System功能

扫码看视频

对应 2019 2021

难易程度 ●●

在Unity自带的粒子系统中，用户可以在Inspector面板中通过指定Shape选项区域的Texture属性，来设置图像粒子特性。这里选择Unity菜单的GameObject→Effects→ Partical System选项，在场景中自动生成粒子效果，如图10-34所示。

在Hierarchy面板内选择添加的Particle System后，显示Inspector面板。在Particle System选项区域勾选Shape复选框，其中的Texture显示为None（Texture 2D）。笔者将使用Photoshop制作的PNG格式的图像（图10-35）导入Assets中，然后指定给Texture。关于Particle System在Inspector面板中的其他参数设置，如下页图10-36所示。

▼图10-34 添加了粒子系统

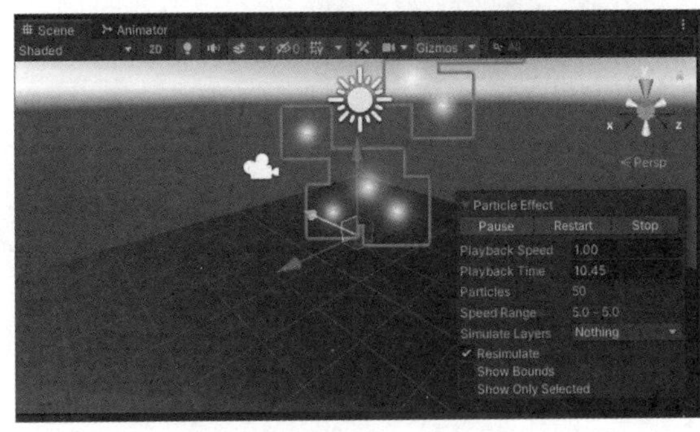

▼图10-35 笔者制作的PNG格式的图像

▼图10-36 Particle System的参数设置

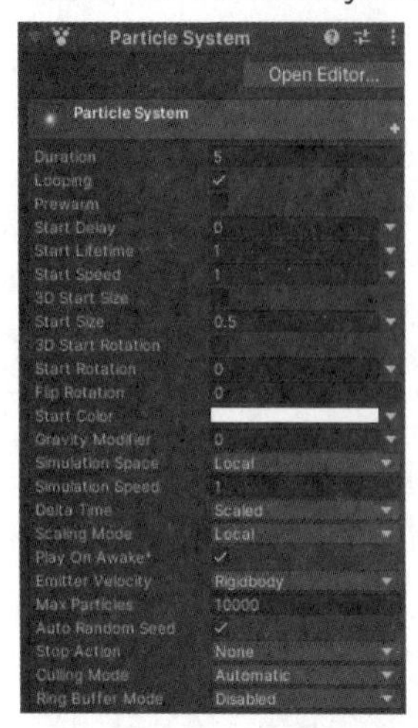

Emission的参数设置如图10-37所示，请务必勾选要设置的项目。Shape的参数设置如图10-38所示。

▼图10-37 Emission的参数设置

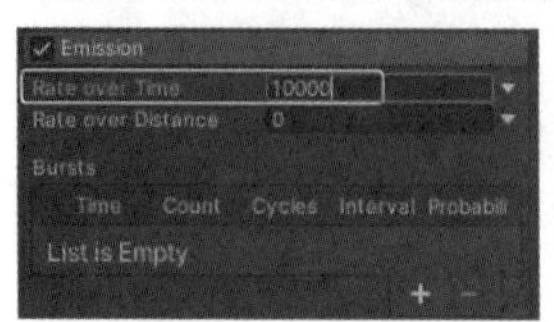

▼图10-38 Shape的参数设置

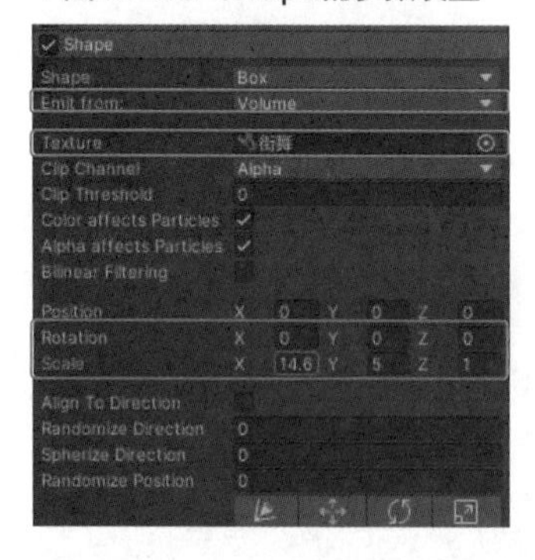

Shape的设定很重要，务必在Shape中选择Box。在Texture中指定图10-35的图像，边看场景效果边调节Rotation和Scale的值。完成上述设置后，即使不执行Play，在Scene和Game视图中也会有图10-39的显示效果。在此状态下，执行Play后单击场景中的粒子系统，将显示图10-35图像的粒子效果，如图10-40所示。

▼图10-39 在Shape的Texture中指定了图像

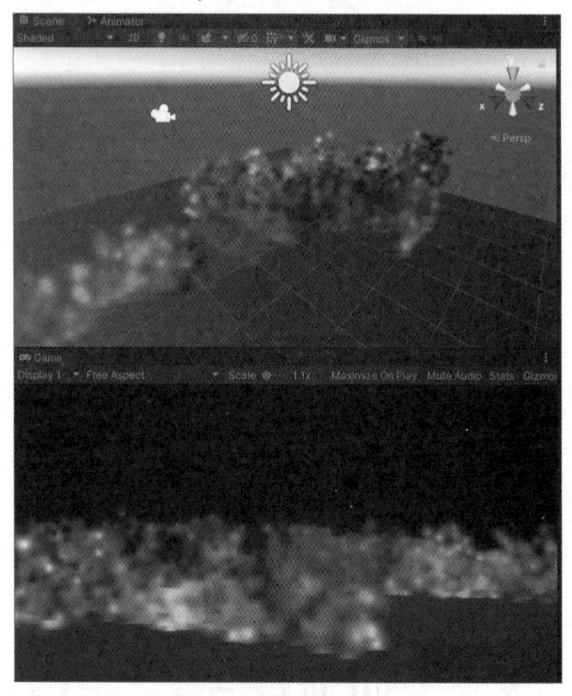

▼图10-40 显示了街舞图像的粒子效果

秘技 088

如何运行火焰粒子系统

扫码看视频

对应 2019 2021

难易程度 ●●

用户可以从Asset Store导入Unity Particle Pack资源文件，该操作支持Unity 2018.2.5以上的Asset，是免费的。

导入后，在Project面板的Assets→ParticlePack→EffectExamples→Prefabs文件夹中存储着各种Particle System的prefab文件。使用其中的火焰特效后，在场景中制作02_yuko旋转并产生火焰的效果。

首先将Assets→ParticlePack→ EffectExamples→Fire＆Explosion Effects→Prefabs文件夹内的WildFire和02_yuko配置到场景中。将WildFire放置在02_yuko附近，将发生图10-41的效果。

在02_yuko上加载Asstes→Animation文件夹内的“转圈10周”动画。

接下来选择Unity菜单的Game Object→Create Empty选项，创建空的GameObject，命名为DanceFire。选择DanceFire，在Inspector面板中单击Create and Add按钮，指定DanceFireScript为Name。双击在Inspector内追加的脚本，启动Visual Studio，编写代码如列表10-4所示。

▼图10-41 配置02_yuko和WildFire

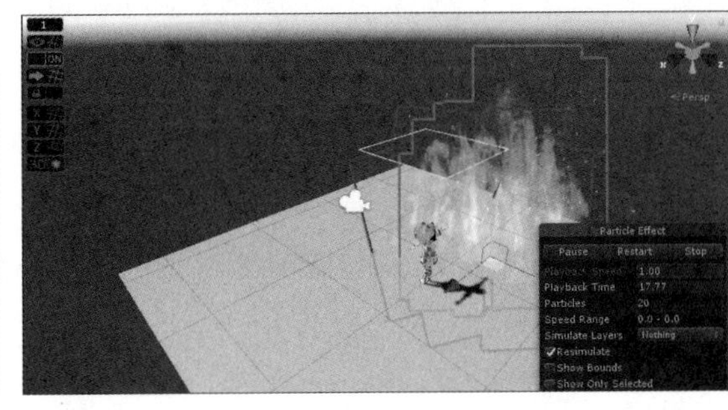

1
2
3
4
5
6
7
8
9
10
11
12
13
14
15
16
17
18
19
20
21
22
23
24
25
26
27
28
29
30
31
32
33
34
35

▼列表10-4 DanceFireScript.cs

```
using System.Collections;
using System.Collections.Generic;
using UnityEngine;

public class DanceFireScript : MonoBehaviour
{
    //声明ParticleSystem类型变量ps
    ParticleSystem ps;
    //声明GameObject类型变量obj
    GameObject obj;
    //声明GameObject类型变量yuko
    GameObject yuko;
    //声明Animator类型变量anim
    Animator anim;

    //Start()函数
    void Start()
    {
        //通过Find方法访问Explosion的Gameobject，并参照变量bj
        obj = GameObject.Find("WildFire");
        //访问GetComponentInChidren中包含子要素的ParticleSystem组件
        //参照变量ps
        ps = obj.GetComponentInChildren<ParticleSystem>();
        //隐藏变量obj，PaticleSystem停止执行
        obj.SetActive(false);
        //用Find方法访问02_yuko，参照变量yuko
        yuko = GameObject.Find("02_yuko");
        //在GetComponent中访问Animator组件，参照变量anim
        anim = yuko.GetComponent<Animator>();
        //将yuko的Animator设为无效
        anim.enabled = false;
    }
    //Update()函数
    void Update()
    {
        //鼠标左键按下后，执行火焰ParticleSystem
        //将02_yuko的Animaator设为有效
        if (Input.GetMouseButtonDown(0))
        {
            obj.SetActive(true);
            anim.enabled = true;
            ps.Play();
        }
    }
}
```

保存代码并返回Unity中，执行Play。单击场景后02_yuko开始旋转，并产生火焰效果，如图10-42所示。

▼图10-42 02_yuko开始旋转并产生火焰效果

秘技 089

如何使用OnController-ColliderHit运行火焰粒子系统

扫码看视频

对应 2019 2021

难易程度

在这里将介绍角色与石头碰撞特效的实现。在Plane上配置02_yuko和Assets→ParticlePack→EffectExamples→Magic Effects→Prefabs文件夹内的EarthShatter，Particle System马上就会开始运行，在这里请先Stop。然后在Asset Store的搜索栏输入Stone，单击搜索图标，将Stone资源下载并导入Unity。同样的操作导入Yughues Free Ground Materials和Mecanim Locomotion Starter Kit资源。

首先，在Plane上配置Assets→Stone→Prefab文件夹内的Stone，然后在Inspector面板将Score的*X*、*Y*、*Z*值都指定为0.03，对Stone进行缩小。选择Stone对象，在Inspector面板中单击Add Component按钮，选择Physics→Rigidbody选项，为对象添加Rigidbody属性。然后勾选Rigidbody选项区域的Is Kinematic复选框，使其不会受到物理运算的影响。如果不勾选，会受到物理运算的影响，执行Play的时候Stone会跳起来。另外，Stone也会参与冲突判定，请追加Box Collider组件，如图10-43所示。

▼图10-43 Stone的参数设置

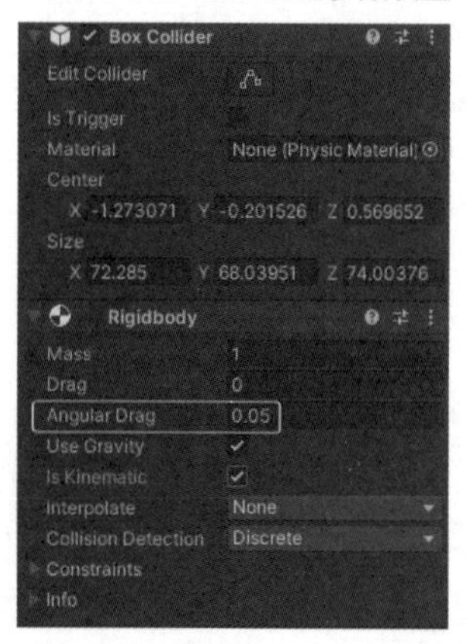

接下来，设置02_yuko朝向照相机。另外，在场景中配置Standard Assets资源包中的Cameras→FreeLookCameraRig，删除Main Camera。勾选02_yuko的Auto Target Player复选框，显示Inspector面板，单击Tag右侧的上下按钮，从列表中选择Player选项。这样，02_yuko的标签被分类到Player中，满足了“自动追逐的目标是Player”的条件。

接下来在场景中拖放Assets→Ground textures pack→Dry Ground文件夹内的diffuse。

以上全部设定完成后，场景效果如图10-44所示。

▼图10-44 配置了各种Asset的效果

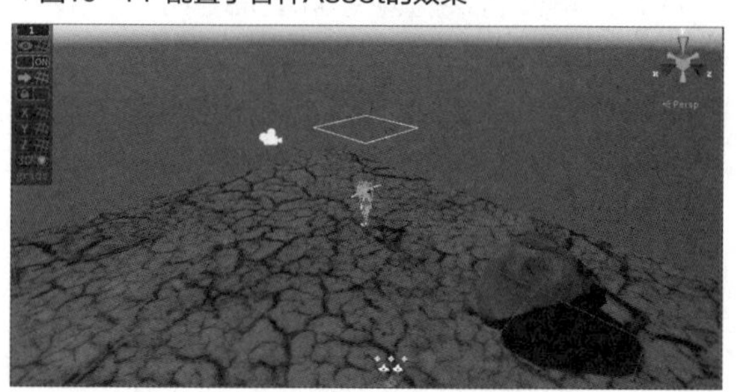

在Hierarchy面板中选择02_yuko，显示Inspector面板，在Animator的Controller中指定Locomotion、Add Component和Physics→Character Controller。

同样从Scripts中追加Locomotion Player组件。这样，02_yuko就可用键盘上的方向键自由移动了。

接下来编写脚本。首先从Hierarchy面板中选择02_yuko，在Inspector面板中选择Add Component→New Script选项，在Name文本框中输入Earth-ShatterScript，单击Create and Add按钮。双击在Inspector面板中追加的EarthShatterScript脚本，启动Visual Studio，编写代码如列表10-5所示。

▼列表10-5 EarthShatterScript.cs

```
using System.Collections;
using System.Collections.Generic;
using UnityEngine;

public class EarthShatterScript : MonoBehaviour
{
    //声明ParticleSystem类型变量ps
    ParticleSystem ps;
    //声明GameObject类型变量obj
    GameObject obj;
    //Start()函数
    void Start()
    {
        //通过Find方法访问EarthShatter的GameObject
        //并参照变量obj
        obj = GameObject.Find("EarthShatter");
        //GetComponentInChidren中包含子要素的ParticleSystem组件
        //访问以变量ps参照
        ps = obj.GetComponentInChildren<ParticleSystem>();
        //将变量obj隐藏起来，停止ParticleSystem的执行
        obj.SetActive(false);
    }

    //02_yuko和Stone接触后会运行Earth shatter的粒子系统
    private void OnControllerColliderHit(ControllerColliderHit hit)
    {
        if (hit.gameObject.name == "Stone")
        {
            obj.SetActive(true);
            ps.Play();
        }
    }
}
```

保存代码并返回Unity中，执行Play，可以看到在Plane上来回奔跑的02_yuko如果撞到Stone，地面就会隆起并出现熔岩效果，如图10-45所示。

▼图10-45 02_yuko与Stone接触后，地面隆起并涌出熔岩

如何通过在场景中单击来运行昆虫按轨迹飞行特效

扫码看视频

对应 2019 2021

难易程度 ●

接下来我们将要介绍如何实现单击按钮时，美丽的昆虫跟随旋转的02_yuko飞翔的特效。

创建Plane，将02_yuko和Assets→ParticlePack→EffectExamples→MiscEffects→Prefabs文件夹内的FireFlies配置到场景中，设置02_yuko面向照相机，如图10-46所示。

在02_yuko上加载Assets→Animation文件夹中的“转圈10周”动画。

接下来编写脚本。选择Unity菜单的Game Object→Create Empty选项，新建空的GameObject，命名为FireFliesScript。选择FireFliesScript后，在Inspector面板选择Add Component→New Script选项，在Name文本框中指定FireFliesScript，单击Create and Add按钮。双击在Inspector面板中追加的FireFlies-Script脚本，启动Visual Studio，编写代码如列表10-6所示。

▼图10-46 配置了02_yuko和FireFlies

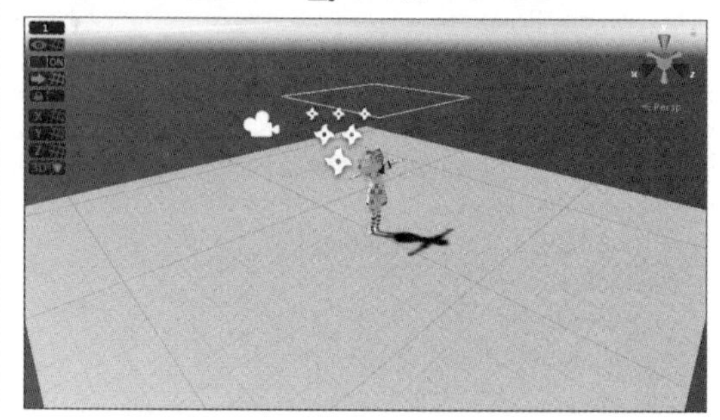

▼列表10-6 FireFliesScript.cs

```
using System.Collections;
using System.Collections.Generic;
using UnityEngine;

public class FireFliesScript : MonoBehaviour
{
    //声明ParticleSystem类型变量ps
    ParticleSystem ps;
    //声明GameObject类型变量obj
    GameObject obj;
    //声明GameObject类型变量yuko
    GameObject yuko;
    //声明Animator类型变量anim
    Animator anim;

    //Start()函数
    void Start()
    {
        //通过Find方法访问FireFlies的Gameobject，并通过变量obj进行参照
        obj = GameObject.Find("FireFlies");
        //访问GetComponentInChidren中包含子要素的ParticleSystem组件
        //以变量ps参照
        ps = obj.GetComponentInChildren<ParticleSystem>();
        //隐藏变量bj，停止PaticleSystem的执行
        obj.SetActive(false);
        //使用Find方法访问02_yuko，并用变量yuko进行参照
        yuko = GameObject.Find("02_yuko");
        //在GetComponent中访问Animator组件，以变量anim参照
        anim = yuko.GetComponent<Animator>();
        //将02_yuko的Animator设为无效
        anim.enabled = false;
    }
    //Update()函数
    void Update()
    {
```

```
            //按下鼠标左键后，会执行FireFries
            //启用并执行yuko的Animator
            if (Input.GetMouseButtonDown(0))
            {
                obj.SetActive(true);
                anim.enabled = true;
                ps.Play();
            }
        }
    }
```

保存代码并返回Unity，执行Play后，单击场景中任意位置，可以看到02_yuko开始旋转，美丽的昆虫一边描绘轨迹一边飞翔，如图10-47所示。

在Unity中包含着各种各样的粒子系统效果，大家可以自由地创造有趣的内容。

▼图10-47 02_yuko开始旋转，昆虫在其周围飞来飞去

冲突处理秘技

秘技

091 冲突处理事件的种类

扫码看视频

对应 2019 2021

难易程度 ●

Unity的冲突判定事件各种各样，根据场合不同，如果不区分使用，可能不会发生冲突事件。Unity主要用于制作游戏，所以存在玩家角色与敌人角色接触时发生冲突事件（接触事件）的情况。各种事件的处理，之后会进行举例说明。Unity的冲突事件主要分为Collision碰撞器和Trigger触发器两种。

• 使用Collision时

▼对象之间发生冲突时发生的事件（与其他Collider或Rigidbody发生冲突时）

```
OnCollisionEnter(Collision collision)
```

▼对象之间分开时发生的事件（停止与其他Collider或Rigidbody的冲突时）

```
OnCollisionExit(Collision collision)
```

▼在对象彼此冲突期间发生的事件（在与其他Collider或Rigidbody冲突期间发生的事件中，不是完全静止的对象）

```
OnCollisionStay(Collision collision)
```

• 使用Trigger时

在进入目标区域等一定范围内进行处理时，使用Trigger。将Collider的Is Trigger设为ON时，不会发生冲突，会执行回调。

▼当某个对象进入其他对象区域时发生的事件（当Collider与其他触发事件冲突时）

```
OnTriggerEnter(Collision other)
```

▼当某个对象离开其他对象区域时发生的事件（当Collider停止与其他触发冲突时）

```
OnTriggerExit(Collision other)
```

▼当某个对象进入其他对象的区域时发生的事件（当触发继续与其他Collider冲突时）

```
OnTriggerStay(Collision other)
```

使用Trigger时，必须将Collider的Is Trigger的复选框设为ON，如图11-1所示。

▼图11-1 勾选了Collider的Is Trigger复选框

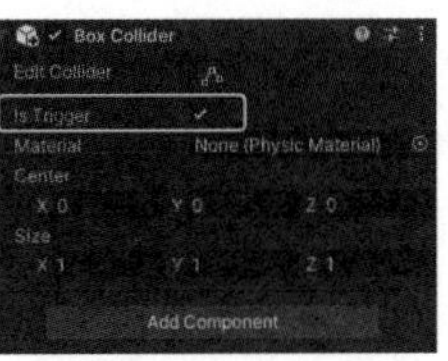

在使用Collider组件时，冲突对象必须具有Collider和Rigidbody属性，如图11-2所示。

▼图11-2 添加Box Collider和Rigidbody属性

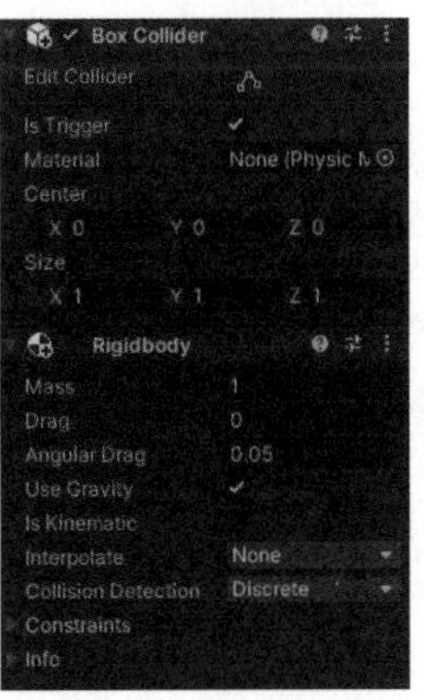

在判定冲突事件时，如果角色双方都在动，则使用Collision进行碰撞判定；如果角色的其中一方不动，则使用Trigger进行碰撞判定。请注意，除了OnController-ColliderHit（ControllerColliderHit hit）以外，在Unity中需要使用Character Controller来进行对象移动判断。

秘技

092 如何应用OnCollisionEnter

扫码看视频

对应 2019 2021

难易程度 ●

为了使Sphere从上空落到Plane上，需要为对象施加Rigidbody属性。另外，要对Plane的Mesh Collider进行设定。当这个Mesh Collider无效时，Sphere不会与Plane发生碰撞，而是穿过Plane落入场景的底部。

新建场景并配置Plane和Sphere，设置Sphere在Plane的上空，如图11-3所示。下面将介绍如何实现Sphere和Plane发生冲突时，Sphere变成红色。

从Hierarchy面板中选择Sphere，显示Inspector面板后，单击Add Component按钮，选择Physics→Rigidbody选项，为Sphere添加Rigidbody属性。然后选择New Script选项，将Name指定为Collision-EnterScript，单击Create and Add按钮。在Inspector面板中添加CollisionEnterScript组件并双击，启动Visual Studio，编写代码如列表11-1所示。

▼图11-3 场景中配置了Plane和Sphere

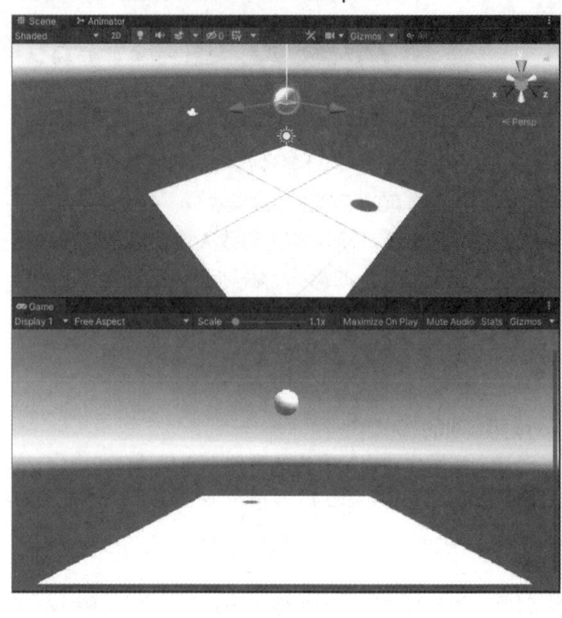

▼列表11-1 CollisionEnterScript.cs

```
using System.Collections;
using System.Collections.Generic;
using UnityEngine;
public class CollisionEnterScript : MonoBehaviour
{

    //对象冲突时发生的事件
    private void OnCollisionEnter(Collision collision)
    {
        //在Sphere冲突的对象是Plane的情况下，使Sphere的颜色变为红色
        if (collision.gameObject.name == "Plane")
        {
            GetComponent<Renderer>().material.color = Color.red;
        }
    }
}
```

返回Unity并执行Play，浮在空中的Sphere会掉落，撞到作为地板的Plane上。冲突瞬间发生OnCollisionEnter事件，Sphere的颜色变成红色，如图11-4所示。

▼图11-4 与Plane发生碰撞的Sphere变成红色

秘技 093

如何应用OnCollisionExit

扫码看视频

▶对应 2019 2021

▶难易程度 ●

OnCollisionExit是在角色对象分开瞬间发生的事件，为了实现此事件，我们来制作一个uGUI的按钮，实现Sphere离开Plane瞬间的处理，即Sphere撞到Plane后会变成红色，单击“离开地板”按钮，Sphere离开地板的一瞬间会变成灰色。与秘技092相同，首先新建场景并配置Plane和Sphere，设置Sphere在Plane的上空。在Hierarchy面板中选择Sphere，显示Inspector面板，单击Add Component按钮，选择Physics→Rigidbody选项，为对象添加Rigidbody属性。

接下来，在Hierarchy面板的Create上右击，选择UI→Button命令，在Canvas下面添加一个Button。因为Canvas非常大，所以在场景中无法看到添加的Button。在场景中缩小画面，以显示出Button。

选择Canvas，显示Inspector面板。在Canvas Scier（Script）中将UI Scale Mode指定为Scale With Screen Size。接着选择Button，显示Inspector面板，将Width指定为160，将Height指定为50。展开Button，选择Text并显示Inspector面板，在Text上指定“离开地板”和Font Size为25。使用移动工具将Button移动到适当的位置。

Hierarchy面板的结构如图11-5所示。

▼图11-5 Hierarchy的结构

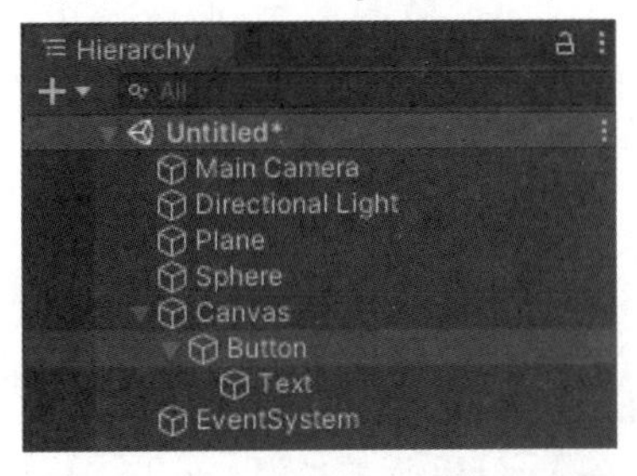

从Hierarchy面板中选择Sphere，显示Inspector面板，单击Add Component按钮，选择New Script选项，在Name中指定CollisionExitScript，单击Create and Add按钮。在Inspector面板中添加CollisionEXit-Scipt组件并双击，启动Visual Studio，编写代码如列表11-2所示。

▼列表11-2 CollisionExitScript.cs

```
using System.Collections;
using System.Collections.Generic;
using UnityEngine;

public class CollisionExitScript : MonoBehaviour
{

    //请参阅列表11-1的解说
    private void OnCollisionEnter(Collision collision)
    {
        if (collision.gameObject.name == "Plane")
        {
            GetComponent<Renderer>().material.color = Color.red;
        }
    }

    //对象之间分离时发生的事件
    private void OnCollisionExit(Collision collision)
    {
        //Sphere离开Plane时，Sphere的颜色会变成gray
        if (collision.gameObject.name == "Plane")
        {
            GetComponent<Renderer>().material.color = Color.gray;
        }
    }

    //单击“离开地板”按钮时的处理
    public void SphereExit()
```

```
        {
            //将Sphere放回最初的上空位置
            Vector3 pos = transform.position;
            pos.y = 2.83f;
            transform.position = pos;
        }
    }
```

接下来将脚本组件和执行按钮相关联，即从Hierarchy面板中选择Button来显示Inspector面板。单击On Click()右下角的“+”图标，在Hierarchy面板中拖放Sphere到None(Object)位置，激活NO Function选项如图11-6所示。选择CollisionExitScript→SphereEXit()选项，如图11-7所示。

▼图11-6 On Click()的显示变了

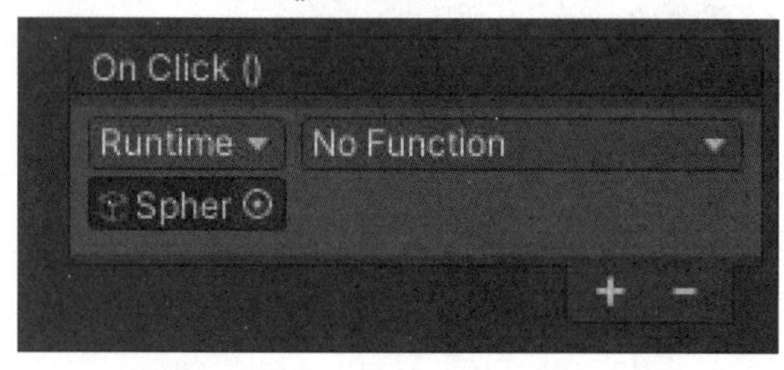

▼图11-7 No Function的设置

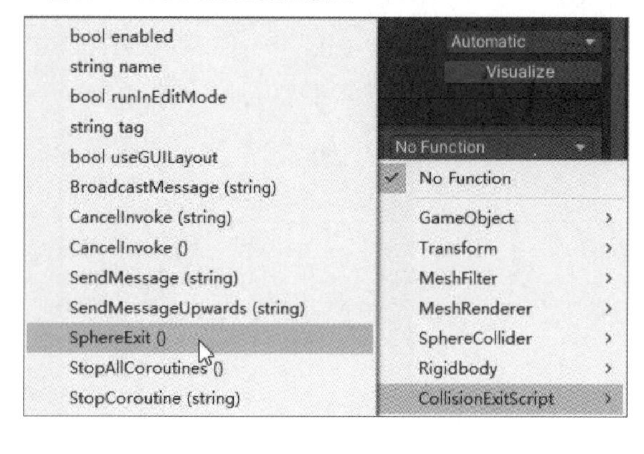

执行Play，可以看到Sphere掉落后撞到作为地板的Plane（OnCollisionEnter）会变成红色，如图11-8所示。之后单击“离开地板”按钮，Sphere离开地板（OnCollisionExit）的瞬间变成灰色，如图11-9所示。

▼图11-8 撞到地板，Sphere变成红色

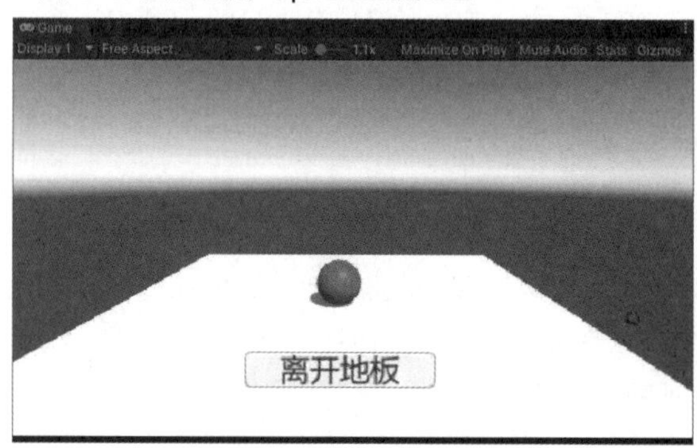

▼图11-9 单击“离开地板”按钮，Sphere瞬间离开作为地板的Plane，变成了灰色

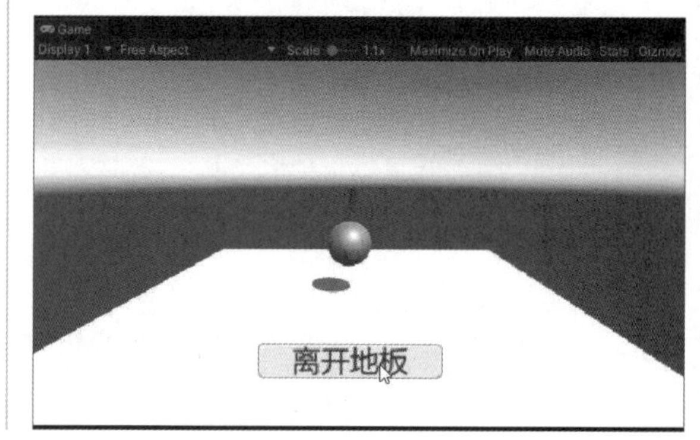

秘技

094 如何应用OnCollisionStay

扫码看视频

对应 2019 2021

难易程度

即使执行了Play，我们也可以在场景中操作对象。这里没有制作Button，因此让Cube（1）从Cube上离开的处理是通过直接在场景中触摸Cube（1）来实现的。如果只是确认动作，操作比较简单。新建场景并配置Plane和Cube，在Hierarchy面板中选择Cube，单击鼠标右键，选择Duplicate命令，再创建一个Cube。原来的Cube配置在Plane上，复制的Cube（1）浮在Plane配置的Cube正上方，如下页图11-10所示。Hierarchy面板内的结构如下页图11-11所示。

▼图11-10 场景配置

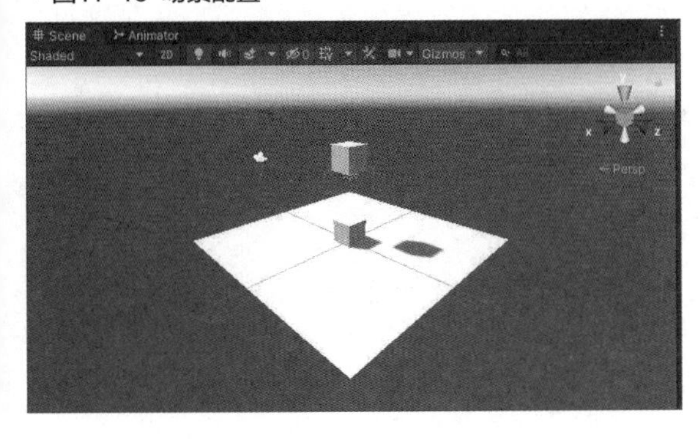

▼图11-11 Hierarchy面板的结构

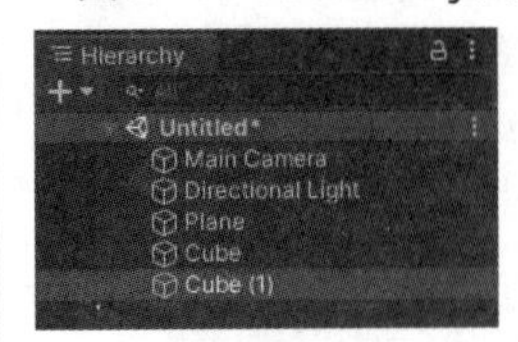

从Hierarchy面板中选择Cube（1）选项来显示Inspector面板，从Add Component中选择Physics→Rigidbody选项，为Cube（1）添加Rigidbody属性。再选择New Script选项，在Name文本框中指定CollisionStayScript，单击Create and Add按钮。在Inspector面板中添加CollisionStayScipt组件并双击，启动Visual Studio，编写代码如列表11-3所示。

▼列表11-3 CollisionStayScript.cs

```
using System.Collections;
using System.Collections.Generic;
using UnityEngine;

public class CollisionStayScript : MonoBehaviour
{

    //对象之间发生冲突时发生的事件
    private void OnCollisionStay(Collision collision)
    {
        //Cube(1)与Cube碰撞时，Cube(1)的颜色为红色
        if (collision.gameObject.name == "Cube")
        {
            GetComponent<Renderer>().material.color = Color.red;
        }
    }

    //对象彼此分开时发生的事件
    private void OnCollisionExit(Collision collision)
    {
        //Cube(1)离开Cube时，Cube(1)的颜色会变成灰色
        if (collision.gameObject.name == "Cube")
        {
            GetComponent<Renderer>().material.color = Color.gray;
        }
    }
}
```

返回Unity并执行Play。如果Cube（1）掉落并重叠在Cube上，颜色会变成红色，如图11-12所示。此处因为没有制作Button，所以需要在Play中触摸场景中的Cube（1），使其离开Cube，这样Cube（1）变成了灰色，如下页图11-13所示。另外，如果再让Cube（1）接触Cube，Cube（1）还会变成红色。

▼图11-12 Cube（1）与Cube重叠变成红色

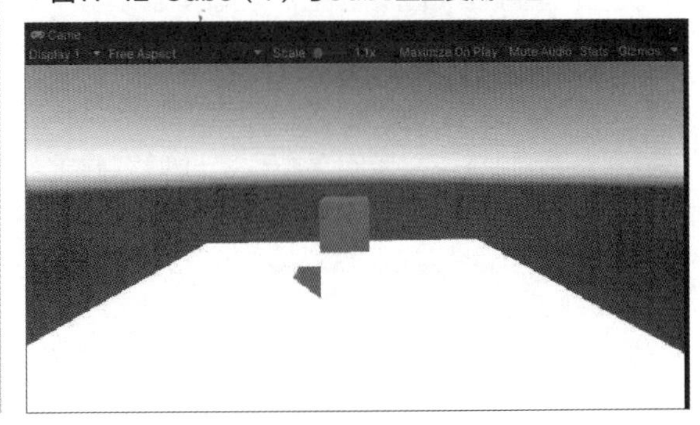

▼图11-13 Cube（1）离开Cube，变为灰色

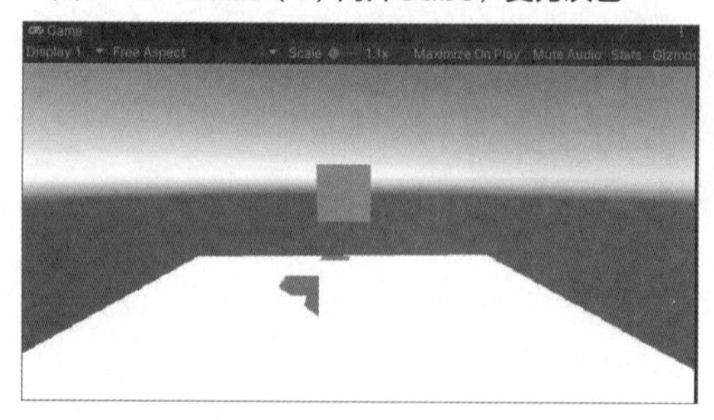

如何应用OnTriggerEnter

在使用触发器时，冲突必须设置Collider组件，Is Trigger必须为ON，来实现Sphere撞到Plane后颜色变红的效果。首先新建场景并在Plane上方配置Sphere。

从Hierarchy面板中选择Sphere来显示Inspector面板，单击Add Component按钮，选择Physics→Rigidbody选项，为Sphere添加Rigidbody属性。

到这里的操作都和秘技093的OnCollisionEnter相同，但接下来会有些不同。从Hierarchy面板中选择Sphere，显示Inspector面板，单击Add Component按钮，选择Physics→Box Collider选项，为Sphere添加Box Collider碰撞器，勾选Is Trigger复选框，如图11-14所示。这里是Trigger的冲突处理，需要勾选Is Trigger复选框。

▼图11-14 为Sphere添加Box Collider碰撞器并勾选Is Trigger复选框

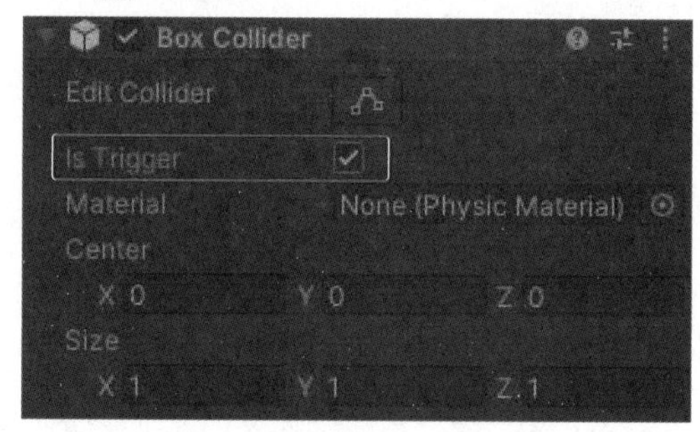

接下来，选择Hierarchy面板中的Sphere来显示Inspector面板，单击Add Component按钮，选择New Script选项，将Name指定为TriggerEnterScript，单击Create and Add按钮。在Inspector面板中添加TriggerEnterScipt组件并双击，启动Visual Studio，编写代码如列表11-4所示。

▼列表11-4 TriggerEnterScript.cs

```
using System.Collections;
using System.Collections.Generic;
using UnityEngine;

public class TriggerEnterScript : MonoBehaviour
{
    //Trigger中对象相互碰撞时发生的事件
    private void OnTriggerEnter(Collider other)
    {
        //如果Sphere冲突的对象是Plane，则Sphere的颜色会变成红色
        if (other.gameObject.name == "Plane")
        {
            GetComponent<Renderer>().material.color = Color.red;
        }
    }
}
```

返回Unity并执行Play，结果和图11-4相同。不同的是使用了OnTriggerEnter事件，并在Plane上追加Box Collider以及勾选了Is Trigger复选框。Sphere与Plane发生冲突，Sphere变成了红色，如图11-15所示。

▼图11-15 Sphere变成了红色

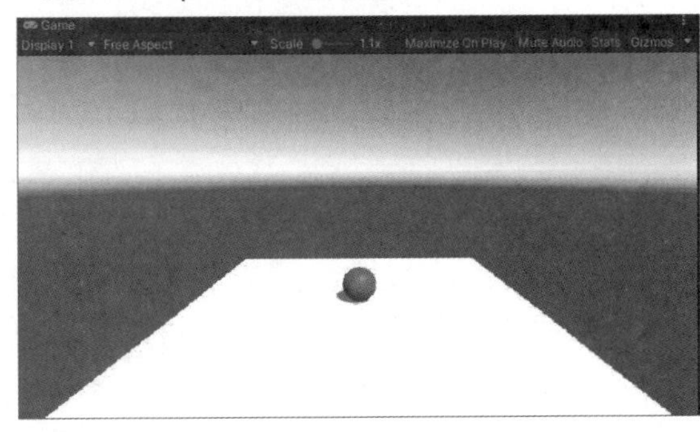

秘技

096 如何应用OnTriggerExit

扫码看视频

▶对应 2019 2021

▶难易程度 ●

OnTriggerExit和秘技093的OnCollisionExit用法相同。首先新建场景，使用和秘技095相同的操作设置Plane和Sphere，将Sphere配置在Plane的上方。从Hierarchy面板中选择Sphere，显示Inspector面板，单击Add Component按钮，选择Physics→Rigidbody选项，为Sphere添加Rigidbody属性。从Hierarchy面板中选择Plane，单击Add Component按钮，选择Physics→Box Collider选项，添加Box Collider碰撞器，并勾选Is Trigger复选框。

在Hierarchy面板中执行Create→UI→Button命令，在Canvas下面创建一个Button。在场景中无法看到Button，是因为Canvas非常大，请缩小画面以显示Button。

选择Canvas，显示Inspector面板。在Canvas Scier（Script）的UI Scale Mode中指定Scale With Screen Size。接下来选择Button来显示Inspector面板，将Width指定为160，将Height指定为50。展开Button后选择Text，显示Inspector面板，在Text中指定“离开地板”和Font Size为25。使用移动工具将Button移动到适当的位置。Hierarchy面板内的结构如图11-16所示。

▼图11-16 Hierarchy面板的结构

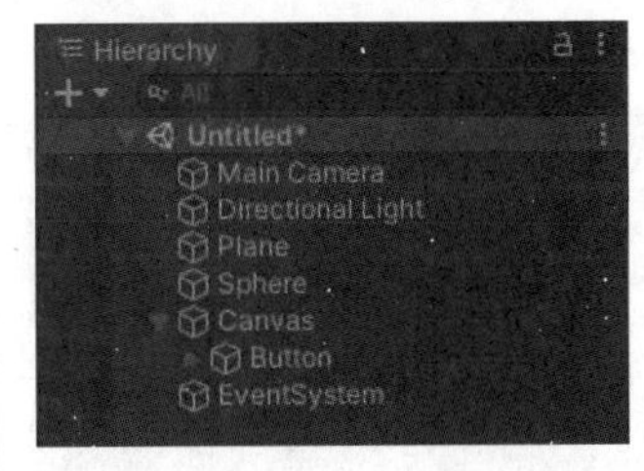

从Hierarchy面板中选择Sphere，显示Inspector面板，单击Add Component按钮，选择New Script选项，将Name指定为TriggerExitScript，单击Create and Add按钮。在Inspector面板中添加TriggerExitScript组件并双击，启动Visual Studio，编写代码如列表11-5所示。

代码与列表11-2几乎相同，只是Collision变成了Trigger。

▼列表11-5 TriggerExitScript.cs

```
using System.Collections;
using System.Collections.Generic;
using UnityEngine;

public class TriggerExitScript : MonoBehaviour
{
    private void OnTriggerEnter(Collider other)
    {
        if (other.gameObject.name == "Plane")
        {
            GetComponent<Renderer>().material.color = Color.red;
        }
```

```
    }

    private void OnTriggerExit(Collider other)
    {
        if (other.gameObject.name == "Plane")
        {
            GetComponent<Renderer>().material.color = Color.gray;
        }
    }

    public void SphereExit()
    {
        Vector3 pos = transform.position;
        pos.y = 3.12f;
        transform.position = pos;
    }
}
```

接下来将代码组件和执行按钮相关联。从Hierarchy面板中选择Button，显示Inspector面板。单击On Click()右下角的“+”图标，如上页图11-16所示。将Sphere从Hierarchy面板中拖放到None(Object)的位置，激活No Function属性，选择TriggerExitScript→SphereExit选项。执行Play，可以看到Sphere掉落后会撞到作为地板的Plane（OnTriggerEnter）并变成红色，如图11-17所示。

之后单击“离开地板”按钮，Sphere离开地板（OnTriggerExit）的瞬间变成了灰色，如图11-18所示。

▼图11-17 撞到地板后Sphere变成红色

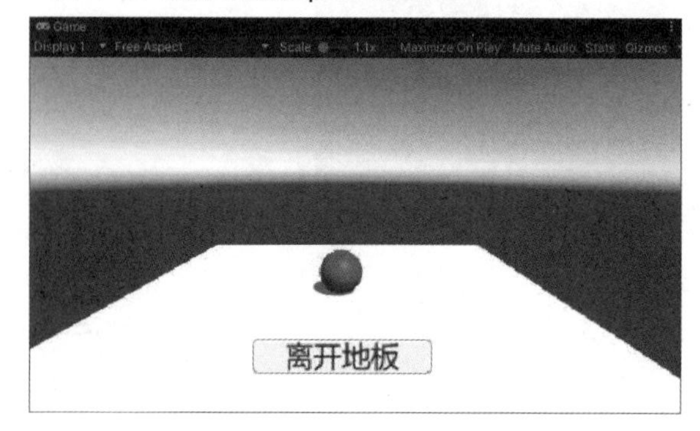

▼图11-18 单击“离开地板”按钮，Sphere离开地板并变成灰色

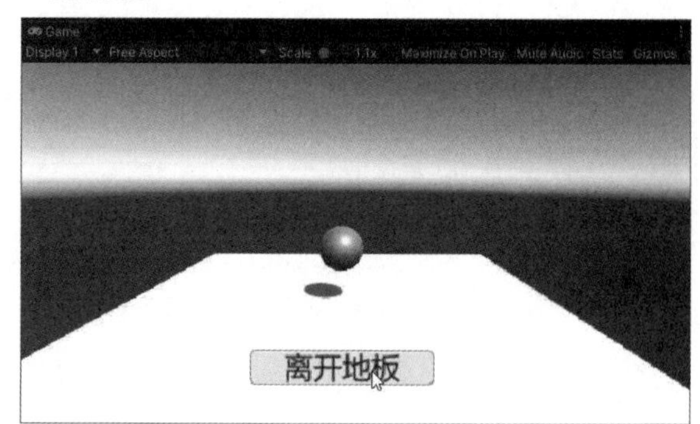

秘技 097

如何应用OnTriggerStay

扫码看视频

对应 2019 2021

难易程度 ●

使用Trigger触发器时，即使不直接撞到对象，只是触碰或进入指定区域，也会发生事件。常用于玩家进入某个领域后，HP值会减少的处理。这里介绍Cube进入某个领域时，颜色变成红色的处理。首先新建场景并配置Plane和Cube。从Hierarchy面板中选择Cube，单击鼠标右键，选择Duplicate命令，复制一个Cube。原来的Cube放置在Plane上，复制的Cube（1）浮在Cube的正上方。

Hierarchy面板内的结构请参照图11-11。接着从Hierarchy中选择Cube（1），显示Inspector面板，单击Add Component按钮，选择Physics→Rigidbody选项，为Cube（1）添加Rigidbody属性。同样，从Hierarchy面板中选择Cube，显示Inspector面板，勾选Box Collider的Is Trigger复选框，如下页图11-19所示。

▼图11-19 勾选Is Trigger复选框

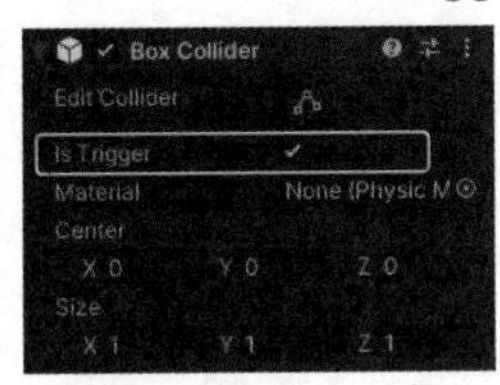

然后选择Cube，在Inspector面板中单击Mesh Renderer下拉按钮，选择Remove Component选项，如图11-20所示。这样Cube就从场景中隐藏了，从Hierarchy面板中选择Cube，在浅绿色的线中可以隐约看到Cube的形状，如图11-21所示。

▼图11-20 对Cube进行Remove Component处理

▼图11-21 Cube的存在隐约可见

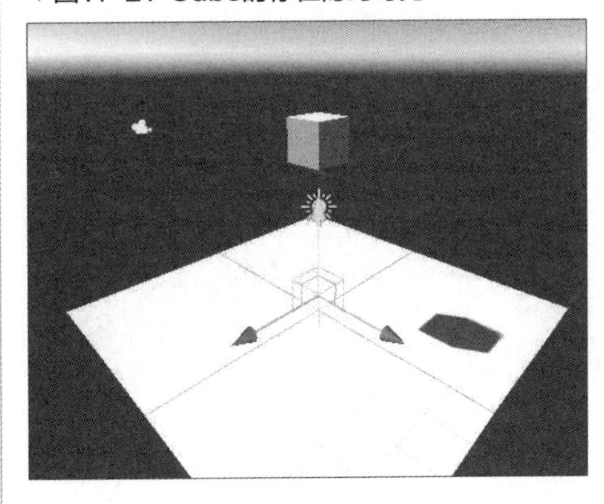

因为这里使用了Trigger触发器，所以即使不直接发生冲突，进入该Cube区域时也会发生OnTriggerStay事件。接下来，从Hierarchy面板中选择Cube（1），单击Add Component按钮，选择New Script选项，将Name指定为TriggerStayScript，单击Create and Add按钮。在Inspector面板中添加TriggerStayScipt组件并双击，启动Visual Studio，编写代码如列表11-6所示。

此处代码和列表11-3几乎相同，只是把“冲突”的地方换成“进入了领域”，所以在此不再详细介绍。

▼列表11-6 TriggerStayScript.cs

```
using System.Collections;
using System.Collections.Generic;
using UnityEngine;

public class TriggerStayScript : MonoBehaviour
{
    private void OnTriggerStay(Collider other)
    {
        if (other.gameObject.name == "Cube")
        {
            GetComponent<Renderer>().material.color = Color.red;
        }
    }

    private void OnTriggerExit(Collider other)
    {
        if (other.gameObject.name == "Cube")
        {
            GetComponent<Renderer>().material.color = Color.gray;
        }
    }
}
```

保存代码并返回Unity中，执行Play。可以看到Cube（1）落下，进入隐藏的Cube区域时，Cube（1）的颜色变红，如下页图11-22所示。

在这里，因为没有制作Button，所以在Play时选中场景中的Cube（1），从肉眼看不见的Cube区域拿出来，Cube（1）的颜色会变成灰色，如下页图11-23所示。如果再将Cube（1）放入肉眼看不见的Cube区域，Cube（1）就会变成红色。

▼图11-22 Cube（1）进入肉眼看不见的Cube区域时，颜色会变成红色

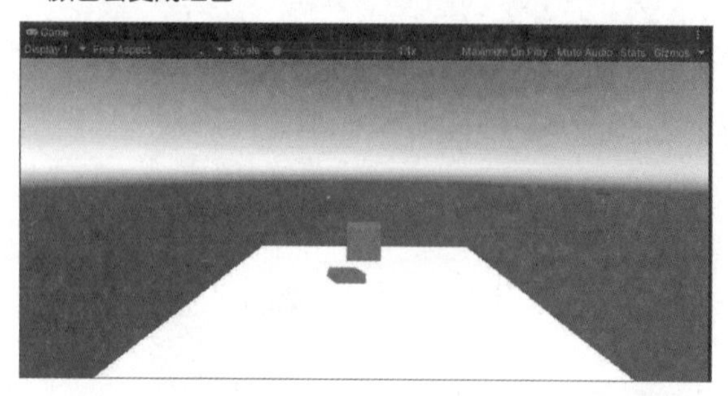

▼图11-23 将Cube（1）从肉眼看不见的Cube区域中取出，颜色变成了灰色

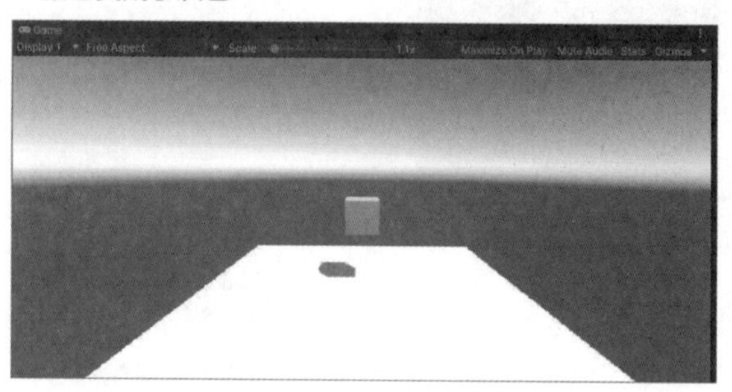

秘技 098 如何应用OnControllerColliderHit

在Character Controller控制模型的情况下，碰撞判定处理使用OnControllerColliderHit。下面讲解Humanoid的模型与Cube发生冲突时，启动Particle System的处理。首先新建场景并配置Plane和两个Cube。使用变形工具中的缩放工具（Scale Tool）将Cube拉伸成长方形，将两个Cube分别设置成蓝色和绿色。将蓝色Cube命名为BlueCube，将绿色Cube命名为GreenCube。

接下来从Asset Store中导入Jammo Character资源。然后在Project的Assets下创建一个命名为JammoCharacter的文件夹。

在Project面板中，将Assets→Jammo-Character→Animations→Prefabs文件夹中的Jammo_Player配置在场景的中央。设置Jammo_Player面向照相机后，调整Main Camera的位置，如图11-24所示。

▼图11-24 在场景中配置了两个Cube和DefaultAvatar

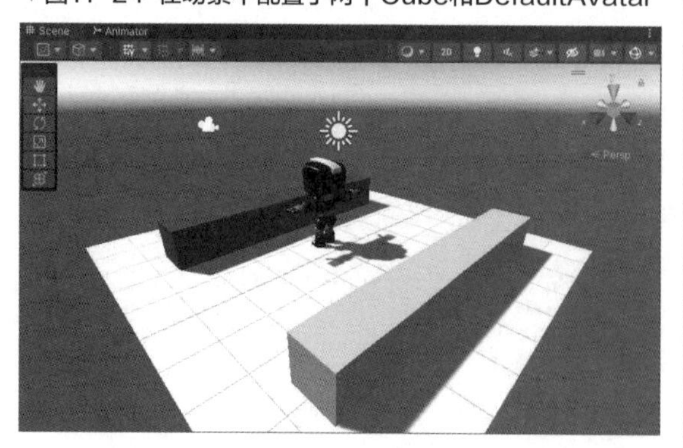

设置Jammo_Player以键盘上的方向键控制移动。选择Jammo_Player，显示Inspector面板，在Animator选项区域指定Controller为AnimatorController_Jammo。该模型自带Character Controller，将Center的*Y*值指定为0.98，如图11-25所示。

▼图11-25 Jammo_Player的Inspector面板

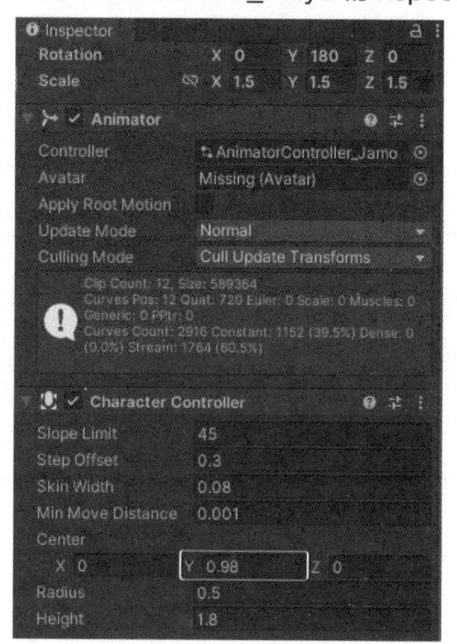

这样Jammo_Player就可以通过键盘上的方向键来回移动了，但是照相机无法跟上这个动作，所以要对Main Camera进行设定。从Asset Store中导入Standard Assets文件，在Project面板中将Standard Assets→Utility文件夹内的Smooth Follow.cs文件拖放到Hierachy面板内的Main Camera上。显示Inspector面板，在Smooth Follow（Script）的Target上拖放Hierarchy面板内的DefaultAvatar。设置Distance为4，设置Height为3.5，其他参数设置如下页图11-26所示。

▼图11-26 Main Camera的Smooth Follow设置

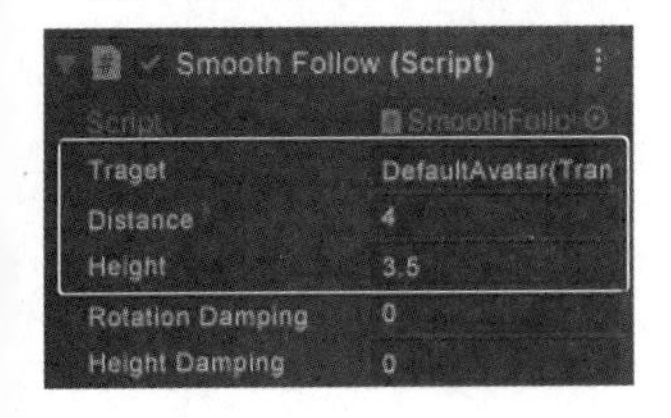

这样照相机就开始追踪Jammo_Palyer了。以上是FreeLookCameraRig的处理，接着选择蓝色的Cube，在Unity菜单中执行GameObject→Effects→Partical System操作，使用移动工具（Move Tool）将Particle System移动到蓝色的Cube上。选择Hierarchy面板中的Particle System，显示Inspector面板，设置Start Color为红色，如图11-27所示。

▼图11-27 第一个Partical System的设置

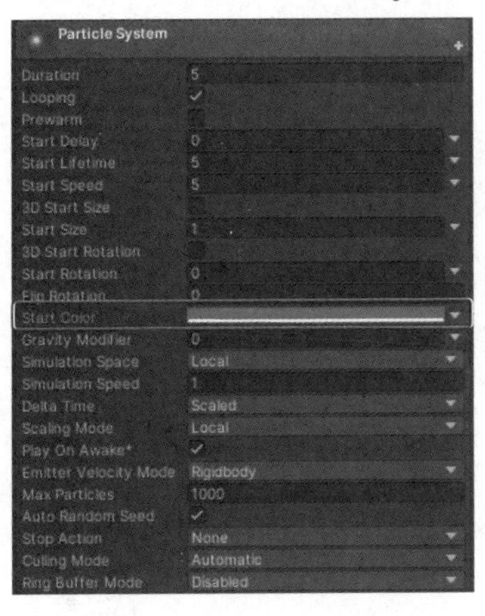

这样，蓝色的Cube上会显示红色的粒子效果，如图11-28所示。

▼图11-28 在蓝色的Cube上显示红色粒子效果

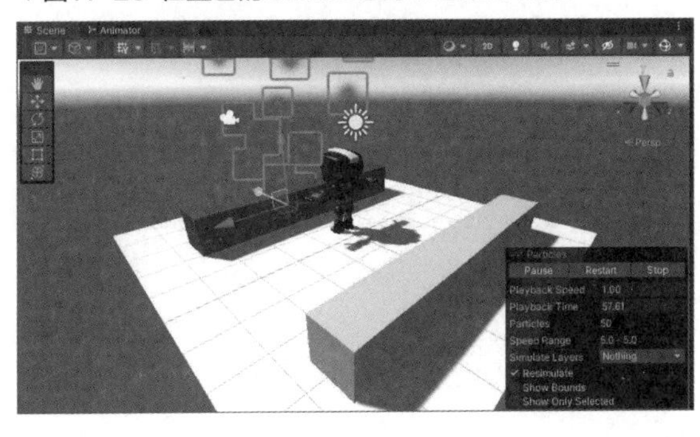

Jammo_Player接触蓝色的Cube时会产生粒子效果，接触绿色的Cube时粒子效果会消失。因为这里使用了Character Controller控制器，所以触发器需要使用OnControllerColliderHiit。

接下来，从Hierarchy面板中选择Jammo_Player来显示Inspector面板，单击Add Component按钮，选择New Script选项，将Name指定为Controller-ColliderHitScript，单击Create and Add按钮。在Inspector面板中添加ControllerColliderHitScipt组件并双击，启动Visual Studio，编写代码如列表11-7所示。

▼列表11-7 ControllerColliderHitScript.cs

```
using System.Collections;
using System.Collections.Generic;
using UnityEngine;

public class ControllerColliderHitScript : MonoBehaviour
{
    //声明ParticleSystem类型变量ps
    ParticleSystem ps;
    //声明GameObject类型变量obj
    GameObject obj;
    //Start()函数
    void Start()
    {
        //使用Find方法访问Cube，通过变量obj进行参照
        obj = GameObject.Find("BlueCube");
        //GetComponentInChildren是BLueCube的产物
        //访问ParticleSystem组件，以变量ps参照
        ps = obj.GetComponentInChildren<ParticleSystem>();
        //暂停ParticleSystem
        ps.Stop();
    }
```

```
    //DefaultAvatar的冲突处理
    private void OnControllerColliderHit(ControllerColliderHit hit)
    {
        //DefauktAvator与BlueCube(蓝色的Cube)发生冲突时
        //PaticlesSystem启动
        if (hit.gameObject.name == "BlueCube")
        {
            ps.Play();
        }
        //当DefalutAvator与GreenCube(绿色的Cube)发生冲突时
        //PaticleSystem停止
        if (hit.gameObject.name == "GreenCube")
        {
            ps.Stop();
        }
    }
}
```

保存代码并返回Unity中，执行Play。可以看到一开始什么都没有发生，如图11-29所示。当DefaultAvatar撞到蓝色的Cube时，会产生粒子效果，如图11-30所示。

▼图11-29 没有发生任何粒子效果

▼图11-30 当接触蓝色的Cube时会产生粒子效果

当DefaultAvatar撞击绿色的Cube时，粒子效果会消失，如图11-31所示。

▼图11-31 当接触绿色的Cube时粒子效果会消失

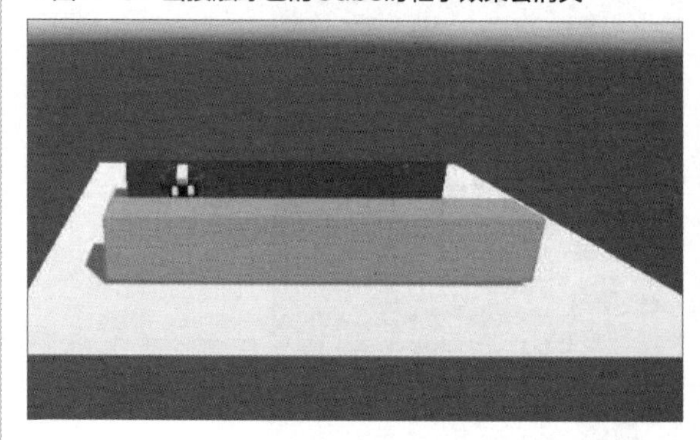

秘技 099

当人物碰撞Cylinder时如何显示模型

扫码看视频

对应 2019 2021

难易程度 ●●

执行人物碰撞Cylinder时显示模型的处理，这里也使用Character Controller控制器，所以碰撞判定使用OnControllerColliderHit。这里使用的02_yuko只指定了Controller。

首先新建场景并配置Plane和Cylinder。将第10章秘技085中从Unity-Chan!官方网站下载的02_yuko.unitypackage导入。

然后，在Cylinder上粘贴02_yuko的Material，如图11-32所示。导入02_yuko，暂时放置在场景中，截取Game视图的02_yuko的图像并保存，将其Texture Type变更为Sprite(2D and UI)，制作Material并粘贴到Cylinder上。在这里，我们将对BigHeads与该Cylinder发生冲突时，02_yuko显示在Cyliender上的处理进行说明。接下来从Asset Store中导入Mecanim Locomotion State Kit资源。另外，在Asset Store的搜索栏里输入BigHead，导入Cartoon BigHead StarterUnity资源。Project面板中Assets文件夹的显示，如图11-33所示。

在Project面板中，将Assets→BigHeads→BigHeads Starter文件夹的BigHeads.fbx配置在场景中的适当位置。设置BigHead面向照相机后，显示其Inspector面板，在Animator选项区域指定Controller为Locomotion。单击Add Component按钮，选择Physics→Character Controller选项，将Center的Y值指定为1。从Scripts中选择Locomotion Player。这样BigHeads就可以通过键盘上的方向键移动了。

接着，将Assets→UnityChanTPk→Models→02_yuko→Prefabs内的02_yuko放置在Cylinder上面。将Cylinder命名为yukoCylinder，如图11-34所示。

▼图11-32 Cylinder上粘贴了02_yuko的Material

▼图11-33 项目资源文件

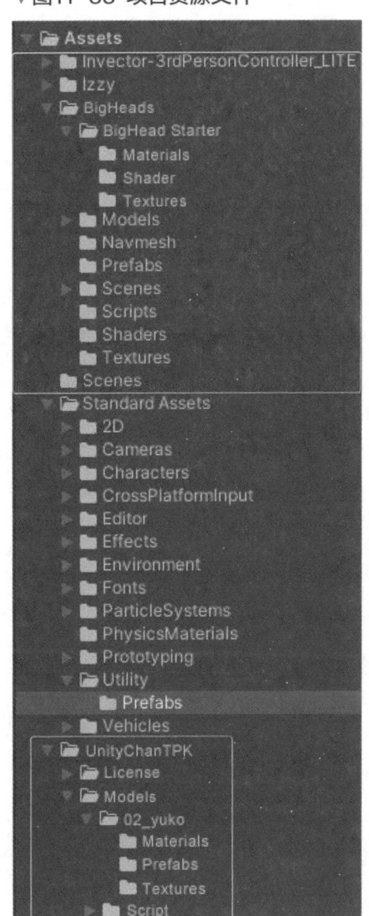

▼图11-34 将02_yuko配置在yukoCylinder上

从Hierarchy面板中选择02_yuko来显示Inspector面板，在Animator选项区域设置Controller为Locomotion，02_yuko的设定仅此即可。选择BigHeads来显示Inspector面板，单击Add Component按钮，选择New Script选项，将Name指定为UnityYukoColliderHit

Script，单击Create and Add按钮。在Inspector面板中添加UnityYukoColliderHitScript组件并双击，启动Visual Studio，编写代码如列表11-8所示。

▼列表11-8 UnityYukoColliderHitScript.cs

```
using System.Collections;
using System.Collections.Generic;
using UnityEngine;

public class UnityYukoColliderHitScript : MonoBehaviour
{
    //声明GameObject类型变量myHeads
    GameObject myHeads;
    //声明GameObject类型变量myYuko
    GameObject myYuko;

    //Start()函数
    void Start()
    {
        //通过Find方法访问BigHeads和02_yuko，使用各自的变量参照
        myHeads = GameObject.Find("BigHeads");
        myYuko = GameObject.Find("02_yuko");
        //02_yuko一开始是隐藏的
        myYuko.SetActive(false);
    }

    //BigHeads与yukoCylinder发生冲突时的处理
    private void OnControllerColliderHit(ControllerColliderHit hit)
    {
        if (hit.gameObject.name == "yukoCylinder")
        {
            //显示站在yukoCylinder上的02_yuko
            myYuko.SetActive(true);
        }
    }
}
```

保存代码并返回Unity中，执行Play。可以看到最初除了BigHeads和Cylinder以外，什么都没有显示，如图11-35所示。当BigHeads与yukoCylinder接触时，在yukoCylinder上显示了02_yuko，如图11-36所示。

▼图11-35 除了BigHeads和Cylinder，什么都没有显示

▼图11-36 显示了02_yuko

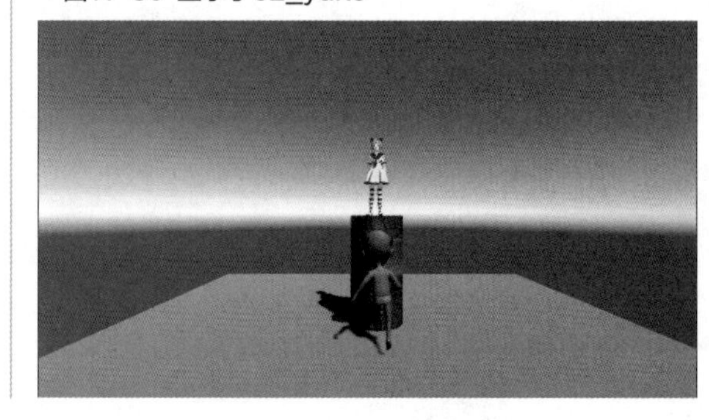

秘技100 如何表现人物之间发生冲突而开始决斗的场景

对应 2019 2021

难易程度 ●●

要表现人物之间发生冲突而开始决斗的场景，会使用等待1秒处理的程序，所以在发生冲突时使用IEnumerator来处理。另外，虽然使用的是人形角色，但因为Animation组件使用的不是Humanoid，而是Legacy，所以不使用OnControllerColliderHit。

首先新建场景，然后从Asset Store中搜索并导入S1 woman资源，在Project面板中可以看到导入的S1 woman文件，如图11-37所示。

▼图11-37 S1 woman资源文件

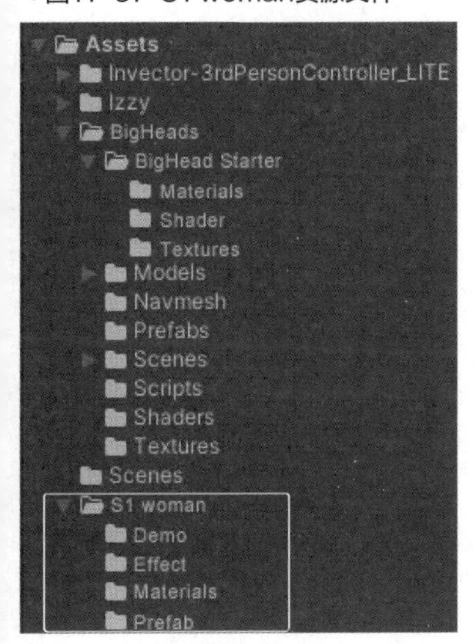

在场景中新建Plane，在Project面板的Assets→S1 woman→Prefab中，将woman1-e.prefab中的两个角色放置在Plane上。在Hierarchy面板中将这两个角色命名为woman1和woman2，如图11-38所示。下面介绍这两个剑士角色发生冲突后开始决斗的处理。

首先，在Main Camera中追加Standard Assets的Utility文件夹内的Smooth Follow.cs。要让照相机追踪woman1角色，则将Target指定为woman1，将Distance指定为4，将Height指定为3.5。

▼图11-38 配置了woman1和woman2

从Hierarchy面板中选择woman1来显示Inspector面板，然后在Animation中指定Walk。单击Add Component按钮，选择Physics→Box Collider选项，用绿色的细线将woman1围起来。再为woman1添加Rigidbody属性。woman2也进行同样的设置。

单击Walk按钮，Walk的Animation文件位置会显示黄色，选择后显示Inspector面板。单击Edit按钮进入编辑状态，如图11-39所示。将Animation中的Wrap Mode指定为Loop。下面还有一个，也指定Loop后，单击Apply按钮。

▼图11-39 单击Edit按钮

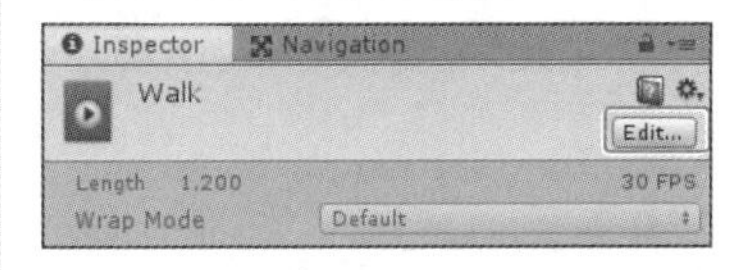

接着选择woman2来显示Inspector面板，按照与woman1相同的设定，在Wrap Mode中指定Loop，单击Apply按钮。

从Hierarchy面板中选择woman1来显示Inspector面板，单击Add Component按钮，选择New Script选项，将Name指定为walkScript，单击Create and Add按钮。在Inspector内添加WalkScript组件并双击，启动Visual Studio，编写代码如列表11-9所示。

▼列表11-9 WalkScript.cs

```
using System.Collections;
using System.Collections.Generic;
using UnityEngine;

public class WalkScript : MonoBehaviour
{
    //Update()函数
```

```
    void Update()
    {
        //woman1向前走去
        transform.Translate(Vector3.forward * Time.deltaTime * (transform.localScale.x * .2f));
    }
}
```

再为woman1添加脚本组件，命名为StartScript并双击，启动Visual Studio，编写代码如列表11-10所示。

▼ 列表11-10 StartScript.cs

```
using System.Collections;
using System.Collections.Generic;
using UnityEngine;

public class StartScript : MonoBehaviour
{
    //声明Animation型的anim1和anim2变量
    private Animation anim1;
    private Animation anim2;
    //声明GameObject型的obj1和obj2变量
    private GameObject obj1, obj2;

    //Start()函数
    void Start()
    {
        //通过Find方法访问woman1和woman2，并使用各自的变量进行参照
        obj1 = GameObject.Find("woman1");
        obj2 = GameObject.Find("woman2");
        //在GetComponent中，调用各自的Animation组件
        //参照各个变量
        anim1 = obj1.GetComponent<Animation>();
        anim2 = obj2.GetComponent<Animation>();
    }

    //woman1与woman2接触时的处理
    private IEnumerator OnCollisionEnter(Collision collision)
    {
        if (collision.gameObject.name == "woman2")
        {
            //woman1执行Skill move的动画
            //woman2执行Skill move的动画
            anim1.Play("Skill1_move");
            anim2.Play("Skill_move");
            //等待1秒(此处的处理只能在IEnumerator中使用)
            yield return new WaitForSeconds(1.0f);

            //woman2倒下，woman1继续走
            anim2.Play("Dead");
            anim1.Play("Walk");
        }
    }
}
```

角色的动画效果可以在Hierarchy中选择。例如，选择woman1并显示Inspector面板，展开Animation查看可以使用的动画效果列表，如下页图11-40所示。

▼图11-40 可用的Animation列表

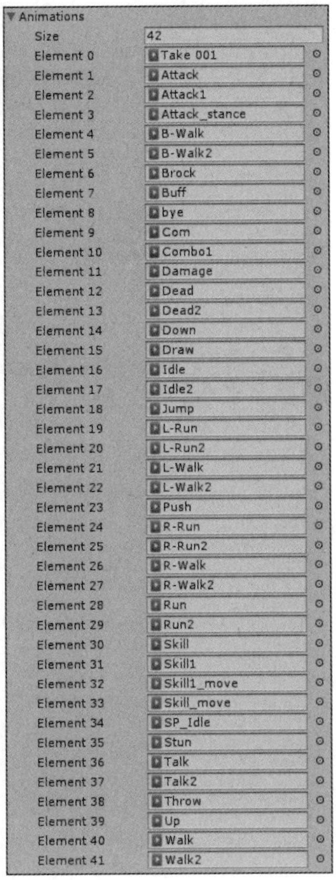

Animations	
Size	42
Element 0	Take 001
Element 1	Attack
Element 2	Attack1
Element 3	Attack_stance
Element 4	B-Walk
Element 5	B-Walk2
Element 6	Brock
Element 7	Buff
Element 8	bye
Element 9	Com
Element 10	Combo1
Element 11	Damage
Element 12	Dead
Element 13	Dead2
Element 14	Down
Element 15	Draw
Element 16	Idle
Element 17	Idle2
Element 18	Jump
Element 19	L-Run
Element 20	L-Run2
Element 21	L-Walk
Element 22	L-Walk2
Element 23	Push
Element 24	R-Run
Element 25	R-Run2
Element 26	R-Walk
Element 27	R-Walk2
Element 28	Run
Element 29	Run2
Element 30	Skill
Element 31	Skill1
Element 32	Skill1_move
Element 33	Skill_move
Element 34	SP_Idle
Element 35	Stun
Element 36	Talk
Element 37	Talk2
Element 38	Throw
Element 39	Up
Element 40	Walk
Element 41	Walk2

执行Play后，woman1走向woman2，双方接触的瞬间开始决斗，效果如图11-41所示。

▼图11-41 决斗场景

图形用户界面处理秘技

秘技 101

如何应用uGUI的Text组件

扫码看视频

对应 2019 2021

难易程度 ●

Unity中的富文本（Rich Text）格式通过使用HTML标签语言来实现，支持常见的加粗、倾斜、颜色等设置，可以使UI效果更丰富。

在Unity的GameObject菜单中选择UI→Text选项，如图12-1所示。此时会在场景中创建一个New Text文本框，Hierarchy面板的Canvas显示了添加的Text。如果在场景中看不到Text，那是因为Canvas非常大，需要缩小场景显示大小来显示Text。随着场景画面的缩小，Text会显示出来，使用移动工具（Move Tool）将其放置在适当的位置，如图12-2所示。

在Hierarchy面板中选择Canvas，显示Inspector面板，在Canvas Scalar（Script）的UI Scale Mode中选择Scale With Screen Size。将Rect Transform的Width设定为200，将Height设定为100。接着在Text（Script）的Text中输入所需的文本，然后将Font Size指定为20。

在Paragraph的Alignment选项区域，设置对齐方式为左对齐，效果如图12-3所示。在Text选项区域可以看到Text（Script）的Rich Text复选框，勾选后可以使用HTML语言的标签，设置文本的加粗、倾斜和颜色，如图12-4所示。

为文本设置加粗、倾斜和颜色后的显示效果，如图12-5所示。

▼图12-1 选择UI→Text选项

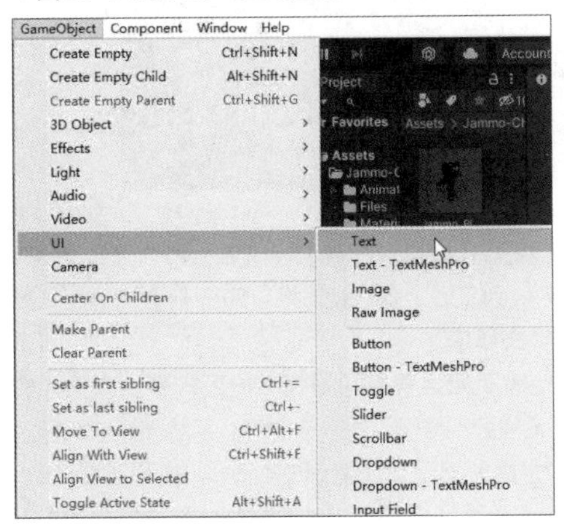

▼图12-2 Text已放置在适当的位置

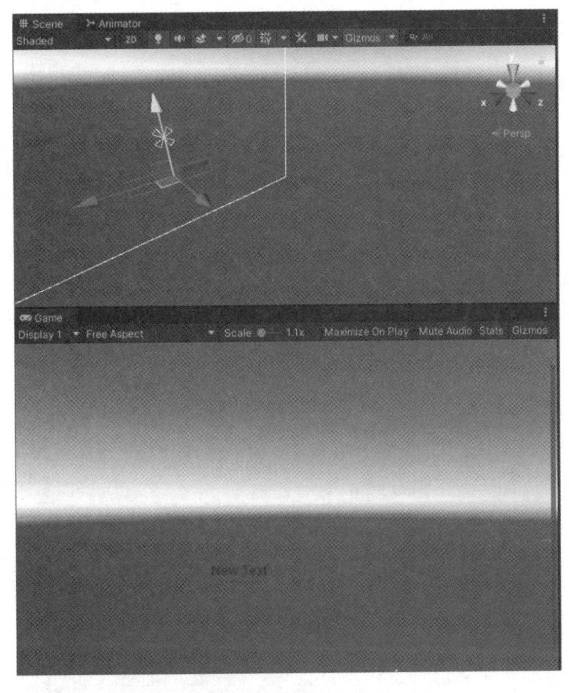

▼图12-3 设置字体大小和对齐方式

▼图12-4 使用HTML语言的标签设置文本效果

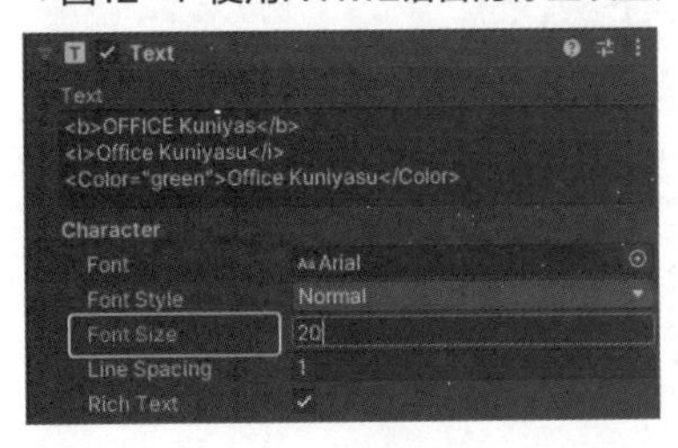

▼图12-5 HTML的标签被应用并显示

秘技

102 如何应用uGUI的Image组件

▶对应 2019 2021

▶难易程度 ●

Image图片组件是uGUI组件中常见的基础组件，主要用来显示图片效果。选择Hierarchy面板中的Create，右击，选择UI→Image命令，缩放场景，将Image显示在场景中央。在Hierarchy面板中选择Image来显示Inspector面板，在Rect Transform中将Width和Height都指定为400，效果如图12-6所示。接着，在Project面板的Assets文件夹内导入要粘贴在Image上的图像，显示Inspector面板。设置Texture Type为Sprite(2D and UI)，如图12-7所示。

▼图12-6 Image的配置

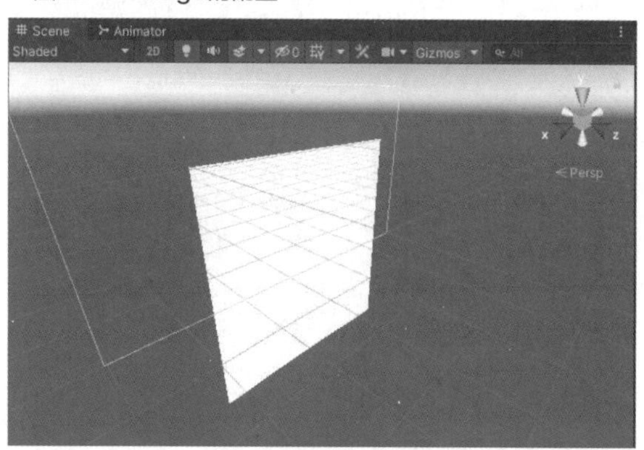

▼图12-7 在Texture Type列表中选择Sprite(2D and UI)

然后单击Apply按钮。从Hierarchy面板中选择Image，显示Inspector面板。将刚导入到Project面板Assets文件夹内的图像拖放到Image（Script）的Source Image中，显示效果如图12-8所示。在此状态下，如果将Image Type设置为Tiled，则显示效果如图12-9所示。

▼图12-8 显示瓢虫图像

▼图12-9 在Image Type中指定为Tiled

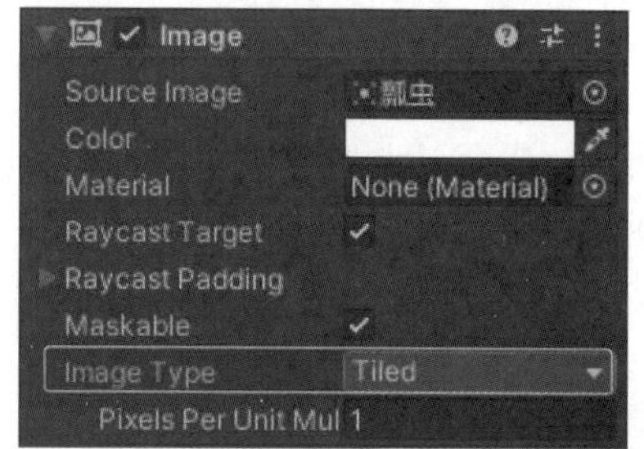

上面显示了4只瓢虫，我们设置Width的值为380、Height的值为390，使画面正好以四分割形式显示，如下页图12-10所示。

Tiled表示如果导入的图像不是正方形，不太大的话，就不能很好地显示。所以请注意，系统无法在长宽不等的图像中拆分显示。这里分成4部分，如果改变Rect Transform选项区域，将Width设为565，将Height设为390，会显示纵向2、横向3的瓢虫图形，如下页图12-11所示。

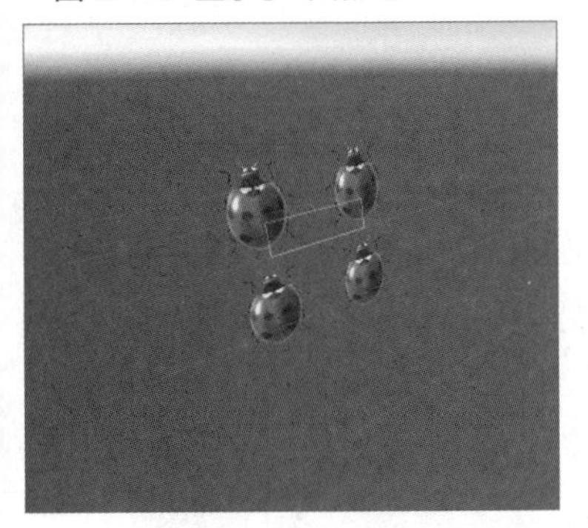
▼图12-10 显示了4只瓢虫

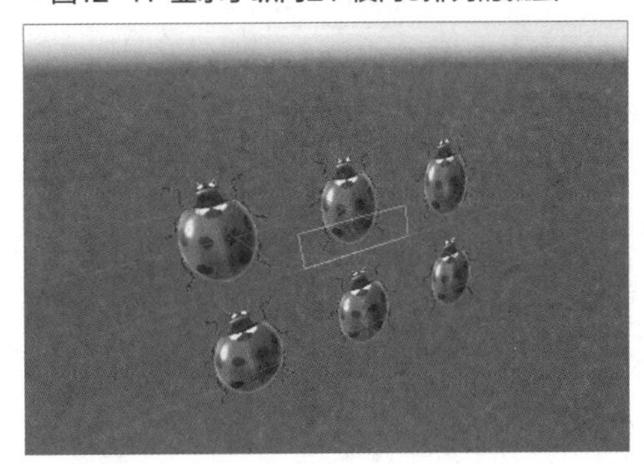
▼图12-11 显示了纵向2、横向3排列的瓢虫

秘技 103

如何应用uGUI的Raw Image组件

扫码看视频

对应 2019 2021
难易程度 ●●

Raw Image（原始图像组件）是uGUI中用于显示任何纹理图片的关键组件。

选择Hierarchy面板中的Create，单击鼠标右键，选择UI→Raw Image命令，缩放场景，将Raw Image显示在场景中央。在Hierarchy面板中选择Raw Image来显示Inspector面板，在Rect Transform中将Width指定为400，将Height指定为266。

在Project面板的Assets文件夹内导入要粘贴在Raw Image上的图像，显示Inspector面板。这里没有必要像Image那样，在Sprite(2D and UI)上指定图像的Texture Type。在Project面板中将图像拖放到Inspector面板Raw Image（Script）选项区域的Texture中，如图12-12所示。

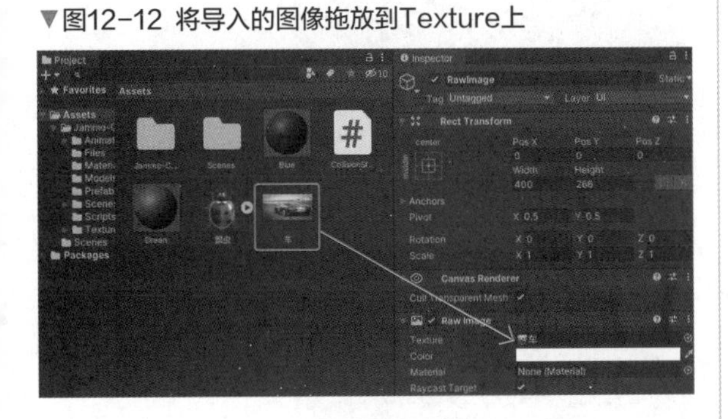
▼图12-12 将导入的图像拖放到Texture上

单击Color属性右侧的色块，显示Color面板，选择绿色，如图12-13所示。这时图像整体变成绿色，如图12-14所示。

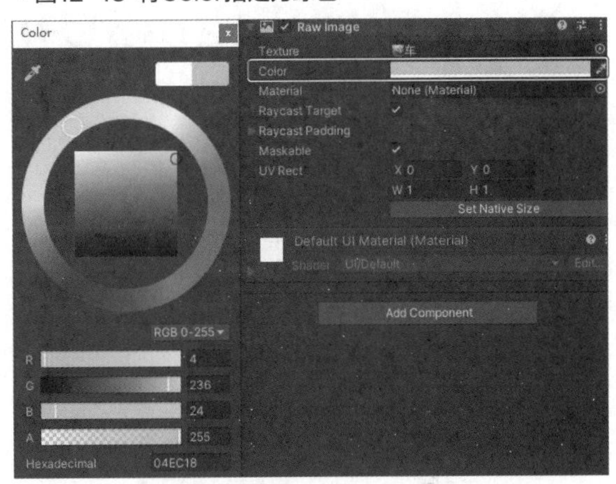

▼图12-13 将Color指定为绿色

▼图12-14 图像整体变成绿色

接下来是图12-13中的UV Rect设置。如果将*X*指定为0.5，将*Y*指定为0.5，则显示为4个画面，如图12-15所示。接着，将*X*和*Y*值设置为0，将W指定为3，将H指定为3，使用3×3的9个画面显示整体图像，如图12-16所示。

▼图12-15 图像被分割成4个画面

▼图12-16 9个画面的图像效果

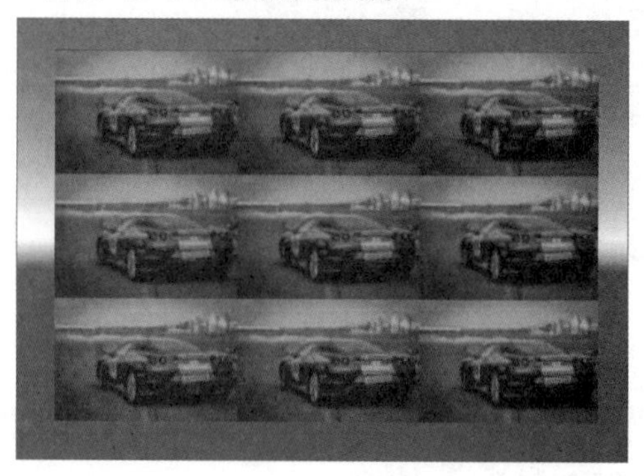

秘技

104 如何应用uGUI的Button组件

扫码看视频

对应 2019 2021

难易程度 ●

选择Hierarchy面板中的Create，右击，选择UI→Button命令，创建Button组件。用同样的方法，创建Text组件。Text和Button的配置如图12-17所示。将Text的Width指定为400、Height指定为200、Font Size指定为25，设置对齐方式为居中。

设置Button的Height和Width后，选中Hierarchy面板中其子列表中的Text选项，在Inspector面板的Text文本框中输入“执行”，将Font Size指定为25。

关于Button的设置，在第6章中有说明，这里要实现单击“执行”按钮后，显示“Hello! Unity 2021.1”文字。

从Hierarchy面板中选择Canvas，显示Inspector面板。在Canvas Scier（Script）的UI Scale Mode中选择Scale With Screen Size。Text组件的详细参数设置，如图12-18所示。

▼图12-17 Text和Button的配置

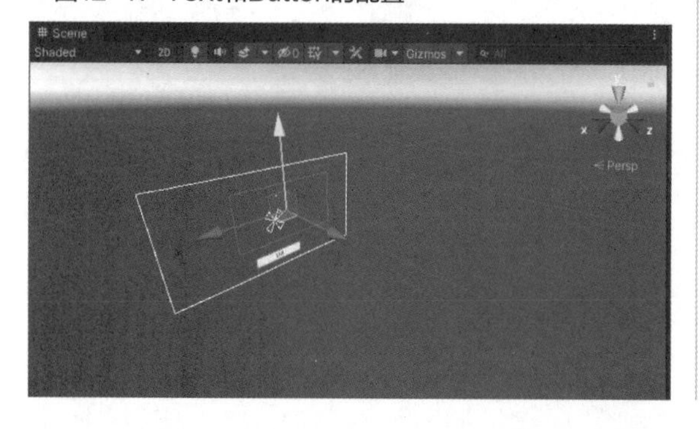

▼图12-18 Text的参数设置

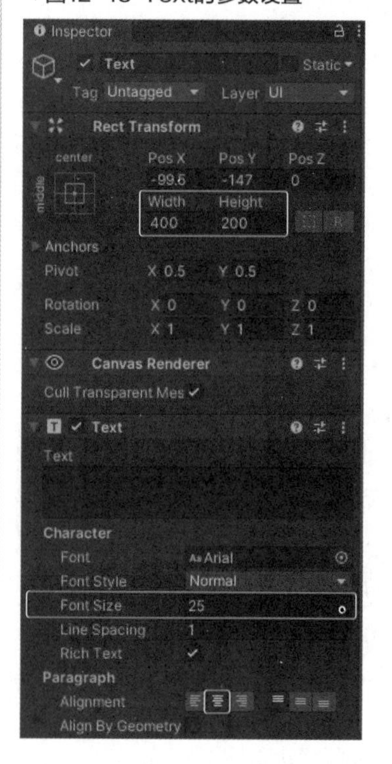

从Hierarchy面板中选择Text来显示Inspector面板，单击Add Component按钮，选择New Script选项，将Name指定为TextScript，单击Create and Add按钮。在Inspector面板中添加TextScript组件并双击，启动Visual Studio，编写代码如下页列表12-1所示。

▼列表12-1 TextScript.cs

```
using System.Collections;
using System.Collections.Generic;
using UnityEngine;
//为了使用uGUI，预先读入UnityEngine UI的命名空间
using UnityEngine.UI;
public class TextScript : MonoBehaviour
{
    //显示Text变量
    Text text;
    //Start()函数
    void Start()
    {
        //通过GetComponent访问Text组件，通过变量text进行参照
        text = GetComponent<Text>();
    }

    //在Button中显示Text内应用了HTML标签的文字
    public void InputText()
    {
        text.text = "Hello!" + " <color='red'>Unity 2019.1</color>";
    }
}
```

保存代码并返回Unity中，将Script和Button相关联。从Hierarchy面板中选择Button，单击OnClick()的“+”图标，在None(Object)栏中拖放Hierarchy面板的Text。可以选择No Function，然后选择TextScript→InputText()选项。单击Play按钮后，画面的显示效果如图12-19所示。

▼图12-19 HTML标签设置的“Hello! Unity 2021.1”的文字显示为红色

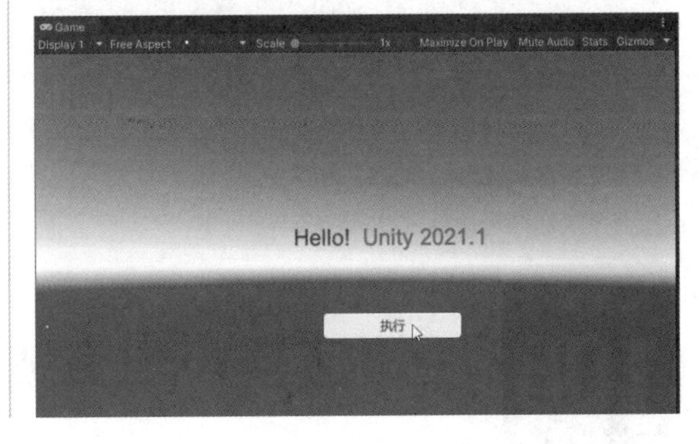

秘技 105

如何应用uGUI的Toggle控件

扫码看视频

对应 2019 2021

难易程度 ●

在Unity的uGUI中，Toggle开关控件拥有一个具备持久开/关状态的检查框。下面我们来实现在多个Toggle中，只对其中一个进行勾选的效果。

选择Hierarchy面板中的Create，右击，选择UI→Toggle命令，在场景中配置两个Toggle，如图12-20所示。这时执行Play，我们看到可以勾选一个或者两个都勾选，存在着各种勾选方式的变化，如图12-21所示。

▼图12-20 配置的两个Toggle按钮

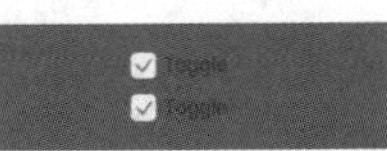

▼图12-21 勾选的方式有各种各样的变化

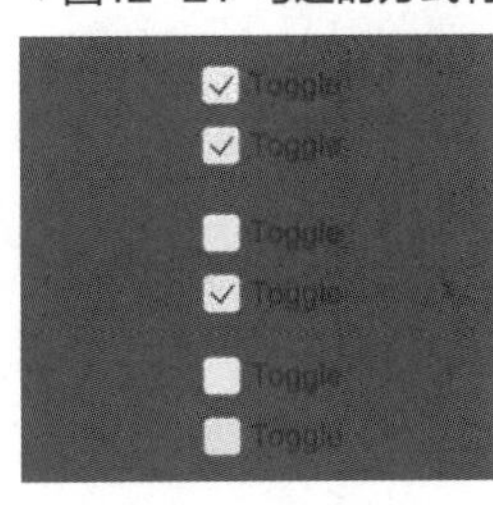

我们要实现上面Toggle勾选时，如果下面Toggle勾选，上面Toggle的勾选就会被取消的效果。

首先，从Hierarchy面板中选择Toggle来显示Inspector面板。单击Add Component按钮，选择UI→Toggle Group选项，将Toggle Group添加到Inspector面板内，如图12-22所示。同样的步骤在Toggle（1）中也添加Toggle Group。接着，从Hierarchy面板中将Toggle拉到Inspector面板Group右侧的属性框，将Group指定为Toggle，如图12-23所示。

▼图12-22 增加了Toggle Group

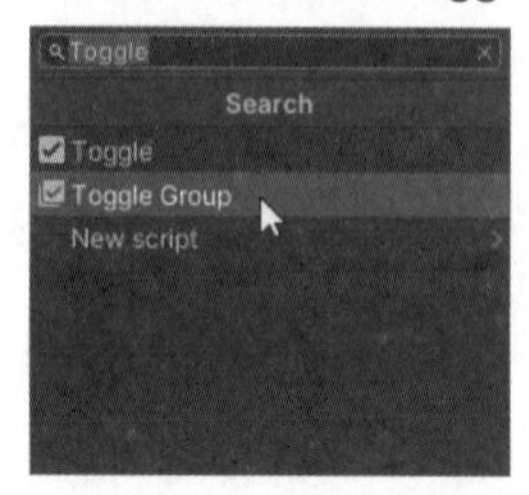

▼图12-23 在Group中指定Toggle

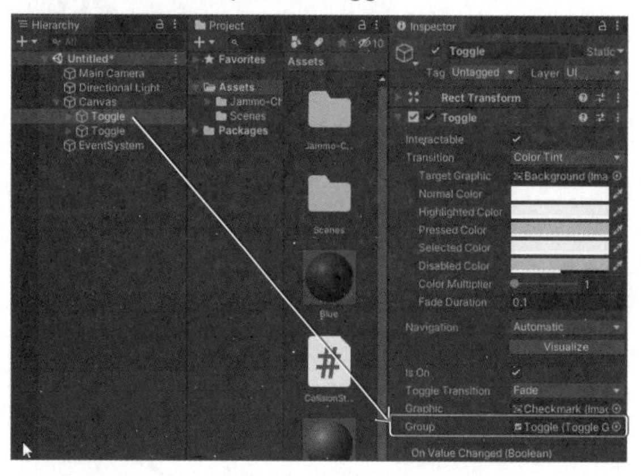

用同样的方法，选择Toggle（1），在Group右侧的属性框中选择与Toggle相同的Toggle。务必指定两个相同的Toggle Group名字，这样才能实现只能对其中一方进行勾选，如图12-24所示。如果对两个Toggle的Toggle Group（Script）中的Allow Switch Off复选框都进行勾选，可以设定为不勾选任何一个，如图12-25、图12-26所示。

▼图12-24 只能对一方进行勾选

▼图12-25 勾选两个Toggle的Toggle Group（Script）中的Allow Switch Off复选框

▼图12-26 任何一方都未勾选的状态

秘技 106

如何应用uGUI的Slider组件

Slider是Unity的一个拖动组件，是常见的uGUI组件，能够控制一个范围值的变化。在Slider中，可以修改对象的大小，也可以将小、中、大和Slider分开，使Cube的Scale发生变化。

选择Hierarchy面板的Create，右击，选择UI→Slider命令。创建3个Text对象，作为Slider的项目名。从Hierarchy面板中选择Slider，显示Inspector面板，将Slider（Script）的Min Value指定为1，将Max Value指定为3，勾选Whole Numbers复选框，如图12-27所示。设置根据Slider值的变化，让控制台显示风雨的强度。此时Hierarchy面板内的结构，如下页图12-28所示。

▼图12-27 设置了Slider的Inspector面板

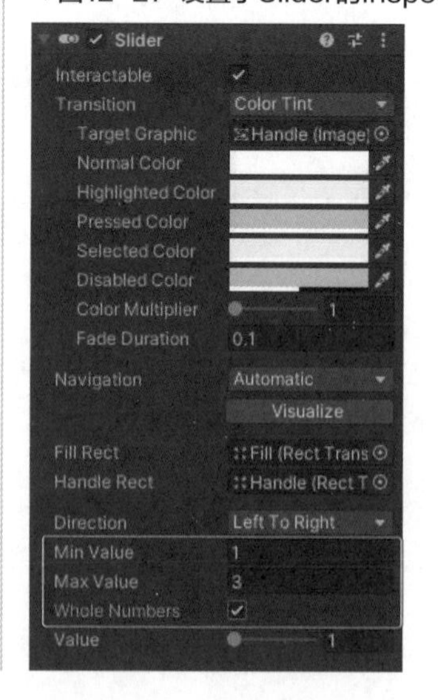

▼图12-28 Hierarchy面板的结构

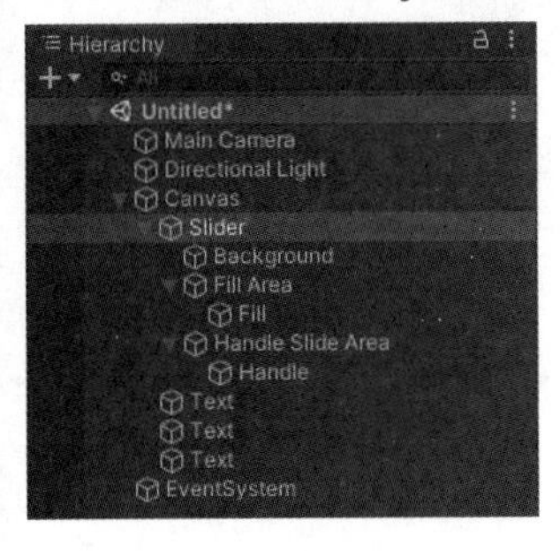

此时的场景显示效果，如图12-29所示。可以看到包含弱、中、强项目的Text，在Font Style中指定Bold为粗体。

▼图12-29 Slider的画面

从Hierarchy面板中选择Slider来显示Inspector面板，选择Add Component→New Script选项，将Name指定为ChangeSliderScript，单击Create and Add按钮。双击ChangeSliderScript组件，启动Visual Studio，编写代码如列表12-2所示。

▼列表12-2 ChangeSliderScript.cs

```
using System.Collections;
using System.Collections.Generic;
using UnityEngine;
using UnityEngine.UI;
public class ChangeSliderScript : MonoBehaviour
{
    //声明Slider类型变量slider
    Slider slider;
    //声明flat类型变量sliderValue
    float sliderValue;
    //Start()函数
    void Start()
    {
        //通过GetComponent访问Slider组件，以变量slider参照
        slider = GetComponent<Slider>();
        //将slider的值初始化为1
        slider.value = 1;
        //将1代入到变量sliderValue
        sliderValue = slider.value;
    }

    //Update()函数
    void Update()
    {
        //此处根据Slider的值进行条件分支，将结果输出到控制台
        if (slider.value != sliderValue)
        {
            sliderValue = slider.value;
        }

        if (slider.value == 1)
        {
            Debug.Log“较弱风雨。"；
        }
        else if (slider.value == 2)
        {
            Debug.Log(“中度风雨”)；
        }
        else if (slider.value == 3)
        {
            Debug.Log“强劲风雨。发出了警戒警报。")；
        }
    }
}
```

保存代码并返回Unity中，执行Play。可以看到根据Slider值的变化，控制台上显示的内容会发生变化，如图12-30所示。我们可以通过选择不同的Direction来改变Slider的显示方式，如图12-31所示。

▼图12-30 Slider的值的变化会改变控制台上显示的内容

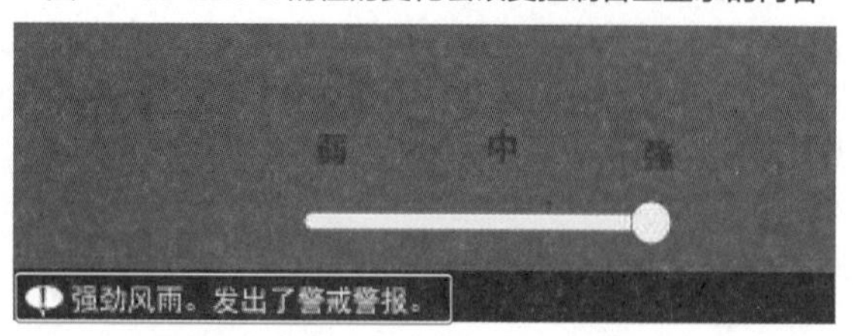

▼图12-31 可以通过Direction改变Slider的显示方式

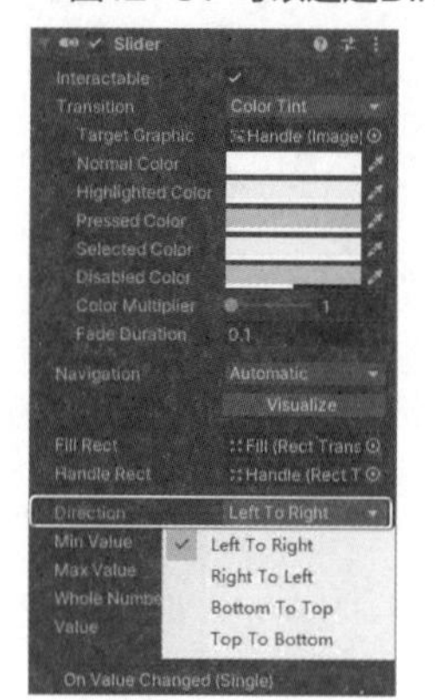

秘技 107

如何应用uGUI的Scrollbar控件

扫码看视频

对应 2019 2021

难易程度 ●●

Scrollbar（滚动条）控件主要用于拖动以改变目标比例，单独使用时不起任何作用，结合Panel和Text，通过上下移动Scrollbar的bar，Text的内容会上下滚动显示。

在Hierarchy面板中执行Create→UI→Panel命令，将Panel的子元素放置到Text中。选择Panel，显示Inspector面板，在Anchor Presets中选择Center，将Width指定为200，将Height指定为100，如图12-32所示。

▼图12-32 对Panel的参数进行设置

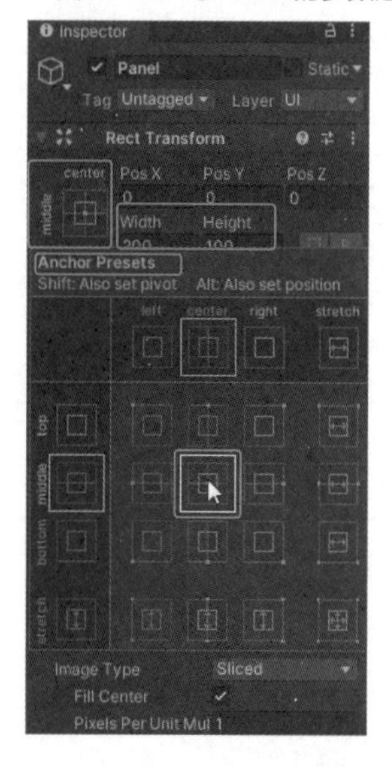

从Hierarchy面板中选择Text，在Inspector面板的Anchor Presets中选择Stretch，对相关参数进行设置。将Pivot的X指定为0，将Y指定为1。在Text（Script）文本框中输入所需的内容，如图12-33所示。在Game视图中的内容可能会超出显示范围，如图12-34所示。

▼图12-33 显示了Text的Inspector

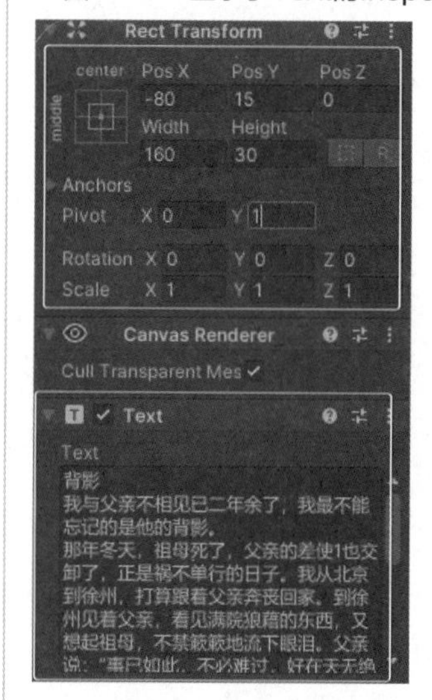

▼图12-34 内容超出显示范围

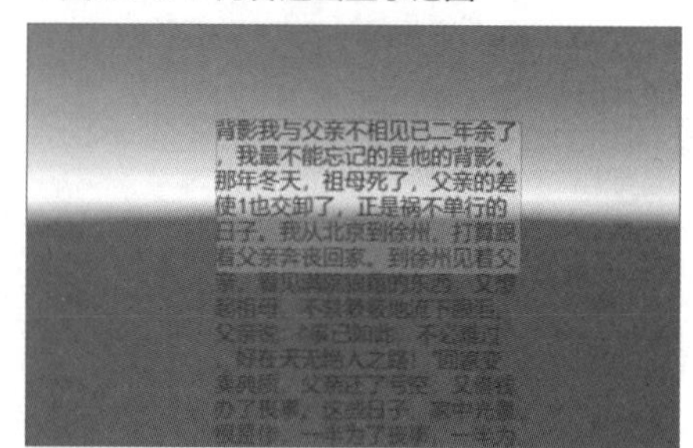

如果选择的是通过原始字符添加到列表中，则没能输入的文字都会显示出来，像图12-35那样横向超出显示。要想像图12-34那样显示，就必须在图12-33的Bottom中直接指定数值，不使用Content Size Fitter。

为了不让显示超出字符，可以从Hierarchy面板中选择Panel，在Inspector面板中选择Add Component→UI→Mask选项，效果如图12-36所示。

▼图12-35 显示超出字符

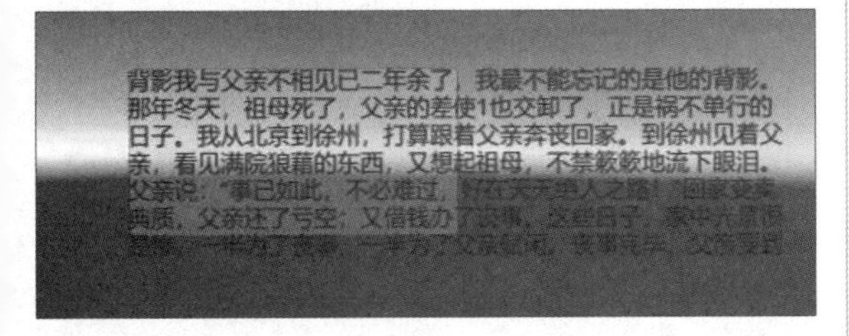

▼图12-36 指定Mask，没有显示超出字符

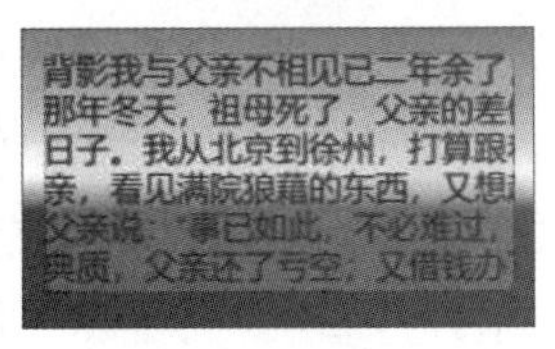

接下来，从Hierarchy面板中选择Panel选项，在Inspector面板中选择Add Component→UI→Scroll Rect组件。在Hierarchy面板中将Text拖入Inspector面板中Content右侧的属性框，如图12-37所示。

▼图12-37 在Content中指定Text

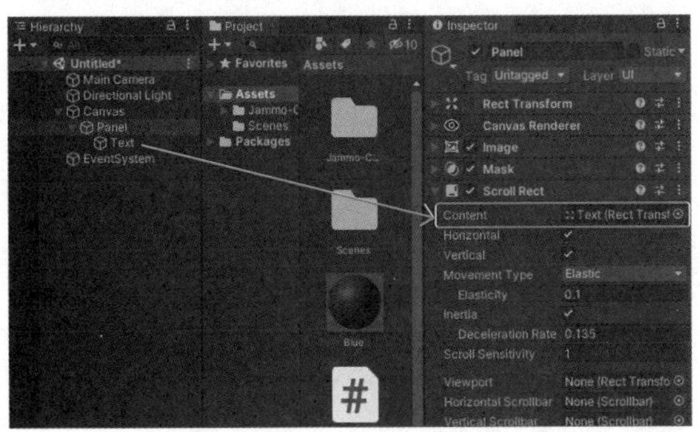

取消Horizontal复选框的勾选。下面我们来添加Scrollbar控件。在Hierarchy面板中执行Create→UI→Scrollbar命令。在Inspector面板中设置Direction为BottomTop，做成纵向的滚动条。使用移动工具（Move Tool）移动纵向的Scrollbar，并放置在Panel的右侧，如图12-38所示。

▼图12-38 将纵向的Scrollbar放在Panel旁边

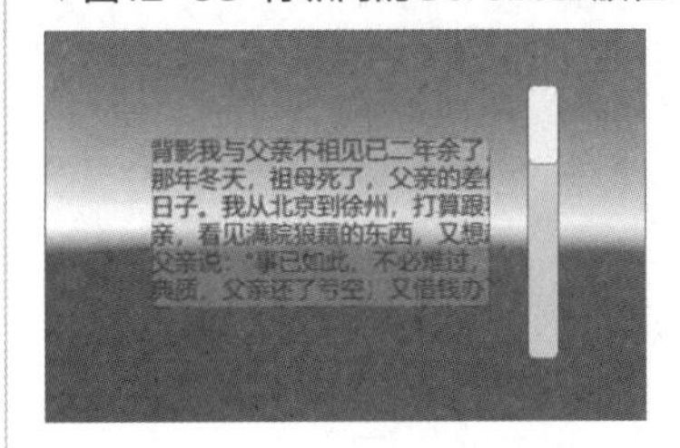

从Hierarchy面板中选择Scrollbar，将Scrollbar拖入Inspector面板中Vertical Scrollbar右侧的属性框。这样Text和Scrollbar就被关联起来了，如图12-39所示。

▼图12-39 在Vertical Scrollbar中指定Scrollbar

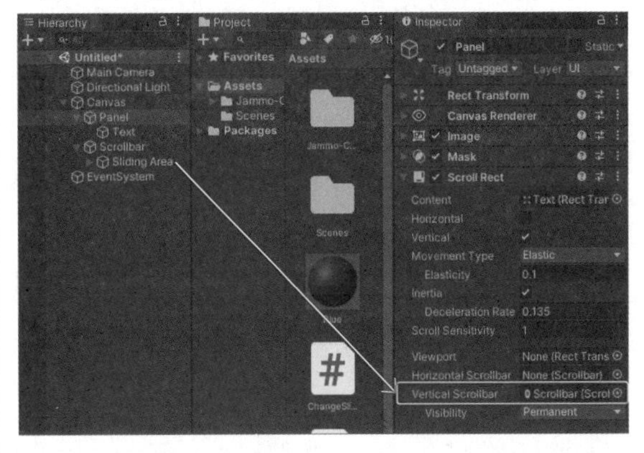

执行Play后，通过上下移动Scrollbar，Panel的Text内容也会上下移动，如图12-40所示。此时Hierarchy面板的结构如图12-41所示。

▼图12-40 Scrollbar上下移动时Text也上下移动

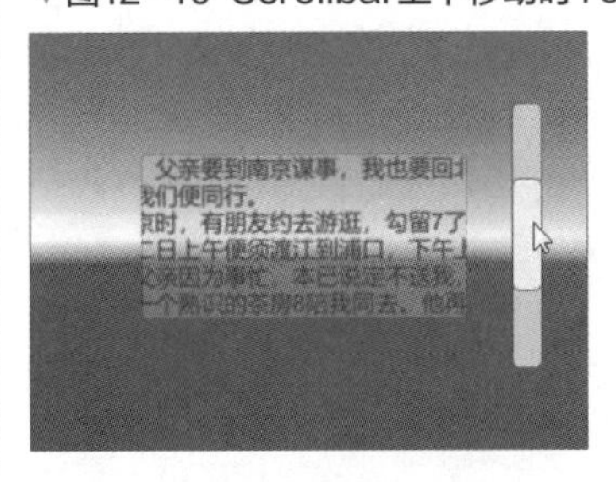

▼图12-41 Hierarchy面板的结构

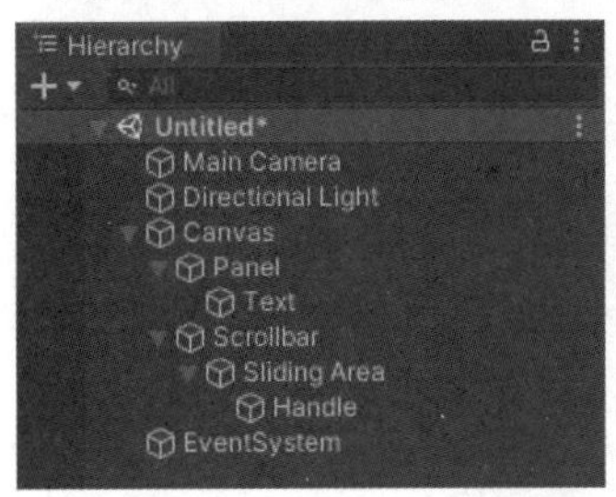

秘技 108

如何应用uGUI的Dropdown组件

扫码看视频

对应 2019 2021

难易程度 ●

使用Dropdown组件，我们可以在Unity中创建一个下拉菜单。我们也可以在Dropdown中注册图像名，在Image上显示所选择的图像。这种情况下需要编写Script，大家可以尝试一下。

选择Hierarchy面板中的Create→UI→Dropdown命令，效果如图12-42所示。

▼图12-42 配置了Dropdown

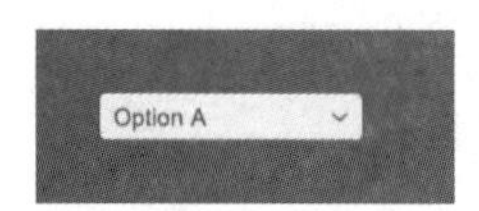

接下来，我们从Hierarchy面板中选择Dropdown，显示Inspector面板。在Options区域可以看到默认设置的3个Option选项，如图12-43所示。执行Play，Option A下拉列表中会显示Option A、Option B和Option C 3个选项，如图12-44所示。

▼图12-43 在Options中设定3个选项

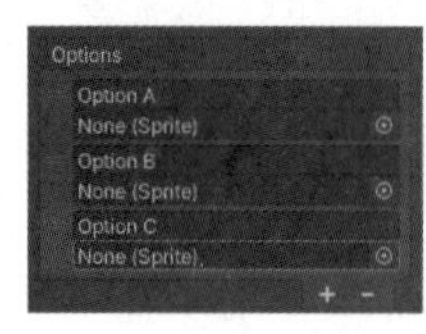

▼图12-44 执行Play，Option A应该会显示3个下拉列表选项

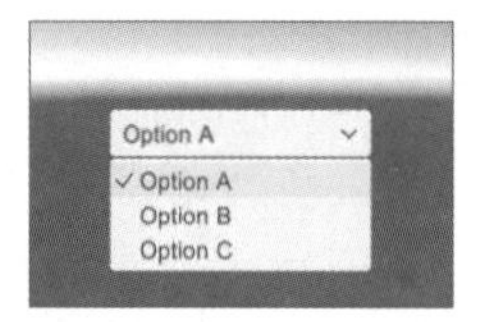

我们可以设置选择Dropdown组件创建的下拉列表中选择选项的效果，比如添加相应的标记或将标记更改为图像。在Hierarchy面板中展开Dropdown，选择Item Checkmark，如图12-45所示。在显示的Inspector面板中，设置Image（Script）的Source Image属性，在此指定以前导入的“瓢虫”图像作为Image，如图12-46所示。

▼图12-45 选择Item Checkmark

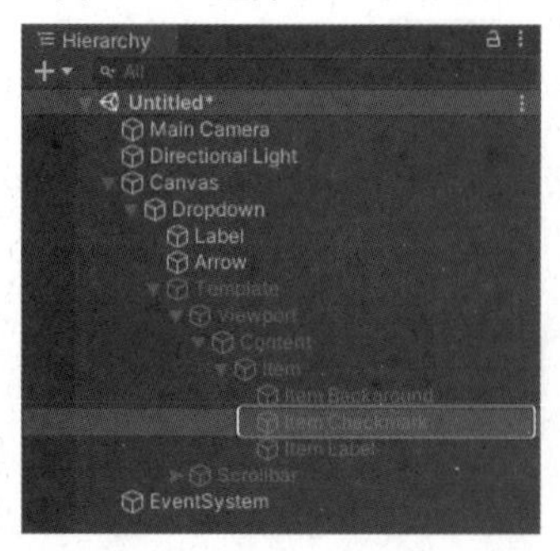

▼图12-46 在Source Image中指定了“瓢虫”图像

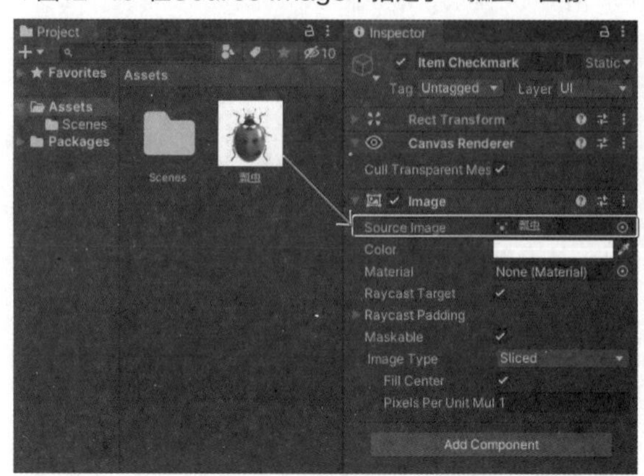

执行Play后，选择下拉列表中某个选项时，开头会显示“瓢虫”图标，如图12-47所示。当前只显示从Option A到Option C 3个选项，我们可以单击图12-43右下角的“+”图标添加更多选项，这里添加到Option E，如图12-48所示。

▼图12-47 选择的项目开头显示了“瓢虫”

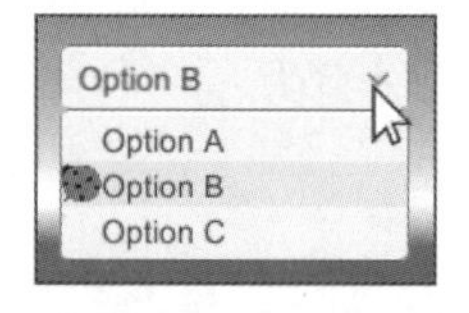

▼图12-48 添加了Dropdown的项目

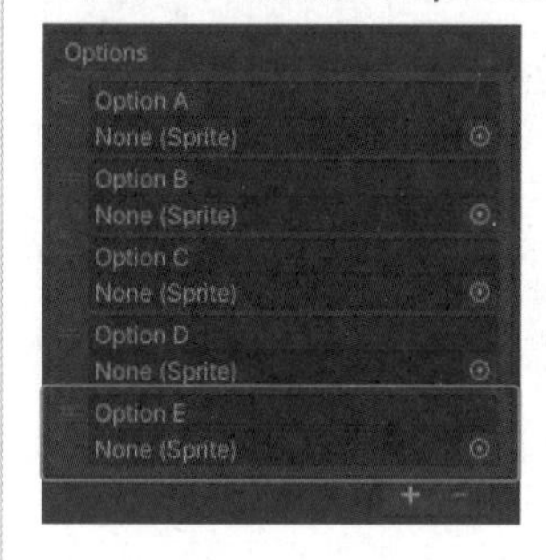

执行Play，查看显示效果，如图12-49所示。

▼图12-49 显示到Option E

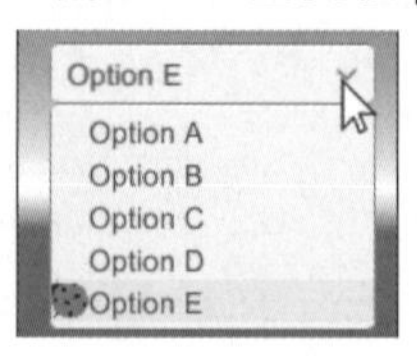

秘技 109

如何应用uGUI的Input Field控件

扫码看视频

对应 2019 2021

难易程度 ●●

Input Field是uGUI中的文本输入控件，经常和脚本组合使用。下面将实现Input Field与Text和Button相关联，将输入的内容显示在Text上。在Hierarchy面板中选择Create，执行UI→Input Field命令。同样，选择Button和Text进行设置，然后设置Button的Width和Height值。关于Button的Text，这里显示的是OK，用户也可以设置为“执行”或其他内容，布局效果如图12-50所示。

在Canvas的Canvas Screen Model（Script）的UI Scale中指定Screen Size，从Hierarchy中选择Input Field来显示Inspector。将Line Type指定为Multi Line NewLine，来启用换行符，如图12-51所示。

▼图12-50 配置了Input Field、Button和Text

▼图12-51 在Line Type中选择Multi Line NewLine

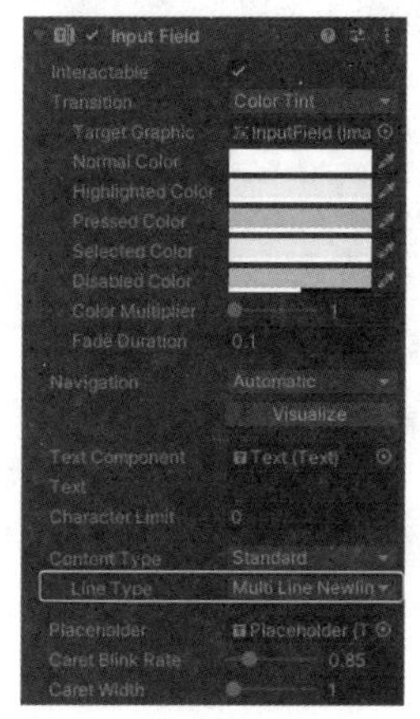

在Input Field中输入文字，单击OK按钮后，在Text中显示该文字的Script。接下来，从Hierarchy面板中选择Cube（1），单击Add Component按钮，选择New Script选项，将Name指定为InputFieldScript，单击Create and Add按钮。在Inspector面板中添加InputFieldScript组件并双击，启动Visual Studio，编写代码如列表12-3所示。

▼列表12-3 InputFieldScript.cs

```
using System.Collections;
using System.Collections.Generic;
using UnityEngine;
using UnityEngine.UI;
public class InputFieldScript : MonoBehaviour
{
    //声明字符串变量mytext
    string mytext;
    //用public声明InputFile类型变量inputField变量
    public InputField inputField;
    //用public声明Text类型变量text
    public Text text;
    //声明Gameobject类型变量obj

    //Start()函数
    void Start()
    {
        //在GetComponent中访问InputFiled组件，通过变量inputField进行参照
        inputField = inputField.GetComponent<InputField>();
        //通过GetComponent访问Text组件，通过变量text进行参照
        text = text.GetComponent<Text>();
    }

    //单击OK按钮时的处理
```

```
    public void DisplayText()
    {
        //将输入到变量mytext中的值保存到InputFiled中
        mytext = inputField.text;
        //在Text中显示输入到InputFiled的值
        text.text = mytext;
        inputField.text = "";
    }
}
```

编写代码并保存后，在Inspector中设置了用public声明的InputFiled和Text变量，从Hierarchy面板拖放相应的对象，将Script和Button相关联。

从Hierarchy中选择Button，显示Inspector面板，从Hierarchy面板中拖放InputField 到On Click()选项区域的None(Object)中。No Function可以使用，选择InputFiledScript→Display Text选项。执行Play后，输入到Input Filed的文本通过单击OK按钮，显示在Text上，如图12-52所示。

▼图12-52 输入到InputField的内容显示在Text上

秘技

110 如何应用uGUI的Panel组件

Panel是uGUI的容器组件，用户可以在其中放置其他的UI元素。选择Hierarchy面板中的Create并右击，选择UI→Panel命令，可以看到Panel的子要素。用同样的方法，可以再创建Input Field、Button、Text并设置合适的大小，Game视图会像图12-53那样模糊显示，这是因为Panel覆盖了整个视图。缩小场景后，会显示Canvas下配置的Panel，如图12-54所示。

▼图12-53 Panel覆盖整个场景，Game视图模糊

▼图12-54 在场景中显示Panel

从Hierarchy面板中选择Panel来显示Inspector面板，选择Anchor Presets为Center，再将Width指定为300，将Height指定为250，如下页图12-55所示。Panel在Game视图中的显示效果如下页图12-56所示。

▼图12-55 设置Panel的位置和大小

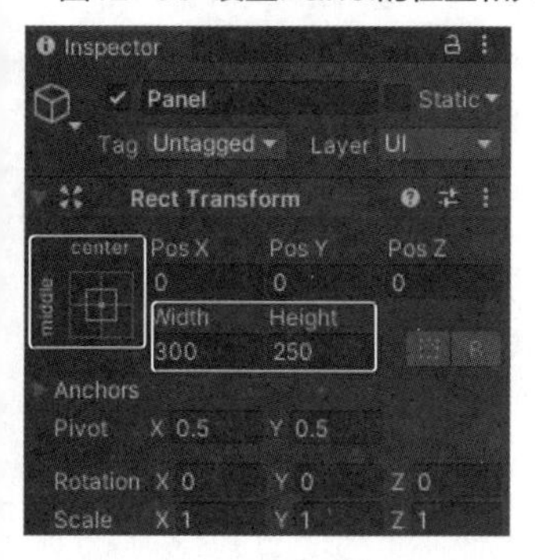

▼图12-56 Panel在Game视图中的显示

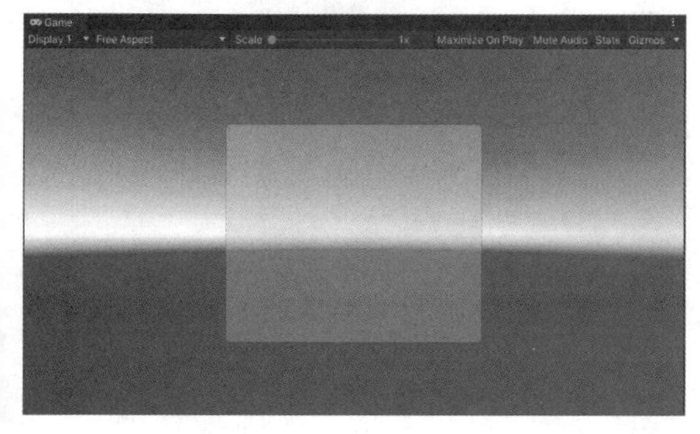

要设置Panel的颜色，则在Inspector面板中单击Color属性右侧的色块，显示Color面板，选择蓝色。然后按照最上面是Text，接着是Button，最后是Input Field的布局来配置Panel的子要素，并分别设置它们的显示效果，如图12-57所示。Hierarchy面板中的结构，如图12-58所示。

▼图12-57 Panel中各子要素的布局

▼图12-58 Hierarchy面板的结构

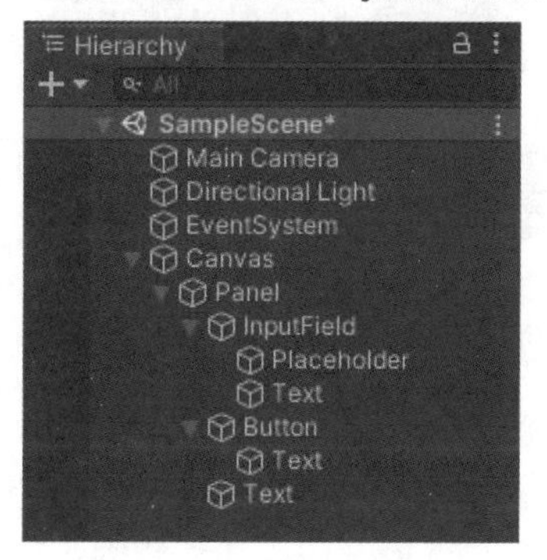

秘技111 如何应用uGUI的Scroll View组件

扫码看视频

对应 2019 2021

难易程度 ●●

Scroll View是uGUI中用于制作水平和垂直滚动条的组件，经常和脚本组合使用。下面我们将实现在Text上使用垂直滚动条显示文本的效果

选择Hierarchy面板的Create并右击，执行UI→Scroll View命令。选择添加到Hierarchy面板中的Scroll View来显示Inspector面板。选择Anchor Presets为Center，将Width指定为300，将Height指定为200。展开Hierarchy面板的Scroll View，其结构如图12-59所示。选择Scroll View，取消Inspector面板中Scroll Rect（Script）选项区域Horizontal复选框的勾选，禁用水平滚动条。设置Horizontal Scrollbar为None，如下页图12-60所示。

▼图12-59 Scroll View的结构

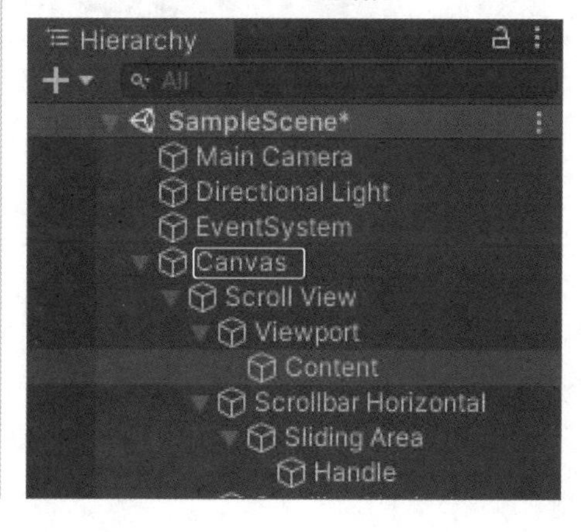

▼图12-60 Inspector面板中Scroll View的设置

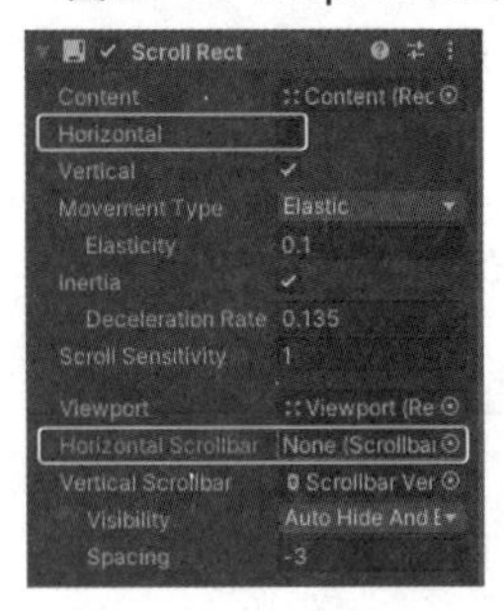

在图12-59中选择Content，在Inspector面板中选择Add Component→Text选项，在Text文本框中输入所需的文本。将Font Size指定为20，将Line Spacing指定为1.5，将Color指定为黑色，如图12-61所示。输入人名和书籍名后，请务必输入一个空白行。如果没有空白行，则无法显示最后添加的项目名称，请注意。

▼图12-61 添加的内容

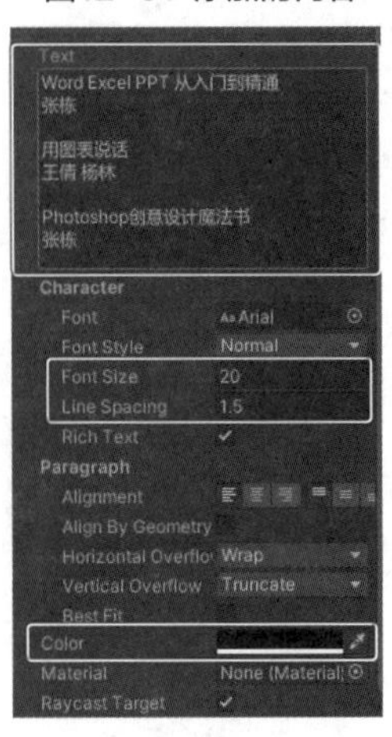

接下来，在Inspector面板中选择Add Component→Content Size Fitter选项。设置Vertical Fit为Preferred Size，如图12-62所示。

▼图12-62 将Vertical Fit指定为Preferred Size

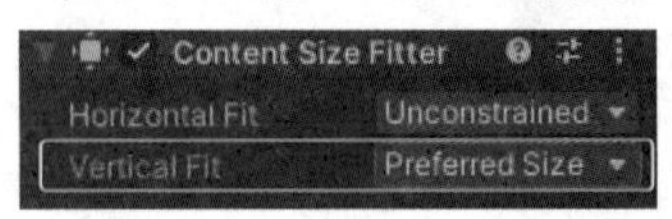

执行Play，可以通过垂直滚动条滚动查看信息，如图12-63所示。

▼图12-63 通过垂直滚动条查看

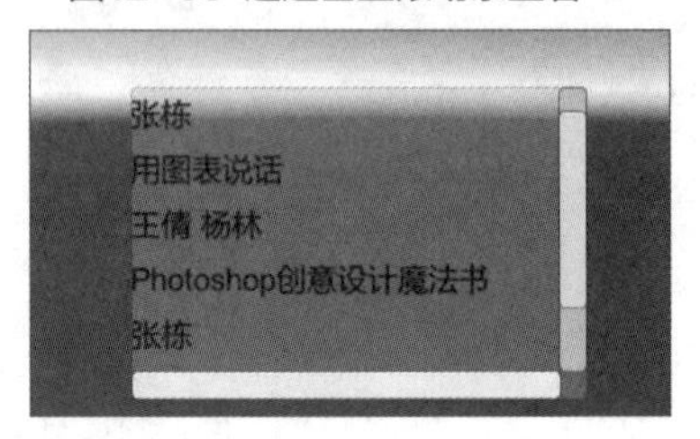

专栏 **Asset Store中有趣的角色介绍（5）**

Terrain（地形）是Unity提供的用于绘制地形的游戏对象，我们可以从Asset Store中下载花草模型包Grass Flowers Pack Free，其下载界面如下图1所示。

▼图1 Grass Flowers Pack Free的下载界面

Grass Flowers Pack Free资源包中预制花草模型的应用效果，如下图2所示。

▼图2 各种花草随风摇曳

音频处理秘技

秘技 112

如何从Asset Store中下载Audio文件

Asset Store中有非常多收费或免费的音频资源。进入Asset Store后，如果在搜索栏输入FREE，就会显示所有免费音频资源列表，如图13-1所示。

▼图13-1 Asset Store中免费的音频资源

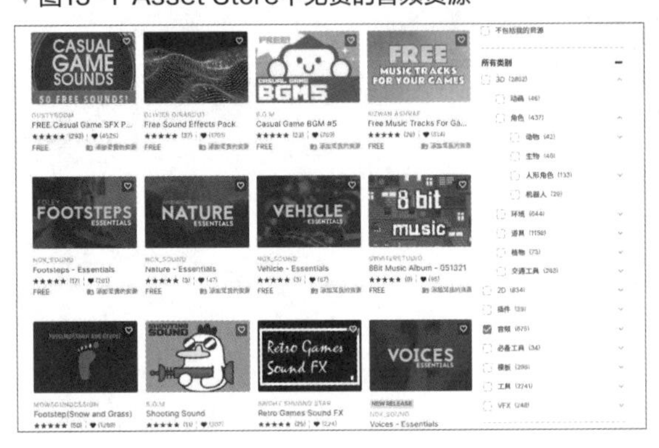

笔者在搜索栏中输入Casual Game SFX Pack后，会显示相应的资源文件，如图13-2所示。

▼图13-2 Asset Store中的Casual Game SFX Pack资源

下载并导入Casual Game SFX Pack资源文件后，在Project面板的Assets文件夹下，可以看见创建的名为CasualGameSounds的文件夹，在其子文件夹中有音频文件和扩展名为“.ogg”的文件，如图13-3所示。

▼图13-3 含有的音频文件

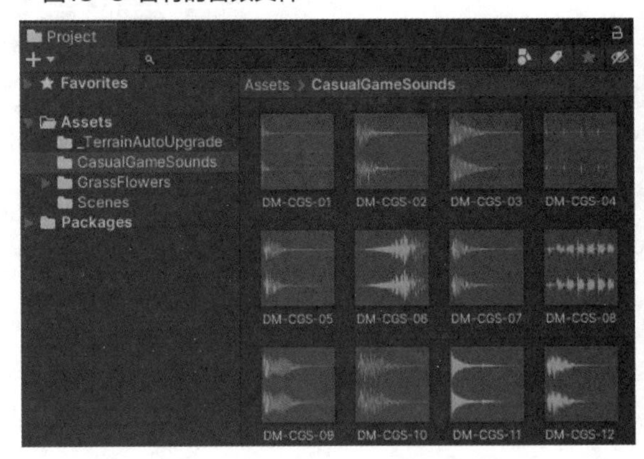

在具体的项目中，用户可以根据需要使用这些音频文件。

从Asset Store下载音频文件后，通常情况下如果双击文件，Windows Media Player会启动并播放音频文件，但Windows Media Player一般不支持扩展名为.ogg的文件播放。Unity支持的音频文件扩展名包括：“.mp3”“.ogg”“.aiff/”“.aif”“.mod”“.it”“.s3m”“.xm”等。

除上述文件格式外，也可以使用“.wav”和“.mp4”文件。这些文件一般不直接使用，而是作为AudioClip的属性导入Unity中。

笔者在Asseet Store上一般下载“.ogg”格式的文件比较多。

秘技 113 如何播放Audio音频文件

扫码看视频

对应 2019 2021

难易程度 ●

扩展名为“.ogg”的音频文件虽然不支持使用Windows Media Player播放，但我们可以在Unity中播放。从Asset Store下载包含“.ogg”格式的音频文件后，选择Unity菜单的GameObject→Create Empty选项，新建一个空的游戏对象。在Hierarchy面板选择新建的Create Empty，显示Inspector面板，然后选择Add Component→Audio→Audio Source选项，在Inspector面板内添加Audio Source组件。在Audio Source选项区域，将想要播放的“.ogg”格式文件拖放到AudioClip右侧的属性框。需要循环播放时，请勾选Loop复选框，如图13-4所示。

这样就可以播放音频文件了。因为勾选了Loop复选框，可以听到Unity中循环播放的音频。在音频播放过程中，我们可以直接将其他想播放的音频文件拖入AudioClip右侧的属性框，则Unity会播放该音频文件。

▼图13-4 在Audio Source的AudioClip中指定“.ogg”文件

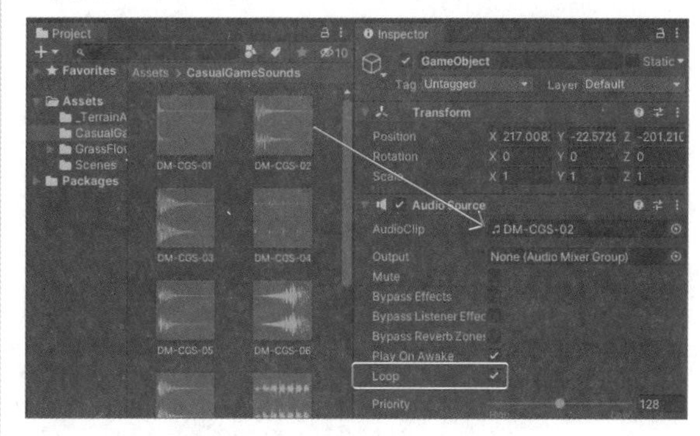

秘技 114 如何给游戏对象设置声音

扫码看视频

对应 2019 2021

难易程度 ● ●

我们可以为游戏对象设置声音效果。首先创建空的GameObject，选择Add Component→Audio→Audio Source选项，可以在Inspector面板内添加Audio Source组件。下面以图13-5的游戏对象为例，试着为其设置声音。

▼图13-5 设置声音的游戏对象

Hierarchy面板的结构，如图13-6所示。要为图13-6中的Main Camera设置声音，则选择Main Camera并显示Inspector面板，选择Add Component→Audio→Audio Source选项，如图13-7所示。

▼图13-6 Hierarchy面板的结构

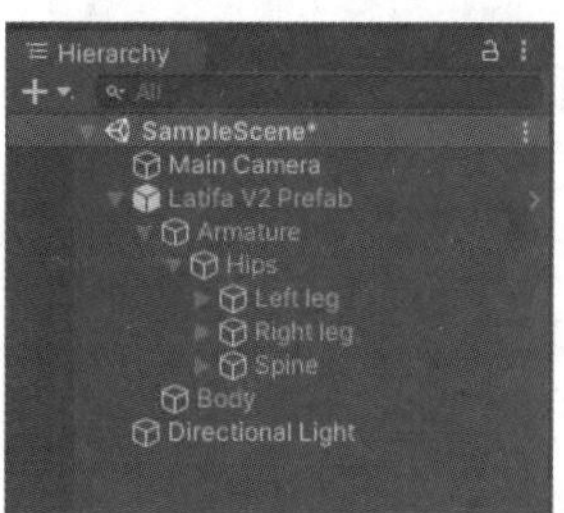

▼图13-7 选择Audio→Audio Source选项

此时，可以看到在Inspector面板中，已经为Main Camera添加了Audio Source组件，将想要播放的“.ogg”格式文件拖放到AudioClip右侧的属性框，如图13-8所示。根据实际需要确认是否勾选Loop复选框来循环播放音频。

设置完成后执行Play，可以看到当游戏对象做动作时，会播放设置的音频。

▼图13-8 在Audio Source的AudioClipp中指定.ogg文件

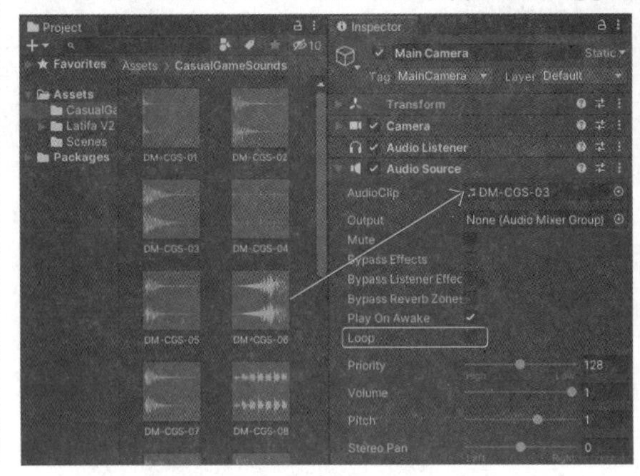

秘技115 如何使用本地保存的音频文件

我们可以为场景中的对象应用保存在本地计算机中的“.wav”格式的音频文件。首先，在Project面板的Assets文件夹中创建WAV文件夹，单击鼠标右键，选择Import New Asset命令，导入本地保存的“.wav”文件，如图13-9所示。为了增强要播放的“.wav”文件的效果，在Project面板中执行UI→Image命令，导入一张图像，如图13-10所示。

从Hierarchy面板中选择Main Camera，显示Inspector面板。选择Add Component→Audio→Audio Source选项，在Inspector面板内添加Audio Source组件。

将想要播放的“.wav”格式文件拖放到AudioClip右侧的属性框，如图13-11所示。为了反复播放声音，请勾选Loop复选框。

▼图13-9 导入“.wav”格式的音频文件

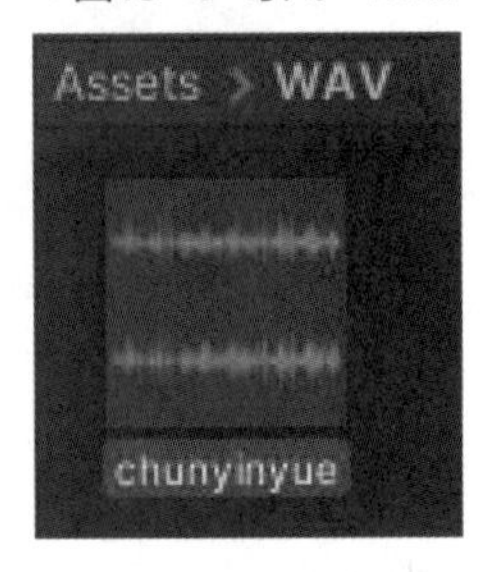

▼图13-10 将图像导入场景中

▼图13-11 将想要播放的“.wav”格式文件拖放到Main Camera的AudioClip右侧属性框

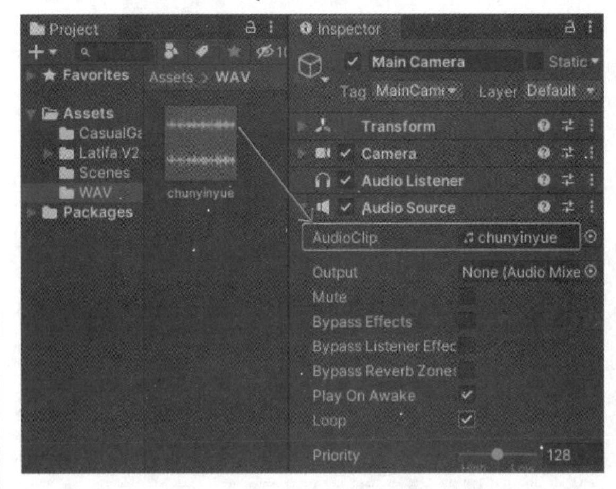

执行Play，即可播放“.wav”格式的音频文件。

秘技116 如何使用脚本实现音频的切换

扫码看视频

对应 2019 2021

难易程度 ●

使用脚本文件结合AudioClip组件的方式，可以非常简单地实现音频文件的切换。当声明AudioClip组件作为public变量时，会显示为Inspector面板中相应的属性框，在属性框中指定音频文件即可。

在场景中导入秘技115中图13-10的图像，接下来配置3个Button，实现Script切换音频文件。在Hierarchy面板中执行Create→UI命令来添加Button。使用Duplicate命令复制两个Button，这3个Button的名称分别为Button、Button（1）、Button（2）。选择Canvas来显示Inspector面板，在Canvas Scaller组件选项区域中指定UI Scale Mode为Scale Width Screen Size。

用户可以展开Button来显示Text，分别设置3个Text，设置Font Style为Bold。将3个按钮移动到合适的位置，如图13-12所示。此时Hierarchy面板的结构如图13-13所示。

▼图13-12 配置了3个按钮

▼图13-13 Hierarchy面板的结构

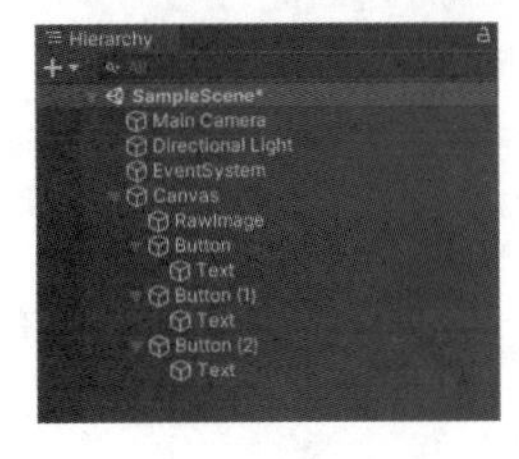

接着，从Hierarchy面板中选择Main Camera，显示Inspector面板。选择Add Component→Audio→Audio Source选项，在Inspector面板内添加Audio Source组件，勾选Loop复选框。选择Add Component→New Script选项，在Name文本框中输入ChangeAudioScript，单击Create and Add按钮。

在Inspector面板中显示创建好的ChangeAudioScript脚本，双击该脚本，启动Visual Studio进行代码的编写，代码如列表13-1所示。

▼列表13-1 ChangeAudioScript.cs

```
using System.Collections;
using System.Collections.Generic;
using UnityEngine;

public class ChangeAudioScript : MonoBehaviour
{
    //声明public的排列clips
    public AudioClip[] clips;
    //声明AudioSource类型变量
    AudioSource audios;

    //Start()函数
    private void Start()
    {
        //在GetComponent中访问AudioSource组件
        //参照变量audios
        audios = GetComponent<AudioSource>();
    }

    //单击Button1时
    public void Button1Click()
    {
        //播放数组变量clip索引的Audio文件
        audios.clip = clips[0];
        audios.Play();
    }

    //单击Button2时
    public void Button2Click()
    {
        //播放数组变量clip索引为1的Audio文件
        audios.clip = clips[1];
        audios.Play();
    }

    //单击Button3时
    public void Button3Click()
    {
        //播放数组变量clip的索引为2的Audio文件
        audios.clip = clips[2];
        audios.Play();
    }
}
```

保存代码并返回Unity中，从Hierarchy面板中选择Main Camera，显示Inspector面板后，在ChangeAudioScript组件中显示了public声明的Clips。展开

Clips，设置Size的值为3，分别将“.ogg”音频文件拖入Element 0到Element 2右侧的属性框，如图13-14所示。

接下来将Script和Button关联起来。从Hierarchy面板中选择Button来显示Inspector面板。单击On Click()的“+”图标，将Main Camera拖放到None（Object）属性框，选择No Function→ChangeAudio-Script→Click()。相同的步骤，在Button（2）中指定Button2Click()，在Button3中指定Button（3）Click()。

执行Play，即可实现单击按钮来切换音乐的效果。

▼图13-14 Clips属性中指定了“.ogg”格式的音频文件

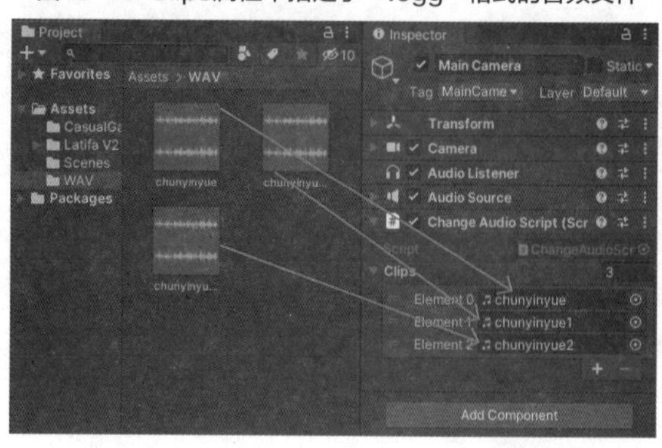

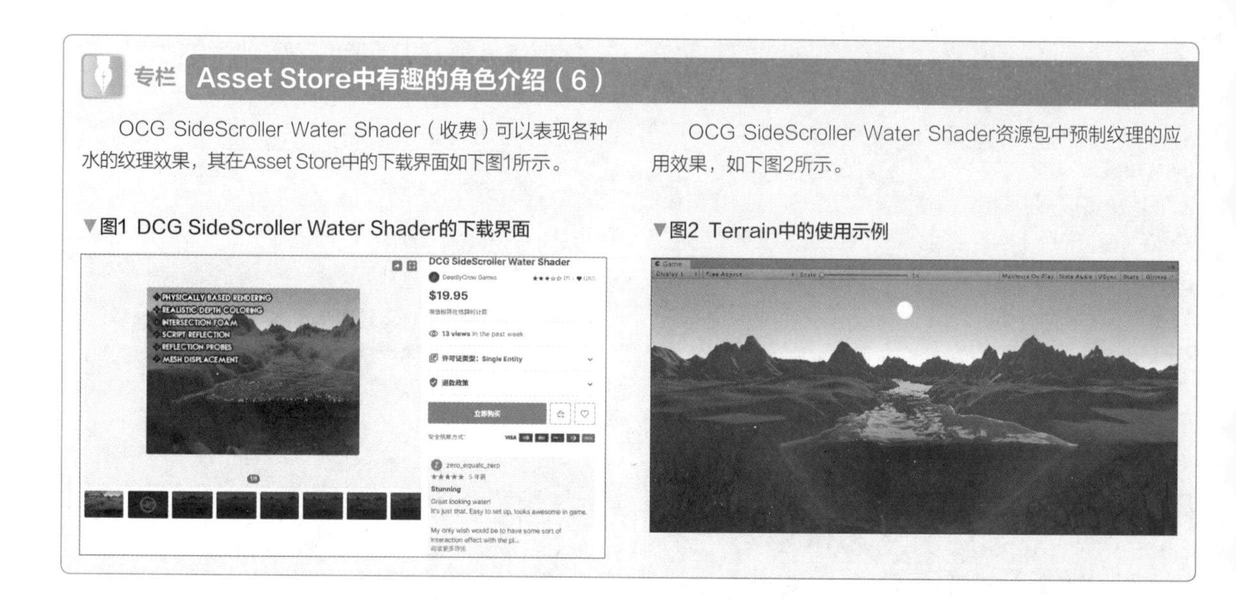

专栏 Asset Store中有趣的角色介绍（6）

OCG SideScroller Water Shader（收费）可以表现各种水的纹理效果，其在Asset Store中的下载界面如下图1所示。

▼图1 DCG SideScroller Water Shader的下载界面

OCG SideScroller Water Shader资源包中预制纹理的应用效果，如下图2所示。

▼图2 Terrain中的使用示例

Cloth组件应用秘技

Cloth是什么

扫码看视频

对应 2019 2021

难易程度

Cloth是Unity自带的布料物理系统，可以让平面像布一样移动，实现角色的头发和裙子等随风飘动的效果。首先，在场景中新建Plane，在Inspector面板中将Plane的Position X、Y、Z值都指定为0.5，使之缩小。再设置Rotation X的值为270，使Plane竖直显示，如图14-1所示。

▼图14-1 在场景中配置Plane，并设置其大小和方向

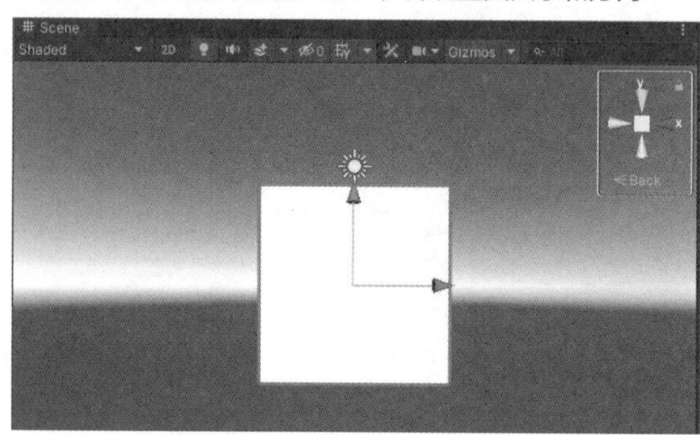

在Assets文件夹中创建名为yellow的Material，应用于Plane。接着从Hierarchy面板中选择Plane，显示Inspector面板，勾选Mesh Collider下的Convex和Is Trigger复选框，如图14-2所示。

▼图14-2 勾选了Mesh Collider的Convex和Is Trigger复选框

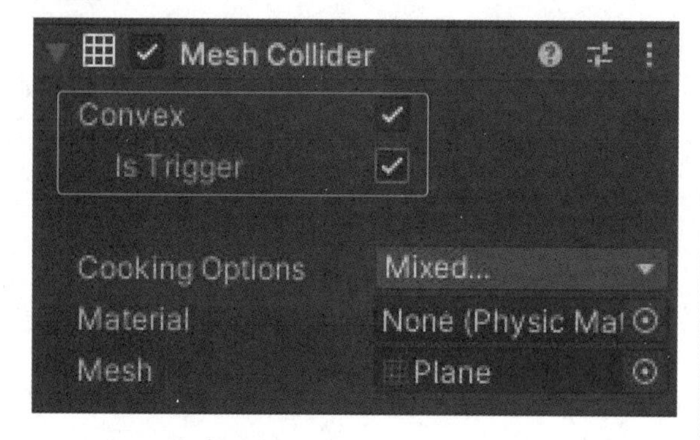

在Plane的Inspector面板中添加Add Component→Cloth组件，同时添加Skinned Mesh Renderer组件，如图14-3所示。

▼图14-3 添加Cloth和Skinned Mesh Renderer组件

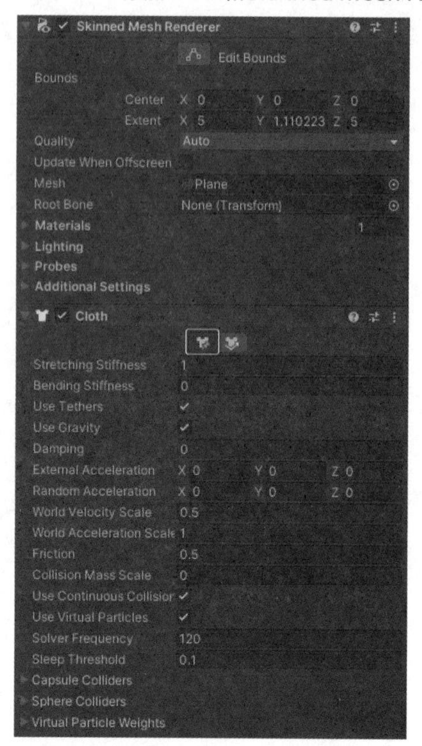

接下来，单击图14-3蓝色框中的图标，显示Cloth Constraints编辑器，单击Select，以矩形框选的方式选择图14-4中Plane上部的黑点作为固定点，然后勾选Max Distance复选框，如图14-5所示。

▼图14-4 选择固定的上部

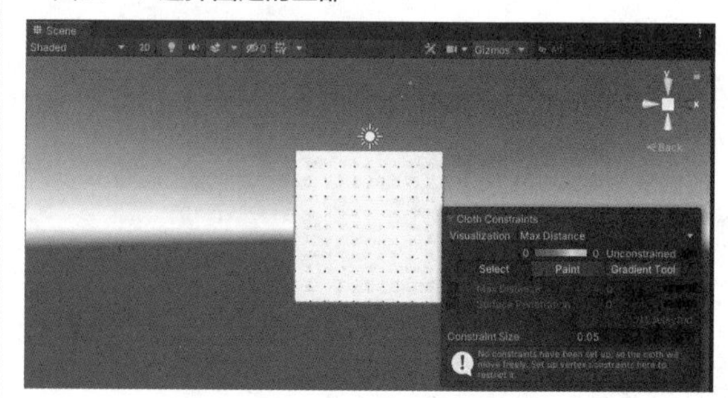

▼图14-5 勾选Max Distance复选框

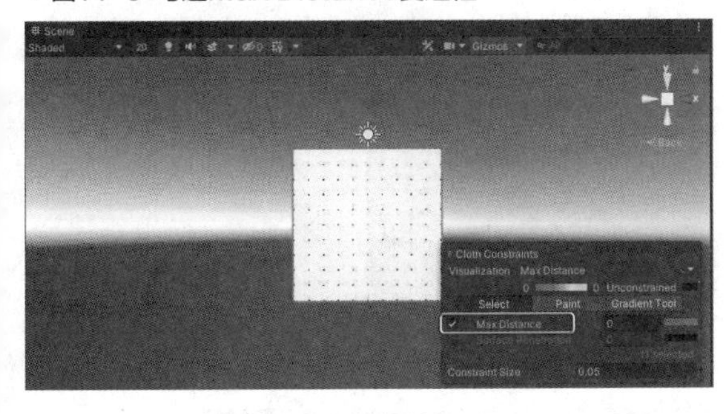

再次单击图14-3蓝色框中的图标，关闭Cloth Constraints编辑器，然后来确认一下Plane是否会像布一样飘动。执行Play后，场景中的Plane没有任何动作，这时我们用光标拖拽Inspector面板中Position的*X*、*Y*和*Z*值，可以看到Plane像布一样飘动的效果，如图14-6所示。

▼图14-6 Plane像布一样飘动

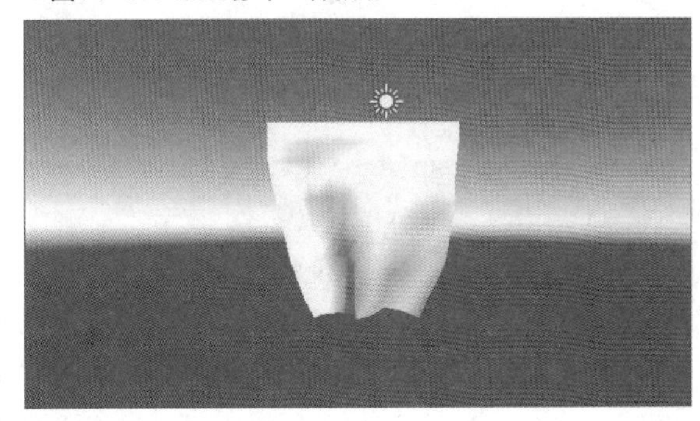

秘技 118

如何防止布料之间的重叠

扫码看视频

对应 2019 2021

难易程度 ●

在布料相互碰撞飘荡的时候，我们要进行相应的设置来防止布料重叠在一起。像图14-7那样创建一个稍微向后倾斜的Plane，尺寸设置为0.5。

▼图14-7 稍微向后倾斜的Plane

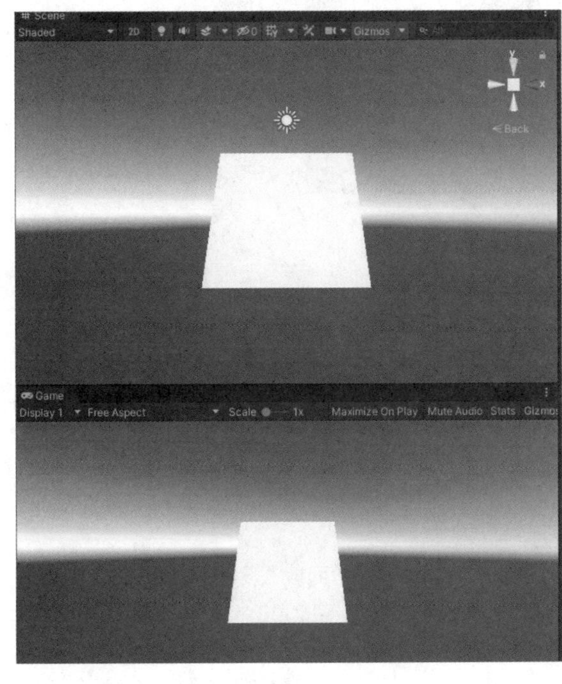

按照秘技117的步骤为Plane添加Cloth组件。单击图14-3蓝色框中的Edit cloth constraints图标，显示Cloth Constraints编辑器，单击Select，这里以矩形框选的方式选择图14-8中Plane中间的黑点作为固定点，然后勾选Max Distance复选框。

▼图14-8 选择了中央部分

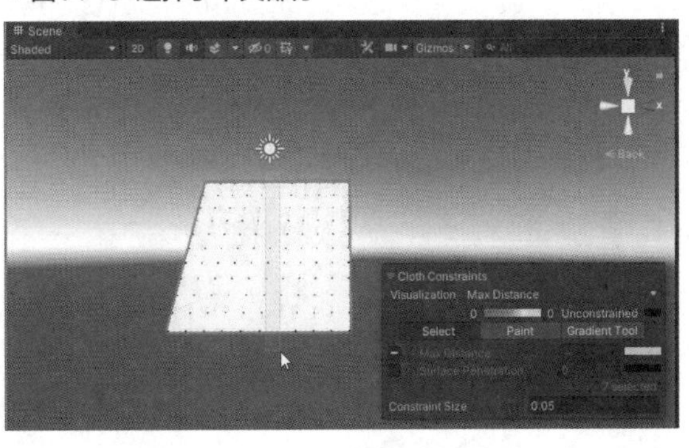

执行Play，在布料相互碰撞飘荡的时候会重叠在一起，如图14-9所示。

▼图14-9 布料相互重叠

为了防止布料互相重叠，单击图14-3蓝色框中的Edit cloth constraints图标右侧的Edit cloth self/inter-collision。然后单击Select按钮，选择Plane整体作为固定点，如图14-10所示。勾选Self-Collision and Inter-Collision复选框，如图14-11所示。

▼图14-10 选择Plane整体

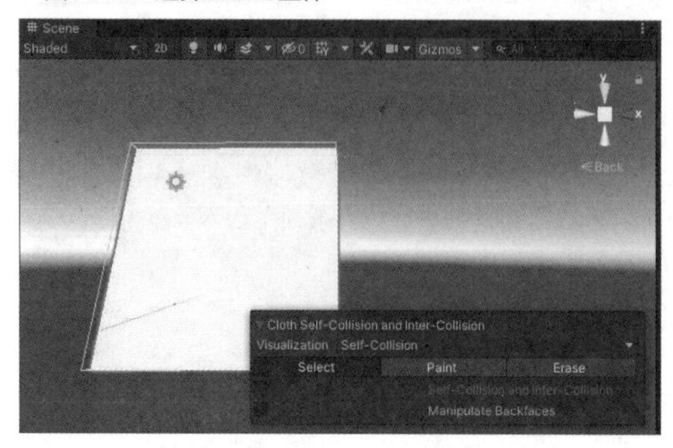

▼图14-11 勾选Self-Collision and Inter-Collision复选框

Cloth Self-Collision and Inter-Collision
Visualization　Self-Collision
Select　Paint　Erase
Self-Collision and Inter-Collision
Manipulate Backfaces

在Inspector面板中设置Cloth的Self-Collision参数，这里设置Self-Collision Distance（直径）为0.5。Self-Collsion Distance表示图14-13中Sphere的直径。另外，将表示布料伸缩性的Stretching Stiffness和表示布料刚性的Bending Stiffness指定为0.5，如图14-12所示。场景中Plane效果如图14-13所示。

▼图14-12 将Self-Collision Distance指定为0.5，将表示布料伸缩性的Stretching Stiffness指定为0.5，将表示布料刚性的Bending Stiffness也指定为0.5

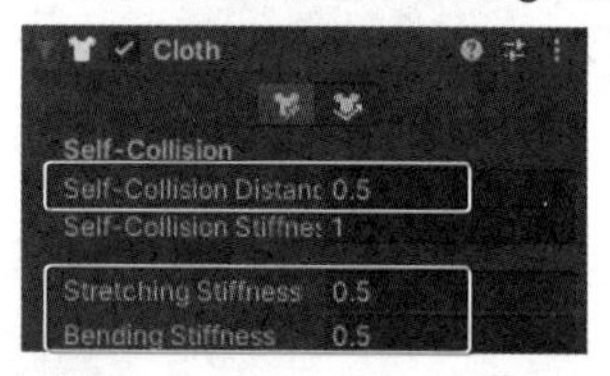

▼图14-13 场景中的Plane发生了变化

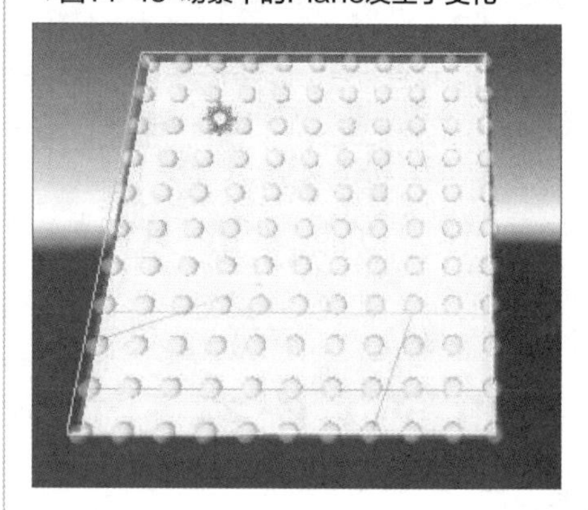

执行Play，可以看到即使布料重叠，也不会脱落，如图14-14所示。

▼图14-14 布料彼此重叠也不会脱落

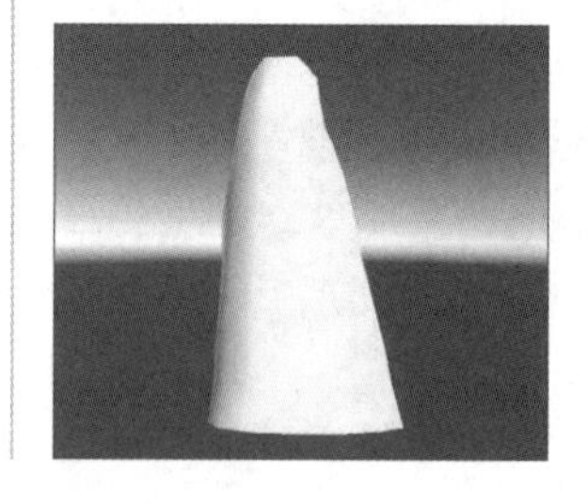

秘技 119 如何为Sphere应用Cloth组件

扫码看视频

对应 2019 2021

难易程度 ●

在Unity中，为Sphere、Capsule等应用Cloth组件，虽然不能像Plane那样有布料飘荡的动作，但是可以表现粗糙的表面或像表面粘着布一样的效果。笔者觉得Cloth组件不能很好地适用于Cube。

下面我们来试着为Sphere应用Cloth效果。首先在场景中创建一个红色的Sphere，从Hierarchy面板中选择Sphere来显示Inspector面板，添加Add Component→Mesh Collider组件，并勾选Convex和Is Trigger复选框。

接着，在Sphere的Inspector面板中添加Add Component→Cloth组件，同时添加Skinned Mesh Renderer组件。

此外，在Inspector面板中设置Cloth的Stretching Stiffness和Bending Stiffness都为0.95。Bending Stiffness表示布料的伸缩性，Stretching Stiffness表示布料的弯曲刚度，参数设置如下页图14-15所示。此时场景中的Sphere，如下页图14-16所示。

▼图14-15 Inspector面板中的参数设置

▼图14-16 场景中的Sphere效果

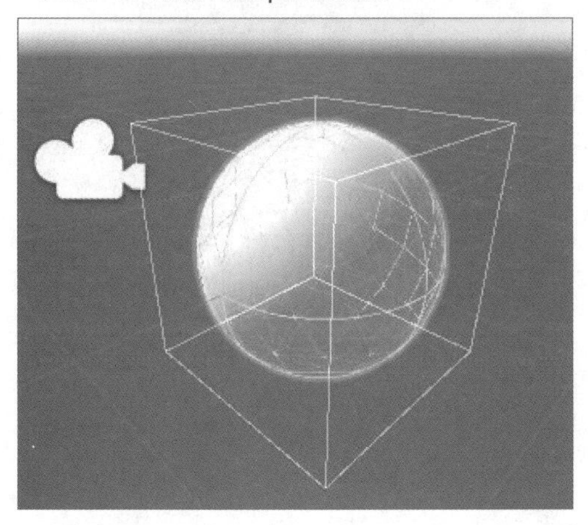

单击图14-15蓝色框中的Edit cloth constraints图标，显示Cloth Constraints编辑器，单击Select，选择图14-17中固定的位置，并勾选Max Distance复选框，如图14-18所示。

▼图14-17 以矩形框选的方式选择了Sphere固定的位置

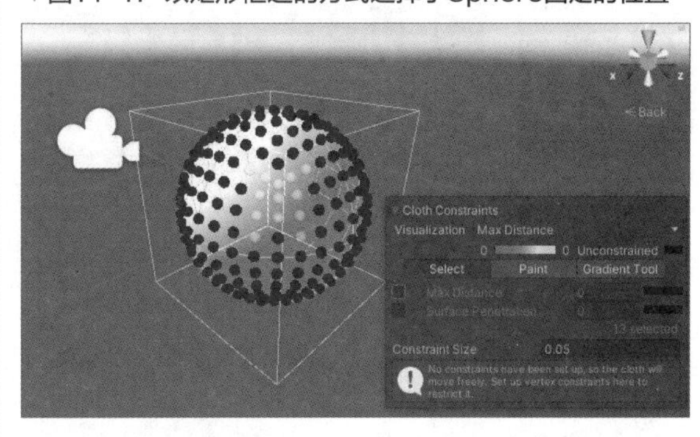

▼图14-18 勾选了Max Distance复选框

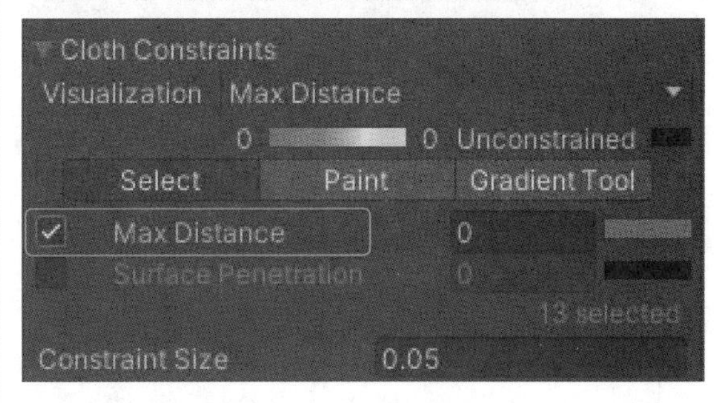

再次单击图14-15蓝色框中的Edit cloth constraints图标，Cloth Constraints面板就会消失，确认Sphere是否有像布一样的动作。这里可以看到场景中只有Sphere。执行Play，拖拽Inspector面板Position的*X*和*Y*值进行变更后，Sphere会表现出布料或者红色气球漏气的效果，如图14-19所示。

▼图14-19 Sphere表面的效果

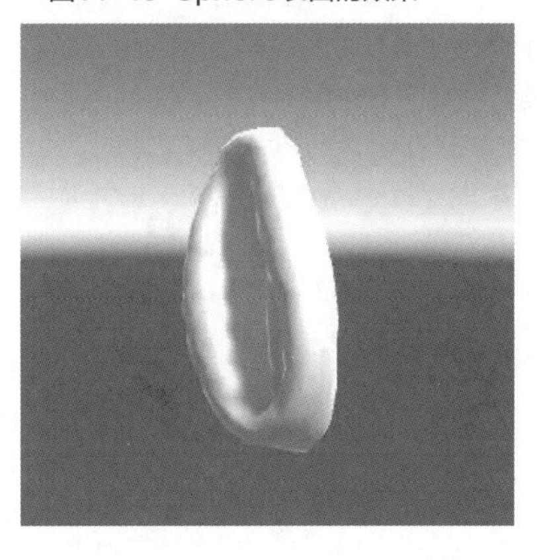

秘技120 如何用Cloth覆盖Capsule与Sphere

扫码看视频

对应 2019 2021

难易程度 ●

在场景中创建黄色的Plane、红色的Capsule和蓝色的Sphere，为Capsule和Sphere设置合适的大小。将Plane放置在Capsule和Sphere上。此时场景效果如图14-20所示。

▼图14-20 将Plane放置在Capsule和Sphere上

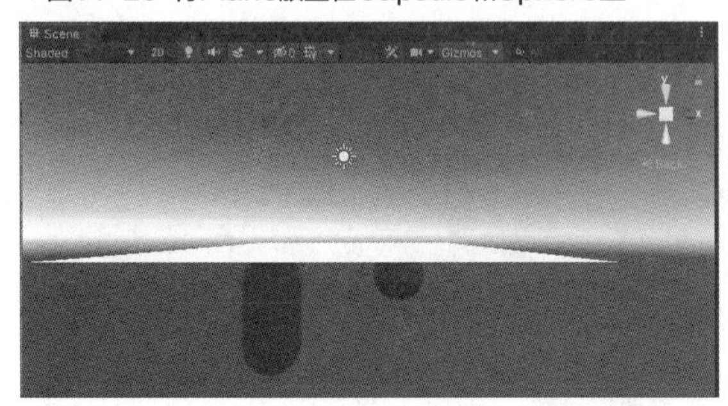

从Inspector面板中选择Plane，并勾选Mesh Collider的Convex和Is Trigger复选框。

从Hierarchy面板中选择Plane，显示Inspector面板，勾选Mesh Collider下的Convex和Is Trigger复选框。在Plane的Inspector面板中添加Add Component→Cloth组件，同时添加Skinned Mesh Renderer组件。设置Cloth的Stretching Stiffness和Bending Stiffness都为0.9。

展开Capsule Colliders选项区域，设置Size的值为1。单击Element 0，单击右端的⊙图标，从Scene选项卡中选择Capsule。同样展开Sphere Colliders选项区域，设置Size的值为1，在显示的Element下方的First中，单击右端的⊙图标，从Scene选项卡中选择Sphere，如图14-21所示。

单击图14-21上方蓝色框中的Edit cloth constraints图标，显示Cloth Constraints编辑器，单击Select，选择图14-17中固定的位置，并勾选Max Distance复选框。如果没有固定位置，Plane下面的Capsule和Sphere会变透明露出来，所以最好设置固定的地方。设置固定的位置时，在图14-20这样的布局中无法实现，我们可以设置从正上方看Plane的状态，如图14-22所示。然后以矩形的方式框选要固定的位置。因为在Plane下的Capsule和Sphere隐约透明可见，所以使用移动工具（Move Tool）进行移动，使其放置在Plane的中心，如下页图14-23所示。

▼图14-21 Inspector面板中Plane的参数设置

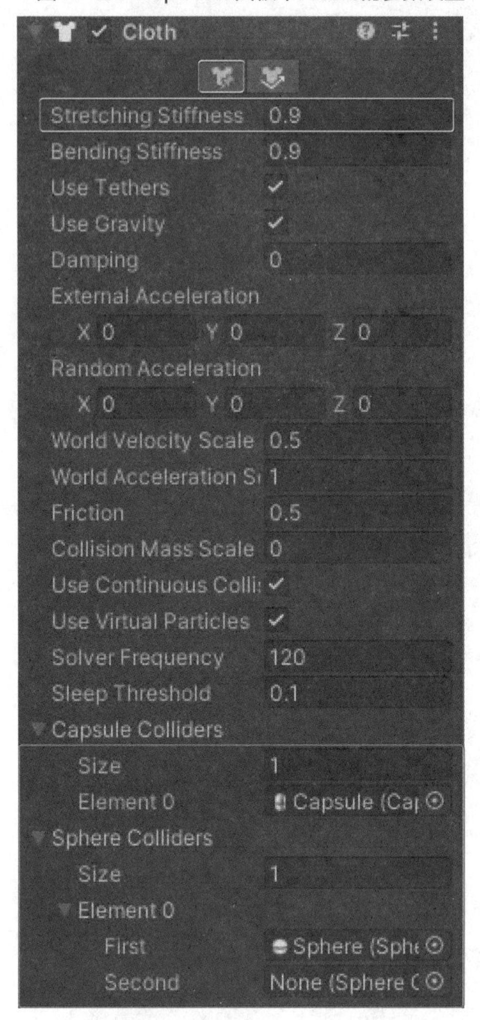

▼图14-22 改变Plane的显示方式

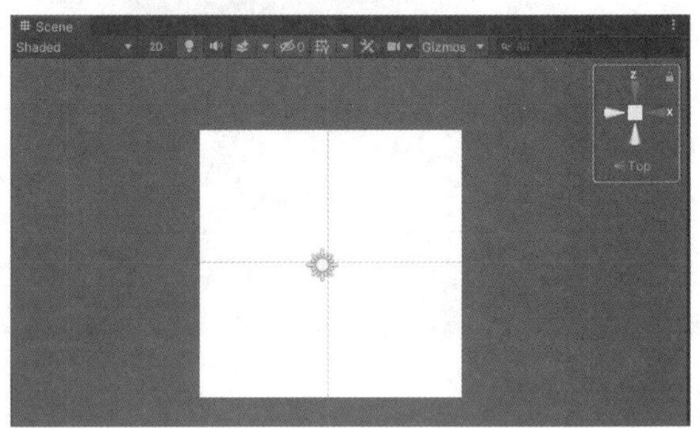

▼图14-23 选择Plane的固定位置，Capsule和Sphere固定在Plane的中心

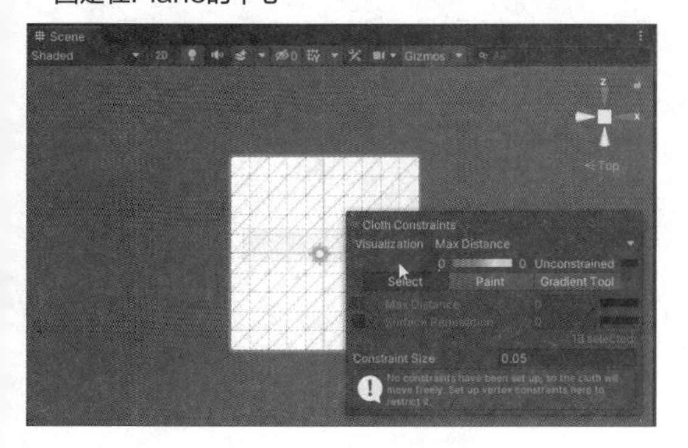

勾选Max Distance复选框后，执行Play。可以看到Plane会像布一样覆盖在Capsule和Sphere上，如图14-24所示。

▼图14-24 Plane像布一样覆盖在Capsule和Sphere上

秘技

121 如何让旗帜高高飘扬

扫码看视频

对应 2019 2021

难易程度 ●

下面我们将制作一面旗帜，实现使之随风飘扬的效果。

首先在场景中创建Cube和Plane。使用变形工具中的缩放工具（Scale Tool）将Cube做成细长的圆柱状，将Plane像旗帜一样放置在圆柱状的Cube前端。选择Plane，在Inspector面板中勾选Mesh Collider的Convex和Is Trigger复选框。

接下来，将用Photoshop等图像编辑软件制作的旗帜图像导入Assets文件夹。然后从Inspector面板中将Texture Type指定为Sprite（2D and UI）。在Assets文件夹内创建名为reiwa的Material，选择该Material并显示其Inspector面板，下载并导入Main Maps选项区域Albedo左边正方形里的旗帜图像。Inspector面板的设置如图14-25所示。reiwa的Material也会贴上旗帜图像。请在Plane上拖放显示旗帜图像，如图14-26所示。

下面以不添加图像为例，介绍如何实现旗帜高高飘扬的效果。在Hierarchy面板内以Plane作为Cube的子要素配置。接下来，从Hierarchy面板中选择Plane，在Inspector面板中添加Add Component→Cloth组件，

▼图14-25 拖放了旗帜图像

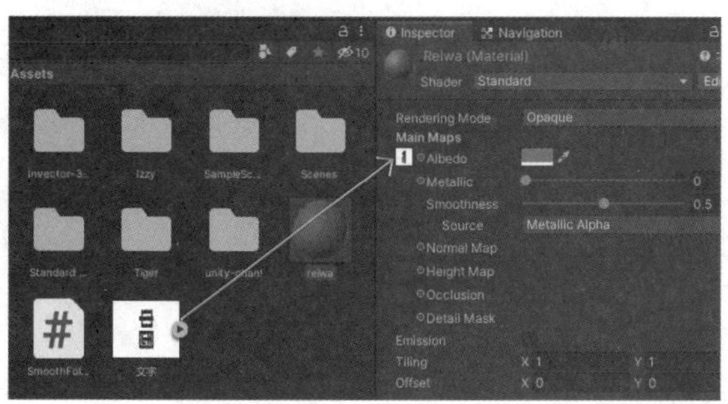

同时添加Skinned Mesh Renderer组件。将Cloth的Stretching Stiffness指定为0.2，将Bending Stiffness指定为0.7，如图14-27所示。

▼图14-26 制作的旗帜

▼图14-27 Inspector面板中Plane的参数设置

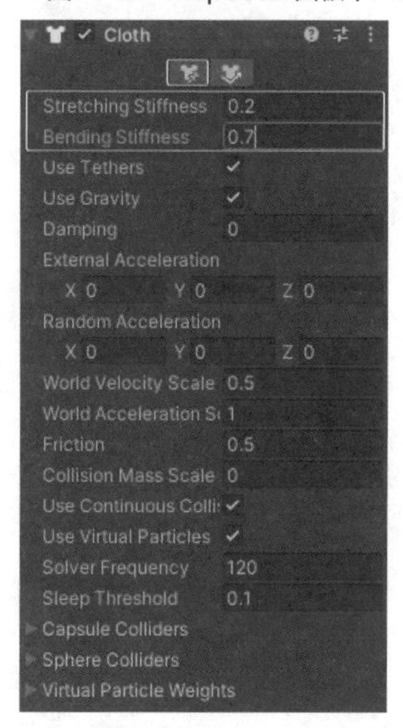

单击图14-27蓝色框中的Edit cloth constraints图标，显示Cloth Constraints编辑器，单击Select，选择图14-28中固定的位置，并勾选Max Distance复选框，使杆和杆之间的接触是固定的。执行Play，查看旗帜飘扬的效果，如图14-29所示。

▼图14-28 选择了固定部分

▼图14-29 旗帜在飘扬

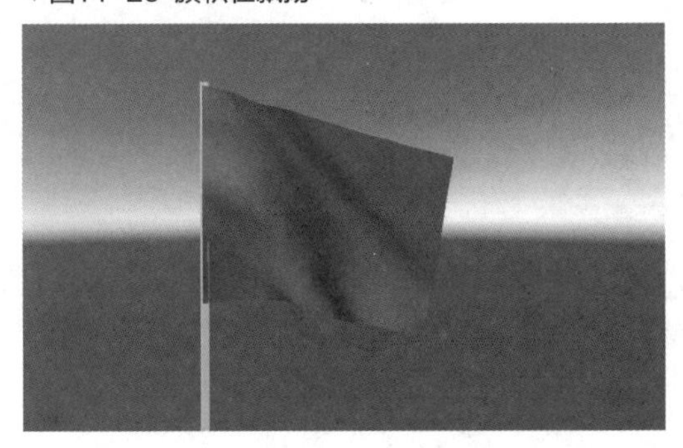

秘技 122 如何让角色从Cloth的下方穿过

扫码看视频

对应 2019 2021

难易程度 ●

要实现角色在布化的Plane中穿行的效果，则首先从Asset Store中获取Jammo-Character资源，该角色是用键盘上的方向键操作的。

获取角色资源后，在场景中创建一个蓝色Plane作为地板，然后在Inspector面板的Transform选项区域中将Scale *X*指定为2、*Y*指定为1、*Z*指定为2，使尺寸变大。接下来新建一个布化的Plane，设置其颜色为黄色，指定其大小为0.8，在Inspector面板的Transform选项区域中将Rotation的*X*指定为-90。

接下来，将Assets→Jammo-Character→Prefabs文件夹中的Jammo_Player放置在Plane上，场景画面如图14-30所示。

▼图14-30 放置了各种对象的场景

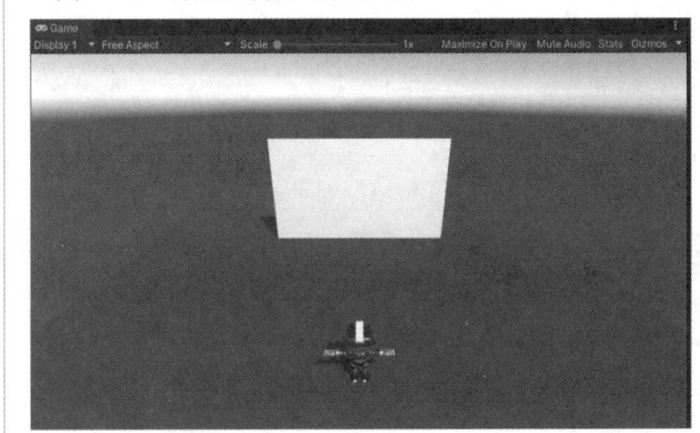

从Hierarchy面板中选择Jammo_Player来显示Inspector面板，在Animator选项区域将Controller指定为AnimatorController_Jamo。该模型自带Character Controller，将Center的*Y*指定为1。同样的操作，从Scripts中追加Locomotion Player。另外，还追加了Physics→Capsule Collider。勾选Capsule Collider的Is Trigger复选框，将Character Controller和Capsule Collider的Center、Radius的值设为完全相同，如下页图14-31所示。接着选择要布化的Plane（1），显示Inspector面板。

▼图14-31 BigHead的参数设置

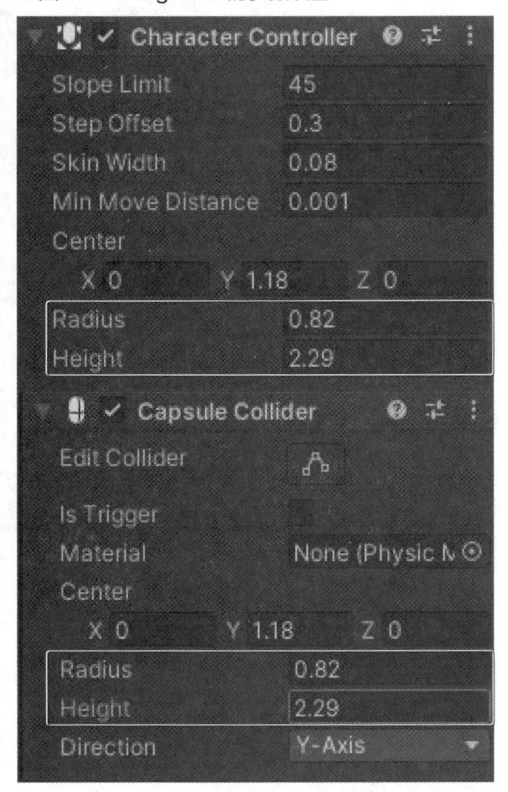

勾选Mesh Collider的Convex和Is Trigger复选框，从Add Component中添加Cloth。将Cloth的Stretching Stiffness和Bending Stiffness都指定为0.95。展开Cloth的Capsule Colliders选项区域，将Size指定为1。单击Element 0右端的⊙图标，将其指定为Jammo_Player，如图14-32所示。

▼图14-32 布化的Plane（1）的Inspector面板

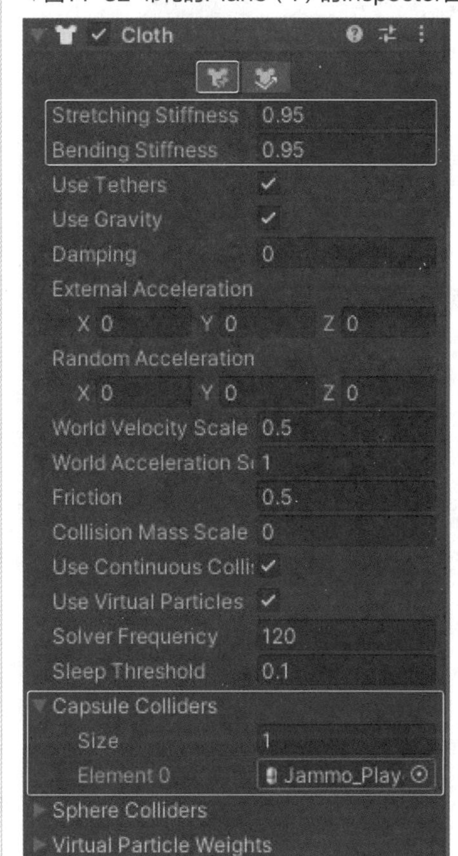

单击图14-32蓝色框中的Edit cloth constraints图标，显示Cloth Constraints编辑器，单击Select，以矩形框选的方式选择图14-33中固定的位置，并勾选Max Distance复选框。

▼图14-33 用矩形框选固定的部分

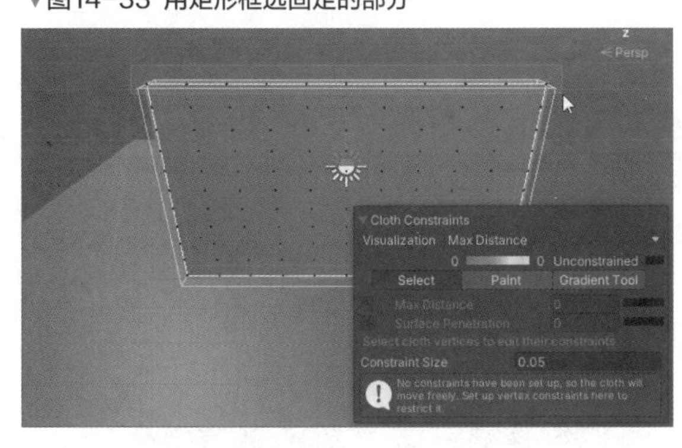

执行Play后，通过操作键盘上的方向键，Jammo_Player向布料方向走去，查看钻到布下的效果，如图14-34所示。用Rotate Tool工具旋转Main Camera，从侧面可以清晰地看到角色正顺利地钻到布下，从正面穿过。

▼图14-34 Jammo_Player穿过布化的Plane（1）

秘技 123 如何只固定Cloth的某一点

扫码看视频

对应 2019 2021

难易程度 ●

下面将介绍如何只固定Cloth的左上角，并确认要做什么动作。首先在场景中新建Plane，在Inspector面板中设置Plane的Rotation *X*值为270，使Plane竖直显示，如图14-35所示。

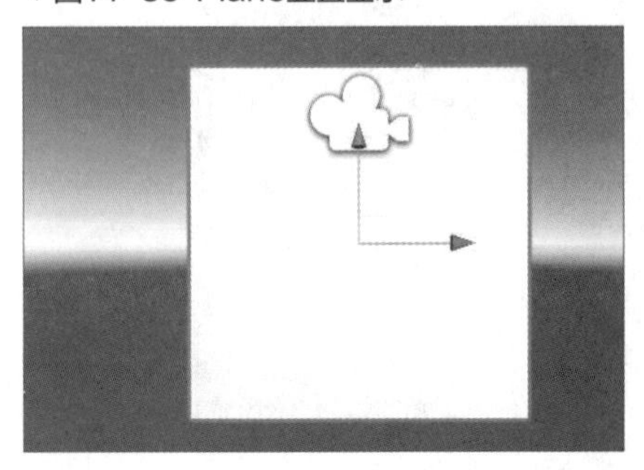

▼图14-35 Plane竖直显示

从Hierarchy面板中选择Plane，显示Inspector面板，勾选Mesh Collider的Convex和Is Trigger复选框。接着，添加Add Component→Cloth组件。将Cloth的Stretching Stiffiness和Bending Stiffiness都指定为0.95。

单击Cloth的Cloth constraints图标，显示Cloth Constraints编辑器，单击Select，这里只选择图14-36中左角上的一点为固定位置，并勾选Max Distance复选框。

▼图14-36 仅选择左上角

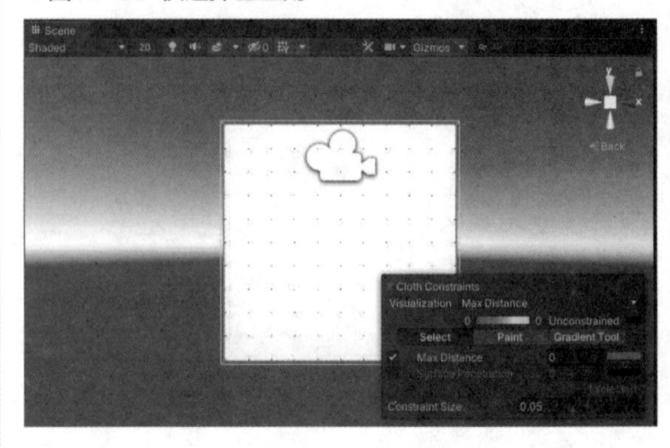

执行Play后，选择Hierarchy面板中的Plane，用鼠标拖拽改变Inspector面板Transform选项区域Position的*Y*值，效果如图14-37所示。

因为只固定Plane的左角上，所以动作会下垂。

▼图14-37 将Cloth应用于Plane

秘技 124 如何使人物的头发飘动起来

扫码看视频

对应 2019 2021

难易程度 ●

使用Cloth组件，我们可以实现头发、裙子等迎风飘扬的效果。

首先从Asset Store中搜索并下载Lzzy-iClone Character资源，将其导入到Unity中。

之后在Project面板的Assets中我们可以看到导入的资源，如图14-38所示。

同样，从Asset Store中导入Standard Assets。在场景中创建Plane，将Assets→Izzy→prefab文件夹内的Izzy模型配置在Plane上，不需要朝向照相机，如图14-39所示。

▼图14-38 文件已导入

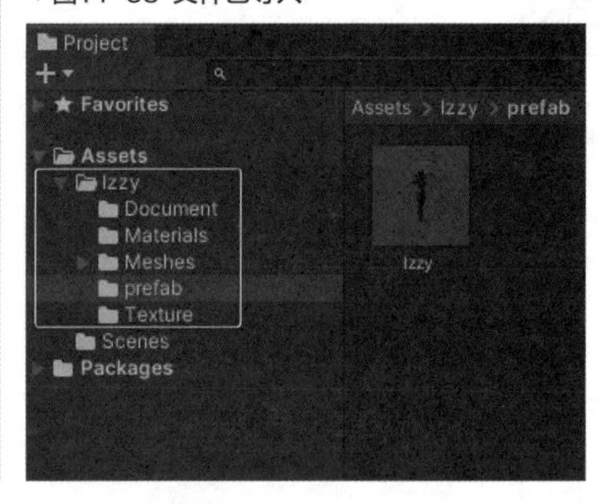

▼图14-39 Izzy已配置

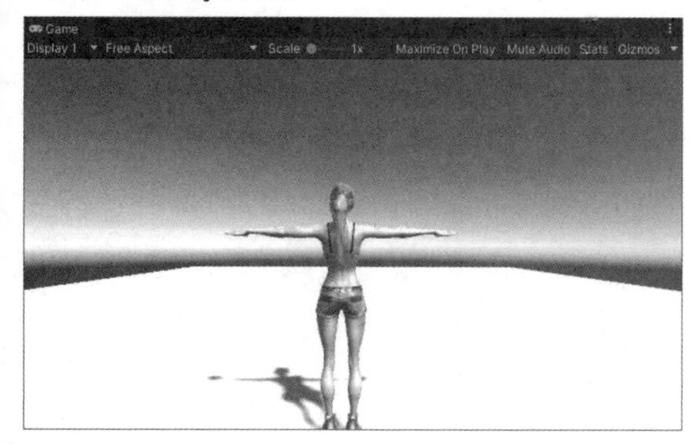

选择Hierarchy面板内的Izzy来显示Inspector面板，指定Animator的Controller为Locomotion。添加Add Component→Physics→Character Controller角色控制器，将Center的*Y*指定为1。用同样的方法添加Add Component→Locomotion Player组件。这样，就可以用键盘上的上下左右键控制Izzy了。这时我们发现虽然角色在动，但是照相机没有追随Izzy，下面将照相机设置为追随Izzy。首先拖放Izzy到Target属性框，将Distance指定为4，将Height指定为3.5，如图14-40所示。

▼图14-40 设定了Main Camera的Smooth Follow（Script）

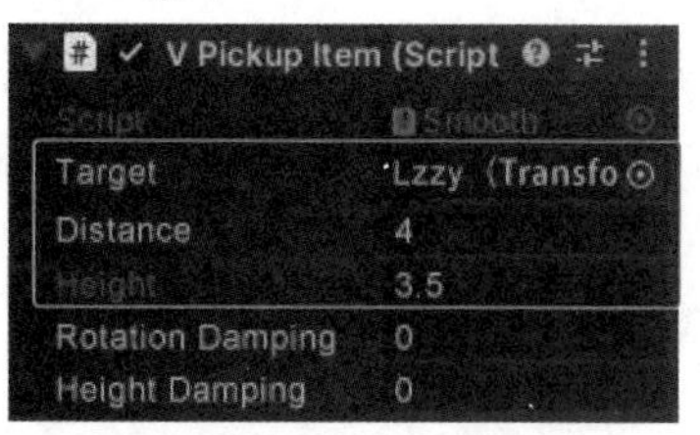

执行Play后，照相机会随着Izzy移动，如图14-41所示。

▼图14-41 Main Camera随着Izzy移动

图14-41中Izzy的马尾在跑的时候稍微有点摇晃，试着设定一下马尾辫摇晃的位置。

选择场景中Izzy的头发，在Hierarchy面板内查看该头发属于哪个部位，如图14-42所示。

▼图14-42 Izzy的头发部位被选择显示了出来

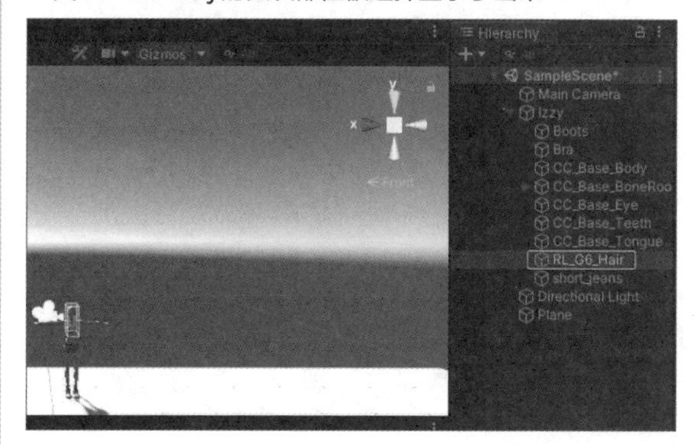

选择RL_G6_Hair，显示Inspector面板。从Add Component中添加Mesh Collider碰撞器，勾选Convex和Is Trigger复选框。接下来从Add Component中添加Cloth组件。单击场景中的Izzy，显示效果如图14-43所示。

▼图14-43 Izzy的头发变黑了

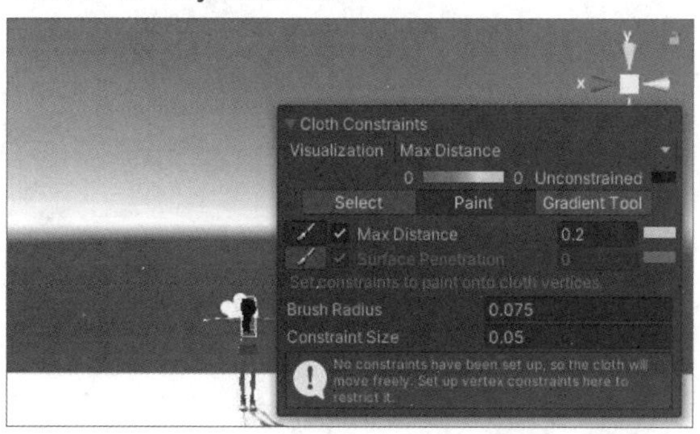

单击Select按钮，选择后面的头发部分，只留下马尾部分，如图14-44所示。

▼图14-44 选择后面的头发部分，只剩下马尾部分

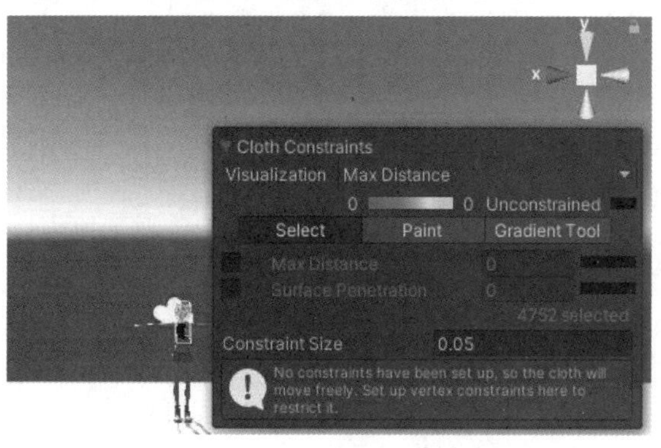

勾选Max Distance复选框完成设定，单击Edit cloth Constraints按钮，将马尾放回原来的位置。

执行Play后，可以看到只有马尾辫的前端在摇晃，如图14-45所示。最好把上页图14-44的选择范围再缩小一点。

▼图14-45 马尾辫的前端在晃动

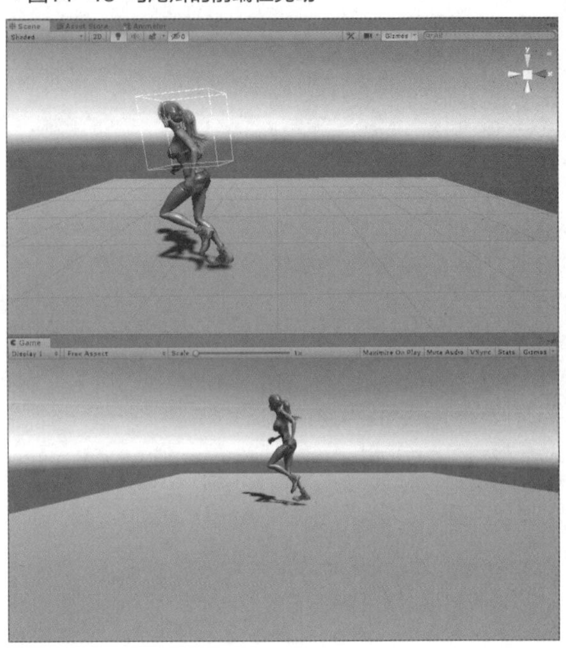

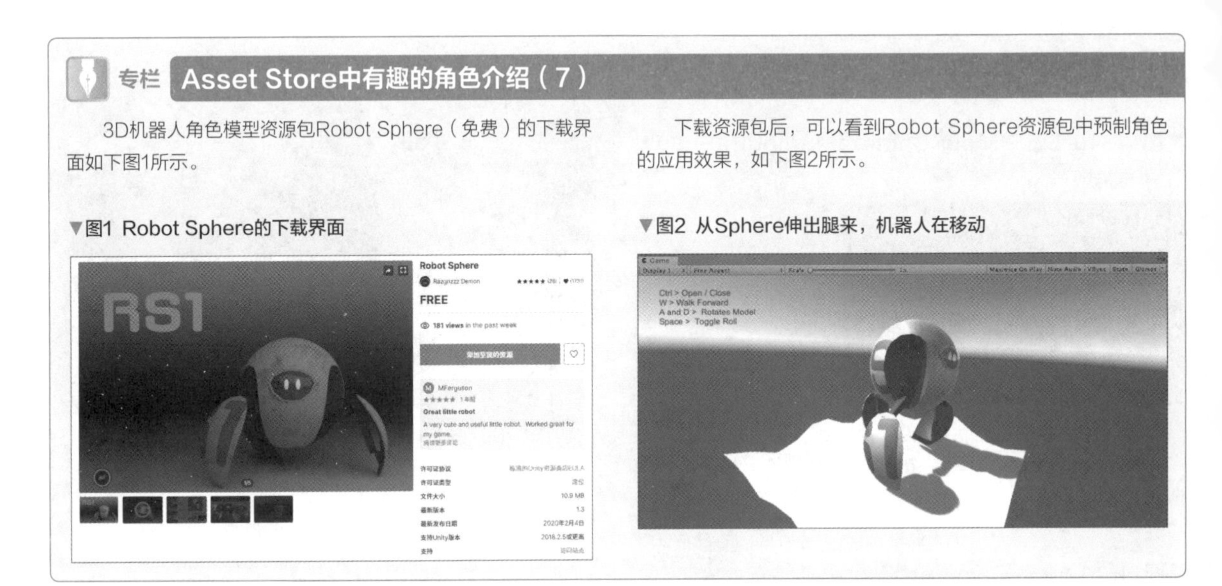

专栏 Asset Store中有趣的角色介绍（7）

3D机器人角色模型资源包Robot Sphere（免费）的下载界面如下图1所示。

▼图1 Robot Sphere的下载界面

下载资源包后，可以看到Robot Sphere资源包中预制角色的应用效果，如下图2所示。

▼图2 从Sphere伸出腿来，机器人在移动

重力设置秘技

秘技 125

如何赋予Sphere重力

扫码看视频

对应 2019 2021

难易程度 ●

在Unity中，表示重力的Rigidbody是一项非常重要的设定，如果不对对象进行重力设定，则对象无法移动。

用户可以从Inspector面板内选择Add Component→Physics→Rigidbody选项，为对象添加重力属性。下面来比较为对象设置Rigidbody和未设置的情况。在场景中创建Plane和两个Sphere，并为Sphere设置不同的颜色，如图15-1所示。从Hierarchy面板中选择红色Sphere（1）并显示Inspector面板。选择Add Component→Physics→Rigidbody选项，为红色Sphere（1）添加重力，如图15-2所示。

▼图15-1 在场景中创建Plane和Sphere

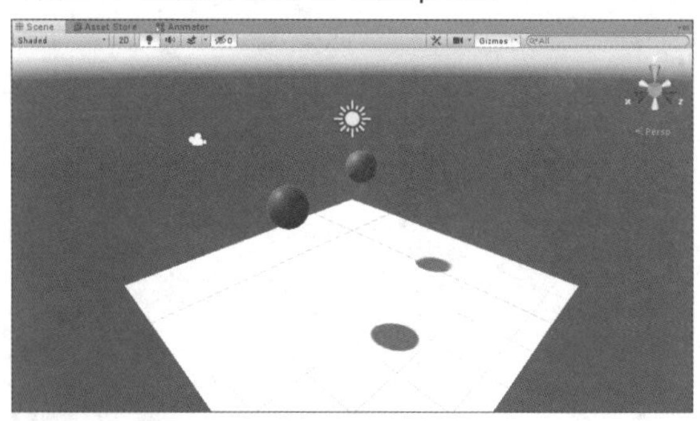

▼图15-2 添加Rigidbody组件

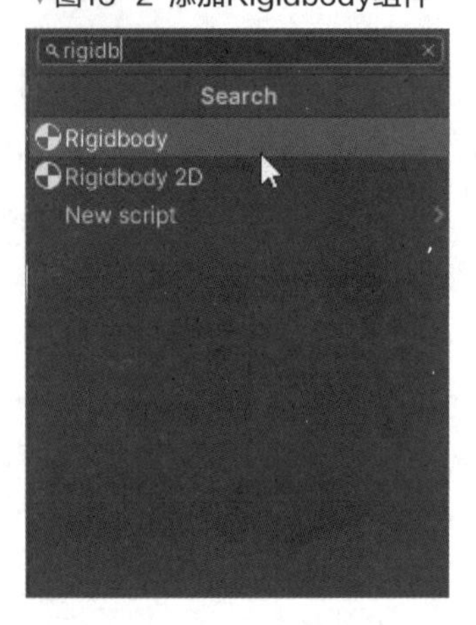

蓝色的Sphere请不要添加Rigidbody组件。这时执行Play，可见添加了Rigidbody组件的红色Sphere（1）落在Plane上，蓝色的Sphere一直停在空中，如图15-3所示。添加了Rigidbody属性的Sphere（1）的Inspector面板，如图15-4所示。

▼图15-3 添加了Rigidbody的红色Sphere（1）落到Plane上

▼图15-4 添加了Rigidbody的Sphere（1）的Inspector面板

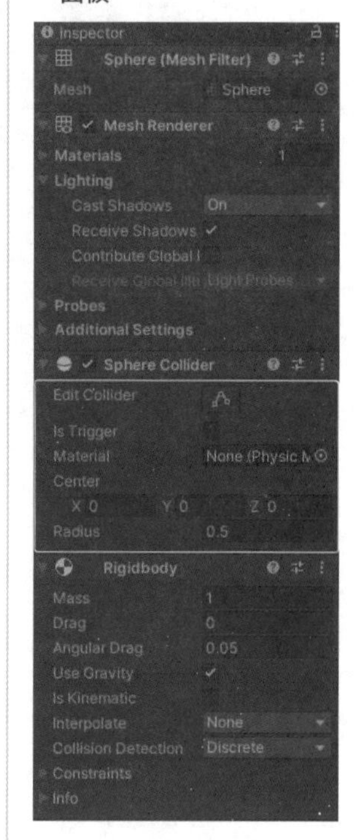

Rigidbody各属性的含义介绍如下。

- Mass：设置物体的质量，质量越大，惯性越大（单位为kg）。
- Drag：设置移动对象时受空气阻力的大小，设置为0表示没有空气阻力。
- Augular Drag：设置扭矩旋转对象时，影响对象的空气阻力大小，设置为0表示没有阻力。
- Use Gravity：设置是否受重力影响。勾选该复选框，重力就起作用了。

- Is Kinematic：勾选该复选框，则重力不起作用，只能通过Transform来操作。
- Interpolate：插值运算。

※None：不应用插值运算。

※Interpolate：根据前一帧的变换来平滑变换。

※Extrapolate：预测下一帧的变换来平滑变换，若物理帧时间过长，此效果将不好。

- Collision Detection：碰撞检测模式。

※Discrete：用于正常碰撞（默认值）。

※Continuous：连续检测，分为动态均衡器（刚体的情况）和静态MeshColliders使用离散准直检测（不使用刚性时）的连续准直检测。

※Continuous Dynamic：对Continuous和Continuous Dynamic Collision中设定的对象使用连续的冲突检测。

秘技 126

如何指定重力的大小

扫码看视频

对应 2019 2021

难易程度 ●

重力属性Rigidbody的大小可以通过Mass参数指定，单位是kg。下面将设置跷跷板一边的重量为500 kg，另一边的重量为1 kg，查看跷跷板不平衡的效果。

首先在场景中新建Plane，再创建Cube，执行Duplicate命令，创建5个Cube并进行相应的命名，使用这5个Cube制作跷跷板。此时Hierarchy面板内是图15-5的结构。场景画面如图15-6所示。

▼图15-5 Hierarchy面板的结构

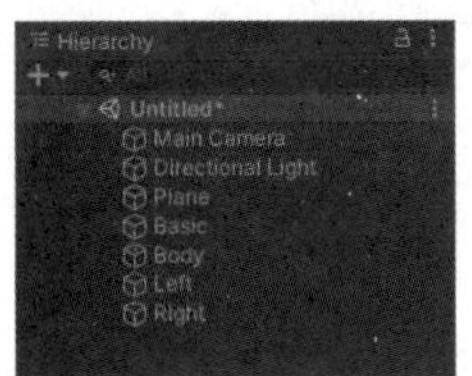

▼图15-6 用两个Cube平衡的跷板

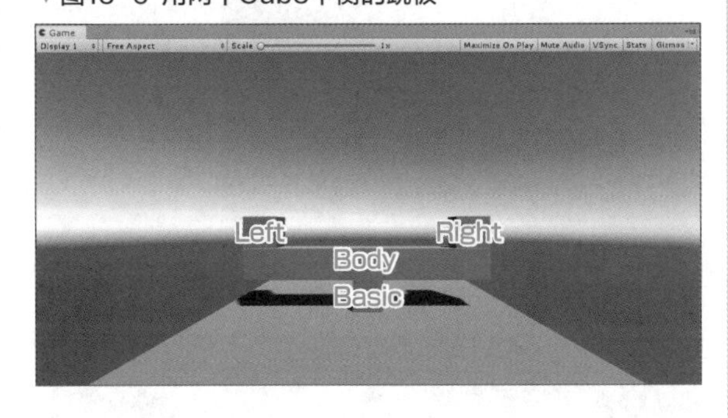

为了连接Basic和Body的Cube，从Hierarchy面板中选择Basic和Body，显示Inspector面板，选择Add Component→Physics→Rigidbody选项，为Basic和Body添加重力。接下来选择Basic，为其添加Hinge Joint组件。在指定的位置单击，Basic和Body的Cube就连接起来了，如图15-7所示。

▼图15-7 Basic的Inspector面板

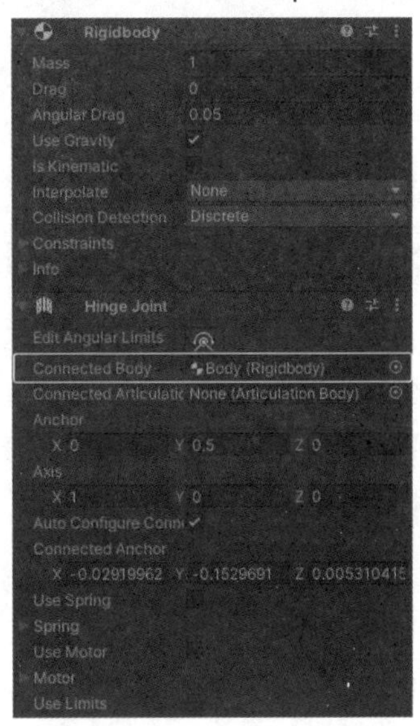

同样，对Body也追加Hinge Joint组件。从Body指定的Connected Body中选择Basic，在Left和Right的Cube上添加Rigidbody属性，表示重量的Mass都保持为初始值1。执行Play后，由于Left和Right的重量（Mass）相互平衡，所以跷跷板也保持了平衡，如图15-8所示。

▼图15-8 保持平衡的跷板

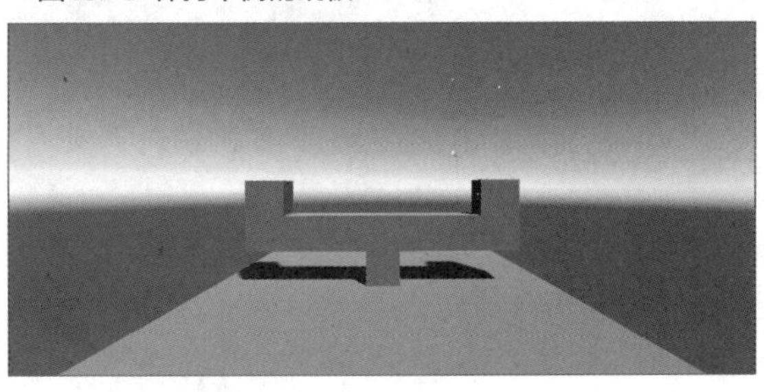

在Play的状态下从场景中选择Right的Cube，在Inspector面板中设置Rigidbody的Mass为500。因为Left的Cube为1 kg，Right的Cube变成了500 kg，所以跷跷板的平衡会被破坏了，如图15-9所示。

▼图15-9 平衡被破坏的跷跷板

秘技 127

如何降低重力

扫码看视频

▶对应 2019 2021

▶难易程度 ●

为对象添加Rigidbody属性后，要使重力生效，必须勾选Inspector面板中的Use Gravity复选框。

下面将为Sphere添加Rigidbody，比较重力起作用的情况和不起作用的情况。首先在场景中创建Plane和Sphere，将Sphere设置为红色，如图15-10所示。在Hierarchy面板中选择Sphere，显示Inspector面板，选择Add Component→Physics→Rigidbody选项，如图15-11所示。

勾选Rigidbody中的Use Gravity复选框，重力就会起作用。执行Play，Sphere会落在Plane上，如图15-12所示。

在执行Play的状态下，选择Sphere，取消勾选Rigidbody的Use Gravity复选框，去除作为地板的Plane。这样Sphere的重力就不起作用了，所以Sphere会维持漂浮的状态，如下页图15-13所示。

在这种状态下，勾选Use Gravity复选框。受重力的作用，Sphere没有Plane接住，所以落到了画面的底部，如下页图15-14所示。

▼图15-10 在Plane的上方配置Sphere

▼图15-11 Sphere的Inspector面板

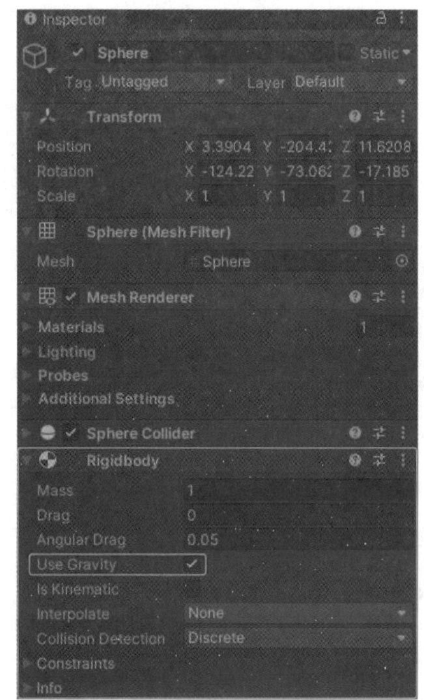

▼图15-12 重力作用下Sphere向下落

▼图15-13 取消了Rigidbody的Use Gravity复选框的勾选，去除了Plane

▼图15-14 Use Gravity复选框勾选后因为没有Plane，Sphere掉到了画面的底部

秘技 128

如何用重力限制动作

扫码看视频

对应 2019 2021

难易程度 ●

在Rigidbody组件的Constraints选项区域中，我们可以通过对Freeze Position和Freeze Rotation进行设置，来限制对象的动作。

用户可以先从Asset Store下载并导入Jammo Character资源文件。在场景中创建Plane和Cube后，设置Cube为蓝色，使用变形工具中的缩放工具（Scale Tool）将Cube拉伸成长方形，添加Rigidbody属性。然后在上面配置Jammo-Player角色模型，设置Jammo-Player面向照相机，如图15-15所示。

从Hierarchy面板中选择Jammo-Player来显示Inspector面板，设置Animator中的Controller为Locomotion。选择Add Component→Physics→Character Controller选项，将Center的*Y*指定为1，这样使用键盘上的方向键就可以控制角色了。

从Asset Store中导入Standard Assets，将Utility文件夹中的SmoothFollow.cs拖放到Main上，以使Main Camera能够跟随Jammo-Player的动作。指定Target为Jammo-Player，将Distance指定为4，将Height指定为35。

从Hierarchy面板中选择Jammo-Player来显示Inspector面板，选择Add Component→New Script选项，在Name中指定AddForceScript，单击Create and Add按钮。接着双击Inspector面板中添加的AddForceScript脚本，启动Visual Studio，编写代码如列表15-1所示。

▼图15-15 配置了各个对象

▼列表15-1 AddForceScript.cs

```
using System.Collections;
using System.Collections.Generic;
using UnityEngine;
public class AddForceScript : MonoBehaviour
{
    //Jammo_Player与Cube接触时的处理
    private void OnControllerColliderHit(ControllerColliderHit hit)
    {
        //Jammo_Player接触到的GameObject的名字是Cube的情况下用AddForce
        //将Cube滚到Plane外面
        if (hit.gameObject.name == "Cube")
        {
```

```
                hit.transform.GetComponent<Rigidbody>().AddForce(Vector3.forward * 100, ForceMode.Force);
            }
        }
    }
```

保存代码并返回Unity中，执行Play，可以看到Jammo-Player与Cube接触后，一边滚动Cube一边将其拿到Plane的外面，如图15-16所示。

▼图15-16 Cube在滚动

在执行Play时，在Cube的Inspector面板中，展开Rigidbody属性区域，在Constraints折叠区域勾选Freeze Position的*X*、*Y*、*Z*复选框，如图15-17所示。控制Jammo-Player与Cube接触，可以看到Cube不会向前移动，如图15-18所示。

▼图15-17 勾选Freeze Position的*X*、*Y*、*Z*复选框

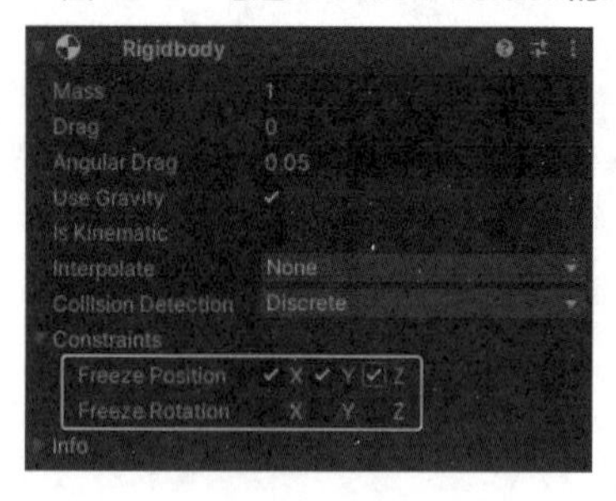

▼图15-18 Cube不向前移动

重新执行Play，在Cube的Inspector面板中，展开Rigidbody属性区域，在Constraints折叠区域勾选Freeze Rotation的*X*、*Y*、*Z*复选框，如图15-19所示。控制Jammo-Player与Cube接触，Cube不再旋转，会滑行着向前移动，如图15-20所示。

▼图15-19 勾选Freeze Rotation的*X*、*Y*、*Z*复选框

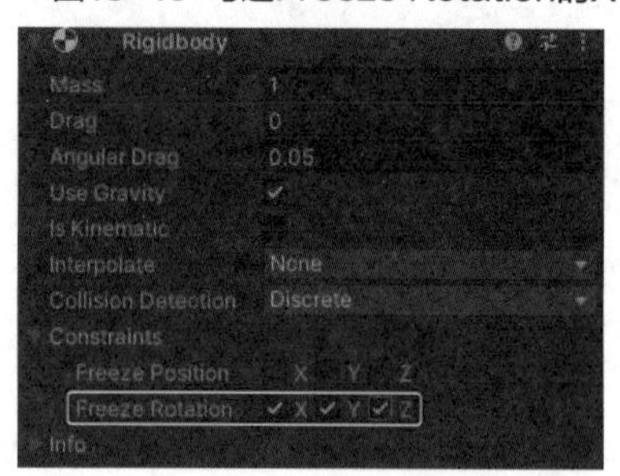

▼图15-20 Cube不再旋转，滑动前进

我们还可以将Freeze Position和Freeze Rotation的*X*、*Y*、*Z*复选框全部勾选，这时Cube被完全Freeze，如图15-21所示。控制Jammo-Player与Cube接触，Cube不会掉落，如图15-22所示。

▼图15-21 全部Freeze

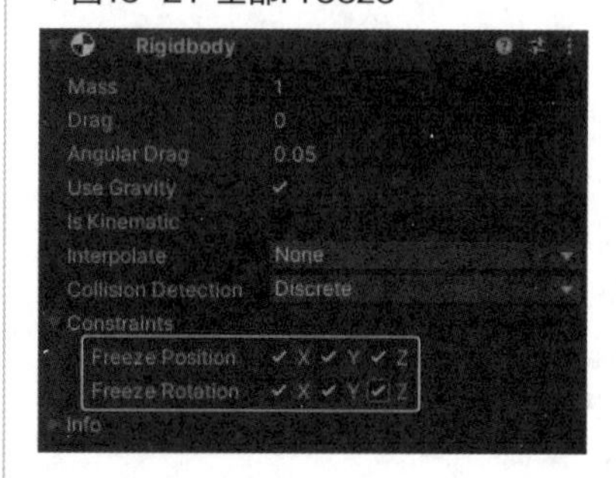

▼图15-22 Cube没有动

秘技 129

如何使用重力与物理材料

扫码看视频

对应 2019 2021

难易程度 ●

在本秘技中，我们将通过相应的设置，对球体跳动的次数与下降速度进行比较。

首先在场景中创建Plane和两个Sphere，设置左面球体为蓝色、右面球体为红色，如图15-23所示。从Hierarchy面板中同时选择Sphere和Sphere（1）来显示Inspector面板，为其添加Add Component→Physics→Rigidbody组件。接下来从Hierarchy面板中选择Sphere（左边的蓝色球体），显示Inspector面板，将表示Rigidbody空气阻力的Drag指定为1。如图15-24所示。

▼图15-23 在Plane及其上方配置了Sphere

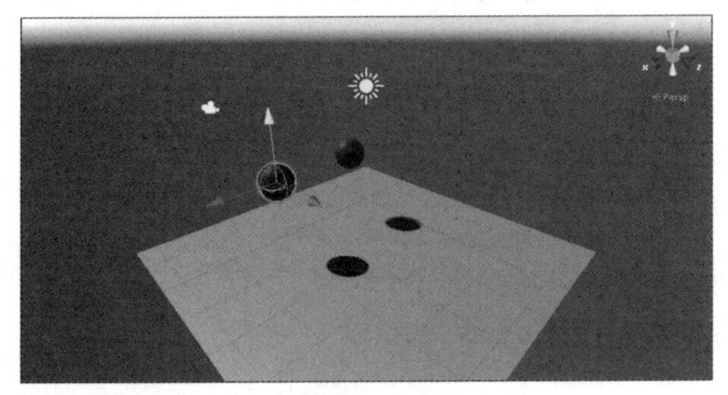

▼图15-24 将Drag指定为1

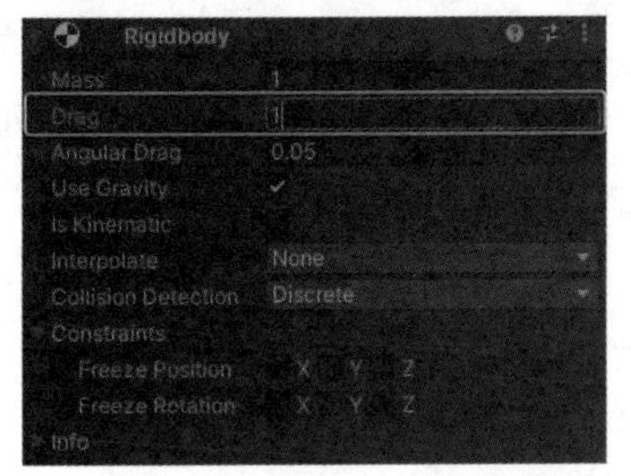

Sphere(1)（右边红色球体）的Drag默认为0。接下来，在Project面板中执行Create→Physic Material命令，创建新的Physic Material，如图15-25所示。选择创建的New Physic Material并显示Inspector面板，将Bounciness指定为0.9。选择Bounce Combine为Maximum，如图15-26所示。Bounce Combine用于设置如何处理冲突对象之间的反弹程度。Maximum是根据对象之间摩擦设置较大的一方计算的。

接着将New Physic Material与各Sphere关联。即从Hierarchy面板中同时选择Sphere和Sphere（1）来显示Inspector面板，单击Sphere Collider选项区域Material右侧的⊙图标，显示Select Physic Material面板，选择刚刚创建的New Physic Material。

执行Play后，设定了空气阻力的左边蓝色球体比右边的红色球体落下得慢，弹跳次数也比红色球体少。这是因为设置蓝色球体Rigidbody的Drag为1，增大了空气的阻力，如图15-27所示。

▼图15-25 选择Physic Material选项

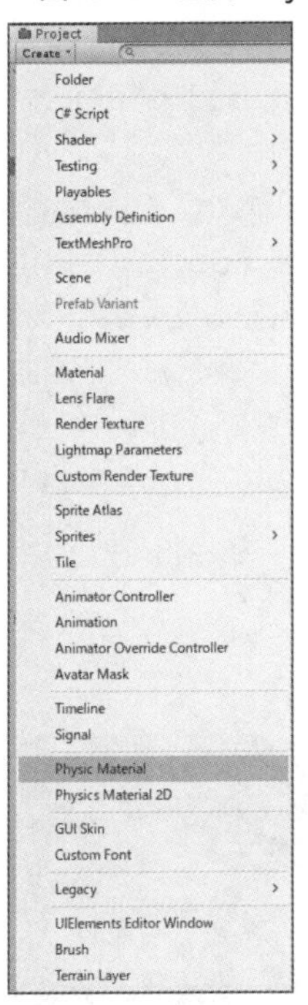

▼图15-26 Physic Material的配置

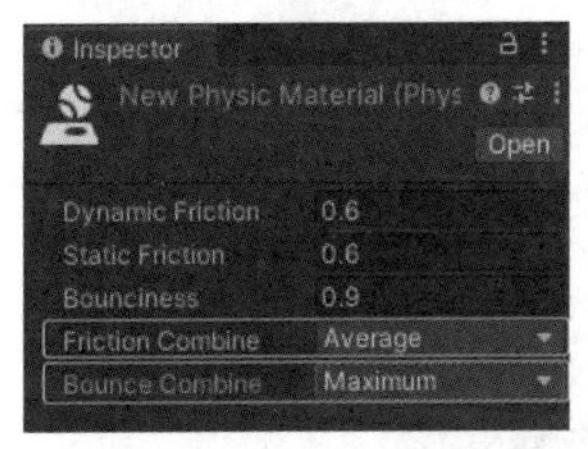

▼图15-27 空气阻力大的蓝色Sphere缓慢下落，弹跳次数也减少。空气阻力小的红色Sphere一直弹跳着

秘技

130 如何利用程序赋予对象重力

扫码看视频

对应 2019 2021
难易程度 ●

本秘技将介绍如何通过程序来控制对象，即通过单击Button让浮在空中的Sphere下降到Plane上。

首先在场景中创建Plane，然后在上方配置红色的Sphere。在Hierarchy面板中执行Create→UI→Button命令，在Hierarchy面板内的Canvas下创建Button。缩小场景画面后显示Button按钮，然后使用移动工具（Move Tool）将Button的位置向上方移动。从Hierarchy面板中选择Canvas来显示Inspector面板，在Canvas Scier（Script）中将UI Scale Mode指定为Scale With Screen Size。

接着，选择Hierarchy面板内的Button，将Width指定为160，将Height指定为50。展开Button后选择Text，显示Inspector面板，在Text文本框中输入“落下”，将Font Size指定为25。把Button放置在适当的位置，如图15-28所示。从Hierarchy面板中选择Sphere，显示Inspector面板，选择Add Component→Physics→ Rigidbody命令。取消Use Gravity复选框的勾选，将重力设为无效，如图15-29所示。

▼图15-28 Button配置的Game画面1

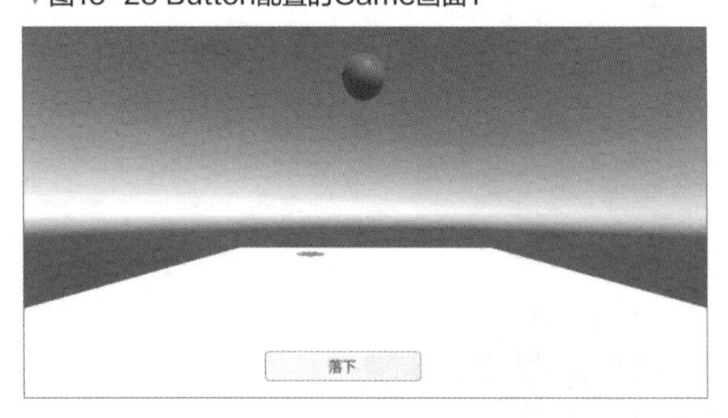

▼图15-29 取消Use Gravity复选框的勾选

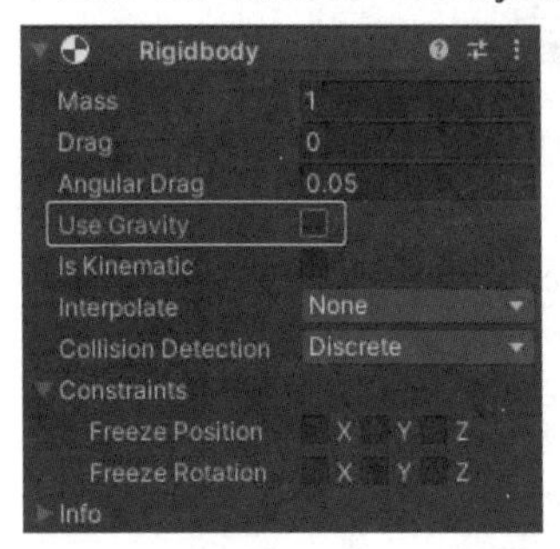

选择Sphere，添加Add Component→New Script，在Name文本框中输入DropSphereScript，单击Create and Add按钮。双击添加的DropSphereScript，启动Visual Studio，编写代码如列表15-2所示。

▼列表15-2 DropSphereScript.cs

```
using System.Collections;
using System.Collections.Generic;
using UnityEngine;
public class DropSphereScript : MonoBehaviour
{
    //声明GameObject类型变量obj
    GameObject obj;
    //声明Rigidbody类型变量rb
    Rigidbody rb;
    //Start()函数
    void Start()
    {
        //用Find方法访问Sphere，并使用obj对其进行参照
        obj = GameObject.Find("Sphere");
    //使用GetComponent访问Rigidbody组件，并使用变量rb访问它
        rb = obj.GetComponent<Rigidbody>();
    }
    //单击“掉落”按钮时的处理
    public void Drop()
    {
        //将true指定为Rigidbody的Use Gravity属性值
        //这样一来，重力就有效了
        rb.useGravity = true;
    }
}
```

保存代码并返回Unity中，将Script和Button关联起来。选择Hierarchy面板中的Button来显示Inspector面板，单击On Click()右下角的“+”图标，在显示的None(Object)位置拖放Hierarchy面板中的Sphere。选择NO Function→DropSphereScript→Drop()选项。

执行Play后，单击“落下”按钮，Sphere会掉落在Plane上，如图15-30所示。

▼图15-30 单击按钮Sphere掉落

秘技 131

如何改变物体的重力

扫码看视频

对应 2019 2021

难易程度 ●

默认情况下，重力加速度*Y*被指定为-9.81，这个设定和地球相同，从PhysicsManager（后述）可以确认。使用PhysicsManager可以进行重力加速度的设置，这里变更的值会反映到整个项目中。

如果以Rigidbody为对象设定重力，重力会向下移动，即*Y*轴。请用PhysicsManager改变这个重力方向。首先在场景中创建Plane和Sphere，Sphere浮在Plane上方。从Hierarchy面板中选择Sphere，显示Inspector面板，选择Add Component→Physics→Rigidbody选项。Rigidbody默认设置如图15-31所示。执行Play后，Sphere会向下坠落。如果选择Unity菜单的Edit→Project Settings→Physics选项，会打开Project Settings的Physics面板，如图15-32所示。

▼图15-31 默认Rigidbody的设置

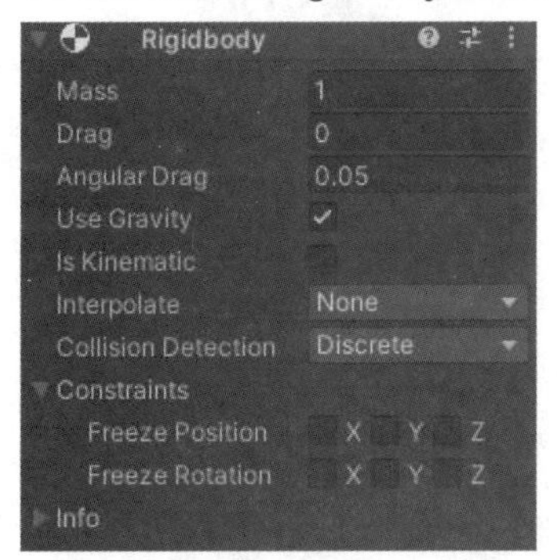

▼图15-32 Project Settings的Physics设置

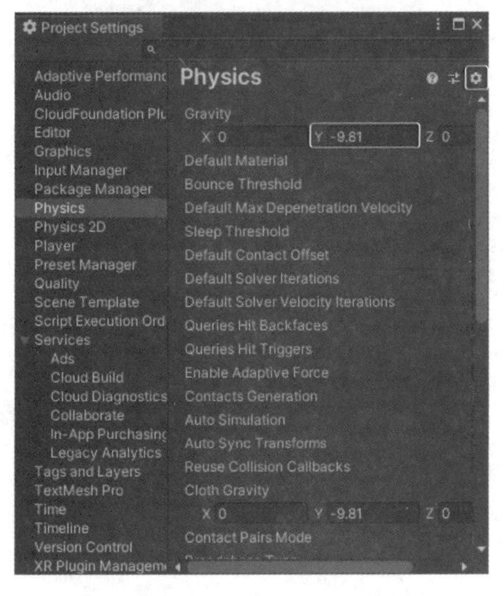

Gravity表示重力加速度。默认情况下，*Y*值为-9.81，如图15-32所示。这样，重力会落在*Y*轴的负方向（下方）上，对象就会下落。下面我们将Gravity的*Y*值设定为-5.5，将*Z*值设定为9.81，如图15-33所示。

▼图15-33 变更了Gravity的*Y*和*Z*的值

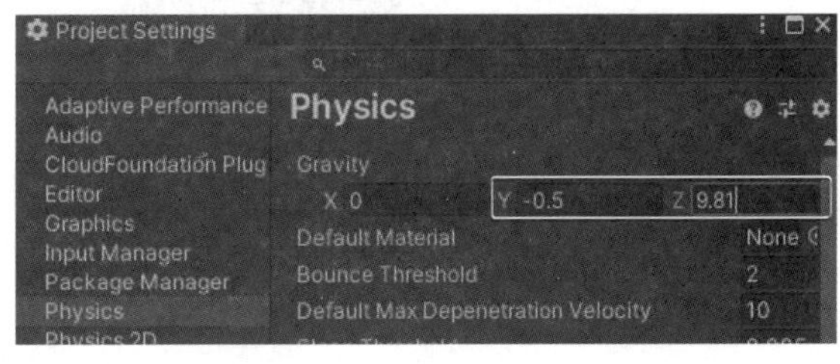

当我们将*Y*的重力加速度设定为-5.5，将*Z*的重力加速度设定为9.81时，执行Play后，小球飞向了远处，效果如图15-34所示。

▼图15-34 *Y*和*Z*的重力加速度值变更后的结果

预制体应用秘技

秘技 132

如何创建预设球体

扫码看视频

对应 2019 2021

难易程度 ●

在场景中需要重复使用某一对象时，如果只是一步一步重复添加组件，效率会非常低。这时使用Unity的Prefab把同一种需要复制的对象打包起来，需要用的时候直接复制粘贴即可。

在场景中配置地板和球体，设置球体为绿色并放置在地板的上方，如图16-1所示。为球体添加Rigidbody组件后执行Play，球体会落在地板上，如图16-2所示。

▼图16-1 Plane的上方配置了Sphere

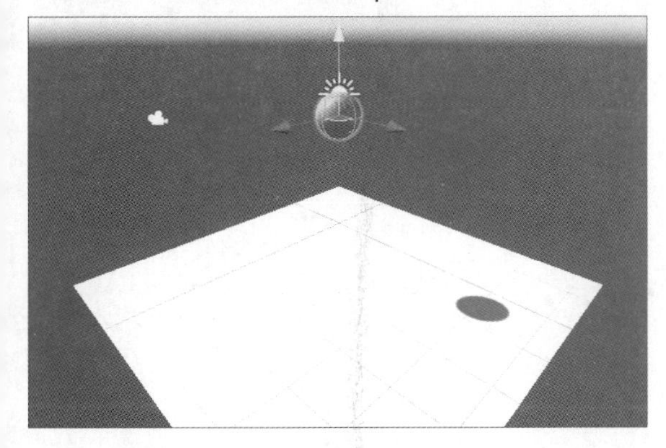

▼图16-2 绿色Sphere掉落在Plane上

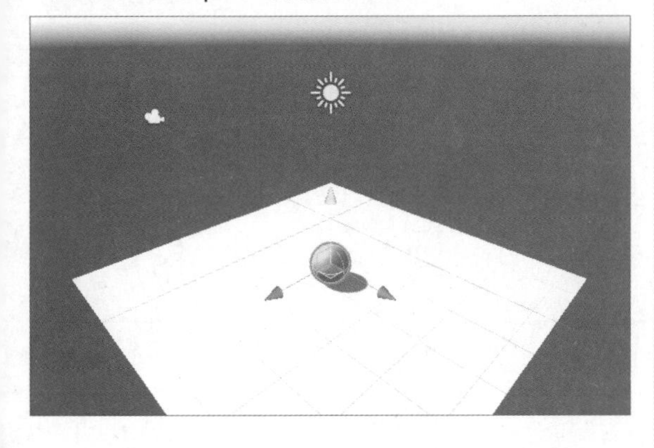

停止执行Play后，在Project面板的Assets文件夹下新建Prefabs文件夹，将Hierarchy面板内的球体拖放到该文件夹中，如图16-3所示。

▼图16-3 将Hierarchy面板内的Sphere拖放到Project面板的Prefabs文件夹内

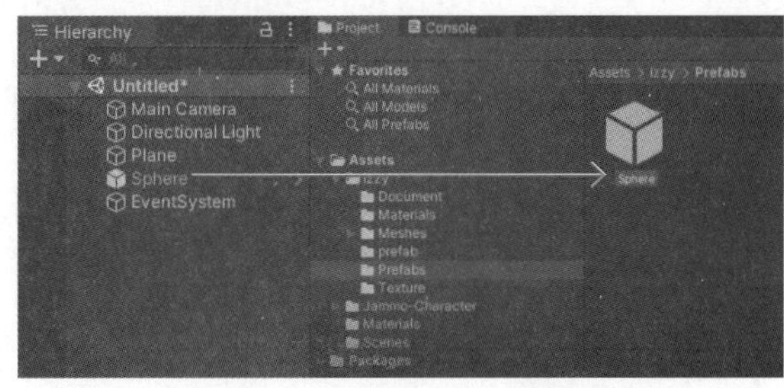

这样就实现了球体的预设，之后直接将Hierarchy面板内Sphere.Prefab拉到场景中，即可快速创建多个具有Rigidbody属性的绿色球体，如图16-4所示。执行Play后，所有的球体会全部落下，如图16-5所示。

▼图16-4 放置了几个Prefab化的Sphere

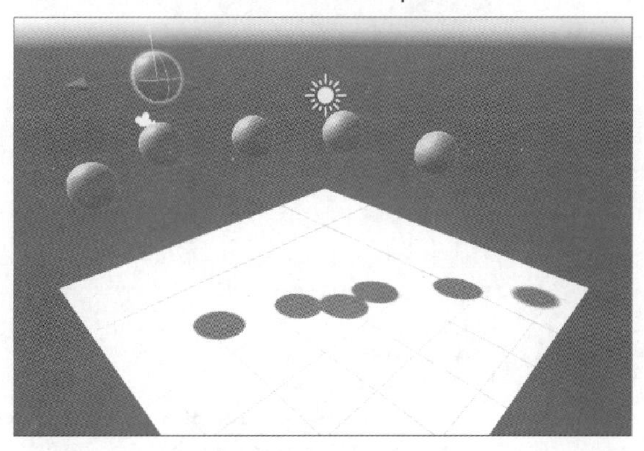

▼图16-5 所有的Sphere全部下落

秘技 133

如何通过脚本控制预设球体

扫码看视频

对应 2019 2021
难易程度

我们将介绍如何通过脚本控制秘技132制作的球体预设。首先在场景中创建一个Cube，使用变形工具中的缩放工具（Scale Tool）拉伸Cube，使之像地板一样，如图16-6所示。

选择Unity菜单的GameObject→Create Empty命令，在Hierarchy面板内创建一个空的GameObject，并命名为MakeSphere。选择此MakeSphere以显示Inspector面板。选择Add Component→New Script选项，将Name指定为MakeSphereScript，单击Create and Add按钮。接着双击Inspector面板中的MakeSphereScript，启动Visual Studio，编写代码如列表16-1所示。

▼图16-6 配置Cube作为地板

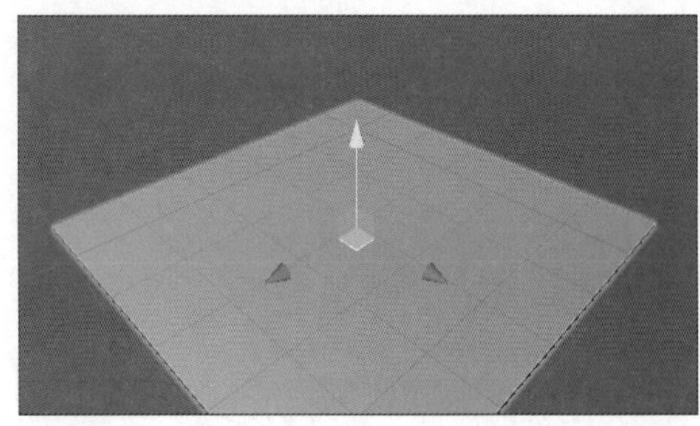

▼列表16-1 MakeSphereScript.cs

```
using System.Collections;
using System.Collections.Generic;
using UnityEngine;
public class MakeSphereScript : MonoBehaviour
{
    //用public声明GameObject类型变量prefab
    public GameObject prefab;
    //Update()函数
    void Update()
    {
        //这是鼠标左键被按下时的处理
        if (Input.GetMouseButtonDown(0))
        {
            RaycastHit hit;
            //将Ray跳过鼠标单击的位置
            Ray ray = Camera.main.ScreenPointToRay(Input.mousePosition);
            if (Physics.Raycast(ray, out hit, 100))
            {
                //在Ray选中的位置hit.point中生成一个对象
                Instantiate(prefab, hit.point, Quaternion.identity);
            }
        }
    }
}
```

在代码中可以看到，将预设对象声明为公共变量，在对象的Inspector面板中将其显示为属性，然后在其中指定预设对象。拖放Assets文件夹中创建的Sphere.Prefab，如图16-7所示。

▼图16-7 将Prefab的属性指定为Sphere.Prefab

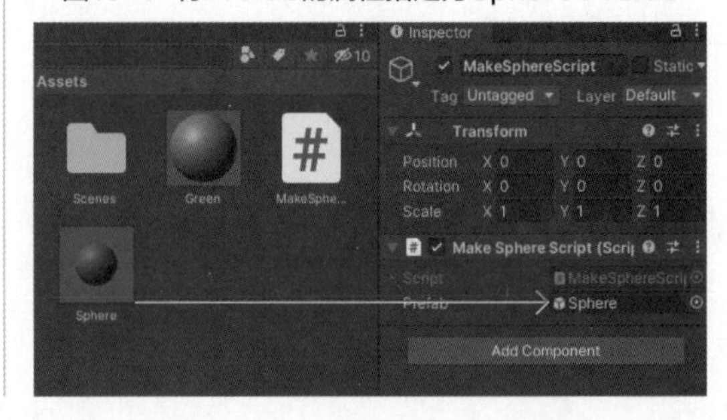

执行Play后，如果单击场景中作为地板配置的立方体，单击后的位置会生成绿色的球体。当球体互相碰撞时，会发生反弹现象，如图16-8所示。

▼图16-8 单击地板，在该位置会生成球体

秘技

134 如何创建预设立方体

扫码看视频

▶对应 2019 2021

▶难易程度 ●

在Unity中，预设是一种常用的资源类型，是可以被重复使用的对象。

在场景中配置地板后，选择Unity菜单的GameObject→Create Empty命令，在Hierarchy面板内创建一个空的游戏对象，命名为CubeCollection。在此CubeCollection中放置3个不同颜色的立方体，为这3个立方体添加Rigidbody组件。使用缩放工具（Scale Tool）更改这3个立方体的大小，使用移动工具（Move Tool）将其堆叠起来放在场景正中间。笔者的设置效果如图16-9所示。Hierarchy面板内的结构如图16-10所示。

▼图16-9 Cube叠成三层

▼图16-10 Hierarchy面板的结构

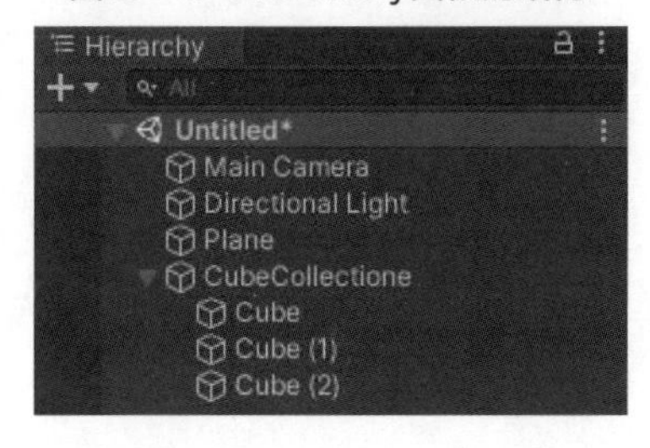

将图16-10中的CubeCollection拖放到Project面板的Assets文件夹中，制作成预设立方体，如图16-11所示。

▼图16-11 将CubeCollection Prefab化

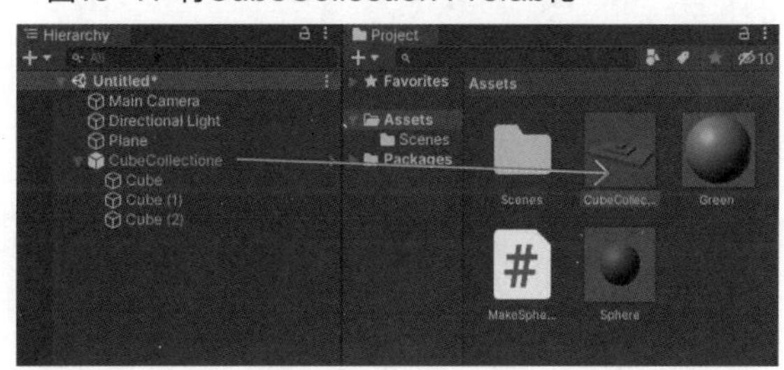

将Hierarchy面板中的CubeCollection删除。再次在地板上配置多个Assets文件夹内的CubeCollection.prefab，如图16-12所示。

▼图16-12 将Prefab化的多个CubeCollection配置在Plane上

秘技135 如何用脚本控制预设对象

下面我们将以秘技134创建的预设为例，介绍如何用脚本控制预设对象。在Unity菜单中执行GameObject→Create Empty命令，创建一个新的空对象，命名为CubeCollections，其子集CubeCollection中包含Rigidbody组件。再创建一个空对象，其子集包含Cube和Cube1、Cube2，结构如图16-13所示。

▼图16-13 Hierarchy面板内的结构

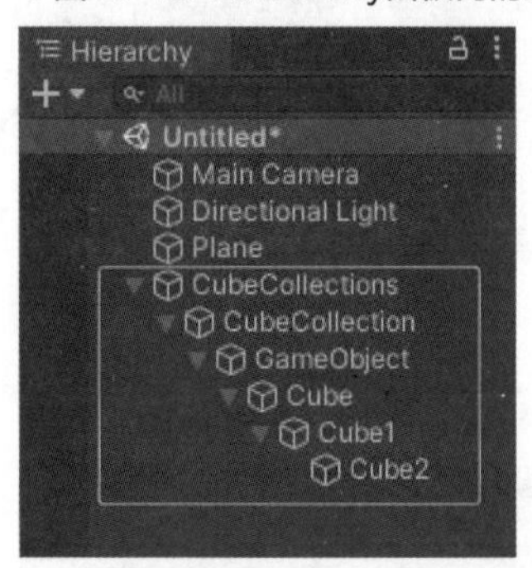

从图16-13中选择Cube、Cube1和Cube2来显示Inspector面板，然后添加Add Component→ Hinge Joint组件。分别选择每个Cube来显示Inspector面板，因为只有CubeCollection有Rigidbody，所以单击Hinge Joint的Connected Body旁边的图标⊙，选择Scene标签内的CubeCollection。在Cube、Cube1、Cube2中全部指定CubeCollection后，将CubeCollections拖放到Assets文件夹内进行Prefab化，创建Cube Collections的预设，如图16-14所示。

▼图16-14 完成CubeCollections的预设

接着，选择Unity菜单中的GameObject→Create Empty命令，在Hierarchy面板内创建一个空的GameObject并选中，显示Inspector面板。选择Add Component→New Script选项，在Name文本框中输入MakeCubeScript，单击Create and Add按钮。双击Inspector面板中的MakeCubeScript，启动Visual Studio，编写代码如列表16-2所示。

▼列表16-2 MakeCubeScript.cs

```
using System.Collections;
using System.Collections.Generic;
using UnityEngine;
public class MakeCubeScript : MonoBehaviour
{
    //用public声明GameObject类型变量prefab
    public GameObject prefab;
    //Update()函数
    void Update()
    {
        //这是鼠标左键被按下时的处理
        if (Input.GetMouseButtonDown(0))
        {
            RaycastHit hit;
            //将Ray移动到鼠标单击的位置
            Ray ray = Camera.main.ScreenPointToRay(Input.mousePosition);
            if (Physics.Raycast(ray, out hit, 100))
            {
                //在Ray的位置hit.point生成一个对象
                Instantiate(prefab, hit.point, Quaternion.identity);
            }
        }
    }
}
```

声明为public变量的预设，将在添加到空对象的脚本中显示为属性。然后将Assets文件夹中创建的Cube Collections拖放到该位置，如图16-15所示。

▼图16-15 在Assets文件夹中指定Prefab属性为Cube-Collections

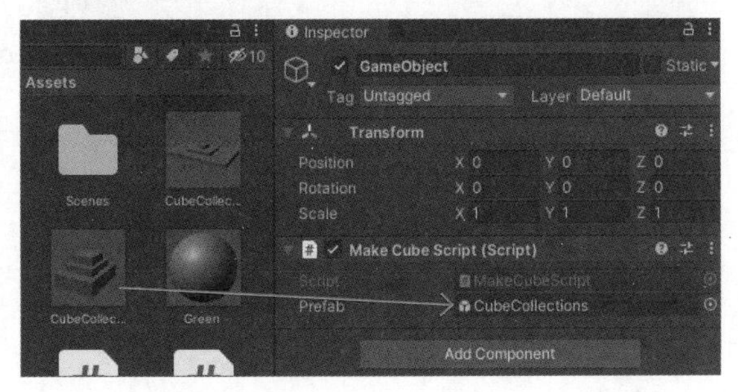

执行Play后，如果单击Game视图中作为地板的Cube，则在单击的位置生成CubeCollections，如图16-16所示。当CubeCollections相互碰撞时，它们会互相排斥并飞走。

▼图16-16 单击Plane，生成Cube Collections

秘技 136 如何预设角色

扫码看视频

▶对应 2019 2021

▶难易程度 ●

首先，从Asset Store中导入Izzy-iClone Charactere和Mecanim Locomotion Starter Kit预设的角色。在场景中放置Plane，然后在Inspector面板中的Transform选项区域，将Scale的*X*指定为2、*Y*指定为1、*Z*指定为2，使尺寸变大。在地板上放置Project面板中Assets→Izzy→Prefab文件夹中的Izzy预设。此时执行Play，什么都不会发生。这是因为没有添加用键盘操作的脚本。因此，需要为Izzy添加可以使用键盘上的方向键操作的功能。将Assets→Izzy→Prefab文件夹中的Izzy.prefab拖放到场景中。角色没有朝向相机也没关系。

从Hierarchy面板中选择该角色以显示Inspector面板。添加Add Component→Physics→Character Controller组件，将Center的*Y*指定为1。如果不将*Y*指定为1，执行Play时角色会稍微从Plane中浮起显示。接下来，从同样的Script中选择Locomotion Player。这样就可以使用键盘上的方向键控制Izzy了。

Main Camera追随Izzy的处理在此不再详细说明。请将各种Inspector设定的Izzy拖放到Project面板的Assets文件夹，使其Prefab化，如图16-17所示。此时会显示提示信息，请选择Original Prefab。

▼图16-17 Izzy已Prefab化

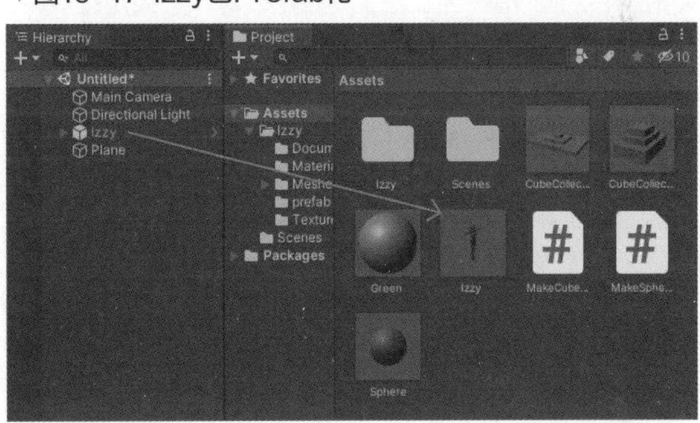

删除Hierarchy面板内的Izzy后，在场景中放置多个Assets文件夹下预设的角色，如图16-18所示。

▼图16-18 配置了多个预设的Izzy角色

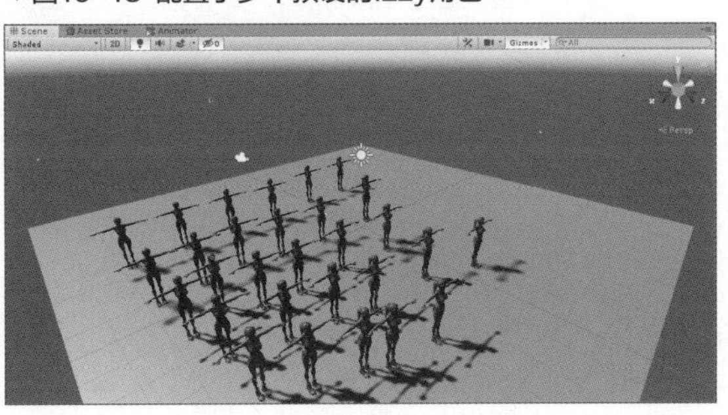

执行Play后，可以不进行任何设定，只用键盘上的方向键控制多个角色执行相同的动作，效果如图16-19所示。

▼图16-19 多个角色执行相同的动作

秘技

137

如何通过脚本控制预设的模型

扫码看视频

对应 2019 2021

难易程度

将角色设置为预设的好处是，可以随时在任何项目中重复使用。

下面介绍如何通过脚本控制秘技136创建的预设Izzy角色。首先在场景中配置Plane作为地板。在Plane的Inspector面板中，在Transform选项区域将Scale的*X*指定为2、*Y*指定为1、*Z*指定为2，稍微放大尺寸。

在Unity菜单中执行GameObject→Create Empty命令，在Hierarchy面板内创建一个空的对象，命名为IzzyShow。选择此IzzyShow以显示Inspector面板。添加Add Component→New Script组件，并命名为IzzyScript，然后单击Create and Add按钮。双击Inspector面板中的IzzyScript，启动Visual Studio，编写代码如列表16-3所示。

▼列表16-3 IzzyScript.cs

```
using System.Collections;
using System.Collections.Generic;
using UnityEngine;
public class IzzyScript : MonoBehaviour
{
    //用public声明GameObject类型变量prefab
    public GameObject prefab;
    //Update()函数
    void Update()
    {
        //这是鼠标左键被按下时的处理
        if (Input.GetMouseButtonDown(0))
        {
            RaycastHit hit;
            //将Ray移动到鼠标单击的位置
            Ray ray = Camera.main.ScreenPointToRay(Input.mousePosition);
            if (Physics.Raycast(ray, out hit, 100))
            {
                //在Ray的位置hit.point中生成一个对象(Izzy)
                Instantiate(prefab, hit.point, Quaternion.identity);
            }
        }
    }
}
```

声明为public变量的预设，将在添加到IzzyScript对象的脚本中显示为属性。然后将Assets文件夹中创建的Izzy预设拖放到该位置，如下页图16-20所示。

执行Play后，在Game视图中作为地板的Plane上单击，就会在单击的位置生成Izzy角色，如下页图16-21所示。

用键盘来控制Izzy角色的效果，如图16-22所示。

▼图16-20 在Assets文件夹中指定Prefab的属性为Izzy

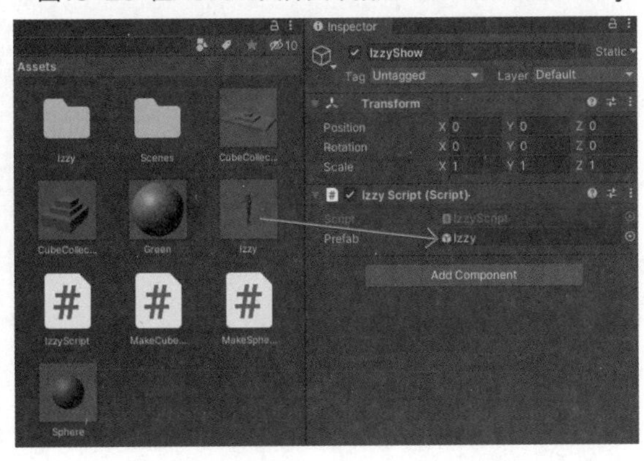

▼图16-21 在单击的位置生成Izzy

▼图16-22 使用键盘操作生成的Izzy

秘技 138

如何将从Asset Store下载的资源设置为预设文件

对应 2019 2021

难易程度 ●

下面我们将介绍如何将从Asset Store中获取的资源文件Prefab化。Prefab化后的资源，用户也可在自己的项目中随时使用。

要实现让金鱼在计算机屏幕上畅游的效果，则首先打开Asset Store，在搜索栏中输入Gold Fish，单击搜索图标，会显示Fish School Goldfish资源。这个资源是收费的，购买后执行下载→导入操作，下载金鱼的资源。此时在Project面板中可以查看下载资源的相关文件，如图16-23所示。

▼图16-23 获取了与Gold Fish有关的文件

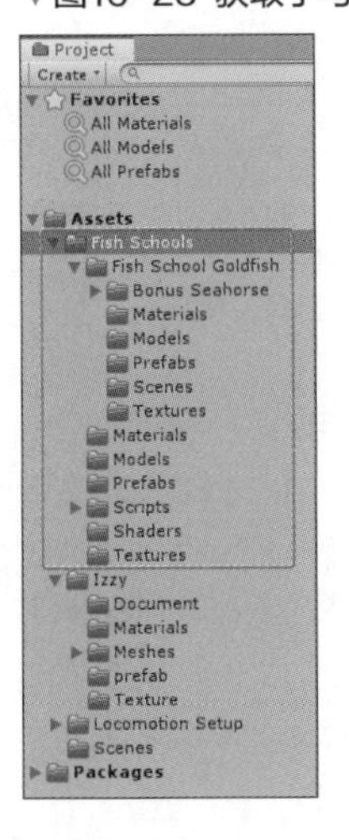

在Project面板的Assets→Fish School→Fish School Goldfish→Scene文件夹中，打开Fish School Goldfish Swimmers.unity样本文件。Scene视图和Hierarchy面板的效果如图16-24所示。

▼图16-24 打开样本文件

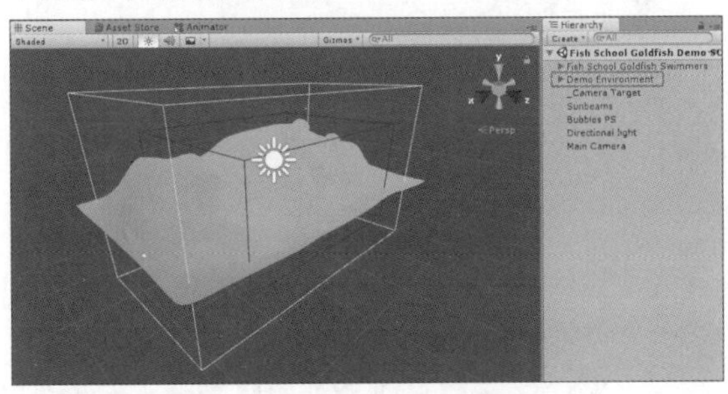

图16-24的Scene视图中，可以看到类似岩石的物体，对应Hierarchy面板内用蓝色矩形框起来的Demo Environment，这里不需要，请删除。删除后Scene视图中的效果如下页图16-25所示。

▼图16-25 从Hierarchy面板中删除Demo Environment

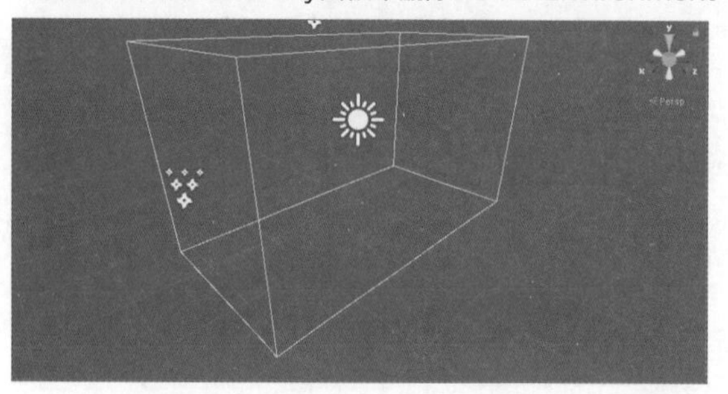

执行Play后，在Game视图中可以看到很多金鱼在畅游的效果，如图16-26所示。接下来，重新将_Camera Target、Sunbeams、Bubbles PS设置为Fish School Goldfish Swimmers的子集，如图16-27所示。

▼图16-26 有很多金鱼在畅游

▼图16-27 _Camera Target、Sunbeams和Bubbles PS被设置为Fish School Goldfish Swimmers的子集

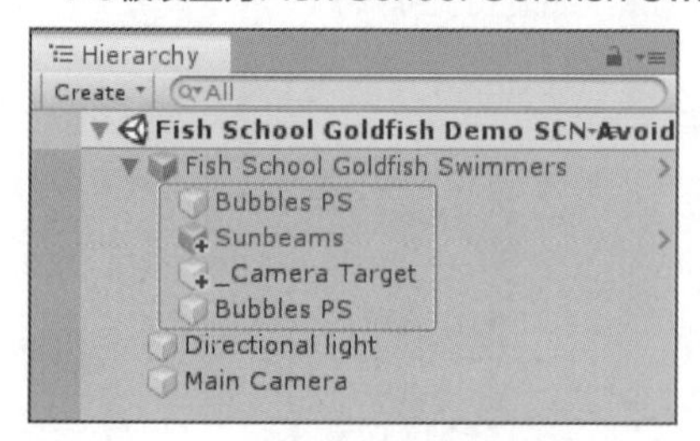

将该Fish School Goldfish Swimmers拖放到Assets文件夹内，使其Prefab化。删除Hierarchy面板内的Fish School Goldfish Swimmers，从而创建图16-28的预设。

▼图16-28 Fish School Goldfish Swimmers的预设已创建

在Hierarchy面板中配置4个预设，如图16-29所示。然后执行Play，因为会显示很多金鱼，要稍等片刻才会播放，如图16-30所示。

▼图16-29 在Hierarchy中配置了4个Fish School Goldfish Swimmers预设

▼图16-30 有很多金鱼在畅游

秘技

139 如何取消对象的预设

扫码看视频

▶对应 2019 2021

▶难易程度 ●

在实际工作中为对象设置Prefab化后，虽然我们很少需要取消，但是还是需要了解一下取消对象Prefab化的方法。

首先，从Asset Store中导入Space Robot Kyle和Mecanim Locomotion Starter Kit资源。然后在场景中配置Plane，在Inspector面板中将Transform选项区域Scale的*X*指定为2、*Y*指定为1、*Z*指定为2，使尺寸变大。

接下来，选择Assets→Robot Kyle→ Model文件夹中的Robot Keyle.fbx来显示Inspector面板，单击Rig按钮，将Animation Type从Legacy变更为Humanoid。请务必单击Apply按钮，在Plane上配置刚刚在Inspector面板中设置后的Robot Kyle。从

Hierarchy面板中选择Robot Kyle来显示Inspector面板，在Animator选项区域将Controller指定为Locomotion。添加Add Component→Physics→Character Controller组件，将Center的*Y*值指定为1。接下来，从Scripts中选择Locomotion Player。这样，就可以通过键盘上的方向键控制Robot Kyle了。

Main Camera追随Robot Kyle的设置这里不再介绍。请将在Inspector面板中进行各种设定后的Robot Kyle拖放到Project面板的Assets文件夹中，生成预制体，如图16-31所示。

▼图16-31 将Robot Kyle Prefab化

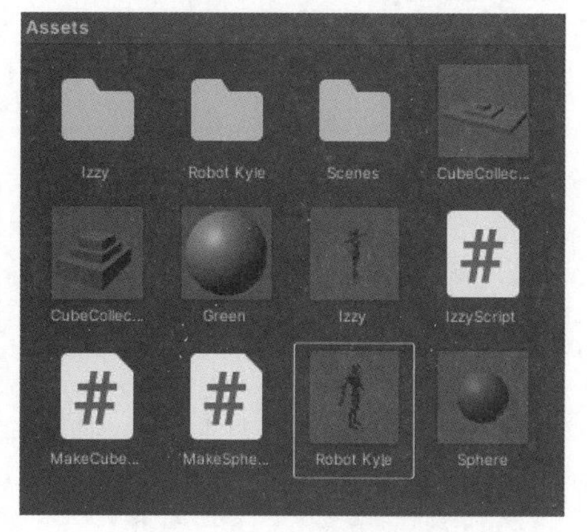

务必删除Hierarchy面板内的Robot Kyle，然后重新在场景中放置Prefab化的对象。在Hierarchy面板中，配置好的Prefab文件显示为浅蓝色，其右端显示“>”图标，如图16-32所示。其他对象的文字以黑色显示。

▼图16-32 Prefab化的对象在Hierarchy面板内以浅蓝色显示

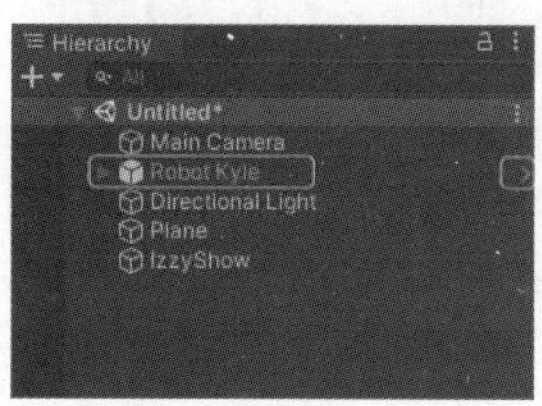

选择Hierarchy面板内的Robot Kyle，单击鼠标右键，在弹出的快捷菜单中选择Prefab→Unpack Completely命令，如图16-33所示。

▼图16-33 选择了 Prefab子菜单中的Unpack Completely命令

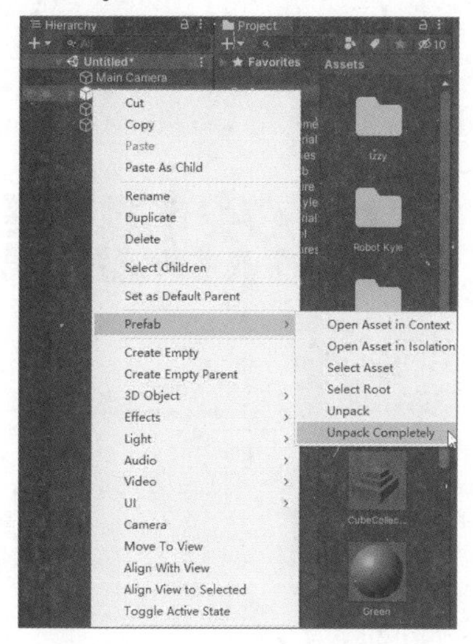

于是，图16-32中对象右端的“>”图标消失了，Robot Kyle的文字由浅蓝色变成了黑色，这样就取消了对象的预设，如图16-34所示。但是，只是取消了配置在Hierarchy面板内Robot Kyle的预设关联。

▼图16-34 Robot Kyle的预设已取消关联

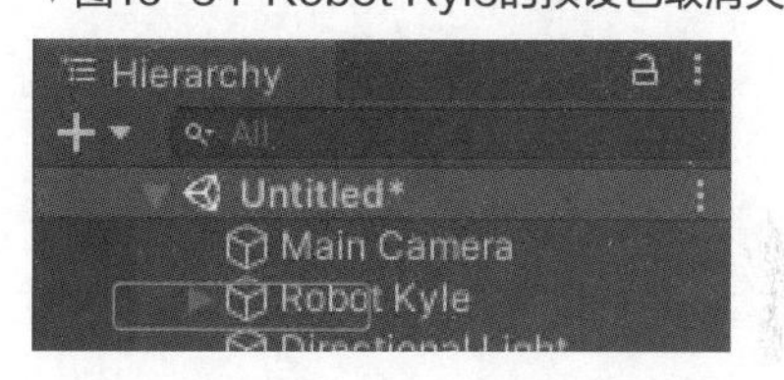

自然场景创建秘技

秘技 140

如何建立地形

扫码看视频

对应 2019 2021

难易程度 ●

为了在场景中创造自然环境，就必须要建造作为其基础的地形。创建地形时，可以使用Terrain组件来造山、长草、种树等。

为了创建自然地形，需要从Asset Store预先导入Standard Assets资源。

我们可以在Project面板中查看导入的Standard Assets资源文件，其中，TerrainAssets文件夹中包含创建自然场景所需的组件，如图17-1所示。

▼图17-1 Standard Assets资源已导入

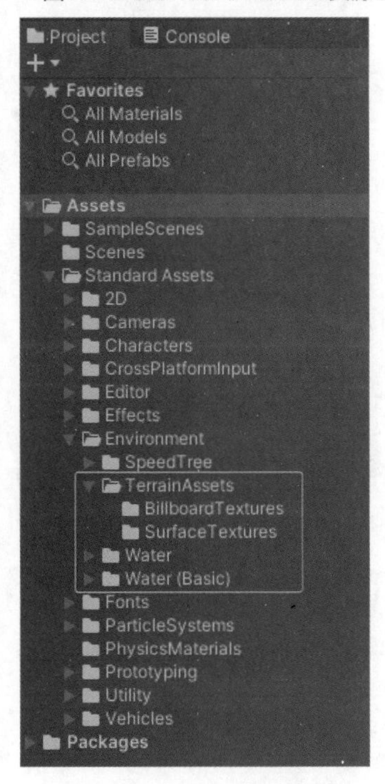

之后在Hierarchy面板中执行Create→3D Object→Terrain命令，然后使用移动工具（Move Tool）使其在场景显示适当的位置，如图17-2所示。

▼图17-2 已配置Terrain

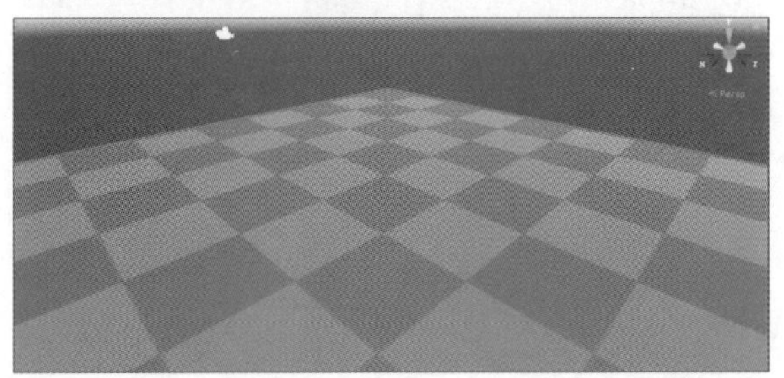

要想改变该地形的大小，则选中在Hierarchy面板中选中Terrain，显示Inspector面板，单击Terrain选项区域最右端的齿轮图标，如图17-3所示。

▼图17-3 单击齿轮图标

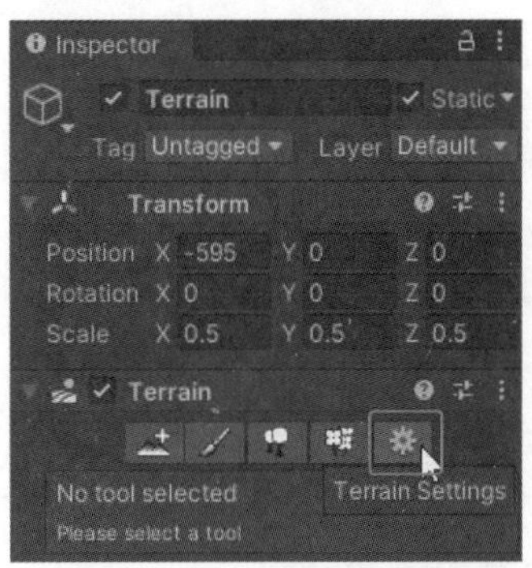

此时会显示图17-4的界面，在Mesh Resolution（On Terrain Data）选项区域指定Terrain Width为500、Terrain Length为500、Terrain Height为300。另外，在Tree & Detail Object选项区域将Detail Distance的值设定为最大的250，理由将在后面叙述。

▼图17-4 完成Terrain的设置

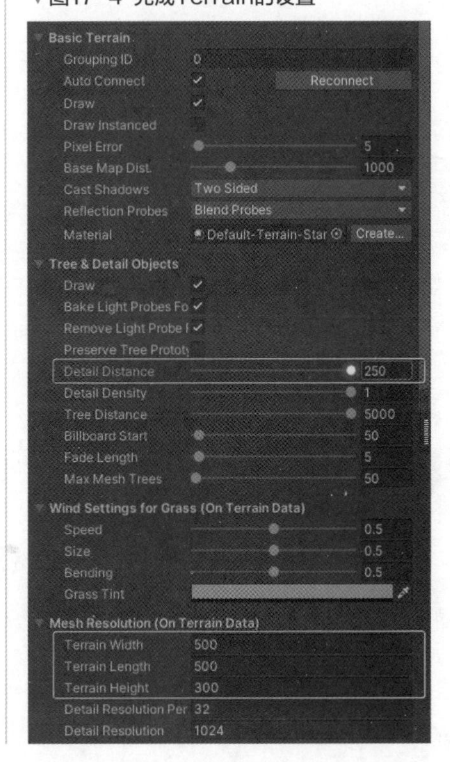

如何建造山脉

扫码看视频

对应 2019 2021

难易程度 ●●

创建好基础地形后，接下来介绍如何建造山脉。首先在Inspector面板的Terrain选项区域单击Paint Terrain画笔图标，如图17-5所示。

▼图17-5 单击Paint Terrain图标

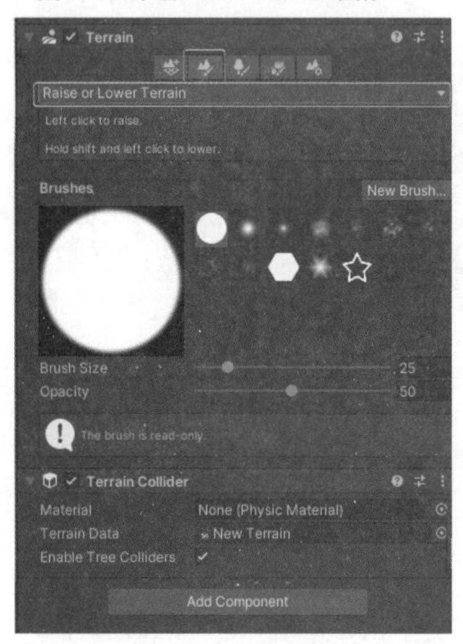

然后单击Paint Texture下三角按钮，在下拉列表中选择Raise or Lower Terrain（使地形升高或降低）选项，如图17-6所示。

▼图17-6 显示了各种菜单

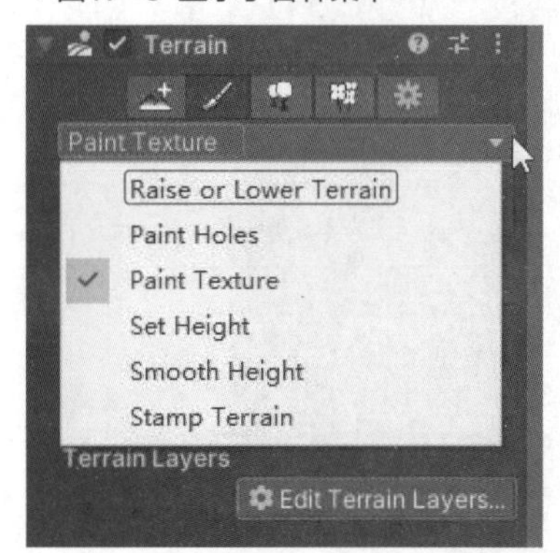

接着，我们还可以从Brushes选项区域中设置地形上制作的山的尺寸，或选择所需的刷子样式，按照自己的喜好制作地形。使用刷子在场景中的地形上单击，即可创建山脉。制作山脉时，尽量用光标拖动的方式来制作山脉，如图17-7所示。

▼图17-7 创造出来的地形

从图17-6中选择Paint Texture选项，在显示的界面中单击Edit Terrain Layers按钮，选择Create Layer选项，如图17-8所示。

▼图17-8 选择Create Layer选项

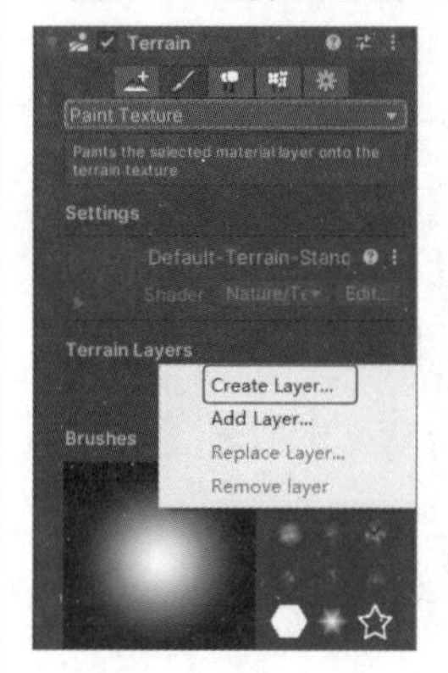

打开Select Texture2D面板，根据需要选择所需的纹理选项，这里选择GrassHillAlbedo纹理选项，如图17-9所示。

▼图17-9 选择GrassHillAlbedo纹理

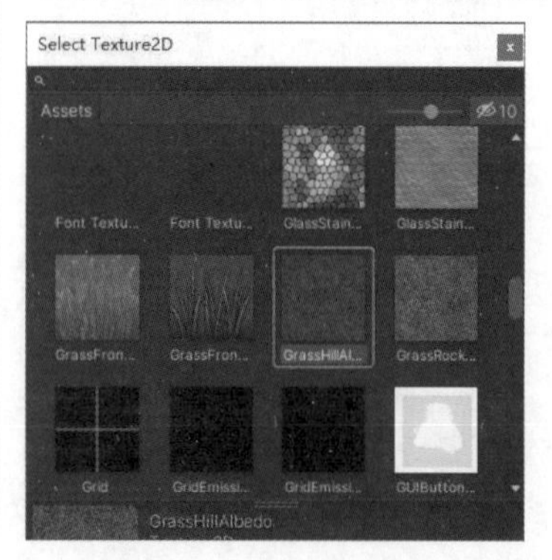

于是，在Terrain（地形）的Terrain Layers选项区域中添加了选中的纹理，如图17-10所示。

▼图17-10 添加了GrassHillAlbedo纹理

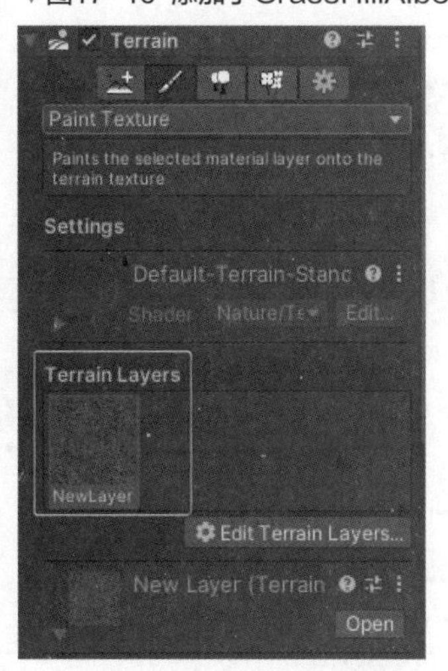

此时可以看到地形的表面被GrassHillAlbedo纹理覆盖，如图17-11所示。

▼图17-11 地形被纹理覆盖

秘技 **142**

如何在场景中制作草地效果

扫码看视频

对应 2019 2021
难易程度 ●●

完成山脉的创建后，接下来我们要在山上种上绿草。在场景中添加草地，看着很简单，其实不太容易操作。之所以这么说，是因为草一般比较小，如果不放大画面，就无法确认它是否存在。另外，必须用鼠标右键拖拽Scene场景，一边改变视点一边种草，不习惯的话很难操作。通常放大之后，即使种了草也不能用眼睛确认。不过，因为在图17-4中将Detail Distance的值指定为最大的250，所以比通常更容易用眼睛确认。Detail Distance的默认值是80，如果不把场景画面放大，就无法确认是否长出了草，请注意。

首先单击Inspector面板中的Paint Details图标，如图17-12所示。

▼图17-12 单击Paint Details图标

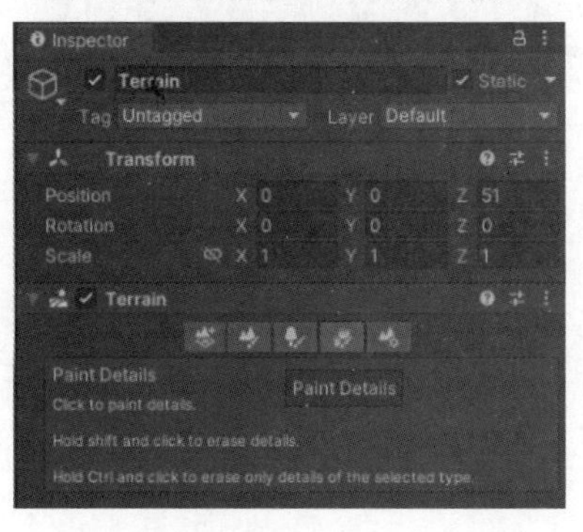

此时将显示图17-13的界面，单击Edit Details按钮，从显示的列表中选择Add Grass Texture选项，如图17-14所示。

▼图17-13 单击Edit Details按钮

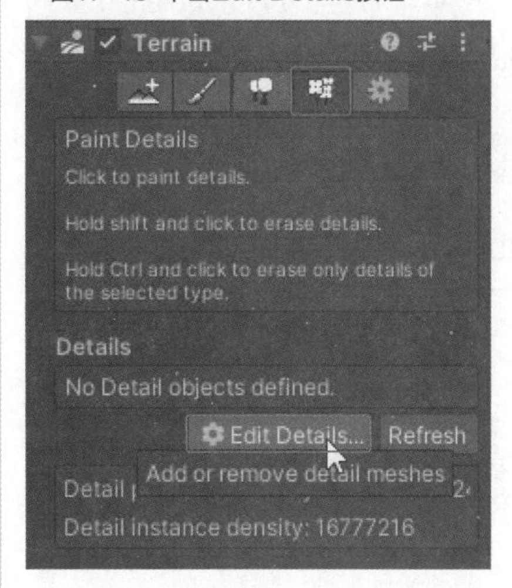

▼图17-14 选择Add Grass Texture选项

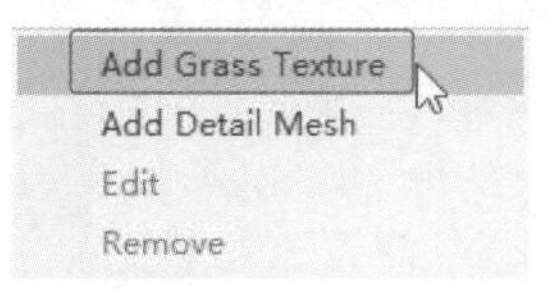

打开Add Grass Texture对话框，如图17-5所示。

▼图17-15 显示Add Grass Texture对话框

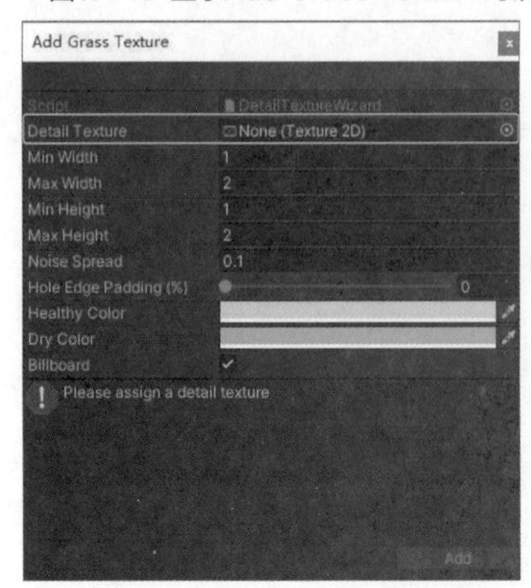

单击图17-15 Detail Texture右端的⊙图标，会显示Select Texture2D对话框。如果选择GrassFrond-01AlbedoAlpha选项，则GrassFrond01AlbedoAlpha会被添加到图17-15的Detail Texture属性框，然后单击Add按钮。

▼图17-16 在Detail Texture中追加了GrassFrond-01AlbedoAlpha

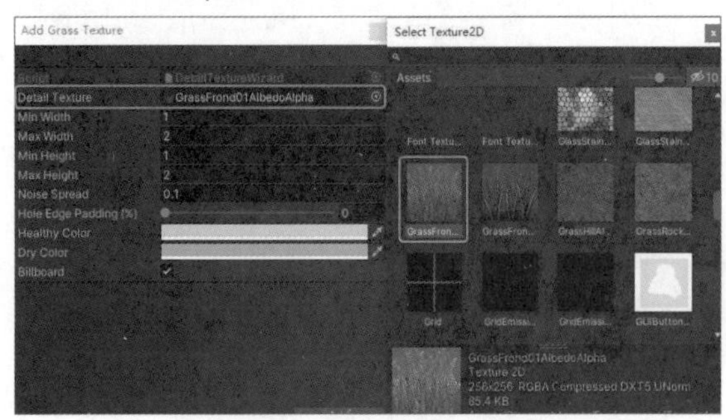

在图17-16中单击Add按钮后，即可在Details处添加所选择的GrassFrond01AlbedoAlpha，如图17-17所示。

设置Brush Size的值为10，然后选择Details的图像，在地形上单击。虽然长了草，但是不放大场景画面就不能显示。我们可以一边放大场景画面，一边单击以种上草。也可以用鼠标右键单击场景画面，一边改变视点一边种草。请将Main Camera的位置设定成一边看Game画面一边显示地形，如图17-18所示。

▼图17-17 追加了GrassFrond01AlbedoAlpha

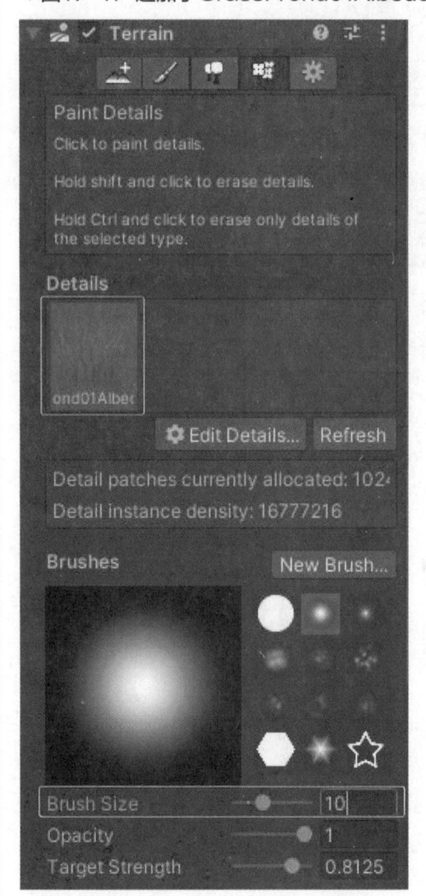

▼图17-18 在地上种草

秘技 143

如何在场景中制作树木效果

扫码看视频

对应 2019 2021

难易程度 ●

接下来我们将在场景中种上树木。首先单击Inspector面板中的Paint Trees图标，如图17-19所示。

▼图17-19 单击Paint Trees图标

从打开的面板中单击Edit Trees按钮，如图17-20所示。然后选择Add Tree选项，如图17-21所示。

▼图17-20 单击Edit Trees按钮

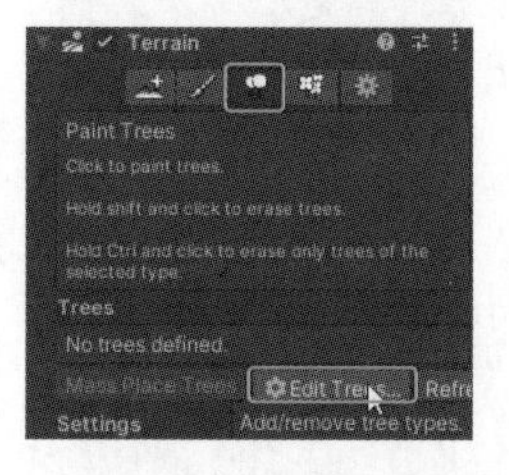

▼图17-21 选择Add Tree选项

此时将打开Add Tree对话框，单击Tree Prefab右侧的⊙图标，会显示Select Game Object面板，选择Broadleaf_Mobile选项后，在Add Tree对话框的Tree Prefab属性框中也追加了Broadleaf_Mobile，然后单击Add按钮，如图17-22所示。

▼图17-22 选择了Broadleaf_Mobile

单击Add按钮后，在Inspector面板中的Trees区域追加了Broadleaf_Mobile，如图17-23所示。

▼图17-23 在Trees区域添加了Broadleaf_Mobile

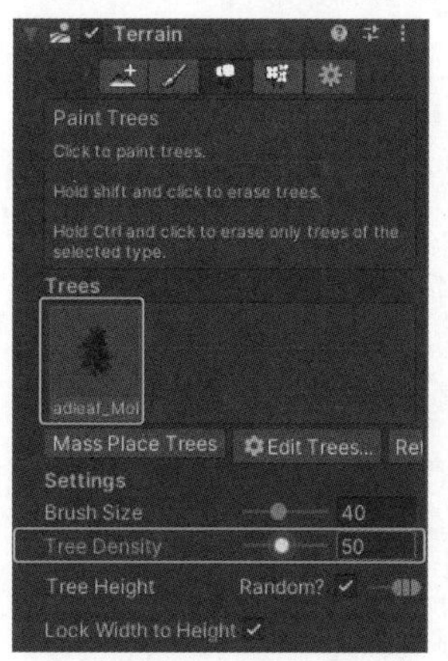

将图17-23中Tree Density（树木的密度）属性值改为50。Tree Density属性用于控制树对象的间距，值越大树木越密集、间距越小。

我们可以通过调整相机的位置，更好地显示场景画面。如果不显示*X*轴，请在Main Camera的Inspector面板中设置Transform选项区域*X*的值来进行更改，调整后的显示效果，如图17-24所示。

▼图17-24 调整了场景中Main Camera的位置

如何在场景中制作湖泊效果

扫码看视频

对应 2019 2021

难易程度 ●●

湖泊一般需要在地形凹进去或者被山包围的地方建造。这里使用图17-25的星形笔刷在地形中建造被星形的山包围的湖泊。

▼图17-25 选择星形笔刷

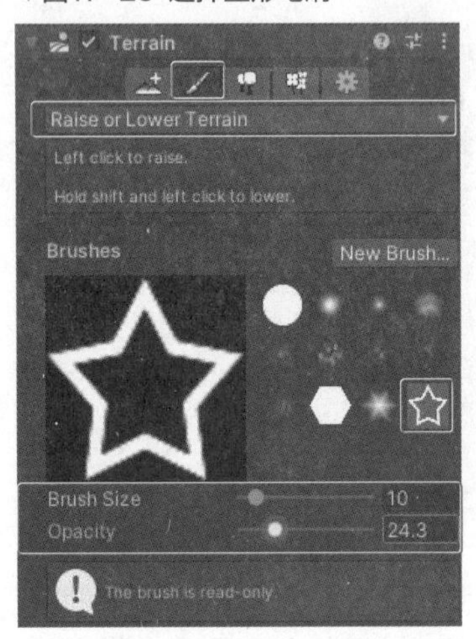

选择好要建造星形山的位置后，将Brush Size设置为10，将Opacity设置为24.3，形成浅山一样的凹陷。

湖泊制作在Main Camera能看见的地方最安全。像图17-26这样调整Main Camera以缩小星形的凹处。虽然有点难以理解，但是在图17-26的蓝色矩形围起来的地方制作了星形的山。

▼图17-26 制作星形的山，中间凹进去了

要使这个星形的凹处蓄水变成湖泊，则在Project面板内选择Assets→Standard Assets→Environment→Water→Vater→Prefabs里面的WaterProDaythime.prefab。为了能顺利地进入地形，需要使用变形工具中的缩放工具（Scale Tool）调整尺寸。这里非常难操作，因为水是圆形或椭圆形的，很难变成星形。如果水溢出来，在其周围建一座小山将水围住就好了。调整Main Camera的位置查看效果，如图17-27所示。

▼图17-27 星形的山中注入了水

执行Play后，在Game视图中可以看到波浪起伏、水草摇曳的效果，如图17-28所示。

▼图17-28 游戏画面中创建的湖泊

为了更好地查看湖内的效果，在湖边创建一个立方体。使用缩放工具（Scale Tool）对立方体进行拉伸后，将其命名为Lake Target，如下页图17-29所示。

▼图17-29 创建Lake Target（Cube）

接下来，在场景的湖边配置Project面板的Assets→Standard Assets→Cameras→Prefabs内的Free-LookCameraRig prefab。这个照相机是通过移动鼠标来改变视点的。在Hierarchy面板中选中该照相机，即可在Inspector面板中查看其参数属性，如图17-30所示。

关于FreeLookCameraRig照相机，在第28章有详细说明。

▼图17-30 FreeLookCameraRig的属性面板

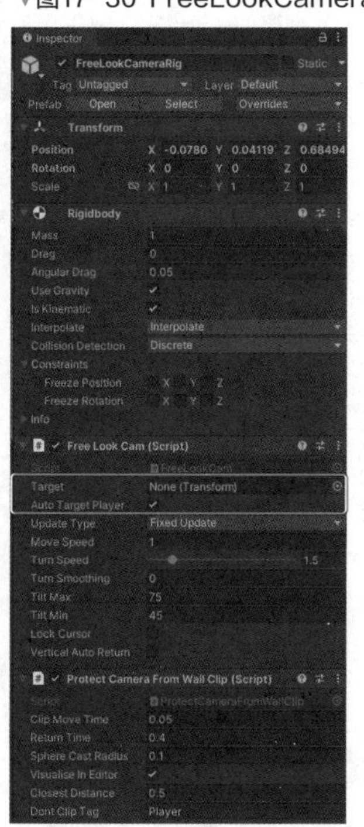

接下来，在Inspector面板的Free Look Cam（Script）选项区域设置Target属性。最初，笔者认为可以将Lake Target从Hierarchy面板拖放到Target属性框，但是Cube的Lake Target不是Transform，不能拖放。因此，勾选Auto Target Player复选框，这是“自动追逐的目标是Player”的意思。究其原因，请从Hierarchy面板中选择Lake Target（原来是Cube），显示Inspector面板，如图17-31所示。

▼图17-31 Lake Target的索引器

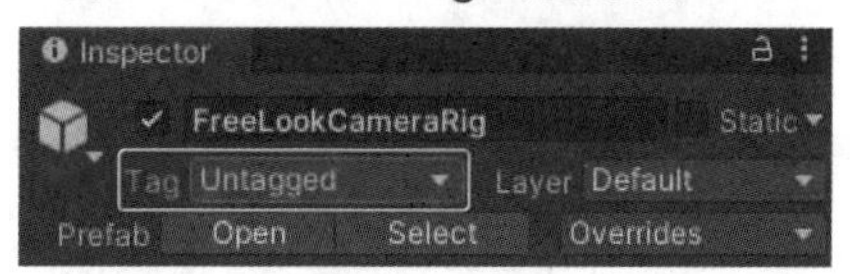

单击Tag下拉按钮，从打开的下拉列表中选择Player选项，如图17-32所示。

▼图17-32 选择Player选项

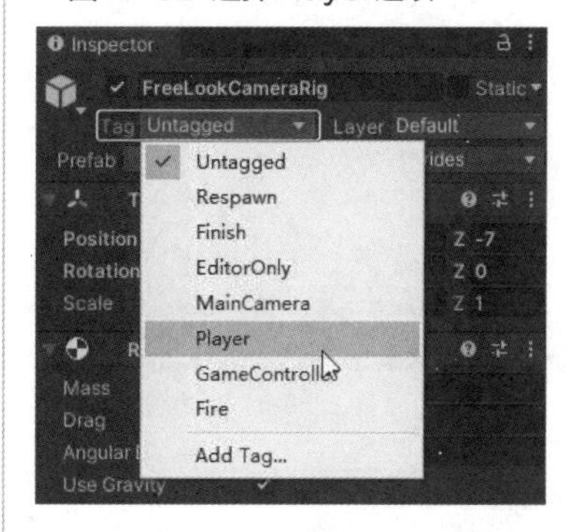

“标签”用于对文件进行分类。这样，Lake Target的标签就被分到了Player，满足了“自动追逐的目标是Player”。

执行Play后，虽然可以通过移动光标来俯瞰湖泊，但是水并不能很好地适应星形凹陷处，如图17-33所示。

▼图17-33 星形凹槽不能很好地蓄水

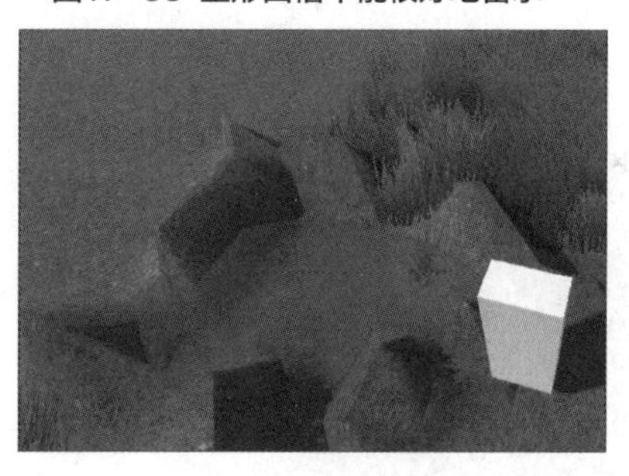

稍微对湖泊进行一下调整，让水稍微露出来，如图17-34所示。

▼图17-34 修改了湖的设置

再用光标环视周围，就能看到湖了，但是不能靠近湖。因此，请在Scene视图的湖边配置Assets→Standard Assets→Characters→FirstPersonCharacters→Prefabs文件夹中的FPSController.prefab。配置此选项时，可以使用键盘上的方向键移动。使用键盘上的Space键跳跃，可以听到走路的脚步声。关于Characters，将在第29章详细说明。

配置FPSController后，我们可以将之前放置的FreeLookCameraRig从Hierarchy面板中删除。注意，如果同时使用FPSController和FreeLookCameraRig，视点将无法变更。

执行Play后，用户可以用鼠标改变视点，用键盘移动位置，试着进入湖里，如图17-35所示。

▼图17-35 进入到湖中的画面

秘技145 如何让金鱼在湖里畅游

扫码看视频

对应 2019 2021

难易程度 ●●

将金鱼放在湖中的操作是在Scene视图中完成的，而不是将其拖放到Hierarchy面板中。为了防止金鱼被埋在湖底，需要注意金鱼放到湖中的位置。如果放入的金鱼数量和尺寸太小，在自然的湖中就完全不显眼了，所以放3条稍微大一点的金鱼比较好。

下面将介绍如何让金鱼在秘技144建造的湖泊中畅游。金鱼将使用秘技138中使用的Fish School Goldfish。请按照步骤导入，创建图17-36中的文件夹，并导入所需的文件。

▼图17-36 导入Fish School Goldfish所需的文件

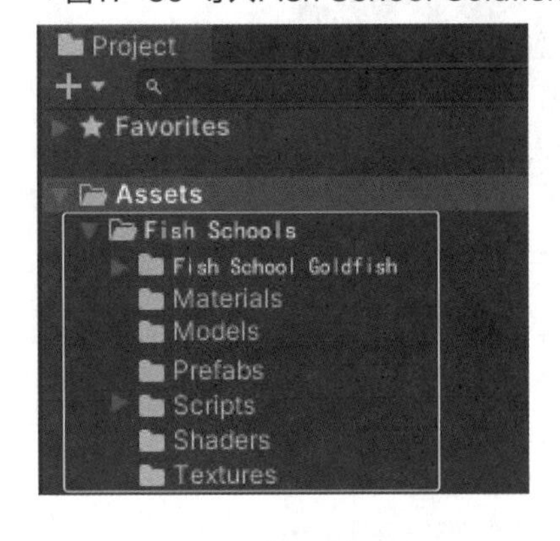

将Project面板Assets→Fish School→Fish School Goldfish→Prefabs文件夹中的Goldfish prefab拖放到湖里。在Inspector面板中将Transform的Scale值指定为3，放大金鱼。然后选择Hierarchy面板中的Goldfish，执行Duplicate命令，复制金鱼。因为湖泊不是很大，所以我们在湖里放了3条金鱼。选择Hierarchy面板中的FPSController来显示Inspector面板，在Transform选项区域将Scale的*X*和*Y*值都指定为0.3，使尺寸变小。试着一边移动一边用Space键跳跃进入湖中。用光标拖拽可以移动视点，来查看湖里的金鱼了，如图17-37所示。

▼图17-37 能够看见湖里的3条金鱼

秘技 146

如何让树叶随风摇曳

扫码看视频

对应 2019 2021

难易程度 ●

创建地形时，可以使用Terrain组件来造山、长草、种树等。用Terrain制作草和树后，即使什么都不做，草也会随风摇曳，但是树木的叶子却完全没有摇晃。草摇动是因为风在吹，所以树木的叶子不摇动会很不自然。使用Wind Zone组件，只需指定风的方向，即可在地形场景中创建风的效果。下面将介绍如何让树叶随风摇曳。

首先执行GameObject→ 3D Object→Wind Zone命令，在Hierarchy面板中添加Wind Zone组件，选择该组件，打开Inspector面板，如图17-38所示。

▼图17-38 Wind Zone的Inspector面板

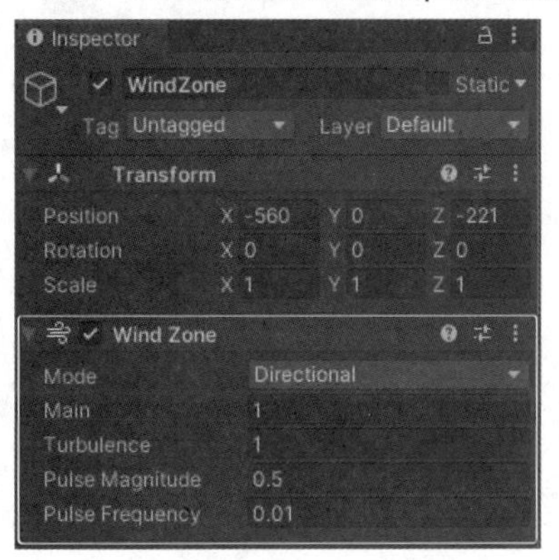

用户可以在Wind Zone选项区域的Mode下拉列表中选择Directional或Spherical选项。在Directional模式下，风会影响整个地形。在Spherical模式下，风会吹到Radius（半径）属性设定的球形范围内。

- **Main：用于设置风的整体强度。**
- **Turbulence：控制粒子速度形成湍流，会产生随机的暴风。**
- **Pulse Magnitude：设置风的强弱。**
- **Pulse Frequency：设置风的频率。**

Wind Zone的参数设置，笔者在此使用默认值。双击Hierarchy面板的Wind，会显示表示风向的箭头。我们可以使用变形工具中的移动工具（Move Tool）或旋转工具（Rotate Tool），设置风吹树木，如图17-39所示。

▼图17-39 风吹向陆地上的树木

执行Play后，查看树叶随风摇晃的效果，如图17-40所示。

▼图17-40 树叶随风摇曳

秘技 147

如何让小鸟在树林中飞翔

对应 2019 2021

难易程度 ●

如果想让小鸟飞翔，只需在起飞的位置配置从Asset Store中获取的Flock Controller Avoidance1.prefab。如果想让小鸟在空中或在地面附近飞，可以使用移动工具（Move Tool）将其移动到指定位置。

下面将使用秘技146创建的自然场景来做小鸟在树木之间飞来飞去的背景，介绍如何实现小鸟的树林中飞翔的效果。我们可以从Asset Store下载鸟群资源，这个资源是收费的，购买后执行下载→导入操作，导入到Project面板内，如下页图17-41所示。

▼图17-41 Bird Flocks组件被导入

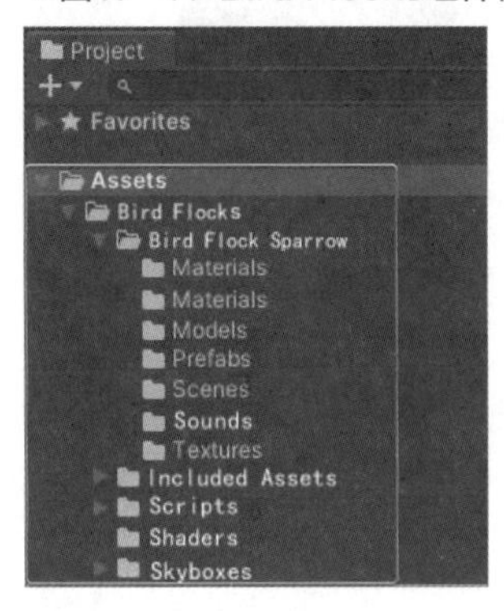

将Project面板Assets→Bird Frocks→Bird Frock Sparrow→Prefabs内的Flock Controller Avoidance1.prefab拖放到想放飞小鸟的树上。此时执行Play，SmoothCameraOrbit.cs就会发生错误，可能是和配置在Hierarchy面板上的FreeLookCameraRig互相冲突。我们可以在Project的搜索栏中输入Smooth CameraOrbit.cs，删除显示的Script文件。配置Flock Controller Avoidance的效果，如图17-42所示。

执行Play后，在场景中可以看见小鸟在树木之间飞来飞去的情形，如图17-43所示。

▼图17-42 树木之间放置了多个Flock Controller Avoidance

▼图17-43 小鸟在树木之间飞行

这个场景的制作，使用了几种收费的资源，如不想使用收费的资源，请跳过该部分。

秘技 148 如何制作下雨效果

扫码看视频

▶对应 2019 2021

▶难易程度 ●

使用Unity内置的Particle System组件来实现场景下雨的效果，但是有很多设定比较麻烦。我们可以使用Asset Store上的相关资源来实现，更有效率。

接下来，让我们使用秘技147创造的自然环境，实现降雨效果。首先在Asset Store的搜索栏中输入RainMaker并单击搜索图标，会显示RainMaker→2D and 3D Particle System for Unity资源，请下载并导入Unity。这是免费的资源。

可以看到，RainMaker被导入Project面板内，如图17-44所示。

将Project面板Assets→RainMaker→Prefab文件夹中的RainPrefab.prefab拖放到Hierarchy面板内，如图17-45所示。

▼图17-44 RainMaker已导入

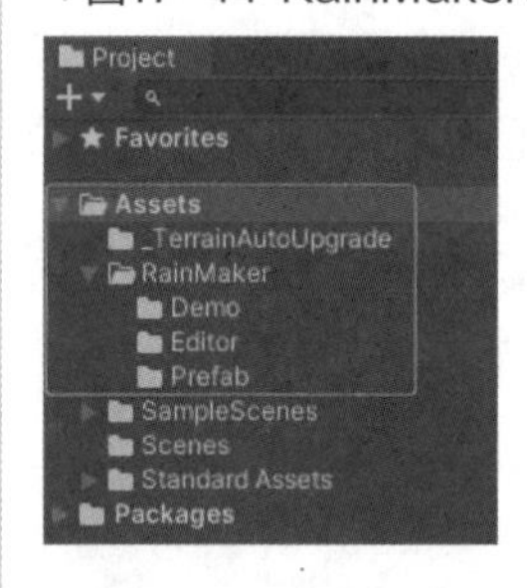

▼图17-45 将RainPrefab拖放到Hierarchy面板内

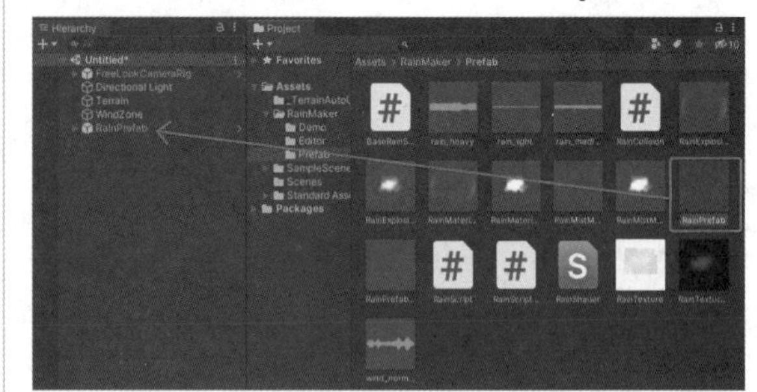

这样就完成了在场景中实现降雨效果的设置。不需要特意设置RainPrefab降雨的位置，只需拖放在Hierarchy面板内，自然地形整体就会下雨。执行Play后，效果如图17-46所示。

▼图17-46　场景中开始下雨了

秘技 149　如何改变天空的背景

扫码看视频

对应 2019 2021

难易程度 ●

要改变天空的背景，可以从Asset Store导入Sky-5X资源，这是免费的。导入后读取Project面板内相关的文件，如图17-47所示。

▼图17-47　Sky5X的文件被导入

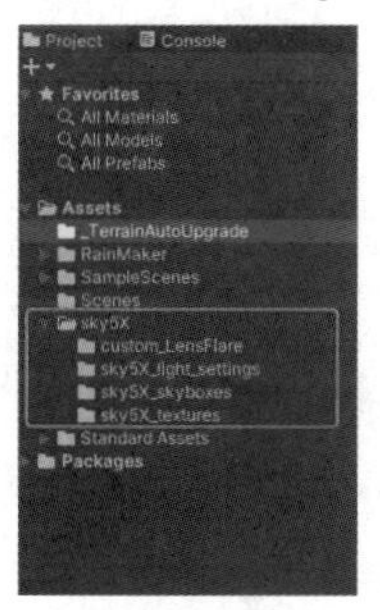

接下来，执行Unity菜单的Window→ Rendering→Lighting命令，如图17-48所示。

打开Lighting面板后，切换至Environment选项卡，单击Skybox Material右侧的 图标。因为显示了sky5X相关的文件，所以在这里选择表示阴天的sky5X1。这样一来，天空的背景一瞬间就改变了。执行Play后，天空变成了多云的效果，且有鸟儿在飞来飞去，如图17-49所示。

▼图17-48　选择Unity菜单的Window→Rendering→Lighting命令

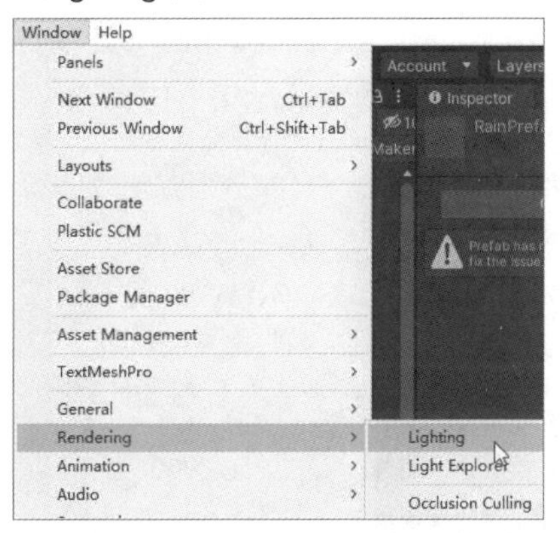

▼图17-49　设置阴天后的天空效果

秘技 150　如何设置打雷效果

扫码看视频

对应 2019 2021

难易程度 ●

从Asset Store中导入Thunder资源后，只有雷声效果，不会发生闪电等。该资源是收费的。

要想获取免费的雷电效果，只要在Asset Store的搜索栏中输入Thunder Sound，就会显示Thunder-SoundSetVol1，然后执行下载、导入操作。本秘技使用的是收费的Thunder资源设置打雷的效果，导入到Project面板中的组件如下页图17-50所示。当然，也可以使用免费的ThunderSoundSet Volume1资源。

▼图17-50 导入需要的文件

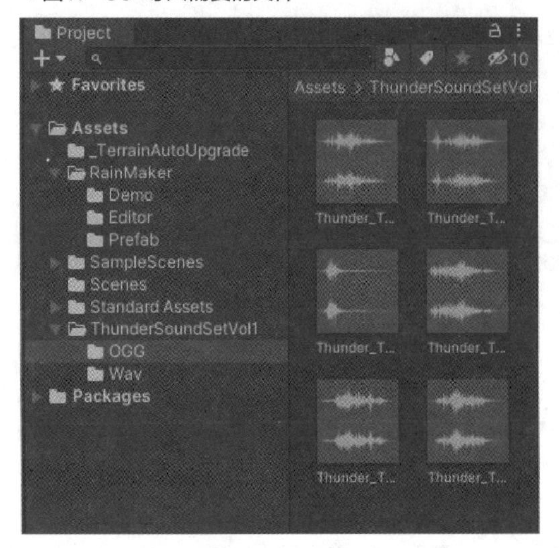

接下来进行雨声和雷声设置。首先选择Unity菜单的GameObject→Create Empty命令，创建一个空的游戏对象，命名为Thunder Sound，如图17-51所示。

▼图17-51 在Hierarchy面板内创建一个空的游戏对象

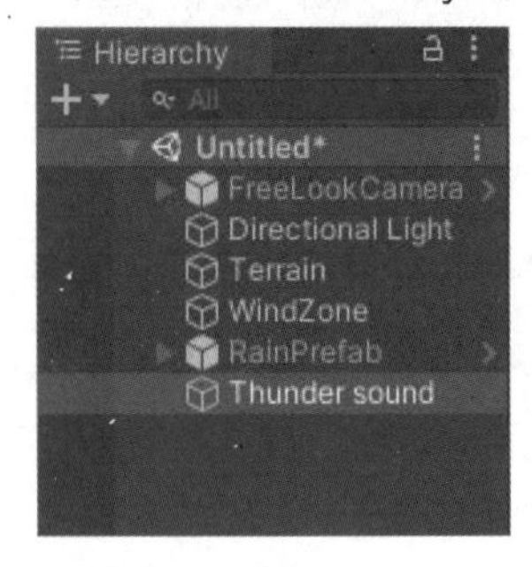

选择Thunder Sound来显示Inspector面板，从Add Component中选择Audio→Audio Source选项，在Inspector面板中添加Audio Source组件。单击其中Audio Clip右侧的⊙图标，从打开的Select AudioClip面板中选择THUNDERSTORM_2选项，如图17-52所示。然后取消勾选Loop复选框。

▼图17-52 设置AudioClip为THUNDERSTORM_2

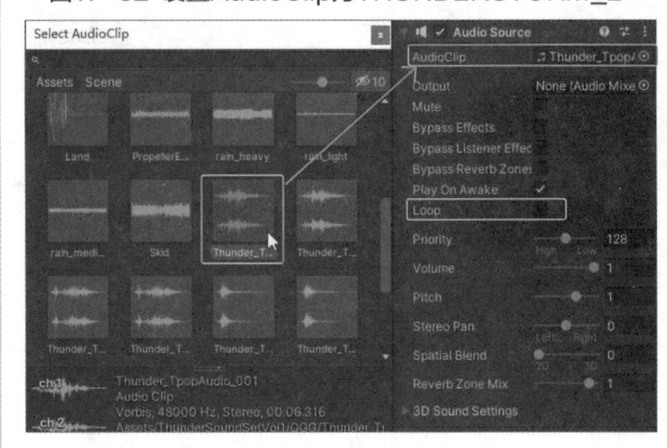

执行Play后，会听到雨声和雷声，但是没有闪电，如图17-53所示。

▼图17-53 充满了激烈的雨声和雷声

秘技 151 如何使角色在自然场景中疾驰

下面我们将使用秘技150的自然场景，制作角色在场景中疾驰的效果。首先，删除Hierarchy面板内的FPSController，然后将Assets→Standard Assets→Characters→ThirdPersonController→Prefabs文件夹内的ThirdPersonController配置在Scene视图内，然后在ThirdPersonController附近配置Cameras文件夹中的FreeLookCameraRig，如图17-54所示。

▼图17-54 将ThirdPersonController配置在场景中

因为勾选了FreeLookCameraRig的Auto Target Player复选框，所以秘技144中原本是Cube的Lake-Target的Tag现在应该是Player。请从这个LakeTarget的Inspector面板中向Tag指定Untagged。另外，从ThirdPersonController的Inspector面板中向Tag指定Player。这里FreeLookCameraRig要追随的变成了ThirdPersonController。

要添加闪电效果，则从Asset Store导入FX_Simple_Lightning_Pack1（收费）。Project面板内需要的文件将被获取，如图17-55所示。

▼图17-55 导入FX_Simple_Lightning_Pack1文件

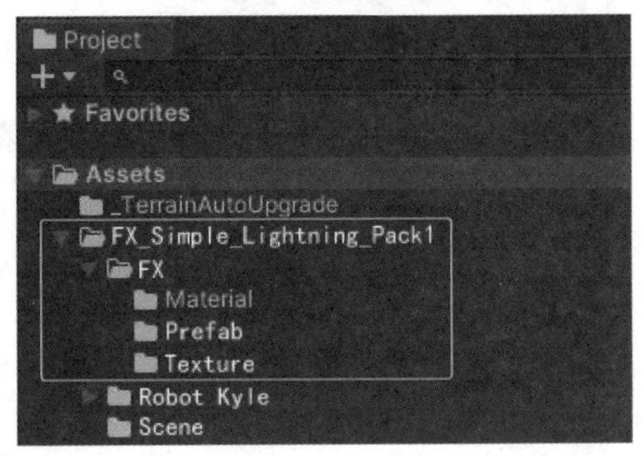

将Assets→FX_Simple_Lightning_Pack1→FX→Prefab文件夹内的Eff_Thunder拖放到场景中。尽量配置在FreeLookCameraRig可以看到的上空。执行Play后，ThirdPersonController可以使用键盘上的方向键移动，也可以用Space键进行跳跃，如图17-56所示。关于这些Characters，将在第29章详细说明。需要注意的是，如果ThirdPersonController掉到湖里，动作就会停止，所以请注意不要掉下去。

▼图17-56 ThirdPersonController在大雨、闪电和雷声中奔跑

Main Camera应用秘技

秘技 152

如何设置Main Camera的位置

扫码看视频

对应 2019 2021
难易程度 ●

Main Camera设置的位置不同，对象的外观也会有很大的变化。在Unity中创建新场景时，Main Camera和Directional默认会跟随。Main Camera显示Game视图中的场景。首先，在场景中配置Plane，在其上面分别配置Cube和Sphere，并分别为Cube和Sphere设置适当的颜色，如图18-1所示。

▼图18-1 在场景中配置Plane、Cube和Sphere

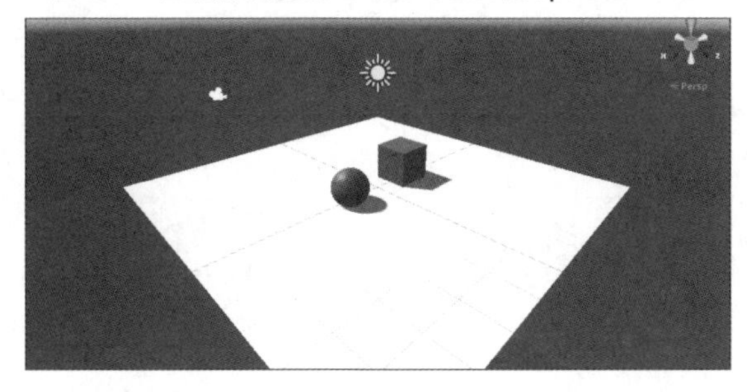

Game视图中的显示效果，如图18-2所示。

▼图18-2 Game视图的显示效果

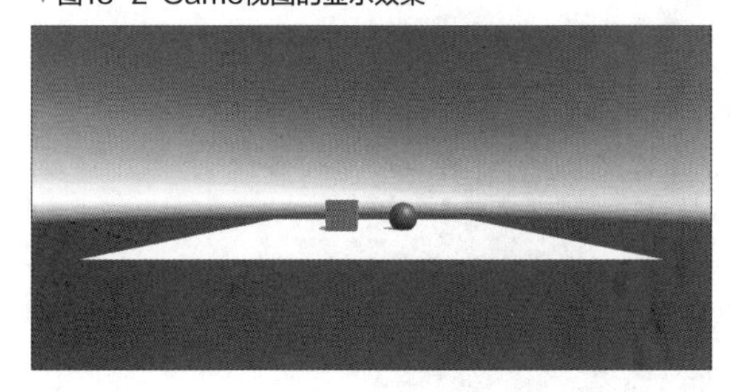

从Hierarchy面板中选择Main Camera，显示当前Main Camera的位置和Camera Preview。在Camera Preview上显示的是与在Game视图中相同的效果，如图18-3所示。

相机上三个方向箭头的作用与移动工具（Move Tool）相似，可以通过这三个箭头将摄像机拉近或远离对象。将摄像机靠近Cube和Sphere时，Cube和Sphere会显示得很大，如图18-4所示。我们可以在Camera Preview中确认显示结果。

▼图18-3 显示了Main Camera的位置和Camera Preview

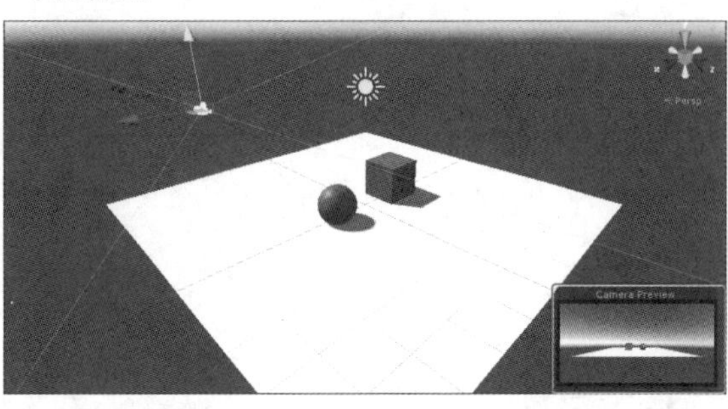

▼图18-4 将摄像机靠近Cube和Sphere

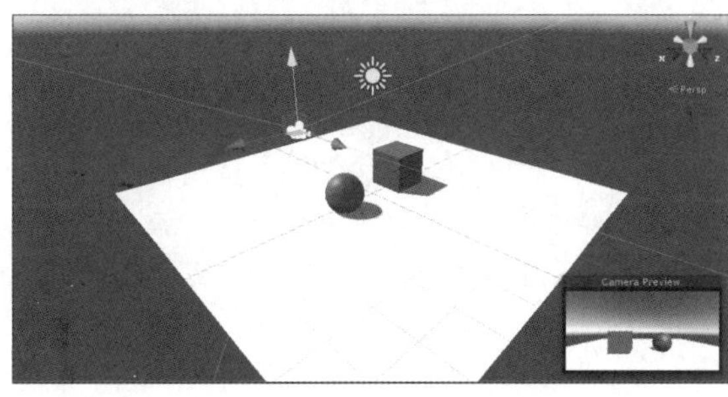

当然，也可以从高处观察。如果把摄像机放置在上方，则显示效果如图18-5所示。

▼图18-5 把摄像机放在了上方

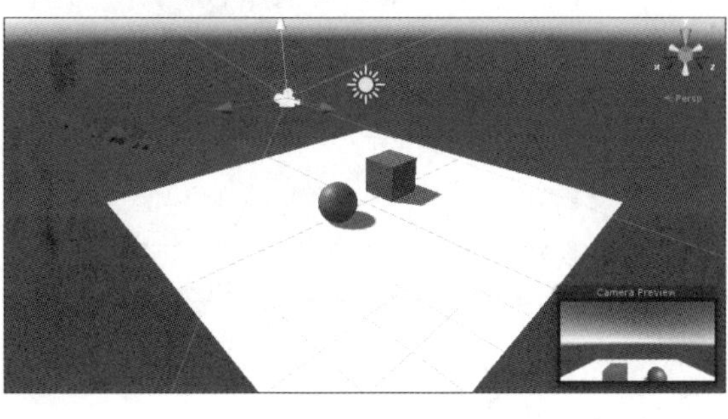

用户也可以使用旋转工具（Rotate Tool）旋转摄像机，如图18-6所示。

将摄像机移动到与图18-3相反的位置，使摄像机朝向Cube或Sphere并旋转，效果如图18-7所示。

▼图18-6 横向旋转摄像机

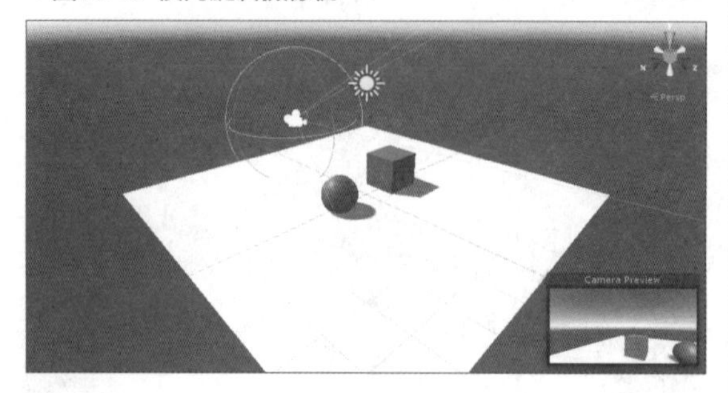

▼图18-7 Scene视图和Camera Preview中的显示

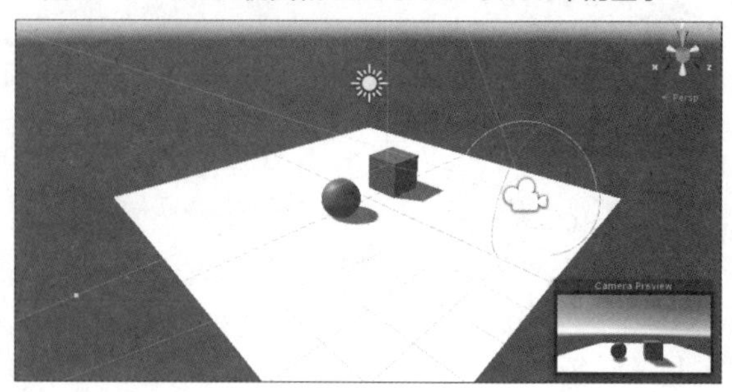

通过查看图18-1和图18-2的画面，会发现Scene视图的Cube和Sphere的位置调转了。为了使外观相同，必须将摄像机移动到相反的位置并旋转，如图18-7所示。这样，根据Main Camera的位置，对象的外观会发生变化。

秘技153

如何让Main Camera跟随角色移动

扫码看视频

对应 2019 2021

难易程度 ●

要使Izzy追随摄像机，在以前的Unity版本中使用Mecanim Locomotion Starter附带的Smooth Follow脚本是最简单的方法。但是，从Unity 2018.3开始不再支持Unity Script（JavaScript），无法使用JavaScript所编写的Smooth Follow脚本。

从Unity 2019开始，我们可以使用从Asset Store导入的Cameras Prefab作为使角色跟随摄像机的方式，或者使用Utility文件夹中的C#编写的SmoothFollow.cs方法。这里解说使用最方便的SmoothFollow.cs方法。

首先，从Asset store中导入Standard Assets和Jammo_Character资源，Project面板中获取的文件如图18-8所示。

在场景中配置Plane，在Inspector面板中，将Transform的Scale指定为2，把尺寸放大。接下来，将Assets→Jammo-Character→Animations→ prefab文件夹中的Jammo_Player配置在场景的中央。对象默认是背对着摄像机，所以需要设置为朝向摄像机，如下页图18-9所示。

▼图18-8 Project面板中已获取所需的文件

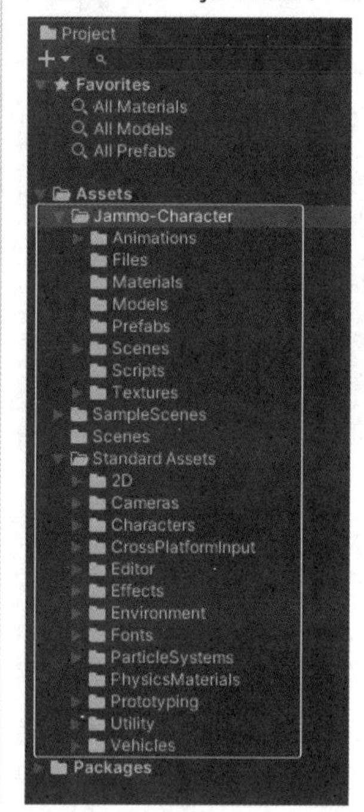

▼图18-9 配置Jammo_Player朝向摄像机

选择Hierarchy面板中的Jammo_Player来显示Inspector面板，该模型自带Character Controller，将Center的*Y*指定为1。执行Play后，可以用键盘上的方向键移动对象，如图18-10所示。

▼图18-10 因为摄像机没有跟随角色，所以从Game视图中看不到角色了

接下来设置摄像机来追随Jammo_Player。首先从Hierarchy到Project的Standard Assets→Utility文件夹内，有一个名为Smooth Follow的C#文件，将其拖放在Main Camera上。显示Main Camera的Inspector面板，Smooth Follow会自动被追加。从Hierarchy面板中拖放Jammo_Player到Target的属性栏。根据需要设置合适的距离和高度值，这里将Distance指定为4，将Height指定为3.5，如图18-11所示。

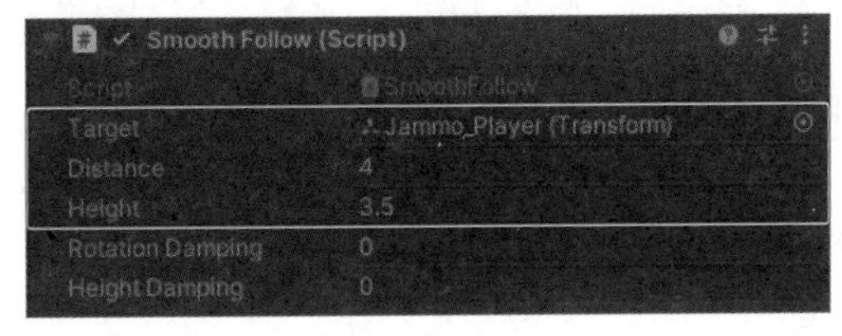

▼图18-11 Smooth Follow的Inspector面板

执行Play后，可以看到Main Camera在追随Jammo_Player，如图18-12所示。

▼图18-12 Main Camera在追随Jammo_Player

秘技 154

如何通过代码访问Main Camera

扫码看视频

对应 2019 2021

难易程度 ●

使用脚本很容易访问Main Camera，只需执行cam=Camera.main，就可以应用Main Camera了。在场景中配置Plane，将Sphere配置在Plane上。将红色材质应用于Sphere，如图18-13所示。

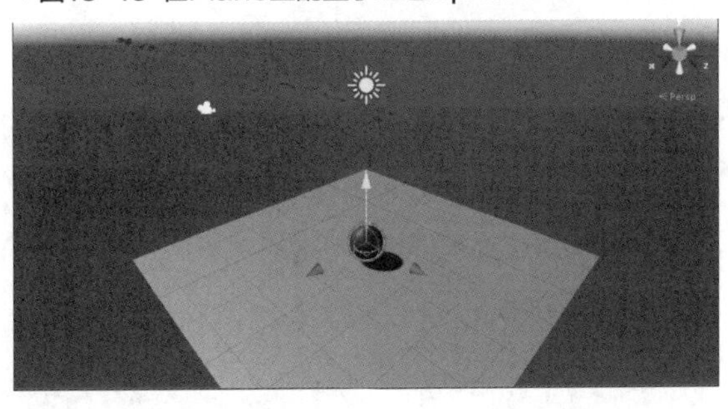
▼图18-13 在Plane上配置了红色Sphere

让我们从Script操作Main Camera，将Main Camera靠近Sphere。从Hierarchy面板中选择Main Camera来显示Inspector面板，从Add Component中选择New Script，在Name中指定MainCameraScript，单击Create and Add按钮。双击Inspector面板中追加的MainCameraScript，启动Visual Studio，代码如下页列表18-1所示。

▼列表18-1 MainCameraScript.cs

```
using System.Collections;
using System.Collections.Generic;
using UnityEngine;
public class MainCameraScript : MonoBehaviour
{
    //显示Camera类型变量cam
    Camera cam;
    void Start()
    {
        //在变量cam中参照Main Camera
        cam = Camera.main;
        //确定Main Camera的位置
        //这里的值是使Main Camera直接靠近场景中的Sphere
        //确认该值后，在程序中使用
        cam.transform.position = new Vector3(0.0f, -0.47f, -3.05f);
    }
}
```

执行Play后，Main Camera就会接近Sphere，如图18-14所示。

▼图18-14 Main Camera接近红色Sphere

秘技 155

如何切换摄像机

对应 2019 2021

难易程度 ●

使用SetActive()方法，可以轻松实现摄像机的切换。首先在场景中配置Plane、Izzy和Cylinder。设置Cylinder为蓝色。从Main Camera中看到的画面，如图18-15所示。

▼图18-15 从Main Camera看到的场景

接着，在Hierarchy面板中执行Create→Camera命令，再配置1台摄像机，命名为Sub Camera。Sub Camera位于图18-16显示的位置。

▼图18-16 从Sub Camera看到的场景

接下来，从Hierarchy面板中选择Sub Camera，取消Inspector复选框的勾选。显示Main Camera，创建空菜单，命名为CameraScript。至此，Hierarchy面板的结构如图18-17所示。

▼图18-17 配置了两台摄像机的Hierarchy面板

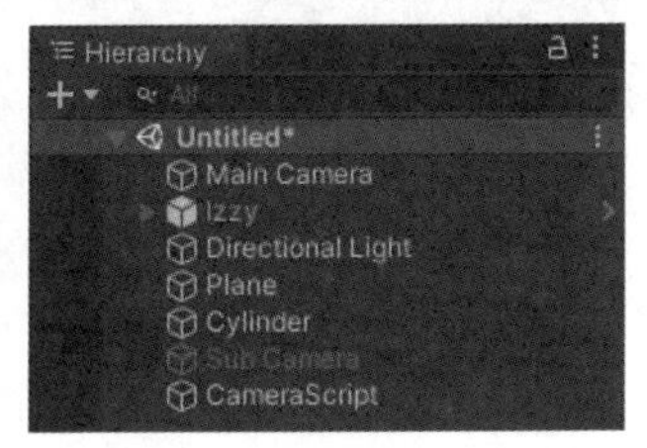

选择CameraScript，显示Inspector面板，从Add Component中选择New Script选项，在Name文本框中输入ChangeCameraScript，单击Create and Add按钮。ChangeCameraScript将被添加到Inspector面板中，双击该脚本启动Visual Studio，代码如列表18-2所示。

▼列表18-2 ChangeCameraScript.cs

```
using System.Collections;
using System.Collections.Generic;
using UnityEngine;
public class ChangeCameraScript : MonoBehaviour
{
    //声明public的GameObject类型和subCam变量
    public GameObject mainCam;
    public GameObject subCam;
    //Start()函数
    void Start()
    {
        //Sub Camera不可使用
        subCam.SetActive(false);
    }
    //Update()函数
    void Update()
    {
        //单击鼠标左键后，切换到Sub Camera，并按住鼠标左键
        //单击鼠标右键后，切换至Main Camera
        if (Input.GetMouseButtonDown(0))
        {
            mainCam.SetActive(false);
```

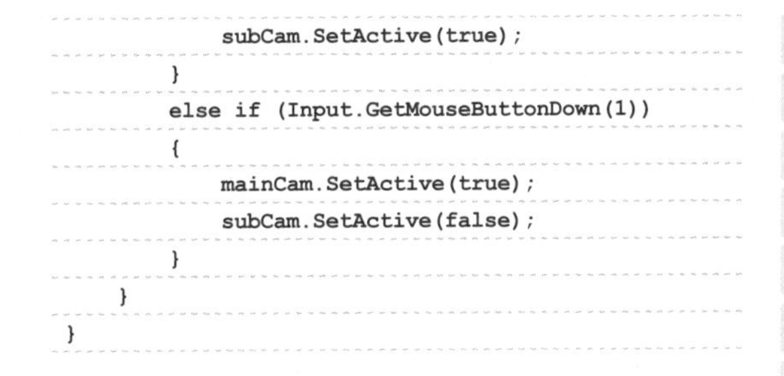

```
            subCam.SetActive(true);
        }
        else if (Input.GetMouseButtonDown(1))
        {
            mainCam.SetActive(true);
            subCam.SetActive(false);
        }
    }
}
```

保存代码并返回Unity中，我们可以将CameraScript作为public变量，作为Main Camera和Sub Camera的属性。然后从Hierarchy面板中拖放Main Camera和Sub Camera。执行Play后，单击鼠标左键可显示Sub Camera的图像，如图18-18所示。

▼图18-18 显示了Sub Camera视图

单击鼠标右键，切换成Main Camera的图像显示，如图18-19所示。

▼图18-19 切换到Main Camera视图

秘技156 如何保持角色的视线总是朝向摄像机

扫码看视频

对应 2019 2021

难易程度 ●●●

Unity的IK（Inverse Kinematics）功能，用于反向计算手臂和膝盖等关节的角度，这里我们使用该功能，设置Izzy始终朝向相机。首先，从Asset Store中导入Unity-Chan! Model资源。此处不使用Unity，而导入其中的Controller。只导入Controller也可以，但是存在忽略相关文件导入的风险，因此我们导入所有相关

文件。

首先，在场景中配置Plane，将Izzy朝向摄像机。删除Main Camera，使用Standard Assets中包含FreeLookCameraRig的Cameras。尽量将FreeLookCameraRig靠近Izzy，如图18-20所示。

▼图18-20 FreeLookCameraRig靠近Izzy配置

接下来，将UnityChanLocomotions拖放到Assets→unity-chan！→Unity -chan Model→Art→Animations→Animals文件夹的Izzy上。然后，双击Animator的Controller指定的Unity ChanLocomotions，打开文件，如图18-21所示。

▼图18-21 UnityChanLocomotions的内容

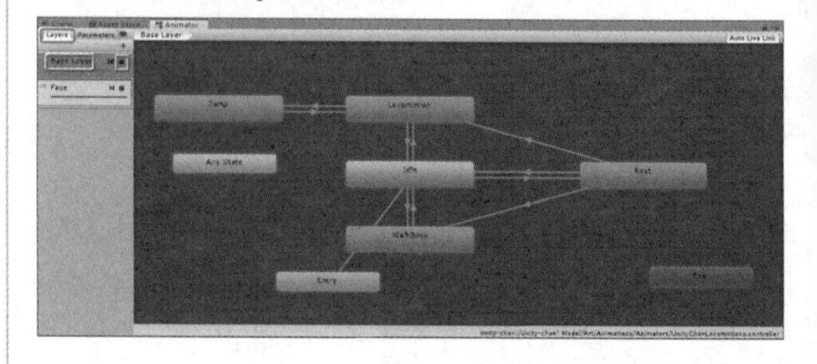

单击图18-21左角上的Layers，显示Base Layer。单击右侧的齿轮图标，在打开的界面中勾选IK Pass复选框，如图18-22所示。

▼图18-22 勾选IK Pass复选框

这样就可以使用IK了。从Hierarchy面板中选择Izzy，显示Inspector面板，从Add Component中选择New Script选项，在Name文本框中输入LookAtTargetController，单击Create and Add按钮。双击该脚本，启动Visual Studio，代码如列表18-3所示。

▼列表18-3 LookAtTargetController.cs

```
using System.Collections;
using System.Collections.Generic;
using UnityEngine;

public class LookAtTargetController : MonoBehaviour
{
    //声明Animator类型变量anim
    Animator anim;
    //声明NVector3类型变量targetPos
    Vector3 targetPos;

    //Start()函数
    void Start()
    {
        //通过GetComponent访问Animator组件
        //参照变量anim
        anim = GetComponent<Animator>();
        //将相机的位置保存在变量targetPos中
        targetPos = Camera.main.transform.position;
    }

    //Update()函数
    void Update()
    {
        //将相机的移动位置保存在变量cameraps中
        Vector3 cameraPos = Camera.main.ScreenPointToRay(Input.mousePosition).origin;
        //将摄像机的位置设为摄像机移动的位置
        targetPos = cameraPos;
    }
```

```
    //Animator组件在更新IK系统之前
    //被调用的函数
    private void OnAnimatorIK(int layerIndex)
    {
        //在SetLookAtWeight中设定IK的权重
        //在SetLookAtPosition中设定角色的视点
        anim.SetLookAtWeight(1.0f, 0.5f, 0.8f, 0.0f, 0f);
        anim.SetLookAtPosition(this.targetPos);
    }
}
```

SetLookAtWeight的格式如下。

```
SetLookAtWeight(weight:float, bodyWeight:float = 0.00f, headWeight: float = 1.00f, eyesWeight: float = 0.00f,
clampWeight: float = 0.50f):
```

weight：表示重量。
bodyWeight：决定角色身体和LookAt有多大关系。
headWeight：决定角色头和LookAt有多大关系。
eyesWeight：决定角色眼睛和LookAt有多大关系。
clamWeight：是角色动作的限制。

设置合适的值后执行Play，用鼠标拖拽移动FreeLookCameraRig后，Izzy总是朝向相机，如图18-23所示。

▼图18-23 Izzy总是朝向相机

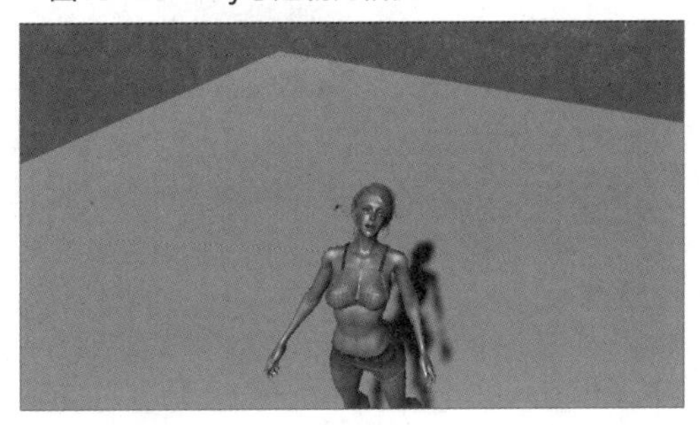

秘技 157 如何将摄像机放在单击的位置

扫码看视频

对应 2019 2021

难易程度 ●●

要实现将相机移动到单击的位置，就要检查是否将Ray从单击的坐标跳过并与Plane交叉，然后将该坐标设置在摄像机的坐标上。首先，在场景中配置Plane，将Plane的尺寸指定为10，使之变宽。在Plane上配置Cube和Sphere，并设置适当的颜色，如图18-24所示。

然后将Standard Assets中Cameras的FreeLookCameraRig拖放到Hierarchy面板内，删除默认的Main Camera。图18-24中的图像来自FreeLookCameraRig中。在这里，FreeLookCameraRig的Inspector面板参数无须设定。

选择菜单中的GameObject→Create Empty命令，创建空的GameObject，命名为MoveTouchPositionScript。从Add Component中选择New Script选项，在Name文本框中指定MoveTouchPositionScript，单击Create and Add按钮。双击该脚本，启动Visual Studio，代码如下页列表18-4所示。

▼图18-24 在Plane上配置的Cube和Plane

▼列表18-4 MoveTouchPositionScript.cs

```
using System.Collections;
using System.Collections.Generic;
using UnityEngine;
public class MoveTouchPositionScript : MonoBehaviour
{
    //声明public类型变量targetCamera
    public GameObject targetCamera;
    //Update()函数
    void Update()
    {
        //鼠标左键单击后，Ray会飞到单击的位置
        if (Input.GetMouseButtonDown(0))
        {
            Ray ray = Camera.main.ScreenPointToRay(Input.mousePosition);
            RaycastHit hit;
            //将摄像机移动到Ray碰撞的位置。Mathf.Infinity表示Z轴的无限大
            //因此，Ray的长度变得无限大。可以直接指定长度
            if (Physics.Raycast(ray, out hit, Mathf.Infinity))
            {
                var cameraPos = new Vector3(hit.point.x, hit.point.y, hit.point.z);
                targetCamera.transform.position = cameraPos;
            }
        }
    }
}
```

返回Unity中，选中Hierarchy面板内的MoveTouchPositionScript，显示Inspector面板，Script的位置会将public变量的Target Camera作为属性。将FreeLookCameraRig从Hierarchy面板中拖放到这个位置，如图18-25所示。

▼图18-25 将FreeLookCameraRig拖放到Target Camera的位置

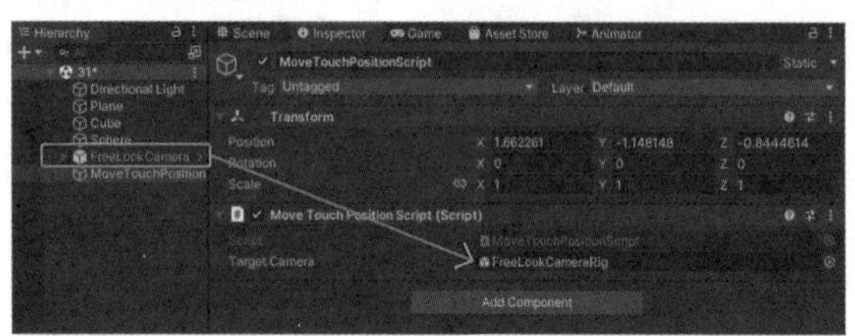

执行Play后，将FreeLookCameraRig移动到单击的位置。即使移动，FreeLookCameraRig也可以通过鼠标移动来改变视点，所以可以立即显示其他地方。单击的时候，可以知道摄像机已移动到单击的位置，如图18-26所示。

▼图18-26 摄像机移动到单击的位置

秘技 158

如何同时显示Main Camera和Sub Camera

扫码看视频

对应 2019 2021

难易程度 ●●

要想同时显示副相机的画面与主相机的画面，可以通过在副相机的Inspector面板内设置Viewport Rect参数来实现。在Game视图的右上角打开分镜头用的小窗口,显示副相机拍摄的画面。

在场景中配置Plane，然后配置Izzy和秘技156导入的unitychan资源。对于unitychan，请在Assets→unity-chan! →Unity-chan模型→Art模型中使用unitychan。再配置Cylinder，赋予相应的颜色后，放

置在指定的位置，如图18-27所示。

▼图18-27 放置对象的Scene画面

选择Create→Camera命令，再追加一台摄像机，命名为Sub Camera。Hierarchy面板的结构如图18-28所示。移动Sub Camera，设定成拍摄与Main Camera不同的角度。接下来，在Sub Camera的Inspector面板中指定Camera中Viewport Rect的值。将*X*和*Y*指定为0.8，将W和H指定为1，如图18-29所示。

▼图18-28 Hierarchy面板的结构

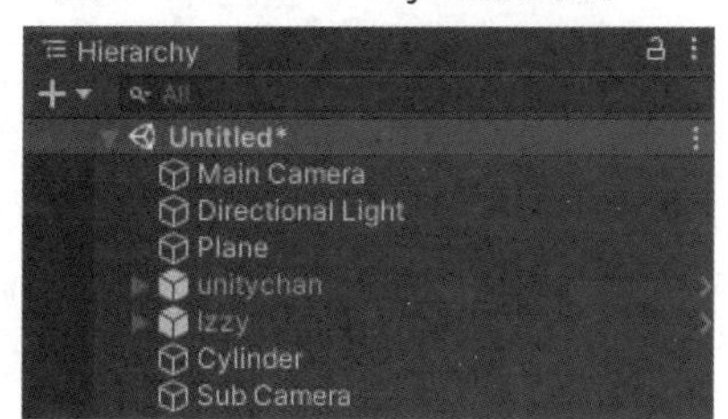

如果设定了Viewport Rect，则会显示在Game视图Main Camera图像的右角上，Sub Camera画面会用小窗显示，如图18-29所示。

▼图18-29 指定了Sub Camera的Viewport Rect参数

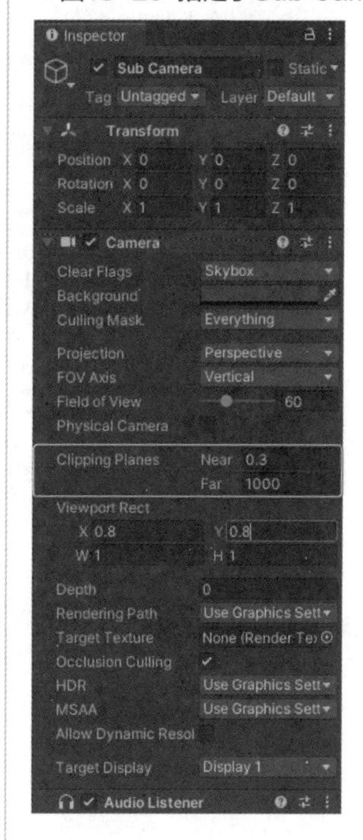

执行Play，效果如图18-30所示。

▼图18-30 右上角显示了Sub Camera的窗口

专栏 Asset Store中有趣的角色介绍（8）

要想在游戏场景中表现闪电等与光有关的粒子现象，我们可以使用unity3D War FX 1.8.04粒子特效，其下载界面如下图1所示。

▼图1 unity3D War FX 1.8.04粒子特效的下载界面

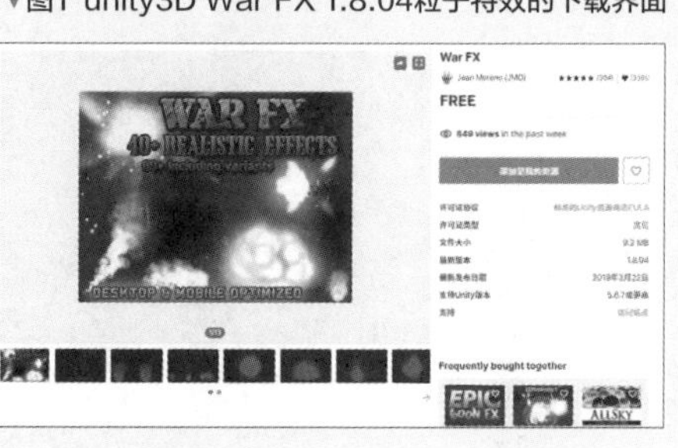

unity3D War FX 1.8.04粒子特效资源包中关于光的粒子现象的应用效果，如下图2所示。

▼图2 显示了相关的各种粒子现象

Render Texture应用秘技

秘技 159

如何使用Render Texture捕获摄像机的图像（1）

扫码看视频

对应 2019 2021

难易程度 ●

在Unity中使用Raw Image和Render Texture，可以在场景中显示多台摄像机中的图像，下面以Izzy为例介绍具体的操作方法。首先从Asset Store中下载并导入Izzy-iClone Character资源。因为在应用于Izzy的Animator Controller中使用Characters组件，该组件中包含ThirdPersonAnimator Controller，所以，还需要从Asset Store中导入Standard Assets。然后在场景中配置Plane、Izzy、Sphere和Cube，并为Sphere和Cube应用适当的材质，如图19-1所示。在Izzy的Inspector面板中，将Animator的Controller指定为ThirdPersonAnimatorController。

▼图19-1 在场景中配置对象的效果

在Project面板空白处右击，在打开的菜单中选择Create→Render Texture命令，创建New Render Texture。接下来，在Hierarchy面板中右击，在菜单中选择Create→UI→Raw Image命令，在Canvas下面添加Raw Image。选择Canvas，在Inspector面板Canvas Scaller的UI Scale Mode选项区域中设置合适的Scale With Screen Size值以调整Canvas的大小。接着，选择Hierarchy面板中的Raw Image，在Inspector面板中设置Width和Height为200。场景的Raw Image中的效果如图19-2所示。

▼图19-2 Raw Image的效果

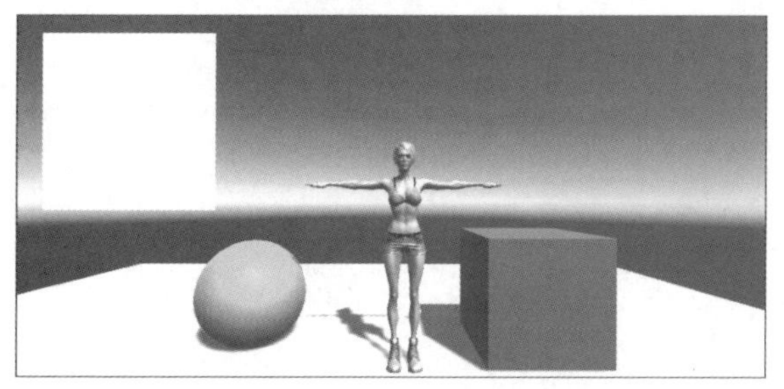

接着，在Hierarchye面板中右击，选择Create→Camera命令，新建Camera并命名为Sub Camera。选择Sub Camera，显示Inspector面板，在Camera选项区域中指定Target Texture为New Render Texture，如图19-3所示。在Hierarchy面板中选择Raw Image，显示Inspector面板，在Raw Image（Script）选项区域中指定Texture为NewRender Texture，如图19-4所示。

▼图19-3 在Sub Camera的Target Texture中指定New Render Texture

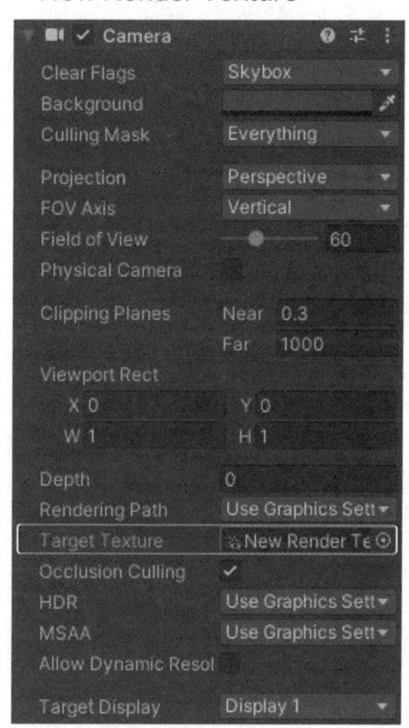

▼图19-4 在Raw Image的Texture中指定了New Render Texture

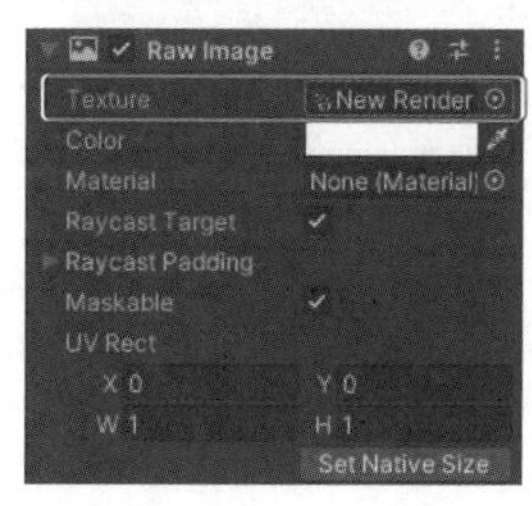

这时可以看到Raw Image只显示Izzy的一部分，需要调整Sub Camera的位置。将Sub Camera移动到Izzy的背后并适当旋转，执行Play后，在Raw Image中显示图像，如下页图19-5所示。

▼图19-5 Raw Image中显示Izzy背后的图像

秘技 160 如何使用Render Texture捕获摄像机的图像（2）

秘技160直接使用秘技159的场景，在应用Render Texture的情况下，移动场景中的资源，Raw Image同时跟随资源移动并显示图像。

在场景中配置Plane、Sphere和Cube，接着从Asset Store中下载并导入Jammo_Player。Jammo_Player自带移动的脚本，使用时比较方便。

根据秘技159的方法创建Raw Image和Sub Camera，在场景的左上角显示Jammo_Player的正面。再添加FreeLookCameraRig可以自动追随Player，在Inspector面板中保持Auto Target Player复选框为勾选状态，如图19-6所示。在Hierarchy面板中选择Main Camera，在Inspector面板中取消勾选Main Camera复选框，即可关闭Main Camera。

选择Jammo_Player，在Inspector面板中单击Tag下三角按钮，在列表中选择Player选项，如图19-7所示。操作完成后，Jammo_Player的标签就被分类到Player，就可以满足"自动追随的目标是Player"。

执行Play后，通过键盘上的方向键移动Jammo_Player，在Raw Image窗口中显示机器人，也就是自动追随机器人，如图19-8所示。

▼图19-6 勾选Auto Target Player复选框

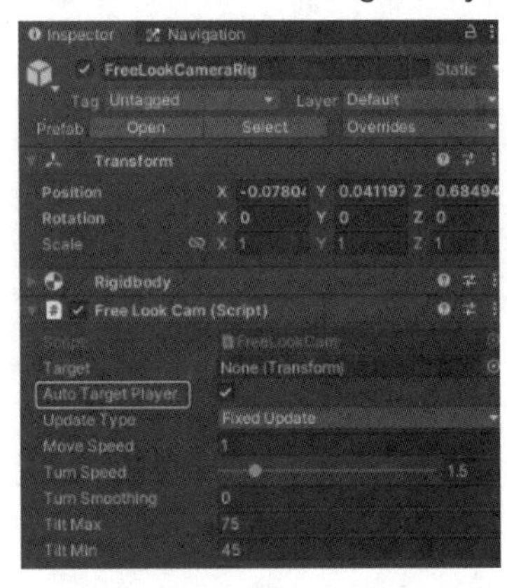

▼图19-7 设置Jammo_Player的Tag为Player

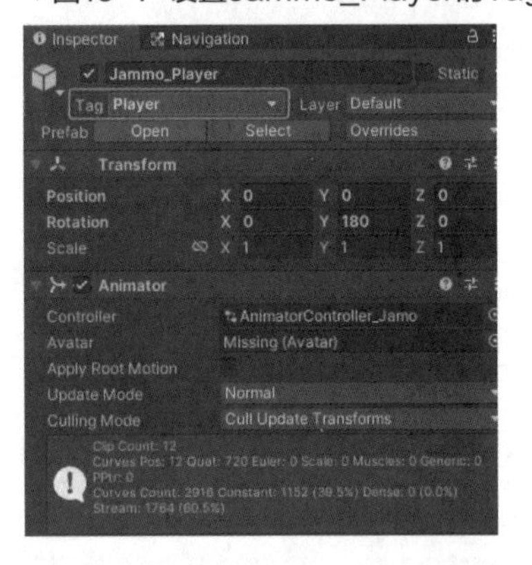

▼图19-8 在Raw Image中始终显示Jammo_Player

秘技 161

如何用Mask更改显示

扫码看视频

对应 2019 2021

难易程度 ●

如果使用UI中的Raw Image，就可以使用UI中的Mask改变Raw Image的外观形状，这里以更改为圆形为例。使用秘技159的场景，准备一张使用Photoshop制作的图形图像，如图19-9所示。在Unity中执行Assets→Import New Asset命令将图像文件导入到Assets文件夹中。

▼图19-9 准备的图像

在Hierarchy面板中右击，在打开的菜单中选择Create→UI→Panel命令，整个画面会被Panel覆盖，画面变得模糊，如图19-10所示。

▼图19-10 画面被Panel覆盖，显示很模糊

选择Panel，在Inspector面板的Image选项区域中为Source Image指定为准备好的图像，如图19-11所示。

场景中显示黑色圆和Raw Image，如图19-12所示。

▼图19-11 在Source Image中指定了黑色圆

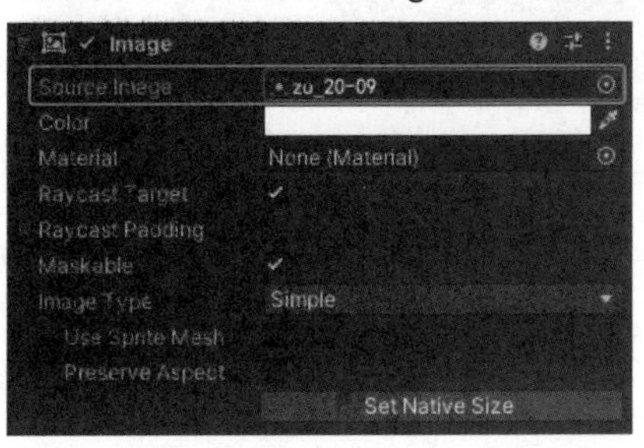

▼图19-12 场景中显示黑色圆和Raw Image

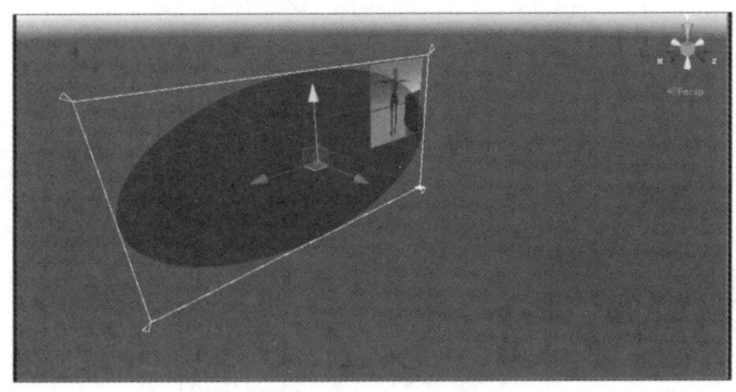

选择带有黑色圆圈的区域，使用变换工具调整其大小，使其适合Raw Image。再使用移动工具Move Tool将调整后的黑色区域移到并覆盖在Raw Image上，如图19-13所示。

▼图19-13 在Raw Image上重叠的黑色的圆

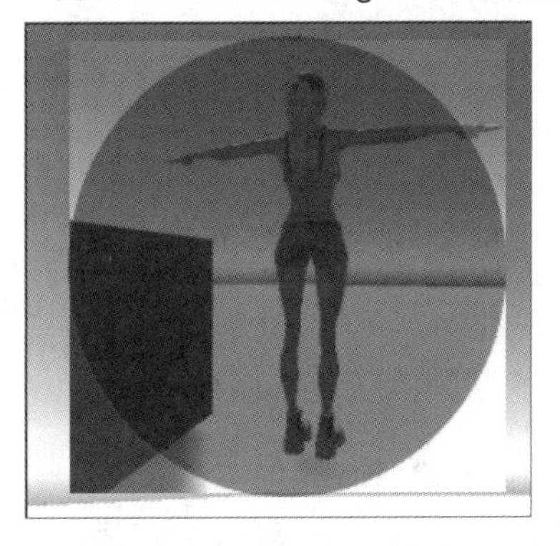

接着选择Panel，单击Inspector面板中的Add Component按钮，在列表中选择Mask选项。在Hierarchy面板中将Raw Image拖至Panel下，作为子配置，如图19-14所示。

▼图19-14 把Raw Image作为Panel的子配置

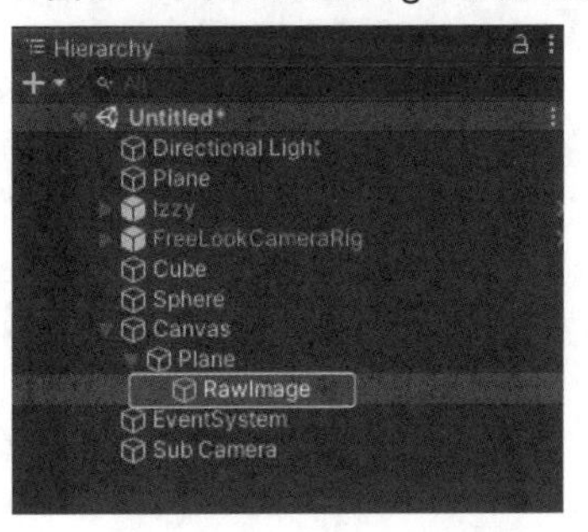

可见矩形的Raw Image被Panel的Mask遮挡了，显示为圆形了，如图19-15所示。

▼图19-15 在圆形里显示图像

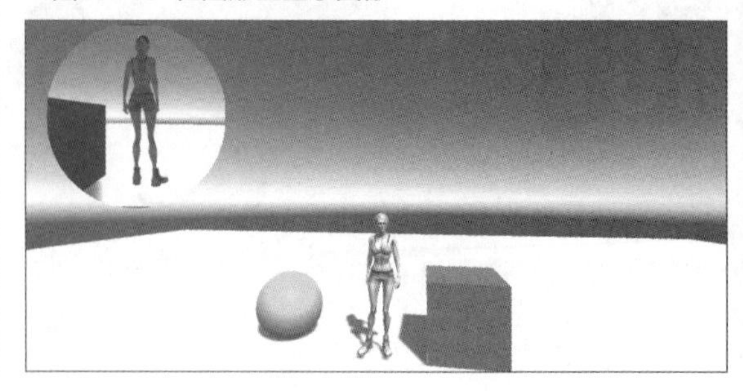

秘技 162

如何在Render Texture中显示大画面

扫码看视频

对应 2019 2021

难易程度 ●●

在Render Texture中显示大画面，好像在音乐会场地的大屏幕显示画面一样。本秘技中没有添加音乐，读者可以尝试从Asset Store中下载喜欢的音乐文件。

本秘技使用Izzy资源，另外还要导入RollingGirl.unitypackage文件，该文件可以让Izzy转来转去。

> 这个可以让Izzy转来转去的Unity版的动作文件是原作者的gif文件，原MMD所用动作的作者是格雷。

首先，在场景中配置Plane和Cube，并将Cube的尺寸放大，还可以使用变形工具中的缩放工具，沿*Z*轴的方向调整其厚度，如图19-16所示。

▼图19-16 在场景中配置Plane和Cube

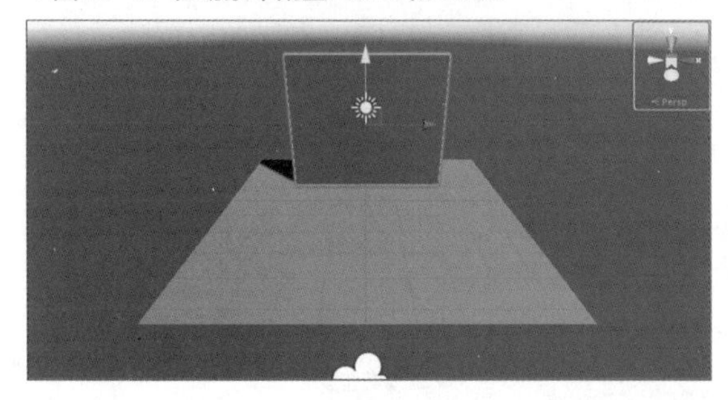

然后，将Izzy拖放到Plane上，再调整摄像机的位置，使正面显示人物模型，如图19-17所示。

▼图19-17 在场景中配置Izzy

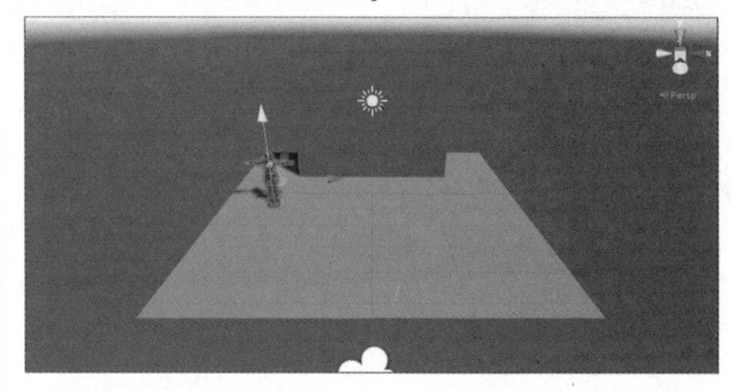

在Project面板中右击，在快捷菜单中选择Create→Render Texture命令，并命名为Izzy Render Texture。在Inspector面板中设置Size的值为1024×1024，如图19-18所示。Size默认的值是256×256，投影到Cube上的图像的画质会很差，所以要将该值调大。

▼图19-18 将Size设定为1024×1024

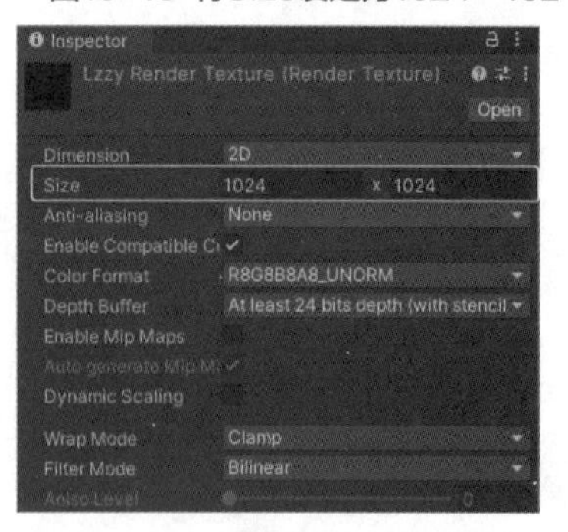

将制作好的Izzy Render Texture拖到Cube上，场景中的效果如下页图19-19所示。

在Hierarchy面板中右击，在快捷菜单中选择Create→Camera命令。调整添加的摄像机位置，使其显示Izzy的正面。

选择Camera，在Inspector面板的Camera选项区域中设置Target Texture为Izzy Render Texture，如图19-20所示。

▼图19-19 Cube应用Izzy Render Texture后发生了变化

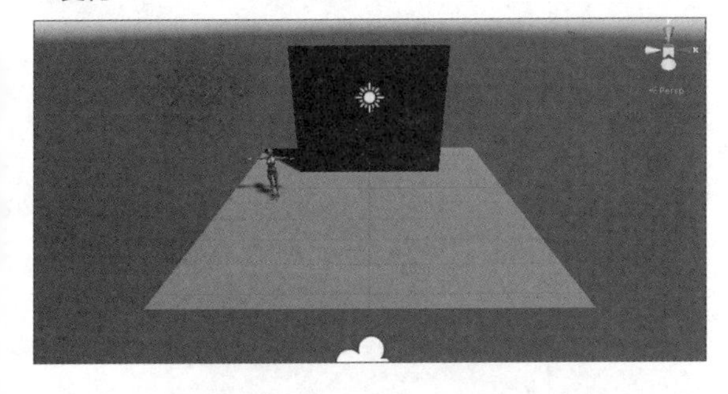

▼图19-20 指定为Izzy Render Texture

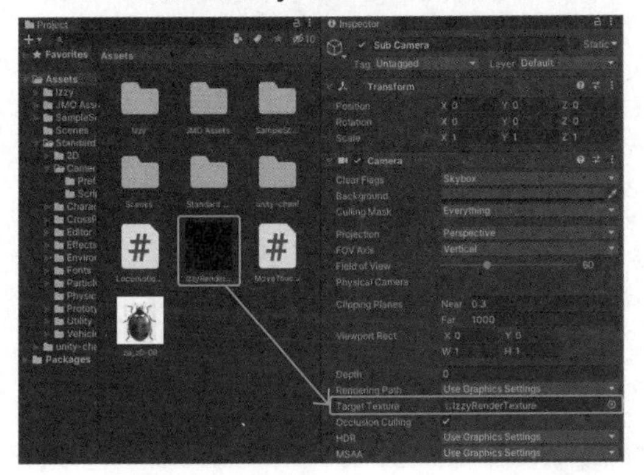

Camera的图像投影到Cube中，但是人物是倒立的，此时，不能调整Camera，只需要将Cube进行旋转即可，效果如图19-21所示。另外，读者也可以尝试使用Rotate Tool对Directional Light进行旋转，会使Cube上的Izzy更明亮。

设置Izzy“旋转10圈”。在Inspector面板中设置Animator选项区域中的Controller为Izzy，如图19-22所示。

▼图19-21 Camera从正面捕捉Izzy的Game画面

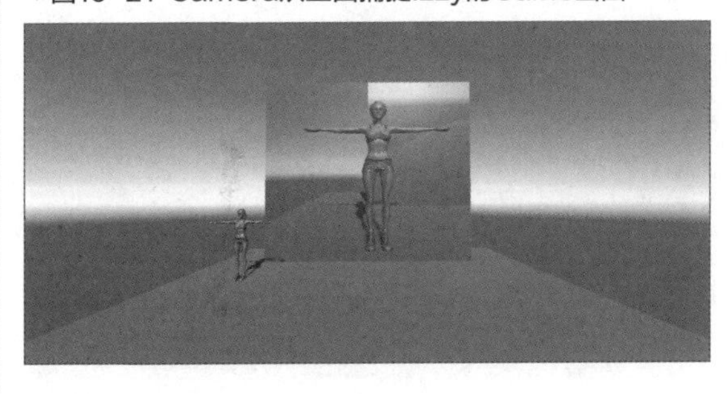

▼图19-22 在Inspector面板中指定Izzy 的Animator选项区域中的Controller

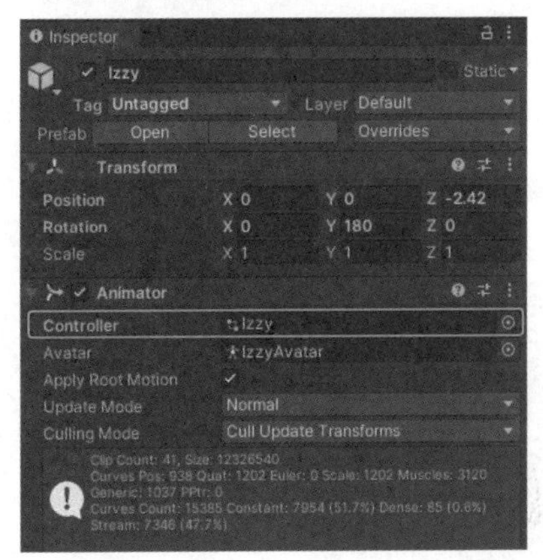

执行Play后，Izzy会跳舞的图像会显示在Cube上，如图19-23所示。

▼图19-23 在大屏幕上显示旋转的Izzy

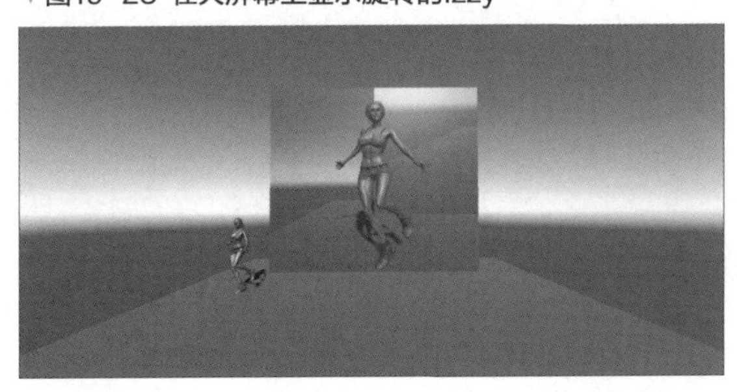

秘技 163

如何在Quad上使用Render Texture（1）

扫码看视频

对应 2019 2021

难易程度

本秘技的效果是把镜子中的风景再映射到别的镜子中，制作出无限延续的风景的效果。首先，在场景中配置Plane和Cube，并将Cube调整为绿色。在Hierarchy面板的空白处右击，在快捷菜单中选择Create→3D Object→Quad命令，在场景中添加Quad并调整大小，如下页图19-24所示。

▼图19-24 Quad已配置

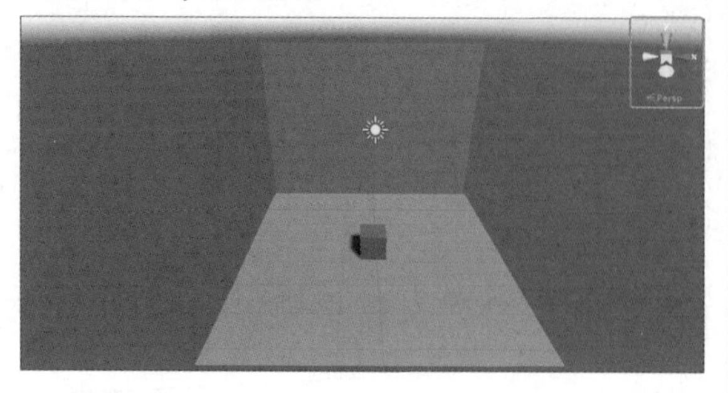

在Project面板中单击鼠标右键，在快捷菜单中选择Create→Render Texture命令，并命名为Quard Render Texture。在Inspector面板中设置Quard Render Texture的Size为1024×1024，并将Anti-aliasing设置为2 samples，如图19-25所示。

▼图19-25 设置了Quard Render Texture的Inspector

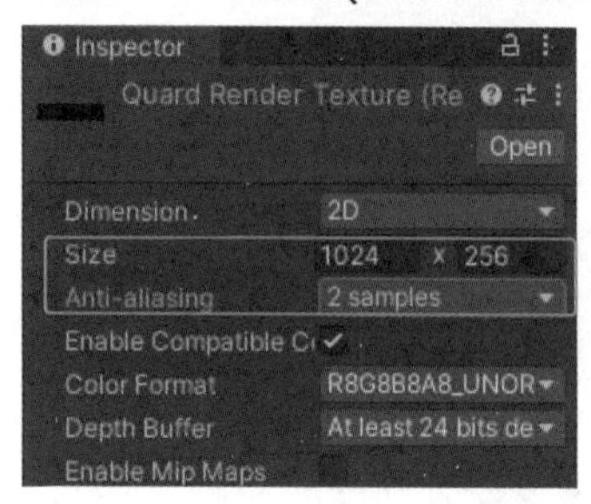

把Quard Render Texture拖放到Hierarchy面板的Quad上，场景中的效果如图19-26所示。

选择添加的Camera，再将Quard Render Texture拖放到Inspector面板中的Target Texture中，如图19-27所示。

执行Play后，移动Camera会在Quad中显示不同角度的画面，如图19-28所示。如果Quad中画面比较暗，可以调整Directional Light的位置。

▼图19-26 Game画面中发生了变化

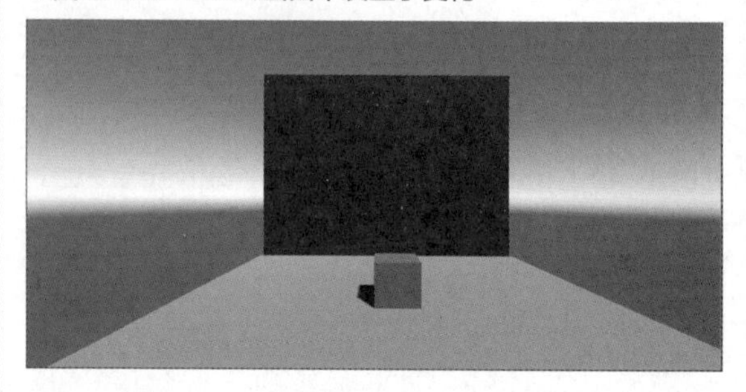

▼图19-27 在Camera的Target Texture中指定了Quard RenderTexture

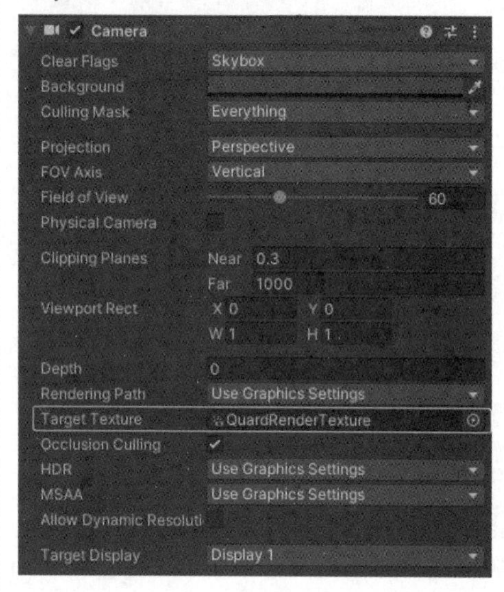

▼图19-28 在Quad中显示Camera的图像

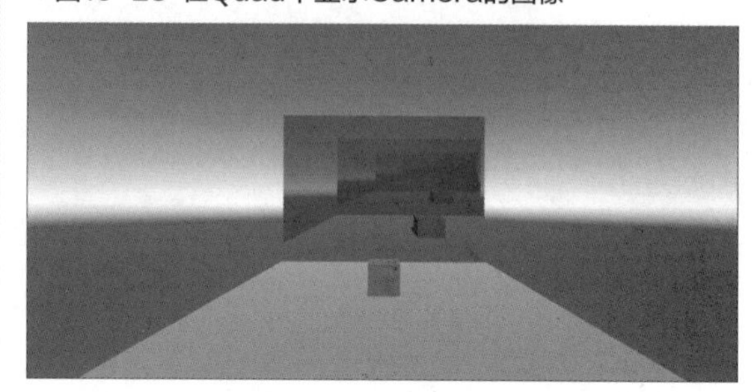

秘技 164 如何在Quad上使用Render Texture（2）

扫码看视频

对应 2019 2021

难易程度 ●

直接使用秘技163的场景，本秘技中将使用Jammo_Player代替Cube。使用可以移动的Jammo_Player，效果会更有意思。从Asset Store中导入Jammo_Player资源，该模型自带Character Controller，可以通过键盘上的方向键移动模型。配置Jammo_Player后设置其位置在之前的Cube位置，并面向摄像机，再删除Cube模型，如下页图19-29所示。

▼图19-29 Jammo_Player配置的Game画面

选择Jammo_Player模型，在Inspector面板的Character Controller选项区域中设置Center的*Y*值为1。执行Play后，通过键盘的方向键移动Jammo_Player，效果如图19-30所示。

执行Play时，再追加Camera位置后，再移动Jammo_Player，Quad中的画面如图19-31所示。

▼图19-30 移动的Jammo_Player在Quad中显示

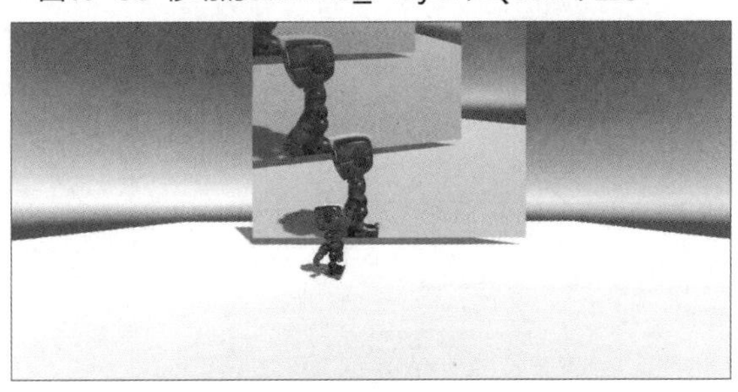

▼图19-31 改变了Camera的位置

这里笔者使用会移动的角色代替静物，移动的角色在Quad中显示，画面变得更有趣味。

Wind Zone应用秘技

秘技 165

如何制造风

扫码看视频

对应 2019 2021

难易程度 ●

从Asset Store中下载并导入的树木，有的不受Wind Zone影响，有的受影响。笔者推荐使用Realistic Tree 9（免费），该模型受Wind Zone影响。另外，在Terrain自然中配置的树木也受风的影响。

本秘技介绍使用Unity中Wind Zone制作风。在Unity菜单中执行GameObject→3D Object→Wind Zone命令，如图20-1所示。选择Wind Zone，Inspector面板中的参数如图20-2所示。

▼图20-1 选择Wind Zone命令

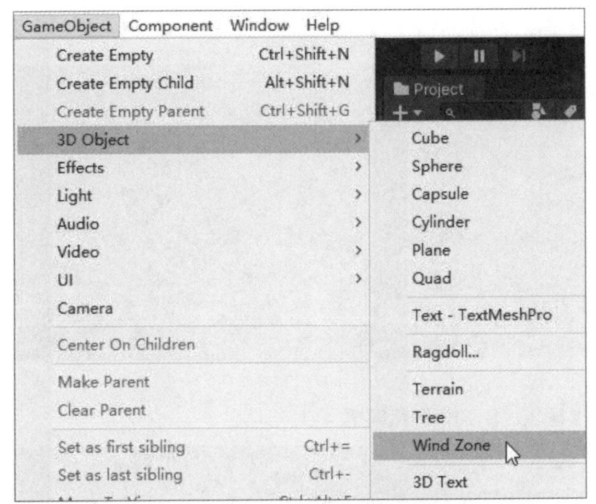

▼图20-2 Wind Zone的Inspector面板

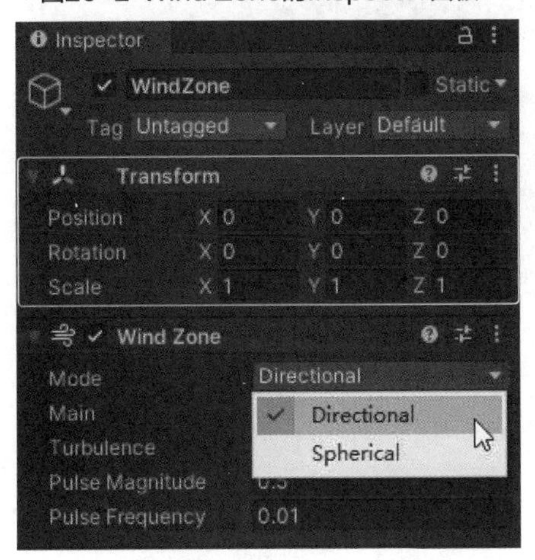

在Wind Zone的选项区域中单击Mode下三角按钮，在列表中包括Spherical和Directional两个选项。选择Spherical选项时，风只在半径内发挥效果，而且风从中心到末端逐渐减弱。选择Directional选项时，风在整个场景中向一个方向吹。

在Mode的列表中选择Directional选项，Scene视图如图20-3所示。

▼图20-3 在Mode的列表中选择Directional选项的效果

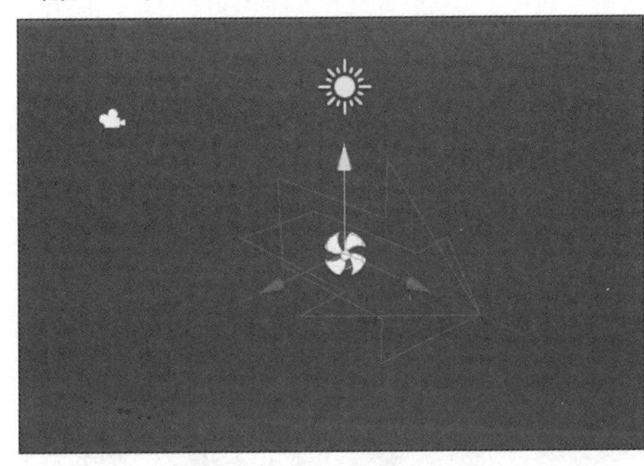

在Mode的列表中选择Spherical选项，Scene视图如图20-4所示。

▼图20-4 在Mode的列表中选择Spherical选项的效果

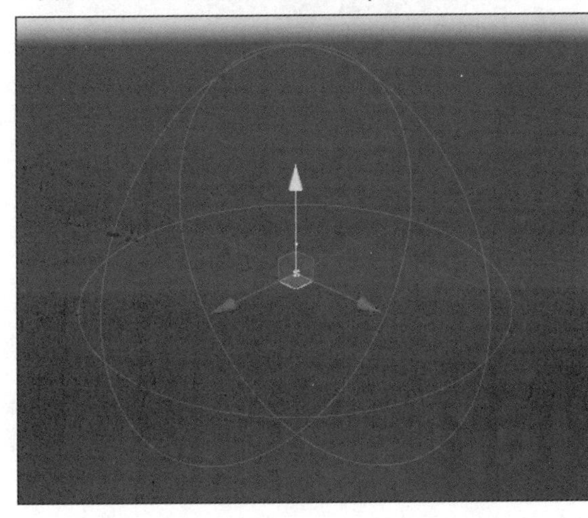

秘技

166 如何让树木随风摇摆

扫码看视频

对应 2019 2021

难易程度 ●

首先，添加Wind Zone，并在Inspector面板中设置Mode为Directional，整个场景中沿箭头方向吹。

在场景中配置Plane，再从Asset Store中导入Realistic Tree 9（免费），将Plane的尺寸设置为2。在Project面板中展开Assets→Tree9文件夹，将树的fbx文件配置到场景中，如图20-5所示。接着在场景中配置Wind Zone，Hierarchy面板中的结构如图20-6所示。

场景中Wind Zone的风会按图20-7的方向吹。选择添加的风，在Inspector面板中设置Main的值为5。执行Play，可见树随着风在摆动，如图20-8所示。

▼图20-5 在Plane上配置了树木

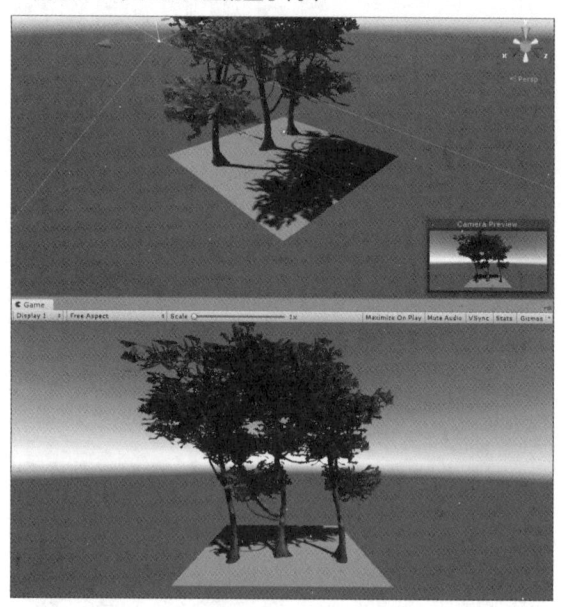

▼图20-6 Hierarchy的结构

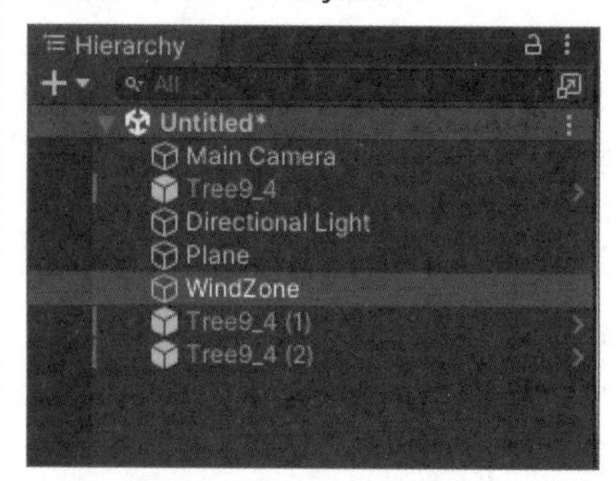

▼图20-7 Wind Zone吹的方向

▼图20-8 树木随风摇摆

秘技

167 如何通过脚本控制风

扫码看视频

对应 2019 2021

难易程度 ●

在Wind Zone的Inspector面板中设置Main和Turbulence为0时，不会产生风。使用Script在代码中设置这两个参数为1时，会产生微风。

使用秘技166的场景，并配置按钮，当单击该按钮就会生成风。首先，选择Wind Zone，在Inspector面板中设置Main和Turbulence为0，稍后在代码中更改数值。

在Hierarchy面板中右击，在快捷菜单中选择Create→UI→Button命令，添加按钮。选择Canvas，在Inspector面板中的Canvas Scale选项区域中设置UI Scale Mode为Scale With Screen Size。

选择Button，在Inspector面板中设置Width为160、Height为50。展开Button，选择Text选项，在Inspector面板的Text文本框中输入“吹风”，设置Font Size为25，再调整按钮的位置，如图20-9所示。

选择Wind Zone，在Inspector面板中单击Add Component按钮，选择New Script，将Name指定为WindZoneScript。

在Inspector面板中会追加WindZoneScript，双击创建脚本，启动Visual Studio，代码如列表20-1所示。

▼图20-9 配置Button的效果

▼列表20-1 WindZoneScript.cs

```
using System.Collections;
using System.Collections.Generic;
using UnityEngine;
public class WindZoneScript : MonoBehaviour
{
    //声明WindZone类型变量wind
    WindZone wind;
    //声明GameObject类型变量obj
    GameObject obj;
    //Start()函数
    void Start()
    {
        //通过Find方法访问WindZone，并通过变量obj进行参照
        obj = GameObject.Find("WindZone");
        //使用GetComponent访问WindZone组件，并使用变量wind引用它
        wind = obj.GetComponent<WindZone>();
    }
    //单击“刮风”按钮时的处理
    public void WindGo()
    {
        //WindZone的Main和Turbulence中指定1
        wind.windMain = 1;
        wind.windTurbulence = 1;
    }
}
```

接着将Script和Button关联，选择Button，在Inspector面板的On Click()选项区域，单击右下角“+”图标，并将WindZone拖过来，接着在列表中选择WindZoneScript→WindGo()选项。

执行Play，此时树是静止的，说明没有风，单击“吹风”按钮，树木随风摇摆，如图20-10所示。

▼图20-10 单击“吹风”按钮，开始刮风

秘技 168

如何设置风吹动或停止吹动

▶对应 2019 2021

▶难易程度 ●

在Wind Zone的Inspector面板中设置Main和Turbulence为1时，会产生风，设置为0时不会产生风。使用Script在代码中设置这两个参数为1时，会产生微风。首先从Asset Store中下载Cherry Tree模型，然后将树的模型导入场景中，并复制模型放在不同的位置，然后再配置Plane，如图20-11所示。本秘技是通过两个按钮来控制风吹动或停止的。

▼图20-11 配置了两个Cherry Tree模型

在Unity菜单栏中执行GameObject→ 3D Object→Wind Zone命令，在Inspector面板的Wind Zone选项区域中设置Mode为Directional，表示整个场景都受风影响。

在添加按钮之前，还需要在Inspector面板中设置Wind Zone的Main和Turbulence参数的值均为0，此时不产生风。接着在场景中调整Wind Zone的风向。

在Hierarchy面板中右击，在菜单中选择Create → UI→Button命令，在Canvas的下方添加按钮，并调整其大小。选择Canvas，在Inspector面板的Canvas Scier选项区域中的Scier Mode设定为Scale With Screen Size。

选择Button，在Inspector面板中设置Width为160、Height为50。再复制一份Button，展开Button，在列表中选择Text，在Inspector面板中进行重命名，将两个按钮分别命名为“吹风”和“停止吹风”，将字号设置为25，最后调整按钮的位置，如图20-12所示。

▼图20-12 配置了两个Button

选择“吹风”按钮，在Inspector面板中单击Add Component按钮，在Name文本框中输入WindScript，单击Create and Add按钮。在Inspector面板中追加WindScript，双击启动Visual Studio，代码如列表20-2所示。代码的含义和列表20-1中代码基本相同。这里只需要制作WindStop函数时将Main和Turbulence属性指定为0。

▼列表20-2 WindScript.cs

```
using System.Collections;
using System.Collections.Generic;
using UnityEngine;
public class WindScript : MonoBehaviour
{
    WindZone wind;
    GameObject obj;
    void Start()
    {
        obj = GameObject.Find("WindZone");
        wind = obj.GetComponent<WindZone>();
    }

    public void WindGo()
    {
        wind.windMain = 1;
        wind.windTurbulence = 1;
    }

    public void WindStop()
    {
        wind.windMain = 0;
        wind.windTurbulence = 0;
    }
}
```

另外在“停止吹风”按钮中也追加WindScript。首先将“吹风”按钮与之关联，在“吹风”按钮的Inspector面板中单击On Click()右下角的“+”图标，在下方出现的None(Object)中，将Wind Zone拖拽过来。在None Function处选择WindScript→WindGo()选项。用相同的方法在“停止吹风”按钮中设置WindScript→WindStop()。

▼图20-13 单击“风吹”按钮时

按行Play，单击“吹风”按钮，树木会被风吹动，如图20-13所示。单击“停止吹风”按钮，树木逐渐停止摇动，最终会静止，如图20-14所示。

▼图20-14 单击“停止吹风”按钮时

秘技

169 如何在局部产生风

扫码看视频

对应 2019 2021

难易程度 ●●●

本秘技使用半透明的球体在局部产生风，当其他物体移动到球体区域时会受到风的作用被吹出去，形成反弹的效果。要想让球体产生风，还要为其追加产生风力的脚本。

首先，在场景中配置Plane和多个Cube、Cylinder。选择所有的Cube和Cylinder，在Inspector面板中设置Rigidbody，另外再设置Plane的Size的值为5，如图20-15所示。

▼图20-15 配置多个正方体和圆柱体

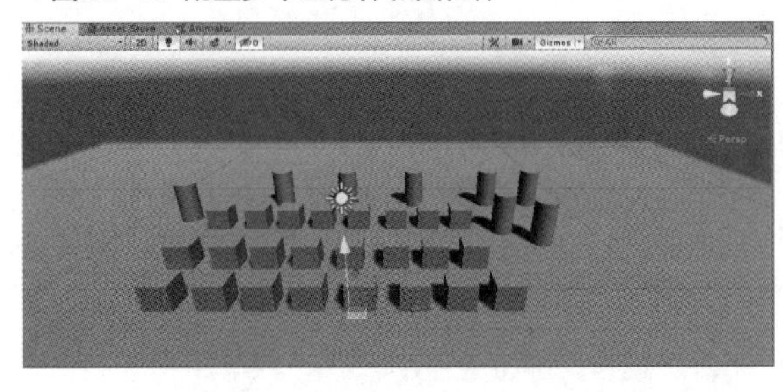

接下来配置产生风源头的球体，选择创建Sphere，在Inspector面板的Transform选项区域中设置Scale的值为3。将球体一半埋在Plane的下方。

在Project面板的Assets文件夹中创建Material，并命名为SphereMaterial。选择SphereMaterial，在Inspector面板中将Rendering Mode设为Transparent，单击Main Maps右侧的色块，打开Color窗口，将Alpha的值指定为0，如图20-16所示。

▼图20-16 设置SphereMaterial的Alpha的值为0

将设置的材质赋予球体上，球体变为透明的，如图20-17所示。为球体添加Rigidbody组件并锁定位置，再勾选Is Trigger复选框，如图20-18所示。

从Asset Store导入Standard Assets资源，并在Project面板中将FreelookGameraRig拖至Hierarchy面板中。选择Sphere，在Inspector面板中单击Tag右侧图标，在列表中选择Player选项，即可将Sphere的标签分类到Player，就能满足“自动追逐的目标是Player”。

选择球体，在Inspector中添加Wind的脚本，双击启动Visual Studio，代码如列表20-3所示。

▼图20-17 制作半透明的球体

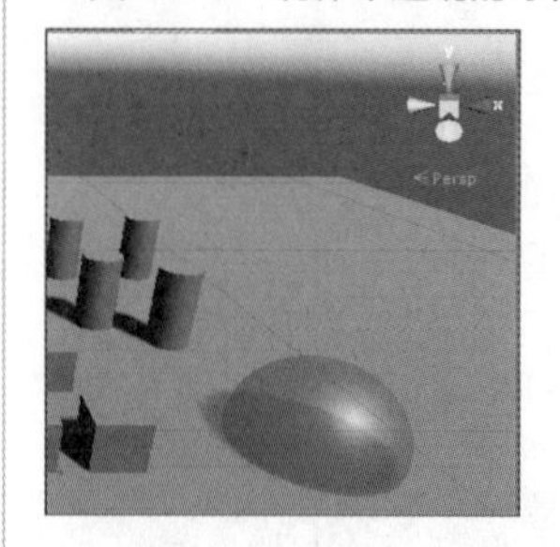

▼图20-18 Sphere的Inspector

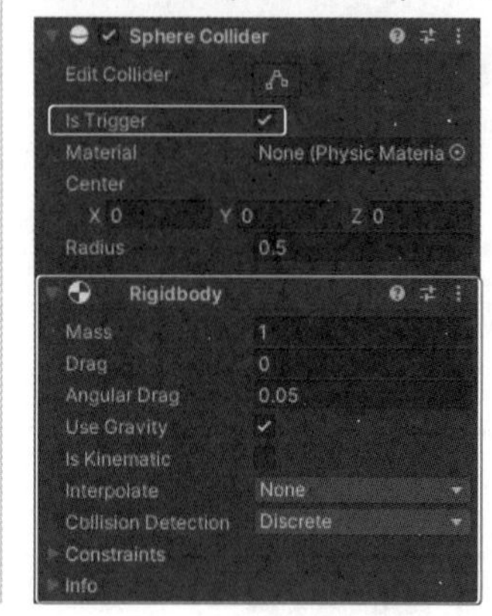

▼列表20-3 Wind.cs

```
using System.Collections;
using System.Collections.Generic;
using UnityEngine;
public class _Wind : MonoBehaviour
{
    //声明public类型变量coefficient，这是空气阻力系数
    public float coefficient;
    //声明public的Vector3类型变量velocity，这表示风速
    public Vector3 velocity;
    //风的领域停留在对象物内时的处理
    void OnTriggerStay(Collider col)
    {
        if (col.GetComponent<Rigidbody>() == null)
        {
            return;
        }
        //相对速度计算
        var relativeVelocity = velocity - col.GetComponent<Rigidbody>().velocity;
        //用AddForce方法，给予空气阻力
        col.GetComponent<Rigidbody>().AddForce(coefficient * relativeVelocity);
    }
}
```

在Sphere的Inspector面板中显示Wind（Script），显示作为Public变量而声明的属性，将coeffcient设置为3、velocity设置为0、5、5。

执行Play，移动Sphere时进入该区域的对象会被风吹跑，如图20-19所示。

▼图20-19 进入Sphere区域的对象被风吹跑

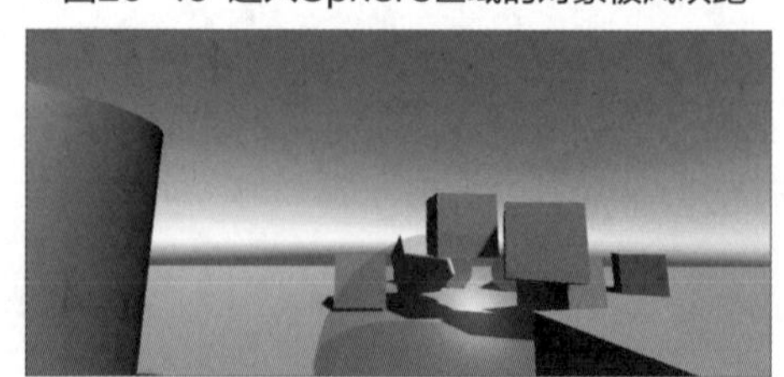

秘技 170

如何使用Simple Physics Toolkit

▶对应 2019 2021

▶难易程度 ●●●

使用Asset Store中的Simple Physics Toolkit可以很容易产生风。在Sample文件夹中也有磁力和无重力的样本，但是它们和风无关，所以此处没有介绍相关内容。

在Asset Store中Simple Physics Toolkit是收费的，感兴趣的读者可以购买并进行操作。从Asset Store下载并导入资源后，在Project面板的Assets文件夹中创建SimplePhysicsToolkit文件夹，并获取必要的组件，如图20-20所示。在Samples文件夹中包含风的相关样本。

在场景中配置Plane，并将其Scale设置为3，然后再配置Cube模型，添加Rigidbody组件，并复制多个，如图20-21所示。

▼图20-20 获取SimplePhysicsToolkit相关组件

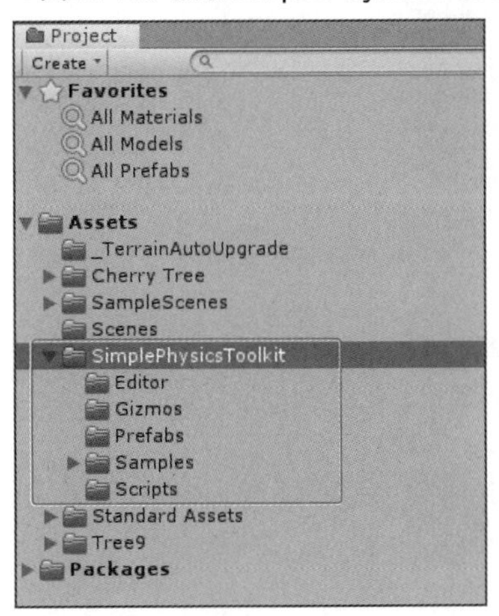

▼图20-21 配置了多个Cube

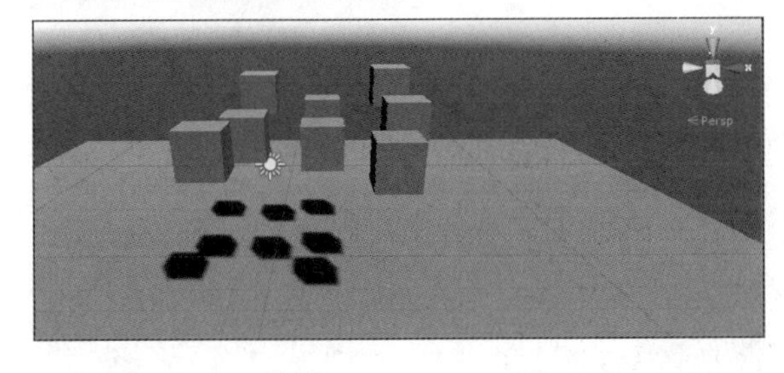

在Unity菜单栏中选择GameObject→Create Empty命令，在Hierarchy面板中将创建GameObject并被命名为CubeWind。Hierarchy面板的结构如图20-22所示。

▼图20-22 Hierarchy的结构

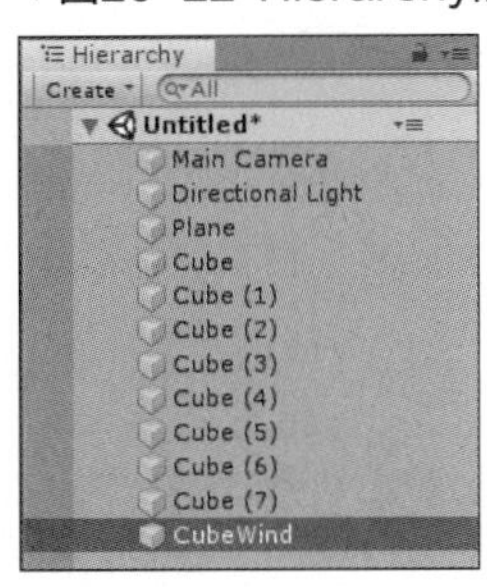

选择CubeWind，在Inspector面板中单击Add Component按钮，添加Sphere Collider。在Project面板的Assets→SimplePhysicsToolkit→Scripts文件夹中将Wind.cs拖至Hierarchy面板的CubeWind上，如图20-23所示。

▼图20-23 将Wind.cs拖放到CubeWind内

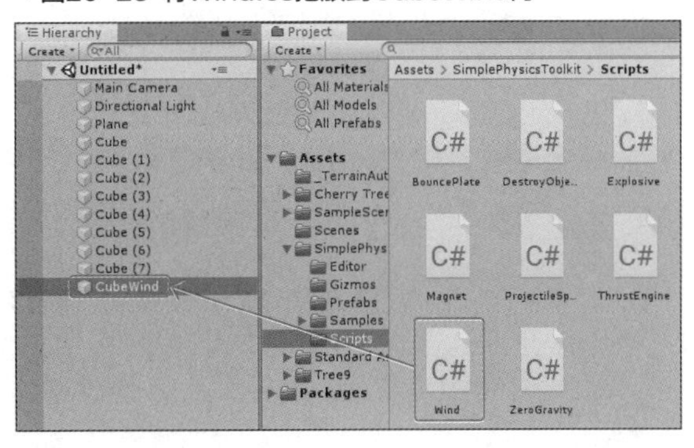

选择CubWind，Inspector面板中参数如图20-24所示。

▼图20-24 CubeWind的Inspector内的内容

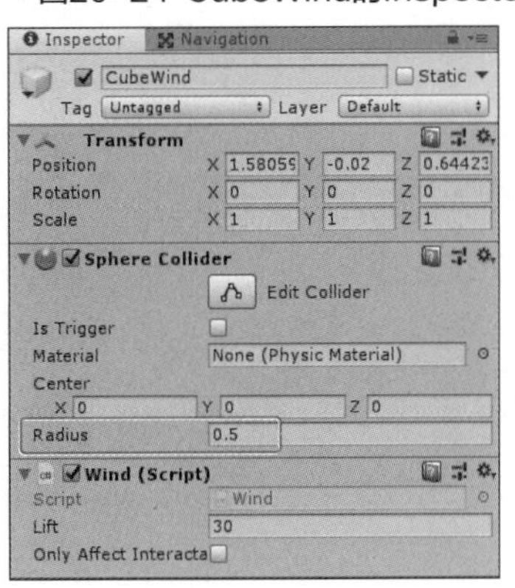

在上页图20-24中的Sphere Collider选项区域中Radius的值为0.5，将其修改为10.5，该值越大表示风吹得越大。

执行Play，选择并移动CubeWind，Cube受到风的影响而跳跃，如图20-25所示。

▼图20-25 Cube受到风的影响而跳跃

秘技171 如何让风吹到Particle System上

扫码看视频

对应 2019 2021

难易程度 ●●●

为了使用Particle System受到风的影响，需要在Inspector面板中勾选External Forces复选框，再设置Multiplier为5即可。首先在场景中配置Plane，并设置Scale的值为3。在Hierarchy面板中右击，选择Effects→Particle System命令，在场景中添加粒子，用相同的方法再添加粒子，并调整其位置，如图20-26所示。

▼图20-26 配置了两个Partical System

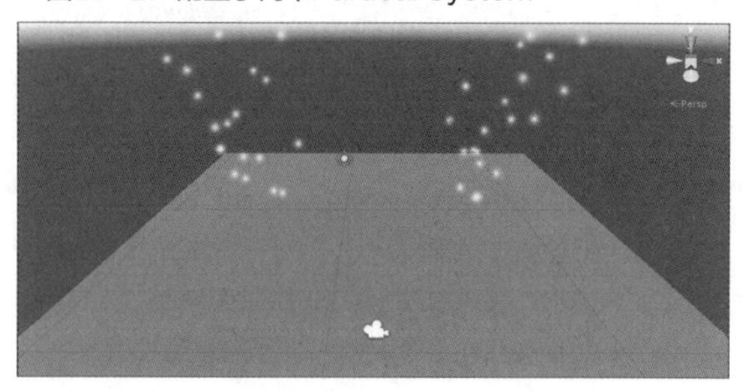

选择其中一个Particle System，在Inspector面板的Particle System选项区域中单击Start Color色块，在打开的窗口中修改颜色为绿色，并设置Max Particles为10000。勾选External Forces复选框，设置Multiplier为5，如图20-27所示。

再选择另一个Partical System，在Inspector面板中设置Start Color为红色，将Max Particles设置为10000。不需要勾选External Forces复选框，表示不受到风的影响。场景如图20-28所示。

▼图20-27 设置Partical System的Inspector

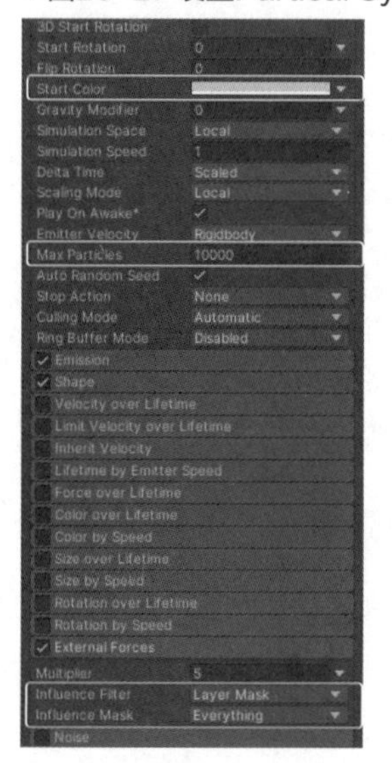

▼图20-28 红色（左）和绿色（右）的Particle在飞

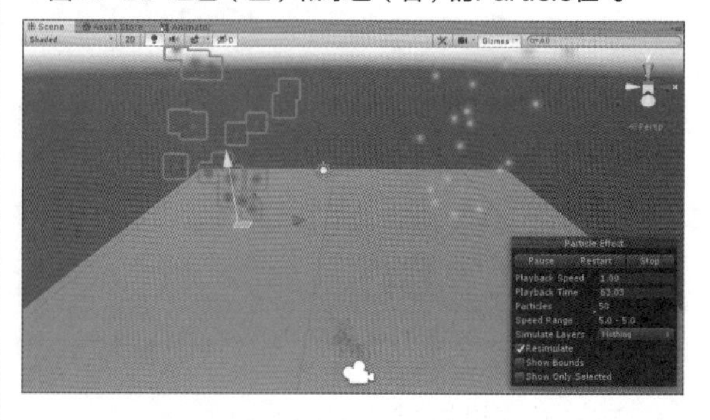

在Unity菜单栏中执行Game Object→3D Object→Wind Zone命令，选择创建Wind Zone，在Inspector面板的Mode中选择Directional选项，取消勾选Wind Zone复选框，如下页图20-29所示。

▼图20-29 Wind Zone的Inspector

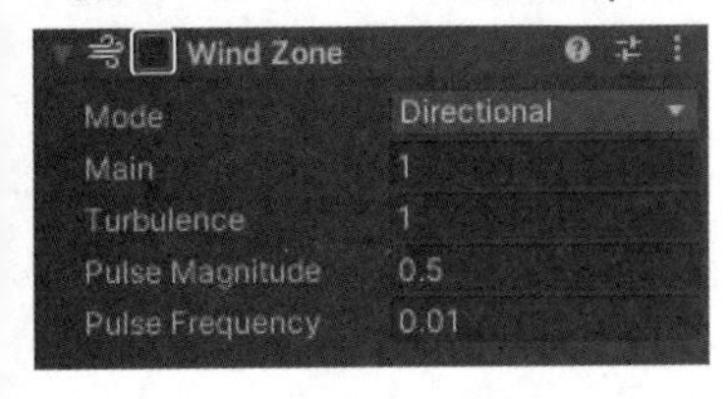

在场景中也显示风吹的方向，如图20-30所示。

▼图20-30 显示风向

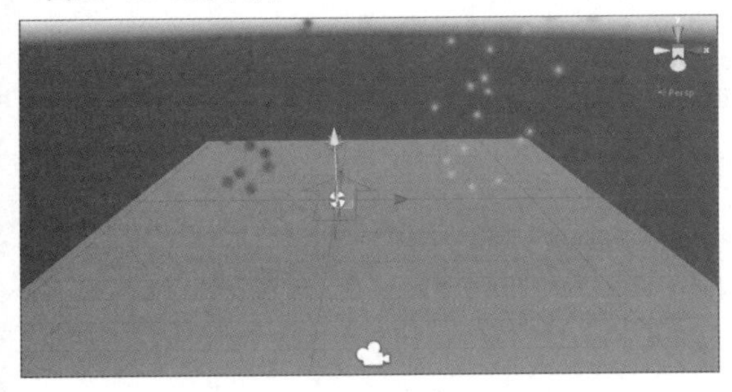

执行Play，因为取消勾选Wind Zone复选框，所以两Particle System运动的方式是相同的，如图20-31所示。此时勾选Wind Zone复选框，设定了External Forces的绿色Particle System会受到风的影响，如图20-32所示。

▼图20-31 均未受风影响

▼图20-32 绿色的Particle System受风影响

专栏　Asset Store中有趣的角色介绍（9）

使用Mesh Explosion（收费$20）插件，可以表现物体破碎的特效，其下载界面如下图1所示。

▼图1 Mesh Explosion的下载界面

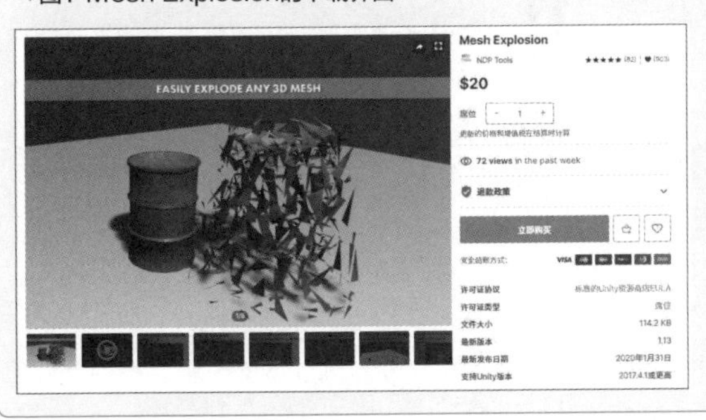

在Unity中导入Mesh Explosion插件并应用，其效果如下图2所示。

▼图2 分解多面体的效果

爆炸效果设置秘技

秘技 172

如何实现立方体炸飞的效果

扫码看视频

对应 2019 2021

难易程度 ●

本秘技介绍两种方法将立方体炸飞。

需要从Asset Store中导入Asset（True Explosions）资源，在Project面板的Assets→True Explosions→System→Prefabs文件夹中将Explosion Prefab拖至Hierarchy面板中的Cube上。这样Cube会爆炸，但是会留在原来的位置，因此，本秘技介绍另一种方法。首先从Asset Store中下载并导入True Explosions中的资源。在Project面板的Assets文件夹下显示所需的文件，如图21-1所示。

▼图21-1 获取了True Explosions的组件

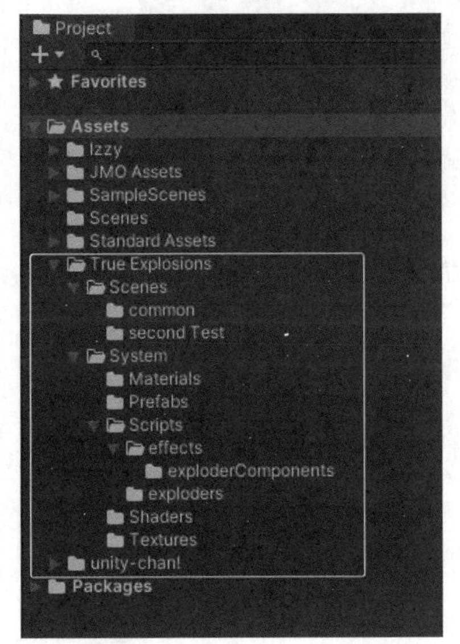

在场景中配置Plane和Cube，制作红色材质并赋予Cube。

在Hierarchy面板中选择Cube，在Inspector面板中单击Add Component按钮，添加Rigidbody组件。用相同的方法添加其他组件，然后再进行相关设置，如图21-2所示。

在场景中只配置1个Cube，如图21-3所示。

▼图21-2 Cube的Inspector面板中的内容

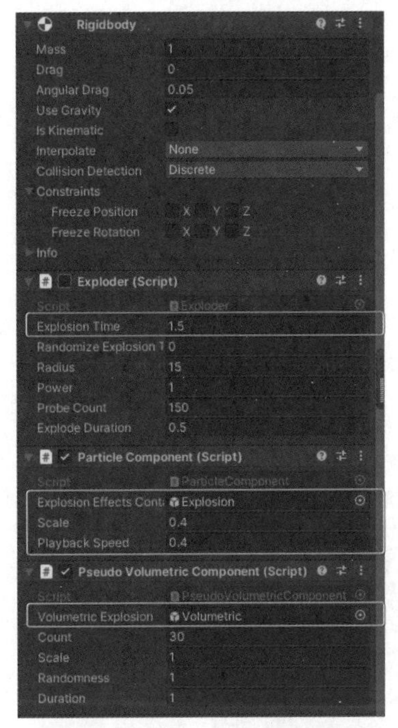

▼图21-3 场景画面

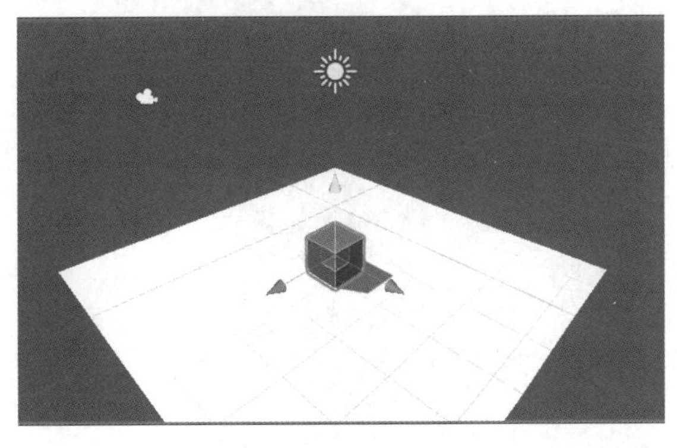

执行Play后，立方体就会被炸飞，如图21-4所示。

▼图21-4 立方体被炸飞

秘技173 如何设置角色碰撞立方体后发生爆炸

扫码看视频

对应 2019 2021
难易程度 ●

如果想控制爆炸的时间，取消勾选Exploder复选框，然后从代码中进行设置即可。使用秘技172的场景，当Izzy与Cube碰撞时，Cube会发生爆炸。首先，从Asset Store中下载并导入Izzy-iClone Character和Mecanim Loomotion Starter Kit资源。在场景中配置Izzy并正面显示。选择Izzy，在Inspector面板的Animation选项区域中设置Controller为Locomotion。再单击Add Component按钮，添加Character Controller组件，在Inspector面板中设置Center的*Y*值为1。再添加Locomotion Player组件，就可以通过键盘的方向键移动Izzy了。Izzy的Inspector面板如图21-5所示。

▼图21-5 设定了Izzy的Inspector

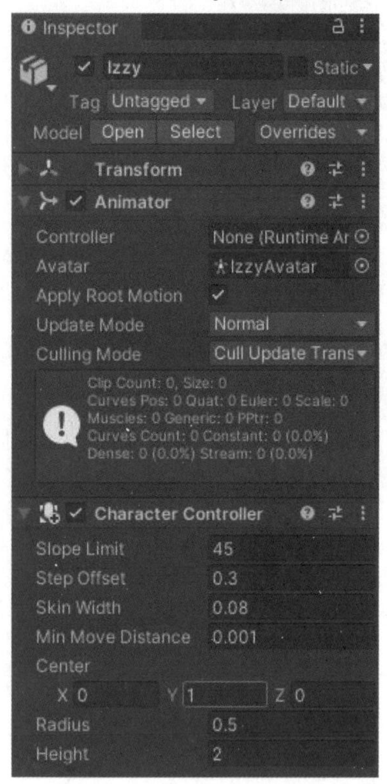

接下来追加照相机跟踪Izzy，首先从Asset Store中导入Standard Assets，然后将Utility文件夹中的Smooth Follow拖至Main Camera上。在Main Camera的Inspector中追加Smooth Follow，并设置Target为Izzy、Distance为4、Height为3.5。

选择Cube，在Inspector面板中取消勾选Exploder（Script）复选框，如图21-6所示。场景如图21-7所示。

▼图21-6 取消勾选Cube的Exploder(Script)复选框

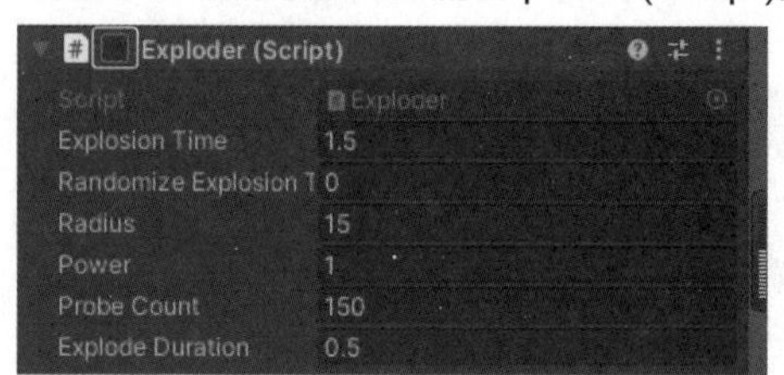

▼图21-7 场景的画面

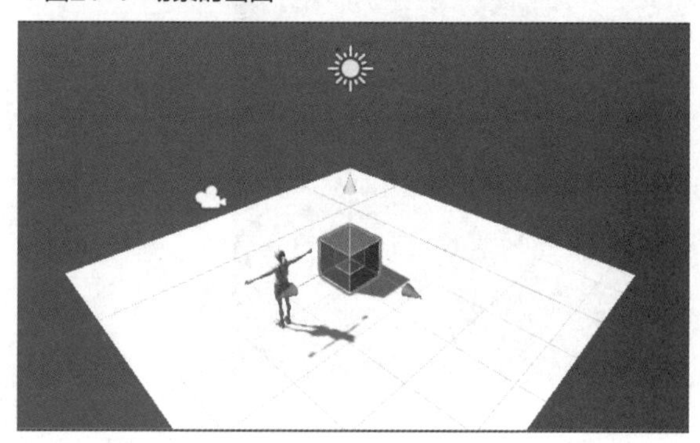

选择Izzy，在Inspector面板中单击Add Component按钮，选择New Script选项，在Name文本框中指定CuberExplosionScript，单击Create and Add按钮。双击Cuber ExplosionScript，启动Visual Studio，代码如列表21-1所示。

▼列表21-1 CuberExplosionScript.cs

```
using System.Collections;
using System.Collections.Generic;
using UnityEngine;
public class CubeExplosionScript : MonoBehaviour
{
    //声明public Gameobject类型变量cube
    public GameObject cube;
```

```
    //声明Exploder类型变量exploder
    Exploder exploder;
    //Start()函数
    void Start()
    {
        //通过Get Component访问Exploder组件，并在变量exploder中参照
        exploder = cube.GetComponent<Exploder>();
    }
    //Izzy与Cube碰撞时的处理
    private void OnControllerColliderHit(ControllerColliderHit hit)
    {
        //如果发生冲突，如果是Cube的话，在图21-6中取消了勾选
       //在Exploder中勾选
        if (hit.gameObject.name == "Cube")
        {
            exploder.enabled = true;
            //等待3秒执行DisapearCube
            Invoke("DisappeardCube", 3.0f);
        }
    }
    //3秒后执行的处理中，将Cube隐藏起来了
    void DisappeardCube()
    {
        cube.gameObject.SetActive(false);
    }
}
```

在Izzy的CuberExplosionScript中将Cute指定为Cube。选择Izzy，将Hierarchy面板中的Cube拖放到Inspector面板的Cute参数中，如图21-8所示。

▼图21-8 将Cube属性拖至为Izzy的Cute

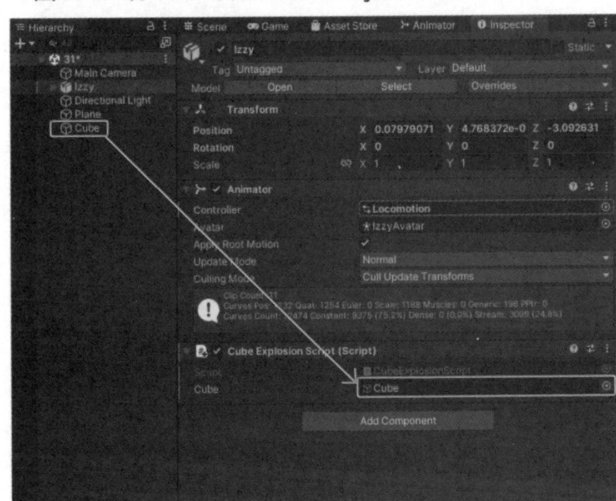

执行Play后，移动Izzy碰到红色的立方体时会发生爆炸，立方体会在3秒后消失，如图21-9所示。

▼图21-9 Izzy撞到Cube时发生了大爆炸

秘技

174 如何设置球体落到地面发生爆炸

扫码看视频

▶对应 2019 2021

▶难易程度 ●

球体落到地面后就爆炸的过程与秘技173类似，区别是程序中使用的冲突过程不同。秘技173中使用Character Controller时，使用OnControllerColliderHit(Controller ColliderHit hit)进行碰撞处理。在秘技174中则使用OnCollisionEnter(Collision collision)。

首先在场景中配置Plane和红色的球体。

▼图21-10 Sphere的Inspector的内容

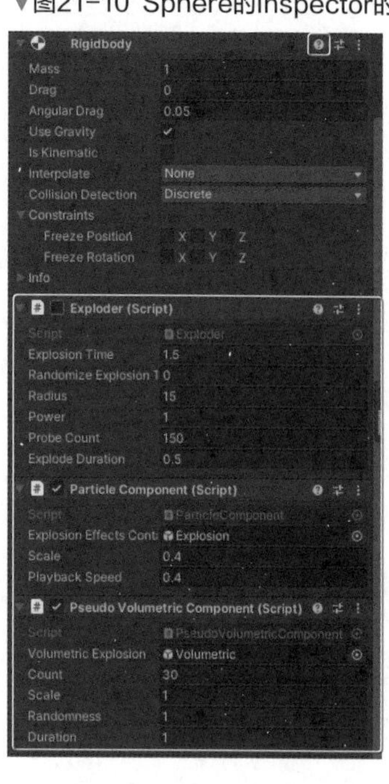

选择球体，在Inspector面板中单击Add Component按钮，追加Rigidbody组件，用相同的方法从Scripts中追加各种Script到球体中。Sphere的Inspector面板，如图21-10所示。

选择球体，在Inspector面板中单击Add Component按钮，选择New Script选项，在Name文本框中输入SphereExplosionScript，单击Create and Add按钮。双击SphereExplosionScript，启动Visual Studio，代码如列表21-2所示。

▼图21-11 场景画面

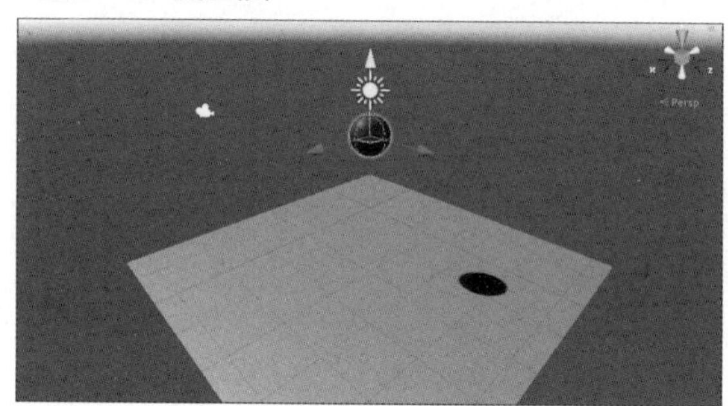

▼列表21-2 SphereExplosionScript.cs

```
using System.Collections;
using System.Collections.Generic;
using UnityEngine;
public class SphereExplosionScript : MonoBehaviour
{
    //声明public Gameobject类型变量sphere
    public GameObject sphere;
    //声明Exploder类型变量exploder
    Exploder exploder;
    //Start()函数
    void Start()
    {
        //使用GetComponent访问Exploder组件，并使用变量Explorer对其进行引用
        exploder = sphere.GetComponent<Exploder>();
    }
    //Sphere与Plane发生冲突时的处理
    private void OnCollisionEnter(Collision collision)
    {
        //碰撞的是Plane的话，请勾选Exploder，让其爆炸
```

```
            if (collision.gameObject.name == "Plane")
            {
                exploder.enabled = true;
            }
        }
    }
```

在Sphere追加的SphereExplosion组件中声明Sphere的属性。

将Hierarchy面板中Sphere拖到图21-12指定的位置。

▼图21-12 在Sphere属性处拖放Hierarchy内的Sphere

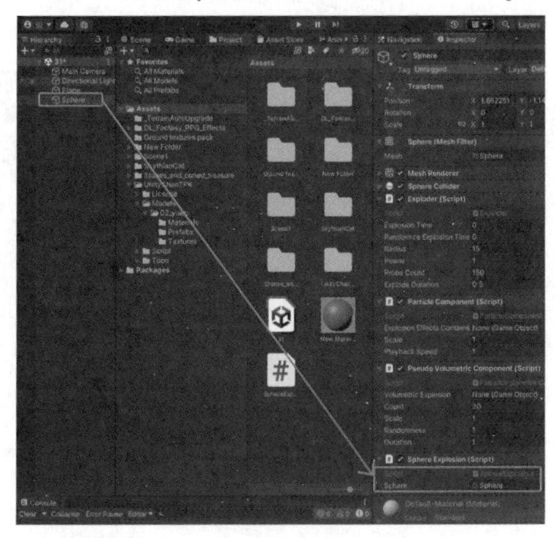

执行Play，红色的球体从空中落下，当落到Plane上时会发生爆炸，如图21-13所示。

▼图21-13 Sphere与Plane发生冲突而发生爆炸

秘技 175 如何设置当光标移到立方体上时就会爆炸

扫码看视频

对应 2019 2021

难易程度 ●

本秘技将制作当光标移到立方体上时，立方体发生爆炸。

在场景中配置Plane和Cube，再创建红色的材质，并将Cube的设置为红色。选择Cube，在Inspector面板中单击Add Component按钮，添加Rigidbody组件，用相同的方法添加其他组件，对应的Inspector面板如图21-14所示。取消勾选Exploder(Script)复选框。

选择Cube，在Inspector面板中单击Add Component按钮，选择New Script选项，在Name文本框中输入MouseOverExplosionScript。双击MouseOver-ExplosionScript，启动Visual Studio，代码如下页列表21-3所示。

▼图21-14 Cube的Inspector设置

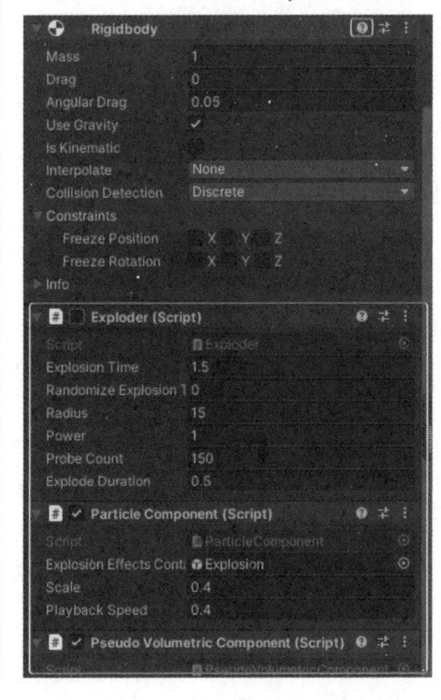

▼列表21-3 MouseOverExplosionScript.cs

```
using System.Collections;
using System.Collections.Generic;
using UnityEngine;
public class MouseOverExplosionScript : MonoBehaviour
{
    //声明GameObject类型变量cube
    GameObject cube;
    //Start()函数
    void Start()
    {
        //使用Find方法访问cube，并在变量cube上参照
        cube = GameObject.Find("Cube");
    }
    //Update()函数
    void Update()
    {
        //在照相机上的鼠标位置放射线
        Ray ray = Camera.main.ScreenPointToRay(Input.mousePosition);
        //射线碰到均衡器时存储信息
        RaycastHit hit = new RaycastHit();
        //将制作好的射线发射出去，撞到均衡器上时，则返回true
        if (Physics.Raycast(ray, out hit))
        {
            //如果冲突是Exploder组件，则启用Exploder
            //启用
            if (hit.collider.gameObject.GetComponent<Exploder>())
            {
                hit.collider.gameObject.GetComponent<Exploder>().enabled = true;
                //2秒后执行DisappearCube
                Invoke("DisappearCube", 0.2f);
            }
        }
    }
    //2秒后执行的DisappearCube，将Cube隐藏
    void DisappearCube()
    {
        cube.SetActive(false);
    }
}
```

执行Play，在场景中将光标移到立方体上时就会发生爆炸，如图21-15所示。但是如果执行Play后，立刻将光标移到立方体上时，则不会发生爆炸现象，此时立方体会消失，所以，执行Play后要等几秒钟后再将光标移至立方体上。

▼图21-15 光标移到立方体上发生了爆炸

秘技 176

如何让角色击中炸弹时发生爆炸

对应 2019 2021
难易程度 ●●

本秘技制作当角色敲打红色的立方体时会发生爆炸，爆炸的时机和之前略有不同，此处是在完成动画之后发生爆炸的。

首先，从Asset Store中下载Warrior（ver.2）_22Motion，并导入Unity。

在场景中配置Plane和红色的正方体，使用Scale Tool调整正方体的大小。在Project面板中展开Asset→Warrior→in place animation（ver.2）文件夹，选择attack04（in place）。在Inspector面板中将Animation Type设置为Legacy，单击Apply按钮。将角色配置到画面中并调整位置，如图21-16所示。Cube的Inspector面板的设置与秘技175中图21-14的设置完全相同。

▼图21-16　在场景中配置红色长方体和attack04（in place）

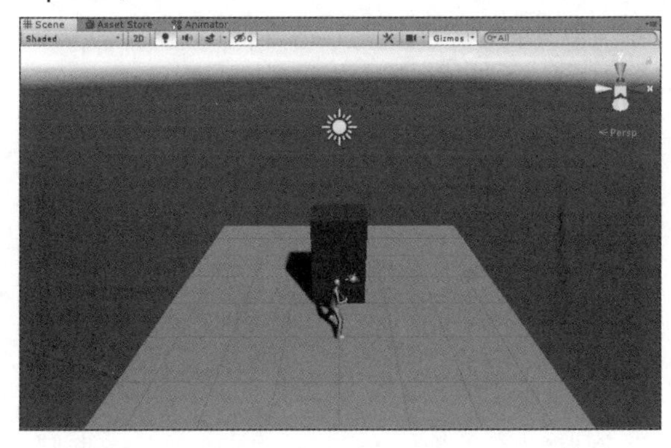

场景中的画面如图21-17所示。Hierarchy的结构如图21-18所示。

▼图21-17　照相机中的场景画面

▼图21-18　Hierarchy的结构

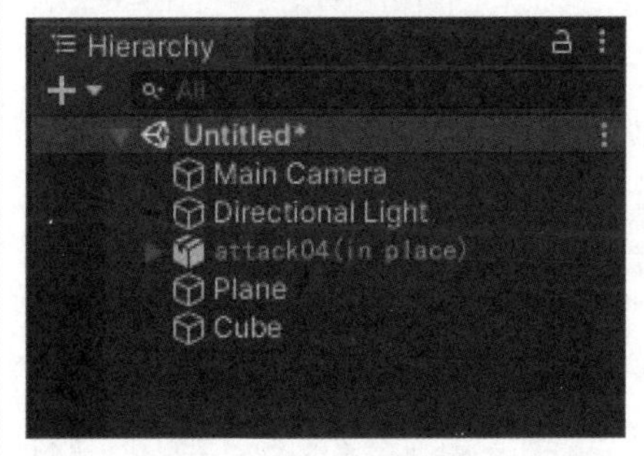

选择attack04（in place），在Inspector面板中单击Add Component按钮，选择New Script选项，在Name文本框中输入HitCubeScript，单击Create and Add按钮。双击HitCubeScript，启动Visual Studio，代码如列表21-4所示。

▼列表21-4 HitCubeScript.cs

```
using System.Collections;
using System.Collections.Generic;
using UnityEngine;
public class HitCubeScript : MonoBehaviour
{
    //声明public GameObject类型变量cube
    public GameObject cube;
    //声明Gameobject类型变量obj
    GameObject obj;
    //声明Exploder类型变量exploder
    Exploder exploder;
    //声明Aimation类型变量anim
    Animation anim;
```

```
    //Stat()函数
    void Start()
    {
        //用Find方法加速attackt04( in place ),通过变量obj参照
        obj = GameObject.Find("attack04(in place)");
        //通过GetComponent访问Exploder.@组件,
        //以变量exploder参照
        exploder = cube.GetComponent<Exploder>();
        //在GetComponent中访问Animain组件,以变量anim参照
        anim = obj.GetComponent<Animation>();
    }
    //Update()函数
    void Update()
    {
        //attackt04( in place )的Aimation结束后,勾选Ecploder,引起爆炸
        if (!anim.IsPlaying("attack04(in place)"))
        {
            exploder.enabled = true;
        }
    }
}
```

选择attack04（in place），在Inspector面板中追加HitCubeScript，将Hierarchy面板中Cube拖放到Cube的属性上。

▼图21-19 角色挥起了锤子

执行Play，角色挥锤子砸向长方体，如图21-19所示。接着长方体就会爆炸，如图21-20所示。

▼图21-20 长方体爆炸

秘技 177

如何创建定时炸弹

扫码看视频

对应 2019 2021

难易程度 ●●

本秘技创建定时炸弹，需要创建Text显示数值。在场景中配置Plane和红色的正方体。在Cube的Inspector面板中添加相关组件，如下页图21-21所示。在Hierarchy面板的空白处右击，在快捷菜单中选择Create→UI→Text命令，在场景中添加Text。选择Canvas，在Inspector面板的Canvas Scaler选项区域中设置Scale With Screen Size的值，然后再适当缩小显示Text。选择Text，在Inspector面板中设置Rect Transform的Width为50、Height为50。在Text(Script)选项区域中设置Text为30、Bold Font Size为30。调整Text的位置，如下页图21-22所示。

▼图21-21 Cube的Inspector

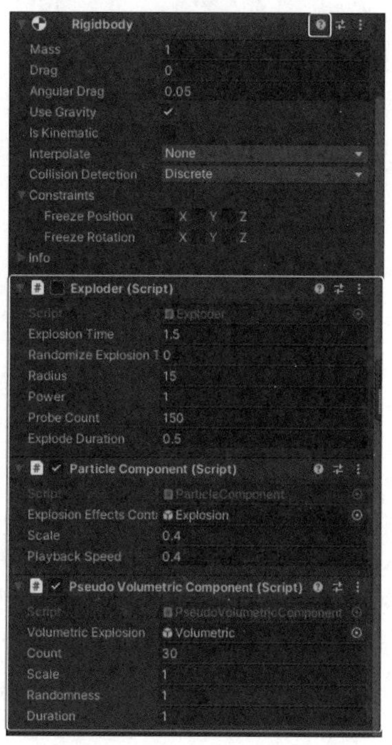

▼图21-22 Text配置的位置

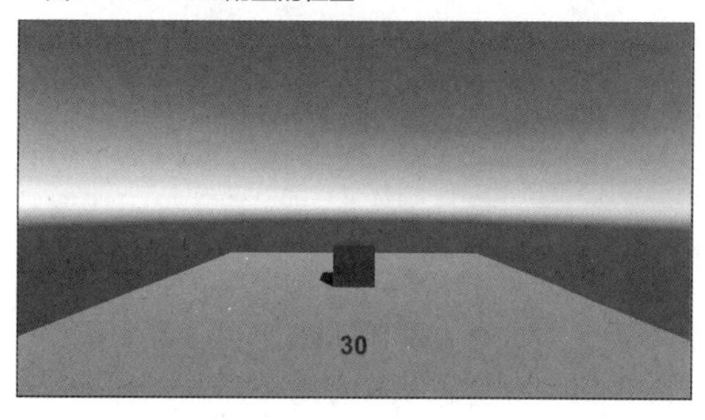

当场景中30变为0时，正方体会爆炸。在Unity的菜单栏中执行GameObject →Create Empty命令，将创建的GameObject命名为CountDown。然后选择CountDown，在Inspector面板中单击Add Component按钮，选择New Script选项，在Name文本框中输入CountDownScript，单击Create and Add按钮。双击CountDownScript，启动Visual Studio，代码如列表21-5所示。

▼列表21-5 CountDownScript.cs

```
using System.Collections;
using System.Collections.Generic;
using UnityEngine;
using UnityEngine.UI;
public class CountDownScript : MonoBehaviour
{
    //声明public Text类型变量myText
    public Text myText;
    //声明float类型变量timeCount
    float timeCount;
    //声明Exploder类型变量exploder
    Exploder exploder;
    //声明一个GameObject类型变量obj
    GameObject cube;
    //声明bool类型变量fag
    bool flag;
    //Start()函数
    void Start()
    {
        //使用Find方法访问Cube，并参照变量cube
        cube = GameObject.Find("Cube");
        //通过GetComponent访问Exploder组件以参照变量exploder
        exploder = cube.GetComponent<Exploder>();
        //变量timeCount中存储转换为float型后的Text值
        timeCount = float.Parse(myText.text);
        //flag以true的形式初始化
        flag = true;
    }
    //Update()函数
    void Update()
    {
        //flag为ture时，timeCount的值每1秒进行倒计时
        //在Text上显示该值
```

```
            //Text内的数值为0时，在Exploder上勾选后Cube会爆炸
            //用false初始化flag
            //通过使用flag，Update函数内的处理只进行一次
            if (flag)
            {
                timeCount -= Time.deltaTime;
                myText.text = ((int)timeCount).ToString();
                if (myText.text == "0")
                {
                    exploder.enabled = true;
                    flag = false;
                }
            }
        }
}
```

在追加的CountDown（Script）选项区域中将Hierarchy面板中Canvas的子级Text拖到My Text处。

▼图21-23 30秒倒计时开始了

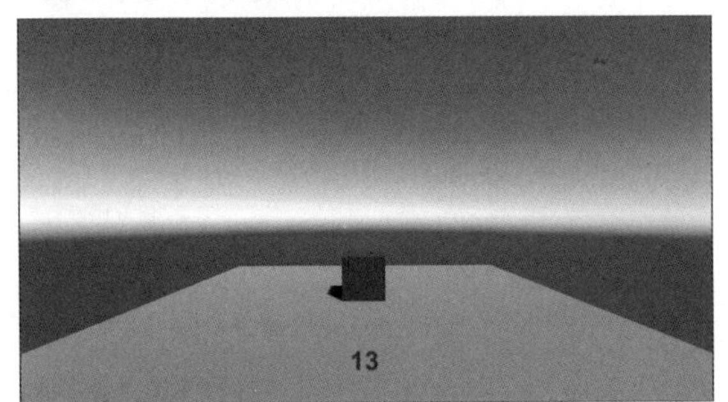

执行Play，30秒倒计时开始，如图21-23所示。当为0时，立方体会爆炸，如图21-24所示。

▼图21-24 Cube爆炸了

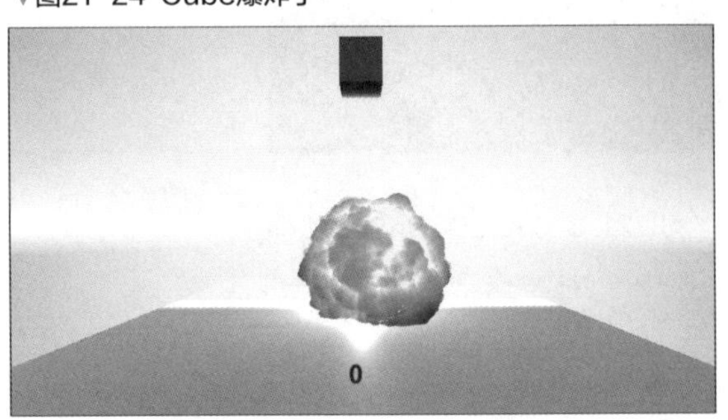

秘技178 如何设置踩到地雷就爆炸

扫码看视频

对应 2019 2021

难易程度 ●

本秘技使用Character Controller控制Jammo_Player资源，还需要使用OnControllerColliderHit（Controller ColliderHit hit）来确定是否与地雷碰撞。场景中当角色踩到地雷时发生爆炸。从Asset Store中下载AT-Mine，并导入到Unity中。

在场景中配置Plane和Jammo_Player，在Project面板中展开Assets→weapons→models→ at_mine文件夹，将at_mine_LOD0配置到场景中并命名为Mine。选择添加的地雷，在Inspector面板中将Scale设置为2，效果如图21-25所示。

at_mine_LOD0的Inspector面板中设置与秘技177中的图21-21中设置完全相同。需要追加Box Collider组件，如果不追加该组件，地雷会从地板上脱落。Hierarchy面板的结构如下页图21-26所示。

▼图21-25 放置了各个对象

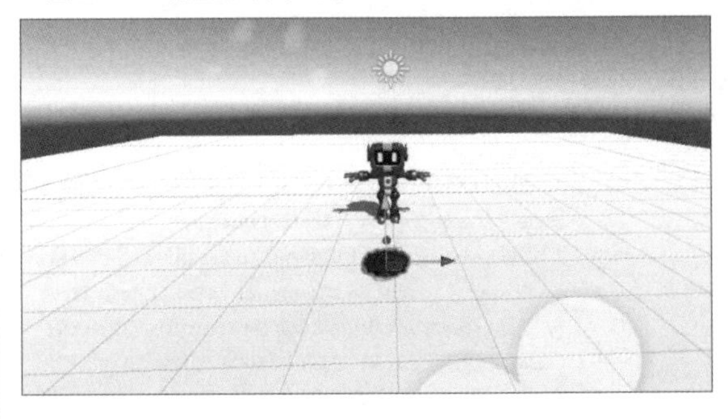

因为Jammo_Player资源自带Character Controller控制资源，可以通过键盘的上下左右键控制角色的移动，不需要进行设置。

接下来设置照相机追踪移动的Lammo_Player。将

Standard Assets的Unity文件夹中的SmoothFollow拖放到Main Camera，将Target指定Jammo_Player。

选择Jammo_Player，在Inspector面板中单击Add Component按钮，选择New Script。在Name中指定StepOnTheMineScript，单击Create and Add按钮。双击启动Visual Studio，代码如列表21-6所示。

▼图21-26 Hierarchy的结构

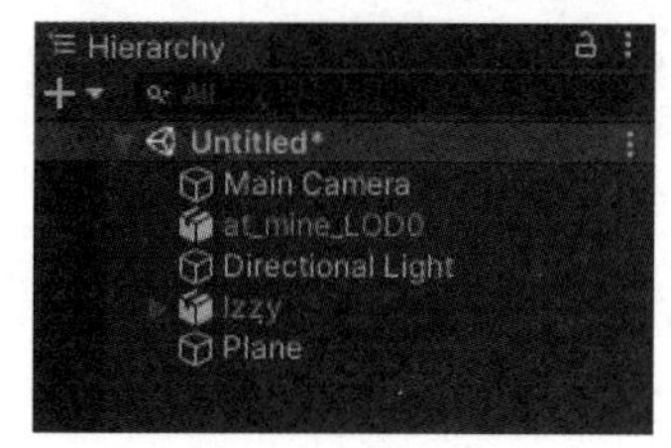

▼列表21-6 StepOnTheMineScript .cs

```
using System.Collections;
using System.Collections.Generic;
using UnityEngine;
public class StepOnTheMineScript : MonoBehaviour
{
    //声明public Gameobject型的myMine
    public GameObject myMine;
    //声明Exploder类型变量的exploder
    Exploder exploder;
    //Start()函数
    void Start()
    {
        //通过GetComponent访问Exploder组件，以变量exploder参照
        exploder = myMine.GetComponent<Exploder>();
    }
    //Jammo-Player踩到地雷时的处理
    private void OnControllerColliderHit(ControllerColliderHit hit)
    {
        //Jammo-Player接触的是at mine LOD时，请启用exploder
        //发生了爆炸
        //等待两秒执行消灭at mine LOD(地雷)的处理
        if (hit.gameObject.name == " at_mine_LOD0")
        {
            exploder.enabled = true;
            Invoke("MineDisappeard", 0.2f);
        }
    }
    //两秒后执行消灭地雷的处理
    void MineDisappeard()
    {
        myMine.SetActive(false);
    }
}
```

选择Jammo_Player，在Inspector面板中追加StepOnTheMineScript的选项区域，作为public的变量预先声明的My Mine的属性，最后将Hierarchy的Mine拖放到该属性上即可。

执行Play，当Jammo_Player踩到地雷时会发生爆炸，如图21-27所示。

▼图21-27 Jammo_Player踩上红色地雷后会发生爆炸

秘技 179

如何制作水中爆炸的效果

本秘技将制作如何在水中炸飞多个立方体的效果。首先在场景中配置Plane和红色的立方体，将Cube作为Plane的子配置。在立方体添加相应的组件，在Exploder（Script）选项区域中设置Power为2，如图21-28所示。

▼图21-28 Cube的Inspector面板

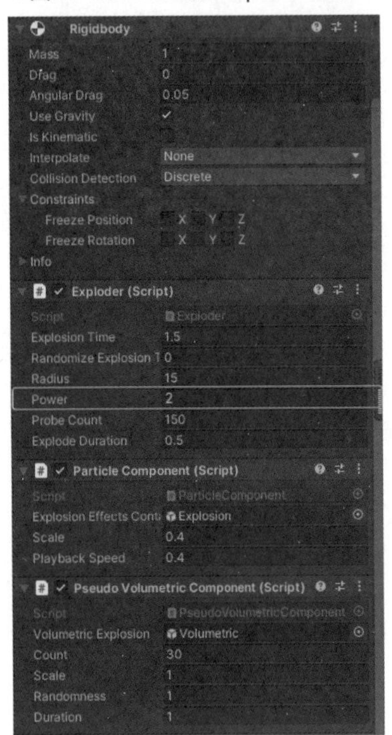

选择Cube并右键单击，在快捷菜单中选择Duplicate命令，复制5个立方体并调整位置，如图21-29所示。Hierarchy面板的结构如图21-30所示。

▼图21-29 复制5个立方体

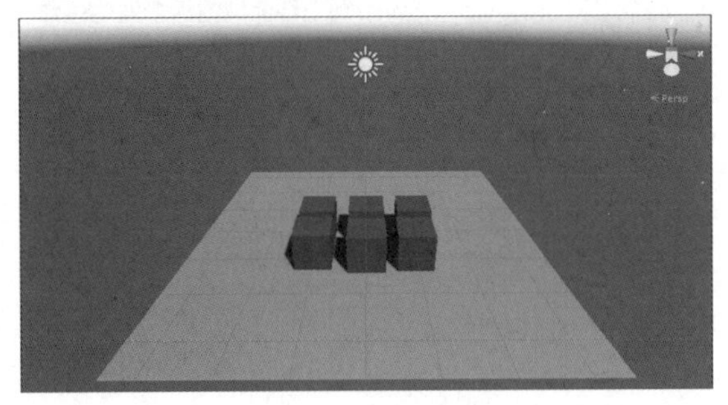

▼图21-30 Hierarchy的结构

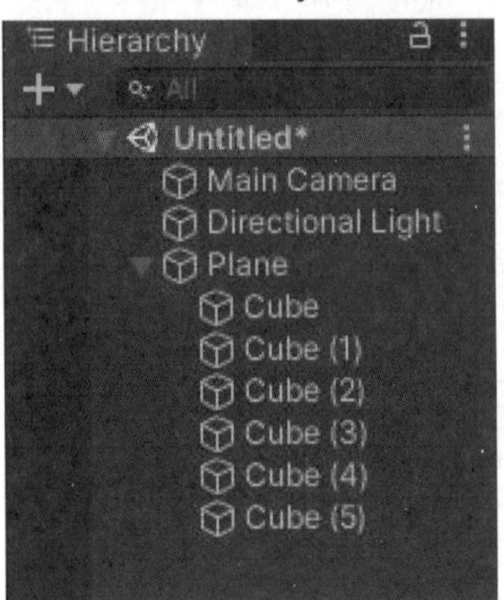

在Project面板中展开Assets→ Standard Asscts→Environment→Water→ Water4→Prefabs文件夹，将Water4Simple.prefab拖至Hierarchy面板内，制作出水面。选择Plane和作为子配置的立方体将其向下移到水面的下方，能隐约看到红的立方体即可，如图21-31所示。

▼图21-31 将Plane和Cube沉入海面下

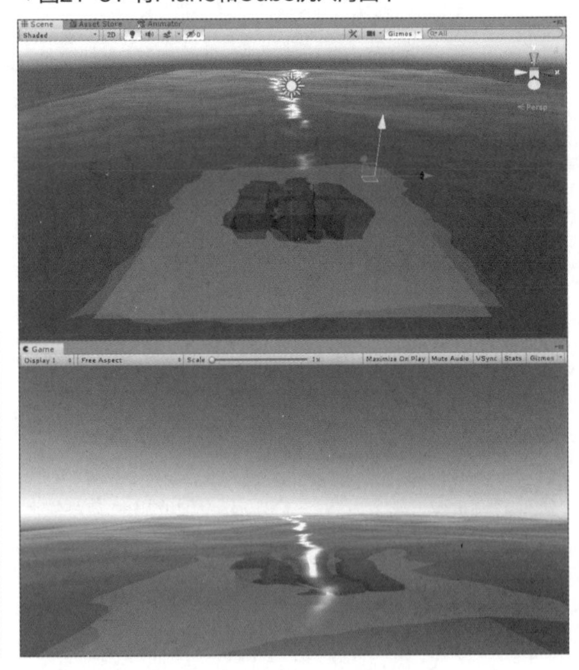

执行Play，稍等一会将会在水面下方发生爆炸，将立方体炸飞，如图21-32所示。在爆炸过程中水是不发生变化的，因为在爆炸的资源中是无法实现炸飞水的。

▼图21-32 在水下发生爆炸并炸飞立方体

专栏 Asset Store中有趣角色的介绍（10）

使用3rd Person Controller+Fly Mode（免费）插件，可以实现让3D模型像超人一样飞到空中的功能，其下载界面如下图1所示。

▼图1 3rd Person Controller + Fly Mode的下载界面

应用该插件的效果，如下图2所示。

▼图2 3D模型在空中飞行

ProBuilder应用秘技

秘技180 如何导入ProBuilder

对应 2019 2021

难易程度 ●

ProBuilder是Unity 2018搭载的免费的3D建模插件，在之前的版本是在Asset Store中作为收费的资源。打开Unity，在菜单栏中执行Window→Package Manager命令，如图22-1所示。

▼图22-1 选择Window→Package Manager命令

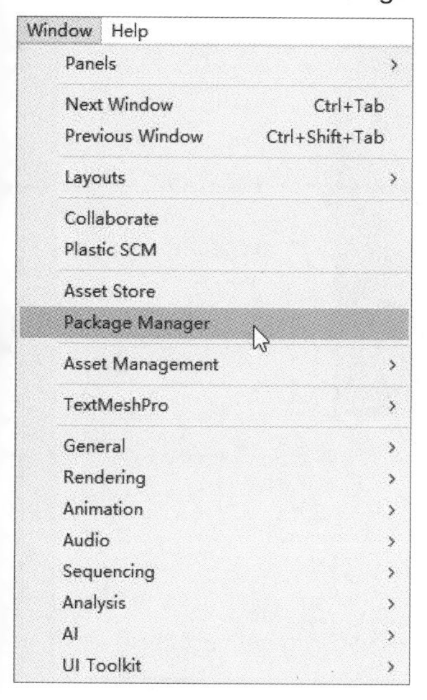

启动Package Manager，选择ProBuilder选项，如图22-2所示。

▼图22-2 显示ProBuilder的Package

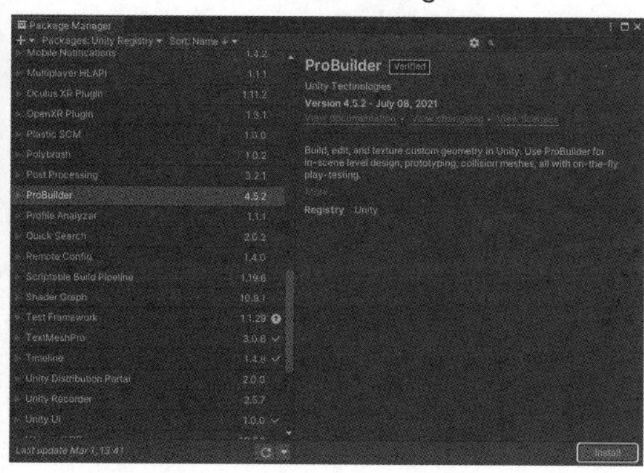

单击Install按钮，开始安装，安装完成后关闭打开的窗口。在Unity的菜单栏中追加Tools菜单，在该下拉菜单中选择ProBuilder→ProBuilder Window命令，如图22-3所示。打开图22-4所示的窗口。

▼图22-3 选择Tools→ProBuilder→ProBuilder Window命令

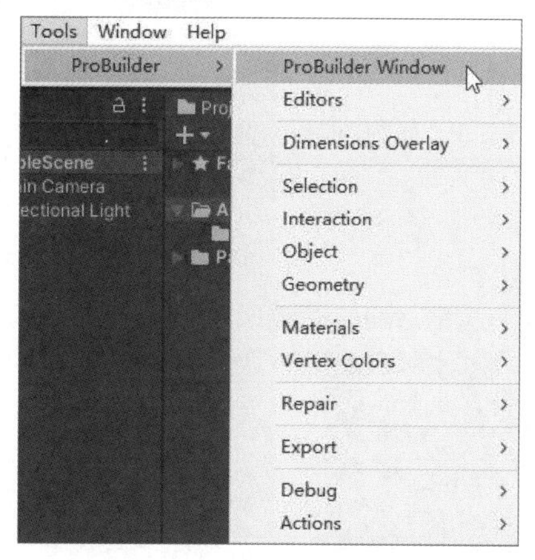

▼图22-4 显示了ProBuilder的窗口

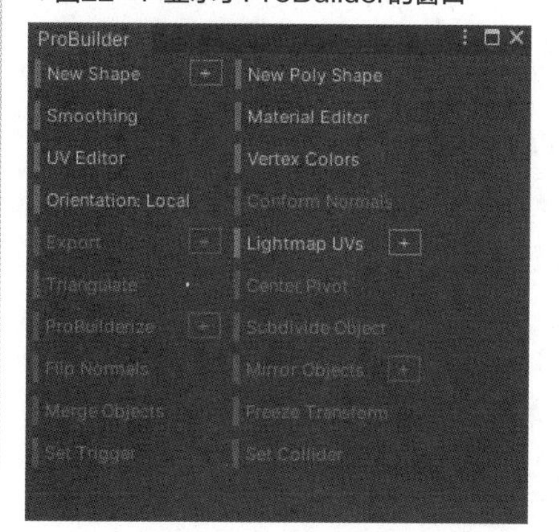

在打开窗口的空白处单击鼠标右键，显示设置的菜单，如下页图22-5所示。Window子菜单中的Open As Floating Window命令显示为悬浮状态的画面，Open As Dockable Window命令可以像场景视图一样移动、对接，默认为该命令。Use Icon Mode命令是用图标方式显示ProBuilder的菜单；Use Text Mode命令是用文本方式显示ProBuilder的菜单，默认为该命令。

▼图22-5 显示的菜单

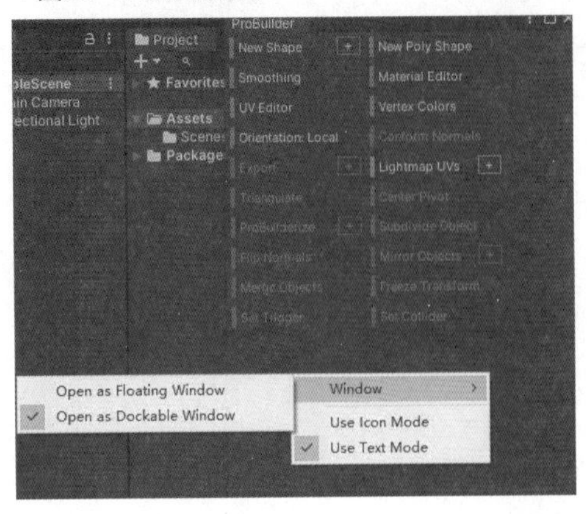

在菜单中选择Use Icon Mode命令是用图标方式显示ProBuilder的菜单，如图22-6所示。当光标悬停在图标上时会显示文本，为了更直观理解ProBuilder各菜单的含义，我们使用文本模式。

▼图22-6 图标显示ProBuilder的菜单

将ProBuilder窗口对接在Hierarchey面板右侧，如图22-7所示。

▼图22-7 对接在Hierarchey面板右侧

本秘技介绍ProBuilder的安装方法，从下个秘技开始介绍具体的使用方法。

秘技 181 New Shape是什么

扫码看视频

对应 2019 2021

难易程度 ●●●

在ProBuilder的Scene视图中显示图22-8所示的图标。

▼图22-8 用于选择屏幕的每个面、顶点或边缘的场景图标

从右向左分别是Face Selection（选择平面）、Edge Selection（选择边缘）、Vertex Selection（选择顶点），最左侧是Object Selection（选择对象）。如果选择图22-7中的New Shape选项，将创建Cube。在Unity菜单中执行GameObject→3D Object→ Cube命令，创建Cube。下面介绍变形Cube，建造一座房子。

▼图22-9 Cube已创建

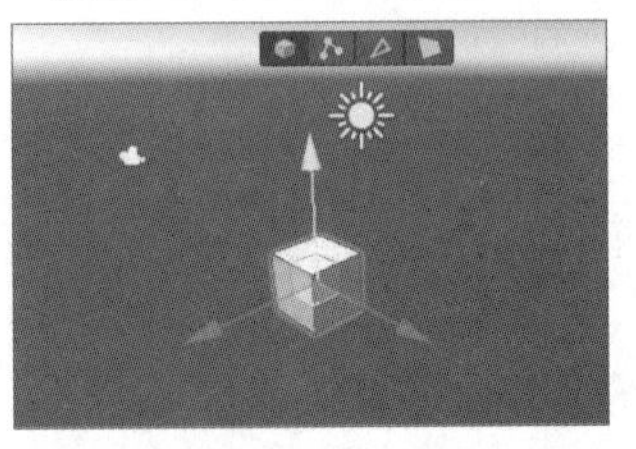

要想从ProBuilder中进行编辑，在ProBuilder面板中选择ProBuilderize选项，如下页图22-10所示。

下面开始编辑Cube，单击图22-8中的Face Selection图标，再选择Cube框起来的面，如下页图22-11所示。

▼图22-10 选择ProBuilder面板ProBuilderize选项

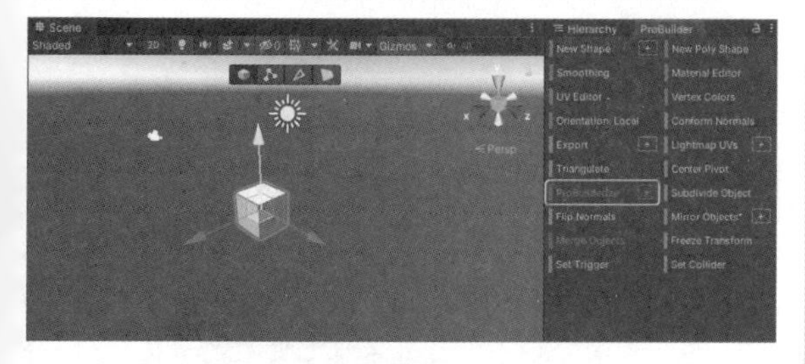

▼图22-11 选择用Cube的框围起来的面

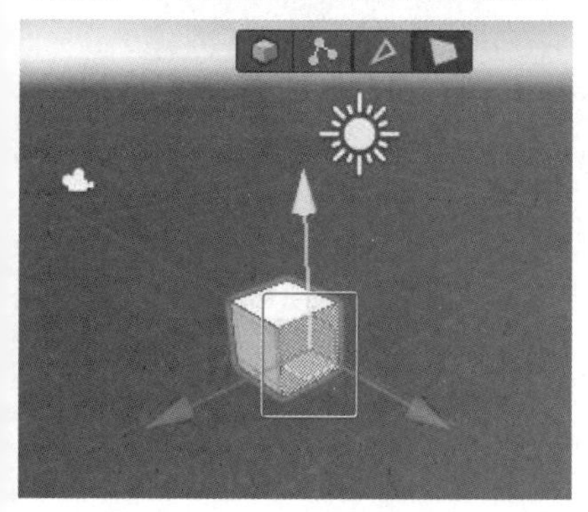

图22-11中拉蓝色箭头即可拉伸该面，选择面后按住Shift键再拉制作出图22-12所示的Cube。

▼图22-12 最终完成的Cube

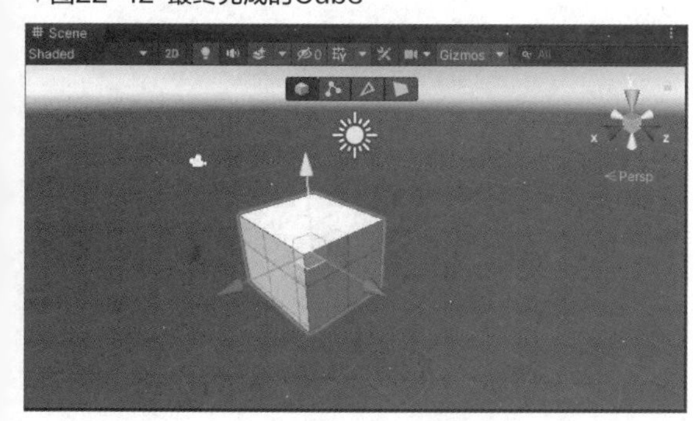

最后，再按Shift键拉红色箭头，制作两个独立的多边形，如图22-13所示。

▼图22-13 创建了两个单独的多边形①和②

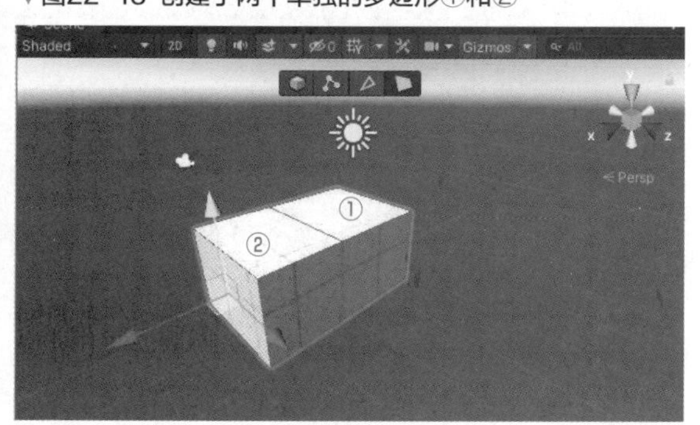

选择缩放工具Scale Tool，按Shift键同时选择一个面，如图22-14所示。

▼图22-14 使用Scale Tool选择一个面

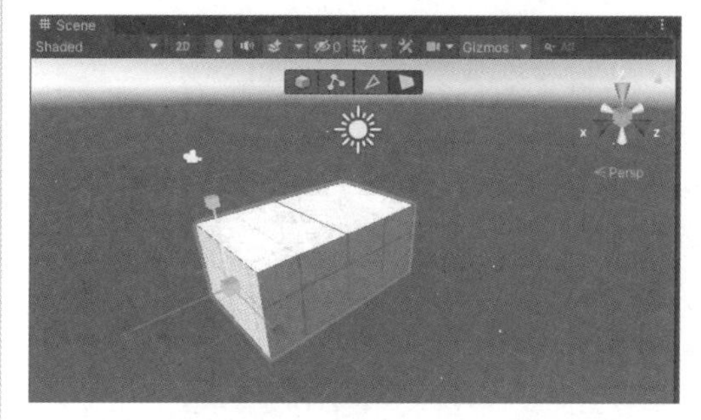

选择中间灰色的■将其缩小，如图22-15所示。

▼图22-15 中央缩小了

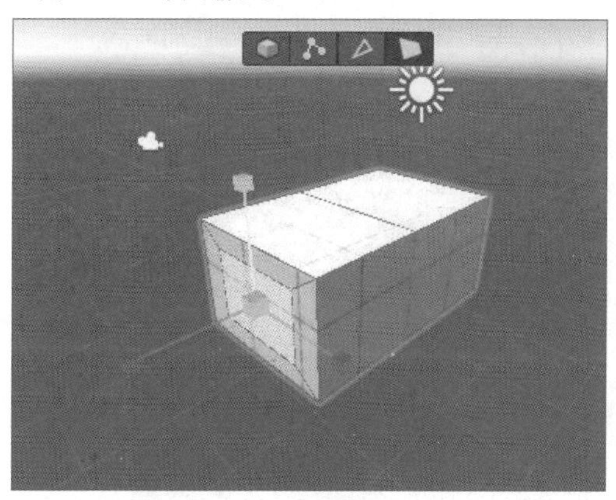

此时按下Shift键，选择移动工具Move Tool，然后拉伸，形成图22-16的图形。

▼图22-16 用Move Tool拉伸的结果

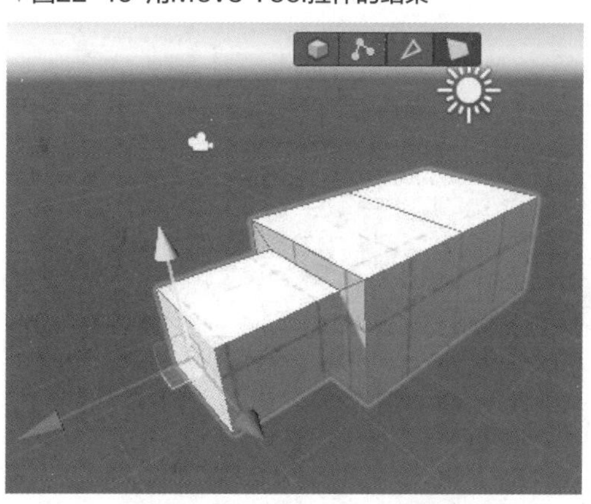

按Shift键，选择Scale Tool，放大中间灰色的■，效果如图22-17所示。

▼图22-17 Scale Tool扩大了平面

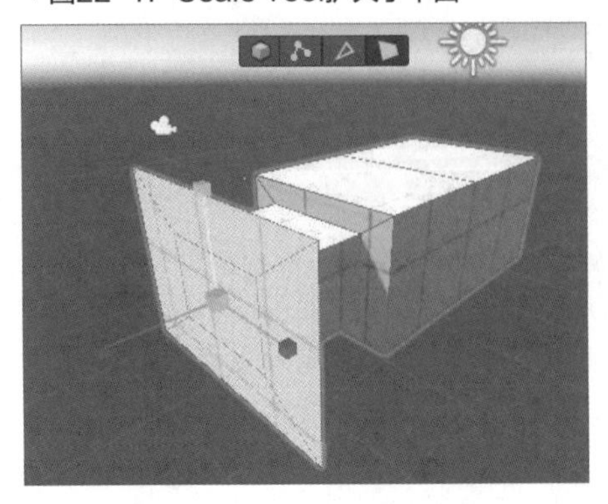

再次按Shift键，选择移动工具Move Tool进行拉伸，如图22-18所示。

▼图22-18 使用移动工具Move Tool进行拉伸

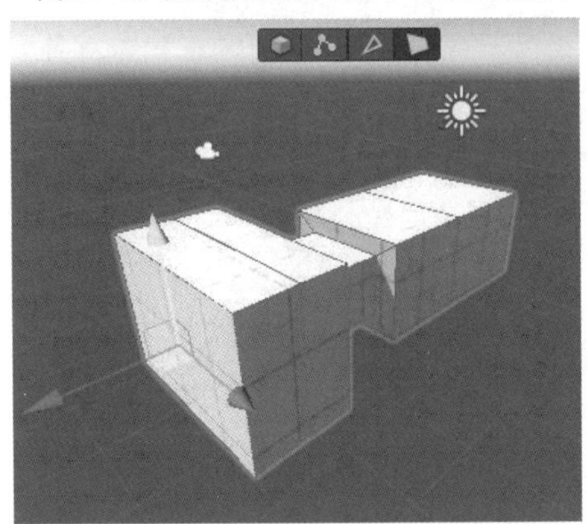

松开Shift键，查看制作好的形状，如图22-19所示。

▼图22-19 成品图

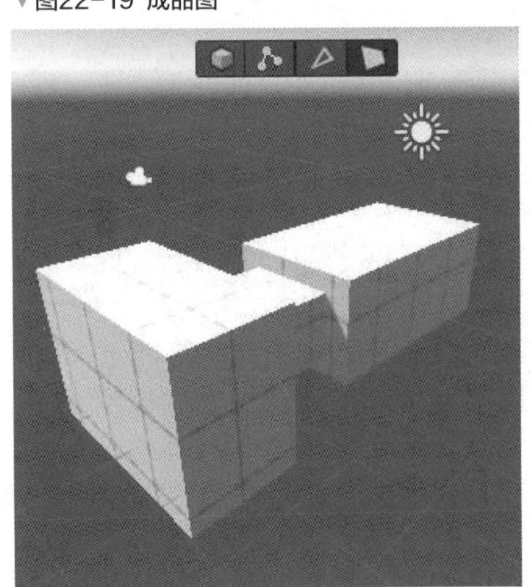

按Shift键，选择上方的面并拉伸，在顶部生成一个单独的多边形，如图22-20所示。

▼图22-20 在上方制作独立的多边形

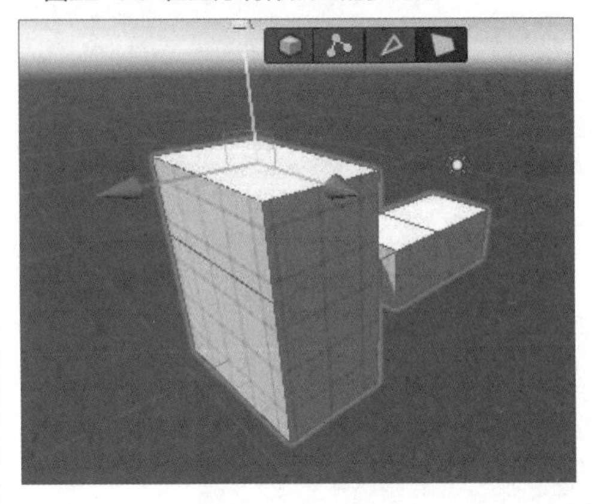

在Game视图中显示的效果不佳，选择Hierarchy中的Main Camera，调整使形状显示在Game视图中，如图22-21所示。

▼图22-21 调整后的Scene和Game视图显示整个场景

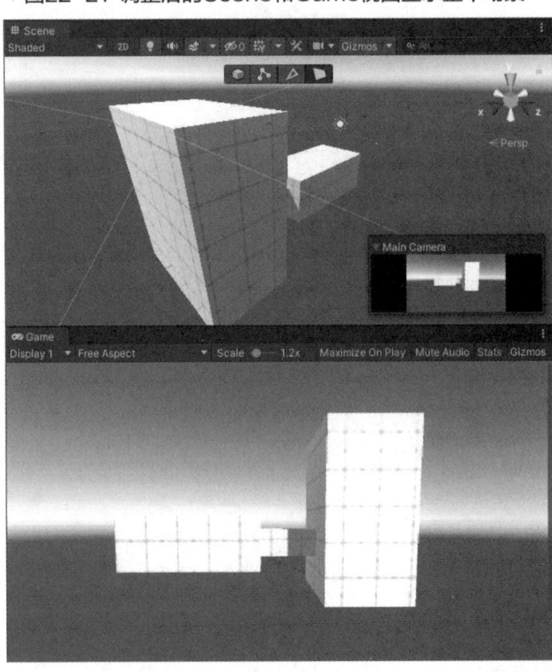

图22-21可见大房间和小房间是通过通道连接起来的，之间有台阶的，因此还需要消除这一台阶。首先，使用变形工具Hand Tool拖拽Scene视图，效果如下页图22-22所示。

▼图22-22 改变Scene视图的效果

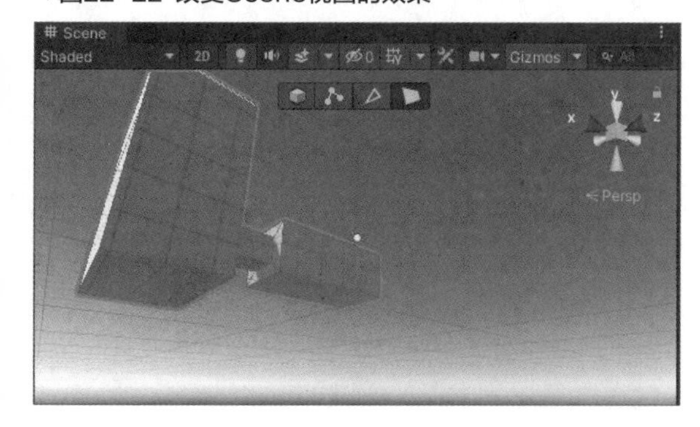

单击Face Selection图标，降低小走廊，以消除台阶差，如图22-23所示。

▼图22-23 消除了台阶差

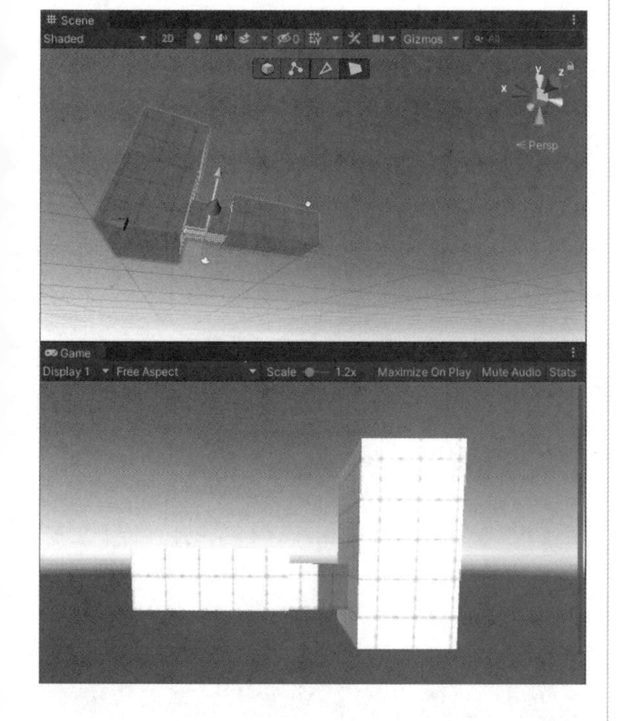

在Scene视图中，单击齿轮图标，按住Shift键单击中间灰色■，单击不同的轴，最后再单击中间灰色■，效果如图22-24所示。

▼图22-24 使整体的图形看起来正常

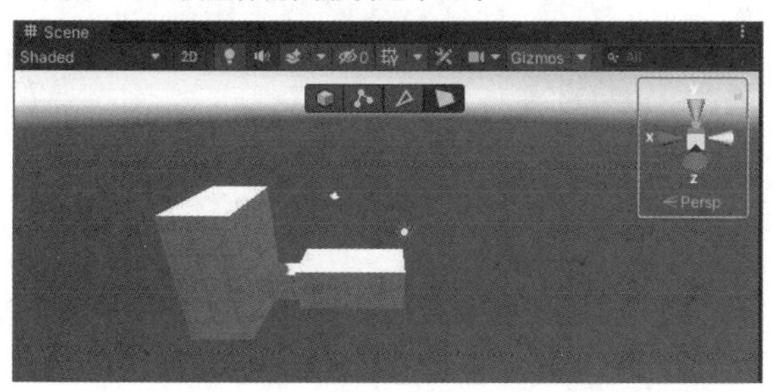

接下来在大的立方体上制作屋顶模型，首先选择顶面，从ProBuilder面板中选择Delete Faces选项，如图22-25所示。

▼图22-25 选择顶部的屋顶面，然后使用ProBuilder菜单中的Delete Faces选项将其删除

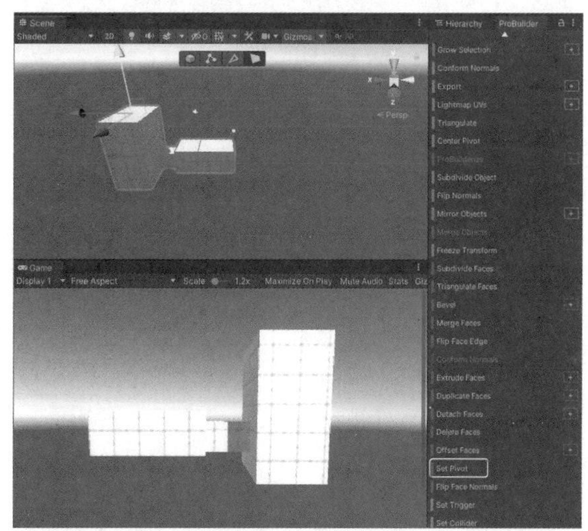

然后删除上表面，如图22-26所示。

▼图22-26 顶面已被删除

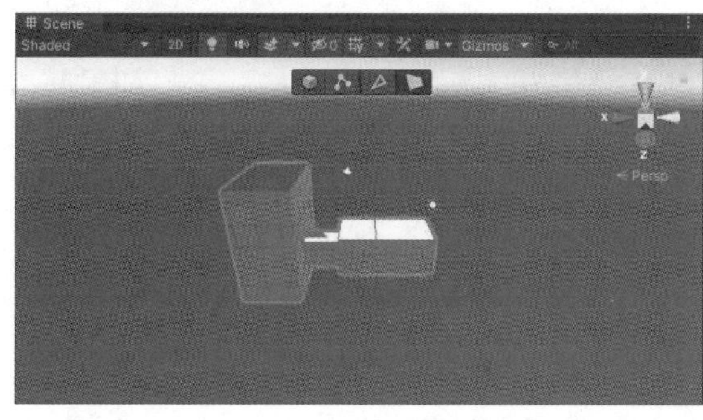

接着单击Vertex Selection图标，选择删除面的四个点，所选部分的颜色变为黄色，如图22-27所示。

▼图22-27 选择四个点

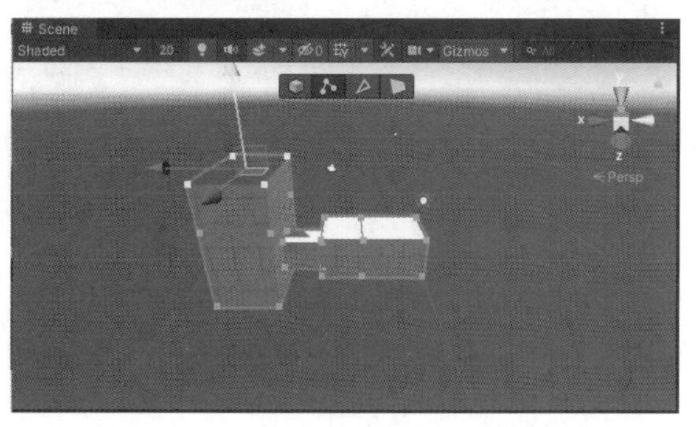

在ProBuilder的里面选择Collpase Vertices选项。此时顶点汇集成一个，如图22-28所示。尖尖的屋顶已经制作完成。

▼图22-28 顶点汇集成一个，尖尖的屋顶制作完成

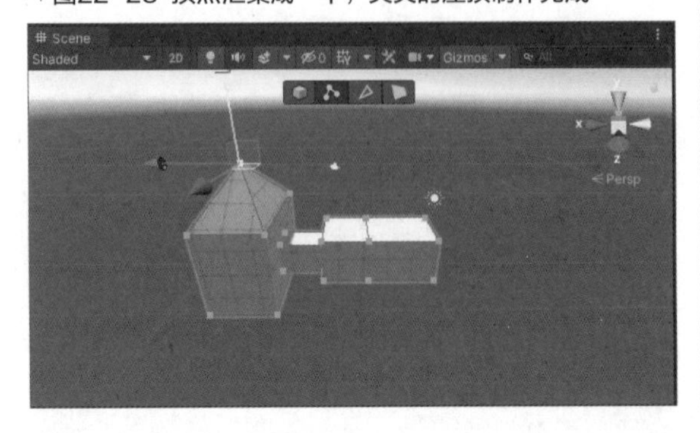

单击Edge Selection图标，选择小立方体上方的边，然后向上提拉，也可以制作出屋顶，如图22-29所示。

▼图22-29 通过Edge Selection制作出小房子的房顶

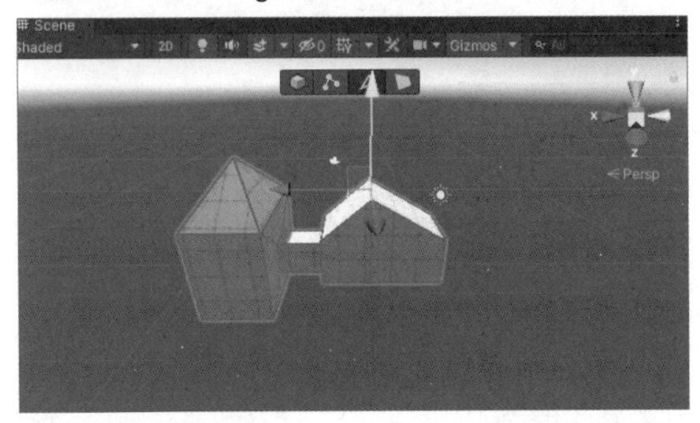

房子的外观制作完成，下面我们要进入房子内部。房子的正面，如图22-30所示。

▼图22-30 房子的正面图

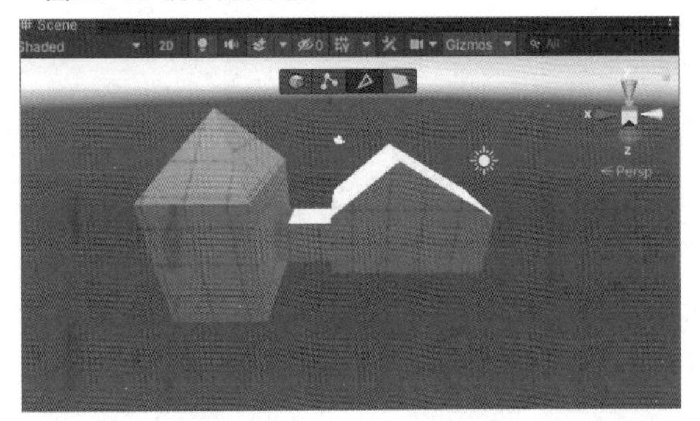

单击Object Selection图标，将房子全部选中。打开ProBuilder，然后选择Flip Normals选项。房子的内部也变得可见，如图22-31所示。

▼图22-31 房屋内部变得可见

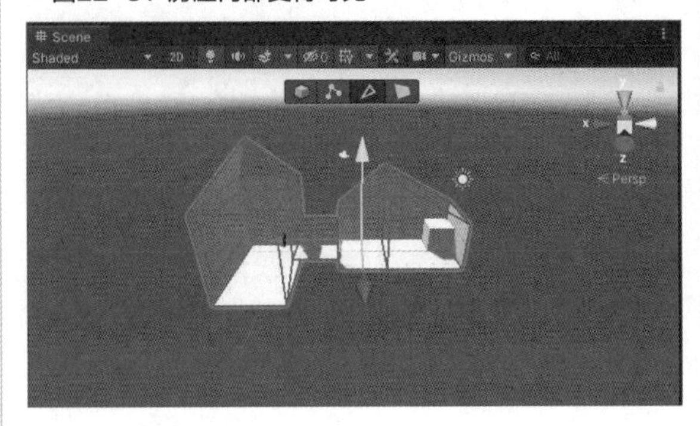

由于房屋内较暗，在Unity菜单中选择GameObject→Light→Point Light命令，在房间内添加Point Light，内部变得明亮了。复制Point Light并移到另一房间，如图22-32所示。

▼图22-32 使用Point Light让房间变亮

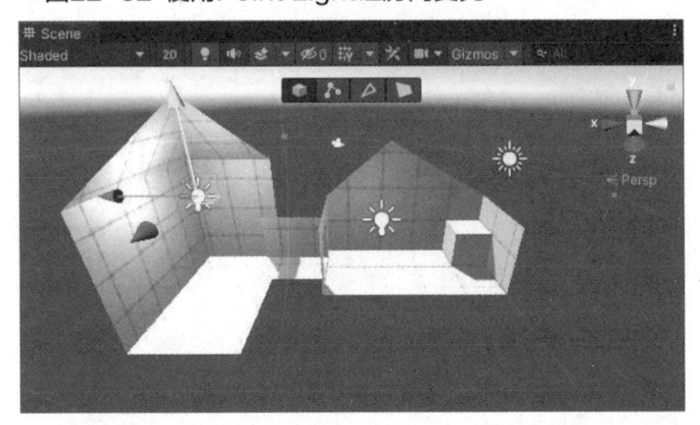

想要在房间内走动，按键盘上的W、A、S、D键即可。W键向前移动，A键向左移动，S键退后，D键向右移动。单击Play按钮，进入房间内查看，如图22-33所示。

▼图22-33 探索房屋内部

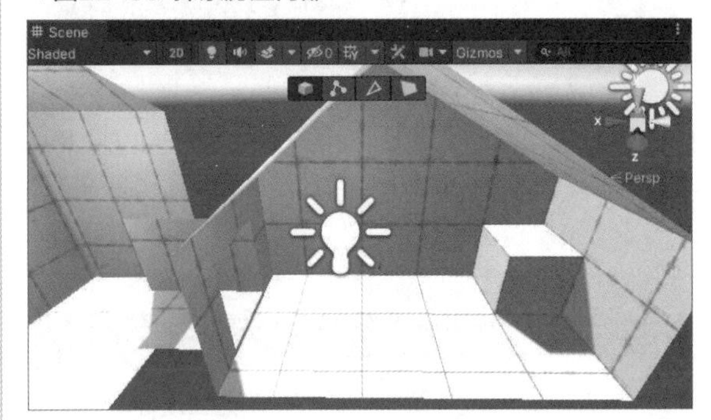

秘技 182

如何创建Stair

扫码看视频

对应 2019 2021
难易程度

如果想要改变已经完成项目的形状，需要选中项目的顶点、边或面，通过使用变形工具中的Move Tool进行操作，可以将其转换为各种形状。在图22-4中单击New Shape旁边的“+”图标，然后Shape Selector将会启动，选择Stair选项，如图22-34所示。

▼图22-34 选择Stair选项

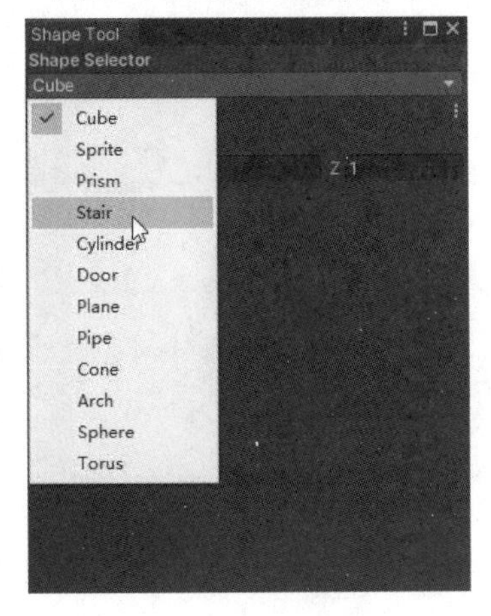

楼梯创建完成，如图22-35所示。

▼图22-35 楼梯创建完成

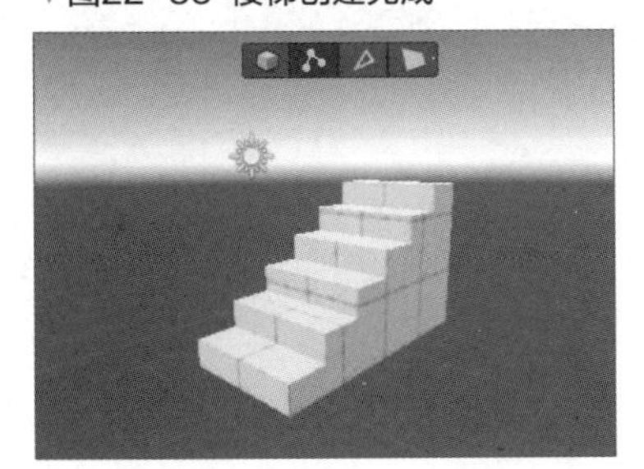

Shape Settings将会显示出来。Steps表示楼梯的数量，设置为20。Curvature表示曲率，设置为55。Stair width表示楼梯的宽度，设置为5。Stair Height表示楼梯的高度，设置为4。Inner Radius表示内半径，设置为6，并单击Build按钮，如图22-36所示。

▼图22-36 设置各项数值后单击Build按钮

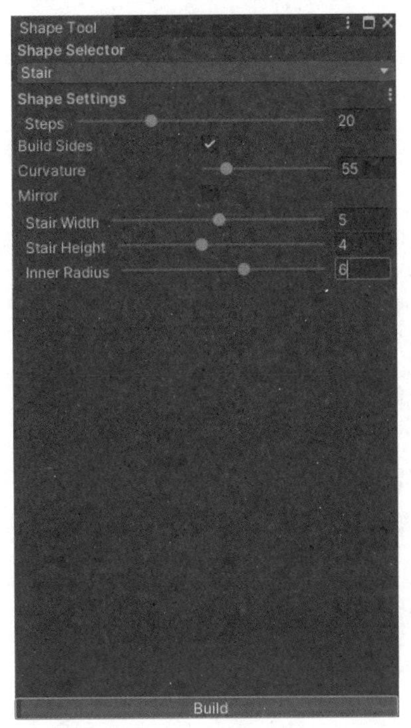

楼梯创建完成，如图22-37所示。

▼图22-37 制作完成的楼梯

在单击Build按钮之前，已设置完各种值的图形将实时显示。如果觉得这个图形是令人满意的，最后单击Build按钮进行确认即可。

秘技 183 如何创建Prism

扫码看视频

对应 2019 2021

难易程度 ●

在图22-4中，单击New Shape旁边的“+”图标，Shape Selector将会启动，选择Prism选项，如图22-38所示。所谓Prism，就是用来分散和折射光，类似于玻璃的透明三棱柱形。

▼图22-38 选择Prism选项

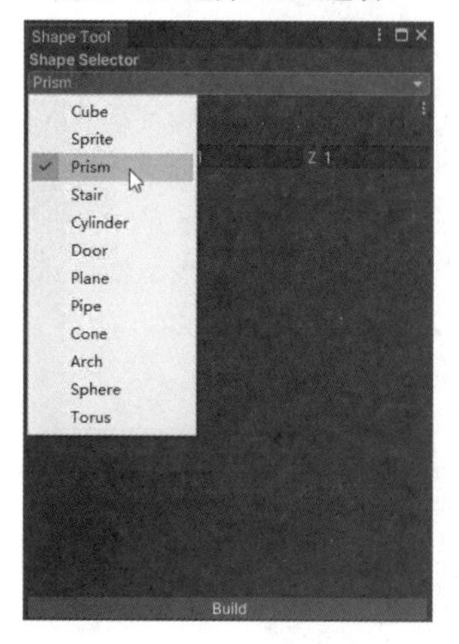

设置相关参数的值，并单击Build按钮，如图22-39所示。

▼图22-39 设定数值并单击Build按钮

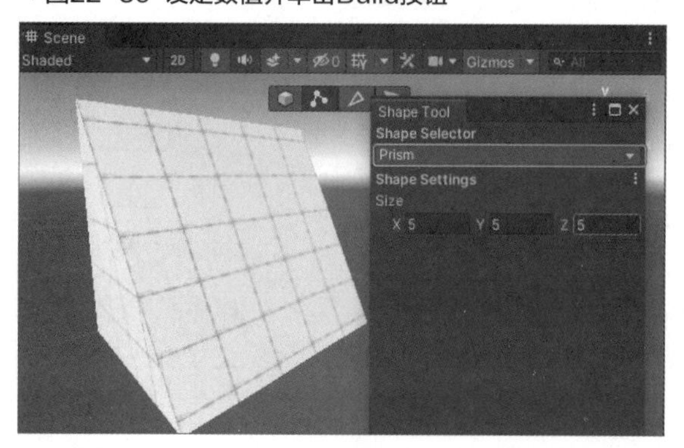

通过Face Selection选择一个面，并使用变形工具中的缩放工具Scale Tool或者移动工具Move Tool，使Prism完成变形，如图22-40所示。

▼图22-40 变形之后的Prism

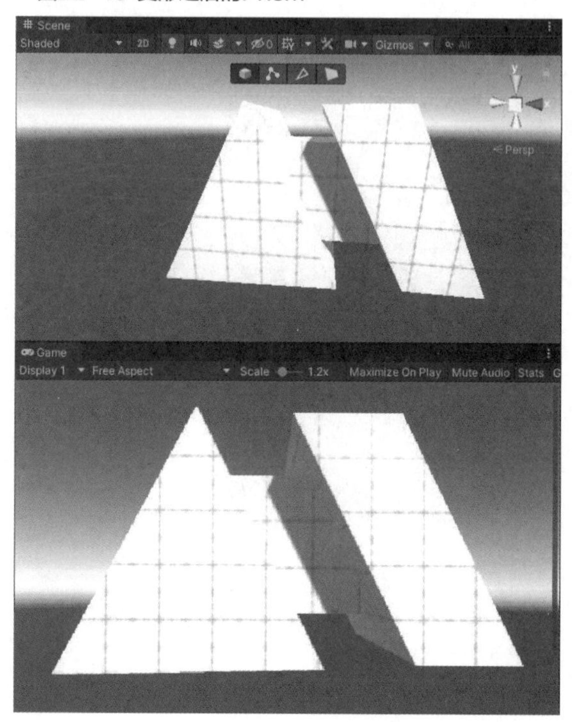

秘技 184 如何创建Plane

扫码看视频

对应 2019 2021

难易程度 ●

在图22-4中，单击New Shape旁边的“+”图标，选择Plane选项。Axis保持朝上，设置Width为20，Length为20，Width Segments和Length Segments为15。如果Width Segments和Length Segments的

值太小，在选择Plane里面的时候，将只能选择较大的范围。为了后续能够进行更加精细的选择，请尽可能把值设置大一些。接下来单击Build按钮，Plane便制作完成了，如图22-41所示。

▼图22-41 Plane制作完成

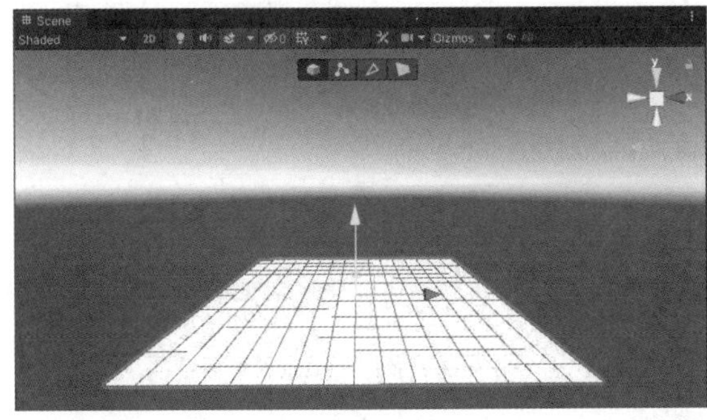

单击Face Selection图标，按住Shift键的同时选择Plane向上的方格，如图22-42所示。

▼图22-42 选择Plane的方格

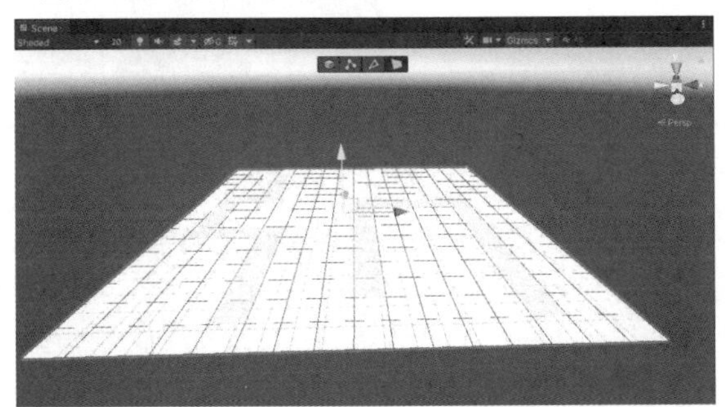

选择完成后，释放Shift键，然后向上拖动，被选中的Plane部分将向上凸起，如图22-43所示。

▼图22-43 选定的部分凸起

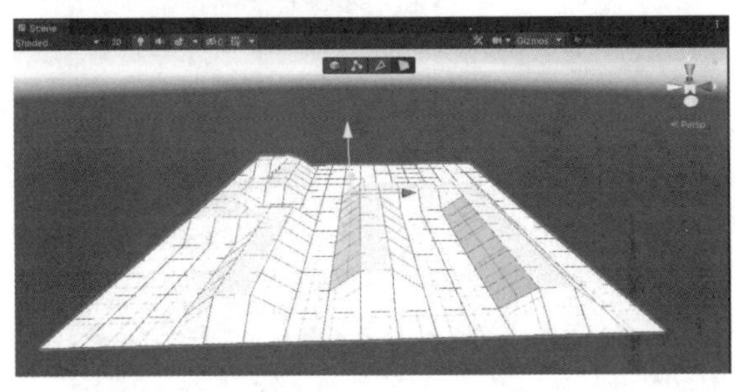

还可以为其添加颜色，选择ProBuilder中的Vertex Colors选项，启动Vertex Colors，如图22-44所示。

▼图22-44 启动Vertex Colors

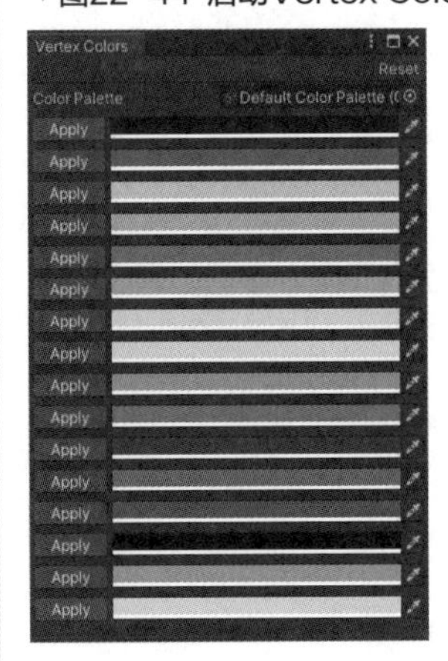

单击Object Selection图标，设置要应用于Plane的颜色，也可创建自己喜欢的颜色，但是在此处使用系统已经预设好的绿色，如图22-45所示。

▼图22-45 使用绿色

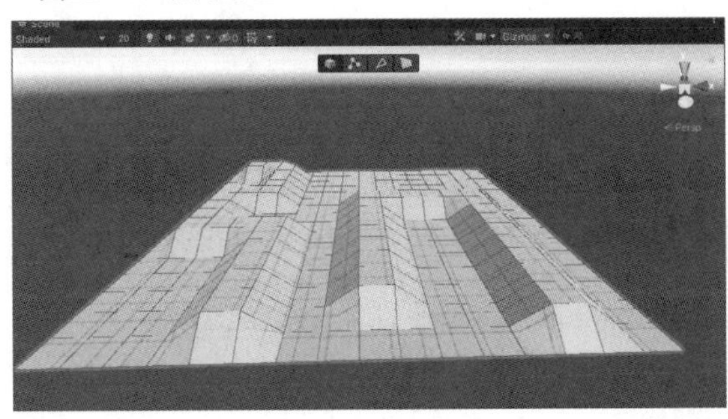

此时Plane向上的方格完成上色。再次单击Face Selection图标按住Shift键选择方格，使用Vertex Colors可以进行部分染色，如图22-46所示。

▼图22-46 进行部分染色

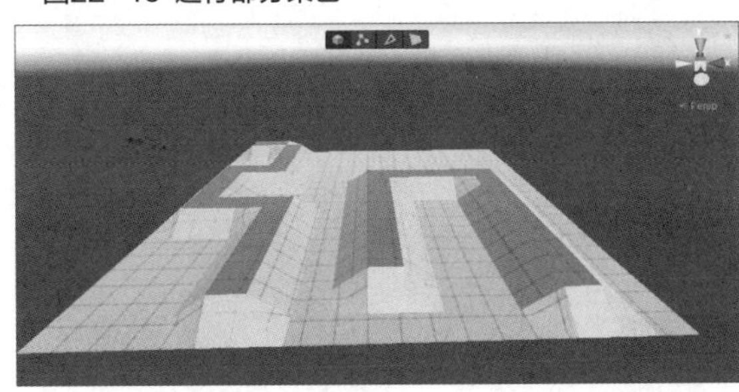

在Plane上面放置及操作一个角色也会很有趣。

秘技 185

如何创建Door

扫码看视频

对应 2019 2021

难易程度 ●

在图22-4中，单击New Shape旁边的“+”图标，选择Door选项。设置Total Width为10、Total Height为10、Total Depth为3、Door Height为3、Leg Width为2，然后单击Build按钮，得到如图22-47所示的Door。

Total Width表示总宽度，Total Height代表总高度，Total Depth代表总深度，Door Height代表门的高度，Leg Width表示门腿部分的宽度。

▼图22-47 创建完成的Door

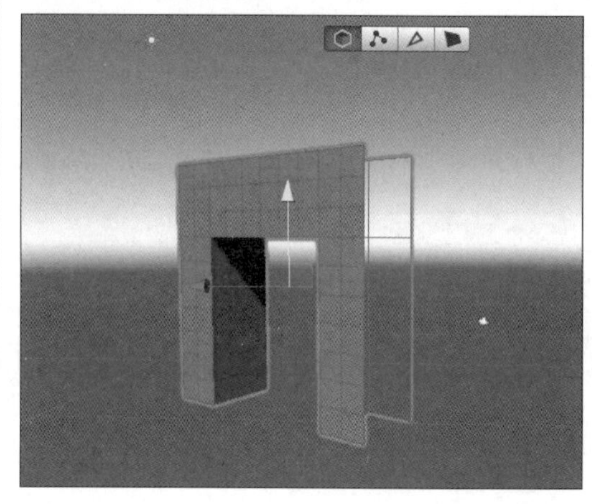

秘技 186

如何创建Pipe

扫码看视频

对应 2019 2021

难易程度 ●

在图22-4中，单击New Shape旁边的“+”图标，选择Pipe选项。设置Radius为10、Height为15、Thickness为2、Number of Sides为25、Height Segments为10，然后单击Build按钮，完成Pipe的创建，如图22-48所示。

▼图22-48 Pipe创建完成

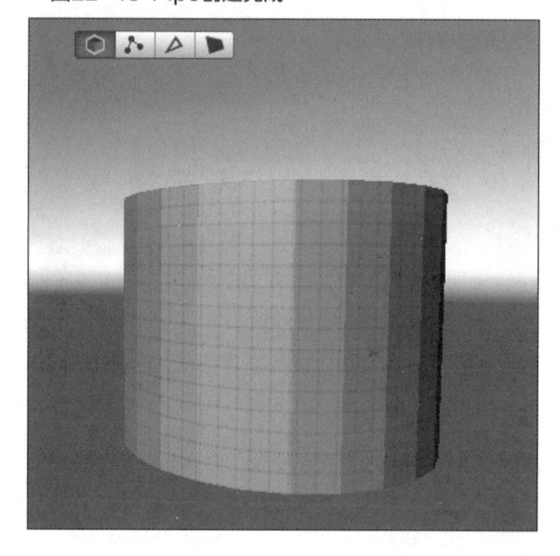

所谓Pipe指的就是管道。Pipe的设定参数：Radius表示半径，Height表示高度，Thickness表示中空部分的厚度，Number of Sides表示侧面的面的个数，Height Segments则表示分割高度时线的数量。

单击Face Selection按钮，按住Shift键的同时选择一个面，向上提拉并对其进行着色，如图22-49所示。

▼图22-49 使Pipe变形并对其进行着色

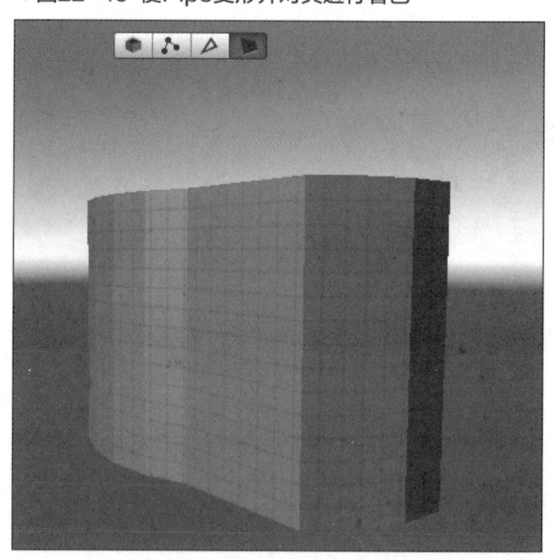

秘技187 如何创建Cone

扫码看视频

对应 2019 2021

难易程度 ●

在图22-4中，单击New Shape旁边的“+”图标，选择Cone选项。设置Radius为10、Height为10、Thickness为2、Number of Sides为15，然后单击Build按钮，完成Cone的创建，如图22-50所示。

▼图22-50 Cone创建完成

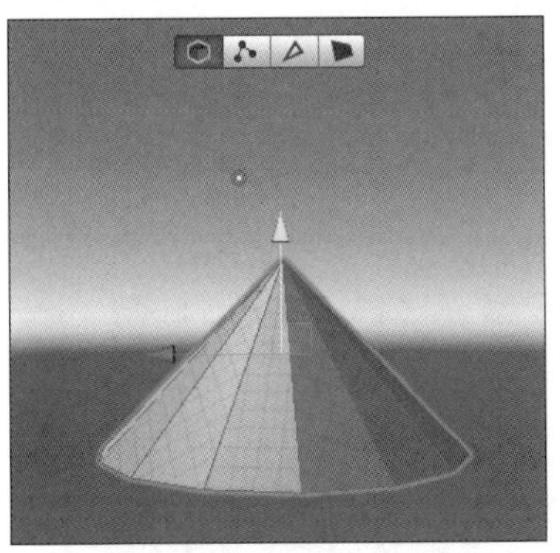

所谓Cone指的是三角锥。Cone的设定参数中，Radius表示半径，Height表示高度，Number of Sides表示侧面的面的个数。

单击Face Selection图标选中一个面，通过Vertex Colors对选中的面进行着色，如图22-51所示。

▼图22-51 对选中的面进行着色

秘技188 如何创建Sprite

扫码看视频

对应 2019 2021

难易程度 ●

在图22-4中，单击New Shape旁边的“+”图标，选择Sprite选项。在Axis里单击Down和Build按钮，完成Sprite的创建，如图22-52所示。

▼图22-52 创建完成的Sprite

即使选择了Sprite选项，在Hierarchy里面显示的会是Plane，也就是所谓的平面。

在Sprite的设定参数中，Axis表示的是面的方向。Right、left、up、down、forward、backward都可以进行设定。

单击Edge Selection图标，按住Shift键的同时选中四根线并向上进行提拉，就会得到图22-53的Sprite。

▼图22-53 变成箱子形状的Sprite

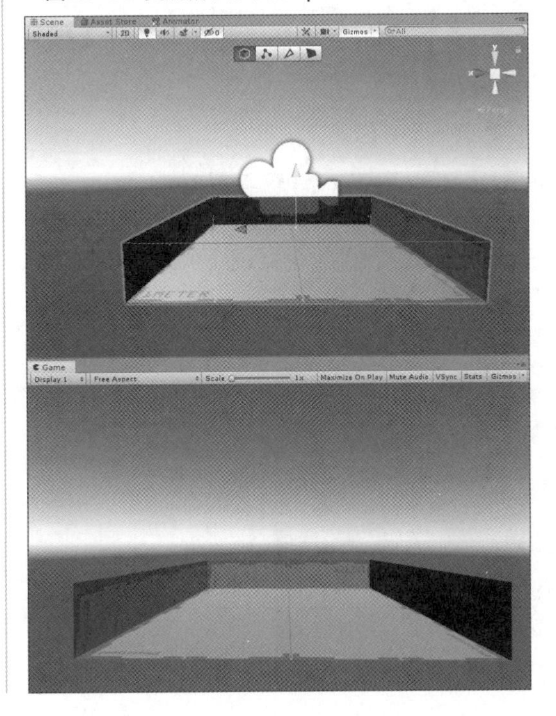

秘技

189 如何创建Arch

扫码看视频

对应 2019 2021

难易程度 ●

在图22-4中，单击New Shape旁边的“+”图标，选择Arch选项。然后直接单击Build按钮，完成Arch的创建，如图22-54所示。

▼图22-54 Arch创建完成

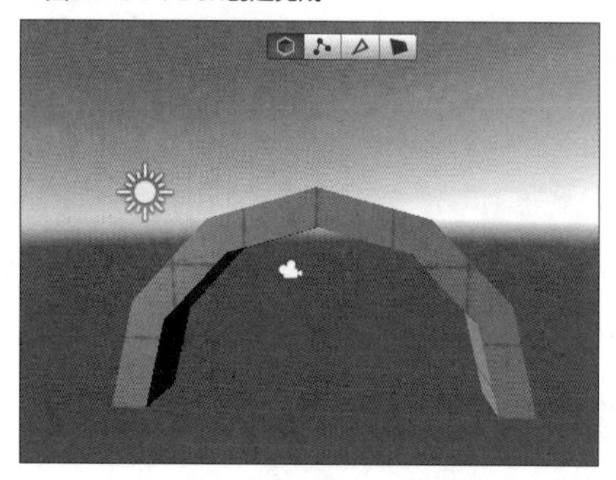

在设置Arch的参数时，需要注意如果Arch Degrees的值超过180，不能创建成拱形；设置的值为180度时，则会成为一个半圆形；设置的值为90度时，会创建出拱形的1/4部分。

Arch的设定参数中，Radius表示半径，Thickness表示桥下方缝隙的厚度，Depth表示拱形的宽度，Numbers of Sides表示拱形侧面的面的个数，Arch Degrees表示拱形横跨的角度。请注意，如果设置为180度以上，拱形就不会成形。End Caps表示拱形的起点和终点是否创建面，默认选择创建，因此将创建一个面。

通过Face Selection、Edge Selection、Vertex Selection用箭头拉动，得到图22-55中的画面，Arch就创建完成了。

▼图22-55 创建完成的Arch

秘技

190 如何创建Torus

扫码看视频

对应 2019 2021

难易程度 ●

在图22-4中，单击New Shape旁边的“+”图标，选择Torus选项。单击Build按钮，如图22-56所示。设置相关参数，完成Torus的创建，如图22-57所示。Torus指的是类似甜甜圈形状的圆环形模型。

▼图22-56 创建Torus

▼图22-57 Torus制作完成

在Torus的设定参数中，Rows表示行数，Columns表示列数。如果选中Define Inner/Out Radius，则Out Radius可以设定外半径，Inner Radius可以设置内半

径。如果没有选择Define Inner/Out Radius，那么Radius可以设定半径，Tube Radius可以设置管的半径。Horizontal Circumference可以设定围绕横向方向旋转多少网格的角度。Vertical Circumference可以设定围绕垂直方向旋转的网格角度。勾选Smooth复选框，则会创建平滑的网格，如图22-58所示。

▼图22-58 创建平滑的网格

秘技 191

如何创建Sphere

扫码看视频

对应 2019 2021

难易程度 ●

在图22-4中，单击New Shape旁边的“+”图标，选择Sphere选项。所谓Sphere指的是球体。在Sphere的设定项中，Radius表示半径，Subdivisions表示细分化数。Subdivisions的数值越大，外表看起来就越像一个平滑的球体。

设置Radius为2、Subdivisions为2，然后单击Build按钮，完成Sphere的创建，如图22-59所示。

选择Face Selection或者Vertex selection并且拖动箭头，Sphere就制作完成了。通过Game视图看到的效果，如图22-60所示。

▼图22-59 制作完成的Sphere

▼图22-60 在Game视图看到的Sphere

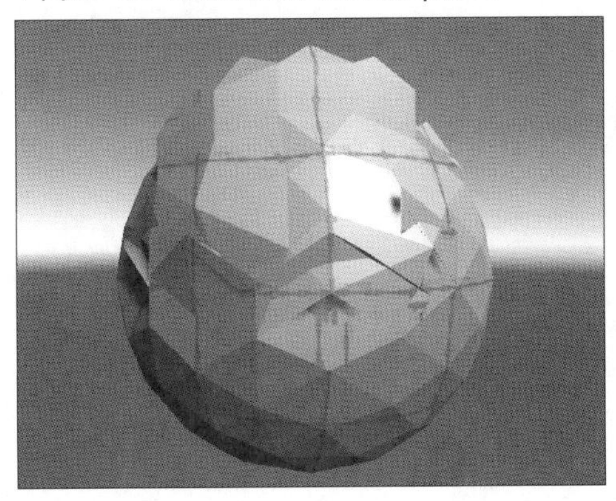

另外，也能制作图22-61中将很多个Sphere粘连在一起的大型Sphere。

▼图22-61 将很多个Sphere粘连在一起

专栏 Asset Store中有趣的角色介绍（11）

在Asset Store中下载Altar Ruins Free（免费），如下图1所示。

▼图1 Altar Ruins Free的下载界面

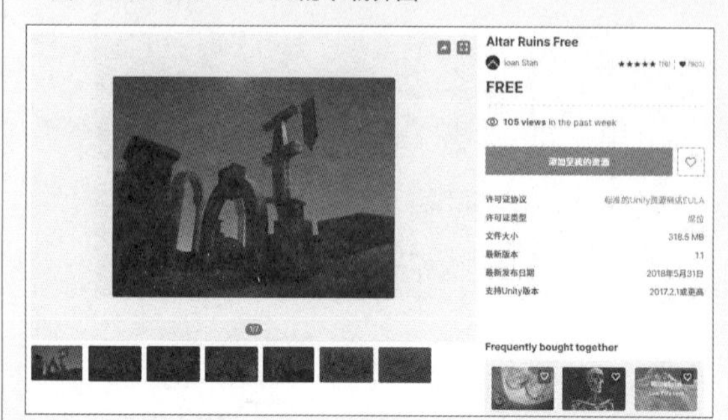

该程序使用示例如下图2所示。

▼图2 Altar Ruins Free示例

Humanoid应用秘技

秘技 192

Humanoid是什么

对应 2019 2021 难易程度 ●

Humanoid通过Animator指定Controller，也可以自行制作Controller。在这种情况下，请通过Animator Controller单击Create来创建。

Unity的动画系统有处理类人动物角色的特殊功能。因为类人动物在游戏中非常常见，Unity能够提供统一的处理流程和类人动物动画扩展工具套装。"网络虚拟形象"系统是一个有特定排版设计的动画模型类人角色系统，Unity的识别方法是对模型的腿部、手臂、头部和躯干等部位进行匹配，如图23-1所示。

由于不同的人形角色之间骨骼结构的相似性，将人形动画角色完全复制成别的角色也是可能的，并可以启动重新定向或者反向运动。

▼图23-1 Unity虚拟形象创建

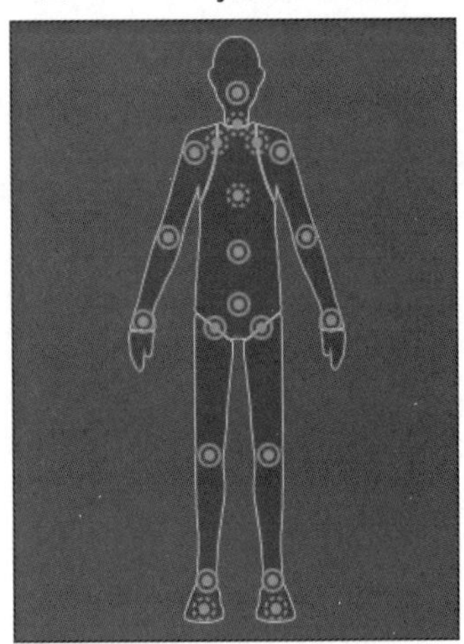

首先在Asset Store中下载Space robot资源，然后导入Unity中。在Project面板中打开Assets→Robot Kyle→Models文件夹，选择Robot Kyle。在Inspector的Rig中的Animation Type默认为Legacy，单击右侧下三角按钮，在列表中还包括Generic和Humanoid选项。

Generic是在Humanoid角色以外的情况下使用的，例如创建四只脚的动物或者其他能动实体Animator的场合。Humanoid是在人体模型的情况下选择使用Animator。在这里的角色是人形，所以请选择Humanoid并单击Apply按钮。在Legacy的情况下，使用旧的Animation System，这是不太推荐的。下面来看看让这个Humanoid角色模型动起来的方法。

在Scene视图里配置Plane，将Plane的Scale设置为2。在Project面板中的Assets→Robot Kyle→Models文件夹中Robot Kyle拖至场景中，使其面向相机，并适当调整位置，如图23-2所示。

▼图23-2 将角色面对相机方向并使其向上

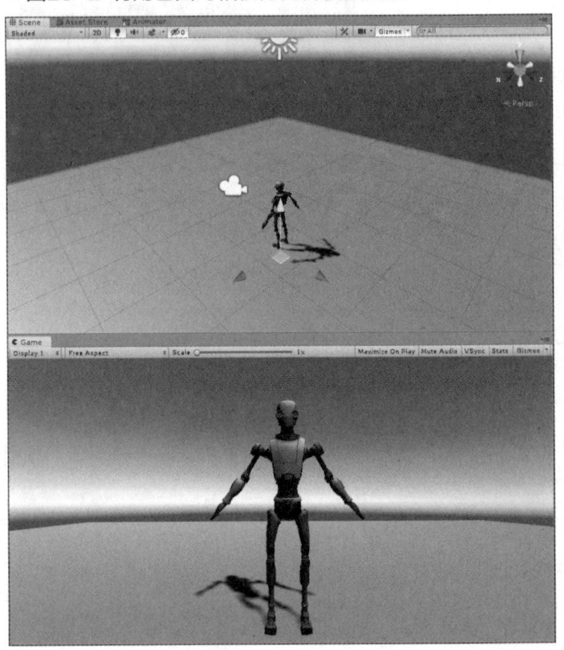

在Hierarchy面板中选择Robot Kyle，显示出Inspector。在Inspector里面设定Transform和Animator，但是在Controller里面没有指定的内容。在Avater里的Robot Kyle Avator会被自动设定。

在Controller中通过Asset Store将指定的控制器输入进去，这里的控制器是Third Person Controller-Basic Locomotion。

输入完成之后，来重复到目前为止已经进行过很多次的操作。通过Hierarchy选择Robot Kyle，显示出Inspector，在Controller里指定Locomotion，在Add Component里打开Physics，选择Character Controller，将Center的y设定为1。接下来同样在Component的Script里，选择Locomotion Player。通过以上设定，Robot Kyle已经可以在Plane上通过键盘的上下左右键来回移动。但是，在这里它还不能跟随相机移动，如下页图23-3所示。

▼图23-3 Robot Kyle在Plane上来回移动

在Humanoid的情况下，使用Animator来指定Controller。在Asset里附属的Controller也可以使用，还可以通过Animator Controller来自己创建。

秘技193 如何显示Humanoid的运动轨迹

扫码看视频

对应 2019 2021

难易程度 ●

本秘技介绍显示Robot Kyle的运动轨迹，如何使Trail Renderer还可以设置轨迹的颜色，在之后将会介绍。

在Scene视图中配置一个Plane和Robot Kyle，提前设置好参数可以通过键盘上下左右键进行移动。下面介绍如何显示Robot Kyle的运动轨迹。在Add Component搜索栏中输入Trail，选择Trail Renderer。添加Trail Renderer的属性，如图23-4所示。

▼图23-4 Trail Renderer的Inspector面板

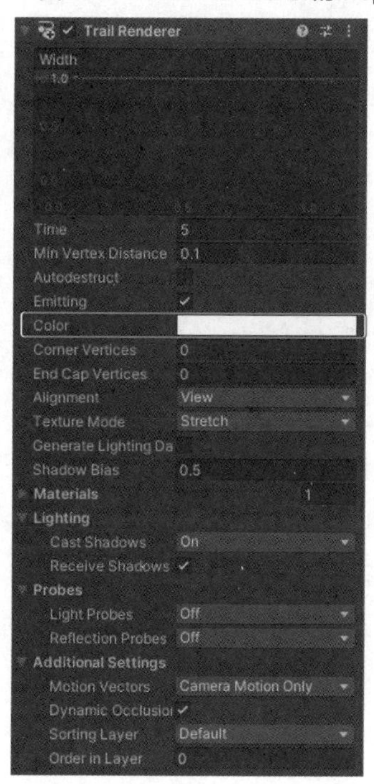

※将Cast Shadow设定为On状态时，会显示影子。默认设置为On。

※若勾选Receive Shadow复选框，网格上会投影出影子。此处默认为勾选状态。

※Motion Vectors是进行运动状态类型的设定。

※Materials表示指定网格中适用的材料。任何Material材料都可以。

※在Time中可以指定显示运动轨迹的秒数。

※Min Vertex Distance是指生成网格的最小距离。数值越小得到的网格就越小。

※若勾选Autodestruct复选框，在Time中指定的秒数内，如果是持续空闲状态Trail Renderer将会被删除。此处默认不勾选。

※Width表示网格宽度的最大值。

※Color用于设置在时间内经过时的颜色和不透明度。在这里，指定运动轨迹颜色。单击白色的矩形，将会启动Gradient Editor。Color请设定为红色，如图23-5所示。

▼图23-5 在Gradient Editor中设置红色

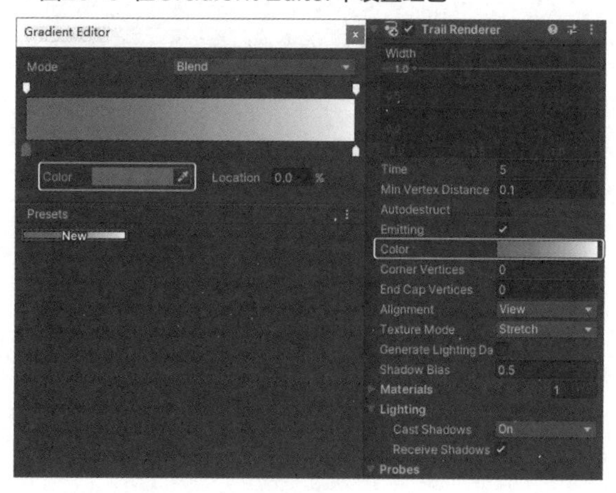

※Corner Vertices可以指定网格曲线上的顶点个数，但默认情况下设置为0。

※End Cap Vertices可以指定第一行和最后一行的顶点数，但是默认情况下设置为0。

※Alignment设定为在View时线朝着镜头的方向。Local则表示根据组件的方向局部变化。默认情况下的View状态即可。

※Texture Mode可以指定材料的质地，保持默认情况下的Stretch状态即可。

因为其他参数没有太多关联，所以此处不再介绍。

为了使镜头能够跟随Robot Kyle，在Asset Store中下载Standard Assets资源。

将Standard Assets下的Unility文件夹中的Smooth Follow拖至Hierarchy中的Main Camera上。将Smooth Follow（Script）追加到Main Camera后，在Target处将Robot Kyle的距离Distance设置为4，高度Height设置为3.5。至此，Main Camera将会追随Robot Kyle运动。

执行Play，移动Robot Kyle，发现会显示红色的运动轨迹，如图23-6所示。

▼图23-6 Robot Kyle跑过之后留下了红色的轨迹

秘技 194

如何自制Humanoid的Character Controller

扫码看视频

对应 2019 2021

难易程度 ●

在创建Character Controller的时候，最开始创建的Stage是橙色的。即使不和其他的Stage进行连接，仅仅通过这个便可以进行移动，但是必须要提前指定好Action等。

在这里使用之前用到过的Izzy角色以及新的Winston角色。在Asset Store里面提前下载Izzy-iclone Character和Winston-iClone Character，以及在Motion文件夹里的Everyday Motion Pack Free。

在Scene视图中配置一个Plane，在Plane上配置一个Cube，使用Scale Tool工具制作一个长方形的类似长凳的Cube。将Project面板中的Assets→Izzy→prefab文件夹里的Izzy，和Assets→Winston→prefab文件夹里的Winston进行配置，如图23-7所示。Main Camera按照图23-7的位置调整。

▼图23-7 在长凳前面对面的Izzy和Winston创建完成

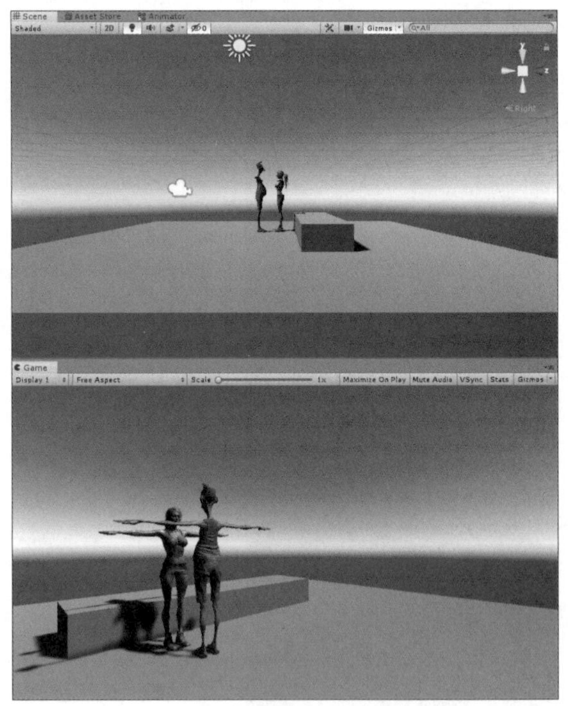

在Project面板中的空白处单击鼠标右键，在快捷菜单中选择Create→Animator Controller命令，创建一个新的New Animator Controller，将其命名为Motion-Controller。双击创建文件，会出现动态画面。

在空白处单击鼠标右键，在菜单中选择Create State→Empty命令，显示一个橙色的矩形，如图23-8所示。选择该矩形，在Inspector中命名为Sit，设置Motion为female_act_sit_on_chair，如图23-9所示。

▼图23-8 橙色的矩形创建完成

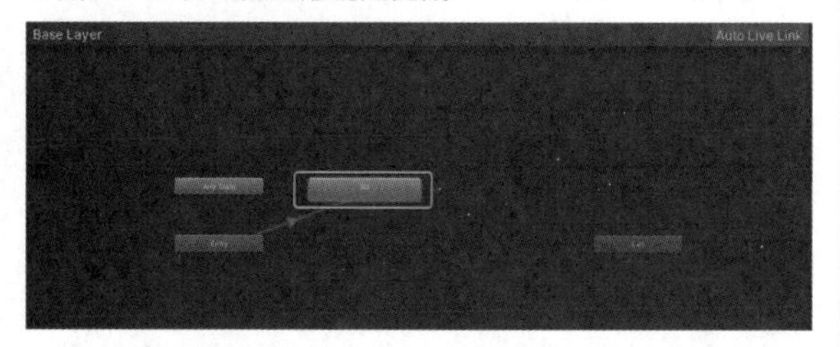

▼图23-9 通过Inspector对Motion指定为female_act_sit_on_chair

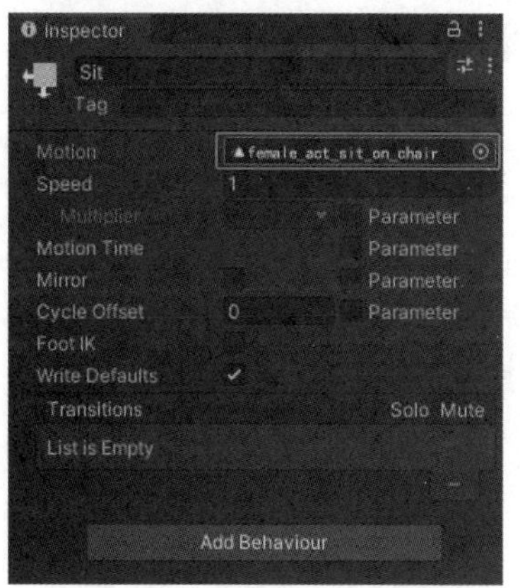

在空白处单击鼠标右键，选择Create State→Empty命令，这次显示一个灰色的矩形，命名为Laugh。选中创建的矩形，在Inspector中命名为Laugh，设置Motion为female_emotion_laugh_on_chair。用同样的方法再创建一个State，命名为standup，将Motion指定为female_act_standup_chair。最后再添加State，命名为Handshake，打开Motionfemale，选择Handshake。最终效果如图23-10所示。

根据名称可以知道，这是在长椅上坐、笑、站和握手的动作。

下面将State通过Transition进行连接，在Sit上右击，在菜单中选择Make Transition命令，接着在Laugh上方单击即可完成连接。用相同的方法完成其他动作的连接，如图23-11所示。

▼图23-10 State创建完成

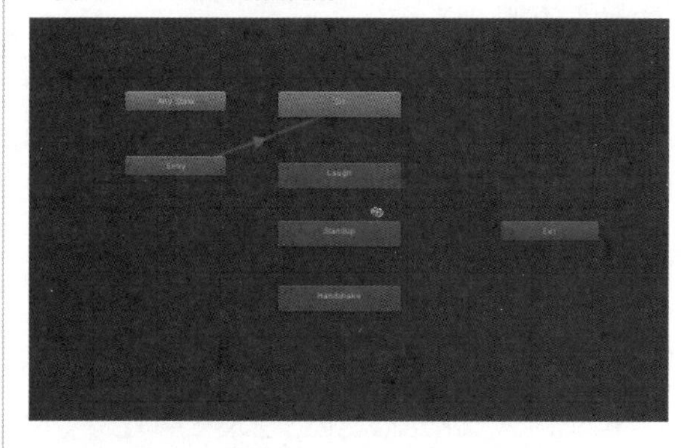

▼图23-11 将State通过Transition进行连接

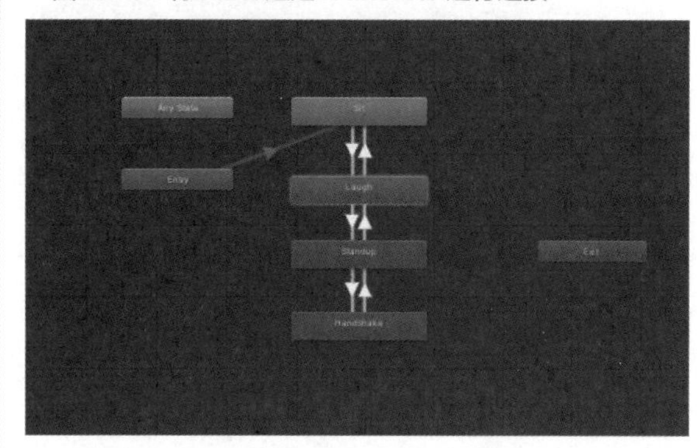

在Hierarchy面板中选择Izzy，在Inspector面板的Animator中设置Controller为Motion Controller。在Hierarchy面板中选择Winston，在Inspector面板中设置Controller为Make_Handshake。

执行Play，Izzy在长椅上坐着笑，然后站起身来和Winston握手，并且重复这操作，如图23-12所示。

▼图23-12 Izzy和Winston在重复一系列的动作

像这样只要能够准备好Motion文件，就能自己创建很多Controller。

秘技195 如何判断Humanoid之间的冲突

对应 2019 2021 难易程度 ●●

使用Character Controller，可以判断冲突。由于是冲突处理，所以使用OnControllerColliderHit（Controller ColliderHit Hit）。首先，在Scene视图里配置秘技194中使用的Izzy和Winston。然后，在Asset Store中，下载Simple Particle Pack（免费）。先创建一个Animator Controller使Izzy能够处于空闲状态。在Project中创建Animator Controller，命名为IdleCharacterController。双击打开，创建橙色的State，命名为Idle。设置Action为Idle_To_Idlel_2。

接着，打开Izzy的Inspector，在Animator的Controller中指定刚才创建的IdleCharacter-Controller。执行这个任务之后Izzy将会处于空闲状态。请一定要提前给Izzy追加Rigidbody和Box Collider组件，否则将不会产生冲突判定。在Izzy的Inspector中展开Constraints，勾选Freeze Position和Freeze Rotation的所有复选框，如图23-13所示。此时Izzy是不会移动的，先将其固定好，否则会漂浮在宇宙中。

▼图23-13 全部勾选Freeze Position和Freeze Rotation的复选框

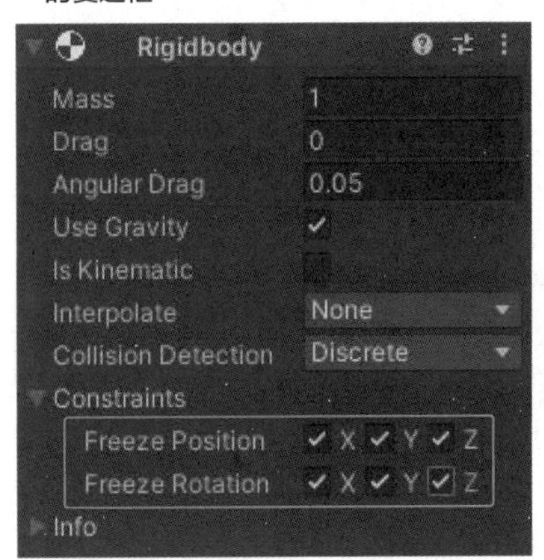

将Project的Assets→SimpleParticlePack→Resource→Explosions文件夹中的Explosion01c拖到Hierarchy文件中的Izzy处。

把Winston和Izzy设置为面对面状态，在Controller中添加Locomotion。像之前的设定一样，添加Character Controller、Locomotion Player。把Winston提前设置为可以用键盘来回自由移动的状态。

Main Camera中也同样需要设置Standard Assets的Utility文件夹里的Smooth Follow，将Target设置为Winston。其他设置保持不变即可。

按照图23-14那样配置这两个角色。

▼图23-14 两个角色配置完成

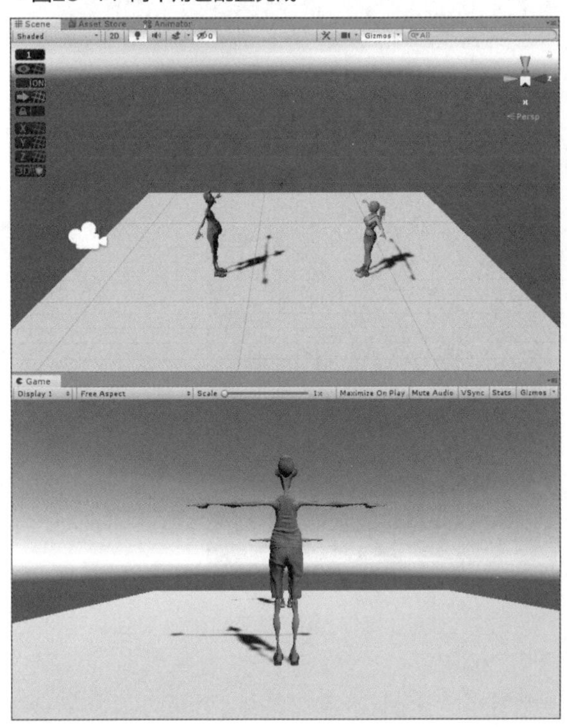

在Hierarchy中选择Winston并显示Inspector，单击Add Component按钮，选择New Script。将Name指定为TouchScript，然后单击Create and Add按钮。因为在Inspector中添加了TouchScript，双击之后会启动Visual Studio，代码如下页列表23-1所示。

▼列表23-1 TouchScript.cs

```
using System.Collections;
using System.Collections.Generic;
using UnityEngine;
public class TouchScript : MonoBehaviour
{
    //声明public Paticlesystem 类型的变量 ps
    public ParticleSystem ps;
    //Start 函数
    //最初禁用Particlesystem
    void Start()
    {
        ps.gameObject.SetActive(false);
    }
    //字符相互接触时的处理
    private void OnControllerColliderHit(ControllerColliderHit hit)
    {
        //如果 Winston接触的人是Izzy,则粒子系统激活并发生爆炸
        if (hit.gameObject.name == "Izzy")
        {
            ps.gameObject.SetActive(true);
            //运行 DisappearParticleSysten,在 3 秒后停止 Particlesystem
            Invoke("DisappearParticleSystem", 0.3f);
        }
    }
    //3秒后执行的ParticleSystem停止处理
    void DisappearParticleSystem()
    {
        ps.gameObject.SetActive(false);
    }
}
```

Winston的TouchScript中声明变量ps，已经表示ps属性，直接在Hierarchy中拖放Explosion01c。

执行Play，Winston与Izzy只要接触，Izzy便开始执行Particle System，如图23-15所示。

▼图23-15 角色之间的接触触发了Particle System

秘技196 如何判断Humanoid与动物之间的冲突

扫码看视频

对应 2019 2021

难易程度 ●●

冲突判定需要使用On Trigger Enter（Collider other）。在添加猫的Box Collider中一定要勾选Is Trigger复选框。在Asset Store中下载Character Pack Free Sample并导入。

在Project的Assets→Supercyan Character Pack Free Sample中，使用Animator文件夹中的common_People@Walk，配置一个Plane，在上面配置一个common_people@walk。人物身上有Texture，打开Materials→Height Quality，将free_male_1_body和free_male_1_head配置在Plane中

并使其适用于common_people@walk。这个角色如果和猫进行接触，猫将快速变身为老虎。

首先在Asset Store中提前下载Golden Tiger和Cartoon Cat。

把Scene视图中配置common_people@walk（已配置完成）和Assets→Cartoon Cat→fbx文件夹里的Cat_Walk以及Assets→Tiger文件夹里的Walk（Tiger）。

为了使common_people@walk和cat_Walk或Walk（Tiger）面对面，在cat_Walk及Walk（Tiger）的Inspector中将Rotation的*Y*值指定为180。

在common_people@walk中添加Box Collider和Rigidbody组件，在Constrains菜中全部勾选Freeze Position和Freeze Rotation复选框。在Cat_Walk中添加Box Collider，Is Tigger复选框需要勾选。在Animator的Controller菜单中指定cat_Walk文件的Cat Controller。Walk（Tiger）处也需要追加Box Collider，此处不勾选Is Trigger复选框。完成以上设定后在Plane上的配置如图23-16所示。

▼图23-16 完成各个目标的配置

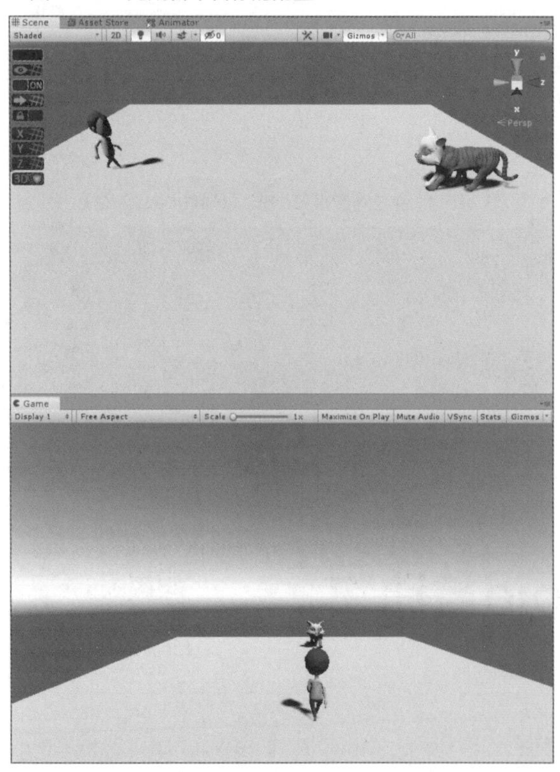

cat_Walk及Walk（Tiger）需要配置到同样的位置。将common_people@walk和cat_Walk及Walk（Tiger）配置为面对面状态。首先，在common_people@walk的Animator中配置奔跑的Animator。在Project的Create→Animator Controller中配置Walk Controller，如图23-17所示。

▼图23-17 Walk Controller内部

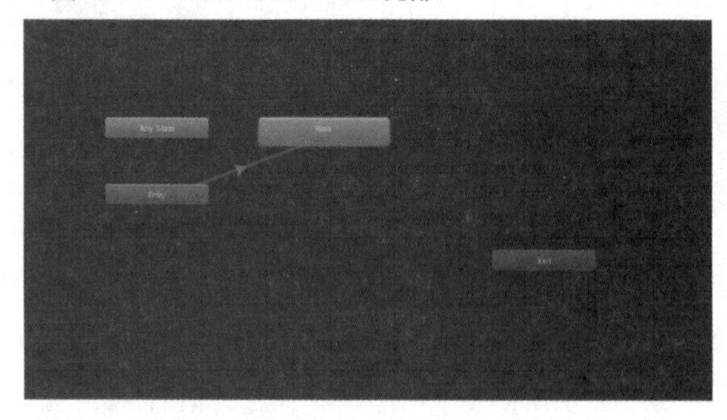

只有橙色Walk的State状态，仅仅只需要橙色的State便可以移动。在Inspector的Motion处指定Walk FWD，如图23-18所示。

▼图23-18 Walk状态的Inspector面板

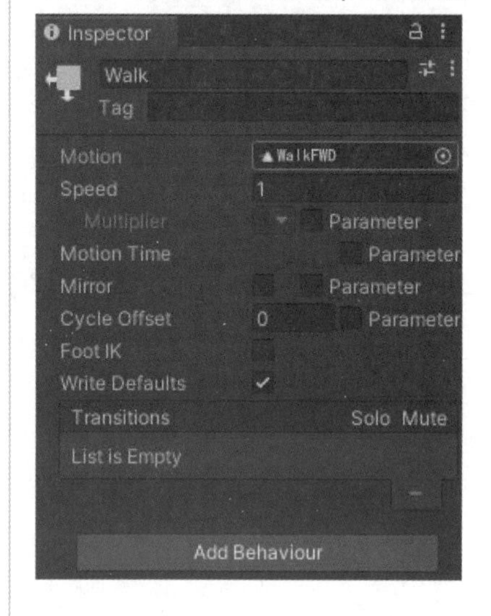

将这个配置到common_people@Walk的Inspector中Animator的Controller当中。由于common_people@walk的Inspector当中没有Animator，需要在Add component→Miscellaneous →Animator中选择。在Avator中指定common_people@walk，将Distance设置为5，将Height设置为4.5。

从Hierarchy中选择common_people @walk，创建New Script。当与猫发生冲突时，冲突处理会将猫变成老虎。创建CatTouchScript，双击启动Visual Studio，代码如下页列表23-2所示。

▼列表23-2 CatTouchScript.cs

```
using System.Collections;
using System.Collections.Generic;
using UnityEngine;
public class CatTouchScript : MonoBehaviour
{
    //声明GaneObject类型的变量cat、male和tiger
    GameObject cat;
    GameObject male;
    GameObject tiger;

    //common_people@walk的行走速度变量
    float speed;
    //声明 Animator 类型的变量anim
    Animator anim;
    //Start()函数
    void Start()
    {
        //在每个Gameobject变量中引用每个object
        cat = GameObject.Find("cat_Walk");
        male = GameObject.Find("common_people@walk");
        tiger = GameObject.Find("Walk");
        //首先，保持 Walk(tiger)处于隐藏状态
        tiger.SetActive(false);

        //common_people@walk行走速度乘以值
        speed = 0.2f;
        //在 CetComponent中访问Animator组件以查找变量
        //用anim参照
        anim = male.GetComponent<Animator>();
    }
    //Update()函数
    void Update()
    {
        male.transform.Translate(Vector3.forward * Time.deltaTime * (transform.localScale.x * speed));
    }
    //角色和猫接触时的处理
    //由于使用OnTriggerEnter，cot_Walk Box Collider的Is Trigger需要检查
    private void OnTriggerEnter(Collider other)
    {
        //如果角色与cat_Walk接触，隐藏猫并显示老虎
        if (other.gameObject.name == "cat_Walk")
        {
            cat.SetActive(false);
            tiger.SetActive(true);

            //如果猫变成老虎，禁用common_people@walk动画，停止步行
            anim.enabled = false;
            speed = 0.0f;
        }
    }
}
```

执行Play，当角色与猫接触的瞬间，猫消失，同时老虎出现，如图23-19所示。

▼图23-19　角色与猫接触后，猫变成老虎

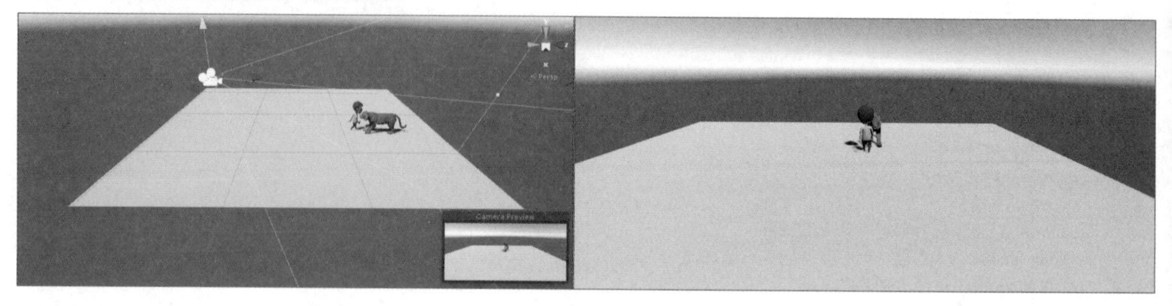

秘技 197 如何停止与启动Humanoid的Animator

扫码看视频

对应 2019 2021

难易程度 ●●

直接使用秘技196中的场景，这里不需要猫和老虎，从Hierarchy中将Cat_walk及Walk（Tiger）删除。此外，common_people@walk的Inspector中的Cat-TouchScript也不需要，将其删除。common_people@walk的配置也需要稍微进行更改，改为面向摄像机奔跑的状态，如图23-20所示。

▼图23-20　更改角色的配置

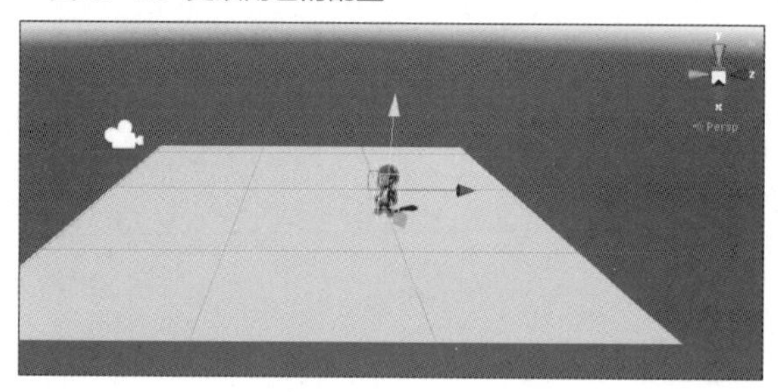

下面添加使用跑步动作时而停止时而开始，在Hierarchy中右击，选择Create→UI→Button命令，在场景中添加Button并调整大小和位置。在Canvas下方添加Button，Canvas会变得非常大，在Scene视图中如果不进行缩小是看不见添加的Button的。

在Hierarchy中选择Canvas，在Inspector中Canvas Scaler（Script）的UI Scale Mode处选择Scale With Screen Size。接下来将Button的名称更改为Stop，打开Inspector，将Width设置为160，将Height设置为50。展开Stop选择Text，将Font Size指定为25。

选择这个Stop按钮，通过Duplicate复制，并将名称更改为Play。展开并选择Text，在Inspector的Text当中将Font Size指定为25。

按钮可以根据自己的喜好进行配置，笔者的配置如图23-21所示。

▼图23-21　配置按钮

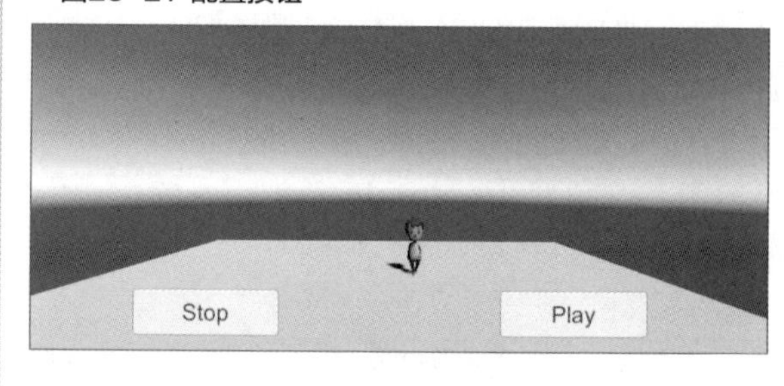

在秘技196中，创建一个Script当中的common_people@walk行走的代码。这里将代码分为两种，首先，在Hierarchy中创建名为WalkScript的脚本文件，代码如下页列表23-3所示。

▼列表23-3 WalkScript.cs

```
using System.Collections;
using System.Collections.Generic;
using UnityEngine;
public class WalkScript : MonoBehaviour
{
    //Update()函数
    void Update()
    {
        //在Translate中指定Vector3.forward以前进
        transform.Translate(Vector3.forward * Time.deltaTime * (transform.localScale.x * .2f));
    }
}
```

下面编写另一个Script。从Hierarchy中选择common_people@walk并展开Inspector，制作新的Script。添加一个名为AnimationScript的Script，双击启动Visual Studio，代码如列表23-4所示。

▼列表23-4 AnimationScript.cs

```
using System.Collections;
using System.Collections.Generic;
using UnityEngine;
public class AnimationScript : MonoBehaviour
{
    //声明public GameObject 类型的变量male
    public GameObject male;
    //声明Aimator类型的变量anim
    Animator anim;
    //Start()函数
    void Start()
    {
        //在GetComponent中访问Animator组件，并将其引用为变量anim
        anim = male.GetComponent<Animator>();
    }
    //按下Stop按钮时
    public void StopGo()
    {
        //将动画速度设置为0以停止动画
        anim.speed = 0;
        //禁用脚本向前移动字符
        GetComponent<WalkScript>().enabled = false;
    }
    //按下Play按钮时
    public void PlayGo()
    {
        //将动画速度设置为1以恢复动画
        anim.speed = 1;
        //启用脚本以向前移动字符
        GetComponent<WalkScript>().enabled = true;
    }
}
```

在common_people@walk的Inspector中，AnimationScript表明了变量。由于male可以作为属性表示，通过Hierarchy，将common_people@walk拖到此处。

接下来将按钮和Script连接起来。首先选择Stop按钮打开Inspector后，会出现On Click()的一个项目。单击“+”按钮将common_people@walk拖到None（Object）处。此时可能会出现No Function，请选择AnimationScript→StopGo()。Play按钮也是同样的操作，请选择AnimationScript→ PlayGo()。

执行Play后，单击Stop按钮角色会停止移动，单击Play按钮角色会开始行走，如图23-22所示。

▼图23-22 通过Stop及Play按钮对角色进行操作

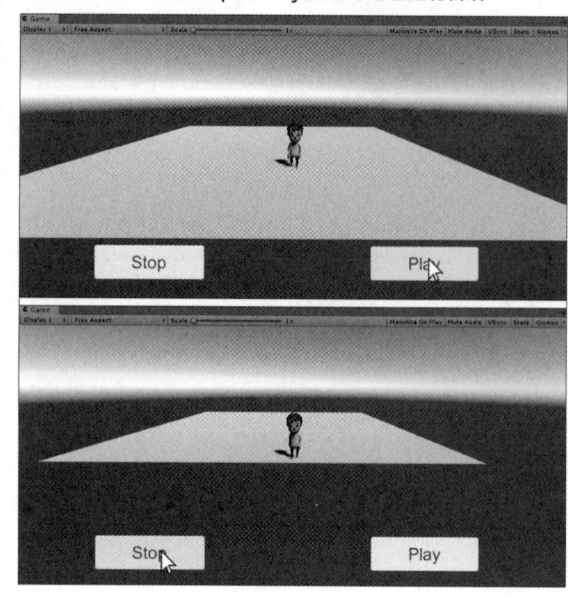

反射效果设置秘技

秘技198 Reflection Probe的反射是什么

对应 2019 2021

难易程度 ●

Reflection Probe就像摄像机一样，可以捕获周围所有方向的球面视图。捕获的图像可以作为包含反射材料物体的立方体贴图保存。在指定地点可以进行多个反射探测，可以设定根据物体最近的探测生成的立方体贴图进行使用。因此，物体的反射可以根据环境的变化而变化。

下面使用Reflection Probe使角色能够映射到Cube上，来对Probe进行设定。在这里使用角色Izzy-iClone Character和Winston-iClone Character，从Asset Store中提前下载好。在Scene视图中配置Plane、Cube、Izzy以及Winston。关于Cube的尺寸，在Inspector中将Scale指定为3。从Asset Store中下载Third Person Controller-Basic Locomotion。

在Unity中可以创建多种材质，下面介绍具体操作方法。新建New Material，在Inspector中将Mecanim和Smoothness设置为1，如图24-1所示。效果如图24-2所示。

▼图24-1 指定New Material的Metallic和Smoothness

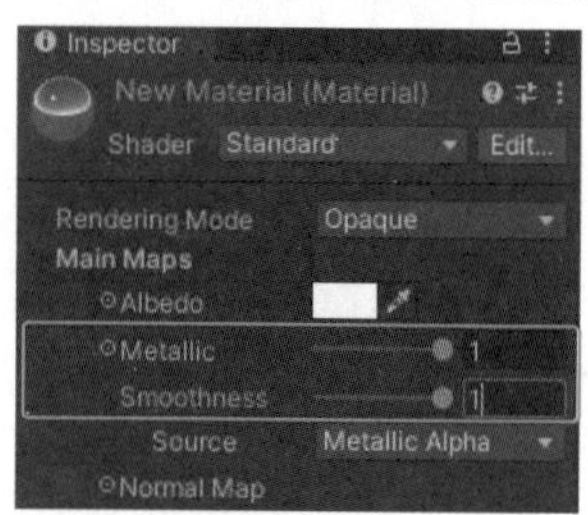

▼图24-2 New Material发生变化

将New Material拖动到Scene视图中的Cube上，Cube发生变化，如图24-3所示。在Plane中配置Izzy和Winston，打开各自Inspector的Animator中的Controller，只需要指定Locomotion即可。角色进入了休息状态。

然后，在Unity菜单中选择GameObject→Create Empty命令，在Hierarchy中创建天空的GameObject。选择创建GameObject，打开Inspector，在Add Component的搜索栏中输入Reflection并使其显示，添加Reflection Probe。添加完成后，Reflection Probe的设定如图24-4所示。

▼图24-3 Cube发生变化

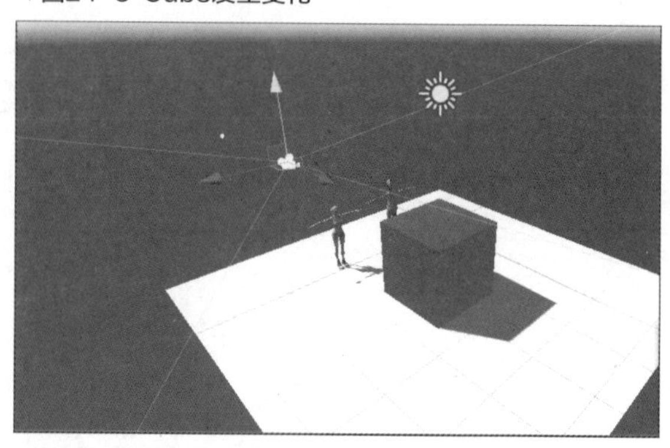

▼图24-4 设定Reflection Probe的Inspector面板

Reflection Probe
Type Realtime
Refresh Mode Every frame
Time Slicing Individual faces
Runtime Settings
Importance 1
Intensity 1
Box Projection
Blend Distance 1
Box Size X 10 Y 10 Z 10
Box Offset X 0 Y 0 Z 0
Cubemap Capture Settings
Resolution 1024
HDR ✓
Shadow Distance 100
Clear Flags Skybox
Background
Culling Mask Everything
Use Occlusion Cul ✓
Clipping Planes Near 0.3 Far 1000

在Type中指定Realtime，在Refresh Mode中指定Every frame，在Time Slicing中指定Individual faces。像这里使用角色的情况下，不需要勾选Box Projection复选框，某些情况下在配置Sphere等的时候勾选会更好。在Resolution中需要设置清晰度，这里虽然指定了1024，实际上指定512也没有任何问题。最后勾选HDR复选框，完成后Cube处的变化如下页图24-5所示。

▼ 图24-5 Cube发生变化

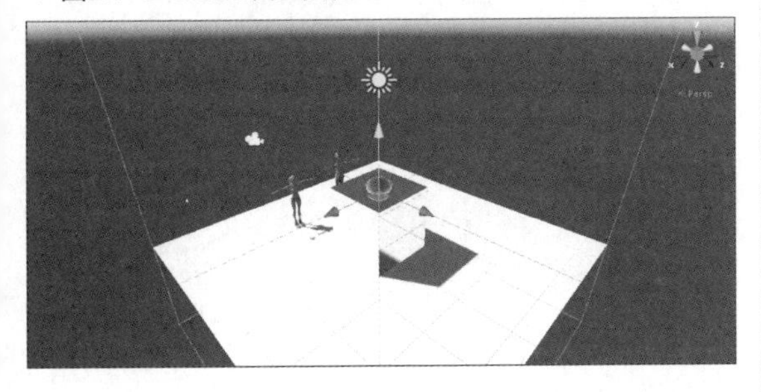

执行Play，在Scene视图中选择Cube，利用变形工具中的旋转工具Rotate Tool使Cube旋转，Izzy和Winston将会在Game画面的Cube中映射出来，如图24-6所示。

▼图24-6 映在Game视图中的Winston

Reflection Probe安装在影响反射的范围之内，而不是直接放在想要反射的物体之上，因此在GameObject中设定Reflection，画面整体都会受到Reflection Probe的反射。

秘技 199 Reflection Probe的镜面反射是什么

扫码看视频

对应 2019 2021

难易程度

采用秘技198中介绍添加Reflection Probe的方法，或者在Hierarchy面板中单击鼠标右键，在快捷菜单中选择Light→Reflection Probe命令，也可以在Hierarchy 中添加Reflection Probe。这两种方法都可以添加Reflection Probe。

本秘技首先使用变形工具Scale Tool将Cube调整成和镜子一样，在Cube中反射运动的Izzy。

在Scene视图中配置Plane、Cube以及Izzy。用变形工具中的绽放工具Scale Tool使Cube变得纵长。在这个脚本当中，设置Inspector的Scale里的X为2，Y为3.3，Z为0.3。

首先，创建Material，命名为MirrorMaterial。在Inspector中将Metallic以及Smoothness指定为1。将MirrorMaterial拖动到Scene视图的Cube当中。

然后在Hierarchy上单击鼠标右键，在弹出的菜单中选择Light→Reflection Probe命令。将Reflection Probe添加到Hierarchy当中，此时Reflection Probe的Inspector如图24-7所示。

参数Type、Refresh Mode、Time Slicing和秘技198相同。但是Box Size要设置为与Cube的Scale值一样。Resolution的清晰度也是和秘技198相同，设置为1024。

完成以上设定后，Scene视图如图24-8所示。在Game视图中的效果如下页图24-9所示。

▼图24-7 Reflection Probe的Inspector面板

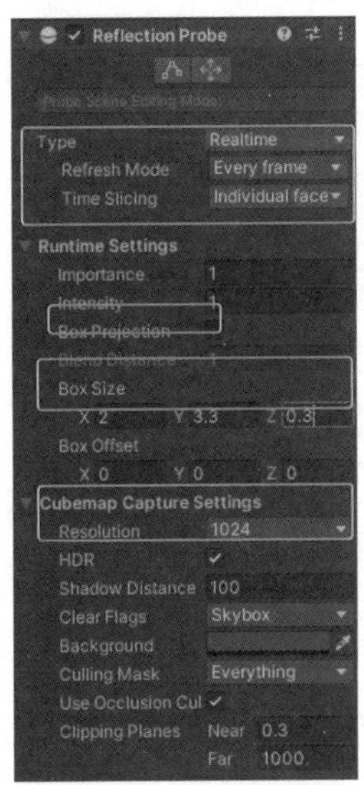

▼图24-8 完成Reflection Probe设定的Scene视图

▼图24-9 Game视图

要让Izzy进行移动，需要打开Izzy的Animator中的Controller，在Locomotion的Add Component处添加Character Controller和Locomotion Player即可。

执行Play后，Izzy的动作被映射到Cube上，如图24-10所示。

▼图24-10 Izzy的动作映照在镜子中

秘技 200

如何通过脚本文件操作Reflection Probe

扫码看视频

对应 2019 2021

难易程度 ●

继续使用秘技199的场景和设置，单击Reflection Probe，即可取消选中，然后执行Play，可见Izzy不会映射在镜子中了。本秘技将添加“镜子变身”按钮，当单击该按钮，Cube中将显示Izzy的图像。

在秘技199的状态下，在Hierarchy面板中单击鼠标右键，在快捷菜单中选择GameObject→Create Empty命令，创建空的GameObject。在Inspector中单击Add Component按钮，在列表中选择New Script选项，并命名为ChangeMirrorScript。单击Create And Add按钮，ChangeMirrorScript将会添加到Inspector中，双击启动Visual Studio，输入代码如列表24-1所示。

▼列表24-1 ChanegeMirrorScript.cs

```
using System.Collections;
using System.Collections.Generic;
using UnityEngine;
public class ChangeMirrorScript : MonoBehaviour
{
    //声明public的ReflectioProbe类型的变量probe
    public ReflectionProbe probe;
    //Start()函数
    private void Start()
    {
        //禁用iReflectionProbe(取消选中)
        probe.enabled = false;
    }
    //单击"转换到头部"按钮时发生的问题
    public void ChangeMirror()
    {
        //允许使用ReflectionProbe(选中)
        probe.enabled = true;
    }
}
```

在Hierarchy面板中选择GameObject，打开Inspector，在ChangeMirrorScript处显示声明的probe属性。将Hierarchy中的Reflection Probe拖至此处。

下面创建“镜子变身”按钮，在Hierarchy空白处右击，在菜单中选择Create→UI→Button命令。在Canvas下方的Button创建好后，在Scene视图中看不到Button，因为Canvas特别大，将其缩小后并调整到场景的右下角。

选中Canvas，打开Inspector，在Canvas scaler（Script）的UI Scale Mode处指定Scale With Screen Size。接下来选中Button，打开Inspector，将Width设置为160、Height设置为50。展开Button，选择Text，打开Inspector，在Text中输入“镜子变身”，将Font Size设置为25。

Hierarchy的结构如下页图24-11所示。

▼图24-11 Hierarchy的结构

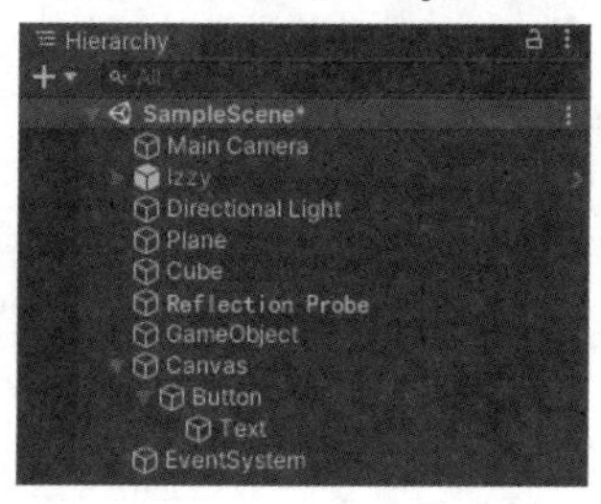

将Button和Script进行连接。在Hierarchy中选择Button并打开Inspector，会出现On Click()。单击"+"图标出现None(Object)，从Hierarchy中将Game Object拖动到此处。接下来，No Function将会变为可用，选择ChangeMirrorScript→Change Mirror()，如图24-12所示。

▼图24-12 将Button和Script进行连接

执行Play后，开始时Reflection Probe是无效状态，Izzy没有映照在上面，如图24-13所示。单击"镜子变身"按钮之后，Cube中映出Izzy的图像，如图24-14所示。

▼图24-13 刚开始时，Reflection Probe是无效的

▼图24-14 单击"镜子变身"按钮，Reflection Probe变得有效

秘技 201

Global Illumination是什么

扫码看视频

对应 2019 2021

难易程度 ●●●

整体照明（GI）是模拟一个表面如何被另一个表面（间接光）反射，而不仅仅只是光源直接照射到物体表面（直接光）的处理。在对间接照明进行建模时，由于物体之间会因为外观相互影响，因此虚拟世界可以获得更加现实性的结果。例如，照射在红色沙发上的阳光会呈红色光反射到后面的墙上，这就是经典事例之一"颜色渗色"。另一例，在洞口处的阳光照射到床上发生折射，将洞内部照亮了，如图24-15所示。

一直以来，虽然影像游戏或者其他的实时图像软件一直局限于直接照明，但是由于间接照明必要的计算会很慢，CG动漫电影之类的实时处理也不能使用。

避免这个限制游戏的方法是提前将不移动的（静止的）物体表面的间接光进行计算，虽然可以提前进行缓慢计算，但是由于物体不会移动，像这样提前计算好的间接光，实际操作时也有可能没有效果。但是Unity支撑着这一项技术，Baked GI（也叫Baked Lightmaps）是将间接照明进行提前计算并进行保存的过程。Baked GI可以争取到更多的计算时间，通过区域照明或间接照明能够生成更加真实的影子。

▼图24-15 Scene View的整体照明

不仅如此，Unity中新增了Precomputed Realtime GI这一项技术。虽然和上述的Baked一样也需要进行提前计算，但是只限于静止的物体。它并不是提前计算在

画面被创建的瞬间光是如何进行照射的，而是将可能出现的所有照射提前计算，在执行时将这些信息进行编码。对于本质上所有的静止物体，它对“光照在这个物体表面时将会发生怎样的反射”这个问题进行了回答。然后，为了之后的使用，Unity会保存关于光会经过怎样的路径进行传播的内容。最终照明在执行时，会将这些提前计算的光传播路径的信息反馈给实际的光路径。

光的数量、类型、位置、方向以及其他的属性都可以进行更改，与此相应，意味着间接照明在更新。同样，物体的光、光的吸收量、光的放射量、物体的材质也能进行变更。

Precomputed Realtime GI也能得到柔和的阴影，除画面极其小的情况外，比Baked GI得到的效果会稍微粗糙一些。

另外，Precomputed Realtime GI在执行时会提供最终的照明，但是由于会跨越好几个框架进行反复操作，在照明当中如果有巨大更改的话，为了使其能够变得有效就需要构建更多的框架。这在即时软件当中非常高速，但是在目标平台的速度被限制的情况下，使用Baked GI更能提高效率。

Baked GI和Precomputed Realtime GI都只能用于静止的物体，有不能提前进行计算这样一个限制，因此无法将移动中物体的光反射到其他物体上，但是使用光探头的话能够将静止物体上的光反射并进行提取。光探头是提前计算好的光反射的位置场景，执行时，非静止物体接收到的间接光线将物体的任意位置在最近的探头处的近似值处进行使用。例如，在白色墙壁旁弹起的红色球的影子投射到墙壁上，红色墙壁旁边的白色球，加入光探头可以让墙壁上投射红色的球。

如上所述，整体照明GI并不是将光直接从面到面进行反射（直接光），而是从一个面到另一个面，不管光源如何折返（间接光）都能通过进行映照。

秘技 202 利用Global Illumination的反射是什么

扫码看视频

▶对应 2019 2021

▶难易程度 ●●

如果要创建New Scene，则在Auto Generate Lighting为Off状态下进行的，此时，根据Global Illumination的反射不会起作用。目前为止，在Unity中创建New Scene都是在Auto Generate Lighting处于Off状态下的，画面只是稍微暗一点。我们可以根据第3章的图3-4将Auto Generate Lighting调整为On状态。从本章开始之后都处于On状态来创建New Scene。

如果需要反射光的话，对于静止的物体，要勾选Static复选框；对于动态的Humanoid等，则要使用Light Probe Group。

Global Illumination (GI)能够对静止物体的光进行反射。对于静止物体，勾选Static复选框后，反射光会照射到物体上，下面介绍这个反射光的设置方法。首先从Asset Store中下载Space Robot Kyle资源，并导入Unity中。

首先，在Scene视图中配置一个Plane，将Plane的Scale全部设置为0.7。将这个Plane用Duplicate进行复制并将两个结合起来。然后再添加一个Cube，用Scale Tool创建一个矩形的Cube，配置如图24-16所示。

▼图24-16 配置两个Plane、一个Cube

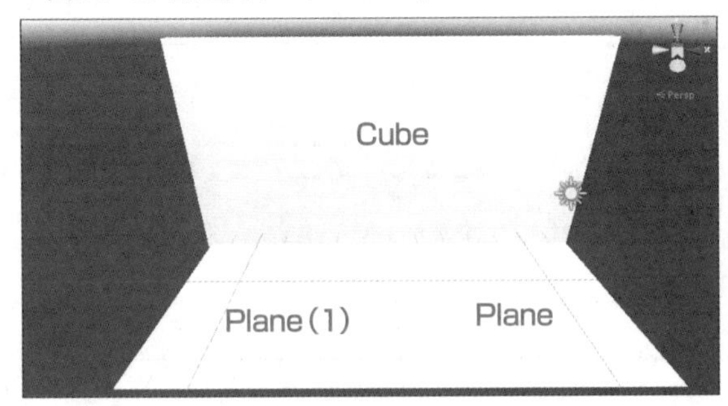

在图24-16中，我们来更改太阳光的照射方法。从Hierarchy中选择Directional Light，使用移动工具Move Tool或者旋转工具Rotate Tool，使太阳光从面前转移为面对Cube照射，如下页图24-17所示。注意，如果弄错了Directional Light的旋转方向，可能会变成黑夜。创建Red（右）和Blue（左）的Material，用于Plane和Plane（1），如下页图24-18所示。

▼图24-17 改变Directional Light的方向，使太阳光照射Cube

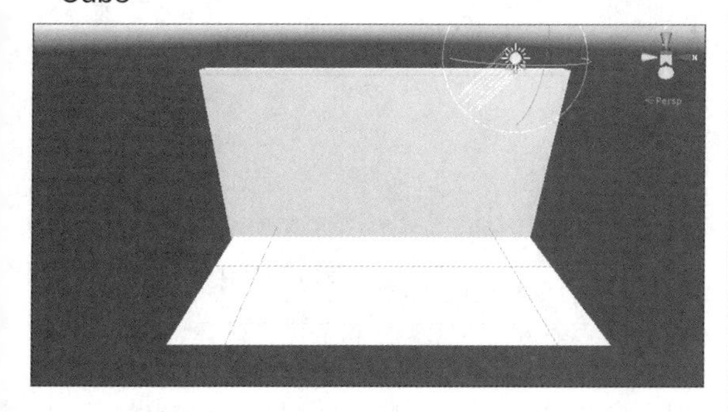

▼图24-18 Material适用于各个Plane

在Project面板中展开Assets→Robot Kylt→Model文件夹，将Robot Kyle配置到场景中，如图24-19所示。设置Robot Kyle使其能够通过键盘的上下左右键进行移动。

▼图24-19 配置Robot Kyle

由于Robot Kyle的Animation Type是Lagacy，请变更为Humanoid并单击Apply铵钮。为了使Robot Kyle能够通过键盘进行操作，请进行Mecanim Locomotion Starter Kit的设定。

选择场景中配置好的Cube，在Inspector面板中勾选Static复选框，如图24-20所示。

▼图24-20 勾选Cube的Static复选框

根据相同的方法勾选Plane和Plane（1）的Static复选框。选择Directional Light，在Inspector中，将Intensity设置比1稍微大点的数，此处设置为1.07。可以看Plane和Plane（1）的颜色反射到Cube上，如图24-21所示。

▼图24-21 Plane的颜色反射到后面的Cube上

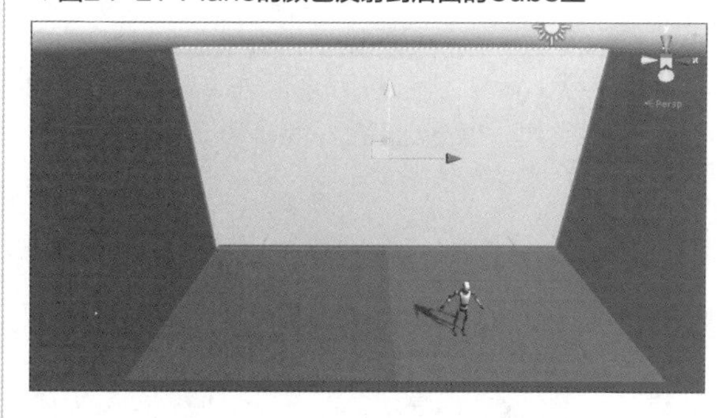

这个反射光对于没有设置Static的运动物体不会反射。因此，即使勾选Robot Kyle处的Static的复选框，也不会有反射的。

下面我们来讲解如何给Robot Kyle设置反射光。在Hierarchy中选择Robot Kyle，在Unity菜单中展开Component→Rendering菜单，选择Light Probe Group命令。然后在Robot Kyle的Inspector中的Light Probe Group将会被添加进去。

▼图24-22 Light Probe Group被添加进去

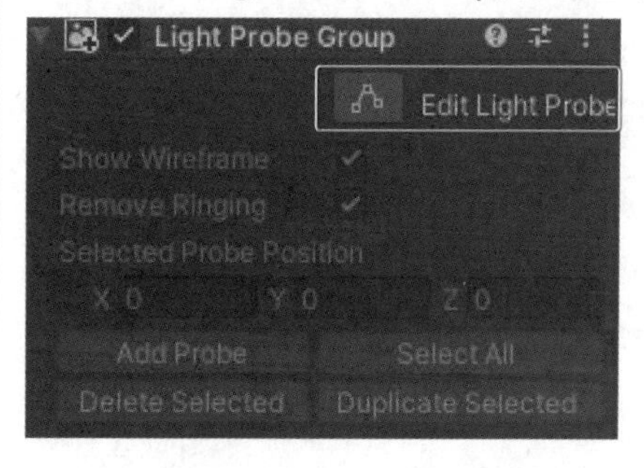

单击图24-22中的Edit Light Probes按钮，下方的四个按钮将会变得可以使用。单击Add Probe按钮，Light Probe将会被添加进去，如下页图24-23所示。

▼图24-23 在Robot Kyle中添加Light Probe

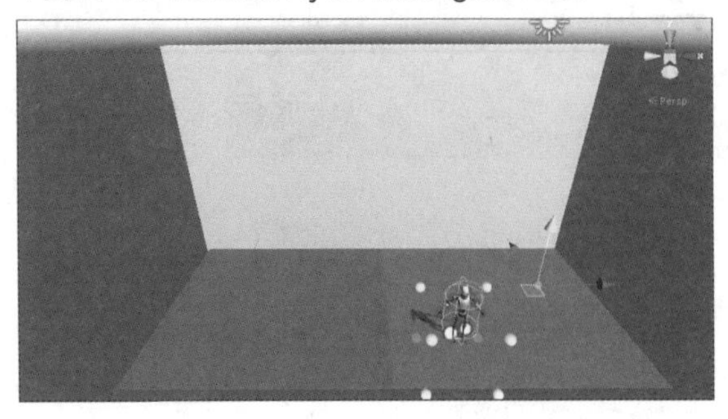

执行Play后，当Robot Kyle在红色的Panel（右）上时，Robot Kyle身上会微弱地反射出红色，如图24-24所示。

Robot Kyle在蓝色的Panel（左）上时，Robot Kyle身上会微弱地反射出蓝色，如图24-25所示。

▼图24-24 Robot Kyle身上微弱地反射出红色

▼图24-25 Robot Kyle身上微弱地反射出蓝色光

秘技

203 如何显示对象物体的阴影

默认情况下会显示阴影，也许很多人不会很在意这一点，但是了解阴影的设定方法也是有一定用处的。在Scene视图中配置一个Plane，将Robot Kyle置于Plane上，如图24-26所示。在Robot Kyle配置好的瞬间出现了阴影。

▼图24-26 出现了Robot Kyle的阴影

这个阴影的设定方法是在Directional Light的Inspector当中设置Shadow Type参数，默认情况下该参数是Soft Shadows，如图24-27所示。

▼图24-27 Shadow Type默认是Soft Shadows

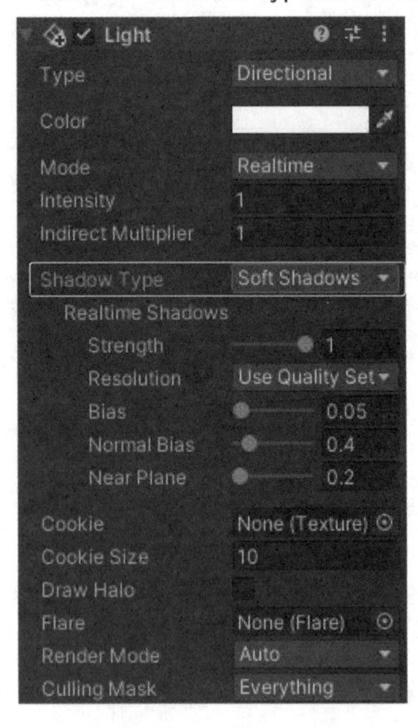

在图24-27中选择Hard Shadows选项，会得到十分清晰的影子，如下页图24-28所示。

▼图24-28 选择Hard Shadows选项

如果选择了No Shadows，影子就不会显示出来。将Robot Kyle多复制几个，让我们来看看可以让影子展示到何种程度。图24-29中全部Robot Kyle的影子都显示了出来。

▼图24-29 所有的Robot Kyle影子都显示出来

下面设置让后面的Robot Kyle不显示影子，在Unity中展开Edit→Project Settings菜单，选择Quality命令。打开Quality，在Shadows区域中Shadow Distance中的值为150，将其更改为5，如图24-30所示。设置好后并确认，再恢复到150。需要注意，如果不这样操作，即使设置Directional Light为Shadow，影子也不会显示出来的。

▼图24-30 将Quality Settings的Shadow Distance值设置为5

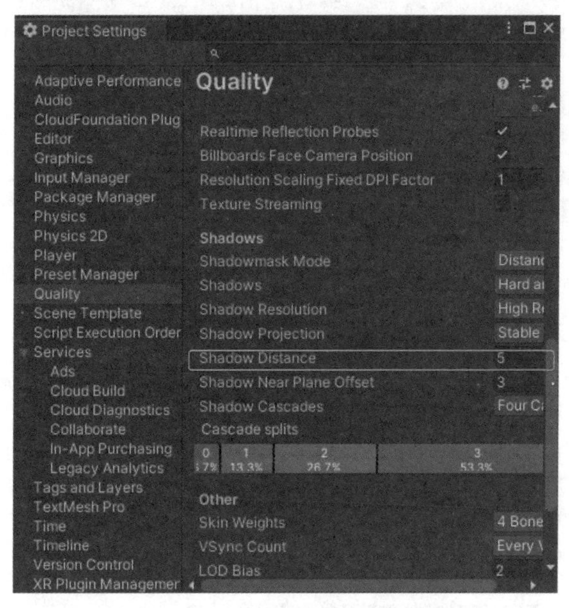

完成设定后，后方的Robot Kyle的影子消失了，如图24-31所示。

▼图24-31 后方的影子消失了

秘技 204 如何只让灯光照射在特定的对象物体上

扫码看视频

对应 2019 2021

难易程度

下面介绍不使用Spot Light，只要设置Layer就可以让灯光照射在特定的对象上。在Scene视图中配置4个Winston，使其中一个Winston接受光照。首先，在Scene视图中配置Plane和4个Winston，并调整好位置，如下页图24-32所示。Hierarchy的结构如下页图24-33所示。

在图24-33中选择Winston（2），打开Inspector，展开Layers，添加名为LightWinston的Layer，如下页图24-34所示。

▼图24-32 配置4个Winston

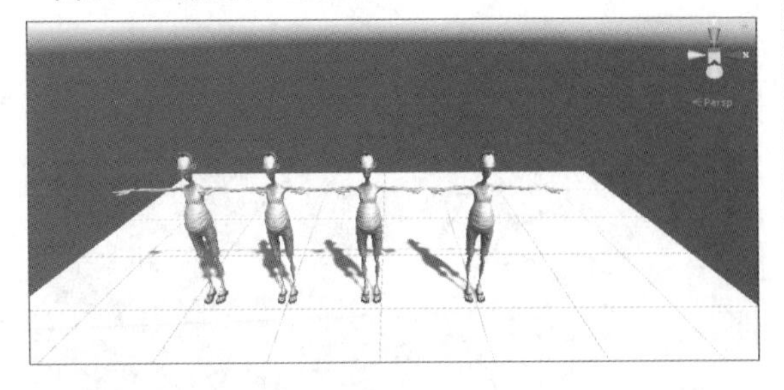

▼图24-33 Hierarchy的结构

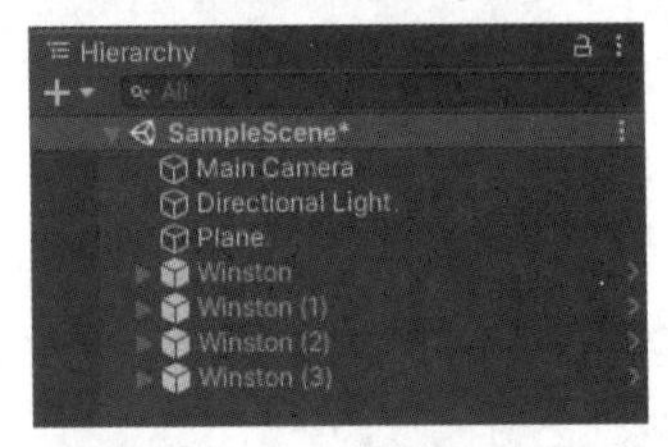

▼图24-34 在Layer中添加名为LightWinston的Layer

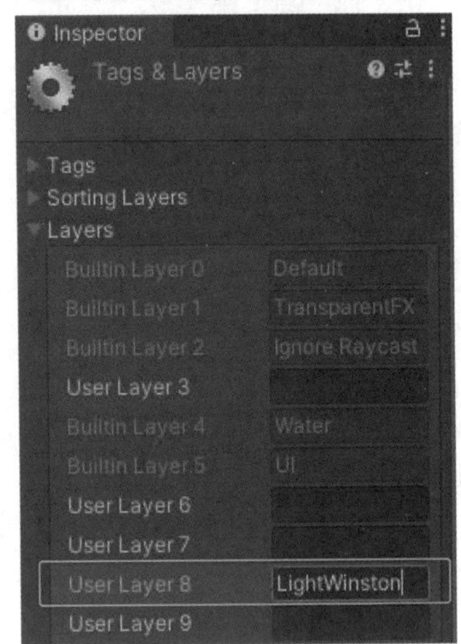

然后再次通过Hierarchy选择Winston（2），在Inspector中指定刚刚创建的LightWinston，如图24-35所示。此时会出现Change Layer的警告，请选择Yes.change children。

▼图24-35 指定LightWinston

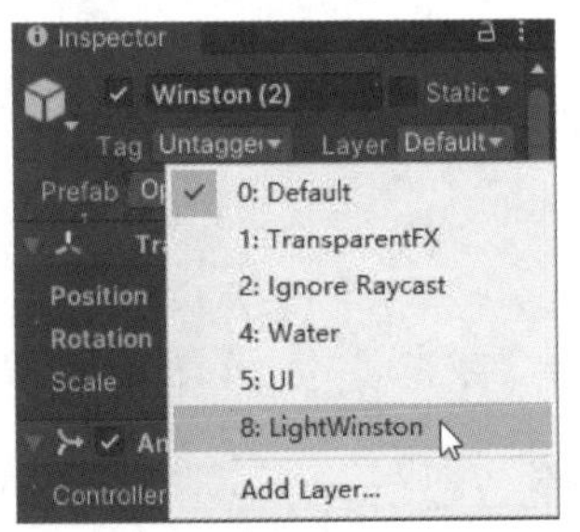

接着通过Hierarchy选择Directional Light，单击Light中的Culling Mask右边的下三角按钮，取消选择Default选项，如图24-36所示。

▼图24-36 取消选择Culling Mask处的Default

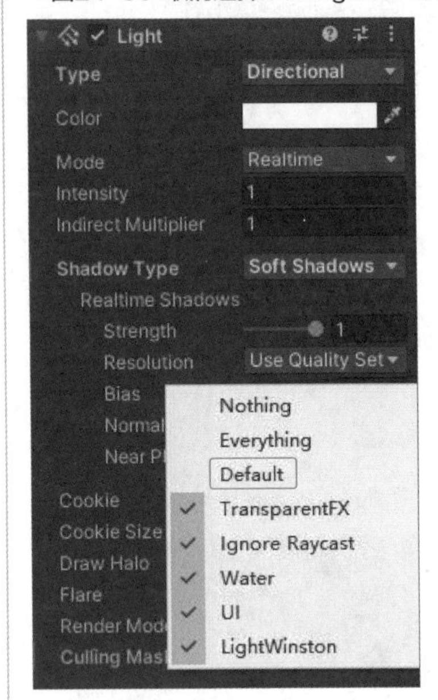

接下来画面将会变暗，只有在LightWinston的Layer中提前设定好的Winston（2）处有光照射，如图24-37所示。

▼图24-37 只有Winston（2）处有光照射

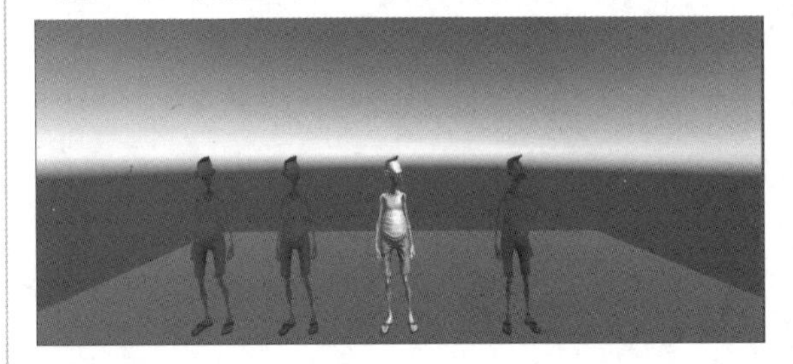

让我们对Directional Light使用Rotate Tool等变形工具，使画面变暗。这么做可以更清楚地看出只有Winston（2）受到了光线照射，如图24-38所示。

▼图24-38 画面变暗，可以看出只有Robot Kyle（2）处有光照射

专栏　Asset Store中有趣的角色介绍（12）

我们可以通过实时动态摄影机SineWave Effect（免费）实现扭曲效果，其下载界面如下图1所示。

▼图1 SineWave Effect的下载界面

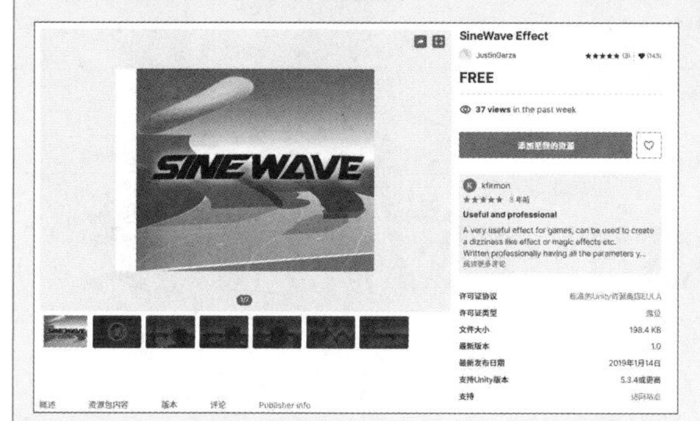

该程序使用示例如下图2所示。

▼图2 展现画面扭曲效果的演示

Post Processing应用秘技

如何导入Post Processing

扫码看视频

对应 2019 2021

难易程度 ●

Post Processing是Unity内置的后期效果增强组件，可以非常方便快捷地制作各种特效。下面将介绍如何创建一个New Post-processing Profile。

首先介绍安装Post Processing的方法。在Unity的Window菜单中选择Package Manager命令进行安装，如图25-1所示。在Package Manager中显示安装Package一览，如图25-2所示。

▼图25-1 选择Window→Package Manager命令

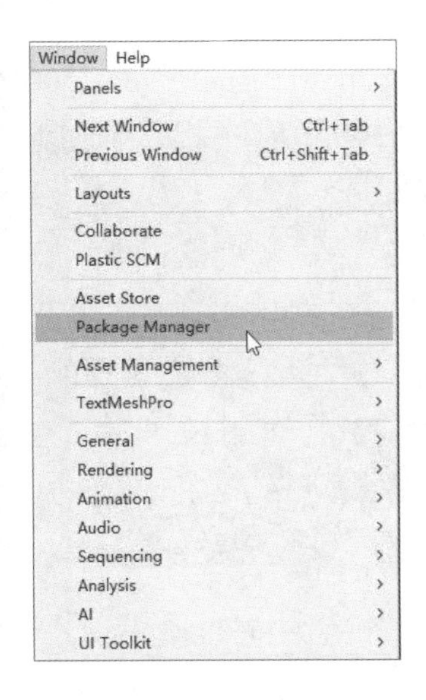

▼图25-2 Package的安装一览

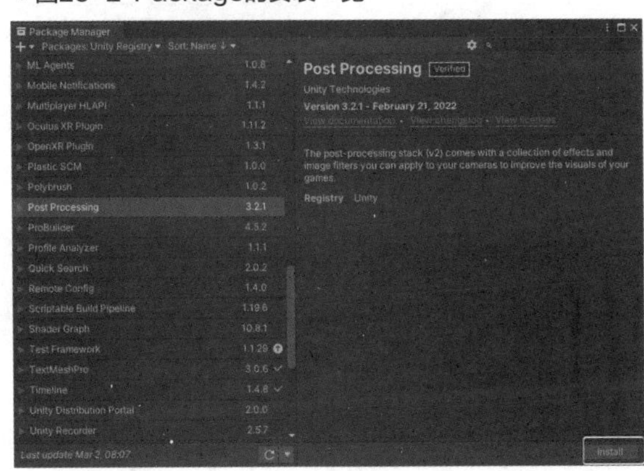

选择Post Processing选项，单击右下角Install按钮，开始安装。

开始安装时，会显示进度条，如图25-3所示。

▼图25-3 安装开始

安装完成后的界面如图25-4所示。单击右上角的关闭按钮进行关闭。

▼图25-4 安装顺利完成

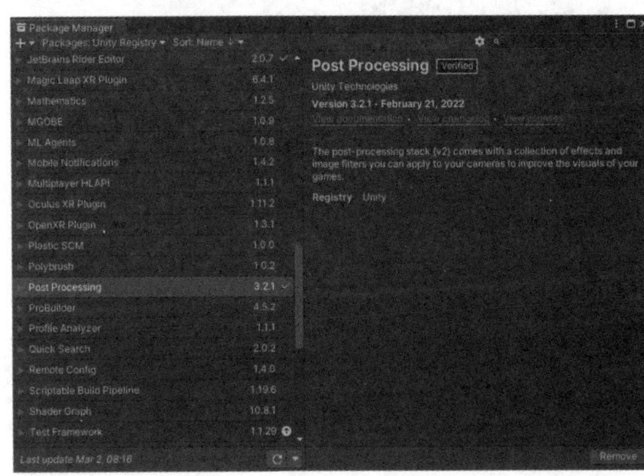

在Project面板中右击，在菜单中选择Create→Post-processing Profile.Asset命令。在Assets文件夹中创建New Post-processing Profile.Asset，如图25-5所示。

▼图25-5 New Post-processing Profile创建完成

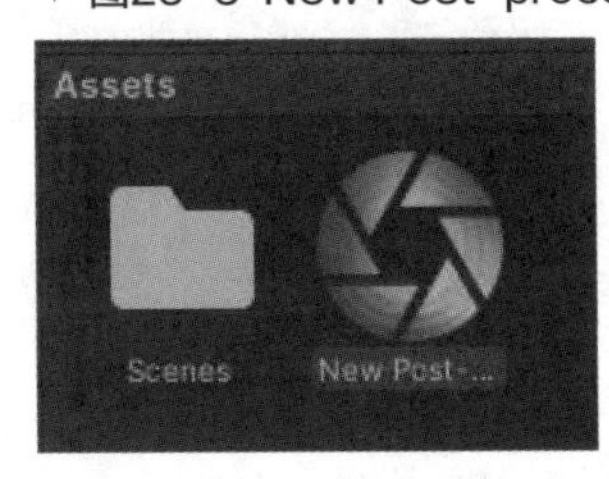

在Hierarchy面板中选择Main Camera并显示Inspector，在Add Component搜索栏中输入post并进行搜索，添加Post-process Layer，如图25-6所示。由于在Main Camera的Inspector中，Post-process Layer已经被添加进去，在Layer项目中指定Default，如图25-7所示。如果出现任何的警告，直接取消即可。

▼图25-6 添加 Post-process Layer

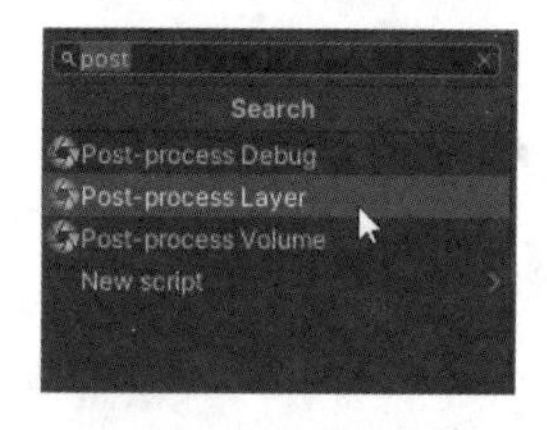

▼图25-7 在Layer处指定Default

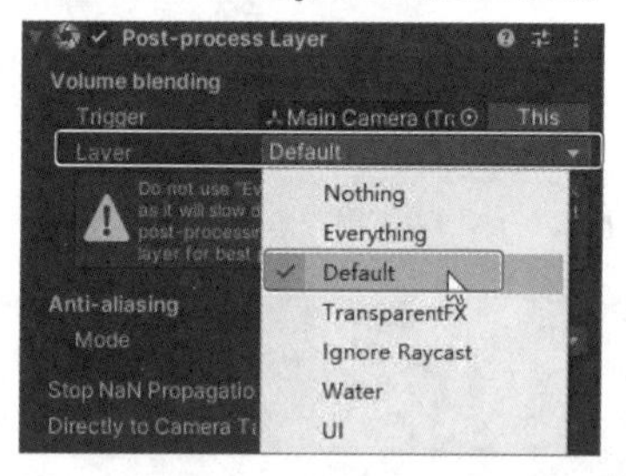

在Unity菜单中选择GameObject→Create Empty命令，创建一个空的GameObject。选中GameObject，打开Inspector，在Add Component搜索栏中输入post并搜索，将Post-process Volume添加进来，如图25-8所示。

▼图25-8 添加Post-process Volume

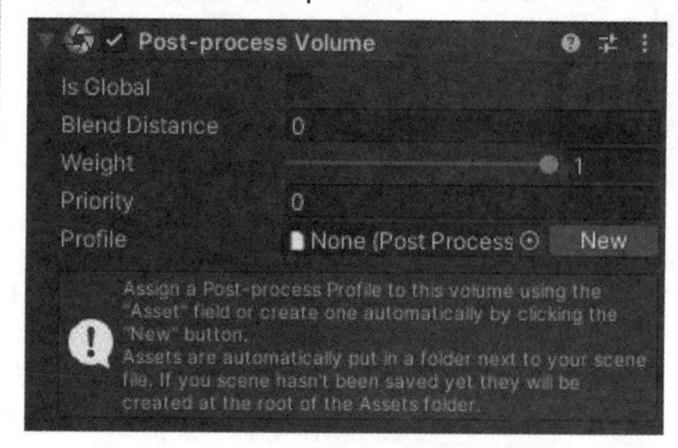

勾选Is Global复选框，将上页图25-5中的New Post-processing Profile.Asset拖到Profile处，如图25-9所示。

▼图25-9 将New Post-processing Profile拖动到Profile当中

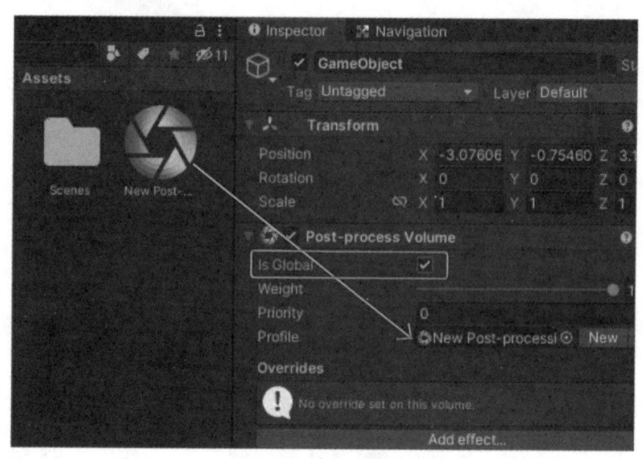

准备工作全部完成后，接下来让我们看看效果吧。

秘技 206 Ambient Occlusion是什么

由于变更的数值会实时应用到Scene和Game视图当中，更改数值时最好能先进行确认。Ambient Occlusion是环境光遮挡，其处理效果是使物体上挨着折痕线、小孔、相交线和平行线、平行表面等地方变暗。

首先从Asset Store中下载建筑Fantasy Kindom-Building Pack Lite、角色Izzy-Iclone Character，以及之前使用过可以旋转运动的rolling Girl.Unity Package资源。

创建一个场景，如下页图25-10所示。我们也可以创建自己喜欢的场景，尝试多种场景能够更好地进行学习。

Hierarchy的结构如下页图25-11所示。其中Game-Object文件是在秘技205中创建的。

在Hierarchy面板中选择Izzy，调整位置并在Inspector中对其进行旋转。

至此，准备工作已经结束，下面看看Ambient Occlusion的效果。在Hierarchy中选择GameObject，显示Inspector，单击Add Effect按钮，选择Unity→Ambient Occlusion选项，如下页图25-12所示。在Inspector中添加Ambient Occlusion。

▼图25-10 使用的场景

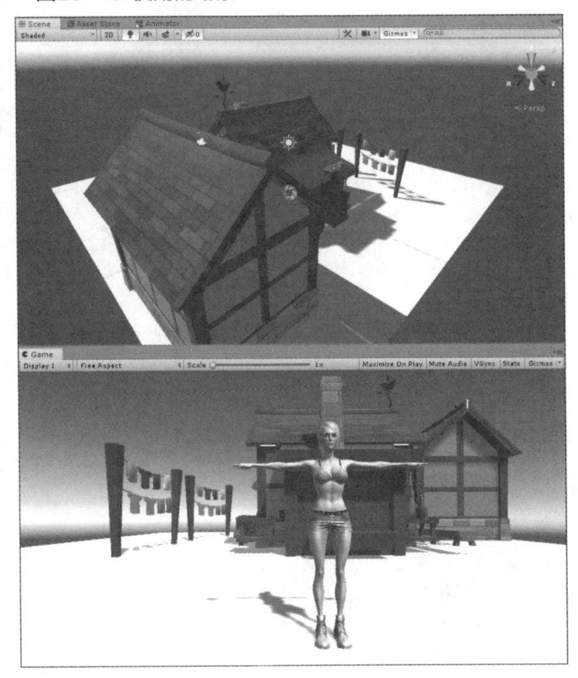

▼图25-11 Hierarchy的结构

▼图25-12 选择Ambient Occlusion

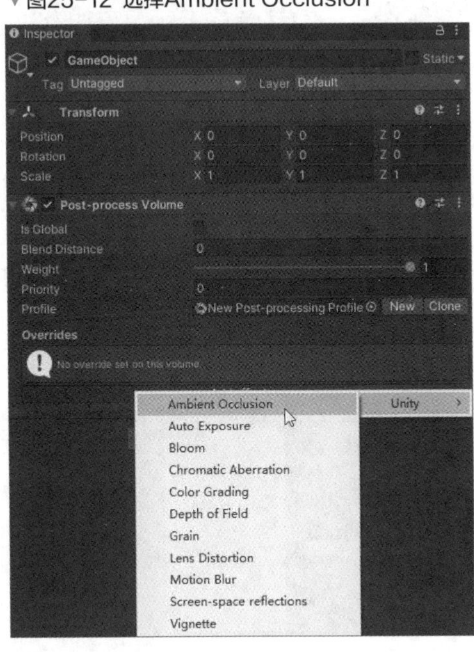

勾选Mode、Intensity、Thickness Modifier和Color复选框。

●Ambient Occlusion设置

- **Mode的Multi Scale Volumetric Occlusion是将控制台和桌面插件平台进行了很大优化的一个性能开销更小的环境光遮挡。**
- **Intensity表示根据效果产生的黑暗程度。**
- **Thickness Modifier可以调整遮挡的厚度，据此增强暗区域，但是会在物体周围产生暗部的光晕。**
- **Color表示环境光遮挡的着色。**

将Intensity指定为4、Thickness Modifier指定为1、Color指定为红色，如图25-13所示。不用单击Play按钮，效果也可以直接在Game视图中进行确认，如图25-14所示。

▼图25-13 设置Ambient Occlusion的参数

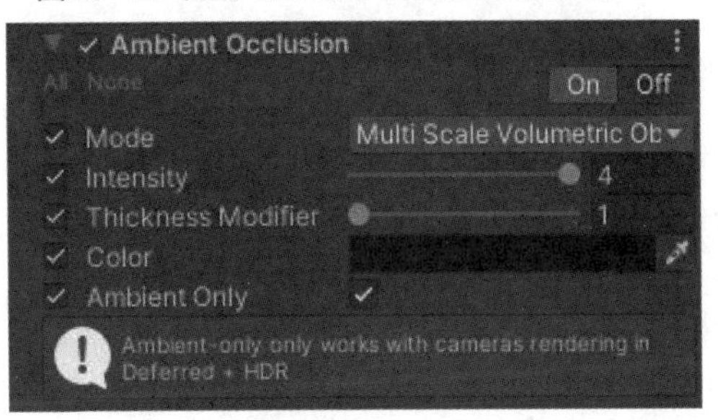

单击Play按钮，查看效果。

▼图25-14 Ambient Occlusion的效果（画面的一部分变成了红色）

更改一些数值后，可以实时预览效果，读者可以自己更改一些值试试看。

Auto Exposure是什么

扫码看视频

对应 2019 2021

难易程度 ●

Auto Exposure主要用于设定亮度和曝光效果。首先，将秘技206中添加的Ambient Occlusion都删除，即在这个名称上单击鼠标右键并选择Remove命令。接下来单击Add Effect按钮，选择Auto Exposure选项，添加Auto Exposure，如图25-15所示。

▼图25-15 添加Auto Exposure

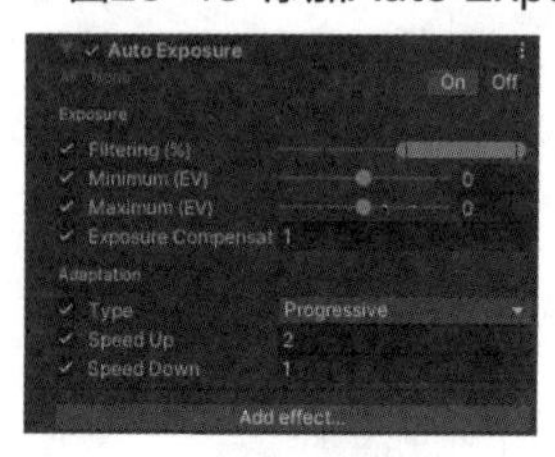

勾选每个参数的复选框就可以使用了。

●Exposure设置

- **Filtering的相关参数值是用于找到最稳定的平均亮度而使用的直方图下方及上方百分比。在这个范围外的值将被丢弃，并且对平均亮度不会有任何作用。**
- **Minimum表示自动曝光（EV）的最小平均亮度。**
- **Maximum表示自动曝光（EV）的最大平均亮度。**
- **Exposure Compensation表示曝光补偿值，用于获取并修正场景的整体曝光。**

●Adaptation设置

- **Type的Progressive用于设置动态自动曝光，除此之外使用fixed。**
- **Speed Up用于设置从黑暗环境到明亮环境的适应速度。**
- **Speed Down用于设置从明亮环境到黑暗环境的适应速度。**

参数设置如图25-16所示。效果如图25-17所示。

▼图25-16 设置Auto Exposure的值

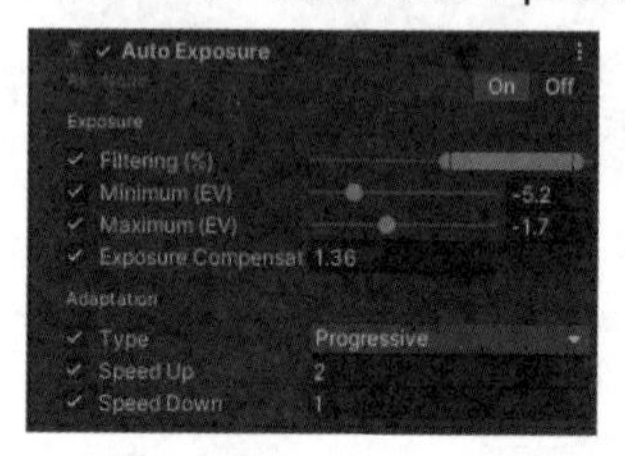

▼图25-17 图25-16的设定效果

更改参数的值后，效果会实时反映，读者可以自行尝试。

秘技 208

Bloom是什么

扫码看视频

对应 2019 2021

难易程度 ●

Bloom是一种用真实相机技术重现图像的效果。通过图像处理算法将图像中高亮的像素向外“扩张”形成光晕以增强画面的真实感。

首先，将秘技207中添加好的Auto Exposure Effect删除，即在名称上单击鼠标右键后选择Remove命令。接下来单击Add Effect按钮，选择Bloom选项，如图25-18所示。

▼图25-18 添加Bloom

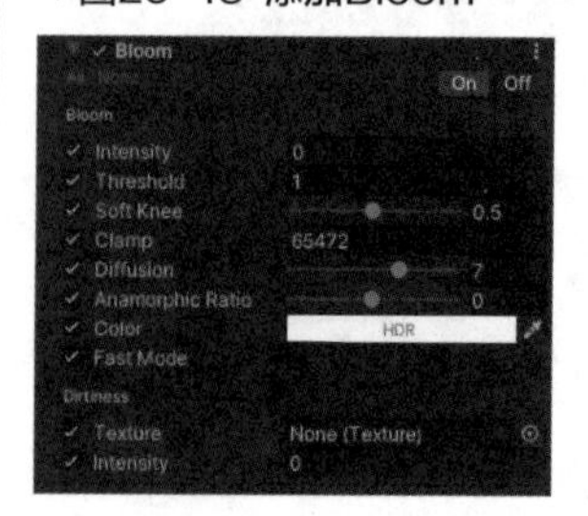

勾选每个参数的复选框后将会变得可用。

●Bloom的设置

- **Intensity可以用于指定Bloom过滤器的强度。**
- **Threshold阈值。场景中物体的亮度超过这个阈值才会发生高光溢出。**
- **Soft Knee是为低于/高于阈值的阶段性设置过渡阈值（0＝硬阈值，1＝软阈值）。**
- **Clamp是为了限制Bloom的量而设定的像素点控制值。**
- **Diffusion是通过不依赖屏幕分辨率的方式改变遮蔽范围的效果。**
- **Anamorphic Ratio是根据缩放Bloom的垂直方向{范围[−1，0]}或者水平方向{范围[0，1]}，仿真变形镜头的效果。**
- **Color设置Bloom过滤着色。**
- **Fast Mode通过降低效果质量来提高性能，勾选之后将会启动Fast Mode。**

●Dirtiness设置

- **Texture用来设置镜头上有污点或者尘埃质感。**
- **Intensity用来指定镜头污点的染色程度。**

按照图25-19的设置完成后得到的效果如图25-20所示。

▼图25-19 设置Bloom的值

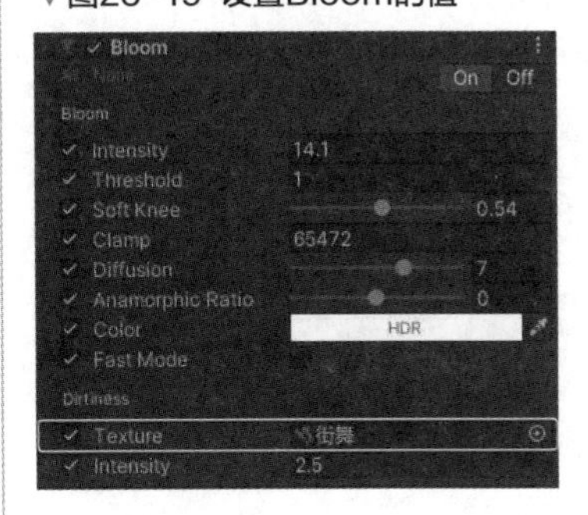

在Texture中将PNG图像“街舞”放到Assets文件夹中进行读取。

▼图25-20 图25-19的设定效果图

更改参数的值后，效果会实时反映，读者可以自行尝试。

秘技209 Chromatic Aberration是什么

扫码看视频

对应 2019 2021

难易程度 ●●

Chromatic Aberration（色差效果）经常用于模拟摄像机的拍摄瑕疵导致RGB三个通道颜色发生偏移的效果，使图像具有红色、蓝色、绿色和紫色边缘，并根据输入的内容可以支持用户定义的颜色。

首先，我们将秘技208中添加的Bloom的Effect删除，即在这个名称上单击鼠标右键并选择Remove命令。接下来单击Add Effect按钮，选择Chromatic Aberration，如图25-21所示。

▼图25-21 添加Chromatic Aberration

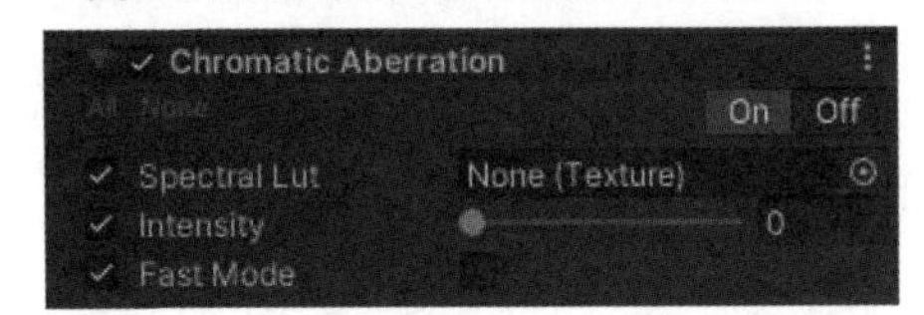

勾选每个参数复选框后就会变得可用。

●Chromatic Aberration设置

- **Spectral Lut用于定制边缘颜色的纹理（如果为空，则根据系统默认即可）。**
- **Intensity表示色差的强度。**
- **Fast Mode若勾选，为了减少性能开销，降低色差效果的表现。**

完成图25-22的设置后，得到下页图25-23中的效果。

▼图25-22 设置Chromatic Aberration的值

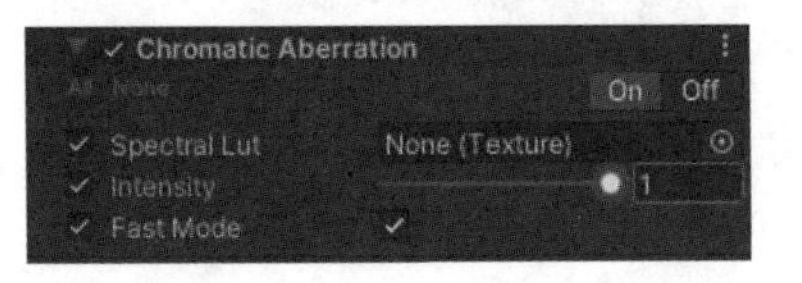

单击Play按钮，可见Izzy处于来回旋转的状态。

将一些值进行更改后效果会实时反映，读者可以试着更改一些值来查看效果。

▼图25-23 根据图25-22的设定得到的效果

秘技

210 Color Grading是什么

扫码看视频

对应 2019 2021

难易程度 ●●

Color Grading是对最终图像的颜色和亮度进行更改和修正的程序，可以理解为像Instagram这样的软件应用滤镜时需要使用的程序。

首先，将秘技209中添加的Chromatic Aberration的Effect删除，即在这个名称上单击鼠标右键并选择Remove命令。接下来单击Add Effect按钮，选择Color Grading选项，如图25-24所示。勾选每个参数复选框之后就会变得可用。由于设定参数非常多，笔者会尽量通过易于理解的方式来进行解说。

▼图25-24 选择 Chromatic Aberration选项

勾选Mode复选框后，选择Low Definition Range选项。

- Lookup Texture参数并不常用。
- Contribution可以设置查找纹理的值来帮助颜色分级。

●White Balance选项区域

- Temperature用于设定自定义色温。
- Tint用于设置白平衡的偏色为绿色或品红色。

●Tone选项区域

- Color Filter设置偏色。
- Hue Shift可以改变所有颜色的色相值。
- Saturation可以指定所有颜色的饱和度值。
- Contrast可以设置对比度。

●Channel Mixer选项区域

- Red用于对整个混合当中红色通道影响的值进行调整。
- Green是绿色混合对整个混合影响变化的值。
- Blue是设置在整体混合当中蓝色通道影响的值。

●Trackballs选项区域

- Lift用于调整暗色调（或者阴影）。
- Gamma用于调整中间调。
- Gain用于调整高光。

▼图25-25 设定内容

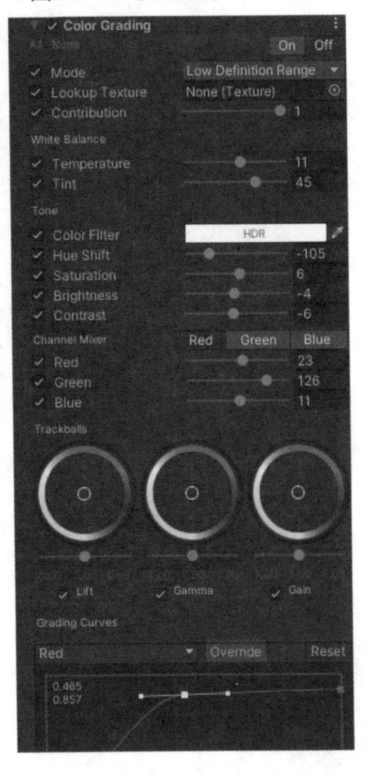

●Grading Curves选项区域

- **分级曲线是一个调整画面色调、饱和度、亮度的特定范围的进阶办法。通过调整8个图的曲线，可以得到特定的色调替换、特定亮度的不饱和效果等。**

完成图25-25的设定后，会得到图25-26的效果。单击Play按钮后，Izzy处于来回旋转的状态。

▼图25-26 图25-25的设定效果（变成了紫色状态）

更改参数的值后，效果会实时反映，读者可以自行尝试。

秘技 211 Depth Of Field是什么

扫码看视频

对应 2019 2021
难易程度 ●

Depth Of Field是对相机镜头的焦点属性进行模拟的后期处理效果。在实际生活中，只有在相机特定距离内的景物才能进行明确的聚焦。时而靠近时而远离相机的话，或多或少会产生失焦的情况。在失焦的情况下，画像明亮区域的周围会出现令人愉悦的视觉假像。这种模糊能给出关于物体距离的视觉提示。

首先，将秘技210中添加的Color Grading的Effect删除，即在这个名称上单击鼠标右键并选择Remove命令。接下来单击Add Effect按钮，选择Depth Of Field选项，如图25-27所示。

▼图25-27 选择Depth Of Field选项

Depth Of Field
On Off
Focus Distance 10
Aperture 5.6
Focal Length 50
Max Blur Size Medium

勾选每个参数复选框即可变为可用。

●Depth Of Field设置

- **Focus Distance可以设置焦点的距离。**
- **Aperture可以设置景深，值越小景深越浅。**
- **Focal Length用于设置镜头和画面之间的距离，值越大视野越广景深效果越浅。**
- **Max Blur Size决定虚化的最大半径，它会影响性能（内核越大，所需的GUP时间越长）。**

完成图25-28的设置后，得到下页图25-29中的效果。

▼图25-28 设置Depth Of Field中的参数

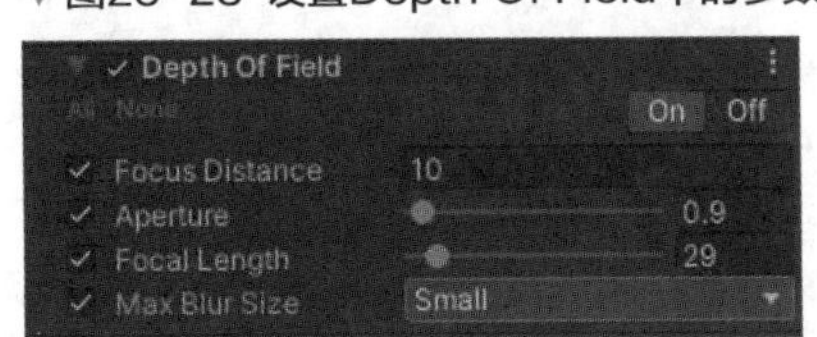

设置完成后，执行Play，可见Izzy处在不停地旋转的状态。

更改参数的值后，效果会实时反映，读者可以自行尝试。

▼图25-29 图25-28的设定效果，焦点在里面的建筑物上

秘技

212 Grain是什么

扫码看视频

▶对应 2019 2021

▶难易程度 ●

Grain效果也意味着噪点。首先，将秘技211中添加的Depth Of Field的Effect删除，即在这个名称上单击鼠标右键并选择Remove命令。接下来单击Add Effect按钮，选择Grain选项，如图25-30所示。

▼图25-30 选择Grain选项

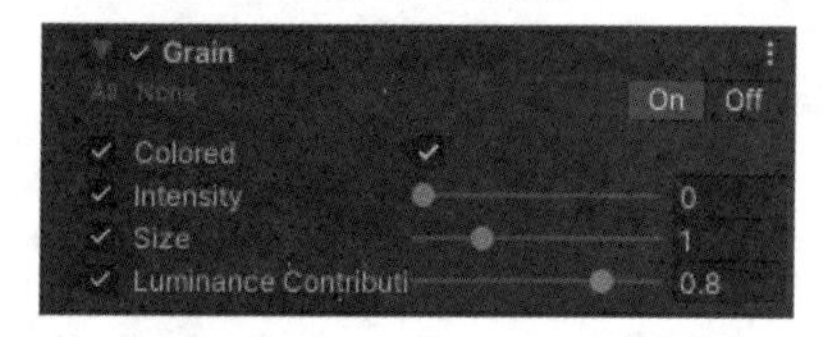

勾选每个参数的复选框之后就会变得可用。

Grain设置

- **在Colored处进行勾选，可以使用带颜色的Grain。**
- **在Intensity中可以指定Grain的强度，值越大显示的颗粒越明显。**
- **Size可以指定颗粒的粒子粗细程度。**
- **Luminance Contribution，设置噪波曲线受场景亮度的影响值。值越小，暗部的颗粒越少。**

完成图25-31的设定后，得到图25-32中的效果。

▼图25-31 设置Grain

单击Play按钮后，可以确认Izzy处于来回旋转的状态。

▼图25-32 图25-31的设置效果

更改参数的值后，效果会实时反映，读者可以自行尝试。

秘技

213 Lens Distortion是什么

扫码看视频

▶对应 2019 2021

▶难易程度 ●

Lens Distortion可以模拟镜头渲染后将画像进行歪曲变形的失真效果。首先，将秘技212中添加的Grain的Effect删除，即在这个名称上单击鼠标右键并选择Remove命令。接下来单击Add Effect按钮，选择Lens Distortion选项，如下页图25-33所示。

▼图25-33 选择Lens Distortion选项

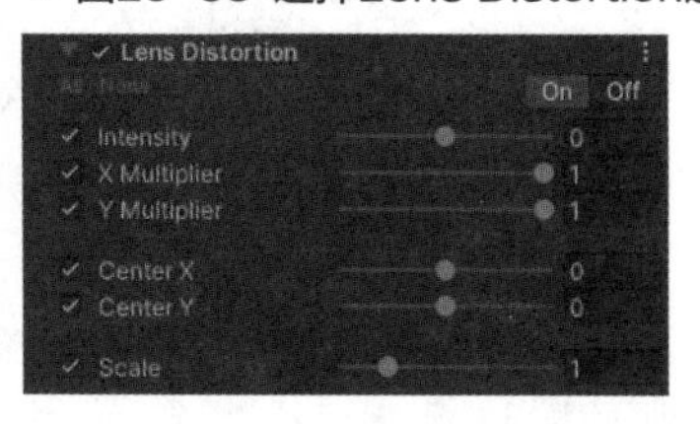

勾选每个参数的复选框之后即可用。

●Lens Distortion设置

- **Intensity可以设置整体的扭曲强度。**
- ***X* Multiplier表示*X*轴上的强度系数，设置为0即可使其扭曲效果失效。**
- ***Y* Multiplier表示*Y*轴上的强度系数，设置为0即可使其扭曲效果失效。**
- **Center *X*可以设置扭曲的中心点（*X*轴）。**
- **Center *Y*可以设置扭曲的中心点（*Y*轴）。**
- **Scale可以设置全局屏幕的缩放值。**

完成图25-34的设置后，得到如图25-35的效果。

▼图25-34 设置Lens Distortion

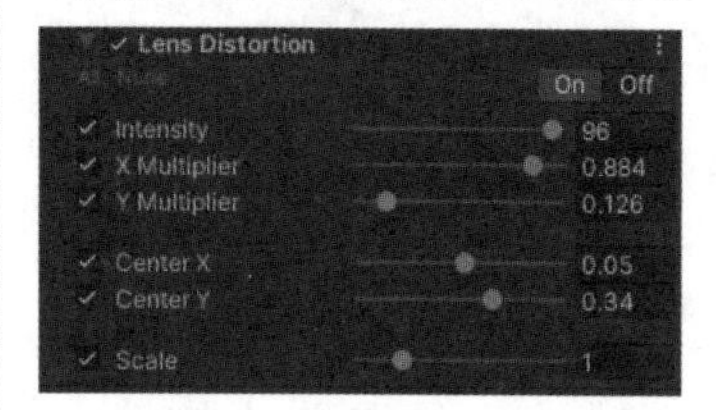

单击Play按钮后，可以确认Izzy处于来回旋转的状态。

▼图25-35 图25-34的设置效果

更改参数的值后，效果会实时反映，读者可以自行尝试。

秘技214 Motion Blur是什么

扫码看视频

对应 2019 2021

难易程度 ●

Motion Blur是在相机摄影的对象物体比相机曝光时间移动得更快时，模拟画面运动模糊效果的一个普通后期处理程序。这可能是由于快速移动的物体或者长时间曝光而引起的。

首先，将秘技213中添加的Lens Distortion的Effect删除，即在这个名称上单击鼠标右键并选择Remove命令。接下来单击Add Effect按钮，选择Motion Blur选项，如图25-36所示。

▼图25-36 选择Motion Blur选项

勾选每个参数的复选框之后即可用。

●Motion Blur设置

- **Shutter Angle可以设置旋转快门的角度，值越大，曝光时间越长，模糊效果越强。**
- **Sample Count用于设置采样点的数量，可以影响效果和性能。**

完成图25-37的设置后，得到图25-38的效果。

▼图25-37 设置Motion Blur

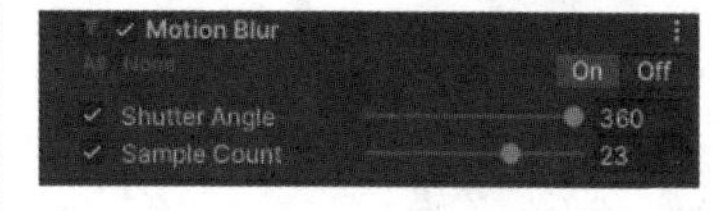

单击Play按钮后，可以确认Izzy处于来回旋转的状态。

▼图25-38 图25-37的设置效果

这里Motion Blur的效果不是特别明显，看不出设置的效果。

秘技 215

Screen Space Reflections是什么

扫码看视频

对应 2019 2021

难易程度

Screen Space Reflections是将屏幕空间数据进行再利用并计算反射的一种技术，常用于制作像湿漉漉的地板或者水坑的微妙反射效果。它在屏幕空间中完美地发挥作用，因此只能显示出当前屏幕。

首先，将秘技214中添加的Motion Blur的Effect删除，即在这个名称上单击鼠标右键并选择Remove命令。接下来单击Add Effect按钮，选择Screen Space Reflections选项，如图25-39所示。

在蓝色框内出现了警告提示。通过Hierarchy选择Main Camera，打开Inspector，在Rendering Path处指定Deferred，如图25-40所示。在Assets文件夹中创建适用于Plane的Material，这里创建的是黄色的Material。

▼图25-39 选择Screen Space Reflections选项

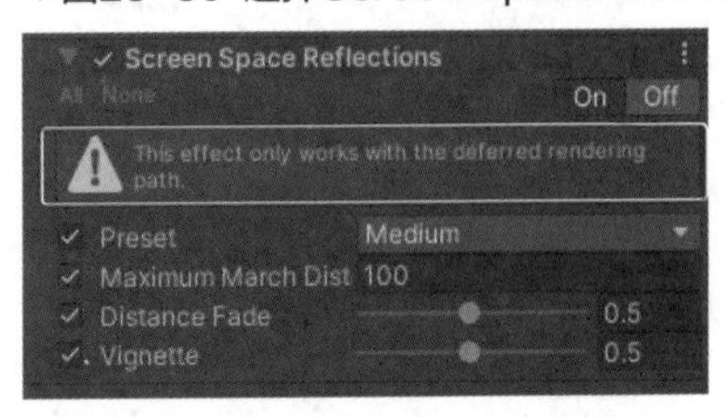

▼图25-40 在Main Camera的Rendering Path处指定Deferred

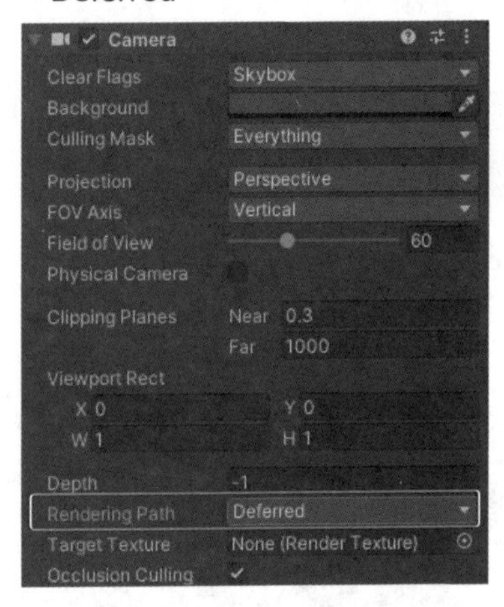

勾选每个参数的复选框之后就会变得可用。

再次在Hierarchy中选择GameObject，打开Inspector后，Screen Space Reflections的警告提示消失了。

●Screen Space Reflections设置

- Preset可以选择预设质量。若想进行微调，选择Custom选项。
- Maximum Iteration Count可以指定Ray Marching路径的最大采样数，值越高，反射越强（仅在自定义预设中可用）。
- Thickness可以指定Ray的厚度，值越小，Ray的密度越高，可以检测出更多细节（仅在自定义预设中可用）。
- Resolution可以设置内部缓冲区的大小。为了使性能最大化，Downsample的性能开销最小，Supersample的计算更慢但是质量更高（仅在自定义预设中可用）。
- Maximum March Distance设置Ray追踪的最大距离。
- Distance Fade可以设置反射到近平面的衰减距离，减弱锯齿感。
- Vignette可以淡化屏幕边缘附近的反射。

完成图25-41设置之后，得到图25-42中的效果。

▼图25-41 设置Screen Space Reflection

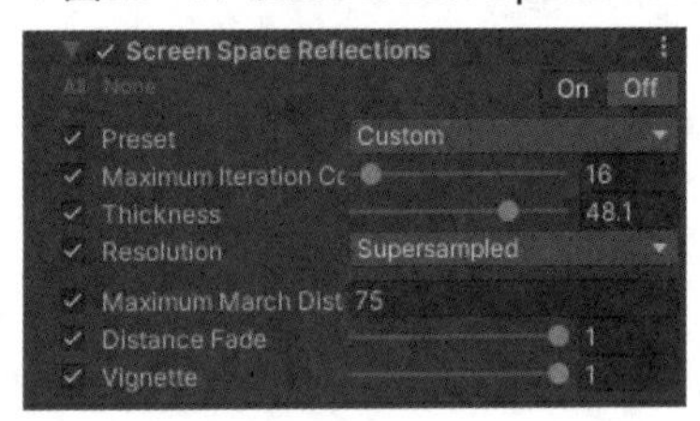

单击Play按钮后，确认Izzy处于来回旋转的状态。

▼图25-42 图25-41的设置效果

地板上有物体的反射，图25-42中可能看不太清楚，请读者自己更改一些值做更多尝试吧。

秘技216 Vignette是什么

扫码看视频

对应 2019 2021
难易程度

在图片中，Vignette是与中心相比，朝向图像边缘变暗或者使图像不饱和化而使用的术语。

首先，将秘技215中添加的Screen Space Reflection的Effect删除，即在这个名称上单击鼠标右键并选择Remove命令。接下来单击Add Effect按钮，选择Vignette选项，如图25-43所示。

▼图25-43 选择Vignette选项

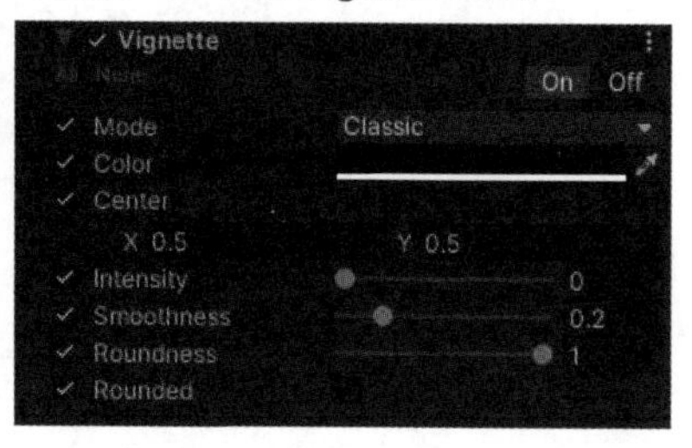

勾选每个参数的复选框之后即可用。

●Vignette设置

在Mode当中可以选择Classic和Masked。

●Classic设置

- **Color可以指定Vignette的颜色。若需要设置为透明，则使用阿尔法通道（在Masked模式）。**
- **Center可以设定Vignette的中心点（画面中心为[0.5，0.5]）。**
- **Intensity可以指定屏幕上Vignette的数量。**
- **Smoothness可以指定Vignette边缘线的顺滑程度。**
- **Roundness的值越小，就能创建出更多的方角Vignette。**
- **Rounded是可以设置Vignette完全变成圆形或者保持当前形状的按钮。**

●Masked设置

- **Color可以设置Vignette的颜色。若需要设置为透明，则使用阿尔法通道。**
- **Mask可以设置Vignette的黑白蒙版。**
- **Opacity可以指定遮罩的不透明度。**

完成图25-44的设定之后，得到如图25-45所示的效果。在Color处指定绿色。

▼图25-44 设置Vignette

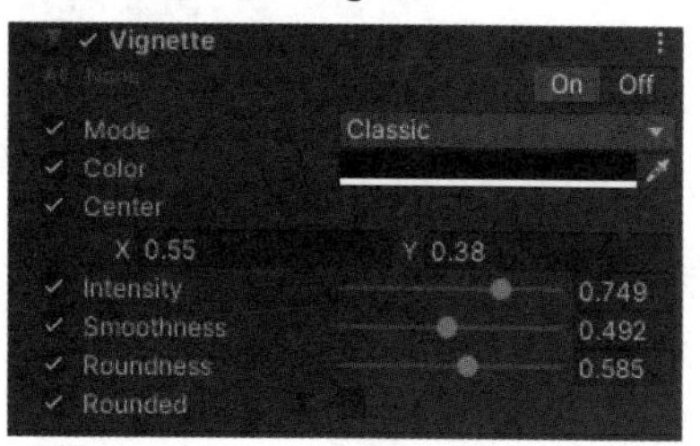

单击Play按钮后，可以确认Izzy处于来回旋转的状态。

▼图25-45 设置效果除了正中间的矩形以外，背景都被绿色覆盖

这里展示了在Mode中选择Classic的效果。关于Masked的效果，请更改一些值进行尝试吧。

在已经下载的实例文件中，秘技216是最后设置的效果，这是因为在一个场景中写好的内容，都会覆盖之前的内容。从秘技206到秘技215都被秘技216覆盖，请读者根据本书的介绍为参考，将设置清零，重新尝试。

画面切换秘技

秘技 217

如何在动作执行后返回初始画面

扫码看视频

对应 2019 2021

难易程度

本秘技中提前在Izzy掉下来的区域创建一个Cube，这操作是很重要的，在Game视图中就当作没有Cube。

下面介绍如果Izzy掉落在Plane之外，Scene视图又恢复到开始的效果。首先，在Asset Store中下载并导入Izzy-iClone Character、Third Person Controller-Basic Locomotion和Standard Assets资源。在场景中配置Izzy，将其调整为面对镜头，如图26-1所示。

▼图26-1 配置Izzy

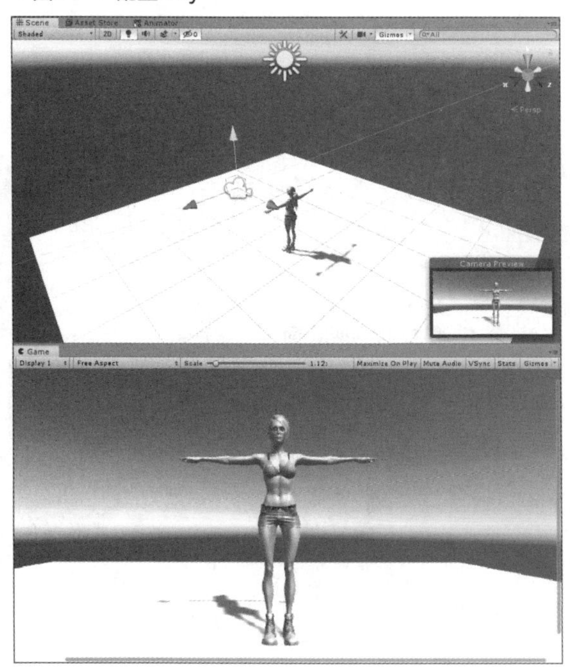

配置Cube，打开Inspector，将Transform的值按照图26-2进行设定，Scale将会变得很大。这个Cube将变成Izzy从Plane上掉落下来时的接触区域。

▼图26-2 Cube中Inspector的Transform值

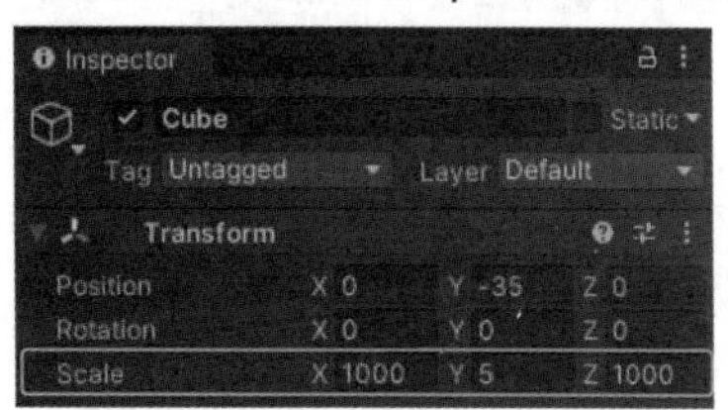

接下来Cube将全体覆盖，如图26-3所示。

▼图26-3 Cube将全体覆盖住

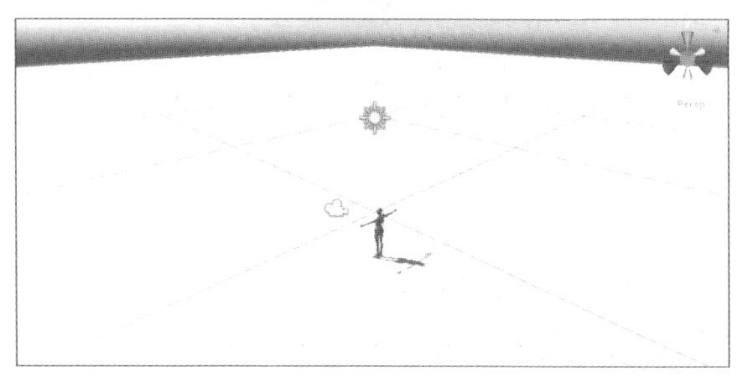

打开Cube的Inspector，单击Mesh Renderer右上角的齿轮状图标，选择Remove Component。画面周围被淡绿色的双线围起来，如图26-4所示。这虽然在Scene视图中可见，但是在Game视图中是看不见的。这块区域就是落下的区域。

▼图26-4 落下区域创建完成

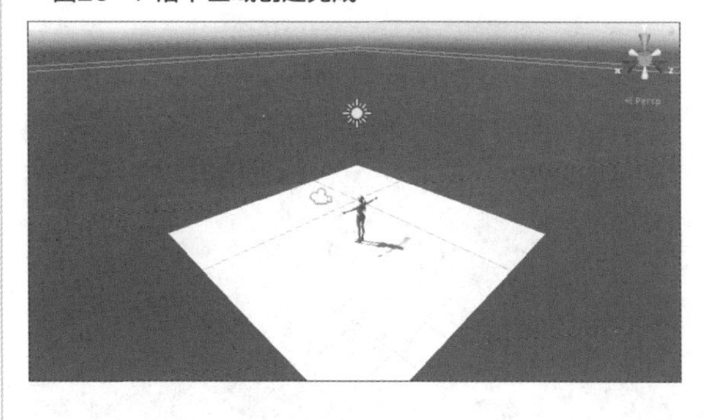

在Hierarchy中选择这块区域指定的Cube，在Inspector中命名为OutArea，在Unity菜单中选择File→Save As命令，将名字保存为232。选择Izzy，在Animator的Controller中添加Locomotion，在Add Component中添加Character Controller并指定Center的*Y*值为1。然后将Locomotion Player的脚本也添加进去。

将Standard Assets的Utility文件夹中的Smooth Follow拖动到Hierarchy中的Main Camera。将Target指定为Izzy，将Distance指定为4、Height指定为3.5。在Hierarchy中选择Izzy，在Add Component的New Script中将Name指定为BackToSceneScript，并单击Create And Add按钮。由于在Inspector当中添加了BackToSceneScript，双击之后启动Visual Studio，代码如下页列表26-1所示。

▼列表26-1 BackToSceneScript.cs

```
using System.Collections;
using System.Collections.Generic;
using UnityEngine;
//加载UnityEngine.SceneManagement; 命名空间
using UnityEngine.SceneManagement;
public class BackToSceneScript : MonoBehaviour
{
    //Izzy进入OutArea时处理
    private void OnControllerColliderHit(ControllerColliderHit hit)
    {
        if (hit.gameObject.name == "OutArea")
        {
            //返回原始Scene
            SceneManager.LoadScene("232");
        }
    }
}
```

执行Play后，移动Izzy，当她落在Plane外的OutArea上时，会返回初始的画面。当返回初始画面时，屏幕会出现稍微变暗的情况。在Unity菜单中选择Window→Lighting→Settings命令，勾选屏幕下方的Auto Generate复选框即可。在第3章的图3-4中介绍可以切换Auto Generate的On和Off状态，在创建New Scene时，Auto Generate是处于Off状态的。这是最初创建程序时设置的，后面创建新的Scene视图时，Auto Generate是处于未勾选的状态，此时创建的Plane也会是白色的，需要手动勾选Auto Generate复选框。

执行Play后，通过键盘移动Izzy。图26-5是Izzy移动到Plane之外的效果。稍等片刻后回到初始的画面中，如图26-6所示。

▼图26-5 Izzy掉落在Plane之外

▼图26-6 再次回到初始画面

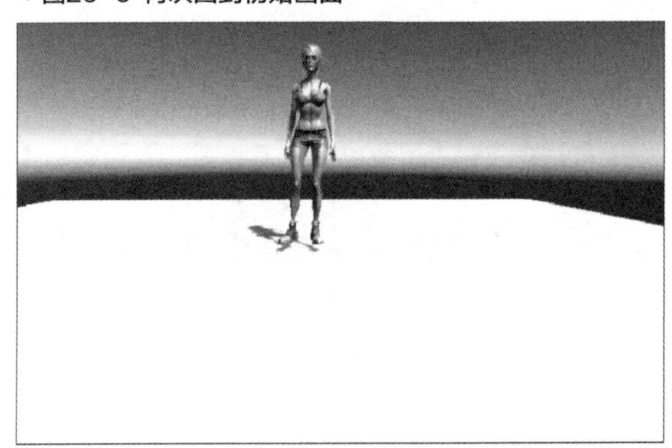

秘技 218

如何将Scene1切换为Scene2

扫码看视频

对应 2019 2021

难易程度 ●

要切换画面，只需要执行Scene Manager.Load Scene（画面名称）代码即可。本秘技介绍通过单击鼠标左键切换Scene视图的方法。首先，创建名为218的Scene视图作为Scene1，然后创建名为218-2的Scene视图作为Scene2。218的Scene1视图如下页图26-7所示。218-2的Scene2视图如下页图26-8所示。Izzy已经导入完成，在Asset Store中下载Winston-Clone Character并导入到Unity中。

▼图26-7 在名为218的Scene1中配置Izzy

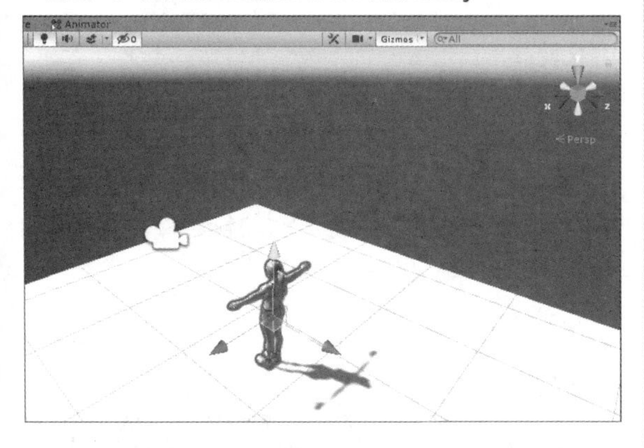

▼图26-8 在名为218-2的Scene2中配置Winston

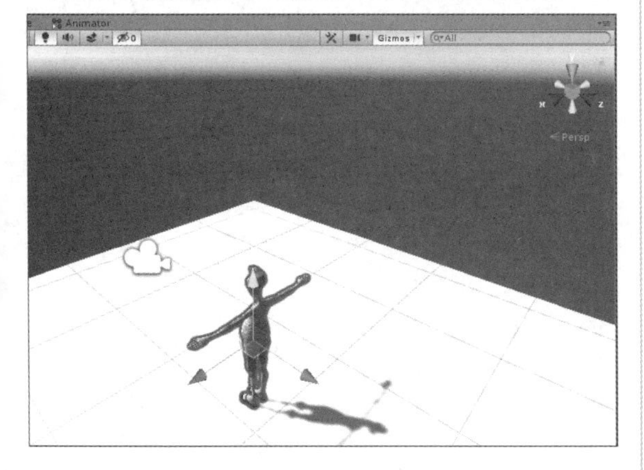

在Unity菜单中选择File→Build Settings命令，在打开的对话框中将218和218-2文件拖到Scenes In Build中，如图26-9所示。该操作非常重要，如果没有该操作下一步将会出现错误。

▼图26-9 提前登录好在Scenes In Build中创建的Scene文件

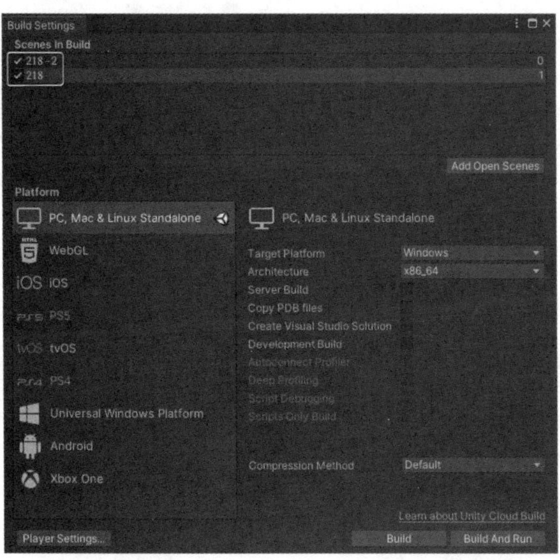

接下来打开218的Scene1画面，在Unity菜单中选择GameObject →Create Empty命令，在Hierarchy中创建一个空的GameObject。选择这个空的Game-Object并显示Inspector，在Add Component中New Script的Name处指定ClickChangeSceneScript，单击Create And Add按钮。由于在Inspector中已经添加了ClickChangeSceneScript，双击启动Visual Studio，代码如列表26-2所示。

▼列表26-2 ClickChangeSceneScript.cs

```
using System.Collections;
using System.Collections.Generic;
using UnityEngine;
using UnityEngine.SceneManagement;
public class ClickChangeSceneScript : MonoBehaviour
{
    //Update()函数
    void Update()
    {
        //单击鼠标左键后，向名为Scene2的218-2 的Scene
        //转移
        if (Input.GetMouseButtonDown(0))
        {
            SceneManager.LoadScene("218-2");
        }
    }
}
```

执行Play后，在场景中单击即可切换到另一个场景中。在218场景中显示Izzy，单击即可切换至218-2场景中，如图26-10所示。

▼图26-10 单击按钮切换画面

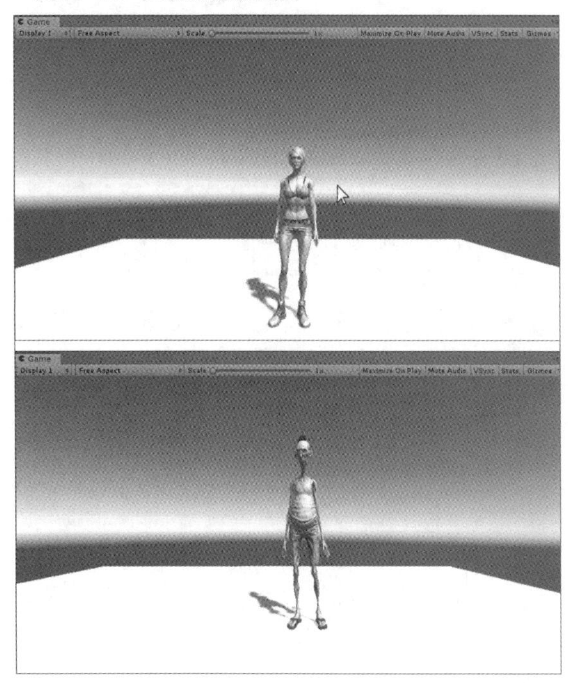

秘技219 如何通过按钮切换画面

▶对应 2019 2021
▶难易程度 ●

继续使用秘技218中使用的画面。设置Scene1名为219、Scene2名为219-2。打开名为219的Scene1画面，在Hierarchy中单击鼠标右键，选择Create→UI→Button命令，创建一个Button。在Hierarchy中的Canvas下方创建Button。选择Canvas，在Inspector的Canvas Scaler（Script）中的UI Scale Mode处指定Scale With Screen Size。

接下来，在Hierarchy中选择Button，打开Inspector，将Width指定为160、Height指定为50。

展开Button后选择Text，打开这个Text的Inspector，在Text处输入“画面切换”，将Font Size指定为25。在Scene画面上用鼠标滑轮将画面缩小后即可显示出Button，调整到合适的位置，如图26-11所示。

▼图26-11 配置画面切换按钮

在Unity菜单中选择File→Build Settings命令，将提前保存好的219和219-2文件拖动到Scenes In Build中，如图26-12所示。

▼图26-12 提前将Scenes In Build创建的Scene文件进行登录

在名为219的Scene1的Hierarchy中，有一个在秘技218创建的GameObject文件，将名字更改为Change Scene。Change Scene的Inspector打开后里面有残留的秘技218添加的Script，删除并添加一个新的Script。在Add Component的New Script的Name处指定ClickButtonChangeSceneScript，单击Create And Add按钮。由于已经在Inspector中添加了ClickButtonChangeSceneScript，双击后启动Visual Studio，代码如列表26-3所示。

▼列表26-3 ClickButtonChangeSceneScript.cs

```
using System.Collections;
using System.Collections.Generic;
using UnityEngine;
using UnityEngine.SceneManagement;
public class ClickButtonChangeSceneScript : MonoBehaviour
{
    //按下“画面切换”按钮时的处理
    public void ChangeScene()
    {
        //Scene2转移到名为219-2的Scene中
        SceneManager.LoadScene("219-2");
    }
}
```

下面将Button和Script进行连接。在Hierarchy中选择Button，打开Inspector，有一个On Click()的项目。单击右下角的“+”图标后会出现None(Object)，并将Hierarchy中的Change Scene拖动到此处。接下来No Function将会变得可用，在ClickButtonChangeSceneScript中选择Change Scene()。

单击Play按钮，单击“画面切换”按钮后画面将会切换，如下页图26-13所示。

▼图26-13 单击按钮后画面切换

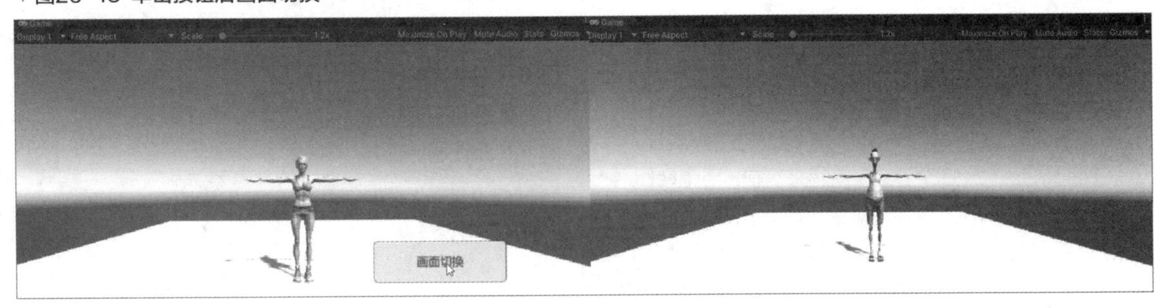

秘技 220

如何使用Transition切换画面

扫码看视频

对应 2019 2021

难易程度 ●

切换画面的代码如下。

```
FadeManager.Instance.LoadScene("要切换的画面名称", 花几秒执行Fadle的float值);
```

继续使用秘技219的画面，将Scene1命名为220，Scene2命名为220-2并进行保存。在Unity菜单中选择File→Build Settings命令，将提前保存好的220和220-2文件拖到Scenes In Build中，如图26-14所示。

▼图26-14 提前将Scenes In Build创建的Scene文件进行登录

将在免费版权网址中使用Unity-FadeManager。

在安装文字的下方有Download.Zip的字样，单击并将它保存到合适的位置进行解压。解压之后，会创建出名为FadeManager.Unity Package的Package文件，将它从Unity当中导入。接下来将一些必要的文件导入到Project中，如图26-15所示。

▼图26-15 导入FadeManager文件

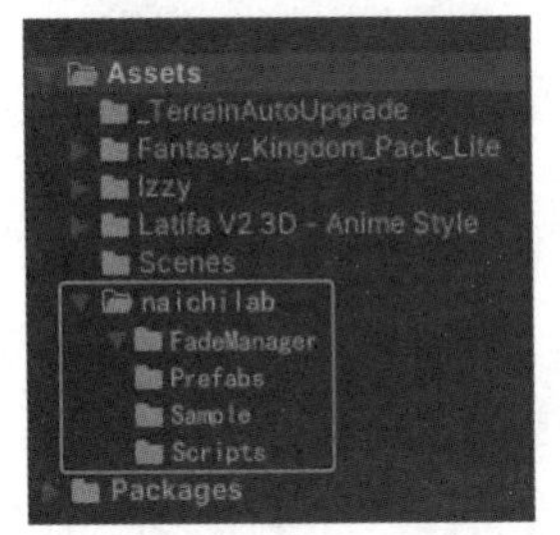

在图26-15的Assets→naichilab→FadeManager→Prefabs文件夹当中，将FadeManager.Prefab拖动到Hierarchy中。在Hierarchy中选择FadeManager并打开Inspector，取消勾选Debug Mode复选框，将Fade Color指定为绿色。在这里指定的颜色将会被应用到Fade当中进行画面切换，也可以自己指定喜欢的颜色，如图26-16所示。

▼图26-16 FadeManager的Inspector设置

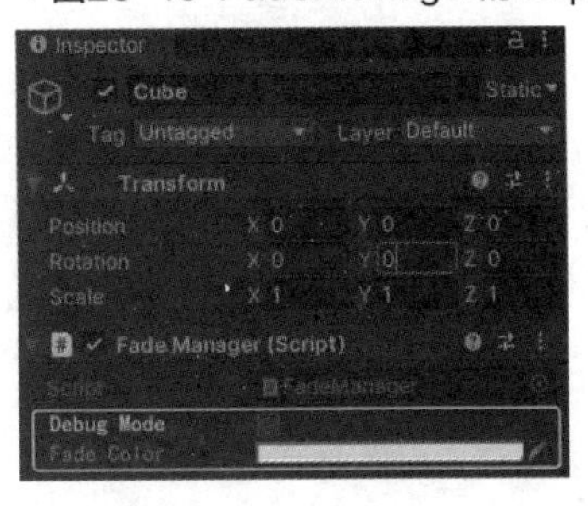

在秘技220的Scene1的Hierarchy中，添加名为ChangeScene的GameObject，将其更改为Fade-ChangeScene。打开Inspector，将秘技219所添加的Script删除，创建新的FadeChangeSceneScript，启动Visual Studio，代码如列表26-4所示。

▼列表26-4 FadeChangeSceneScript.cs

```
public class FadeChanegSceneScript : MonoBehaviour
{
    按下"画面切换"按钮时的处理
    public void FadeChageScene()
```

```
        {
            //220-2的Scene在两秒后逐渐转变为绿色并切换画面
            FadeManager.Instance.LoadScene("220-2", 2.0f);
        }
}
```

下面将Button和Script连接起来。在Hierarchy中选择Button，打开Inspector后会出现一个On Click()的项目。单击右下角的“+”图标后，会出现None（Object），将Hierarchy中的FadeChangeScene拖动到此处。接下来No Function将会变得可选，在Fade-ChangeSceneScript中选择FadeChange Scene()。

单击Play按钮后，单击“画面切换”按钮，屏幕将渐渐地被绿色覆盖，如图26-17所示。然后画面上出现220-2的Scene2，如图26-18所示。

▼图26-17　220的Scene1画面被绿色覆盖

▼图26-18　绿色消失后，出现了220-2的Scene2画面

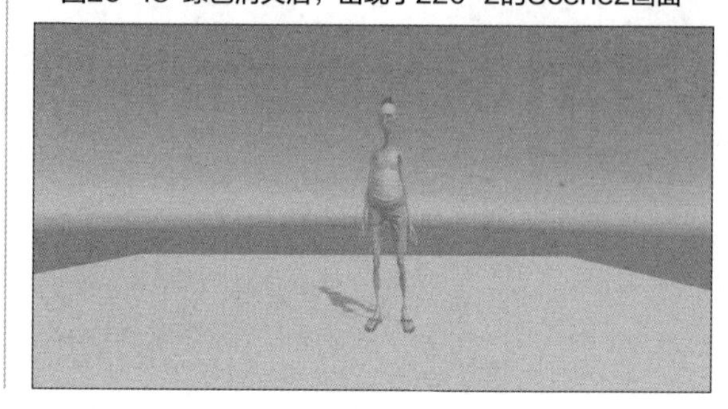

秘技221 如何通过Camera Fade Pack切换画面

▶对应 2019 2021

▶难易程度 ●●

将Scene1切换到Scene2的情况，虽然Transition可以执行，但是从Scene2回到Scene1的话Transition无法办到。似乎Asset自身也不能够进行画面切换。

在这里尝试一下画面切换。使用Asset Store中售价$8的Camera Fade Pack，请在Asset Store中购买并进行下载。但是由于这里的Asset不能进行画面切换，所以要和秘技220中使用过的免费版权Unity-Fade Manager一起使用。

首先创建两个Scene视图，其中一个将与220以及220-2放在同一个场景里使用，命名为221和221-2并保存。在Hierarchy中删除Canvas、FadeChange-Scene和Button。

对于配置在每个场景中的Izzy和Winston，在Animator的Controller中指定Locomotion。如果不进行一些指定的话，角色将会呆立不动，所以需要指定Locomotion。

在Unity菜单中选择File→Build Settings命令，和以前一样，在Scenes In Build中将命名为221和221-2的文件夹拖动到里面并提前登录好。之前的还留在那里，让它保持原样即可。

接下来在221的Scene1的Hierarchy中选择Main Camera，打开Inspector，在Add Component的搜索栏中输入Camera，添加Camera Fade Pack Transition。同样地在Script中添加Activate Transition。

将Camera Fade Pack Transition（Script）的Transition Time（sec）指定为10，将Fade Type指定为Off。在Shader 1处，单击右边的下三角按钮，此处选择Dissolve Random选项，如图26-19所示。

▼图26-19　名为221的Main Camera 中Camera Fade Pack Transition的设置

Camera Fade Pack Transition (Script
Settings
Transition Time (sec) 10
Fade Type Off
Initial Fade Faded In
Shader 1
Shader 1 Dissolve Random
This shader has no additional properties
Shader 2
Use Shader 2
Shader 3
Use Shader 3

通过Shader 1的Transition右边下三角按钮可以进行很多种选择，请自行尝试。 仅这些设置还不能进行画面切换，将在秘技220中使用过的Assets→naichilab→Fade Manager→Prefabs文件夹中的FadeManager.Prefab拖动到Hierarchy中，这样的话就算全部配置完成了。

打开Inspector，取消勾选Debug Mode复选框，在Fade Color处指定黄色。在名为221-2的Scene2中也同样进行追加，请进行完全同样的设置。接下来，双击221的Main Camera的Inspector中的Activate Transition按钮，进行内容编辑。按照列表26-5进行编辑。

▼列表26-5 ActivateTransitions.cs

```
using UnityEngine;
using UnityEngine.SceneManagement;
public class ActivateTransitions : MonoBehaviour
{
    //Update()函数
    void Update()
    {
        //按下鼠标左键，启动Dissove Random的Transition
        //4秒后显示黄色的画面切换为221-2的画面
        if (Input.GetMouseButtonDown(0))
        {
            GetComponent<CameraFadePackTransition>().fadeOut();
            FadeManager.Instance.LoadScene("221-2", 4.0f);
        }
        //按下鼠标右键，4秒后返回236的画面
        //此时，GetComponent.....
        //不会运行因此将代码除去
        else if (Input.GetMouseButtonDown(1))
        {
            //GetComponent<CameraFadePackTransition>().fadeIn();
            FadeManager.Instance.LoadScene("221", 4.0f);
        }
    }
}
```

单击Play按钮，单击221的画面，Dissolve Random的Transition将会被激活，如图26-20所示。右击221-2的画面后Fade将会被激活，之后会回到221的Scene当中，如图26-21所示。

▼图26-20 Dissolve Random被激活后切换到221-2的Scene

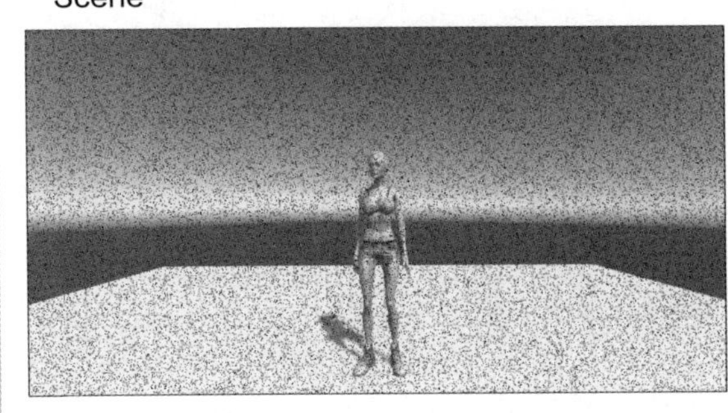

▼图26-21 Fade被激活后回到221的Scene中

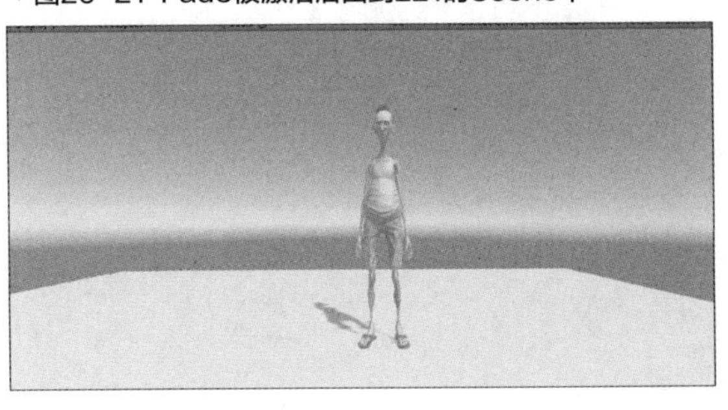

秘技222 如何使用Smooth Scene Transition切换画面

▶对应 2019 2021
▶难易程度 ●●

使用Asset Store的Smooth Scene Transition可以实现非编程画面切换，是十分方便的。

本秘技介绍的画面切换，是类似风车旋转的效果。需要使用Asset Store中收费的资源，价格为$4.99。首先在Asset Store中下载Smooth Scene Transition并导入到Unity中，在Project的Assets文件夹中进行读取，如图26-22所示。

▼图26-22 导入Smooth Scene Transition的组件

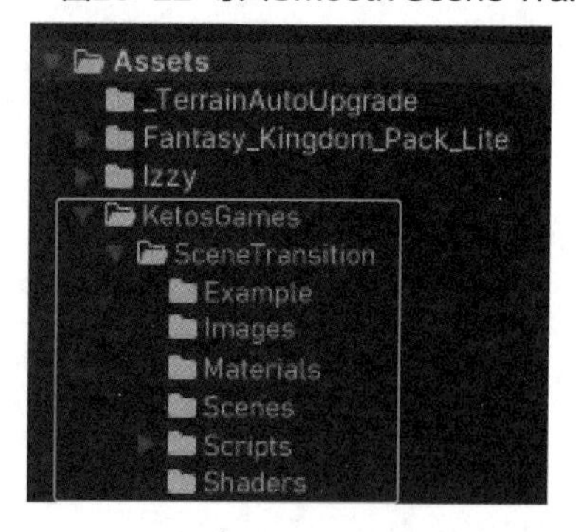

将Scene1命名为222（配置Izzy），将Scene2命名为222-2（配置Winston）。在222画面当中打开Hierarchy，将FadeManager删除。另外将Main Camera中已经添加的Camera Fade Pack Transition和ActivateTransitions也删除。同样在222-2中也需要将以上相同的内容删除掉。

打开222的Scene，在Hierarchy中的Canvas下方可以创建Button。选择Button，在Inspector中的Canvas Scaler（Script）的UI Scale Mode处指定Scale With Screen Size。接下来选择Hierarchy中的Button并打开Inspector，将Width指定为160、Height指定为50。展开Button选择Text，打开这个Text的Inspector，在Text处输入“切换到Winston画面”，将Font Size指定为20。

在Scene视图中，用鼠标滑轮将画面缩小后，Button将会展现出来，将它配置在一个合适的位置，如图26-23所示。

▼图26-23 配置Button

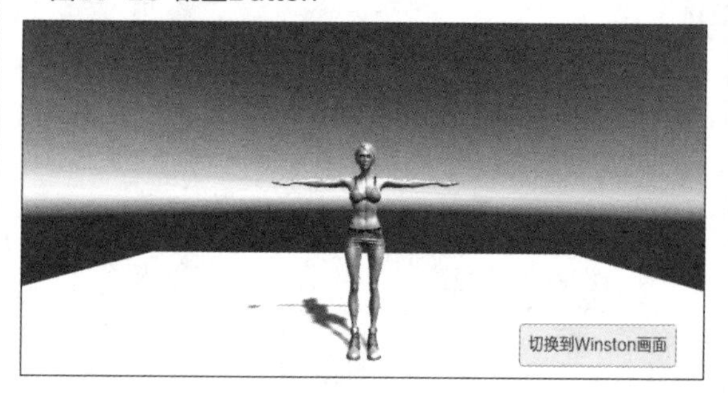

在Hierarchy中选择Button并打开Inspector，在Add Component搜索栏中输入Go，检索并添加GoScript。在Inspector中，GoScript就被添加进去了。此时To Scene将会出现，将其指定为222-2，如图26-24所示。

▼图26-24 在GoScript的To Scene中指定222-2

接着，在Button的Inspector中单击On Click()右下角的“+”图标。在显示None（Object）的地方将Hierarchy中的Button拖动到此处。完成后None Function将会变得可用，单击GoScript，选择Go To Next Scene。

最后，在Unity菜单中选择File→Build Settings命令，在Scenes In Build中，将222和222-2的Scene添加进去。

执行Play，单击“切换到Winston画面”按钮之后，风车开始旋转，如图26-25所示。之后画面切换到222-2 Winston所在的Scene2当中，如下页图26-26所示。

▼图26-25 风车开始旋转

▼图26-26 切换到Winston画面中

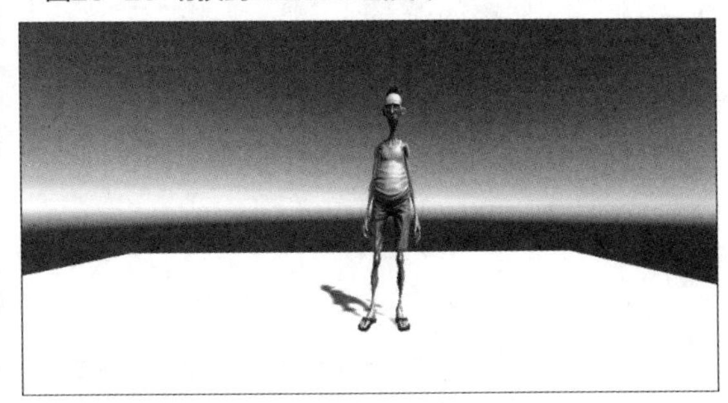

秘技

223 如何在切换画面时传递数值

对应 2019 2021

难易程度 ●

在一个画面切换到另一个画面时想要传递数值的话，需要用public static创建一个变量。本秘技继续使用秘技222的画面。将Scene1（Izzy所在场景）命名为223，将Scene2（Winston所在场景）命名为223-2，并进行保存。选择223的Canvas下的Button，打开Inspector的GoScript按照列表26-6进行编辑。

▼列表26-6 GoScript.cs

```
using UnityEngine;
using System.Collections;
using KetosGames.SceneTransition;
//namespace不需要，请进行移除
//namespace KetosGames.SceneTransition.Example
//{
public class GoScript : MonoBehaviour
{
    public string ToScene;
    //通过public宣布static文字数列的变量name使用Izzy进行初始化
    //进行
    public static string namae = "Izzy";
    public void GoToNextScene()
    {
        SceneLoader.LoadScene(ToScene);
    }
}
//}
```

接下来在223-2的Scene的Hierarchy中创建一个空的GameObject，命名为Get Name。打开Get Name的Inspector，在Add Component处选择New Script，将Name指定为GetNameScript并单击Create And Add按钮。GetNameScript被添加到inspector当中，双击启动Visual Studio，代码如列表26-7所示。

▼列表26-7 GetNameScript.cs

```
using System.Collections;
using System.Collections.Generic;
using UnityEngine;
public class GetNameScript : MonoBehaviour
{
```

```
    //Start函数
    void Start()
    {
        //在文字数列的namae变量中，GoScript的脚本内宣布public static
        //取得namae的内容，输出到控制台
        string namae = GoScript.namae;
        Debug.Log(namae);
    }
}
```

最后在Unity菜单中选择File→Build Settings命令，在Scenes In Build中添加223和223-2的Scene。

执行Play，在Izzy所在的Scene中单击“切换到Winston画面”按钮时，画面切换到Scene2的223-2中，并将Izzy输出到控制中心，如图26-27所示。Scene1的数值传递到了Scene2当中。

▼图26-27 在Winston的Scene中，Izzy被输出到控制中心

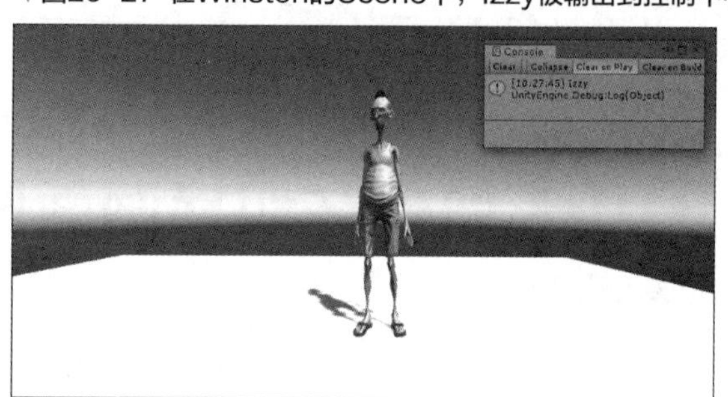

秘技224 如何在切换画面时不破坏GameObject而维持现状

扫码看视频

对应 2019 2021

难易程度 ●

如果在切换画面时不破坏GameObject进行转换的话，就需要使用Dont Destroy On Load（传递GameObject）。

下面介绍画面切换时维持GameObject的切换方法。将Izzy和Winston一起被显示的Scene也就是名为224的Scene1进行保存，如图26-28所示。只有Plane和Cylinder是Scene2，将其命名为224-2并进行保存，如图26-29所示。

▼图26-28 名为224的Scene1画面

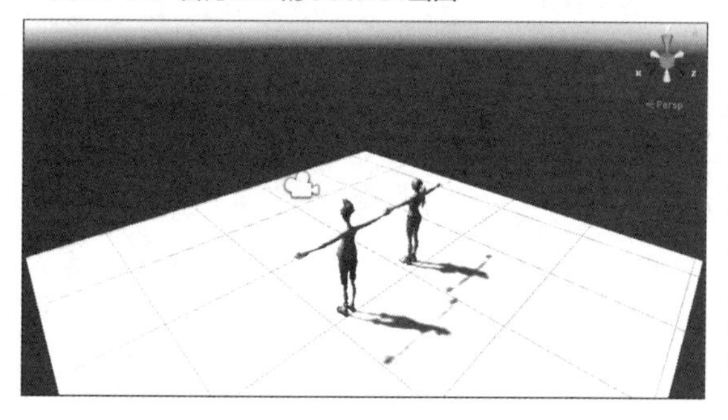

▼图26-29 名为224-2的Scene2画面

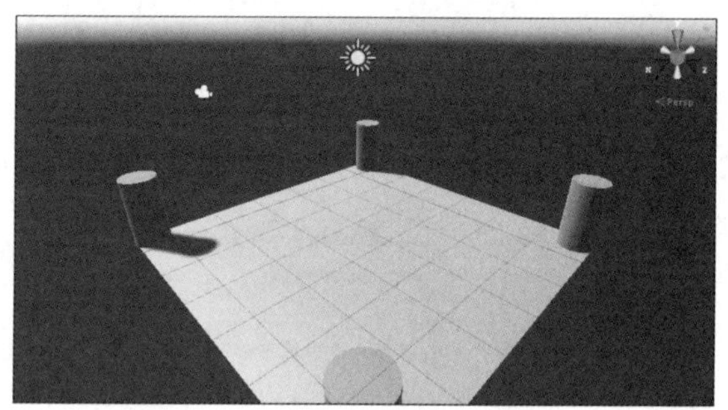

在Izzy和Winston的Animator的Controller中指定Locomotion。在224的Scene1画面Hierarchy中创建空的GameObject，并将Izzy和Winston作为GameObject的配置对象，如图26-30所示。

▼图26-30 将Izzy和Winston配置到GameObject当中

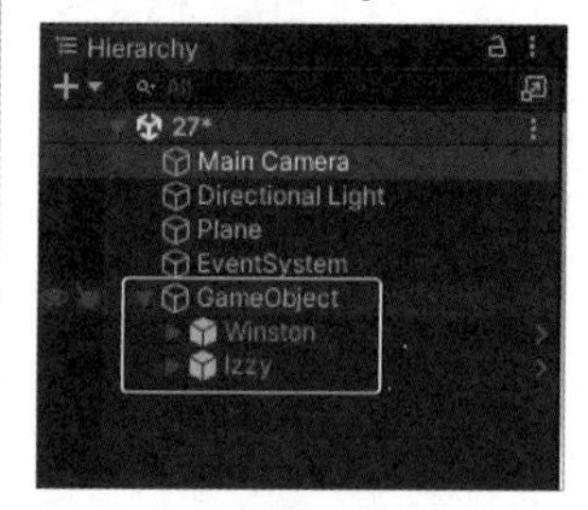

在Hierarchy中选择GameObject，通过Inspector当中的Add Component创建一个New Script。将Name指定为DontDestroyScript，单击Create and Add按钮。由于在Inspector面板中已经添加了DontDestroyScript，双击后启动Visual Studio，代码如列表26-8所示。

▼列表26-8 DontDestroyScript.cs

```
using System.Collections;
using System.Collections.Generic;
using UnityEngine;
//使用 using 指令读取UnityEngine，SceneManagement命名空间
//进行
using UnityEngine.SceneManagement;
public class DontDestroyScript : MonoBehaviour
{
    //将 characters 声明为 public GameObject 类型的变量
    public GameObject characters;
    //Awake()函数
    private void Awake()
    {
        //使用 DontDestoryOnLoad 加载变量 characters
        //在 DontDestoryOnLoad中，导入新场景时指定的选项
        //可以设置为不自动销毁
        DontDestroyOnLoad(characters);
    }
    //Update()函数
    void Update()
    {
        //单击鼠标左键可转到 224-2的Scene 屏幕
        //此时，在 public 变量 characters中指定的GomeObject也会一起传递
        if (Input.GetMouseButtonDown(0))
        {
            SceneManager.LoadScene("224-2");
        }
    }
}
```

在GameObject的Inspector中表明了作为public变量的characters属性，通过Hierarchy将GameObject拖动到此处。

最后，在Unity菜单中选择File→Build Settings命令，在Scenes In Build中添加224和224-2的Scene。

执行Play，用鼠标左键单击224的画面，如图26-31所示。接下来224-2的Scene画面将会切换到Izzy和Winston的GameObject中，如图26-32所示。

▼图26-31 用鼠标左键单击224的画面

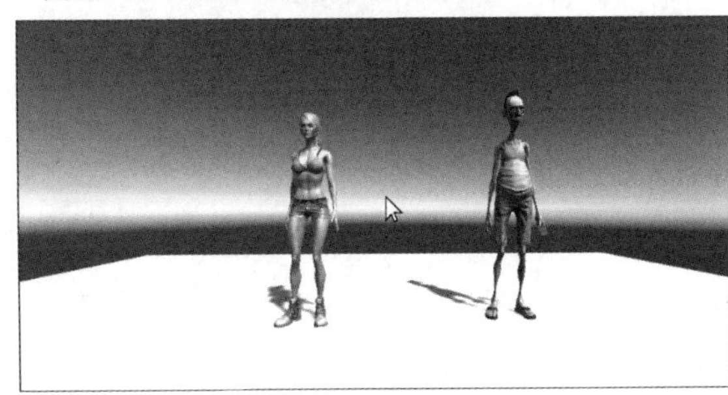

▼图26-32 在224-2画面中显示Izzy和Winston

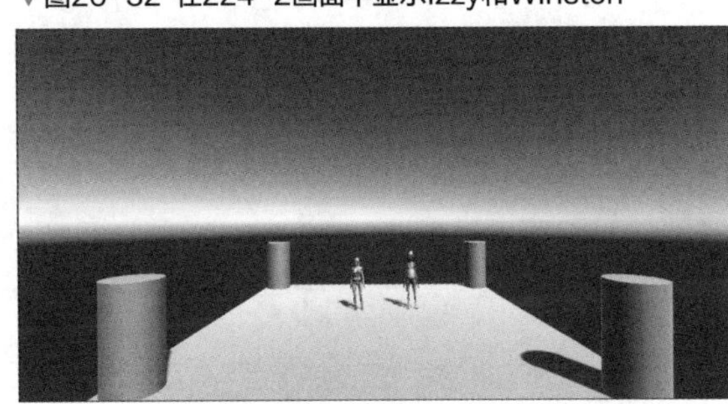

TextMeshPro应用秘技

秘技 225

TextMeshPro的安装与Font Asset Creator的设置

扫码看视频

对应 2019 2021

难易程度 ●

TextMeshPro通过Unity菜单的Window→Package Manager进行安装，但是在Unity 2019中已经安装了TextMeshPro，版本是2.0.0。

TextMeshPro已经安装好了，接下来进行设置。在Unity菜单中选择Window→TextMeshPro→Font Asset Creator命令，如图27-1所示。

▼图27-1 选择Font Asset Creator命令

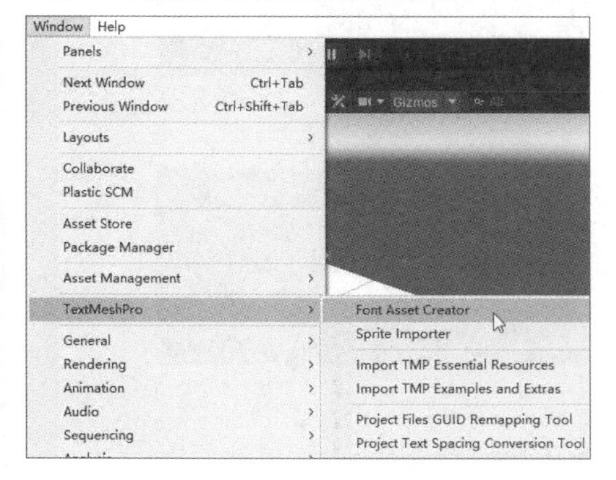

打开Font Asset Creator对话框，如图27-2所示。

▼图27-2 打开Font Asset Creator对话框

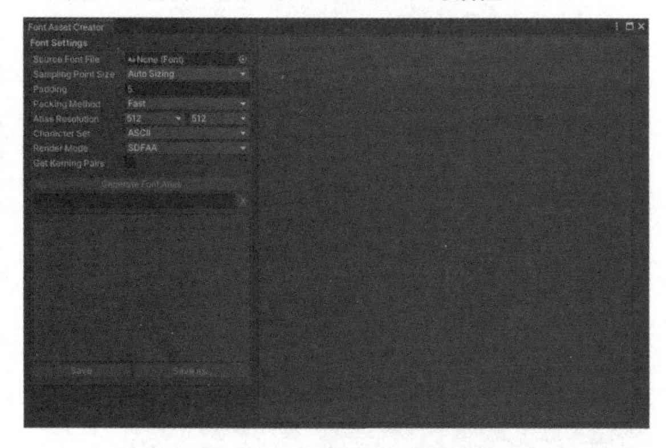

在Asset Store中下载并导入字体数据。进入Asset Store下载Selected U3d Japanese Font并导入Unity中。在Project的Assets下有个创建好的名为su3dj-fonts的文件夹，打开Font，Mplustextflight60，文件夹中的字体文件将被读取出来，如图27-3所示。

▼图27-3 字体文件被读取

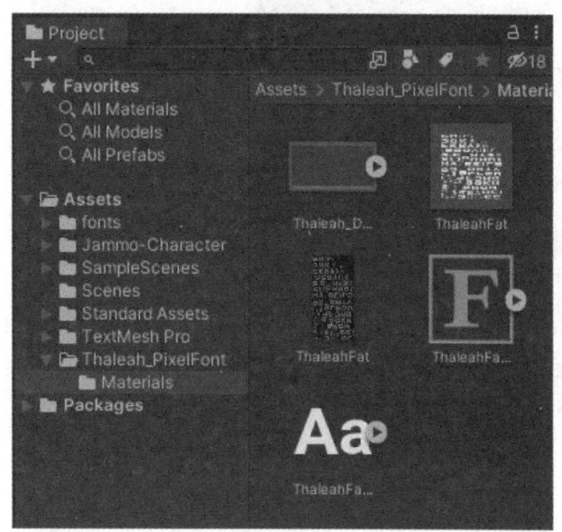

将Asset Store中下载的字体指定到图27-2的Font Asset Creator的Source Font Style中，指定mplus-1c-Light。将Atlas Resolution设置为默认的4096×4096，Character Set保持Custom Range原样即可。

Render Mode保持默认的SDFAA，如图27-4所示。

▼图27-4 设置Font Assets Creator

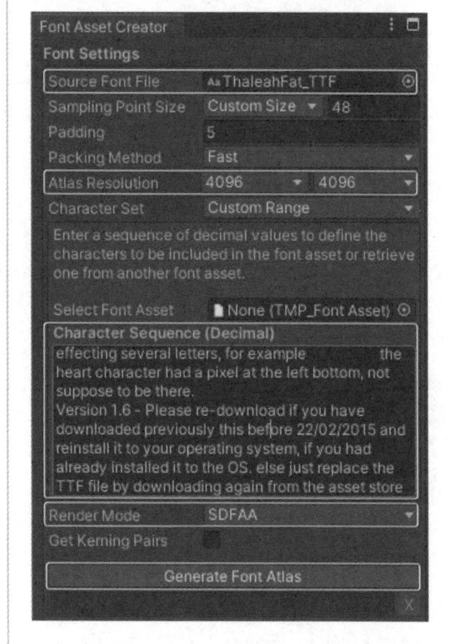

在图27-4中单击Generate Font Atlas按钮。稍等片刻后右边的窗口会出现字体文字列，如下页图27-5所示。什么也没出现的话就是失败了，重新再设置一遍。

▼图27-5 Font Asset Creator设置完成

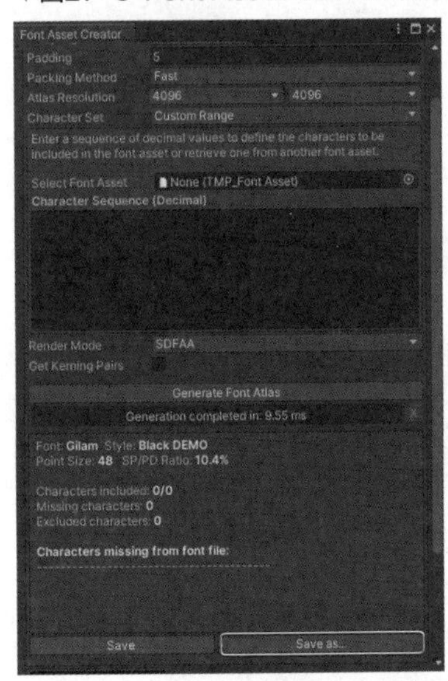

最后单击Save As按钮进行保存，此处将它保存为Chinese-Font.Assets。

读者可以尝试添加中文字体。选择GameObject→UI→Text-TextMeshPro，Inspector将会显示出来，在Font Asset处指定刚才保存的Chinese-Font.Assets，如图27-6所示。

在Text栏中试着输入“HELLO WORLD”，输入的文字应用指定的字体，如图27-7所示。

▼图27-6 指定Chinese-Font.Assets

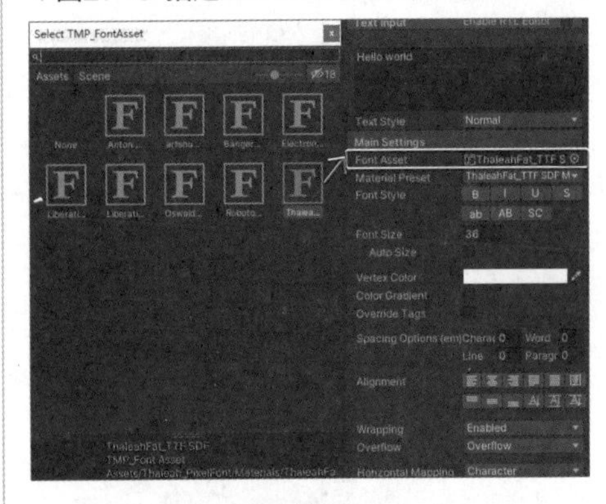

▼图27-7 查看文本的效果

秘技

226 如何使用Text

扫码看视频

对应 2019 2021

难易程度 ●

Text是将读写的文字输入并显示。在Unity菜单中选择GameObject→3d Object→Text-TextMeshPro命令，完成后会显示出sample text，如图27-8所示。

在Hierarchy的Canvas中，各个文字被作为子文件设置，选择Text（Tmp）并打开Inspector进行设置。以后所有的Text（Tmp）都通过Inspector来进行设置。

▼图27-8 Text被显示

在Inspector的Main Settings的Font Asset中指定刚才创建并保存好的arlishugbmd_test SDF，如图27-9所示。设置完成后文本的字体发生变化，如图27-10所示。

▼图27-9 指定Font Asset

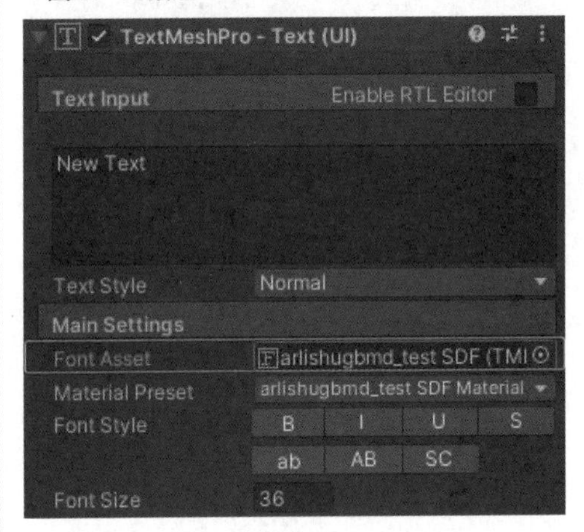

▼图27-10 字体发生变化

在Inspector中可以看到TextMeshPro Ugui（Script）已经被添加进去，在文本框中显示“sample text”，这个文字在Game视图中显示。在这里输入“Hello Word”，完成后英文顺利地被显示，如图27-11所示。Inspector中的内容如图27-12所示。

▼图27-11 英文被显示出来

▼图27-12 Text的Inspector

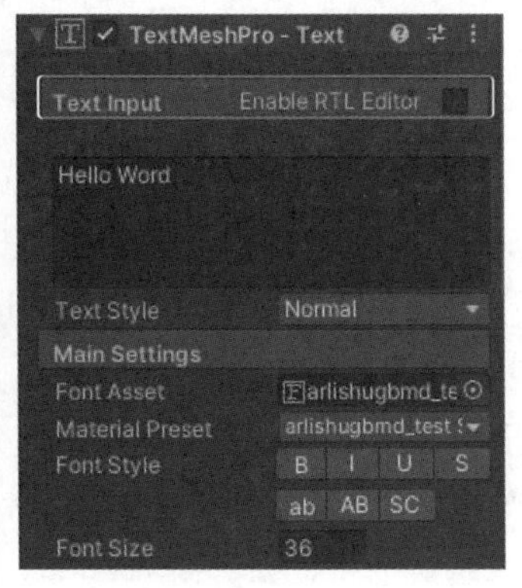

文字的颜色默认为白色，我们可以通过设置改变文字的颜色。根据图27-13进行设置颜色和大小。文字应用设置的颜色，如图27-14所示。

Hierarchy的结构如图27-15所示。

▼图27-13 设置文字的格式

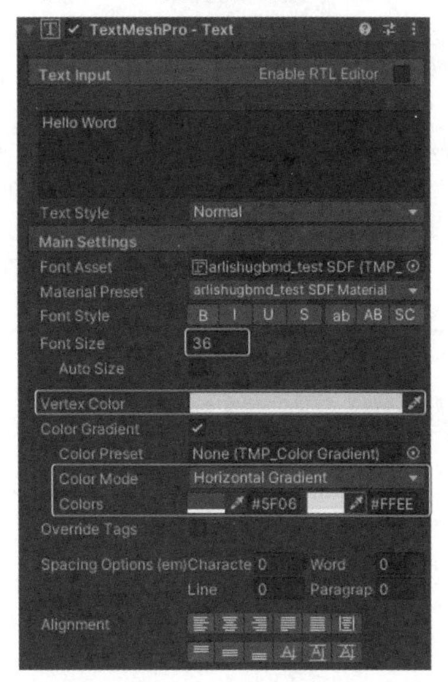

▼图27-14 设置文字颜色的效果

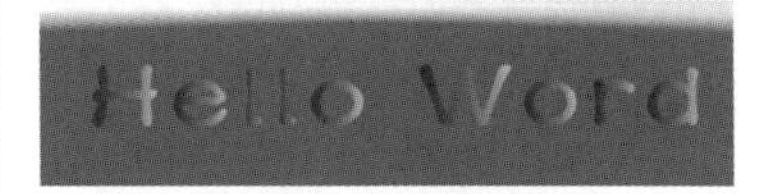

▼图27-15 Hierarchy的结构

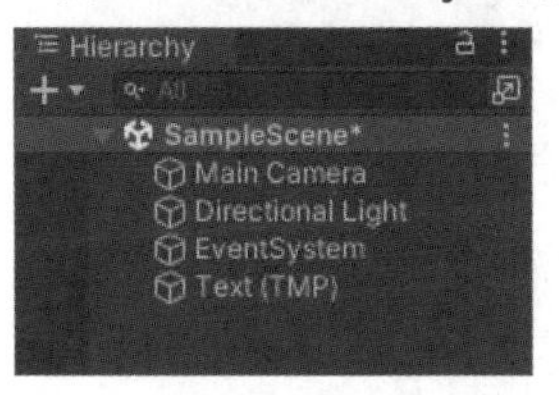

秘技 227 如何使用Extra Settings

扫码看视频

对应 2019 2021

难易程度 ●

Extra Settings的Inspector如图27-16所示。其中参数很多，本秘技只介绍一些常用的参数。

▼图27-16 Extra Settings的Inspector

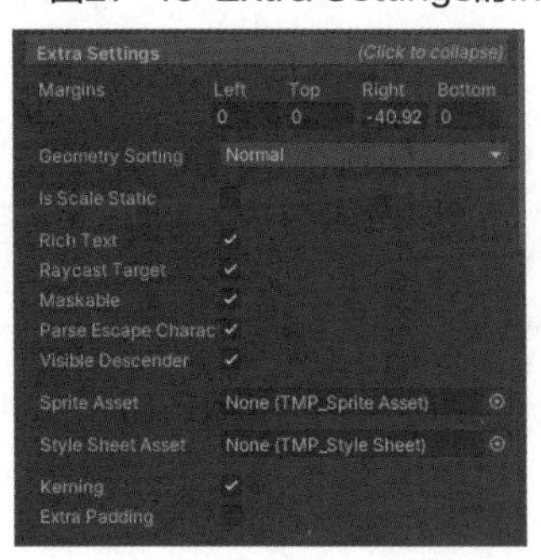

- **Margins可以设置留白。**
- **Rich Text可以设置是否启用多格式文本。勾选的话表示启用，未勾选则表示不启用，文字将以纯文本的形式进行显示（但是实际上此处不进行勾选，文字也不会发生任何变化）。**
- **Parse Escape Character可以设置是否启动转义字符。设置是否启用\n（换行）或者t（空格）。试着输入“Hello\nWorld”。由于勾选的转义字符生效，文字被换行表示出来，如下页图27-17所示。如果取消勾选的话，转义字符将会变得无效，\n会直接这样显示出来，如下页图27-18所示。**

▼图27-17 换行效果启用，文字被换行显示

▼图27-18 \n直接被显示出来

秘技

228 如何使用Face

扫码看视频

对应 2019 2021

难易程度 ●

上个秘技介绍为文字设置颜色，本秘技介绍的Face可以为Unity中的文字添加纹理。Face的Inspector面板如图27-19所示。

在创建新的文字时，由于刚才创建完成并保存的文字的一系列设置还在，所以首先要把之前已经进行的文字设置取消掉。从秘技228开始，到最后创建完成的图27-46中，字符将出现在所有秘技中。

▼图27-19 Face的Inspector面板

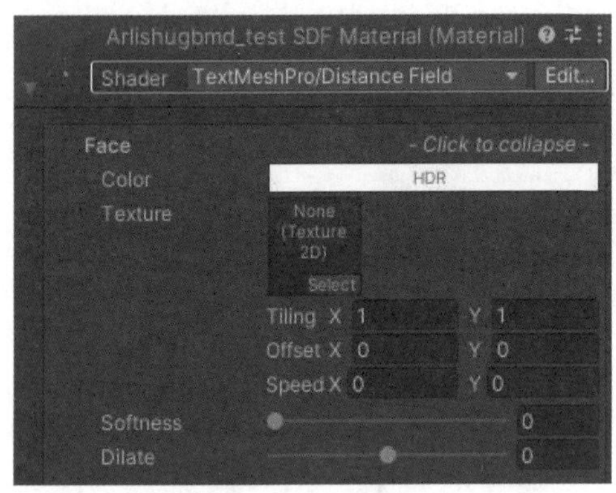

· **Shader更改后文字的UI将会发生变化。**
· **Color可以设置在字符上显示的边框颜色和纹理颜色。**
· **Texture可以指定要在字符上显示的纹理。**
· **Softness可以设置边界柔化的强度。**
· **Dilate可以设置边界延伸的程度。**

在这里提前从Asset Store中导入需要指定到Texture的Asset文件，导入免费的Yughues Free Matal Materials。首先，将Color指定为绿色。在这之前需要将图27-13指定的颜色全部指定为FFFFFF，成为白色。在这个状态下选择绿色，通过Select按钮选择Texture，如图27-20所示。

▼图27-20 选择Texture

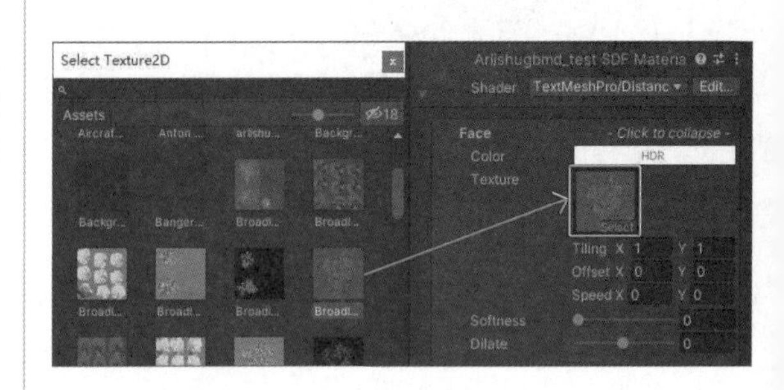

将Softness指定为0.32、Dilate指定为0.28，最后的Face设置如图27-21所示。完成后文字效果如图27-22所示。

▼图27-21 设置Face

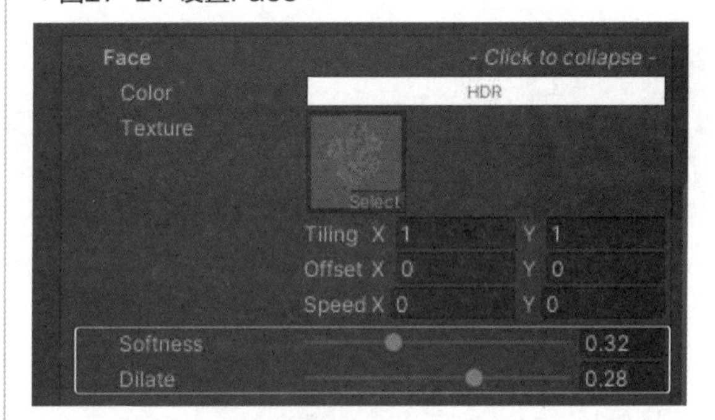

▼图27-22 设置完成的文字

秘技 229

如何使用Outline

扫码看视频

▶对应 2019 2021

▶难易程度 ●●

Outline的Inspector面板如图27-23所示。

▼图27-23 Outline的Inspector面板

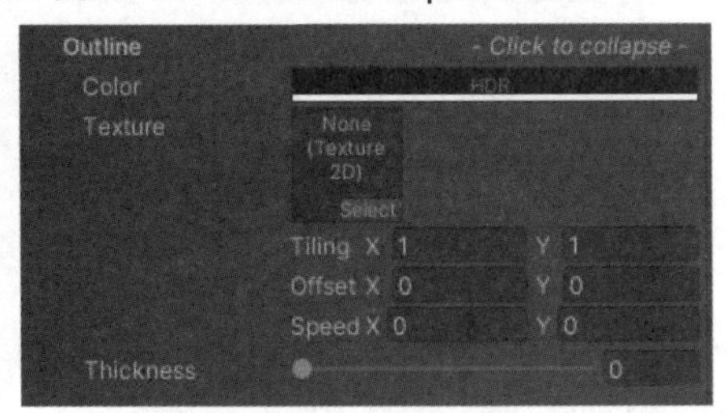

- **Color可以指定轮廓的颜色。**
- **Texture可以指定在轮廓中显示的纹理。**
- **Thickness可以指定轮廓线的粗细。**

首先，将Color指定为蓝色。在此之前将Face中除了Color以外的值都恢复默认设置。通过Select按钮来进行Texture的选择，如图27-24所示。

▼图27-24 选择Texture

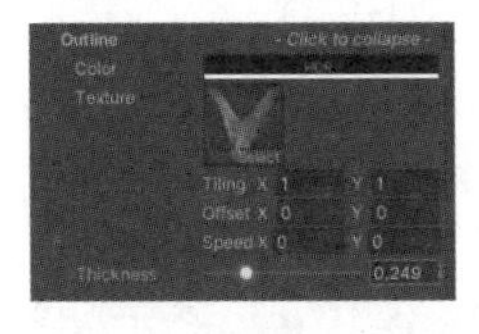

将Thickness指定为0.249，最终的Outline设置如图27-25所示。完成后文字如图27-26所示。

▼图27-25 设置Outline

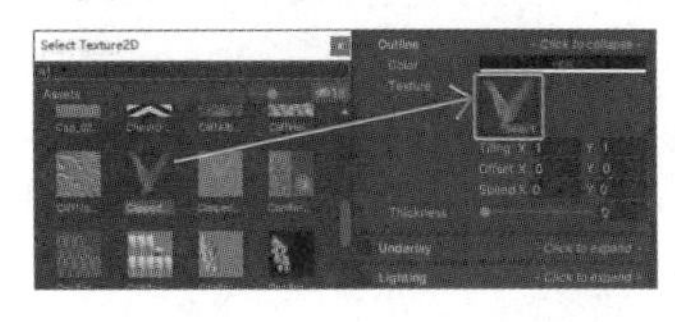

▼图27-26 设置完成的文字

秘技 230

如何使用Underlay

扫码看视频

▶对应 2019 2021

▶难易程度 ●●

Underlay的Inspector面板如图27-27所示。在设置Underlay时，将以前设置的Face和Outline进行初始化。

▼图27-27 Underlay的Inspector面板

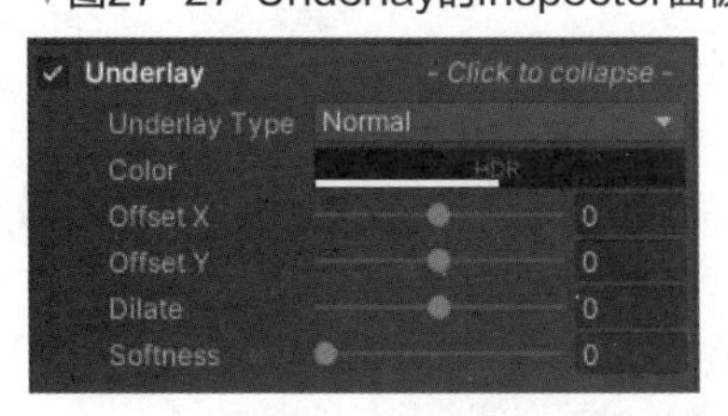

- **Underlay Type可以选择阴影的种类（Normal和Inner）。**
- **Color可以选择阴影的颜色。**
- **Offset *X* 可以指定阴影的横向延伸方向值（-1～1）。**
- **Offset *Y* 可指定阴影的纵向延伸方向值（-1～1）。**
- **Dilate可以指定阴影的大小。**
- **Softness可以指定阴影溢出的程度。**

首先，将Underlay Type指定为Normal，将Color指定为红色，将Offset *X*指定为0.83、Offset *Y*指定为0.67、Dilate指定为1、Softness指定为0.261。最终的Underlay设置如图27-28所示。完成设置后得到的文字如图27-29所示。

▼图27-28 设置Underlay

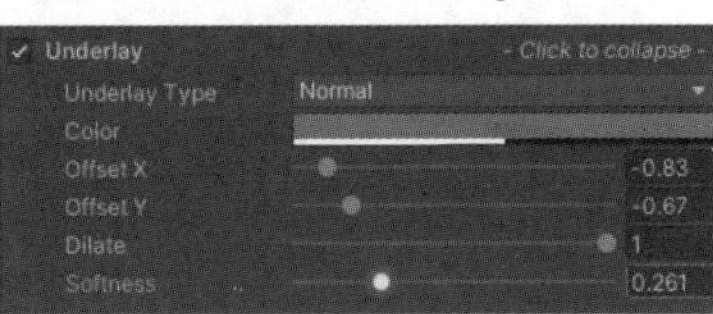

▼图27-29 设置完成的文字

如何使用Lighting Bevel

对应 2019 2021 难易程度 ●

勾选Lighting复选框后，Bevel、Local Lighting、Bump Map、Environment Map会显示出来。首先来对Bevel进行讲解，Bevel的Inspector面板如图27-30所示。

▼图27-30 Bevel的Inspector面板

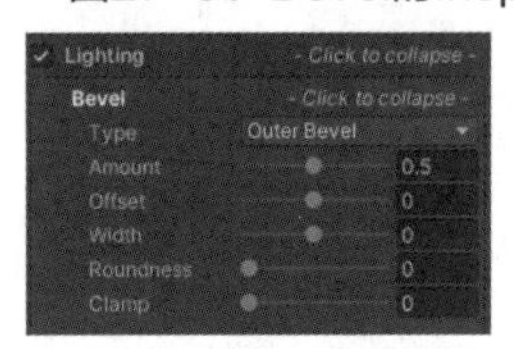

在设置Bevel时，Underlay的设置将会被初始化。

- **Type有两个种类可以选择。Outer Bevel表示从轮廓线外侧向内侧倾斜。Inner Bevel表示上升到轮廓的中心，然后下降到文字表面。**
- **Amount可以通过对低区域和高区域的明显高度差异控制来进行斜率的控制。**
- **Offset从正常的位置抵消Bevel，使其与轮廓线不相重合。当抵消量不同时，会得到非常不一样的Bevel。另外，没有轮廓线的话使用Bevel就会特别简单。**
- **Width可以调整Bevel的尺寸。如果设置为0，倾斜阴影会填充整个轮廓。设置正值阴影会超过轮廓的两侧，设置负值阴影会向轮廓中心缩减。**
- **Roundness的值调高后会让Bevel得到一个圆形的外观。**
- **Clamp可以增加Bevel的高度。通过这个可以得到Bevel的最大值。被夹住的内侧斜面在轮廓的中心较大，同时外侧斜面在达到内侧轮廓边缘之前消失。**

在Type处指定Outer Bevel，将Amount指定为1、Offset指定为-0.118、Width指定为0.304、Roundness指定为0.789、Clamp指定为0.013，取消勾选Underlay复选框。

最终的Bevel设置如图27-31所示。完成设置后得到的文字如图27-32所示。

▼图27-31 设置Bevel

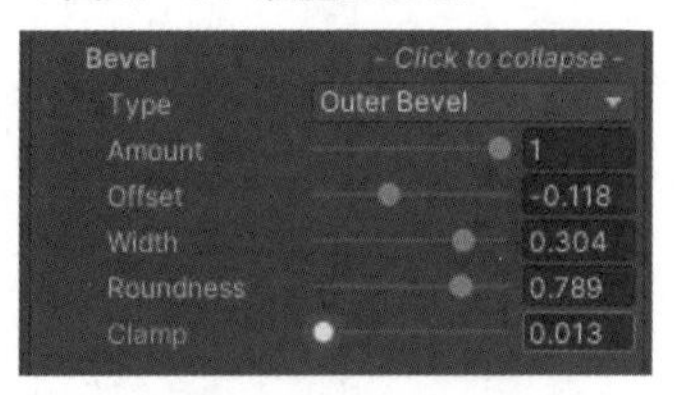

▼图27-32 设置完成的文字

秘技 232

如何使用Local Lighting

扫码看视频

Lighting的Inspector中Local Lighting面板区域，如图27-33所示。

▼图27-33 Lighting的Inspector面板

Local Lighting - Click to collapse -
Light Angle 3.1416
Specular Color HDR
Specular Power 2
Reflectivity Pow 10
Diffuse Shadow 0.5
Ambient Shadov 0.5

- **Light Angle可以设置局部光从哪里开始发亮。这是一个弧度，默认的角度大约是π的弧度，将光放置在文本的上方。**
- **Specular Color可以设置光源根据物体表面进行直接反射时呈现的高光颜色的程度。**
- **Specular Power可以控制照明效果的强弱。**
- **Reflectivity Power可以调整反射的强度。**
- **Diffuse Shadow可以调整整体的阴影级别。如果阴影效果越强，则灯光效果越弱。**
- **Ambient Shadow可以调整环境光的水平。如果设置小于1的值，则文本颜色会根据倾斜度而变暗。这是仅在强大的Bevel和Normal Map当中才能辨别出的效果。**

将Light Angle指定为4.86、Specular Color指定为绿色、Specular Power指定为4、Reflectivity Power指定为12.39、Diffuse Shadow指定为0.83、Ambient Shadow指定为0.174。

最终的Lighting设置如图27-34所示。设置完成后得到的文字如图27-35所示。对Bevel的设置保持不变。

▼图27-34 设置Lighting

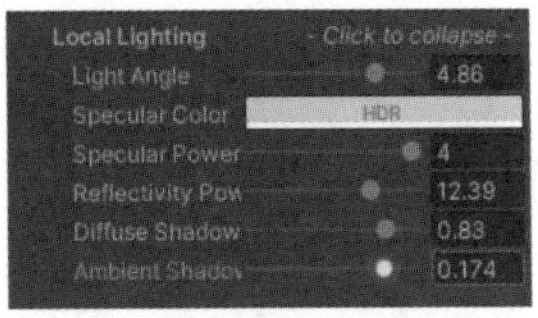

Local Lighting	- Click to collapse -
Light Angle	4.86
Specular Color	HDR
Specular Power	4
Reflectivity Pow	12.39
Diffuse Shadow	0.83
Ambient Shadow	0.174

▼图27-35 设置完成的文字

秘技 233 如何使用Lighting的Bump Map

扫码看视频

对应 2019 2021

难易程度 ●

Bump Map的Inspector面板如图27-36所示。

▼图27-36 Bump的Inspector面板

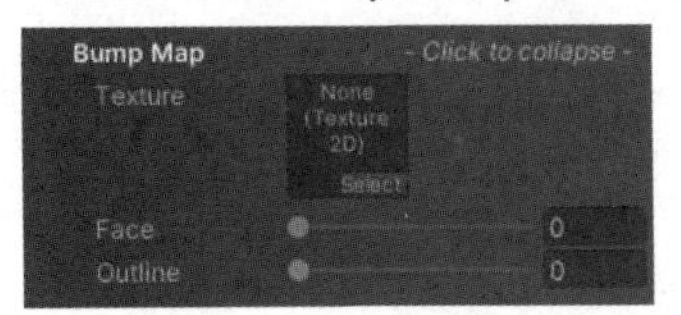

在Texture处指定的纹理如图27-37所示。

▼图27-37 指定Texture

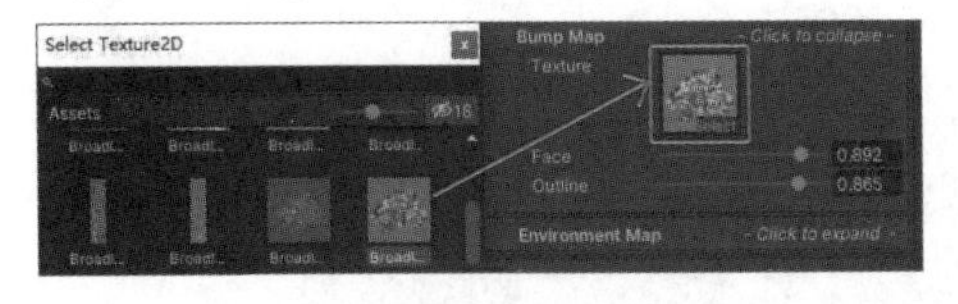

将Face指定为0.892、Outline指定为0.865，如图27-38所示。设置完成后得到的文字如图27-39所示。

▼图27-38 指定Bump Map

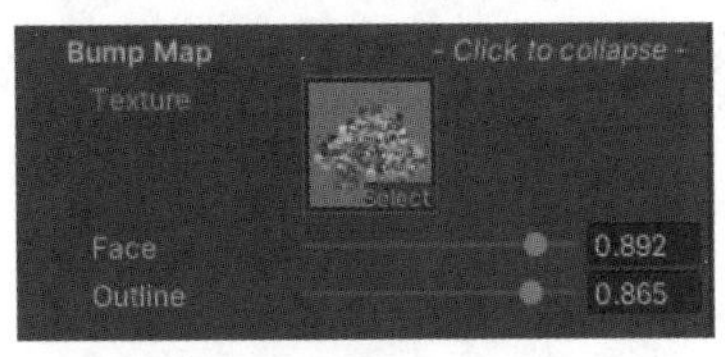

▼图27-39 设置完成的文字

秘技 234 如何使用Lighting的Environment Map

扫码看视频

对应 2019 2021

难易程度 ●

Environment Map的Inspector面板如图27-40所示。

▼图27-40 Environment Map的Inspector面板

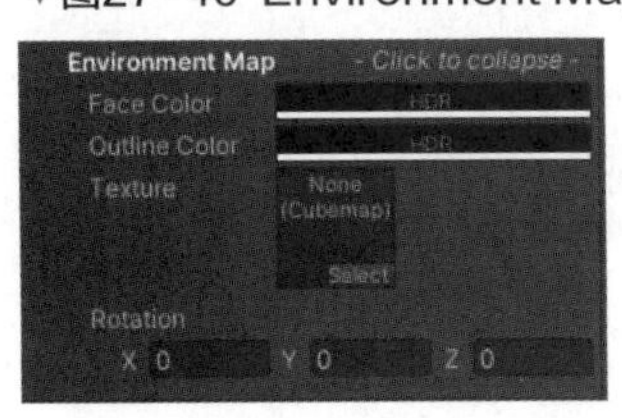

- **Fade Color和Outline Color在被添加到Face Color或者Outline Color之前，乘算为立方体贴图。黑色为删除环境地图（Environment Map），白色则包含全强度的环境地图（Environment Map）。**
- **Texture和Rotation中的环境纹理是一个立方体贴图。它可以提供静止的立方体贴图，在运行时使用脚本可以创建立方体贴图。**

Environment Map可以进行旋转，使用这个可以控制需要显示的部分地图。通过各种各样的比率使旋转的多个部分动态化，这可能会产生看似不规则的物体效果。

将Face Color指定为黄色，将Outline Color指定为蓝色。将Texture指定为Cubemap，因为笔者以前购买过Skybox And Cubemap Variety Pack，所以这里直接导入并进行指定。指定Grass_Hills_Cubemap，如图27-41所示。

▼图27-41 在Texture中指定Cubemap

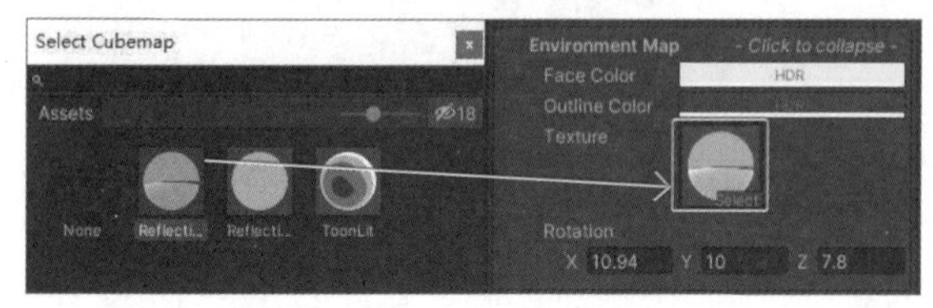

在Rotation处也试着指定了一些值，不仔细看的话是看不出变化。最终的Environment Map设置如图27-42所示。设置完成后的文字如图27-43所示。

▼图27-42 设置Environment Map

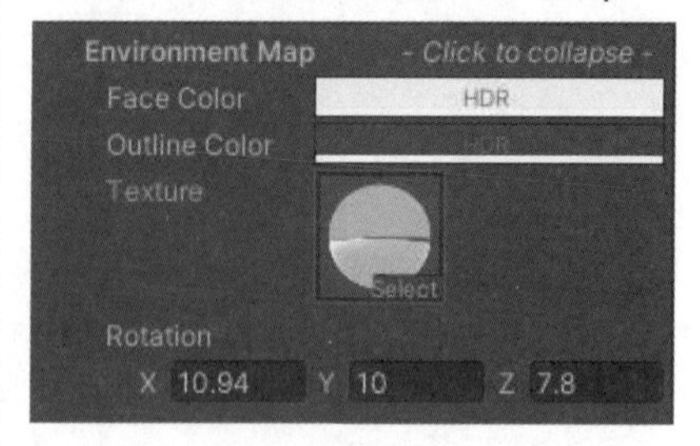

▼图27-43 设置完成的文字

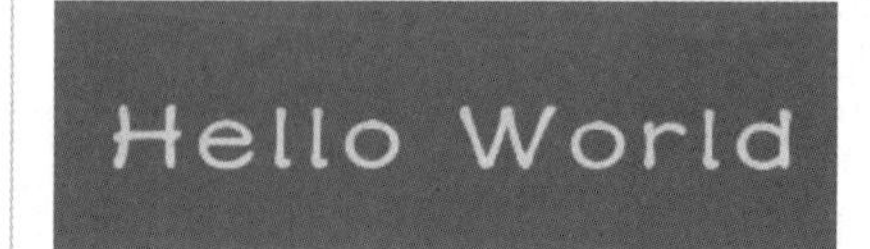

秘技235 如何使用Glow

Glow的Inspector面板如图27-44所示。

▼图27-44 Glow的Inspector面板

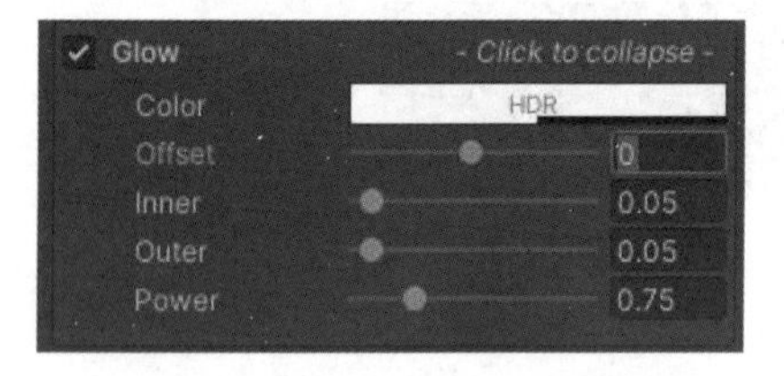

- **Color可以设置发光效果的颜色以及调整不透明度。由于这个具有累加效果，在较暗背景下效果更加明显。**
- **Offset默认Glow位于文本的原始轮廓上。使用偏移量可以使它位于文本内侧或位于文本之外。**
- **Inner和Outer可以控制从Glow到中心的距离。由于内侧和外侧范围独立，我们可以创建各种各样的Glow效果。**
- **Power可以控制Glow从中心到边缘如何进行减少。**

将Color指定为红色、Offset指定为-0.17、Inner指定为0、Outer指定为1、Power指定为1。

最终的Glow设置如图27-45所示。设置完成后得到的文字如图27-46所示。

▼图27-45 设置Glow

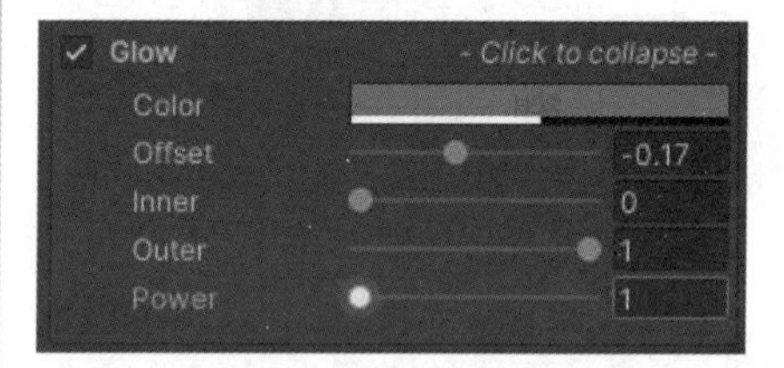

▼图27-46 设置完成的文字

就像最初所说的一样，虽然以每个秘技编码来保存文字，但是实际上与书中设置的文字不太一样。因为在创建新的文字时，前面创建完成的文字会被初始化，设定好的文字的一些设置都会消失。从秘技228开始，最终创建完成图27-46的文字，即全部的秘技显示。读者在看书的同时进行重新设置。

Camera的种类与应用秘技

秘技 236

CctvCamera是什么

扫码看视频

对应 2019 2021

难易程度 ●

所谓CctvCamera，是在Inspector中设置过的具有跟随Target功能的相机。

首先从Asset Store中下载一个含有Camera的Standard Assets资源。在Project中关于Standard Assets的相关文件将会被读取，如图28-1所示。

将CctvCamera拖动到Hierarchy当中时，如果没有勾选复选框，相机功能不会启用，所以一定要勾选对应的复选框并将Main Camera删除。

在Standard Assets中有一个Cameras的文件夹，这里包含了即将用到的相机组件，如图28-2所示。

▼图28-1 读取Standard Assets相关的组件

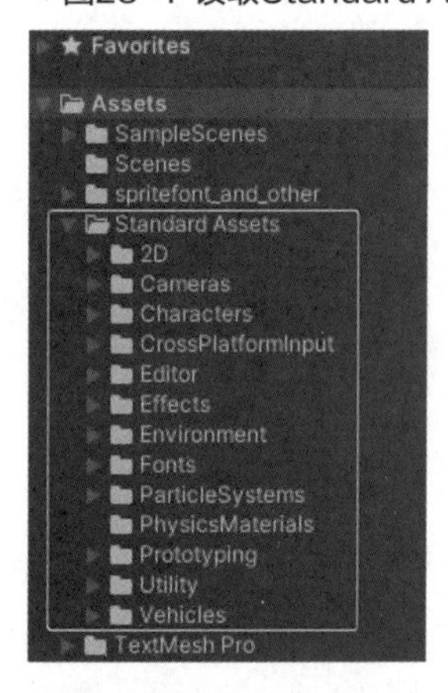

▼图28-2 包含 Camera相关组件

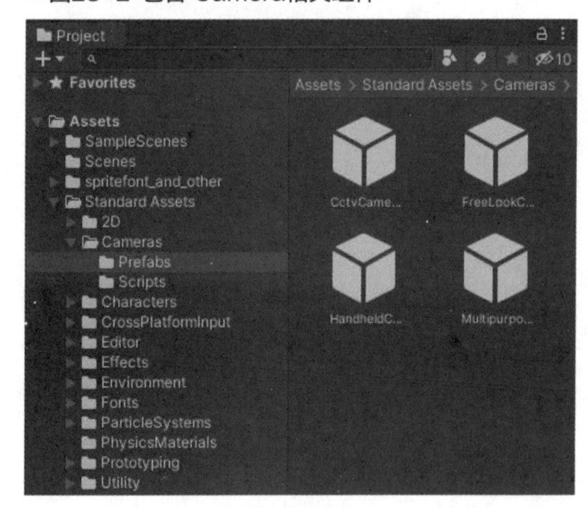

在Asset Store中导入Izzy-iClone Character和Mecanim Locomotion Starter Kit资源。

然后在Scene视图中配置一个Plane并将Izzy放置在上面。选择Izzy打开Inspector在Animator的Controller处添加Locomotion，在Add Component的Physics中添加Character Controller，并将Center的*Y*指定为1。同样地，现在从Script中选择Locomotion Player，这样一来Izzy就可以通过键盘的方向键进行操作了。

接着打开Project的Assets→Standard Assets→Cameras文件夹，将Prefabs文件中的CctvCamera拖动到Scene视图当中，并勾选对应的复选框。另外，勾选Target Field Of View (Script) 复选框，如图 28-3所示。请将最开始添加在Hierarchy中的Main Camera删除。

▼图28-3 勾选CctvCamera和Target Field Of View（Script）复选框

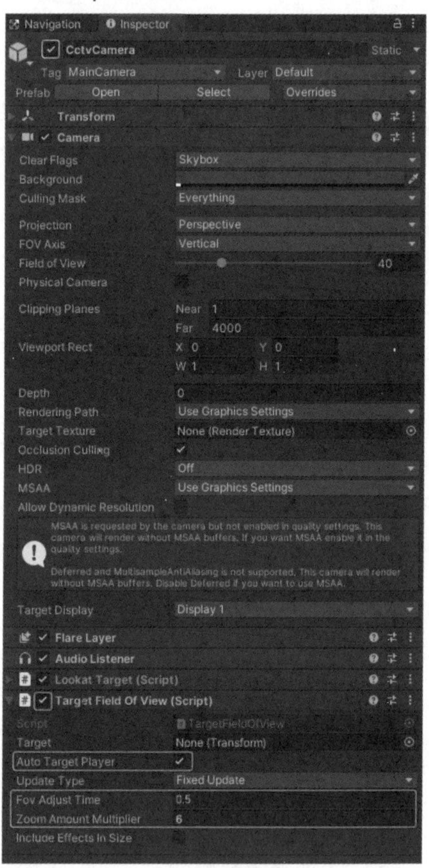

在图28-3中，Lookat Target (Script) 和Target Field Of View (Script) 这两项已经被添加上。Lookat Target就如字面意思一样，具有追踪目标的功能。Target Field Of View具有将目标进行放大的功能。在

这里，这两个功能同时使用，读者尝试取消勾选任意一方的复选框之后，应该就能看出差别了。

通常将Lookat Target(Script)和Target Field Of View(Script)中的Target指定为Izzy，但是在这里，Auto Target Player处已经勾选了，就不需要再指定Target了。

勾选Auto Target Player复选框后，在Izzy的Tag处指定Player，如图28-4所示。相机会自动追踪贴有Player的Tag的Izzy。

▼图28-4 在Izzy的Tag处指定Player

接下来，在上页图28-3的Target Field Of View (Script)中，将Fov Adjust Time指定为0.5、Zoom Amount Multiplier指定为6。Fov Adjust Time可以设置Target Field Of View更改所需的时间。Zoom Amount Multiplier可以设置镜头变焦，值越大图像放大越大。

单击Play按钮，CctvCamera追踪着四处活动的Izzy，如图28-5所示。

▼图28-5 CctvCamera追踪Izzy

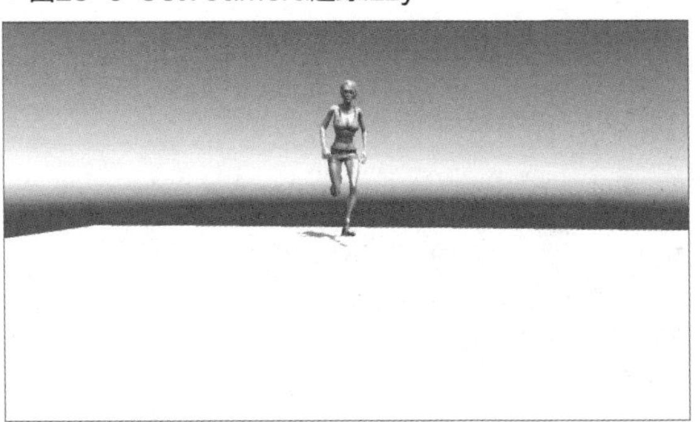

秘技237 HandheldCamera是什么

扫码看视频

对应 2019 2021

难易程度 ●

使用HandheldCamera后，会产生如同手持相机进行拍摄的抖动效果，比较有手感，非常方便。

在这里使用秘技236用过的角色。首先在Scene中配置一个Plane并将Izzy放置在里面，使Izzy能够通过键盘的方向键进行移动。

然后，打开Project的Assets→Standard Assets→Cameras文件夹，在Prefabs文件夹中将HandheldCamera拖动到Scene视图中，勾选HandheldCamera复选框，如图28-6所示。将最初添加在Hierarchy中的Main Camera删除。

▼图28-6 在HandheldCamera处勾选

HandheldCamera主要的属性设置与秘技236的相同。通常Lookat Target(Script)和Target Field Of View（Script）中的Target指定为Izzy，但是在这里Auto Target Player处已经勾选了，就不需要再指定Target了。

与秘技236相同，勾选Auto Target Player复选框后，在Izzy的Tag处指定Player，如图28-4所示。相机会自动追踪贴有Player的Tag的Izzy。在Target Field Of View(Script)中，将Fov Adjust Time指定为0.5、Zoom Amount Multiplier指定为6。

单击Play按钮，HandheldCamera将追踪四处活动的Izzy，如图28-7所示。由于比较模糊，静止画面也不清晰。

▼图28-7 HandheldCamera追踪四处活动的Izzy，会产生手持相机似的抖动感

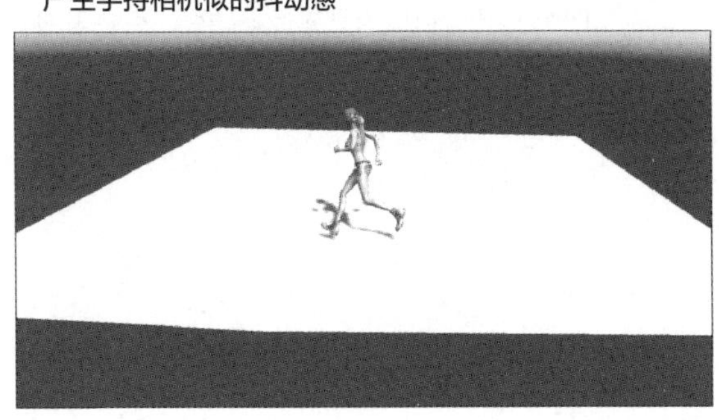

秘技 238

FreeLookCameraRig是什么

扫码看视频

对应 2019 2021

难易程度 ●

FreeLookCameraRig是通过鼠标的移动可以自由进行视点切换的相机。本秘技也和秘技236使用相同的角色，但是舞台有点单调，可以稍微进行装饰，读者可以创建自己喜欢的舞台。笔者在这里导入了Asset Store中免费的Fantasy Kindom-Building Pack Lite，创建的舞台如图28-8所示。

▼图28-8 创建完成的舞台

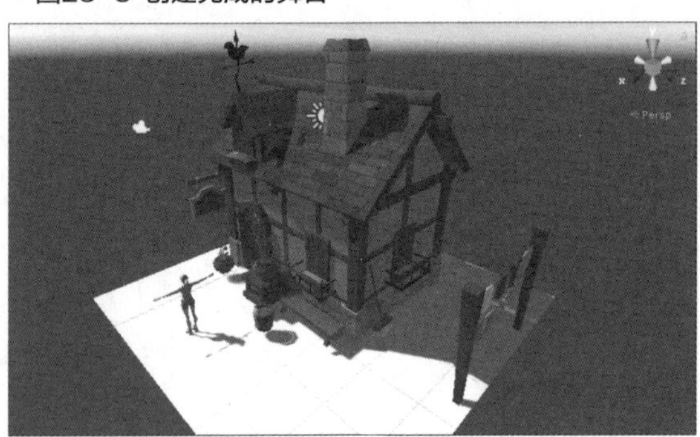

打开Project中的Assets→Standard Assets→Cameras文件夹，将Prefabs文件中的FreeLook CameraRig.Prefab拖动到Scene视图中。完成后，在Hierarchy中，FreeLookCameraRig已经被添加进去了。在Inspector的Free Look Cam(Script)中，勾选Auto Target Player复选框，像前面一样在Izzy的Tag处指定Player后，FreeLookCameraRig会跟随Izzy。此处不需要指定Target。请将这里的Izzy和秘技236一样用键盘的方向键进行移动。

打开FreeLookCameraRig的Inspector，在Free Look Cam(Script)中的Update Type处指定为Late Update。将Move Speed指定为5、Turn Speed指定为10、Turn Smoothing指定为0，如图28-9所示。

单击Play按钮，可以看到光标移动后视点会来回改变，相机追随Izzy拍摄，如图28-10所示。

▼图28-9 设置FreeLookCameraRig的Inspector面板

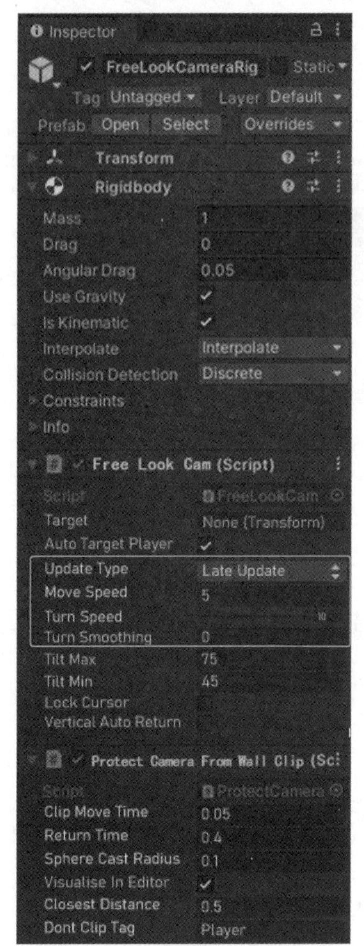

▼图28-10 移动光标，改变视点

相机可以通过光标移动自由地切换视角，不会出现Target跟丢的情况。本秘技中Plane似乎太窄了，在Inspector中将Scale的值设置为2，尺寸稍微调大一点效果会更好。

秘技 239

MultipurposeCameraRig是什么

扫码看视频

对应 2019 2021

难易程度 ●

本秘技和秘技238不太一样，不再是可以通过光标移动自由切换视角的相机，而是根据角色的行动自动改变视角的相机。这个相机也许用起来更方便。

所谓MultipurposeCameraRig，就是能够自动改变视角的相机。本秘技继续使用秘技238的场景，Plane似乎比较窄，在Inspector中将Scale指定为2，使其变大一些。打开Project中的Assets→Standard Assets→Cameras文件夹，将Prefabs文件夹中的MultipurposeCameraRig.Prefab拖动到Scene视图中。完成后，MultipurposeCameraRig会被添加到Hierarchy中，在Inspector的Free Look Cam（Script）中的Auto Target Player已经被勾选了。像以前一样将Player指定为Izzy的Tag的话，FreeLookCameraRig将会开始追踪Izzy。不需要指定Target，这个相机在Target中会自动追踪Izzy。在Update Type中指定Late Update，指定Update后，相机会自动进行移动。可能是笔者的环境原因，这里显示的位置和最初配置的位置不太一样。将Move Speed指定为5、Turn Speed指定为10，如图28-11所示。请删除Main Camera。

▼图28-11 设置MultipurposeCameraRig的Inspector

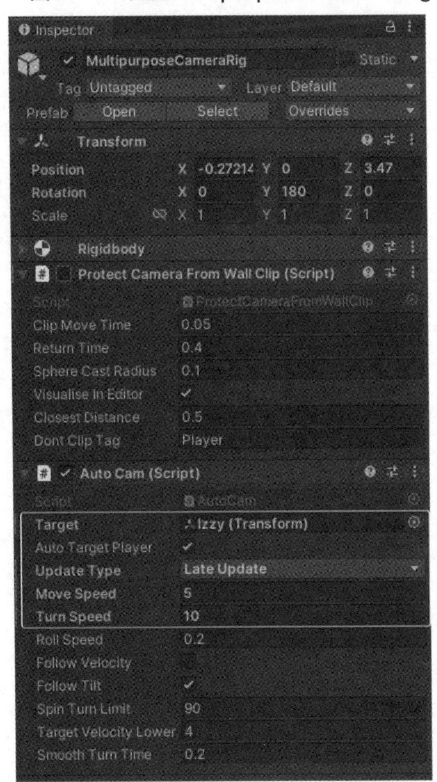

设置完成后单击Play按钮，相机会根据Izzy的行动自动地更改视角进行追踪，如图28-12所示。

▼图28-12 相机根据Izzy的行动自动更改视角进行跟踪

Characters Package 应用秘技

秘技 240

FPSController是什么

扫码看视频

对应 2019 2021

难易程度 ●

FPSController是第一视角的控制中心，只能移动视角，不能显示角色。这个控制中心适用于在自然环境中或身处室内眺望远方和移动。使用键盘和光标来更改视角、移动和跳跃等功能。从Asset Store中导入Standard Assets资源，FPSController便包含在其中。然后对Project的Assets文件夹中Characters的相关部分进行读取，如图29-1所示。

▼图29-1 读取Characters相关部分

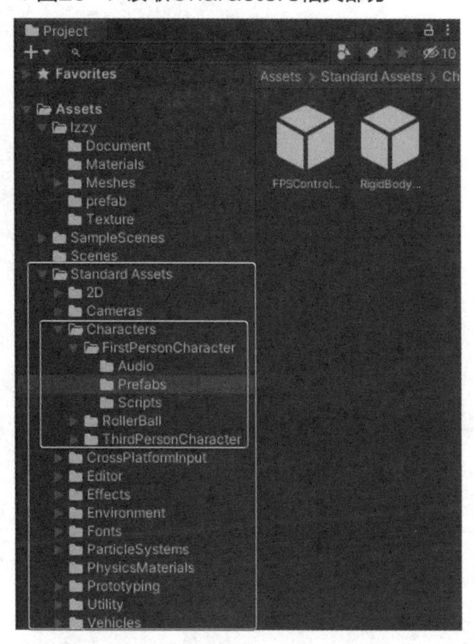

在Asset Store中提前导入需要使用的资源。首先在Scene视图中配置一个Plane，从Asset Store中导入作为场景使用的Village Buildings。创建的场景如图29-2所示。将Plane的Scale指定为5。

▼图29-2 笔者创建的场景

接着，在Project的Assets→Standard Assets→Characters→First Person Controller文件夹中，将Prefabs文件夹中的FPSController拖动到Scene视图的适当位置。在Scene视图中配置完成的FPSController的Inspector视图，如图29-3所示。因为是第一人称的Controller，只有处在角色的视角才会移动，按键盘上的Space键也可以进行跳跃。最后请删除Main Camera。

在蓝色框线内的Jump Speed值越大，跳得越高。Jump Sound和Land Sound是指定跳跃时发出的声音和落地时发出的声音，移动时也能听到脚步声。

▼图29-3 FPSController的Inspector

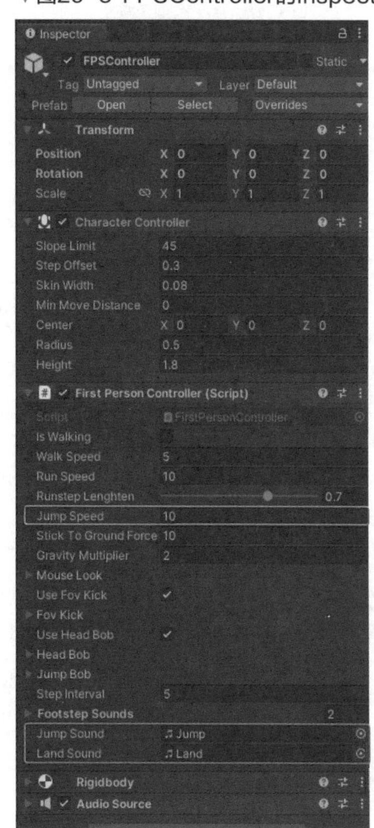

在Inspector中，已经添加了与Audio关联的Component，由于不能切换屏幕这里就省略了。读者也可以设置音乐文件。

单击Play按钮。通过按方向键可以以第一视角进行移动，也可以实现通过移动光标来改变视角，按Space键会让视角跳跃。另外走路时的脚步声、跳跃时的声音也都能听见，如下页图29-4所示。执行Play后光标会消失，按键盘的Esc键可以显示。

▼图29-4 在场景中以第一视角移动

秘技 241 如何使用FPSController探索室内

扫码看视频

对应 2019 2021

难易程度 ●

将秘技240的场景稍加修改后使用。

本秘技使用FPSController搜索室内，由于秘技240中配置的房子有入口，当然可以进入房子内部。稍微有点高进不去的地方可以跳进去。

首先，在Scene视图中配置一个Plane，在上面配置Village Buildings的Prefabs文件夹中的Asset。将Scale设置得大一点，这里设置为5，如图29-5所示。

Hierarchy的结构如图29-6所示。

然后，在Project的Assets→Standard Assets→Characters→Firstpersoncharacter文件夹中，将Prefabs文件夹中的FPSController拖动到Scene视图中的合适位置。请删除Main Camera。

▼图29-5 在Scene画面中配置房子

单击Play按钮，用键盘的方向键可以对室内进行探索。在入口附近，先使用光标在入口的正面使视点移动，再用方向键移动能够更加流畅，如图29-7所示。

▼图29-6 Hierarchy的结构

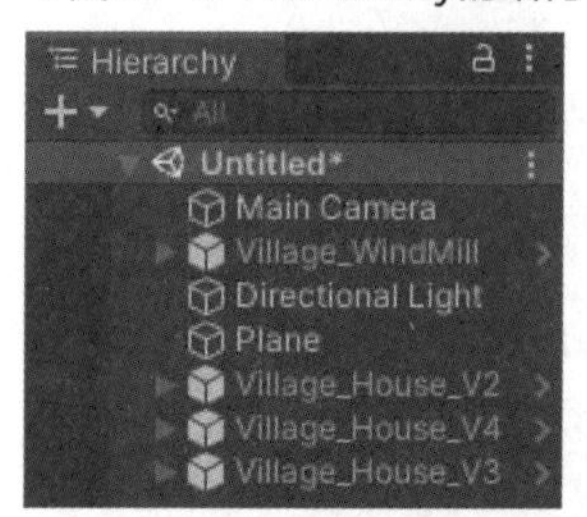

▼图29-7 使用FPSController进入室内

秘技 242 如何使用FPSController探索自然

扫码看视频

对应 2019 2021

难易程度 ●

本秘技将使用FPSController在自然环境中随处走走。使用Terrain创建自然非常浪费时间，这里使用Asset Store中免费的Nature Starter Kit 2，从Asset Store中下载并导入。

打开Project的Assets→Naturestarterkit2文件夹，将Scene文件夹中的Demo.Unity双击打开。单击

Play按钮后会自动地在自然中移动，不能用键盘进行操作，下面介绍使用键盘的方向键进行操作。Hierarchy的结构如图29-8所示。

▼图29-8 Hierarchy的结构

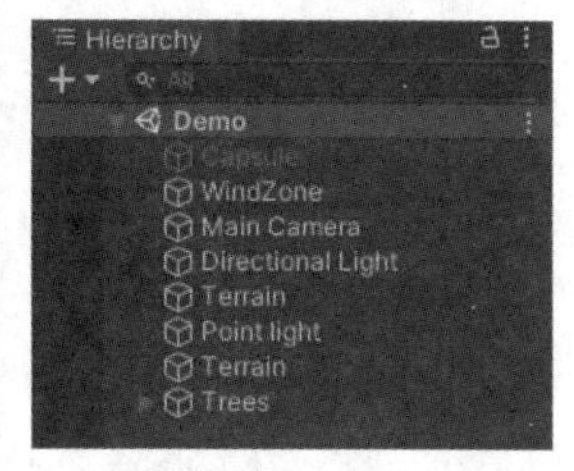

从图29-8中删除Main Camera。打开Project的Assets→Standard Assets→Characters→Firstpersoncharacter文件夹，将Prefabs文件夹中的FPSController拖动到Scene视图中的适当位置。

仅仅这样就可以了，单击Play按钮，使用键盘的方向键能在自然中随处走走，按Space键也能进行跳跃了，如图29-9所示。

▼图29-9 使用键盘的方向键能在自然中随处走走

秘技
243 RigidBodyFPSController是什么

扫码看视频

对应 2019 2021

难易程度 ●

继续使用秘技240的场景。将FPSController删除，将RigidBodyFPSController配置到Scene视图中。RigidBodyFPSController与FPSController完全是相同的操作。在FPSController中有跳跃和音频的功能，而在RigidBodyFPSController中有RigidBody、Capsule Collider以及RigidBody First Person Controller的脚本，如图29-10所示。

▼图29-10 RigidBodyFPSController的Inspector面板

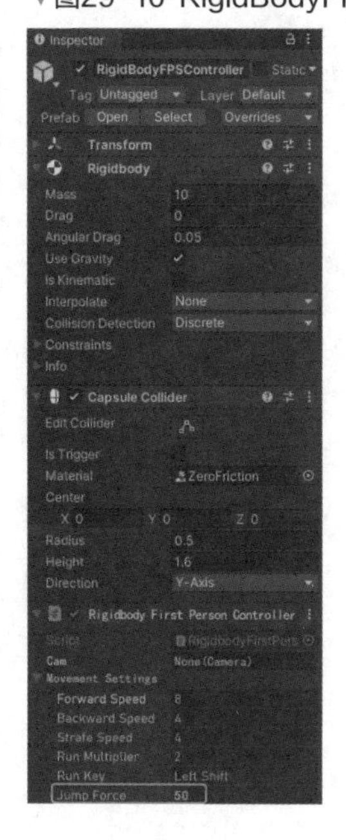

将图29-10的Movement Settings展开显示，仅Jump Force处不要让默认值小于50。不设置一定程度的跳跃能力的话，将跳不过家中入口处的台阶，也没有走路时的脚步声和跳跃时的声音。

将RigidBodyFPSController配置在Scene视图中的适当位置。除了没有声音以外，操作方法和FPSController完全一样。没有任何需要设置的地方，单击Play按钮，可以开始室内搜索，如图29-11所示。

▼图29-11 使用RigidBodyFPSController探索室内

想要进入室内的话，如果不跨越入口处的台阶就进不去，这个相当难，需要一些技巧。

使用FPSController和RigidBodyFPSController都可以进入屋内。

秘技 244

AIThirdPersonController是什么

扫码看视频

对应 2019 2021

难易程度 ●

AIThirdPersonController中附有Navmeshagent，可以追踪Target。本秘技介绍配置AIThirdPerson-Controller对角色Izzy追踪处理。首先创建场景，配置一个适当的Plane，在上面放入障碍物。将Plane的Scale设置得大一些，这里设置为3，如图29-12所示。Hierarchy的结构如图29-13所示。

▼图29-12 创建完成的场景

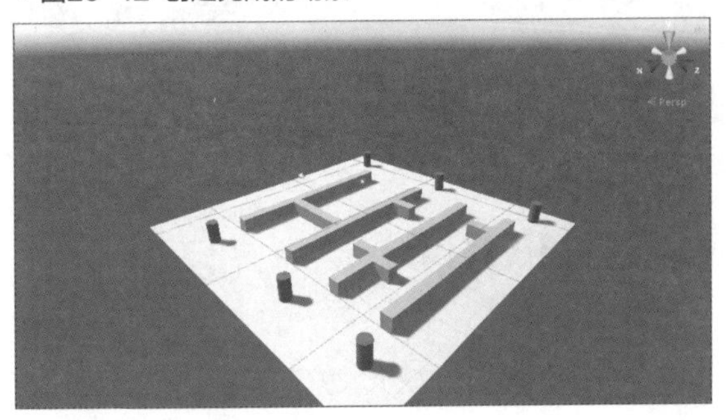

▼图29-13 Hierarchy的结构

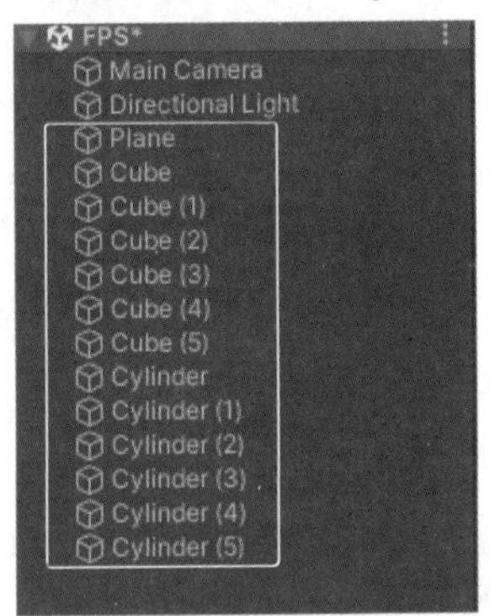

全部选中图29-13中蓝色框内的对象物体，打开Inspector面板，勾选Static复选框，如图29-14所示。

将Scene用适当的名称保存起来，例如将它保存为244。接下来在Unity菜单中选择Window→AI→ Navigation命令，在显示出来的画面中选择Bake。在此状态下单击下面的Bake按钮，如图29-15所示。屏幕发生变化，会得到图29-16中的Scene视图。淡绿色的区域是角色能够移动到的区域。

▼图29-14 在静止对象物体的Inspector中勾选Static复选框

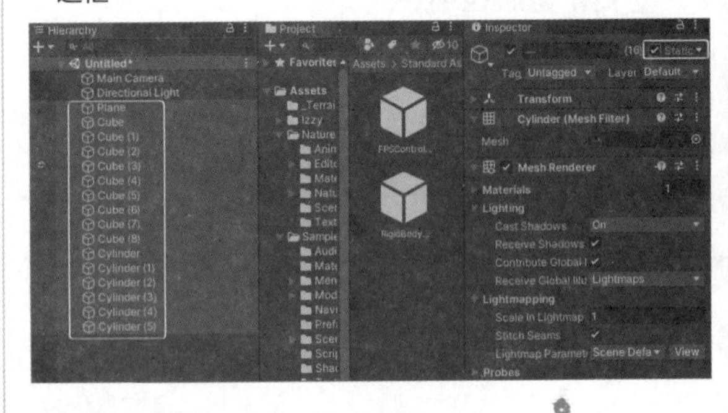

▼图29-15 单击Bake按钮

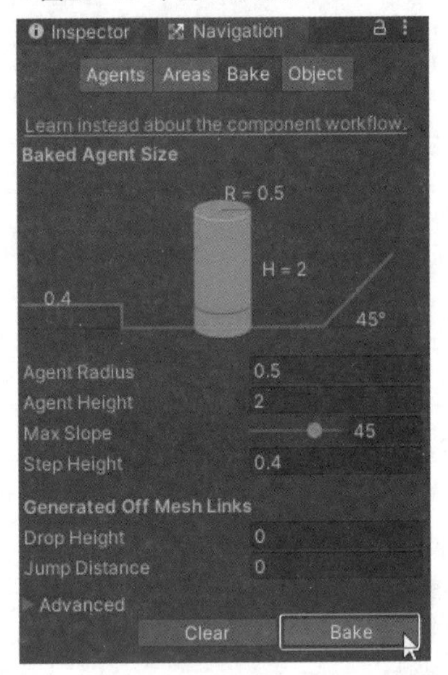

▼图29-16 角色能够进行移动的区域

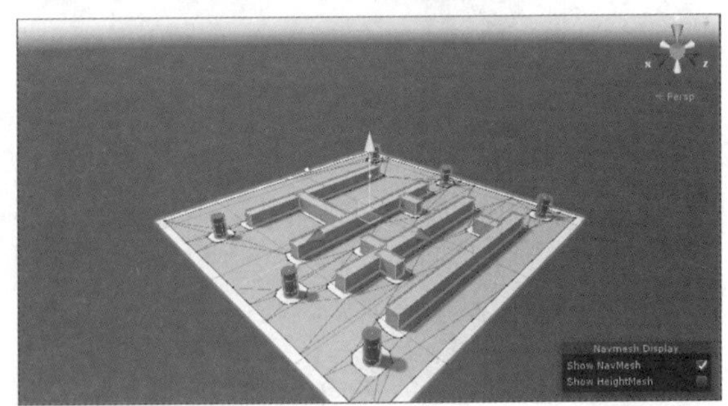

打开Project的Assets→Standard Assets→Characters→Thirdpersoncharacter文件夹，将Prefabs文件夹中的AIThirdPersonController.Prefab配置到Scene视图中，配置到任何位置都行。接下来把Izzy也配置进去，通过Mecanim Locomotion Starter Kit使Izzy能够用键盘方向键四处移动。这个操作已经讲解了很多遍，具体的设置方法这里省略。另外在Main Camera中将Standard Assets的Utility文件夹下的Smooth Follow拖放进去，将Target指定为Izzy，将Distance指定为5、Height指定为4.5，此时Main Camera将会追踪Izzy。

▼图29-17 将Target指定为Izzy，将Speed指定为0.7

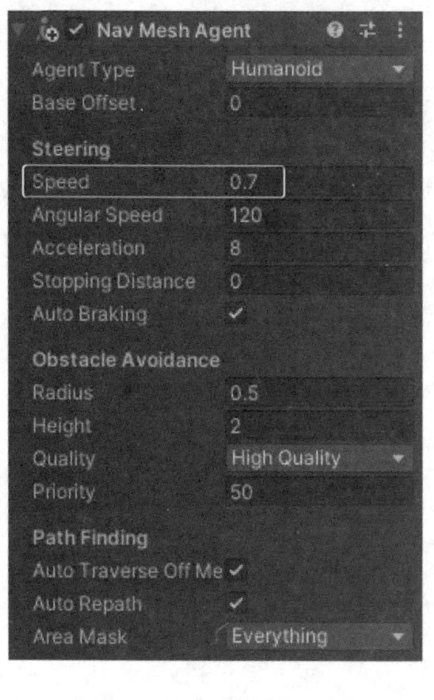

在Hierarchy中选择AIThirdPersonController并显示Inspector，在AI Character Control（Script）的Target处指定Izzy。另外将Nav Mesh Agent的Speed指定为0.7，设置追踪Izzy的速度稍微降低一些，如图29-17所示。AIThirdPersonController中附有Nav Mesh Agent是一个特征。

单击Play按钮，即使Izzy逃跑，AIThirdPerson-Controller（角色名称，前面叫作Ethan）也对其紧追不舍，如图29-18所示。

▼图29-18 Izzy被追赶

秘技 245 如何使用ProBuilder创建障碍物

扫码看视频

对应 2019 2021

难易程度 ●

使用ProBuilder创建的斜面是静止物体，即使是Bake也不能创建出通道。需要注意AIThirdPerson-Controller来到这个斜面时会停留在前面。

继续使用秘技244中的场景，在这个场景上用ProBuilder创建一个类似于坡道的对象物体。

首先，由于添加了新的对象物体，所以要把Navigation清空一次。单击上页图29-15中的按钮，完成后图29-16中的淡绿色部分会消失，此时启动ProBuilder，具体的使用方法请参照第22章。在打开的ProBuilder窗口中，单击New Shape旁边的“+”按钮。在Cube显示的情况下单击Build Cube。通过使用Face Selection或Edge Selection将Cube创建为有斜面的障碍物，如图29-19所示。

▼图29-19 创建斜面

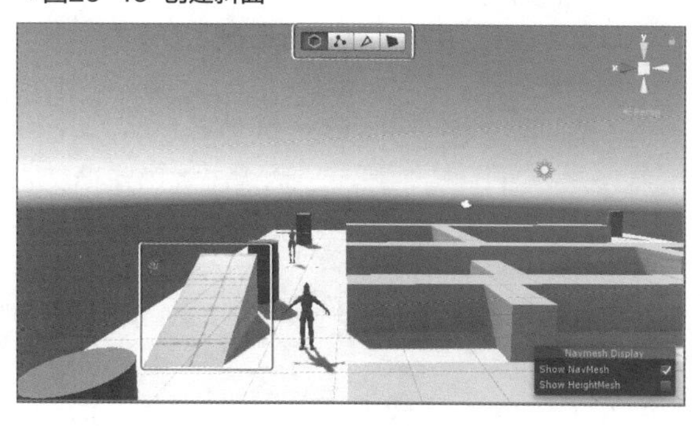

创建Material并选择一个适当的颜色。在Hierarchy中选择所有的静止物体，在Inspector面板中勾选Static复选框。请通过Navigation单击Bake按钮，场景如图29-20所示。角色能够通行的区域用浅绿色表示，虽然用ProBuilder创建的斜面上的蓝色并没有显示出来，但是AIThirdPersonController不能从上面通过。

▼图29-20 确保角色的通行道路

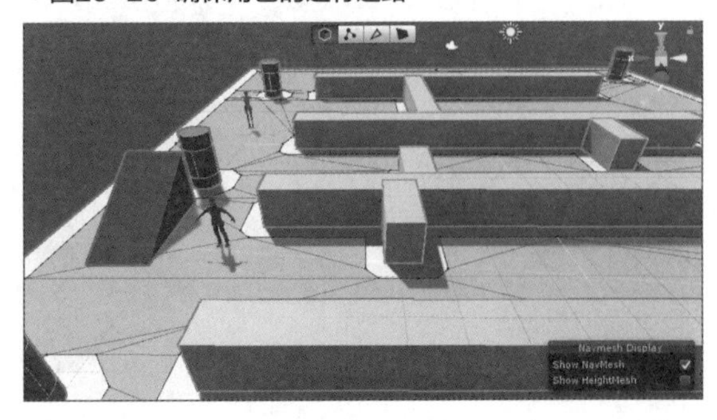

AIThirdPersonController、Izzy以及Main Camera的设置在秘技244中已经完成了，不需要再设置。单击Play按钮，Izzy能够跑到坡道上，但是紧随其后的AIThirdPersonController不能再追随。在图29-20中可以看到斜面上不能通行，因此，在Izzy通过此次创建的斜面后，AIThirdPersonController在斜面前停止追逐Izzy，如图29-21所示。但是当Izzy靠近AIThirdPersonController时，Izzy被发现，AIThirdPersonController会继续追逐Izzy。

▼图29-21 Izzy顺利地通过了斜面，AIThirdPerson-Controller在斜面前停住

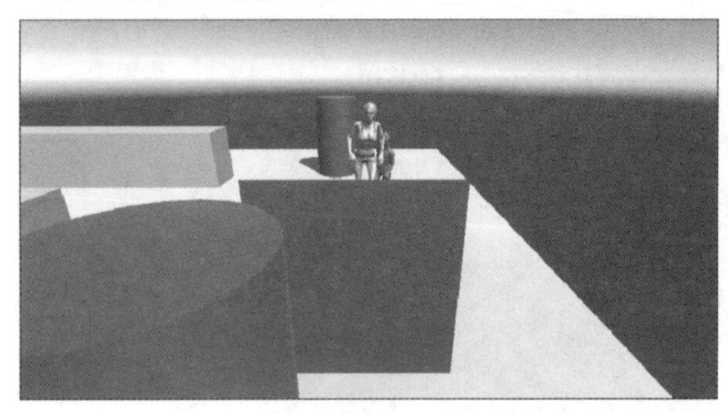

秘技 246

ThirdPersonController是什么

扫码看视频

▶对应 2019 2021

▶难易程度 ●

ThirdPersonController与秘技245中使用过的AIThirdPersonController在操作上几乎一样。在AIThirdPersonController的Inspector中附有Nav Mesh Agent，能够进行Navigation，这一点不太相同。ThirdPersonController只需要配置即可，不用设置任何参数就可以用方向键进行操作，也可以用Space键跳跃。

在这里用ProBuilder创建两个相对的斜面，试着通过跳跃到达对面。用ProBuilder创建斜面是这里的难点，其他的设置是在Main Camera中Standard Assets的Utility文件夹中添加Smooth Follow，提前设置好Target即可。用ProBuilder创建出一个斜面的话，通过复制改变一下方向就能够得到两个相对的斜面了。创建的画面如图29-22所示。

设置完成的ThirdPersonController的Inspector面板如下页图29-23所示。

▼图29-22 相对的斜面

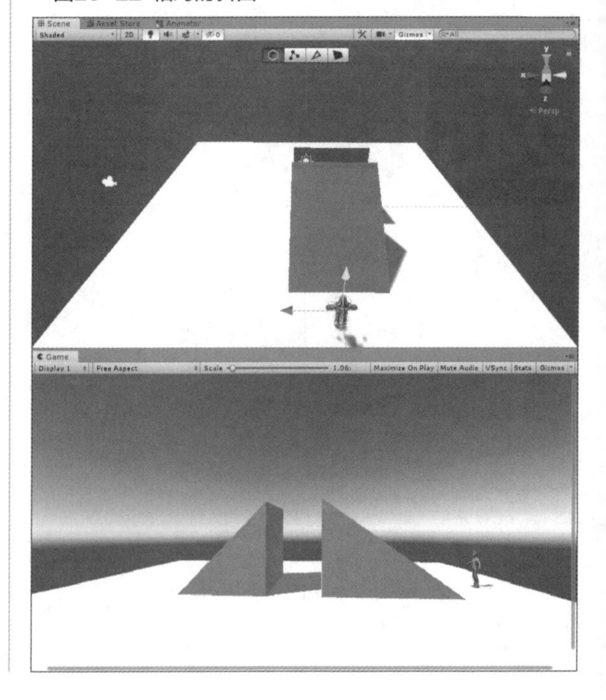

▼图29-23 ThirdPersonController的Inspector面板

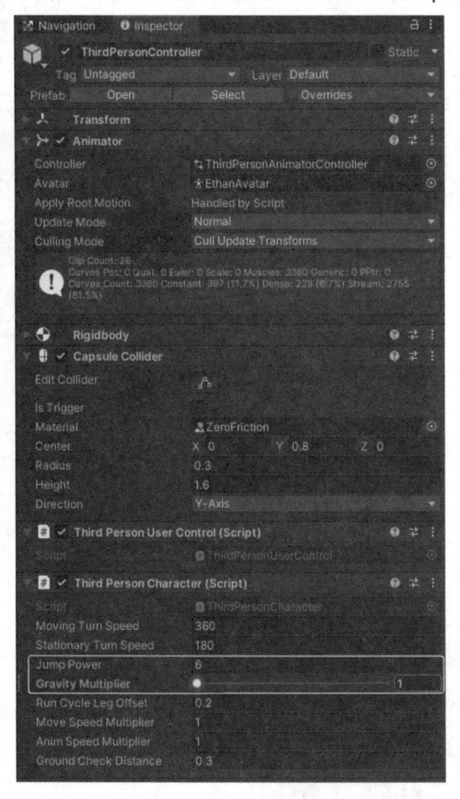

在这里Jump Power的默认值是6，为了使角色能跳得更高，将蓝色框线内的Jump Power值设置为10。另外，将Gravity Multiplier的值设置为1，使重力变小，不这么做的话不能顺利地跳跃到对岸。

单击Play按钮，ThirdPersonController可以跳跃到对岸，如图29-24所示。

▼图29-24 跳跃到对岸

秘技 247

如何使用Preset使ThirdPerson-Controller与其他人物同时移动

扫码看视频

对应 2019 2021

难易程度

将一些必要的组件提前设置，使用Preset的功能后，可以很简单地将组件用于其他的对象物体。

Preset是在Unity 2018.1版本中的功能，想要将某个对象物体的Inspector内容复制到另一个对象上时，可以将原有的Inspector内容作为一个Preset文件夹进行摘录。只需要拖动到其他的对象物体适用的Inspector当中即可，这是一个非常便利的功能。

在Scene视图上配置ThirdPersonController和Izzy，将ThirdPersonController的Inspector内容通过Preset复制到Izzy中。在Scene视图中已经配置好了Third-PersonController，如图29-25所示。在Hierarchy中选择ThirdPersonController并显示出Inspector。在各个部分的组件的设置如下页图29-26所示。

接下来选择Izzy，在Inspector的Animator的Controller处指定ThirdPersonController，打开ThirdPersonController的Inspector。首先单击

▼图29-25 配置ThirdPersonController和Izzy

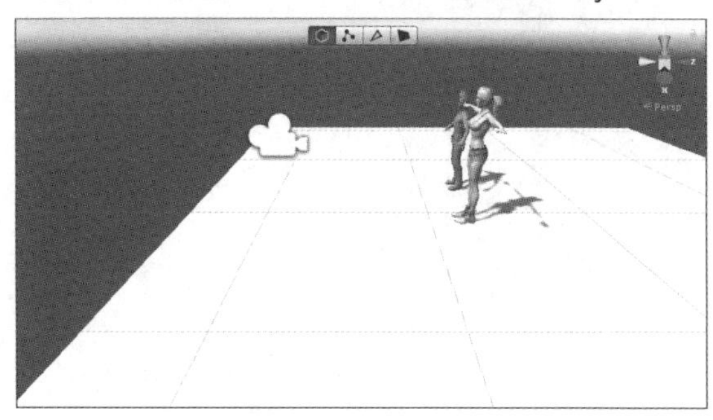

Rigidbody的蓝色框线内的图标，然后会出现Select Preset的画面，单击Save current to按钮，如下页图29-27所示。保存的文件名和保存的位置会被显示出来，直接单击“保存”按钮即可。文件被保存在Assets文件夹中，如下页图29-28所示。

▼图29-26 Preset的图标

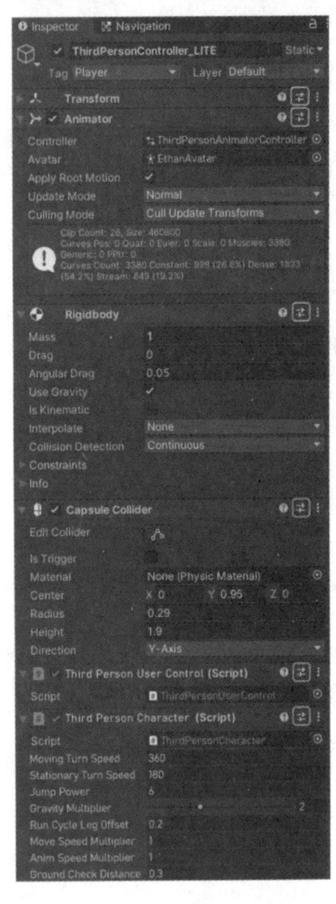

▼图29-27 通过Select Preset单击Save current to按钮

▼图29-28 Rigidbody Preset被保存到Assets文件夹中

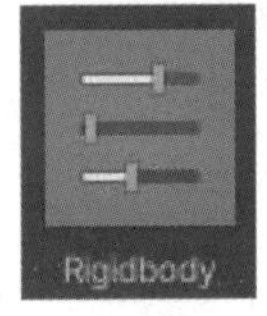

根据刚才的操作方法分别对ThirdPersonController的CapsuleCollider、ThirdPersonUserControl、ThirdPersonCharacter进行操作。一共四个Preset文件创建完成，如图29-29所示。

▼图29-29 四个Preset文件在Assets文件夹中创建完成

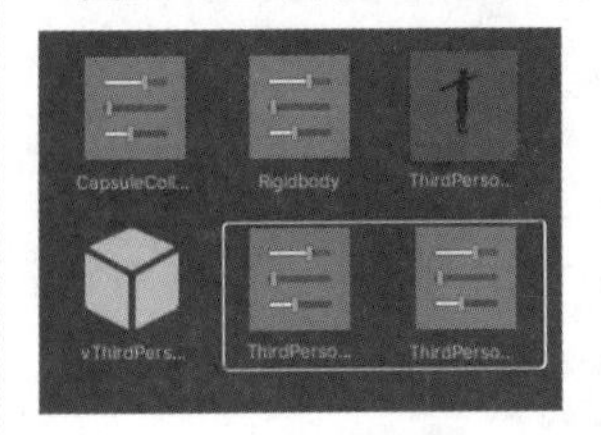

将图29-29中蓝色框线内的Preset文件拖动到Hierarchy中的Izzy处，Izzy的Inspector如图29-30所示。单击Play按钮，Izzy与ThirdPersonController做着相同的动作，如图29-31所示。在Main Camera中添加Standard Assets的Utility文件夹下的Smooth Follow，将Target指定为ThirdPersonController，Distance和Height指定为适当的值即可。

▼图29-30 在Izzy的Inspector中添加Preset文件

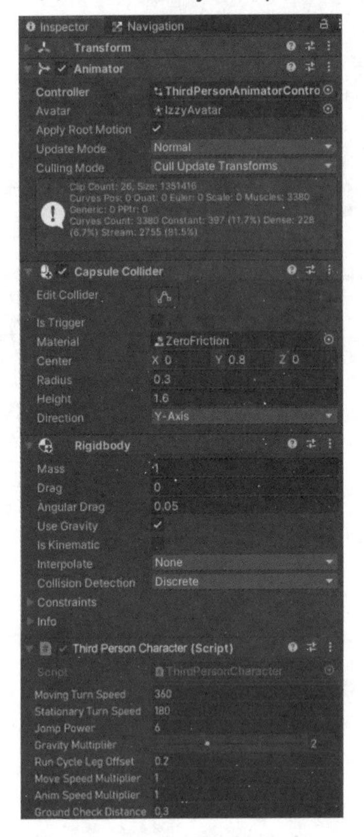

▼图29-31 Izzy做着与ThirdPersonController相同的动作

场景环境设置秘技

秘技 248

如何实现鲸鱼在大海中畅游的场景

扫码看视频

对应 2019 2021
难易程度

只需要设置Main Camera放在离水面较近并且能拍到鲸鱼的地方即可，配置在海底与配置在地上的鲸鱼效果看不出什么差别。

这里需要导入创建大海和湖泊用到的Environment Package，包含了创建自然所需要的组件。从Asset Store的Standard Assets当中导入，Project的Assets中必要的文件将会被读取出来，如图30-1所示。

▼图30-1 Standard Assets的Environment部分文件被读取

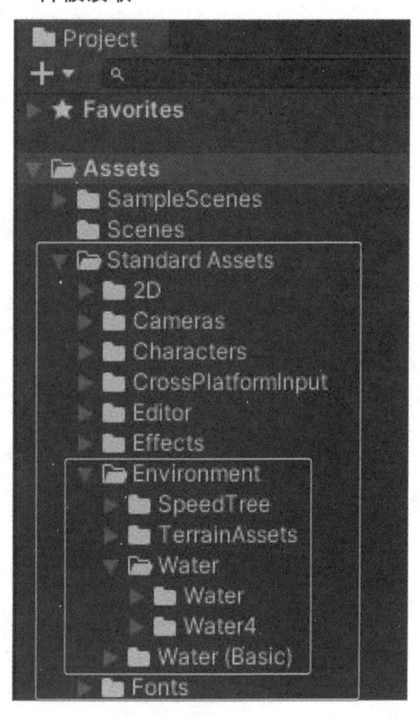

下面创建大海，让鲸鱼在里面遨游吧。从Asset Store中下载Humpback（座头鲸）并导入，这是免费的资源。

首先打开Project的Assets→Standard Assets→Environment→Water→Water4文件夹，将Prefabs文件夹中的Water4Advanced.Prefab拖动到Hierarchy当中，一瞬间Scene视图中出现了大海，如图30-2所示。

接下来在大海中配置鲸鱼，打开Project的Assets，将Humpback Whale文件夹中的Humpback_Whale_Mode123.Fbx配置到Scene视图当中。将相机的位置以及变形工具的移动工具Move Tool配置得离水面近一些，如图30-3所示。

▼图30-2 大海创建完成

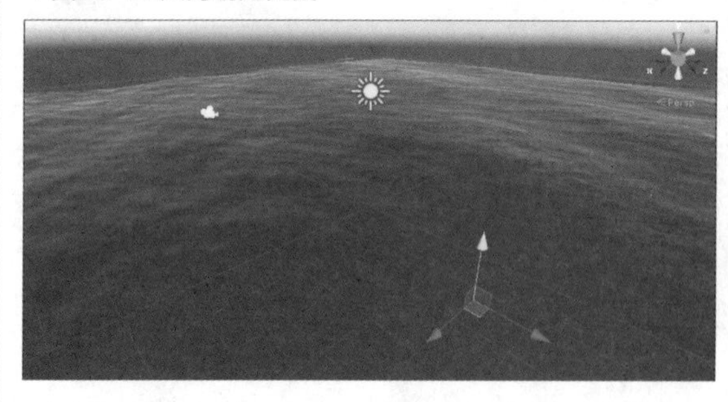

▼图30-3 将鲸鱼配置到海里并调整相机位置

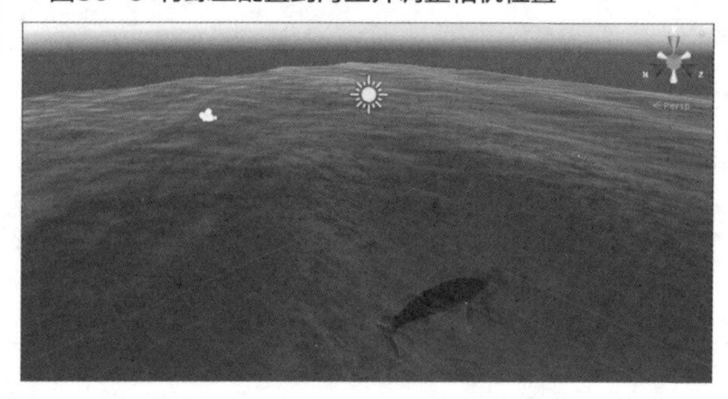

不需要进行其他任何的设置，单击Play按钮，可以看到鲸鱼在海面附近游泳，如图30-4所示。

▼图30-4 鲸鱼在海面附近游泳

但是以上的设置只能让鲸鱼停留在原地，下面我们让它能用键盘的方向键进行操作吧。

在Hierarchy中选择Hump_Whale_Model123并显示Inspector，在Add Component中选择New Script。将Name指定为WhaleMoveScript，然后单击Create and Add按钮。脚本文件已经被添加到了Inspector当中，双击启动Visual Studio，代码程序如下页列表30-1所示。

▼列表30-1 WhaleMoveScript.cs

```
using System.Collections;
using System.Collections.Generic;
using UnityEngine;

public class WhaleMoveScript : MonoBehaviour
{
    //Update()函数
    void Update()
    {
        //按住上方向键时以-0.01的速度前进
        //不写-0.0f1的话鲸鱼前进速度会特别快
        //指定负值是因为指定正值的话鲸鱼向后
        if (Input.GetKey("up"))
        {
            transform.position += transform.forward * -0.01f;
        }
        //按住右方向键时，围绕Y轴顺时针旋转两圈
        if (Input.GetKey("right"))
        {
            transform.Rotate(0, 2, 0);
        }
        //按住左方向键时，围绕Y轴逆时针旋转两圈
        if (Input.GetKey("left"))
        {
            transform.Rotate(0, -2, 0);
        }
    }
}
```

现在单击Play按钮，用键盘的方向键能够操控鲸鱼，如图30-5所示。

▼图30-5 用键盘的方向键能够操控鲸鱼的行动

秘技 249

WaterProDaytime是什么

扫码看视频

▶对应 2019 2021

▶难易程度 ●

使用WaterProDaytime可以不进行任何设置，就能真实地展现出涌出水的效果。WaterProDaytime用于在白天设置水的效果，在这里使用WaterProDaytime创建一个湖泊。创建湖泊时需要周围有岩石或者树木，使用Terrain创建自然也是可以的，但是由于比较麻烦，我们使用更简单的方法。请从Asset Store中下载并导入Stones_and_buried_treasure（免费）。完成后Project中一些必要的文件将会被读取出来，如下页图30-6所示。在Scene视图中配置Plane，并在Inspector中设置Scale，把值设置得大一点，这里设置为2。下页图30-6的Prefabs文件夹中，岩石和树木以及其他东西都已经准备好了，如下页图30-7所示。

▼图30-6 读取Stones_and_buried_treasure等组件

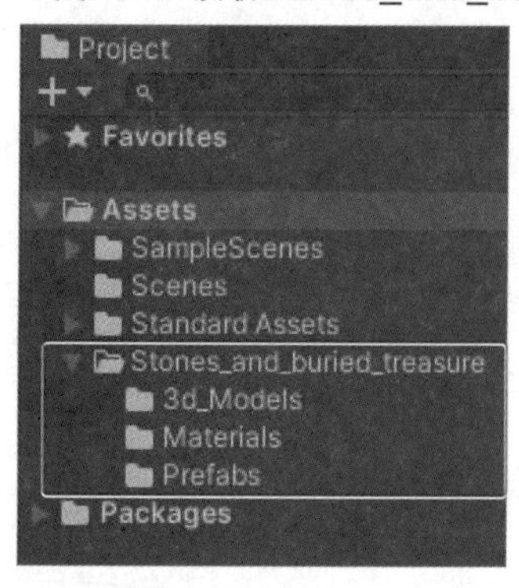

▼图30-7 众多的部件准备完成

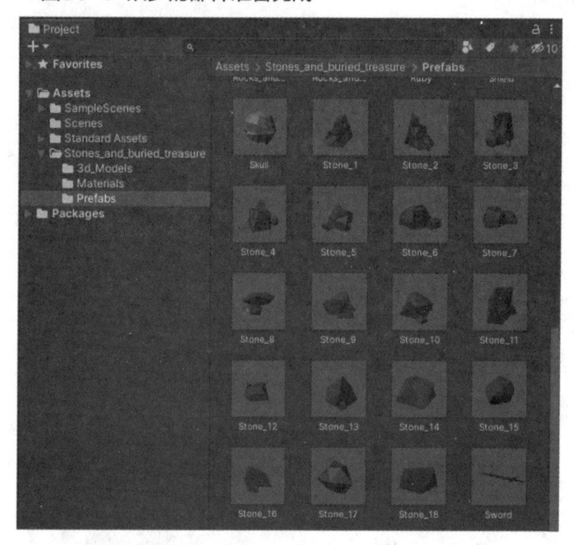

请大家自行使用各种组件自由创造湖泊的原型，笔者创建的湖泊原型如图30-8所示。

Hierarchy的结构如图30-9所示。

▼图30-8 创建湖泊原型

▼图30-9 Hierarchy的结构

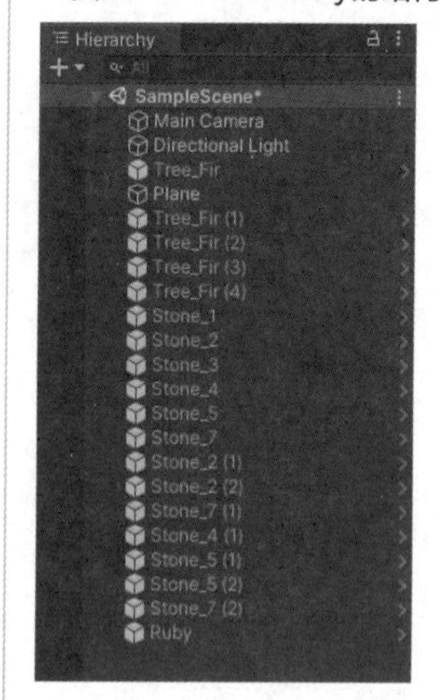

打开Project的Assets→Standard Assets→Environment→Water文件夹，在Prefabs文件夹中对WaterProDaytime.Prefab进行配置。使用变形工具中的缩放工具Scale Tool或者移动工具Move Tool，调整使其向中间收拢，如图30-10所示。

▼图30-10 在正中央配置WaterProDaytime，顺便在湖中央放一颗宝石

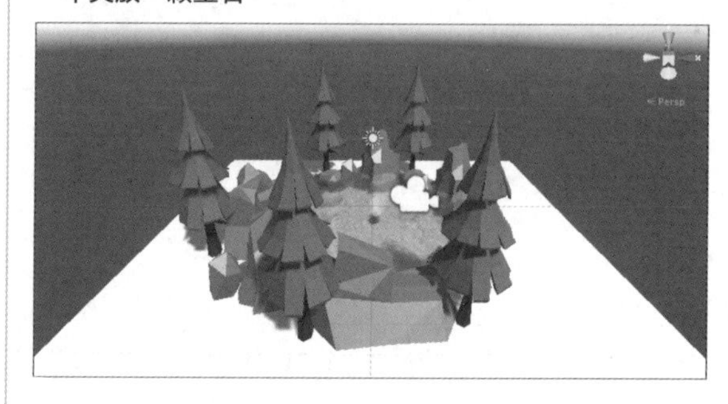

在Hierarchy中调整Directional Light的角度，试着让更多的树影倒映在水面上。单击Play按钮，水面晃动，树影和周围的岩石倒映着，水中的宝石在摇动着，一个具有现实感的湖泊创建完成了，如图30-11所示。

▼图30-11 具有现实感的湖泊创建完成

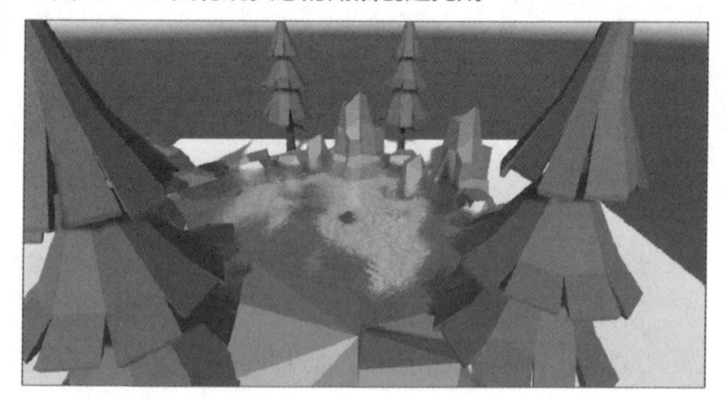

秘技 250

如何让角色在水中舞蹈

扫码看视频

对应 2019 2021
难易程度 ●

并不是只有在Asset Store中才可以获得Unity的资源。本秘技介绍的是一个可以免费下载模型资源的网站Mixamo，它可以将众多角色进行动画化效果处理。另外可以将自己创建的FBS文件夹上传，创建独一无二的角色，有很多的使用价值。

这里是要让人物在水中跳舞，同时在水中倒映人物的倒影。在Asset Store当中无法获取人物模型，进入Mixamo网站并登录，没有账户的话请先创建一个账户再登录。

在登录后的画面最顶端选择Characters，然后会出现很多人物模型，请选择自己喜欢的人物模型，如图30-12所示。

▼图30-12 选择自己喜欢的角色

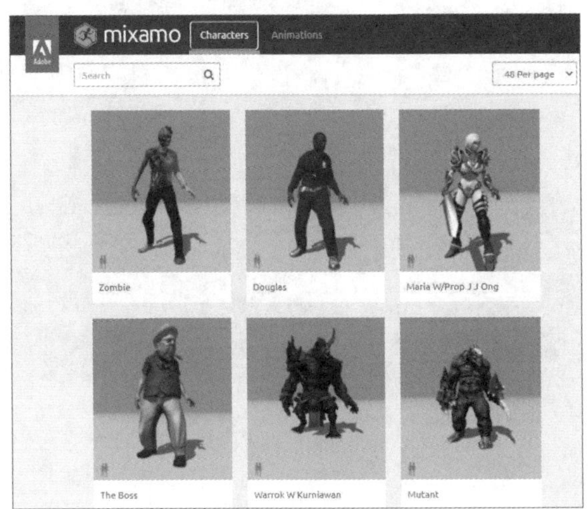

笔者选择了图30-13蓝色框内的Maria W/Prop J J Ong。

接下来，选择Character旁边的Animations，将会显示出很多的动画，请选择自己喜欢的动画。选择完自己喜欢的角色后，在右边框内人物动画的演示效果如图30-14所示。

▼图30-13 选择Maria J J Ong

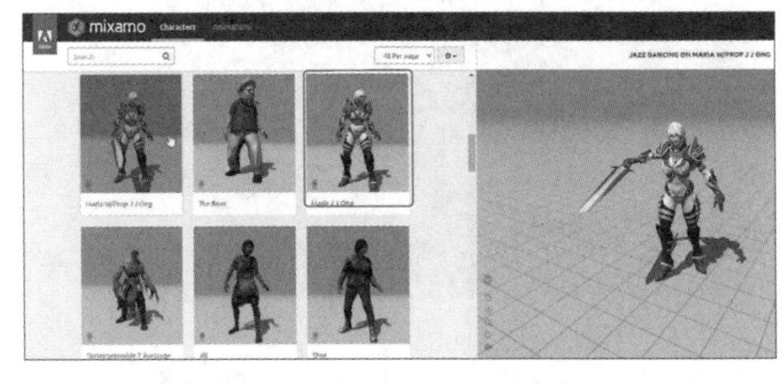

▼图30-14 选择动画效果（Jazz Dancing）

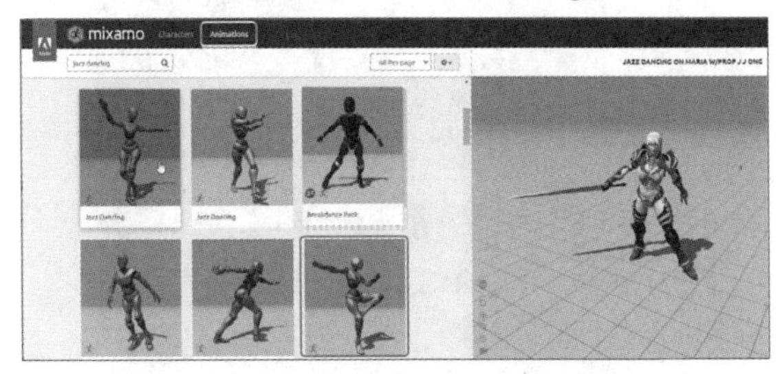

如果对人物动画都满意的话，单击右边的橙色DOWNLOAD按钮。DOWNLOAD SETTINGS的画面会显示出来，在Format中选择FBX For Unity .Fbx，其他地方保持不变。单击DOWNLOAD按钮，并保存到合适的位置，文件名是Maria_Prop_J_J_Ong@Jazz Dancing.Fbx。在Assets文件夹中读取保存的Maria_Prop_J_J_Ong@Jazz Dancing.Fbx，此时Character显示为灰色，说明材质不适用于角色，需要再进行调整，如下页图30-15所示。首先选择Maria_Prop_J_J_Ong@Jazz Dancing.Fbx，显示Inspector。选择Rig，在Animation Type中指定Legacy，单击Apply按钮，如下页图30-16所示。

然后选择Animation，在Wrap Mode处选择Loop。将下方的Wrap Mode也指定Loop并单击Apply按钮。

接着选择Materials，单击Textures中的Extract Textures，如下页图30-17所示。保存位置之后再进行解锁，这里直接单击“选择文件夹”按钮。

▼图30-15 在Assets文件夹中读取 Maria_Prop_J_J_Ong@Jazz Dancing.Fbx，显示为灰色

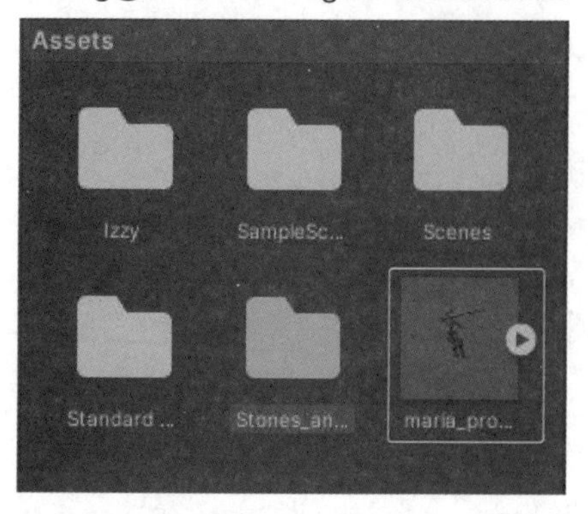

▼图30-16 在Animation Type处指定Legacy

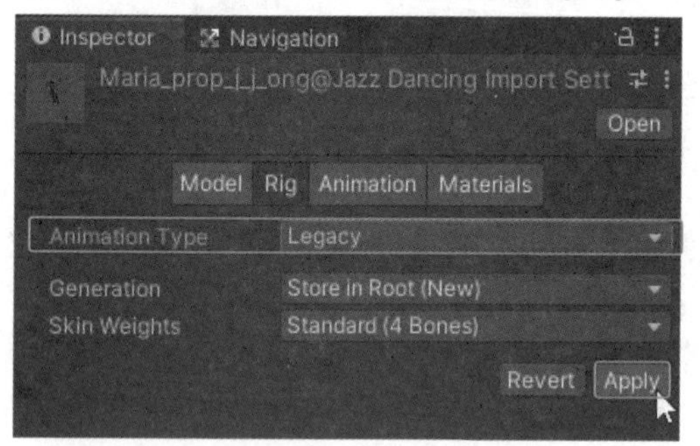

▼图30-17 单击Extract Textures按钮

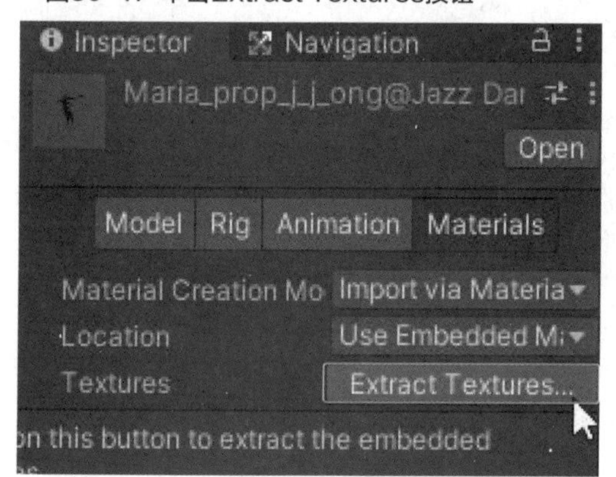

这里将会显示Normalmap Settings，先单击Fix Now按钮，这样Texture将会适用于 Maria_Prop_J_J_Ong@Jazz Dancing.Fbx的角色中。这样就做好角色的准备了，接下来是创建场景，在Scene视图中配置Plane。将Scale的尺寸指定得大一些，这里指定为3。接下来，打开Project的Assets→Standard Assets→Environment→Water→Water文件夹，将Prefabs文件夹中的WaterProDaytime.Prefab配置到Hierarchy当中。用移动工具Move Tool在Plane上将WaterProDaytime显示出来，并调整Main Camera的位置，如图30-18所示。

▼图30-18 在Scene和Game视图中看到的WaterPro-Daytime

将Assets文件夹中的Maria_Prop_J_J_Ong@Jazz Dancing.Fbx拖动到Scene视图中。Maria_Prop_J_J_Ong@Jazz Dancing.Fbx像是要沉入到水中，请将Waterprodaytime放到下面，水没到膝盖处并且面对镜头的方向，如图30-19所示。

▼图30-19 将Maria_Prop_J_J_Ong@Jazz Dancing.Fbx配置到水中

这样就完成了，单击Play按钮，角色在水中跳着舞，水面上倒映着人物的身影，如图30-20所示。

▼图30-20 角色在水中跳着舞

秘技 251 如何让月光洒满夜晚的大海

扫码看视频

对应 2019 2021

难易程度

调整Directional Light的位置，让夜晚的大海表面反射月亮的光。这里使用Asset Store中收费的资源，购买下载DCG SideScroller Water Shader（$15.96）并导入。接下来在Project的Assets中读取一些必要的组件，如图30-21所示。

▼图30-21 读取必要的组件

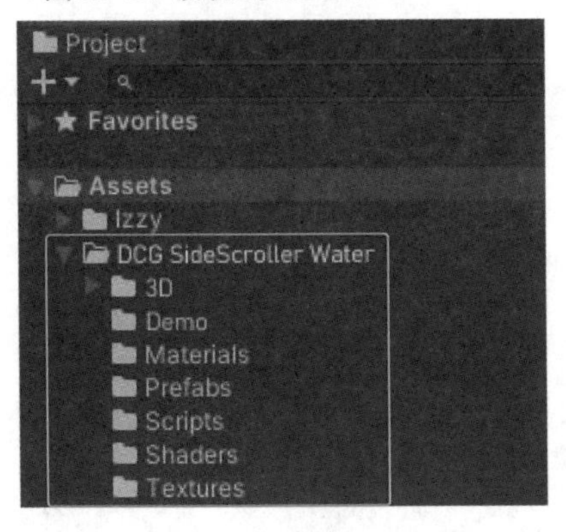

打开Project的Assets→DCG SideScroller Water文件夹，将Prefabs文件夹中的SideScroller Water（Planar Simple）拖动到Hierarchy当中。

要让海面反射月亮的光，在Hierarchy当中选择Directional Light，使用变形工具中的旋转工具Rotate Tool或Move Tool使海面上光照处产生回转。

执行Play，夜晚的海面上反射着月亮的光，如图30-22所示。

▼图30-22 海面上反射着月亮光

秘技 252 如何表现海底的情景

扫码看视频

对应 2019 2021

难易程度

将秘技249创建的沉入到海中的场景使用DCG SideScroller Water Shader的Asset即可。

读取秘技249的场景并命名保存为252。创建方法很简单，将Assets→DCG SideScroller Water→ Prefabs中的SideScroller Water（Planar Simple）拖动到秘技249的场景中。

使用Move Tool调整位置。另外在上空配置一个有Rigidbody的红色Sphere，在执行画面时让它落入海中。Scene视图如图30-23所示。

▼图30-23 配置SideScroller Water（Planar Simple）和红色Sphere

单击Play按钮，沉入海中的场景在海底摇起了浪花，落下的红色球也沉入海底并滚动着，如图30-24所示。

▼图30-24 球沉入海底

秘技 253

如何表现在大海上漂荡的小船

▶对应 2019 2021

▶难易程度 ●

这里需要表现在风浪中浮沉的小船，使用DCG Side-Scroller Water Shader的资源。

打开Assets→DCG SideScroll Water→ Prefabs文件夹，将SideScroller Water（Planar Tessellation）拖动到Scene视图中。将DCG SideScroller Water文件夹中的Buoyancy Boat放到风浪之间使其漂浮，如图30-25所示。

▼图30-25 SideScroller Water（Planar Tessellation）上漂浮着Buoyancy Boat

在Hierarchy中选择Buoyancy Boat，并打开Inspector，将Buoyancy(Script)中的Density值设置为40，如图30-26所示。这个值如果太大的话，Buoyancy Boat将会沉到海底。

▼图30-26 设置Buoyancy Boat的Density值

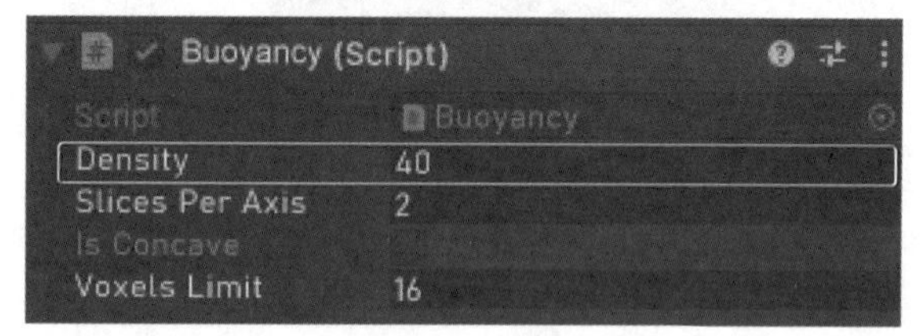

单击Play按钮，小船被浪推翻了，如图30-27所示。

▼图30-27 小船被浪推翻

秘技 254

如何表现球在水中的动作

扫码看视频

对应 2019 2021

难易程度 ●

首先从Asset Store中导入免费的Hand Painted Nature Kit资源，这是已经创建好的自然风景的资源。

展开Assets→Skythiancat→Hand_Painted_Nature_Kit_LITE_DEMO文件夹，打开Demo_Scene。打开后画面如图30-28所示。

▼图30-28 Demo_Scene的画面

在这个Scene视图中，展开Assets→DCG Side-Scroller Water文件夹，将Prefabs文件夹中的Side-Scroller Water（Planar Tessellation）拖进去。按照图30-29进行调整，这里的调整可能会非常困难，请反复操作。

▼图30-29 自然环境中覆盖着水

接下来，创建一个沉入水中的球。Scale设置得稍微大一些，这里请设置为5，让它拥有Rigidbody属性。球的配置位置如图30-30所示，在自然当中发现这个位置非常难。将球的Position值与Camera进行匹配，在此之后相机移动时会顺利地捕捉到球。

▼图30-30 球在水中漂浮着

单击Play按钮，球由于重力落入水中，在水中摇摇晃晃地来回移动，如图30-31所示。

▼图30-31 球在自然的水中摇摇晃晃地移动

本秘技使用了免费的资源，可能会出现文件无法识别的情况。如果使用收费的Asset也有这样的情况发生，本秘技主要起到参考作用。

Web摄像头设置秘技

秘技 255

如何显示Web摄像头的图像

扫码看视频

对应 2019 2021

难易程度 ●

使Plane纵向翻转后，Web相机得到的画像是倒立的。想要使其显示正常，需要让Plane的翻转方向发生改变。在本秘技的最后讲解了相关方法，请进行尝试，可能会花一些时间来熟悉相关操作。

下面介绍如何在Scene视图的Plane中显示Web相机的图像。首先，在Scene视图中配置Plane并使用旋转工具Rotate Tool使它纵立。此时Web相机显示的图像是倒立的，如图31-1所示。在Scene视图中配置的Plane，使用了旋转工具Rotate Tool让它竖立起来，使内侧被显示出来，而且内侧是透明的，如图31-2所示。

▼图31-1 Web相机得到的倒立图像

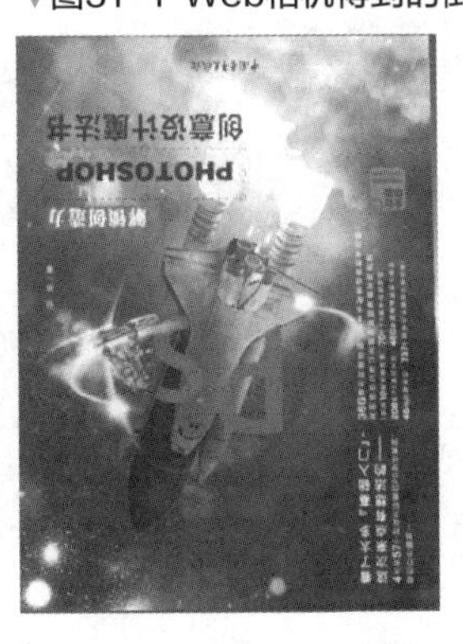

▼图31-2 将Plane竖立

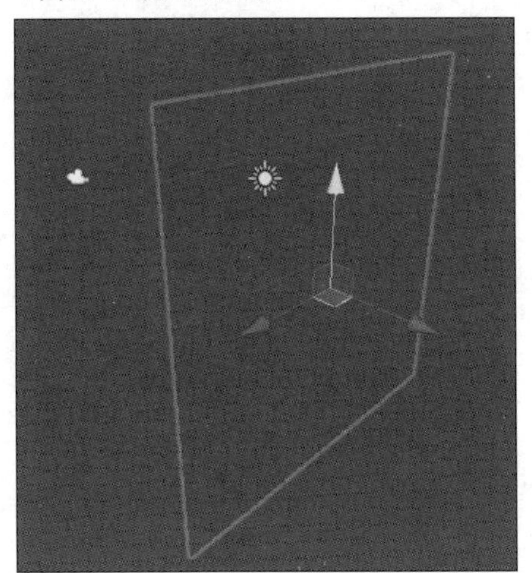

在Hierarchy中创建一个空的GameObject，命名为WebCamera。选择这个WebCamera，打开Inspector，单击Add Component按钮并选择New Script。将Name指定为WebCameraScript，单击Create and Add按钮。完成后WebCameraScript会被添加到Inspector中，双击启动Visual Studio，代码如列表31-1所示。

▼列表31-1 WebCameraScript.cs

```
using System.Collections;
using System.Collections.Generic;
using UnityEngine;
public class WebCameraScript : MonoBehaviour
{
    //Webcam Texture型的变量表示Webcamera
    WebCamTexture webcamera;
    //Gameobject型的变量表示Plane
    GameObject plane;
    //Start()函数
    void Start()
    {
        //通过Find方法访问Plane并使用变量显示
        plane = GameObject.Find("Plane");
        //创建Webcamtexture的实例
        webcamera = new WebCamTexture();
        //通过Getcomponent访问Renderer的组件用变量Renderer表示
        Renderer renderer = plane.GetComponent<Renderer>();
        //在Maintexture纹理处指定Webcamtexture实例
        renderer.material.mainTexture = webcamera;
        //通过Play使Web相机启动
        webcamera.Play();
    }
}
```

单击Play按钮，Web相机中的画面在Plane中是正立的，如图31-3所示。

上页图31-1中的图像是倒立的，在这里图像已经被清楚地显示出来，这是因为将Plane进行了再次翻转。选择Plane，使用旋转工具Rotate Tool竖着向对面进行旋转。完成后在Scene中只能看见框架，其他什么也看不见。这次选中框架向左旋转一半，就能顺利地将Plane调整为面向正面，实际操作后Web相机的图像就会正常显示了。

▼图31-3 Web相机得到的画像在Plane中显示

秘技 256

如何通过单击按钮显示Web摄像头的图像

扫码看视频

对应 2019 2021

难易程度 ●

Webcamtexture用于Web摄像头显示，可以将Web摄像头映出的图像进行纹理化操作。这里要通过单击按钮在Plane中显示Web摄像头拍摄的图像。继续使用秘技255的场景，首先将Hierarchy当中的Web-Camera删除。在Hierarchy中右击，在Create→UI菜单中，选择Button命令，配置一个按钮。在Canvas下方添加Button，选择Canvas并显示Inspector，在Canvas Scaler（Script）的UI Scale Mode处指定Scale With Screen Size。

按钮配置好了，但在Scene视图中看不见，这是因为Canvas特别大，在Scene视图中使用鼠标滑轮缩小画面后即可看见。在Hierarchy中选择Button，将Width指定为200，将Height指定为50。展开Button后选择Text，在Text的Inspector中指定“Web摄像头画像显示”，将Font Size指定为20。

适当调整Button的位置，使其显示在Plane的右下角处，如图31-4所示。

▼图31-4 配置Button

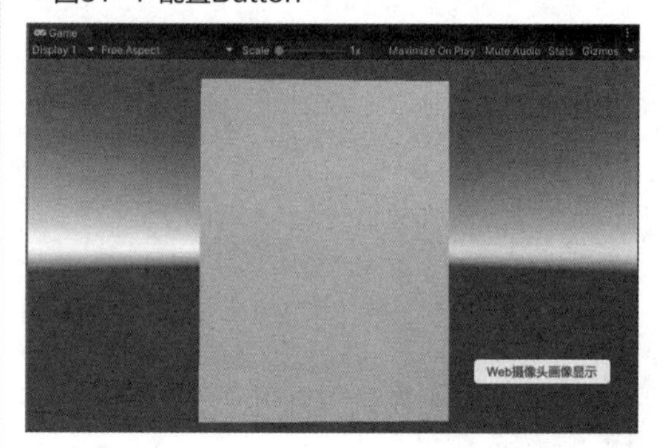

在Hierarchy中选择Button并打开Inspector，通过Add Component选择New Script。将Name指定为WebCameraGoScript，单击Create and Add按钮。WebCameraGoScript已经被添加到Inspector当中，双击启动Visual Studio，此处的代码基本和列表31-1相同，代码如列表31-2所示。

▼列表31-2 WebCameraGoScript.cs

```
public class WebCameraGoScript : MonoBehaviour
{
    WebCamTexture webcamera;
    GameObject plane;
    void Start()
    {
        plane = GameObject.Find("Plane");
        webcamera = new WebCamTexture();
        Renderer renderer = plane.GetComponent<Renderer>();
        renderer.material.mainTexture = webcamera;
    }
    public void WebCameraGo()
    {
        webcamera.Play();
    }
}
```

将Script和Button进行连接，选择Button，显示出Button的Inspector，单击On Click()右下角的“+”号，从Hierarchy中把Button拖动到None(Object)处。No Function变得可用，单击WebGameGoScript，选择WebGameGo()。

执行Play，然后单击“Web摄像头图像显示”按钮后，Plane中会显示图像，如图31-5所示。

▼图31-5 单击“Web摄像头图像显示”按钮后，图像显示出来了

秘技 257 如何在立方体和球体上显示Web摄像头的图像

扫码看视频

对应 2019 2021

难易程度 ●

本秘技将让三个对象物体显示Web摄像头的图像，需要注意，即使分别记述每个对象物体的脚本，Web摄像头的画面也不会被完全显示出来。

在Hierarchy面板中右击，在Create→3D Object菜单中选择Plane命令，在Scene视图中配置Plane。同样的方法配置Cube和Sphere，使用移动工具Move Tool调整对象的位置。然后分别选择Cube和Sphere，在Inspector中调整Transform的Scale值，改变其大小，接着在画面中调整各个对象的位置。

使用旋转工具Rotate Tool稍微改变Cube的方向，如图31-6所示。

▼图31-6 配置Plane、Cube及Sphere

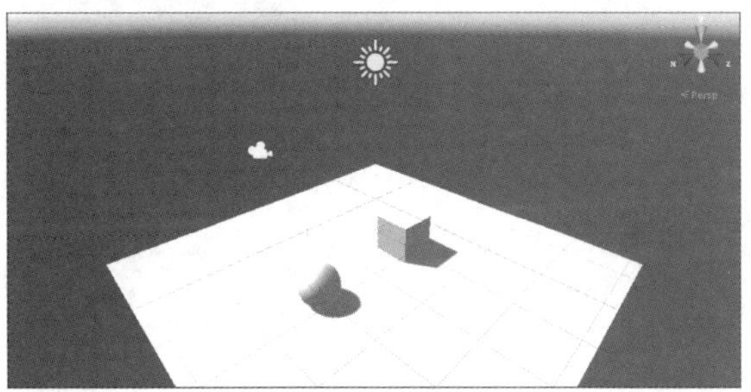

下面介绍让Plane、Cube和Sphere三个对象物体显示Web摄像机的图像。此时为每个对象物体都记述脚本，Web摄像机的图像也不会全部显示出来的。如果想让三对象物体都显示Web摄像机的图像，需要使用以下方法。

在Unity中打开GameObject菜单，选择Create Empty命令，在Hierarchy中创建空的GameObject，命名为Webcamera。选择Webcamera，在Inspector中单击Add Component按钮，选择New Script选项，将Name指定为Sphere_Cube_WebcameraScript，单击Create and Add按钮。在Inspector中，Sphere_Cube_Webcamera-Script被添加进来，双击启动Visual Studio，代码如列表31-3所示。

▼列表31-3 Sphere_Cube_WebcameraScript.cs

```
using System.Collections;
using System.Collections.Generic;
using UnityEngine;
```

```
public class Sphere_Cube_WebcameraScript : MonoBehaviour
{
    //Start()函数
    void Start()
    {
        // 是描述Web摄像头设备的序列类型结构
        //声明Devices变量，Webcamtexture.Devices使用可能的设备列表进行获取
        //接下来储存在Webcamdevice中的参照变量Devices
        WebCamDevice[] devices = WebCamTexture.devices;
        //Devices.Length比0大时，也就是Web摄像头被检测出时
        //被检测的设备的名字在初始化Webcamtexture当中
        //参照变量Mywebcamtexture
        if (devices.Length > 0)
        {
            WebCamTexture myWebCameTexture =
            new WebCamTexture(devices[0].name);
            //表明Gameobject型的Cube、Sphere、Plane变量，通过Find
            //在各个Gameobject中访问并进行参照。由于Plane是“地板”
            //“地板”上显示了Web摄像头的图像
            GameObject cube = GameObject.Find("Cube");
            GameObject sphere = GameObject.Find("Sphere");
            GameObject plane = GameObject.Find("Plane");
            //各个Cube、Sphere、Plane材料的纹理处，检测出的Web摄像头
            //指定参照的Mywebcamtexture。通过Play按钮实际操作
            //各个对象物体中会显示Web摄像头的图像
            cube.GetComponent<Renderer>().material.mainTexture = myWebCameTexture;
            sphere.GetComponent<Renderer>().material.mainTexture = myWebCameTexture;
            plane.GetComponent<Renderer>().material.mainTexture = myWebCameTexture;
            myWebCameTexture.Play();
        }
        else
        {
            Debug.Logerror(“未检测出Web摄像头”)
        }
    }
}
```

单击Play按钮后，Plane、Cube及Sphere中显示了Web摄像头的图像，如图31-7所示。

▼图31-7　所有的对象物体中都显示Web摄像头图像

秘技 258 如何在水下显示Web摄像头的图像

扫码看视频

对应 2019 2021

难易程度 ●

本秘技继续使用秘技255的场景中的Script，在Add Component的Scripts中添加即可。

下面将让沉入水中的Plane显示Web摄像机中的图像。设置完天空的风景后，再创建水中的效果。首先，从Asset Store中下载并导入Standard Assets资源。

在Unity的Asset→Import Package菜单中选择Environment命令，在Environment中包含了与水相关的一些组件。首先在场景中配置Plane，展开Assets→Standard Assets→Environment→Water文件夹，将Prefabs文件夹中的WaterProDaytime.Prefab配置到Plane上。将Plane放在WaterProDaytime下方的位置，如图31-8所示。

▼图31-8 沉入水中的Plane

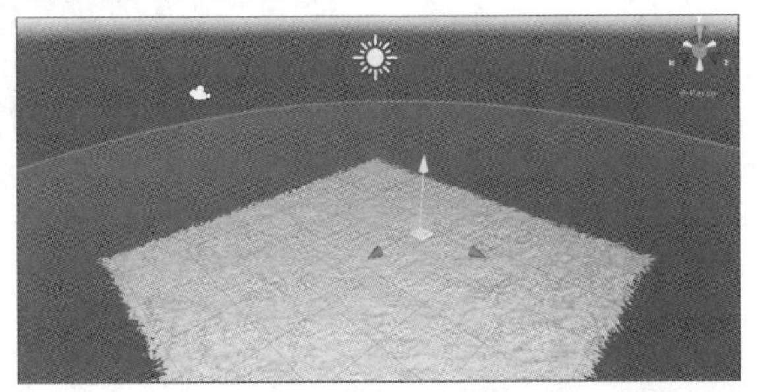

然后设置天空的风景，关于天空的设置，在第4章介绍过了，直接将用作天空风景的Asset从Asset Store中读取出来，在这里导入免费的sky5X one。设置天空的风景需要在Unity中选择Window→Rendering→Lighting Settings命令，显示出Lighting的画面。在Skybox Material右边的⊙图标，显示出Select Material并选择sky5X4，如图31-9所示。

▼图31-9 Skybox Material中的sky5X4

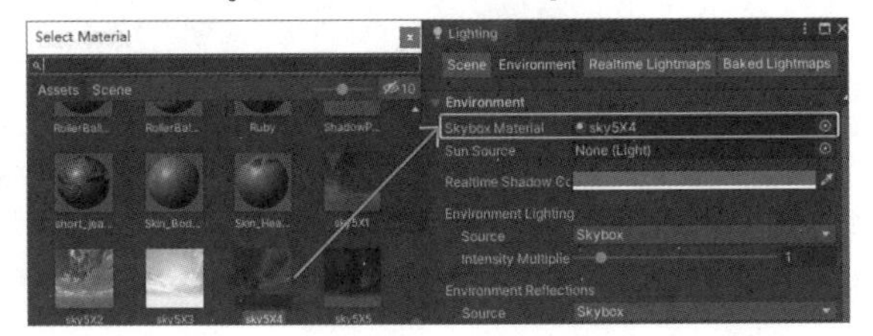

接着Game视图会变成如图31-10所示。在Hierarchy中创建空的Gameobject，命名为Webcamera。在Inspector中Add Component的Scripts处添加秘技255创建完成的WebcameraScript。创建完成的Script会登录到Add Component的Scripts当中，任何时候都可以使用。现在Hierarchy的结构如图31-11所示。

▼图31-10 设置天空的风景

▼图31-11 Hierarchy的结构

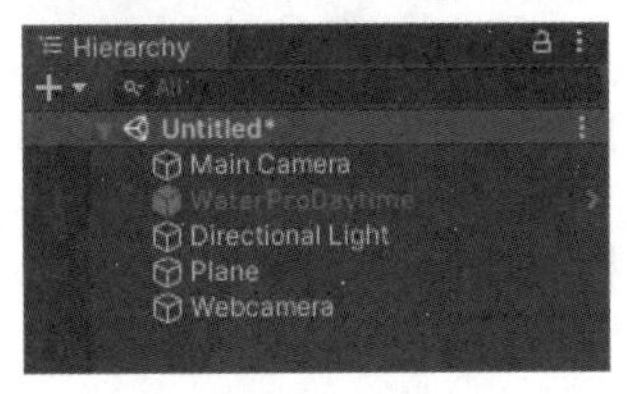

单击Play按钮，在水中的Plane上显示了Web摄像头的图像，水的波动造成了图像的摇晃，如图31-12所示。

▼图31-12 水中的Web摄像头图像在晃动

秘技259 如何使Web摄像头的图像半透明化

扫码看视频

对应 2019 2021

难易程度 ●●

透明度在代码中用Alpha指定，0表示完全透明，什么也不显示；1.0f则表示不透明，普通的显示。下面让Web摄像头的图像半透明化。首先，选择Main Camera并显示Inspector，将Camera的Clear Flags指定为Solid Color，将Background指定为黄色。将Background设置成任何颜色都可以，如下页图31-13所示。

▼图31-13 设置Main Camera的Inspector面板

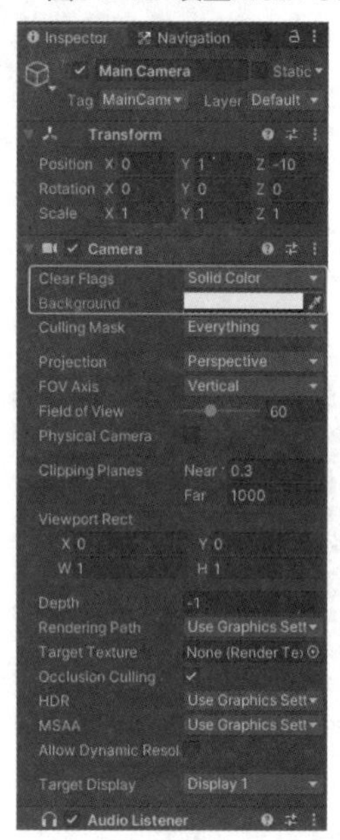

在Hierarchy面板中右击，在Create→UI菜单中添加RawImage。调整为在Canvas下面添加RawImage，调整Canvas的大小，在Scene视图中缩小Canvas，就可以显示RawImage了。在Hierarchy中选择RawImage，显示Inspector，将Width指定为640、Height指定为480，Canvas Scaler下的UI Scale Mode指定为Scale With Screen Size。

使用移动工具Move Tool进行移动，使Scene视图中的RawImage按照图31-14显示。

▼图31-14 Scene画面中的RawImage

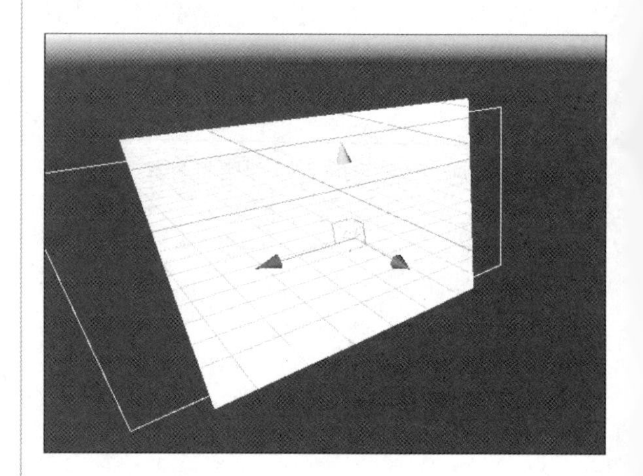

在Hierarchy中选择Rawimage并显示Inspector，通过Add Component选择New Script。将Name指定为WebCameraImageScript，单击Create And Add按钮。在Inspector中已经添加了WebCameraImageScript，双击启动Visual Studio，代码如列表31-4所示。

▼列表31-4 WebCameraImageScript.cs

```
using System.Collections;
using System.Collections.Generic;
using UnityEngine;
using UnityEngine.UI;
public class WebCameraImageScript : MonoBehaviour
{
    //Int型的变量Width、Height、FPS、Webcamno显示并进行初始化
    int Width = 640;
    int Height = 480;
    int FPS = 60;
    int WebCamNo = 0;
    //表示透明度的Alpha变量用Float型显示、0.2f进行初始化
    //在这里1.0f不被透明化
    float Alpha = 0.2f;
    //Start()函数
    void Start()
    {
        //Rawimage型的变量表示rawimage
        RawImage rawimage;
        //通过Getcomponent访问RawImage组件索引为0
        //变量rawimage进行参照
        rawimage = GetComponents<RawImage>()[0];
        //Webcamedevice型的序列变量表示Devices，包含Web摄像头的名字
        WebCamDevice[] devices = WebCamTexture.devices;
        //创建WebCamTexture型的webcamtexture实例。Web摄像头的名称
        //Width、Height、FPS进行初始化
        WebCamTexture webcamTexture =
```

```
        new WebCamTexture(devices[WebCamNo].name, Width, Height, FPS);
        rawimage.texture = webcamTexture;
        rawimage.material.mainTexture = webcamTexture;
        //rawimage的颜色指定被透明化的颜色。在这里透明度的值为0.2
        //进行设置
        rawimage.color = new Color(rawimage.color.r, rawimage.color.g,
        rawimage.color.b, Alpha);
        webcamTexture.Play();
    }
}
```

单击Play按钮，背景的黄色和Web摄像头的图像被透明化，如图31-15所示。

▼图31-15 被透明化的Web摄像头图像

专栏 Asset Store中有趣好玩的Asset介绍（13）

下图1是水面着色器Water Effect Fits For Lowpoly Style（免费）的下载界面。

▼图1 Water Effect Fits For Lowpoly Style的下载界面

这个资源不能进行单机操作，需要下载其他的Standard Assets。应用该插件的效果，如下图2所示。

▼图2 水面在波动

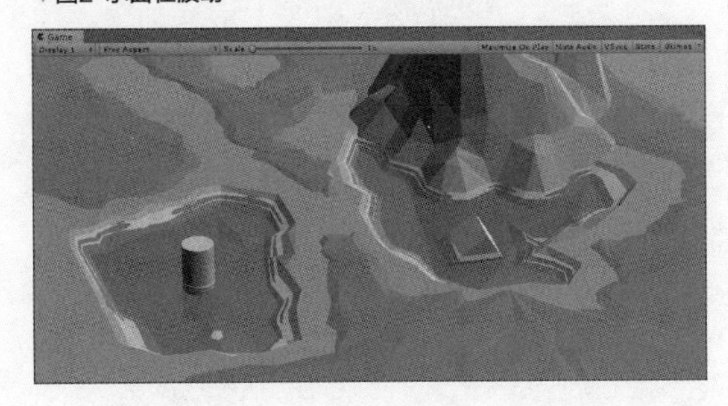

Timeline应用秘技

秘技 260

如何旋转立方体

扫码看视频

对应 2019 2021

难易程度

要将Timeline从Unity中移动到Package Manager中。Package Manager启动后，Time就已经安装上了，如图32-1所示。

将作为演示保存好的各个秘技通过Timeline进行操作时，选择秘技的演示编号。从Hierarchy中选中需要的对象物体，设置好的Timeline会被显示。通过Play the timeline可以进行播放。

▼图32-1 把Unity Timeline移动到Package Manager中

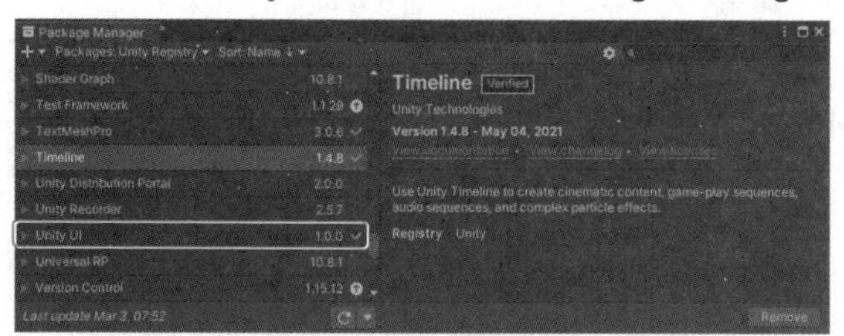

所谓Timeline，可以使用时间轴编辑器窗口对Scene的GameObject进行可视化的链接和剪辑，对场景剪辑、电影以及游戏顺序进行创建。

本秘技介绍旋转立方体的操作，首先在Scene视图中配置一个Cube。选中被添加到Hierarchy中的Cube并显示Inspector，通过Add Component在搜索栏中输入Playable，添加Play Director，如图32-2所示。在Hierarchy中选中Cube的情况下，在Unity菜单中选择Assets→Create→Timeline命令，创建出新的New Timeline，命名为Cuberotatetimeline，如图32-3所示。

▼图32-2 在Cube的Inspector中添加Playable Director

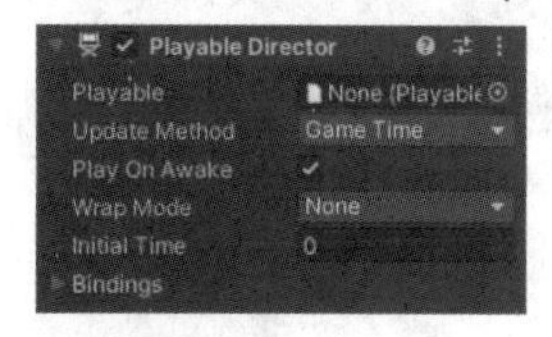

▼图32-3 创建Cuberotatetimeline

将图32-3中的Cuberotatetimeline拖到图32-2中的Playable中，如图32-4所示。

▼图32-4 将Cuberotatetimeline拖入

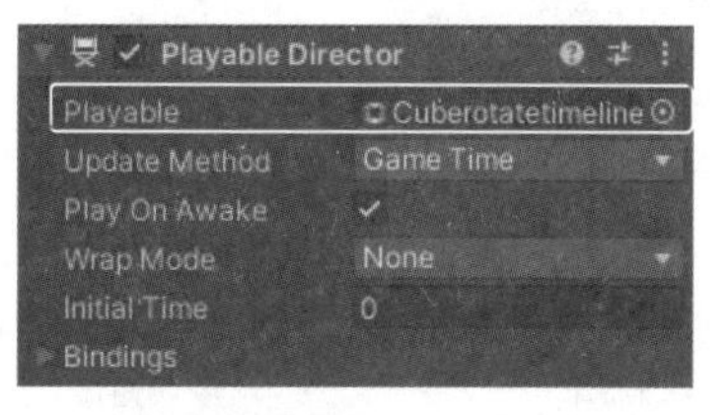

在Unity的菜单中选择Window→Sequencing→Timeline命令，显示图32-5所示的画面。

▼图32-5 Timeline Editor的画面

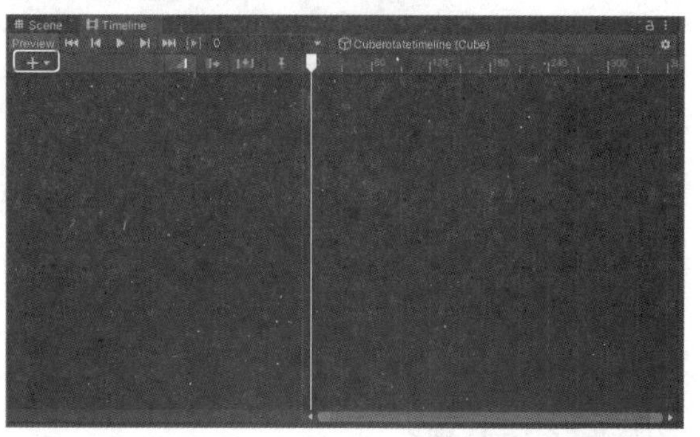

单击图32-5蓝色框内的+按钮，从列表中选择Animation Track选项，添加Animation Track，如图32-6所示。

▼图32-6 添加Animation Track后的画面

将Hierarchy中的Cube拖到图32-6蓝色框线内的None（Animator）处，接下来会显示出下页图32-7的列表，选择Create Animator on Cube选项。在None（Animator）处，Cube已经被添加进去了。

▼图32-7 选择Create Animator on Cube选项

单击红色●图标，会显示Recording，如图32-8所示。

▼图32-8 Recording状态

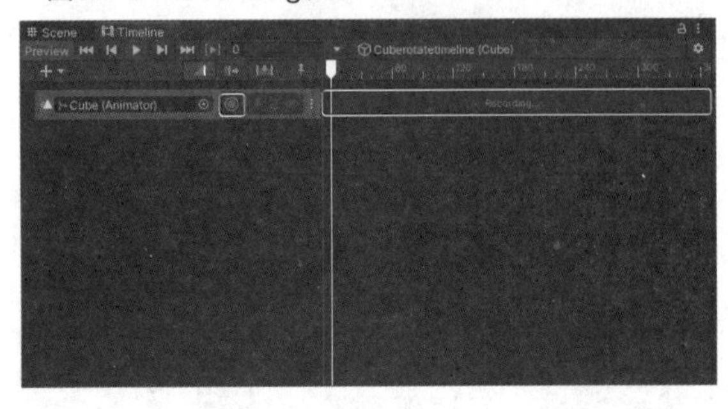

在图32-8的情况下，选择Cube并打开Inspector，在Transform的Rotation上单击鼠标右键，选择Add Key命令，如图32-9所示。

▼图32-9 选择Add Key命令

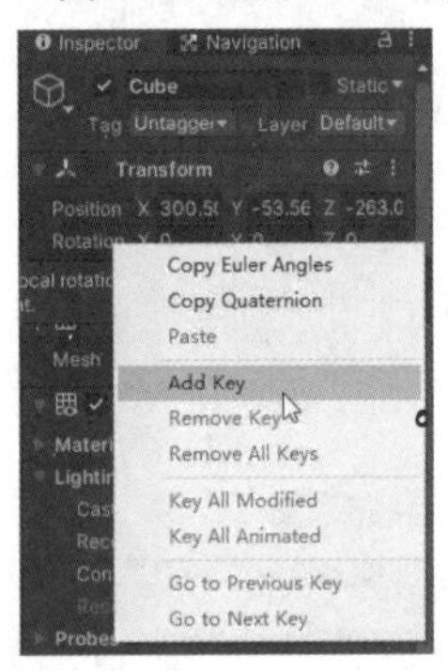

接下来，在Cube处于0帧位置时，Key会波动。将Timeline的播放头向右拖，使其到120帧位置，如图32-10所示。

▼图32-10 将播放头移动到120帧位置

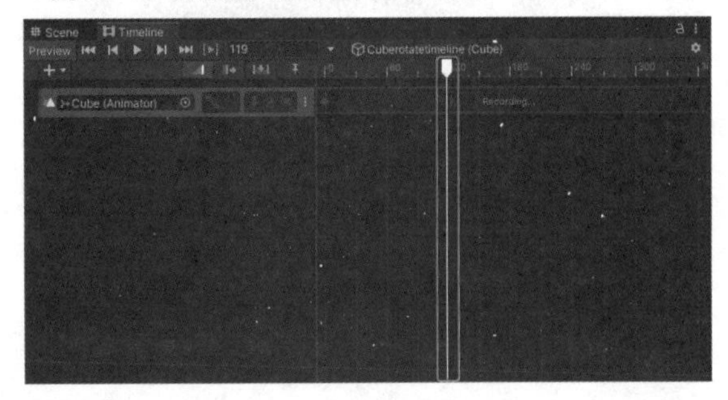

此时显示Scene视图，选择Cube，用旋转工具Rotate Tool使Cube向各个方向翻转，如图32-11所示。

▼图32-11 在Scene视图中使Cube向各个方向翻转

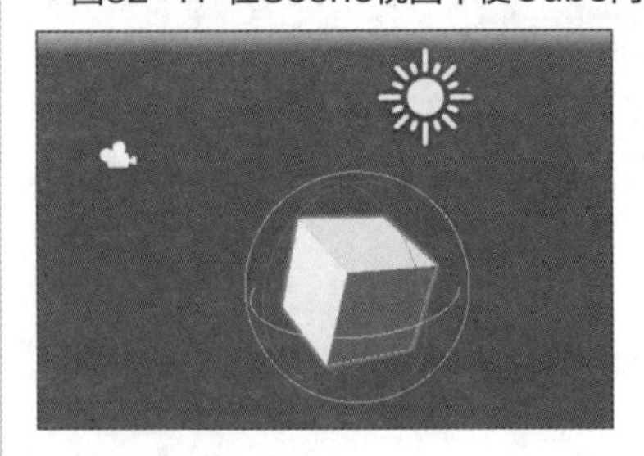

返回Timeline画面后，Cube在120帧位置处打了一个关键帧，如图32-12所示。

▼图32-12 在120帧处打了一个关键帧

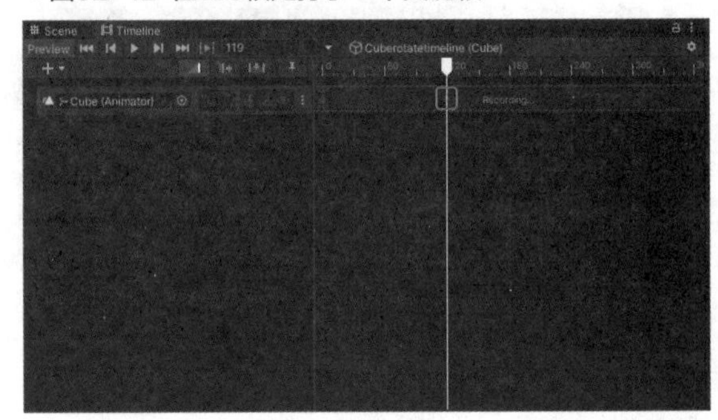

再次单击红色●图标。单击Play The Timeline的播放按钮后，会显示出翻转的Cube的Animation，如图32-13所示。此外，单击Unity中的Play按钮，可见Cube在Game视图中翻转，如下页图32-14所示。

▼图32-13 单击Play The Timeline按钮，显示Cube的Animation

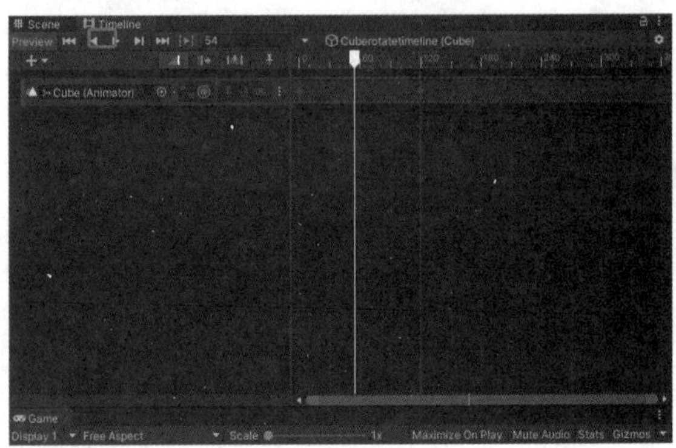

▼图32-14 单击Unity中的Play按钮后，Cube翻转

秘技 261

如何使球弹跳

扫码看视频

对应 2019 2021

难易程度 ●

在Scene视图中配置一个Plane和一个在空中的Sphere。选择Hierarchy中的Sphere，显示Inspector，通过Add Component在搜索栏中输入Playable并添加Playable Director。这些操作和秘技260几乎一样，所以这里省略解说。在Hierarchy中选择Sphere，在Unity菜单中选择Assets→Create→Timeline命令，New Time创建完成，将其命名为Sphereboundtimeline。在Sphere中Playable Director的Playable处，将Sphereboundtimeline拖动进去。

在Unity菜单中选择Window→Sequencing→Timeline命令，Timeline Editor会被显示出来。如果Timeline的种类已经被添加进去了，单击Add按钮。

单击Add按钮后，在显示列表中选择Animation Track选项。在None（Animation）处将Hierarchy中的Sphere拖进去，Sphere已经被添加到None（Animation）处。

单击红色●图标更改为Recording状态，显示Sphere的Inspector，在Transform上方右击，选择Add Key命令，Sphere位于0帧位置时会打出一个关键帧，接下来将Timeline的播放头向右拖动到10帧位置处。

在Scene视图中选择Sphere，使用移动工具Move Tool让Sphere下落到Plane处。然后再次返回到Timeline，将播放头移动到20帧处，在Scene视图中将Cube的位置放到稍微比前面低一点的地方。重复这个操作，直到200帧左右，Sphere会弹跳并落下。单击红色●图标，此时帧率如图32-15所示。

▼图32-15 Sphere弹跳并下落到播放头位置

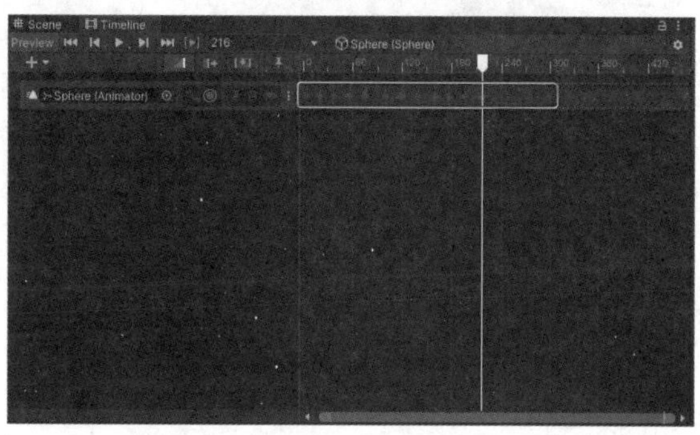

单击Play The Timeline播放按钮后，会出现弹跳的球的动画。执行Play后在Game视图中，球正在弹跳着，如图32-16所示。

▼图32-16 球在弹跳

秘技

262 如何使角色跳起来

扫码看视频

▶对应 2019 2021

▶难易程度 ●

使用Animation Track让两个动画重叠后，动画便补充完成，对动画的操作可以继续进行。在没有补充完成的情况下，各个动画会从头开始运转。

这里使用Timeline让Izzy跳跃，首先请从Asset Store中导入Izzy-iClone Character，该资源是免费的。同样地，请将Raw Mocap Data Mecanim也导入进来，这个资源也是免费的。

首先打开Project的Assets→Izzy文件夹，将Prefab文件夹中的Izzy拖动到Scene视图当中，将Main Camera放在靠近Izzy的地方，如图32-17所示。

▼图32-17 将Izzy配置到Scene视图中

选择Izzy并显示Inspector，通过Add Component在搜索栏中输入Playable，将Playable Director添加进去。在Hierarchy中选择Izzy的状态下，在Unity的Assets→Create菜单中，选择Timeline命令。New Timeline会被创建，将其命名为Izzytimeline。将Izzy Timeline拖到Izzy的Inspector中Playable Director的Playable处。

然后显示出Timeline Editor画面。单击Add按钮，从列表中选择Animation Track选项。在None（Animation）处将Hierarchy中的Izzy拖进去，Izzy已经被添加进None（Animator）中，如图32-18所示。

▼图32-18 Izzy被添加进Animation Track中

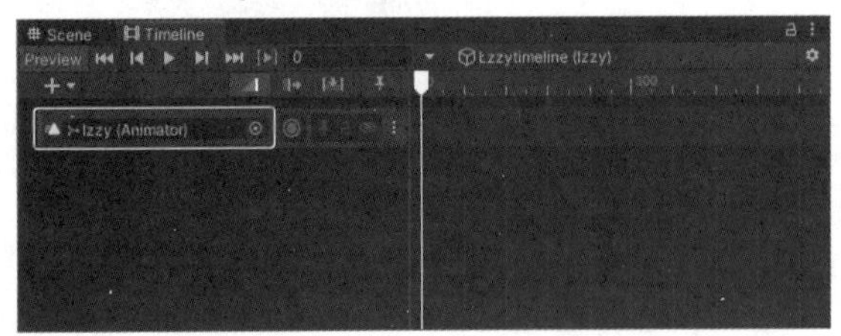

下面配置Animation Track角色的动画使Izzy跳跃。在Animation Track画面中右击，在列表中选择Add From Animation Clip选项，如图32-19所示。

▼图32-19 选择Add From AnimationClip选项

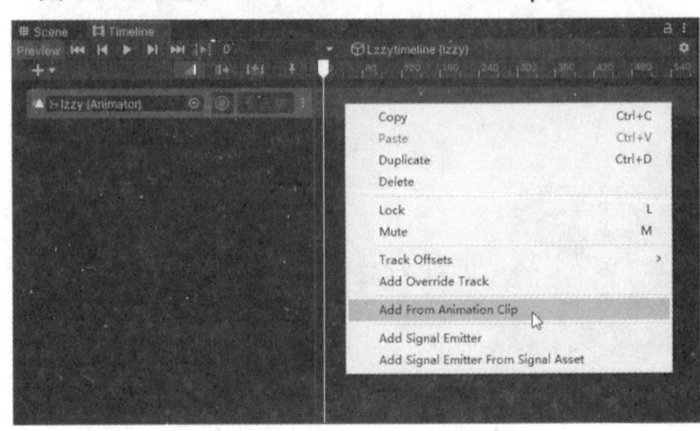

接着，Select Animation Clip会显示出来，在显示的列表中选择HumanoidIdleJumpUp选项，如图32-20所示。

▼图32-20 在Select Animation中选择HumanoidIdle-JumpUp选项

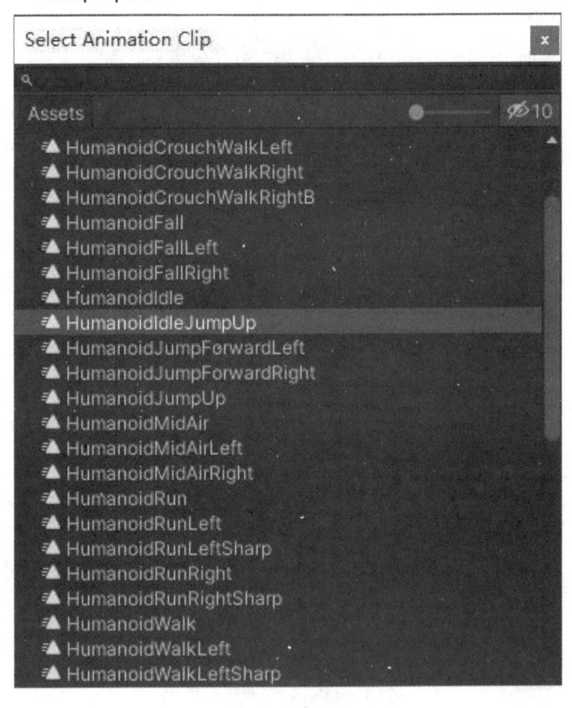

HumanoidIdleJumpUp被添加进去，如下页图32-21所示。

▼图32-21 添加HumanoidIdleJumpUp

单击Play按钮后，人物走着走着开始跳跃，如图32-22所示。

▼图32-22 播放后，人物走着走着开始跳跃

现在，在HumanoidIdleJumpUp的后面再添加一个Animation Clip。同样地，在Animation Track画面上右击，在打开的菜单中选择Add From Animation Clip命令。在显示的Select Animation Clip中再次添加HumanoidIdleJumpUp，如图32-23所示。

▼图32-23 再添加一个Animation Clip

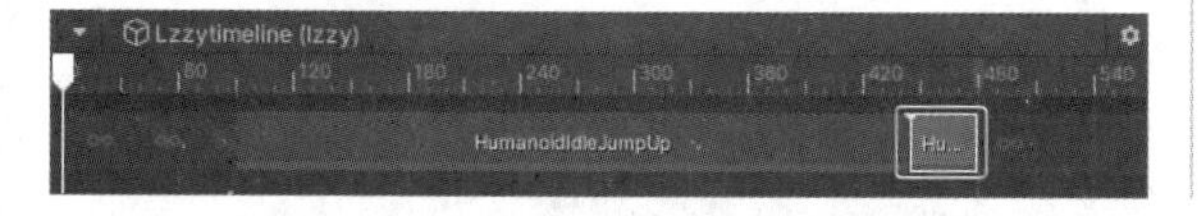

播放后，第一个动画结束后，接着后面的动画会从头开始执行，如图32-24所示。

▼图32-24 第二个Animation开始执行

图32-23的HumanoidIdleJumpUp和HumanoidIdleJumpUp重叠后，动画被补充完毕后，第二个动画不是从头开始，而是当第一个Animation结束后，紧接着继续执行，如图32-25所示。

▼图32-25 Animation补充完毕后，可以继续执行第二个Animation

再次执行Play后，动作的差异不是很明显，但是第二个动画不是从头开始的。

秘技 263 如何创造角色行走途中一瞬间的踉跄效果

扫码看视频

对应 2019 2021

难易程度 ●●

本秘技使用Override Track，设置Avatarmask的身体在一瞬间的踉跄效果。如果是招手的动画，使用后会让角色招手。

这里使用Izzy角色，设置Izzy在行走途中一瞬间有踉跄的效果。Izzy在秘技262中已经从Asset Store中导入完成，再将Mecanim Locomotion Starter Kit也导入进来。

打开Assets→Izzy文件夹，将Prefab文件夹中的Izzy拖动进去，如图32-26所示。执行Timeline后Izzy会变得非常小，将Scale指定为3，在Game视图中会消失，但是没有任何的问题。

然后，选择Izzy并打开Inspector，通过Add Component在搜索栏里输入Playable，添加Playable Director。在Hierarchy选中Izzy的情况下打开Unity的Assets→Create菜单，选择Timeline命令。New Timeline被创建完成，命名为MyIzzy Timeline。在

▼图32-26 Scene视图中的Izzy

Izzy的Inspector中，将MyIzzy Timeline拖到Playable Director的Playable处。

接着会显示出Timeline Editor，单击Add按钮，从列表中选择Animation Track选项。在None（Animation）处将Hierarchy中的Izzy拖进去。在None（Animation）中，Izzy被添加进去，如下页图32-27所示。

▼图32-27 Izzy被添加进Animation Track中

在Animation Track中配置人物的动画效果。在Animation Track画面中单击鼠标右键，从菜单中选择Add From Animation Clip命令。然后会显示Select Animation Clip，在其中选择HumanoidWalk选项，如图32-28所示。HumanoidWalk被添加进去后如图32-29所示。被添加的HumanoidWalk时间太短了，我们可以将其拉长一些。

▼图32-28 在Select Animation Clip中选择Humanoid-Walk

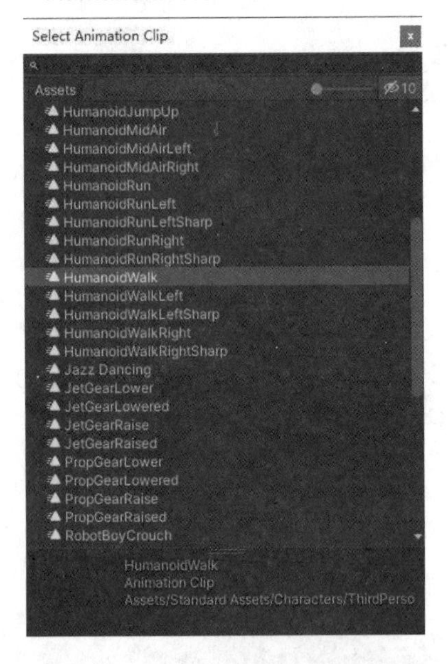

▼图32-29 HumanoidWalk添加完成

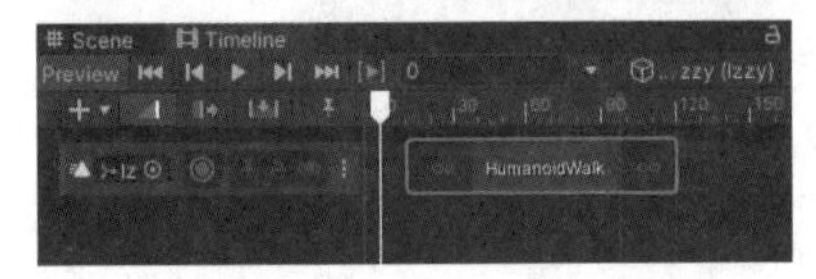

单击Play按钮后，Izzy仅仅在步行而已，如图32-30所示。

▼图32-30 播放后，Izzy只是在行走

下面在此基础上添加跟跄效果。在选中Animation Track的状态下右击，从显示的列表中选择Add Override Track选项，如图32-31所示。

▼图32-31 选择Add Override Track选项

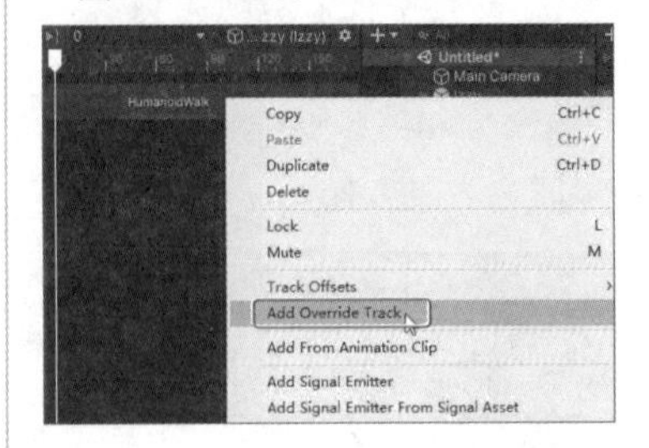

Override Track创建完成，在选中Override Track的状态下单击鼠标右键，从快捷菜单中选择Add From Animation Clip命令。被添加的动画效果中添加了Walkavoid_Toright_Both（踉跄动作效果）。为了配合Humanoid的播放时机，请调整一下长度，如图32-32所示。打开Assets→Create文件夹，选择Avatar Mask，命名为Izzybody，如图32-33所示。

▼图32-32 调整时序

▼图32-33 名为Izzybody的Avatar Mask创建完成

选择Izzybody动画遮罩后显示Inspector，Humanoid和Transform会显示出来。展开Humanoid，身体部位显示出来了，如图32-34所示。在下页图32-35中单击身体部位，使上半身部分为红色。

▼图32-34 身体部位显示

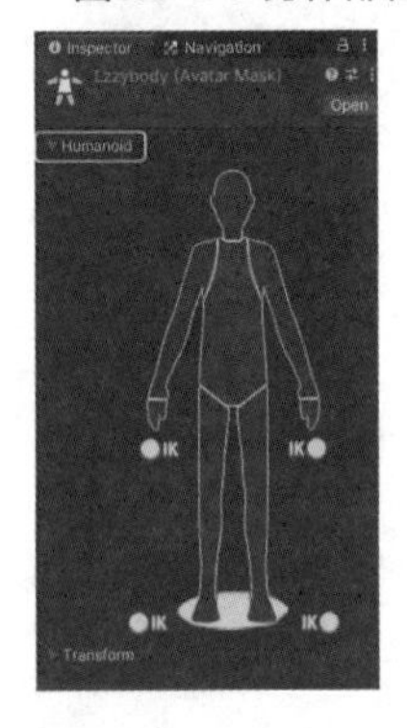

▼图32-35 仅设置上半身为红色

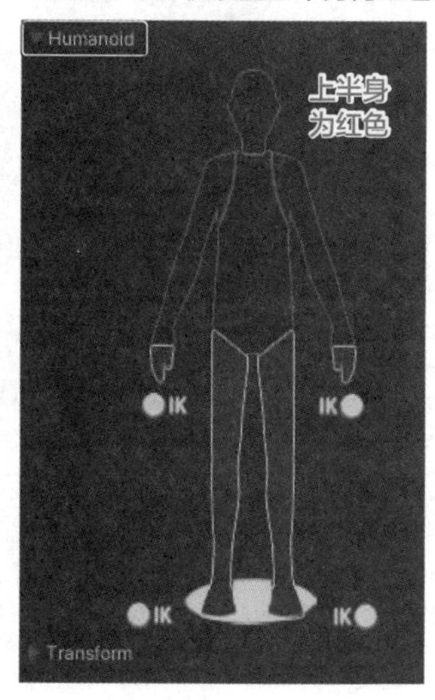

接下来选择Override Track，在Inspector的Avatar Mask中指定lzzybody，如图32-36所示。

▼图32-36 在Avatar Mask中指定Izzybody

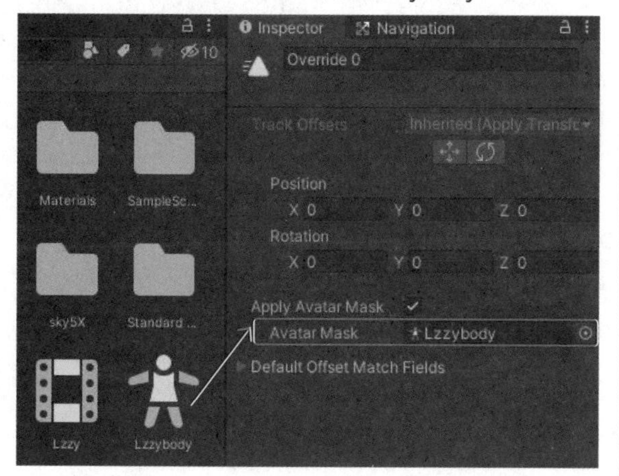

Timeline中Avatar Mask的图标会显示出来，如图32-36所示。

▼图32-37 显示Avatar Mask的图标

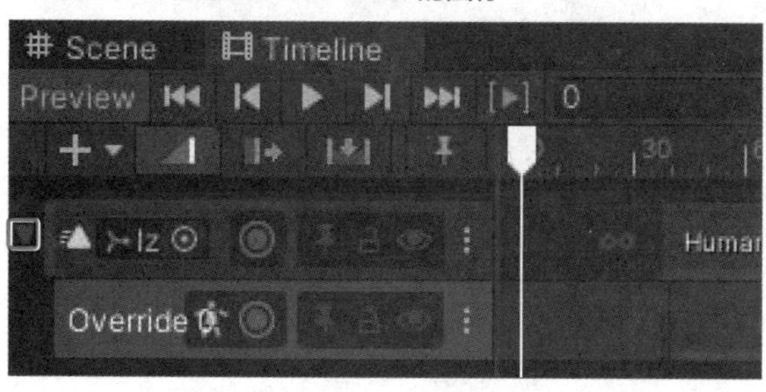

尝试在Override的剪辑之前和之后进行插值，选择Override剪辑并显示Inspector。在Ease In Duration和Ease Out Duration值的S处输入0.2后，F值会自然地显示为12。现在插值完成，如图32-38所示。

▼图32-38 对Override剪辑前后进行插值

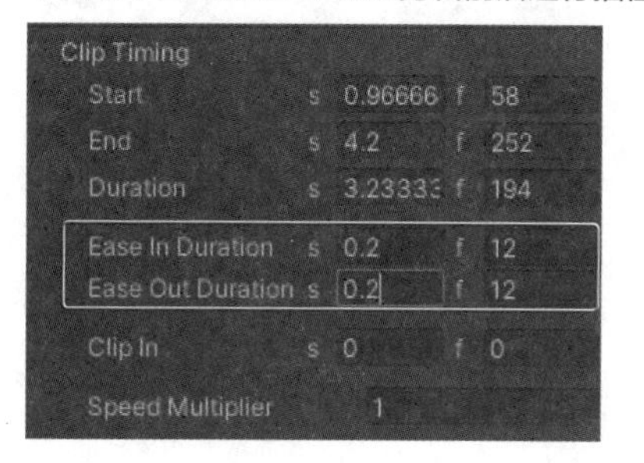

Timeline设置如图32-39所示。

▼图32-39 Timeline设置完成

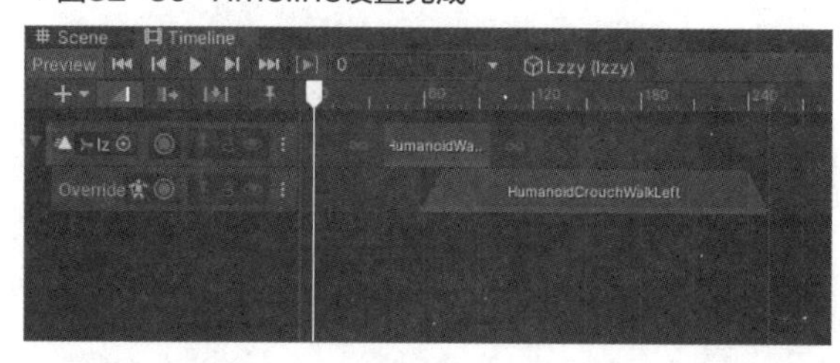

执行Play后，正在行走的Izzy在一瞬间有个踉跄的动作，如图32-40所示。

▼图32-40 行走的Izzy产生踉跄的动作

如何使用Audio Track

扫码看视频

对应 2019 2021

难易程度 ●●

本秘技中Animation Track的设置方法和以前的设置方法完全一样。Audio Track能够对添加了Audio Source的Main Camera进行指定，这是它的特征。

本秘技使用Winston人物，通过Timeline将动作和声音进行混合使其移动。从Asset Store的Winston_iClone Character中导入Winston人物。打开Project的Assets→Winston文件夹，将Prefab文件夹中的Winston拖动到Scene视图中，使它靠近Main Camera的位置，如图32-41所示。将Winston的Scale设置为5，为了让它能显示在Game视图中，请调整Main Camera的位置。

▼图32-41 显示在Scene视图中的Winston

选中Winston并打开Inspector面板，在Add Component的搜索栏中输入Playable，添加Play Director。在Hierarchy选中Winston的状态下，打开Unity的Assets→Create菜单，选择Timeline命令。New Timeline会被创建，命名为Winston Timeline。在Winston的Inspector中的Playable Director的Playable处，将Winston Timeline拖进去。

接下来会显示Timeline Editor画面，单击Add按钮，从列表中选择Animation Track选项。在None（Animation）处将Hierarchy中的Winston拖进去，Winston被添加进None（Animation）中，如图32-42所示。

▼图32-42 Winston被添加到Animation Track中

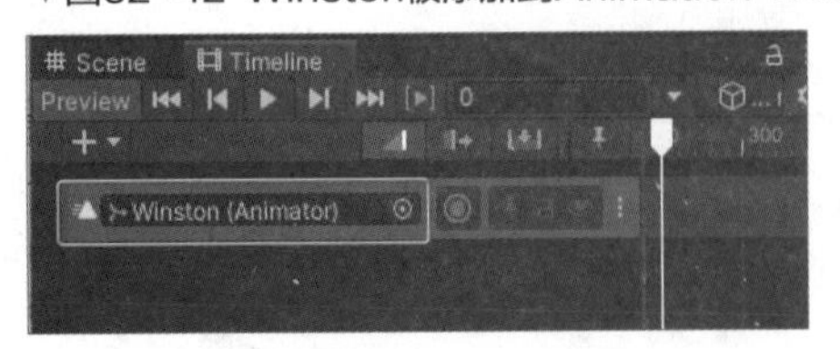

下面对Animation Track配置动画剪辑。在Animation Track画面上单击鼠标右键，在显示的菜单中选择Add From Animation Clip命令。选择完成后，Select Animation Clip会显示出来。在其中选择Humanoidwalkleft和Win00选项，如图32-43所示。Humanoidwalkleft和Win00中必须要进行补充，选择Win00并显示Inspector，将Ease In Duration和Ease Out Duration的*S*指定为0.2，两个Animation间的补充添加完成了。打开Humanoidwalkleft的Inspector，将Animationplayable Asset的Position的*Z*指定为0.83，将Rotation的*Y*指定为180。另外，将Win00的Inspector中的Rotation的*Y*指定为180，这样一来，Winston就面向正面了。

▼图32-43 在Select Animation clip中选择Humanoidwalkleft和Win00

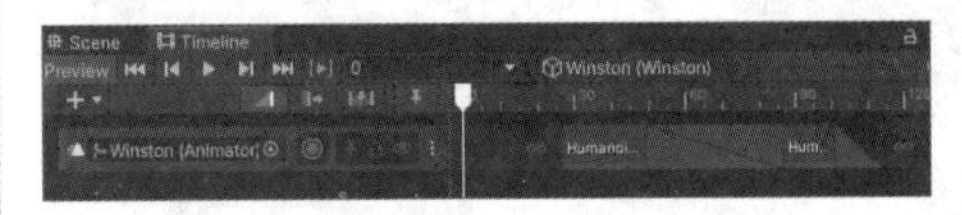

在Hierarchy中选择Main Camera，单击Add Component按钮，添加Audio Source组件。通过图32-42的Add按钮添加Audio Track。在Audio Track的位置处将Main Camera拖动进去，如图32-44所示。将Standard Assets的Utility文件中的Smooth Follow拖到Main Camera中，将Target指定为Winston、Distance指定为5、Height指定为4.5。

▼图32-44 将Main Camera拖动到Audio Track处

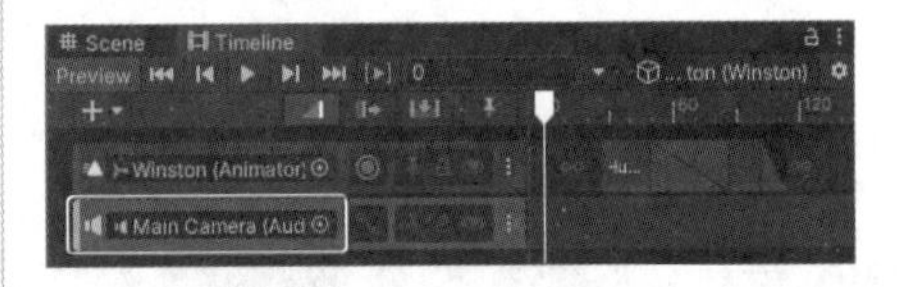

使用鼠标右键单击Audio Track画面，选择Add From Audio Clip命令后会出现Select Audio Clip的画面，在里面选择声音文件。这里选择了Univ116这个声音文件，如图32-45所示。这里显示出的声音文件是在UNITY_CHAN OFFICIAL WERBSITE中下载的，并保存在小Unity的Package文件当中。这里没有Asset Store中的文件，将UNITY_CHAN OFFICIAL WERBSITE从小Unity的Package文件夹中下载并进行导入。

▼图32-45 选择Univ116声音文件

在Audio Track上，单击Play The Timeline播放按钮来进行确认。使用Unity的Play进行确认，Winston不会出现在屏幕中。

执行Play后，会显示“出现错误”。由于笔者删除了很多Script文件，所以虽然人物会做出动作，但是状态并不是很好，所以请通过Timeline Editor上的Play The Timeline按钮来进行确认，如图32-46所示。

▼图32-46 角色人物会说话

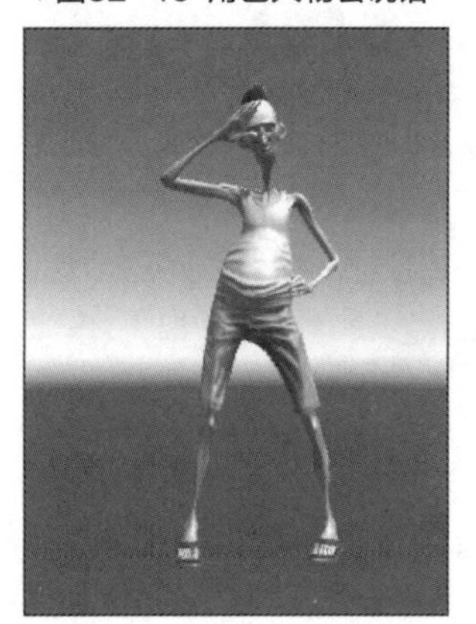

秘技 265

如何设置Camera的位置

扫码看视频

对应 2019 2021

难易程度 ●●

本秘技Main Camera是主角，通过Timeline来操作Main Camera的位置，以Izzy为中心使Main Camera旋转半圈。

打开Project的Assets→Izzy文件夹，将Prefad文件夹中的Izzy配置到Scene视图中并靠近Main Camera。

选择Main Camera并显示Inspector，在Add Component中添加Playable Director。另外，在Izzy的Animation的Controller中，指定ThirdPerson Controller。在Hierarchy选中Main Camera的状态下，在Unity的Assets→Create菜单中，选择Timeline命令。New Timeline创建完成，命名为Main Camera Timeline。在Main Camera的Inspector中的Playable Director的Playable处，将Main Camera Timeline拖动进去。

接下来是Timeline Editor的画面，单击Add按钮，从打开的列表中选择Animation Track选项。在None（Animation）处将Hierarchy中的Main Camera拖动进去。Main Camera被添加到了None（Animation）处。

单击红色●设置为Recording状态，显示Main Camera的Inspector，右击Transition的Rotation，选择Add Key命令，Main Camera在0帧处添加关键帧，选中后如图32-47所示。

▼图32-47 Main Camera在0帧位置时打出一个关键帧

将播放头移动到180帧处，使用变形工具Rotate Tool，让Main Camera旋转一次。接下来在180帧位置处会打出一个关键帧，如图32-48所示。

▼图32-48 在180帧位置处打出一个关键帧

单击红色●图标。执行Play，可以看到Izzy旋转了一圈，如图32-49所示。

▼图32-49 Izzy旋转了一圈

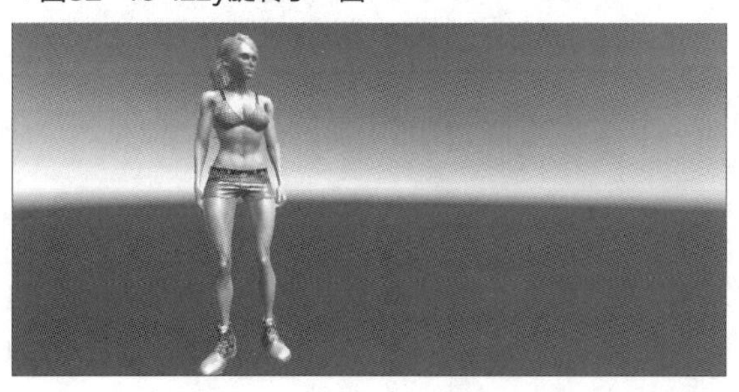

如何使用Maker和Signal、Signal Receiver（1）

扫码看视频

▶对应 2019 2021

▶难易程度 ●●●

这里继续使用秘技262的设定，将Izzy的Scale设置得大一些，本秘技设置为5。它会在Game视图当中消失，而且在执行Timeline时不会显示得太大。设置Izzy在跳跃过程中逐渐减速，需要使用Timeline的新功能Signal和Signal Receiver。Signal是一个资源，在Timeline当中呼出Signal后，它会被Signal Receiver接收，然后调出事件项目。

首先在Assets文件中提前创建一个Signal文件夹。在Signal文件夹中右击，选择Create→Signal命令，在Signal中创建名为Slow和Reset的两个Signal，如图32-50所示。

▼图32-50 在Signal文件夹中创建名为Slow和Reset的两个Signal

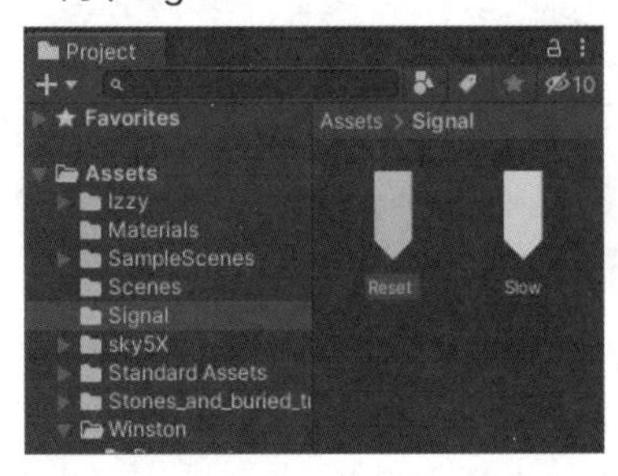

然后创建一个脚本文件，这是Slow和Reset切换时需要的脚本文件。选择Assets文件夹右击，选择Create→C#Script命令，创建TimeScaleController脚本，代码如列表32-1所示。

▼列表32-1 TimeScaleController.cs

```
using System.Collections;
using System.Collections.Generic;
using UnityEngine;

public class TimeScaleController : MonoBehaviour
{
    //用于在"慢"和"重置"之间切换的脚本
    //timescale用于缩放时间并进行慢动作处理
    public void Change(float timeScale)
    {
        Time.timeScale = timeScale;
    }
}
```

打开Hierarchy，选择Izzy，在Add Component中添加Signal Receiver。另外在Scripts中添加刚才创建完成的TimeScaleController脚本。

接着显示出Izzy的Inspector面板，单击Signal Receiver的Add Reaction按钮，在None处指定Slow。单击“+”图标，在Runtime Only中指定Editor And Runtime，在Izzy处重新将Hierarchy当中添加了Signal Receiver和TimeScaleController的Izzy。在No Function中打开TimeScaleController，选择Change（Float），会显示输入参数的地方，将Slow指定为0.1。

同样单击Add Reaction按钮创建Reset。内容相同，将参数指定为1，如图32-51所示。

▼图32-51 设置Izzy的Signal Receiver

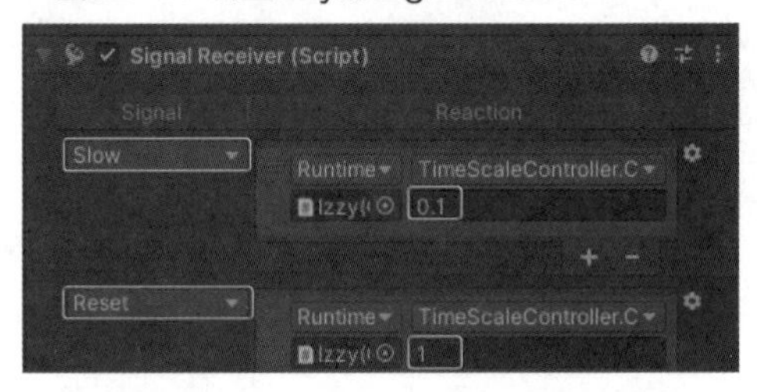

显示Timeline，单击Add按钮选择Signal Track。在None处将Hierarchy中的Izzy拖动进去。在动画剪辑中将最开始的Signal文件中的Reset拖动进去，在最后旋转的位置上将Slow拖动进去。最后，将返回原样的Reset的Signal拖动进去，如图32-52所示。

▼图32-52 在Timeline的动画剪辑中配置Signal

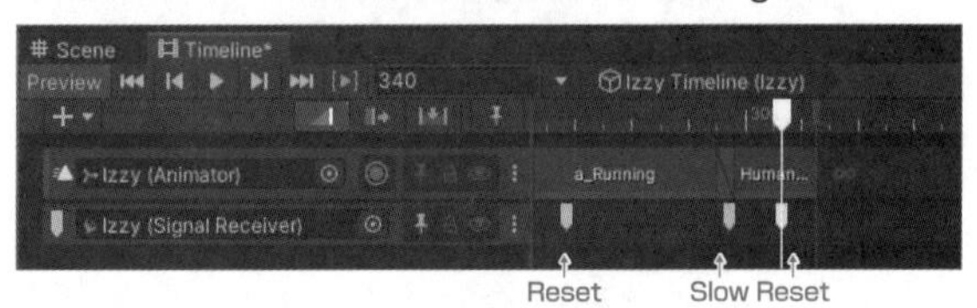

单击Play The Timeline按钮，在最后跳跃时，动作变得缓慢，然后又恢复了原样，如图32-53所示。

▼图32-53 Izzy慢慢地翻转着

秘技 267 如何使用Maker和Signal、Signal Receiver（2）

扫码看视频

对应 2019 2021

难易程度 ● ●

本秘技使用Signal及Signal Receiver，让Izzy中显示粒子系统演示。

在Asset Store中导入Izzy-iClone Character、DL Fantasy RPG Effects及Raw Mocap Data For Mecanim资源。它们全部都是免费的资源。

在Scene视图中配置Izzy，将Assets→DL_Fantasy_RPG_Effects_Prefab文件夹中的Explode拖动到Hierarchy的Izzy当中。

首先，创建Izzy向前走路的Timeline。将Assets→Izzy→Prefab文件夹中的Izzy配置到Scene视图中，靠近相机一些。

显示出Izzy的Inspector，在Add Component中添加Playable Director。创建Izzy Timeline，并将Izzy Timeline拖动到Izzy的Inspector中Playable Director的Playable处。

显示Timeline的类型，单击类型显示Timeline画面。单击+按钮后，选择Animation Track，如图32-54所示。

▼图32-54 添加Animation Track

在图32-54的蓝色框内将Hierarchy中的Izzy拖动进去。

然后在动画剪辑上单击鼠标右键，选择Add From Animation Clip命令，在Select Animation Clip中选择HumanoidWalk选项，如图32-55所示。

执行Play后，Izzy向前走路的动画效果，如图32-56所示。在Izzy前进的途中使它显示粒子系统，还需要将这两个效果组合起来，需要使用Signal及Signal Receiver。

首先，选择Assets文件夹，打开Unity的Assets→Create菜单，在Signal中创建EffectGo和EffectsStop两个Signal文件。

然后，选择Assets文件夹，单击鼠标右键，从打开的快捷菜单中选择Create→C#Script命令，创建名为Exploder Script的脚本文件。双击创建的脚本文件，启动Visual Studio，脚本文件如列表32-2所示。

▼图32-55 选择HumanoidWalk选项

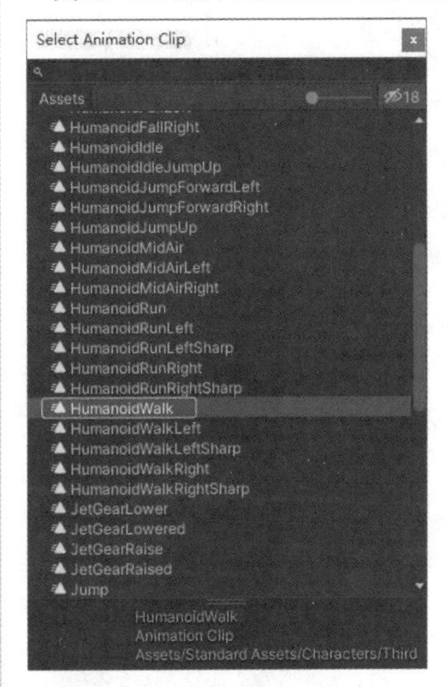

▼图32-56 Izzy只是向前走

▼列表32-2 ExploderScript.cs

```
using System.Collections;
using System.Collections.Generic;
using UnityEngine;

public class ExploderScript : MonoBehaviour
{
    //声明名为GameObject类型的obj变量
```

```
    GameObject obj;
    //声明名为ParticleSystem类型的ps变量
    ParticleSystem ps;

    //Start()函数
    void Start()
    {
        //使用 Find访问Hierarchy中的Izzy并将其引用到变量obj中
        obj = GameObject.Find("Izzy");
        //在GetComponentInChildren 中作为Izzy子级配置的ParticleSystem( Explode )
        //访问并引用变量ps
        ps = obj.GetComponentInChildren<ParticleSystem>();
        //使用Stop方法停止ParticleSystem
        ps.Stop();
    }
    //在运行Oracle系统的函数中，在public中定义它
    public void ParticleGo()
    {
        ps.Play();
    }
    //停止粒子系统的函数，已定义
    public void ParticleStop()
    {
        ps.Stop();
    }
}
```

打开Hierarchy，选择Izzy并且显示出Inspector，在Add Component中添加Signal Receiver，在Scripts中添加上页列表32-2的代码。

单击Izzy的Inspector中Signal Receiver的Add Reaction按钮，在None处指定EffectGo。单击+按钮，在Izzy所在位置处，重新将Hierarchy当中添加了Signal Receiver及ExploderScript的Izzy拖动进去。单击No Function按钮，选择ExploderScript→ EffectGo选项。

同样地，单击Add Reaction按钮创建Effect-Stop。单击No Function按钮，选择ExploderScript→ EffectStop选项，如图32-57所示。

▼图32-57 设置Izzy的Signal Receiver

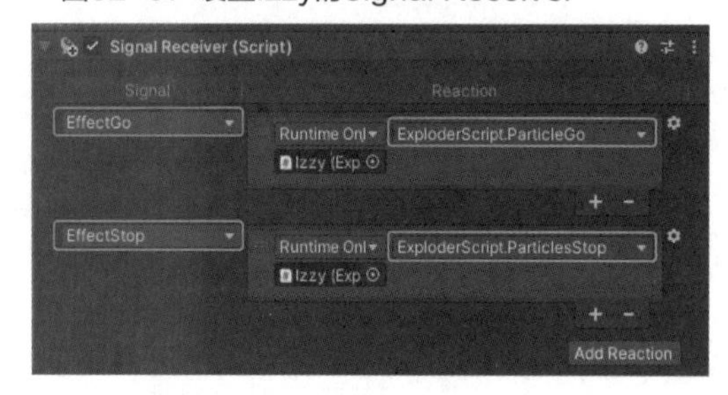

显示Timeline，通过Add按钮选择Signal Track。在None中将Hierarchy内的Izzy拖动进去。在动画剪辑中Signal最初的位置处，将EffectGo拖动进去，在最后的位置处将EffectStop拖动进去，如图32-58所示。

▼图32-58 在Timeline的动画剪辑中配置Signal

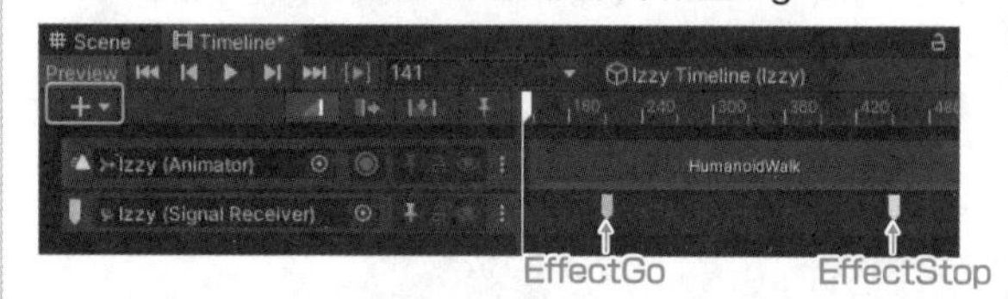

想要确认动作的话，单击Timeline中的Play The Timeline是不行的，需要通过Unity中的Play进行确认。

Izzy在走路途中，粒子系统显示出来，并在最后消失了，如图32-59所示。

▼图32-59 粒子系统显示，然后消失

上页图32-59中的Izzy是背对着画面的，要让Izzy从对面走过来，就要选择上页图32-58中动画剪辑里的HumanoidWalk并显示出Inspector，将Animation Playable Asset中的Rotation的*Y*指定为180，将Position的*Z*指定为6.03。Position的*Z*表示朝向里面，设置适当的靠近里面的值就行，如图32-60所示。

▼图32-60 设置Walkfwd的Inspector

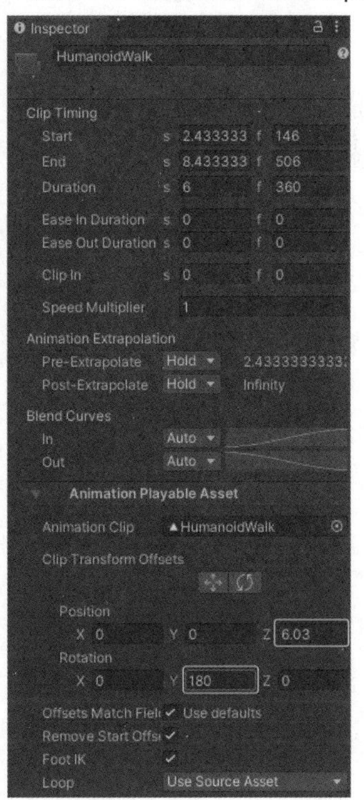

设置完成后，Game视图中的Izzy如图32-61所示。

▼图32-61 Izzy从对面走向这一侧

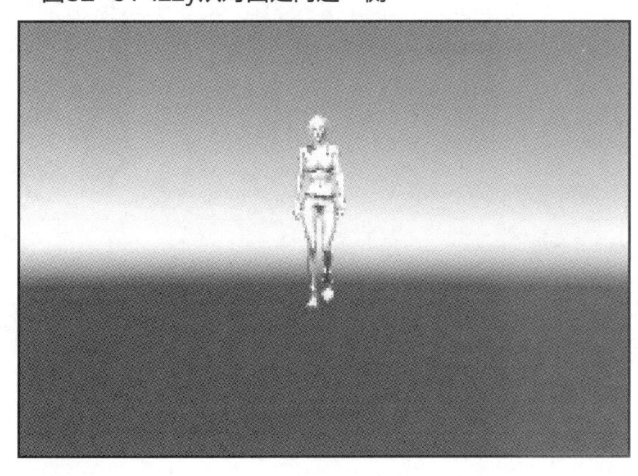

单击Unity中的Play按钮后，在Izzy从对面走向这边的途中，粒子被显示出来，如图32-62所示。

▼图32-62 从对面走向这边时，粒子被显示出来

Cinemachine应用秘技

秘技 268

如何安装Cinemachine

扫码看视频

对应 2019 2021

难易程度 ●

安装Cinemachine需要使用Package Manager。在Unity中选择Window→Package Manager命令，在打开的Package窗口中选择Cinemachine 2.6.11，如图33-1所示。目前Cinemachine是2.6.11版本，本书在销售时可能Unity进行了版本升级，Cinemachine可能也已经进行了版本升级。

▼图33-1 在Package Manager中选择Cinemachine

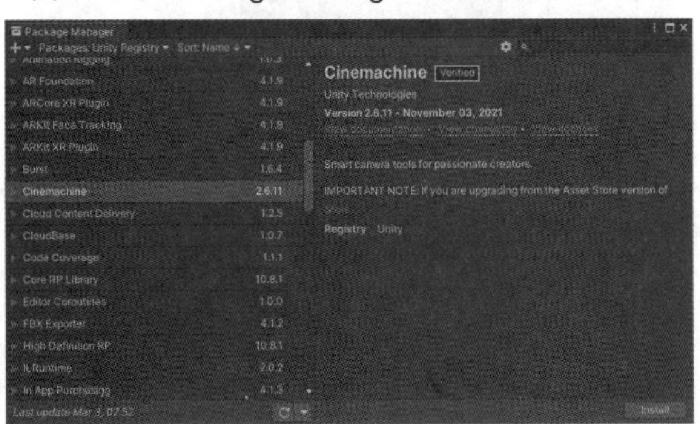

选择完成后右下角会出现Install按钮，单击进行安装，如图33-2所示。

▼图33-2 单击Install按钮

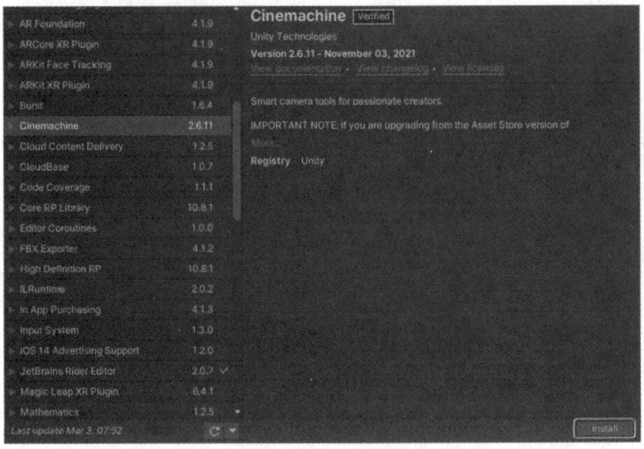

然后，安装就开始了，如图33-3所示。

▼图33-3 Cinemachine安装开始

安装完成后，画面如图33-4所示。

▼图33-4 Cinemachine安装完成

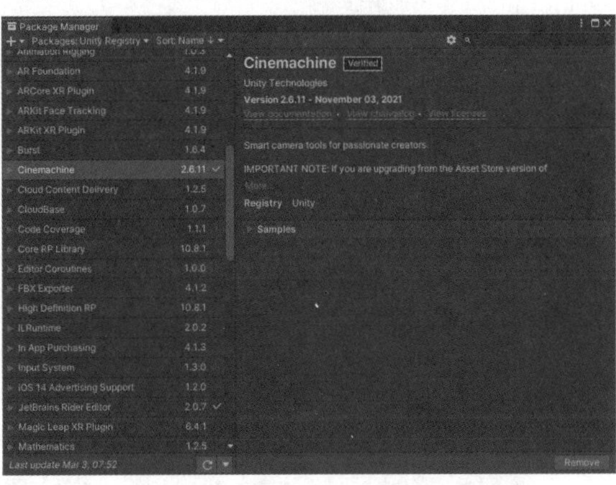

另外，用户也可以在Unity的菜单栏中添加Cinemachine，如图33-5所示。

▼图33-5 在Unity的菜单栏中也可以添加Cinemachine

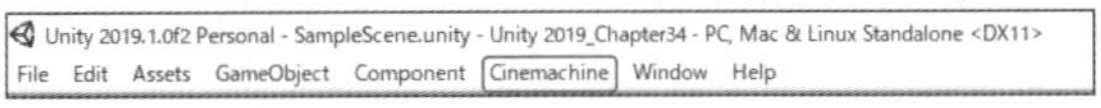

Cinemachine的VirtualCamera组件是什么

扫码看视频

对应 2019 2021

难易程度

在CM Vcam的Inspector面板中，需要设置的是Follow、Look At及Body的Binding Mode，其他参数保持默认设置即可。Cinemachine是通过设置虚拟相机，来创建Main Camera的运行轨迹。因此，在Main Camera中将Cinemachine的组件粘贴进去，使虚拟相机能够运转，如图33-6所示。然后在Hierarchy的Main Camera当中，Cinemachine的按钮会被添加进去，如图33-7所示。

▼图33-6 在Main Camera中通过Add Component将Cinemachine添加进去

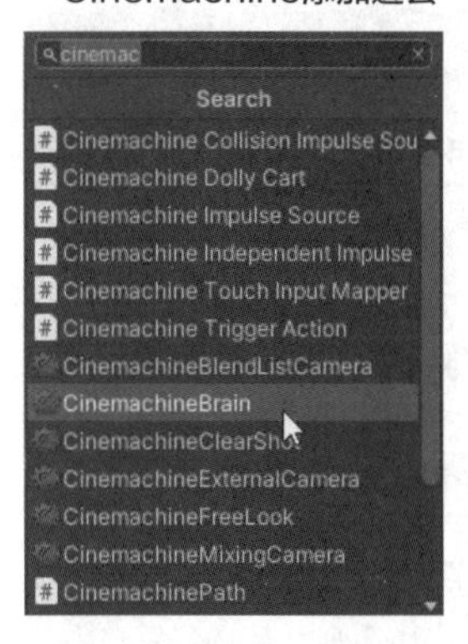

▼图33-7 Main Camera中Cinemachine的按钮被添加进去

下面介绍Virtual Camera的使用方法，首先配置Izzy将作为角色使用。打开Unity的GameObject菜单，选择Create Empty命令，创建一个空的GameObject，命名为Virtual Camera。打开Unity的Cinemachine菜单，选择Create Virtual Camera命令。然后在Hierarchy当中，CM vcam1会被创建，将其配置为刚才创建完成的Virtual Camera的子文件，如图33-8所示。选择CM vcam1并显示出Inspector面板，如图33-9所示。

▼图33-8 将CM vcam1配置为Virtual Camera的子文件

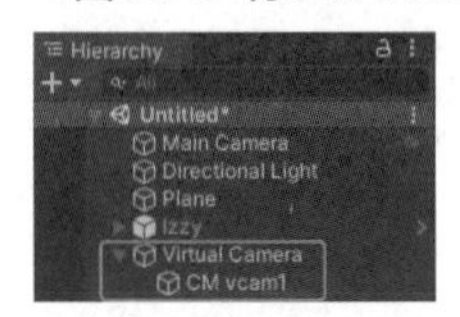

▼图33-9 CM vcam1的Inspector面板

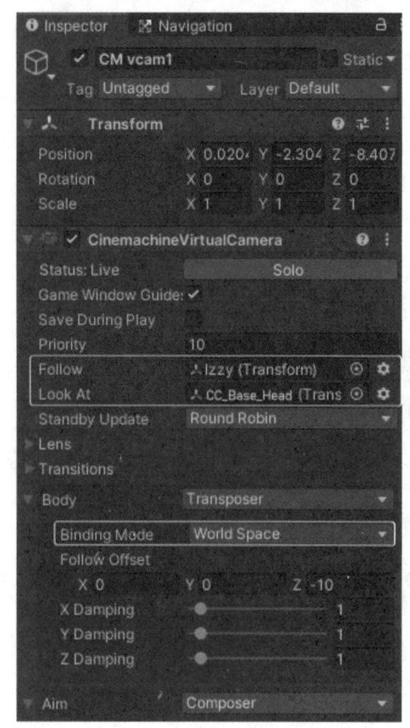

只需要设置蓝色框线内的Follow、Look At以及Binding Mode参数。Follow可以指定相机追踪的对象，这里将追踪Izzy。Look At可以指定相机拍摄身体的某一个部位，这里指定CC_Base_Head（头）。在Binding Mode中选择World Space，如果不这样设置的话，相机只能拍到Izzy的背后。其他的设置保持默认值即可。设置完成后Game视图如图33-10所示。

Body是相机本体的设置，Aim是观看目标方向的设置，Noise用于设置相机抖动。

这些参数都没有设置的必要，保持默认值即可。

▼图33-10 Game画面显示

秘技

270 Virtual Camera是什么

扫码看视频

对应 2019 2021

难易程度

本秘技介绍Virtual Camera来追踪人物。首先在Scene视图中配置Plane和Izzy，设置让Izzy正面对相机。

使用Mecanim Locomotion Starter Kit可以通过键盘的方向键让Izzy移动。选择Main Camera，在Inspector面板中通过单击Add Component按钮添加Cinemachine Brain。在Hierarchy中的Main Camera处显示Cinemachine按钮。在Unity的GameObject→Create Empty菜单中创建空的GameObject，命名为Virtual Camera。

在Unity的Cinemachine菜单中选择Create Virtual Camera命令，如图33-11所示。

▼图33-11 选择Create Virtual Camera

接下来CM Vcam会被创建，将其配置为Hierarchy中Virtual camera的子文件。选择CM vcam1并显示Inspector面板，按照上页图33-9中设置Follow和Look At，在Body的Binding Mode处指定为World Space。这里如果保持默认设置的话，Virtual Camera会始终拍摄Izzy的后面，而不会拍摄正面。接着，展开Lens菜单，设置Field Of View的值后，捕捉Izzy的区域将会发生变化，这里设置为21，如图33-12所示。

▼图33-12 CM vcam1的Inspector面板

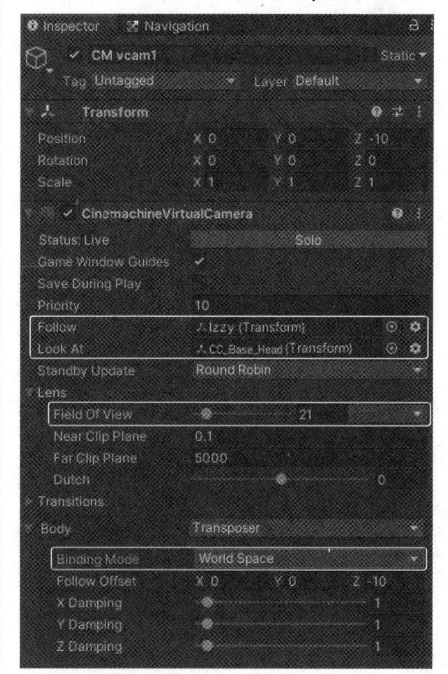

单击Play按钮，Virtual Camera在追踪Izzy，如图33-13所示。

▼图33-13 Virtual Camera在追踪Izzy

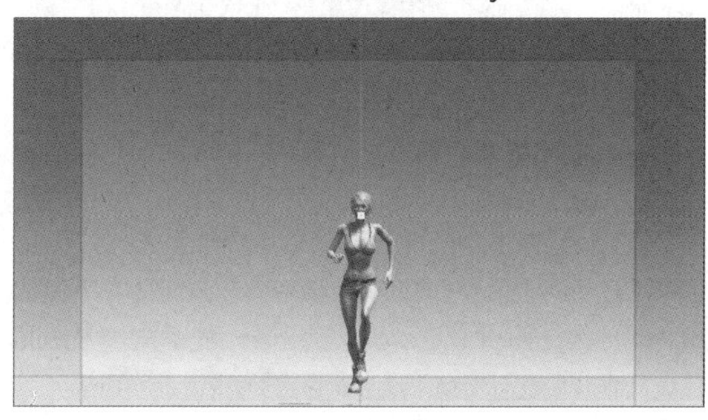

FreeLook Camera是什么

扫码看视频

对应 2019 2021

难易程度

虽然CM Freelook1的设置参数非常多，但是基本上只需要设置Follow和Look At两处就可以。

Cinemachine 的Free Look相机不仅可以跟随对象物体，还能保持相机的交互性，能够自由地操控相机上下左右移动。首先，从Asset Store中导入Izzy和Unity Mask Man。在Scene视图中配置Plane，在上面配置Izzy以及Assets→Unitymaskman→Prefabs文件夹中的Unitymaskman。在Inspector面板中，将Unity-maskman的Scale指定为4，尺寸稍微设置得大一些，如图33-14所示。

▼图33-14 配置Izzy和Unityman

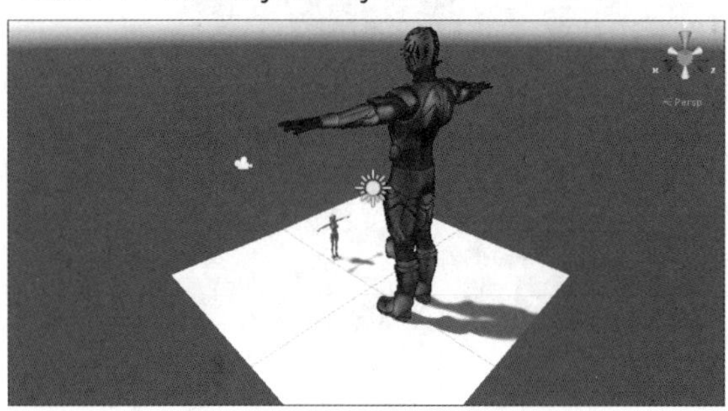

使用Mecanim Locomotion Starter Kit可以通过键盘的方向键移动Izzy。在Hierarchy中选择Main Camera，在Inspector中通过单击Add Component按钮添加Cinemachine Brain。在Hierarchy中Main Camera处显示Cinemachine图标。在Unity的GameObject→Create Empty菜单中创建空的GameObject，命名为Free Look Camera。

在Unity的Cinemachine菜单中选择Create Free Look Camera命令，CM Freelook1创建完成，将其配置为Hierarchy中Freelookcamera的子文件，如图33-15所示。显示CM Freelook1的Inspector面板，其中参数很多，这里只展示必要的相关参数，如图33-16所示。

将Follow指定为Izzy，将Look At指定为CC_Base_Head。将Orbits的TopRig的Height稍微调高一些，将Radius调高一些，将MiddleRig的Radius调宽一些，将BottomRig的Radius调窄一些效果会比较好，如图33-17所示。

▼图33-15 CM Freelook1创建完成后配置为Freelook Camera的子文件

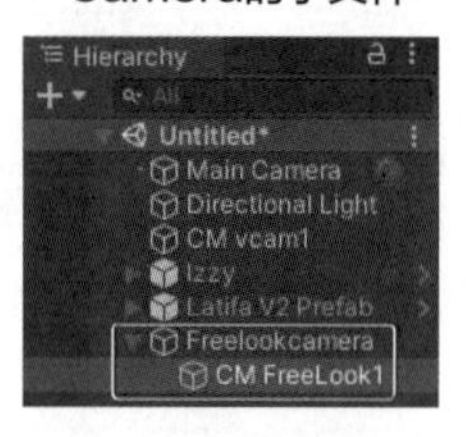

▼图33-16 CM Freelook1 的Inspector面板

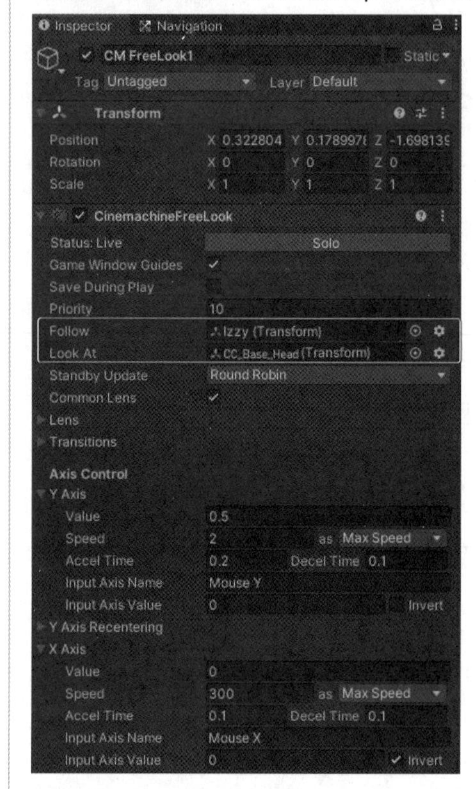

▼图33-17 对Orbits的TopRig、MiddleRig、Bottom-Rig的Height以及Radius的值稍微进行更改

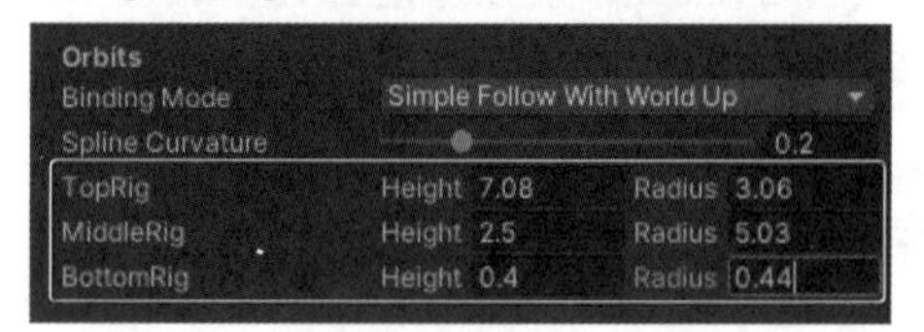

Free Look Camera向上看时视野比较狭窄，向下看时视野会变宽阔。下页图33-18是Izzy往上看Unity-maskman时的效果。下页图33-19是Unitymask-man往下看Izzy时的效果。

▼图33-18 Izzy向上看Unitymaskman

▼图33-19 从Unitymaskman的视角向下看Izzy

秘技

272 State-Driven Camera是什么

扫码看视频

▶对应 2019 2021

▶难易程度 ●●

如果对Izzy不提前设置Mecanim Locomotion Starter Kit的话，图33-21的Layer中什么也不会显示。

State Driven Camera是根据设置完成的Animator迁移状态来切换虚拟相机的摄像头。在Scene视图中配置Plane和Izzy，将Plane的Scale的值设置为4。在Izzy中设置Mecanim Locomotion Starter，使其可以通过键盘的方向键进行移动。Hierarchy中的Main Camera处显示Cinemachine图标。在Unity的GameObject→Create Empty菜单中创建空的GameObject，命名为Statedrivencamera。

在Unity的Cinemachine菜单中选择Create Driven Camera命令，CM StateDrivenCamera创建完成，将其配置为Hierarchy中StateDrivenCamera的子文件d CM StateDrivenCamera中CM vcam1作为子要素存在。

首先，将CM vcam1复制后重命名为CM vcam2，如图33-20所示。Hierarchy中CM StateDrivenCamera1的Inspector设置如图33-21所示。

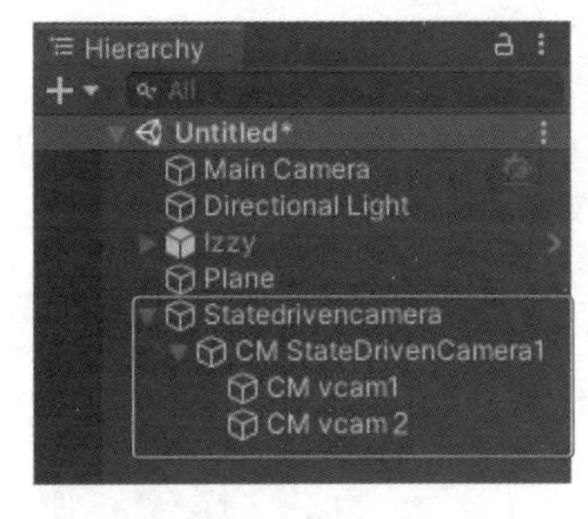

▼图33-20 Hierarchy的结构

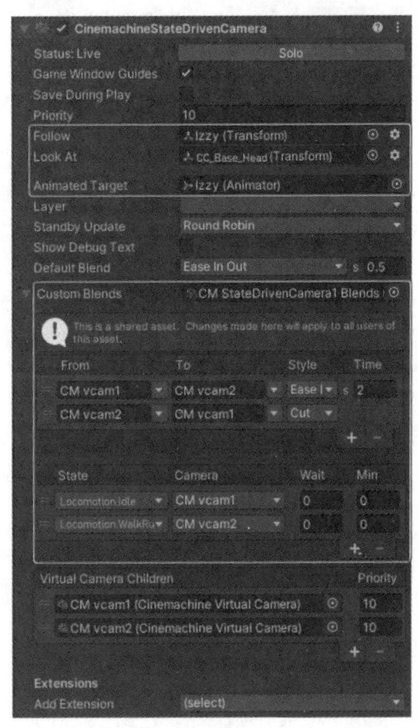

▼图33-21 CM StateDrivenCamera的Inspector面板

蓝色框线内是需要设置的部分，其中Follow、Look At和之前设置的方法相同。Animated Target中指定Target为Izzy，在Layer中指定Base Layer。但是如果在Izzy处不指定Mecanim Locomotion Starter Kit的话，这里的Layer就会什么也不显示。

单击Inspector当中的＋图标还能设置其他相机，在State中可以设置实际Animator的状态以及虚拟相机。当Izzy处于Locomotion Idle时，CM vcam1、Locomotion.Walkrun.Run会切换为CM vcam2。

另外，显示出Hierarchy中作为CM StateDriven-Camera在子文件的CM vcam1和CM vcam2的Inspector面板，Body的Binding Mode处指定为World Space，如下页图33-22所示。

▼图33-22 在CM vcam1中Body的Binding Mode处指定World Space，CM vcam2也进行同样的操作

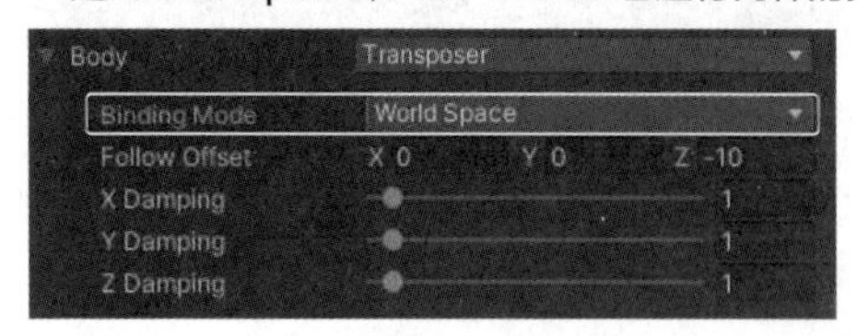

由于CM vcam2通过复制了CM vcam1得到的，所以相机的位置是完全一致的。在Hierarchy中选择CM vcam2，使用移动工具Move Tool移动CM vcam2到合适的位置，如图33-23所示。

▼图33-23 CM Vcam2的位置

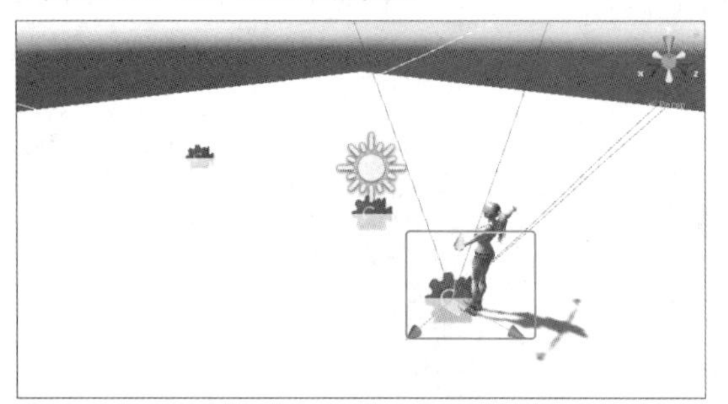

单击Play按钮，Izzy面向相机跑来，如图33-24所示。此时切换到另一个相机，如图33-25所示。

▼图33-24 Izzy面向着相机跑来

▼图33-25 相机切换

秘技 273

ClearShot Camera是什么

Clear Shot Camera是当Izzy进入相机的碰撞范围内相机自动切换摄像头。

在场景中配置Plane和Izzy，将Plane的尺寸稍微设置得大一些，这里设置为4。接下来在Unity的GameObject→3D Object菜单中选择Cube命令并创建立方体。由于立方体颜色是白色，很不好辨别，所以创建绿色的材质并赋予立方体。使用缩放工具ScaleTool调整立方体的形状，如图33-26所示。接着配置Izzy并使它能够用键盘操控。

打开Unity的GameObject→Create Empty菜单，创建一个空的GameoBject，命名为Clearshotcamera。然后单击Cinemachine，选择Create Clear Shot Camera选项。Hierarchy中的CM ClearShot1被创建完成，将刚才创建空的GameObject配置为Clearshot-camera的子文件。将Cube也同样配置为子文件。

CM ClearShot1展开后会显示CM vcam1，将其进行复制并命名为 CM vcam2，如下页图33-27所示。

▼图33-26 配置Cube和Izzy

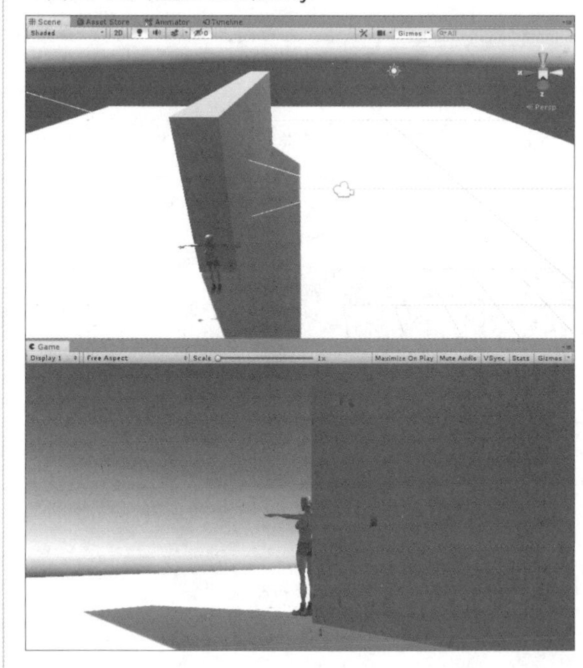

▼图33-27 Hierarchy的内容

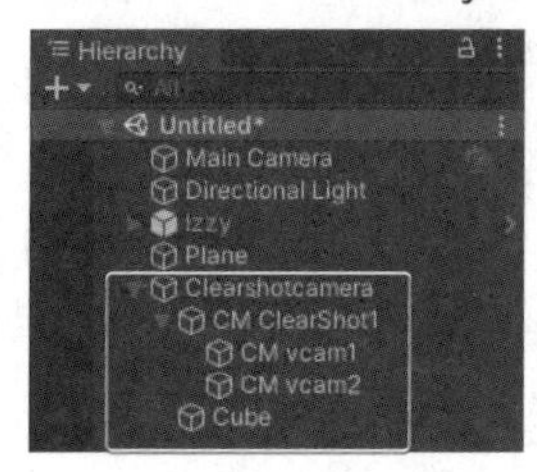

在Hierarchy中选择Main Camera，在Inspector中通过单击Add Component按钮添加Cinemachine Brain。Hierarchy中的Main Camera处显示Cinemachine图标。

在CM vcam1和CM vcam2的Inspector中，在Cinemachine Virtual Camera的Follow处指定Izzy。另外，在Body中的Binding Mode处指定World Space，勾选Cinemachine Collider（Script）中的Avoid Obstacles复选框，然后Strategy会显示。请选择Pull Camera Forward，这是避开障碍物的方法，如图33-28所示。请在CM vcam2中也进行如上的设置。

▼图33-28 设置CM vcam 1的Inspector面板中参数

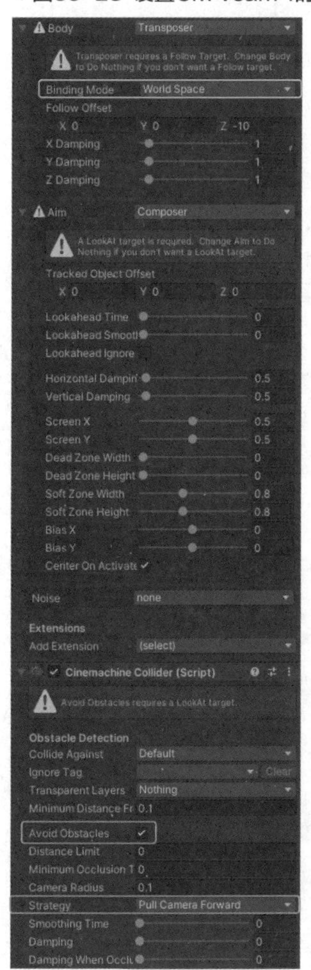

CM Clearshot1的Inspector面板如图33-29所示。

▼图33-29 CM Clearshot1的Inspector面板

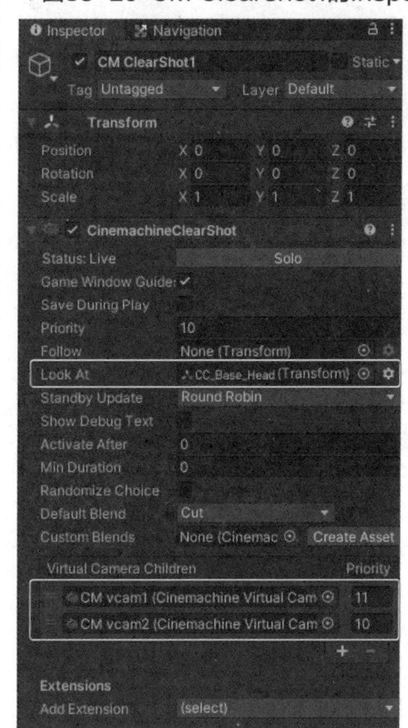

需要设置的参数是在蓝色框线当中的Look At处指定Izzy的CC_Base_Head以及Virtual Camera Children，使用Priority来决定顺序。在CM vcam1和CM vcam2重叠时，决定哪个优先。在这里使CM vcam1优先执行，因此将Priority指定为11。

接下来设置CM vcam1和CM vcam 2的位置。通过锯齿形图标使Scene视图如图33-30所示。隔着Cube配置CM vcam1和CM vcam2。

▼图33-30 隔着Cube配置CM vcam1和CM vcam2

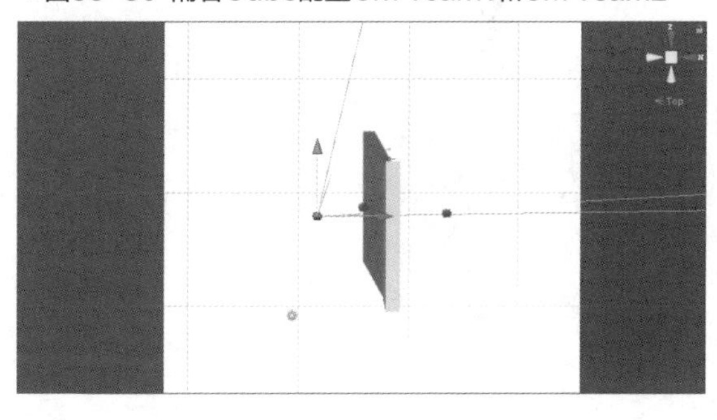

按住Shift键并单击锯齿形图标的中心，返回到原来的显示界面。

单击Play按钮，Izzy在立方体的反面奔跑，想绕到正面，如下页图33-31所示。

当Izzy绕到立方体的另一面时，相机自动切换，如下页图33-32所示。

▼图33-31 Izzy想要绕到Cube的另一边

▼图33-32 刚绕到Cube的另一边，相机切换

秘技 274

Dolly Camera With Track是什么

扫码看视频

▶对应 2019 2021

▶难易程度 ●●

Dolly Camera With Track是将多种虚拟相机组合起来，创建出类似道路的东西，能够在这条道路上对相机进行移动处理。在Scene视图中配置Plane和Izzy，把Plane的Scale设置得大一些，这里为4。

在Izzy中指定Mecanim Locomotion Starter Kit，让其通过键盘的方向键进行移动。在Hierarchy中选择Main Camera，在Inspector中通过Add Component按钮添加Cinemachine Brain。在Hierarchy的Main Camera处会显示Cinemachine的图标。打开Unity的GameObject→Create Empty菜单，创建空的GameObject，命名为Dollycamera。

在Unity的Cinemachine菜单中选择Create Dolly Camera With Track命令。Dolly Track1和CM vcam1创建完成，将两个都配置为Hierarchy中的Dollycamera的子文件，如图33-33所示。CM vcam1的Inspector设置如图33-34所示。

▼图33-33 Hierarchy的结构

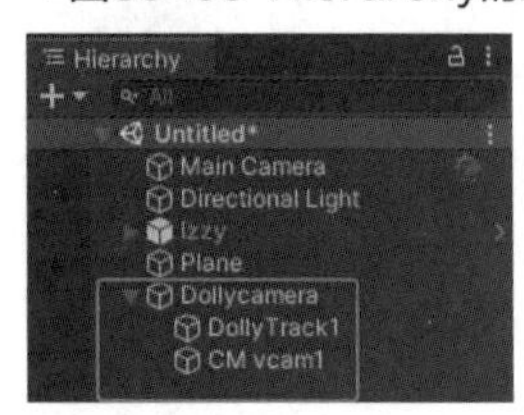

Follow和Look At的设置和以前一样即可。在这里想要让镜头自动地追随Izzy，需要在Auto Dolly中勾选Enabled复选框，将它设置为自动移动。

Dolly Track1的Inspector的设置如图33-35所示。在Dolly Track1的Inspector中创建了一些相机移动轨道。Waypoints被创建完成，单击前面的数字创建移动轨道。创建完成的移动轨道如下页图33-36所示。

▼图33-34 CM vcam1的Inspector

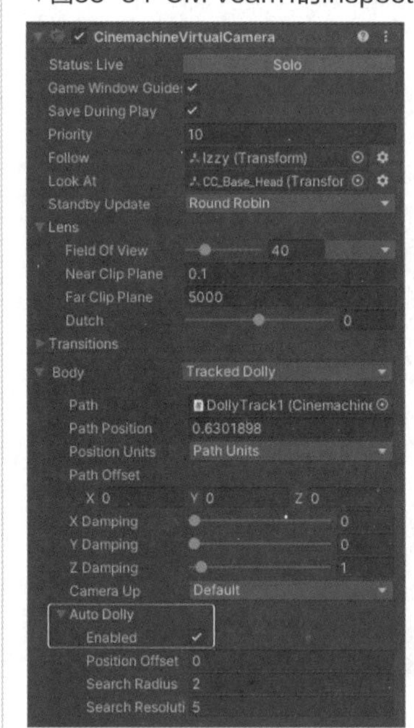

▼图33-35 Dolly Track的Inspector

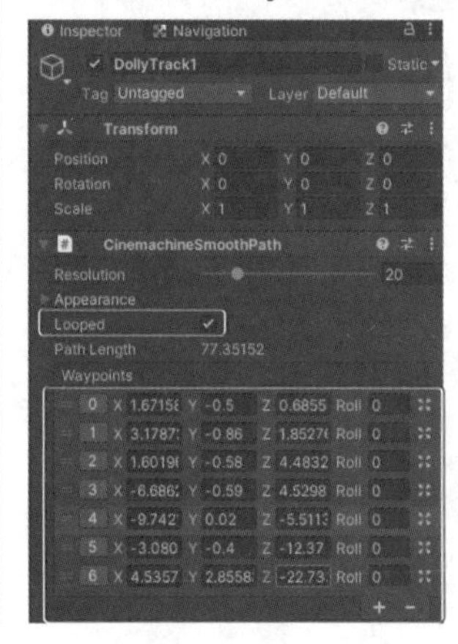

勾选Looped复选框后，起点和终点会连接起来。

▼图33-36 创建完成的移动轨道

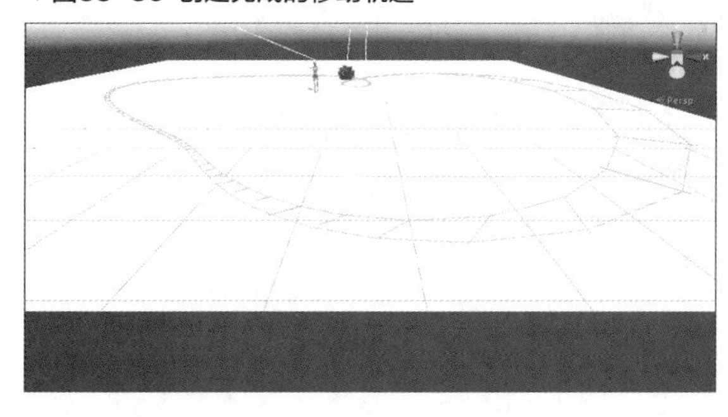

单击Play按钮，可以看到在Scene视图中，跟随着Izzy的相机在移动轨道上移动，如图33-37所示。

▼图33-37 在Scene视图中，相机沿着轨道移动追随Izzy

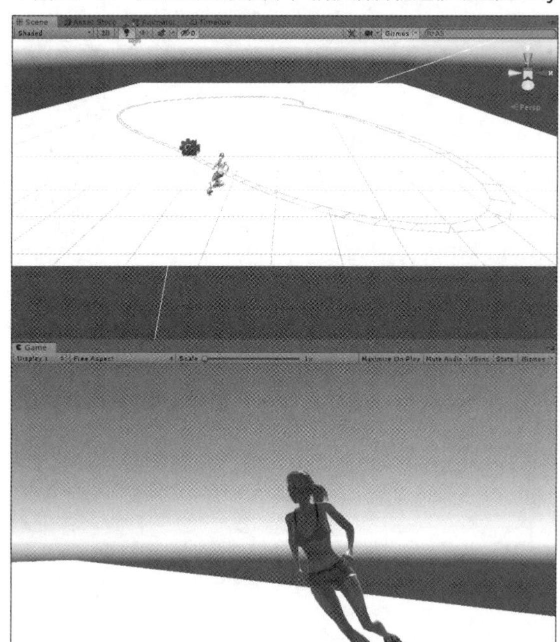

Unity Recorder应用秘技

秘技 275

使用Unity Recorder需要准备什么

扫码看视频

对应 2019 2021

难易程度 ●

下面介绍将Unity Recorder从Unity的Package Manager导入。打开Window菜单，选择Package Manager命令，但是现有的情况下，即使启动了Package Manager，Unity Recorder也不会显示。这时需要通过Advanced选择Show Preview Packages命令后才会显示，如图34-1所示。

▼图34-1 Unity Recorder的Preview版本显示

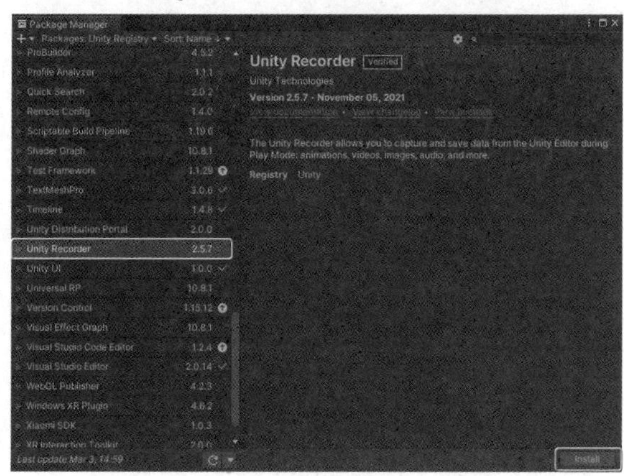

单击右下角的Install按钮，便开始安装，如图34-2所示。

▼图34-2 单击Install按钮开始安装

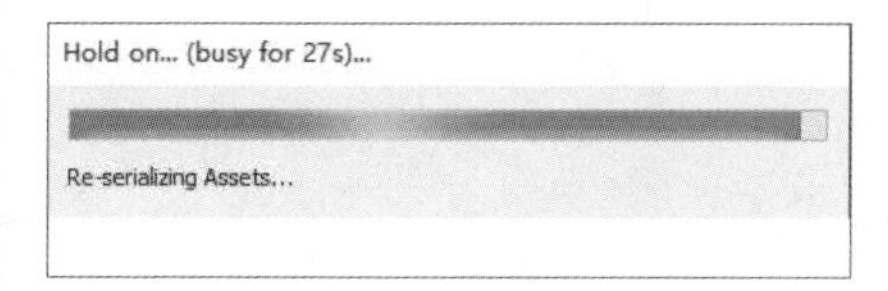

安装完成后，右下角会显示Remove按钮，如图34-3所示。

想要启动Unity Recorder，需要在Window→General→Recorder菜单中，选择Recorder Window命令，如图34-4所示。选择完成后，图34-5中的画面开始启动。

▼图34-3 Unity Recorder安装完成

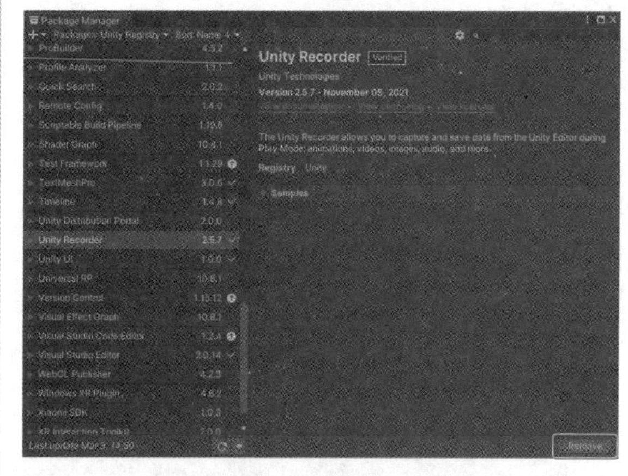

▼图34-4 选择Recorder Window命令

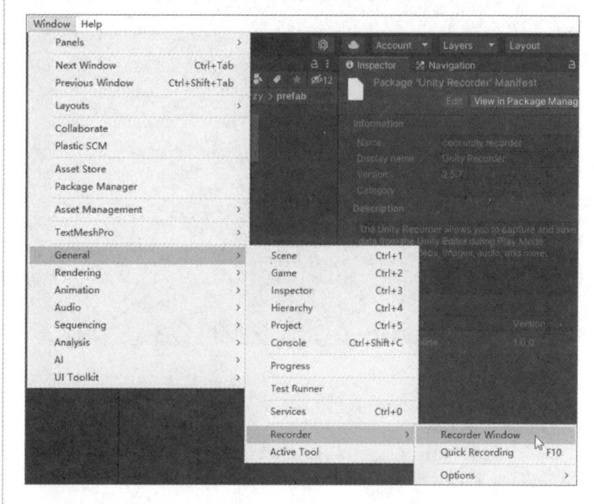

▼图34-5 Recorder Window启动画面

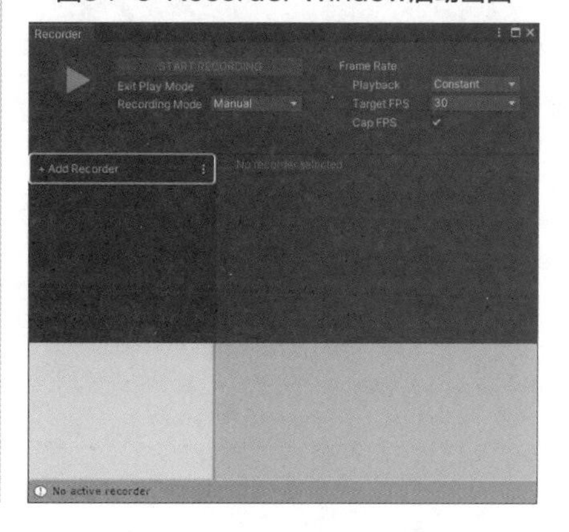

单击＋Add Recorder按钮，在下拉列表中选择Movie选项，如图34-6所示。

▼图34-6 选择Movie选项

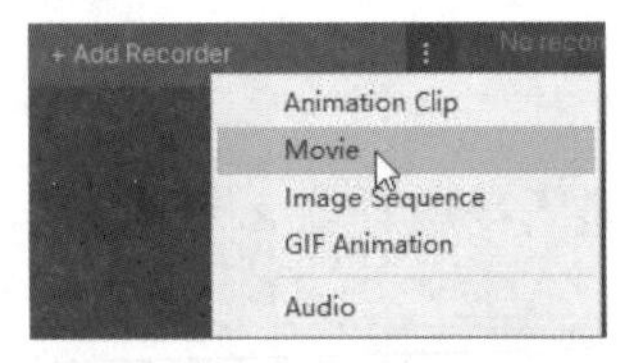

选择完成后画面发生变化，如图34-7所示。

▼图34-7 画面发生变化

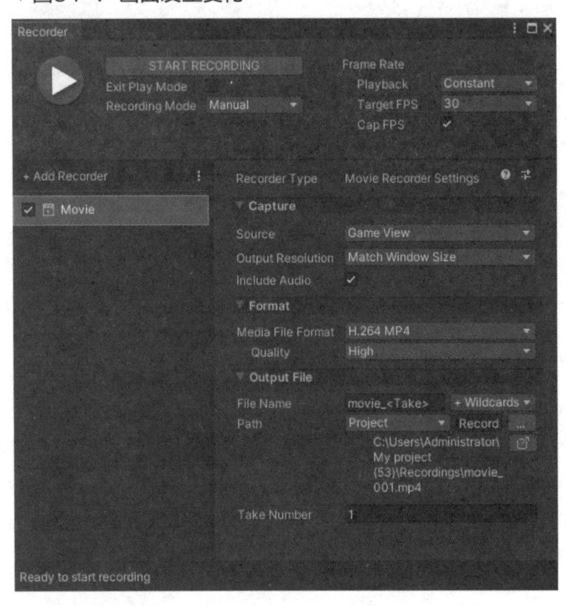

创建360度视频的设置如图34-8所示。

在File Name处请指定任意的文件名即可，这里设置为默认的Movie，在Capture中指定360 View。这里不使用音乐，将Stereo和Capture audio的复选框取消勾选。

现在单击最上方的START RECORDING按钮，便开始录制动画。再次单击会停止录制。

接下来为了上传Youtube动画，下载可以在动画中添加媒体文件的工具。在网站中下载与自己系统匹配的文件。

本秘技下载了适配的360.Video.Metadata.Tool.Win.Zip，将它保存在合适的位置并进行解压。解压完成后会出现Spatial Media Metadata.Injector.Exe文件，双击执行最开始会出现警告，选择继续执行即可，如图34-9所示。

▼图34-8 创建360度视频的设置

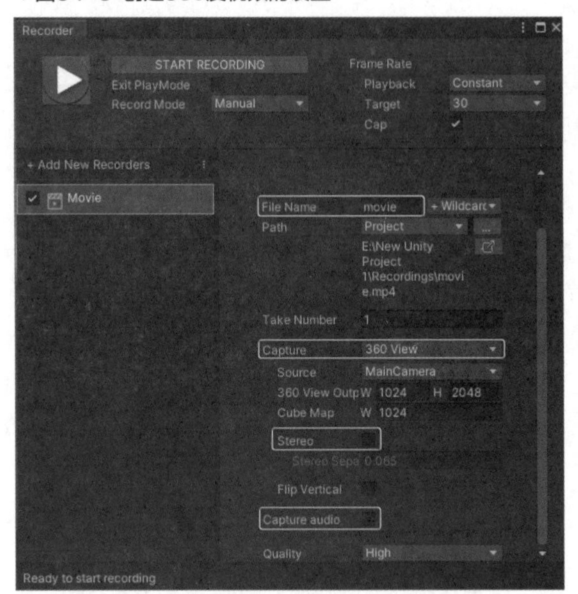

▼图34-9 Spatial Media MetadataInjector画面

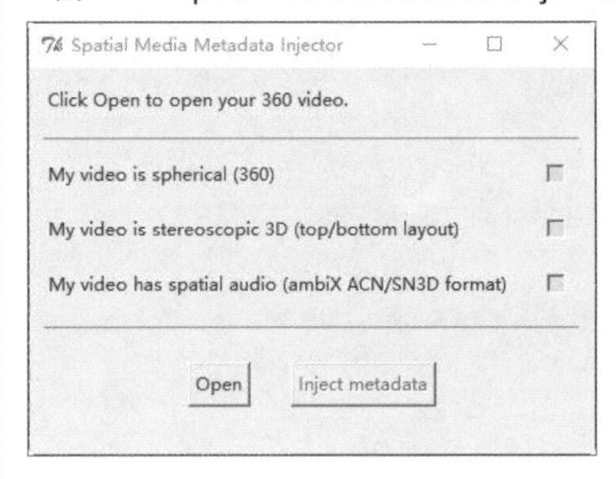

单击Open按钮，指定在Unity画面中录像的MP4文件后，勾选My video is spherical(360)复选框。然后单击Inject metadata按钮，系统会询问文件的保存位置，保存的文件名为Movie_Injected.mp4，可以自由进行更改。将保存好的Metadata的MP4动画上传到Youtube中。

秘技 276

如何在Unity中使用立方体和球体创建360度视频

扫码看视频

▶对应 2019 2021

▶难易程度 ●

首先在Scene视图中配置Plane，并在上面配置适当的Cube、Sphere、Capsule以及Cylinder，将Main Camera的位置进行调整。在各个对象物体中创建Material并赋予对象，如图34-10所示。

▼图34-10 在Scene视图中配置各种对象物体

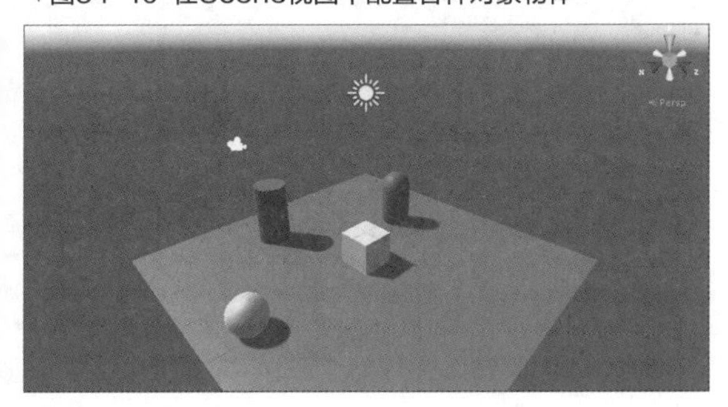

因为要制作360度视频，接下来设置一下天空的风景。在Asset Store中读取Sky5x1，这是免费的资源。打开Unity的Window→Rendering菜单，选择Lighting Settings命令，在Skybox Material中指定Sky5X2的视频，如图34-11所示。

▼图34-11 设置天空的风景

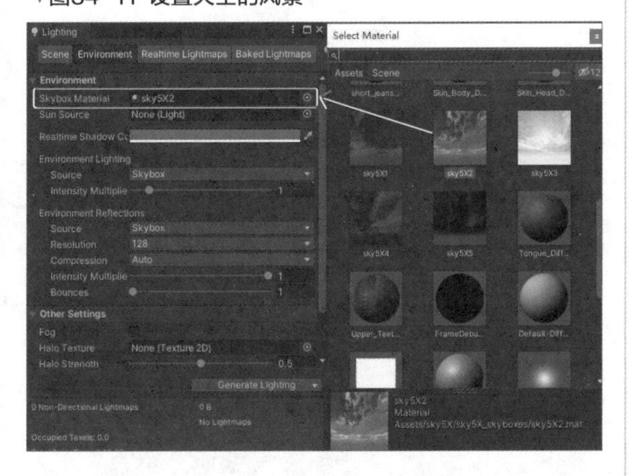

虽然天空是静止不动的，也要将这个写入360度视频并上传到Youtube中。打开Unity的Window→General→Recorder菜单，选择Recorder Window命令，会显示图34-12的画面。单击STOP RECORDING按钮，命名为Cube_Sphere_Capsule。然后Unity画面会变为与Play时同样的状态。由于是静物，它在1000 Frames左右便会停止。

▼图34-12 单击STOP RECORING后，画面与执行Play后相同

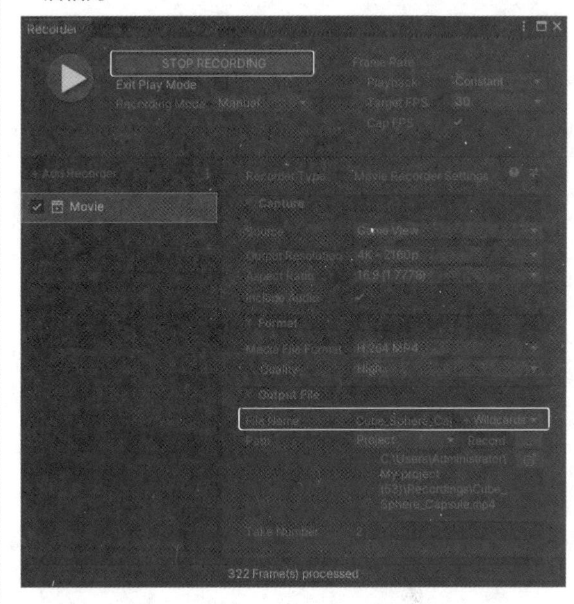

接下来，启动Spatial Media Metadata Injector，如图34-13所示。单击Open按钮，然后在Recording中的MP4文件会被显示，选中并单击“打开”按钮，如图34-14所示。

▼图34-13 启动Spatial Media Metadata Injector

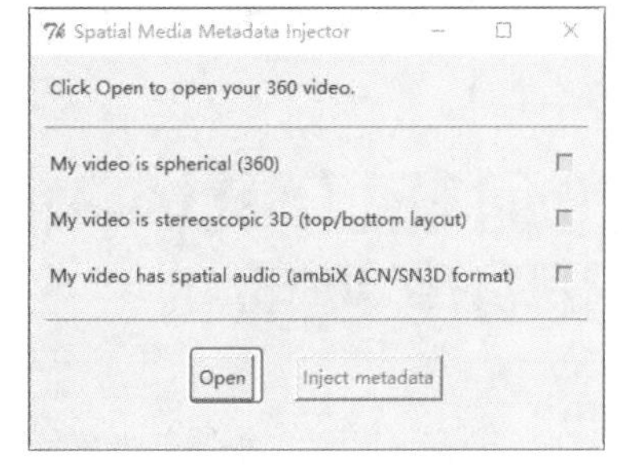

▼图34-14 指定文件并打开

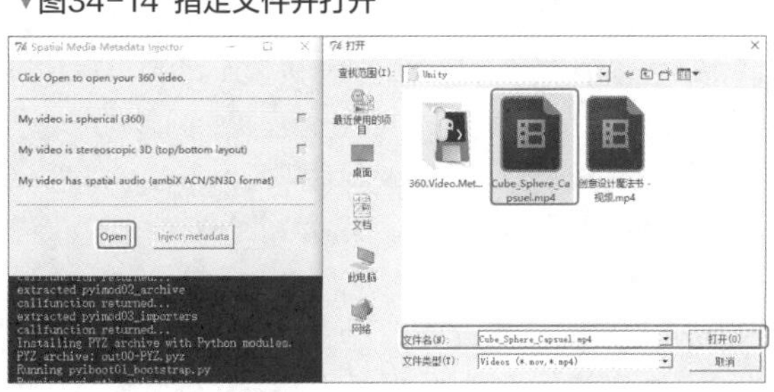

单击“打开”按钮后，打开Spatial Media Metadata Injector对话框，如图34-15所示。单击Inject Metadata按钮，在显示的画面当中单击“保存”按钮，如图34-16所示。

▼图34-15 勾选Spatial Media Metadata Injector的My video is spherical(360)复选框

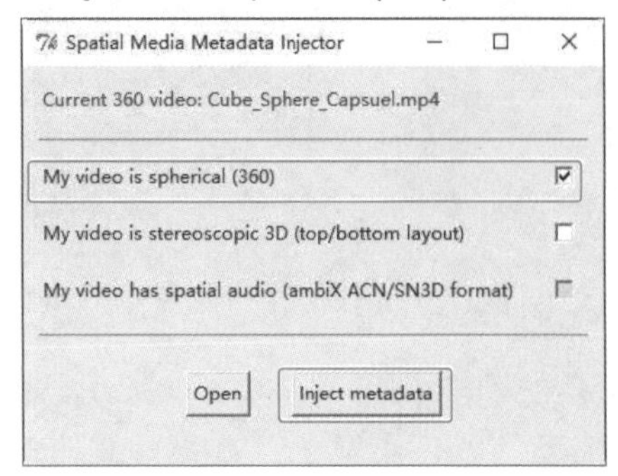

▼图34-16 指定文件名并保存

接着，同一个文件夹中的Cube_Sphere_ Capsule_ Injected.mp4会被保存，将它上传到Youtube当中。

在Youtube中上传的视频虽然可360度观看，但由于时间太短很快就结束了。Youtube图像如图34-17所示。

▼图34-17 上传到Youtube中的视频

秘技277 如何在Unity中创建兔子的360度视频

扫码看视频

对应 2019 2021

难易程度

本秘技介绍创建兔子跳舞的360度视频并上传到Youtube中。首先在Asset Store中下载Low Poly Dancing Rabbit（免费）并导入Unity。此时会出现Unity 2019的互换性警告，Unity 2019也可以进行创建，所以继续导入即可。在Scene视图中配置Plane，展开Assets→ WR_Whiterabbit-Studio→Graphlibrary→Model→Merged→Characters→Cartoon文件夹，在Rabbit文件夹中，选择Rabbit_Lowpoly_Rigunity_Final，并配置到Scene画面中，使它面向相机。调整Main Camera的位置，使其靠近兔子一些，如图34-18所示。

▼图34-18 在Scene画面中配置兔子

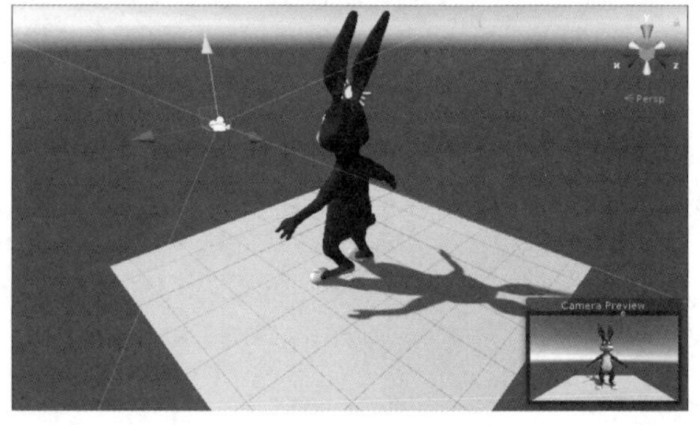

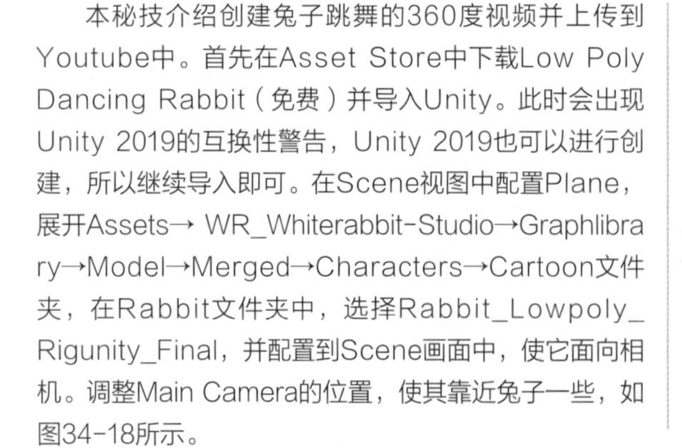

让Rabbit_Lowpoly_Rigunity_Final跳舞的动画已经准备好了，什么也不用设置即可让兔子重复跳舞。由于是360度视频，天空的风景也需要设置。Sky5X1已经从Asset Store中读取完成，直接使用就可以。打开Unity的Window菜单，选择Rendering→Lighting Settings命令，在Skybox Material中指定Sky5X1的画像，如图34-19所示。

▼图34-19 设置天空的风景

虽然兔子只能重复地跳舞，但我们还是将它写入360度视频并上传到Youtube上。打开Unity的Window→General→Recorder菜单，选择Recorder Window命令。Recording画面会被显示，单击Start Recording按钮，指定文件名。完成后Unity画面和执行Play时是同样的状态。由于在秘技276中视频非常短，所以这里稍微录制长一点，在适当的位置停止录制。

接下来启动Spatial Media Metadata Injector，单击Open按钮，Recording当中的MP4文件会被显示，选择并单击“打开”按钮。

单击Inject Metadata按钮，系统会询问文件名称，这里指定Unity Recorder中保存好的MP4文件，单击“保存”按钮。关于视频的详细讲解请参照秘技276。Youtube画像如图34-20所示。

▼图34-20 上传到Youtube中的视频

秘技278 如何在Unity中创建Humanoid的360度视频

▶对应 2019 2021

▶难易程度 ●

本秘技将创建Izzy在自然环境中奔跑的360度视频。首先从资源中读取之前使用的Nature Starter Kit 1，然后再导入Izzy-iClone Character、Mecanim Locomotion Starter和Standard Assets资源。

打开Assets→Naturestarterkit文件夹，在Scenes文件夹中打开Demo，执行后，人物在自然环境中自动移动。在本秘技中不需要让人物自动移动，还要进行以下设置。在Hierarchy面板中选择Camera，显示Inspector面板，取消勾选 Animator复选框，人物就不会自动移动了。

接下来打开Assets→Izzy→Prefab文件夹，将文件中的Izzy配置到Scene视图的森林当中，如下页图34-21所示。

在Hierarchy中选择Izzy，设置Mecanim Locomotion Starter Kit，使Izzy能够被键盘方向键操控。

选择作为Camera的子文件Main Camera，在Standard Assets的Utility文件中将Smooth Follow拖放进去。将Target指定为Izzy，将Distance指定为5、Height指定为 4.5。

这样一来，Izzy便可以自由地在森林中来回移动了。

Izzy在森林中快速奔跑，将它写入360度视频并上传到Youtube上。打开Unity的Window→General→Recorder菜单，选择Recorder Window命令，会显示Recording的画面。单击Start Recording按钮，文件名为Izzyinnature。然后Unity画面的显示会和执行Play时同样的状态。使用键盘方向键对Izzy进行操作，在适当的位置停止Recording。

接下来启动Spatial Media Metadata Injector，单击Open按钮，在Recording当中的MP4文件会被显示，选择并单击Open按钮。

接下来单击Inject Metadata按钮，系统会询问文件名称，这里指定Izzyinnature。单击“保存”按钮。关于视频的详细讲解请参照秘技276。Youtube画像如下页图34-22所示。

▼图34-21 将Izzy配置到森林中

▼图34-22 上传到Youtube中的视频

秘技 279

如何在Unity中创建鸟儿在飞翔的360度视频

▶对应 2019 2021
▶难易程度 ●

在这个秘技中，我们尝试创建在海中建筑周围，鸟儿飞翔的360度视频。从Asset Store中导入收费的（$12）Bird Flock以及免费的Ruined Tower Free资源。

首先我们创建大海，展开Assets→Standard Assets→Environment→Water→Water4→Prefabs文件夹，将Water4advanced.Prefab拖放到Scene视图中，大海便创建好了。将Assets→Mesh文件夹里的Ruined Tower_01.FBX拖放进大海中。这个塔会非常大，在Inspector中调小尺寸，将Scale设置为0.6。在Game视图中看到画面如图34-23所示。

▼图34-23 在大海中配置塔

然后放飞小鸟吧！展开Assets→Bird Flocks→Bird Flock Sparrow→Prefabs文件夹，将Flock Controller Avoidance.Prefab拖放到Scene视图中。Scene视图如图34-24所示。

▼图34-24 在Scene视图中配置Flock Controller Avoidance.Prefab

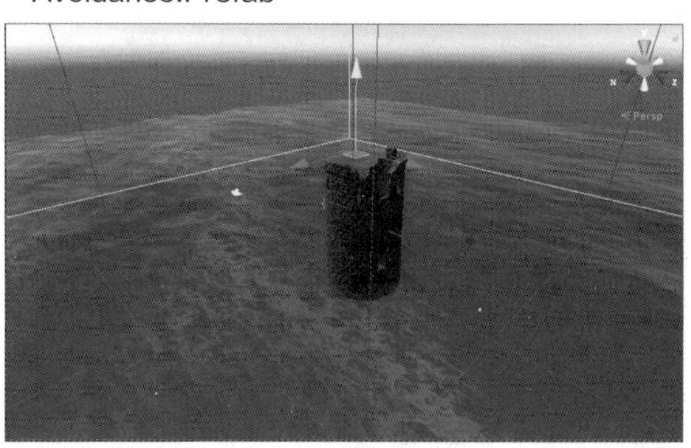

由于是360度视频，天空的风景也需要进行设置。打开Asset Store读取Sky5X1，使用这个资源即可。打开Unity的Window→Rendering菜单，选择Lighting Settings命令，在Skybox Material处指定Sky5X1的图像。这里尝试选择Sky5X3，执行Play后在Game视图中，鸟儿在塔的周围飞翔着，如下页图34-25所示。

▼图34-25 塔周围的鸟儿在飞翔

将它写入360度视频并上传到Youtube。打开Unity的Window→General→Recorder菜单，选择Recorder Window命令。Recording画面会被显示，单击Start Recording按钮，文件名为Birdandtowerinsea。Unity画面会和执行Play时的状态同样，在适当的位置停止Recording。

接着启动Spatial Media Metadata Injector，单击Open按钮，在Recording中的MP4文件会被显示，选择并单击Open按钮。

单击Inject Metadata按钮，系统会询问文件名称，这里指定为Birdandtowerinsea。单击“保存”按钮。关于视频的详细讲解请参照秘技276。Youtube画像如图34-26所示。

▼图34-26 上传到Youtube中的视频

秘技 280

如何在Unity中创建火焰从林中升起的360度视频

扫码看视频

对应 2019 2021

难易程度 ●

本秘技需要应用所学过的知识，自己创建一个场景和动画并上传到Youtube中。

首先，从Asset Store中读取出Unity Particle Pack以及Realistic Tree 9资源，都是免费的资源。我们要尝试创建的是在随风摇晃的树林中升起火焰的360度视频。在Scene视图中配置Plane。展开Assets→Tree 9文件夹，将Tree 9到Tree 5之间的Prefab拖放到Scene视图中。请将Plane的Scale设置为3，效果如图34-27所示。

▼图34-27 在Plane上种植四棵树

为这些树制作在风中摇摆的效果。在Hierarchy右击，打开GameObject→3D Object菜单，添加Wind Zone。让风从箭头方向吹过来，如图34-28所示。接下来将Yughues Free Ground Materials从Asset Store中读取进来，用于Plane上的Texture，这是免费的资源。展开Assets→Ground Texture Pack→ Grass 04文件夹，将Grass Pattern 04.Mat放在Plane的合适位置上，如下页图34-29所示。

▼图34-28 风吹的方向

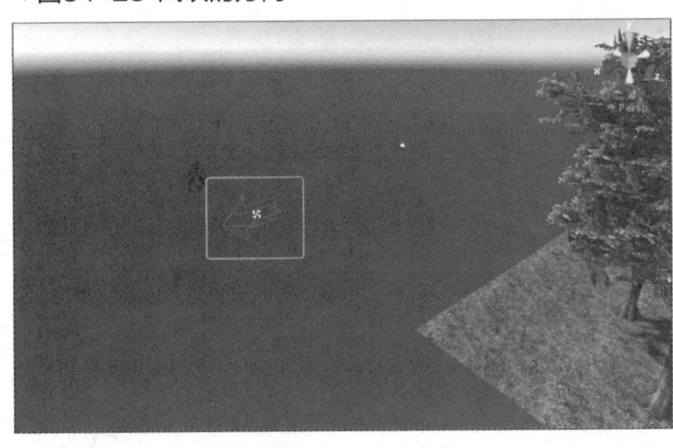

▼图34-29 在Plane上使用草形状的Texture

最后让火升起，展开Assets→Particlepack→Effectexamples→Fire&Explosion Effect→Prefab文件夹，将Wildfire拖放到Scene视图中。使用移动工具Move Tool将Wildfire调整到合适的位置上。Hierarchy的结构如图34-30所示。

▼图34-30 Hierarchy的结构

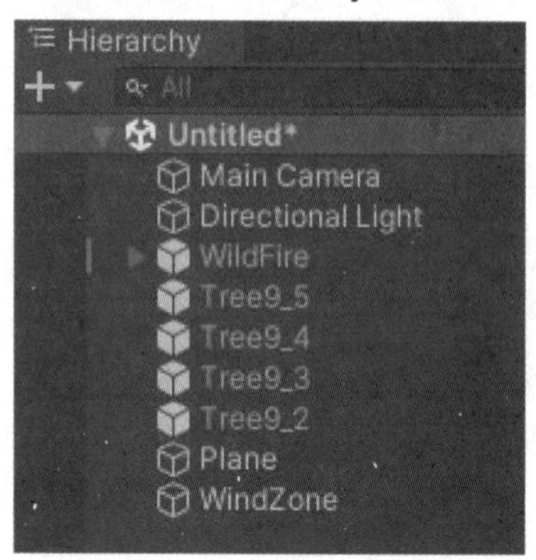

单击Play按钮，在随风摇晃的树林中升起了火焰，如图34-31所示。

▼图34-31 树林中升起了火焰

将它写入360度视频并上传到Youtube上。打开Unity的Window→General→Recorder菜单，选择Recorder Window命令。Recording的画面会显示出来，请单击Start Recording按钮，命名为Fireintrees。然后Unity画面会变为与执行Play时同样的状态，在适当的位置停止Recording。

接下来启动Spatial Media Metadata Injector，单击Open按钮，在Recording中的MP4文件会被显示，选择并单击Open按钮。

单击Ineject Metadata按钮，系统会询问文件名称，这里指定为Fireintrees，单击“保存”按钮。关于视频的详细讲解请参照秘技276。

这里通过Unity Recorder使用Particle System创建视频并上传到Youtube。进行了多种类型的尝试，使用Particle System的项目却完全不会显示出Particle System。Play后的画面如图34-31所示。火焰Particle System会被显示，但是Unity Recorder上没有记录，可能是因为Unity Recorder自身还是Preview版本。因此最后使用Particle System制作的360度视频没有完成。无论使用哪个Particle System，只有Particle System不能进行录像。

Shader应用秘技

秘技 281

什么是着色器

扫码看视频

对应 2019 2021

难易程度 ●●●

Shader关系稍微有点复杂，请坚持往下看。

在Unity中，“着色器是通过3D计算机绘图来处理阴影（着色）的工具”。在计算机绘图领域，着色器是一款可以在图像中产生适当明暗色彩以及特殊效果的计算机程序。

着色器可以实现绘图硬件的渲染效果，是绘图处理单位（GPU）用编码来表示的。着色器通常是在支持编程的CPU渲染管进行编程时使用，这一般在几何学转换以及像素着色函数中使用，它代替了大部分的固定功能管道。着色器可以用于定制效果，为了达到最终效果而使用的所有像素、顶点和纹理的位置、色相、彩度、明度和对比度，使用着色器定义的算法，能够通过着色的程度来更改。

由于着色器丰富的效果，被广泛用于电影后期处理、计算机图像生成以及视频游戏等方面。不仅仅是单纯的照明模型，还可以用于图像的色相、彩度、亮度以及对比度的更改、模糊、光圈、容积照明、深度效果的映射、光晕、单元阴影、海报化、凹凸贴图、歪斜、色度键（也就是“蓝屏/绿屏”对象物体）等图像处理。

随着绘图处理技术的进步，OpenGl（专用于3D绘图的程序）以及Direct3D（用于3D图像绘制的API）等主要图像软件均支持着色器应用。最初支持着色器的CPU只有像素着色，在意识到着色器的重要作用之后，顶点着色器被立刻导入了。第一个搭载了程序员像素着色器（自行创建的像素着色器）的视频卡是2000年发布的NVIDIA GeForce 3（NV20）。几何学着色器最近导入了Direct 3D 10和OpenGl 3.2。最终，图像硬件发展成了功能统一的着色器模型。

着色器是用于定义顶点或像素其中一个特性的简单程序。顶点着色器用于定义顶点的特点（位置、纹理坐标、颜色等），像素着色器用于定义像素的特性（颜色、Z深度、A值等）。顶点着色器使用原始的各个顶点（可能是镶嵌后的）进行呼出。因此，一个顶点来自一个（更新后的）顶点。各个顶点最终会被送到屏幕表面（储存块）连成一系列像素渲染。

Unity的Shader秘技是关于“表面着色器”和“顶点 · 片段着色器”的处理。“表面着色器”受亮度和阴影的影响，作为Standard Surface Shader被创建。“顶点 · 片段着色器”不受亮度和阴影的影响，被用于UI或者效果制作。这里使用Unlit Shader（只有纹理，不受亮度影响的着色器）进行创建。

本秘技使用的Unity版本是Unity 2021版，OS是Windows 10 Profession 64位，Unity的编辑器使用Visual Studio 2019。从Unity 2018.1版本开始采用Shader Graph，不用写代码就能将节点连接创建Shader。关于Shader Graph，在本章的后面会进行讲解。首先对手写的Shader进行讲解。

“百闻不如一见”，先展示着色器效果图。在Unity的Scene画面中配置黄色的Sphere（球体），如图35-1所示。为这个Sphere添加金色光芒的效果，如图35-2所示。

▼图35-1 Game视图中的黄色Sphere

▼图35-2 使Sphere拥有金色光芒

上页图35-2的Sphere拥有光泽并且闪耀着金色的光芒。下面让我们来创建这个Shader，首先启动Unity，在Asset文件夹中创建Shaders和Materials两个文件夹。创建完成的Shader和Material需要关联使用，将各自的文件分别放入文件夹中会比较好管理。选择创建完成的Shaders文件夹，单击鼠标右键，从快捷菜单中选择Create→Shader→Standard Surface Shader命令，如图35-3所示。

▼图35-3 选择Standard Surface Shader命令

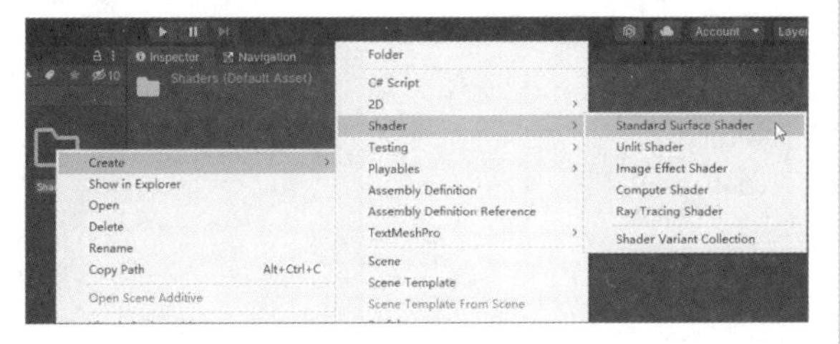

将新创建的Shader命名为Standard Surface Shader。

接下来，选择创建完成的Materials文件夹，单击鼠标右键，从显示的菜单中选择Create→Material命令。将新创建的Material命名为Standard Surface Material。为了使创建的着色器能够与关联Material进行适配，需要导入3D人物。图35-1和图35-2中的Sphere应用了材质，让我们也为3D人物模型应用材质吧。

请从Asset Store中导入Standard Assets资源。导入完成后，与Standard Assets关联的文件会被导入。展开Assets→Standard Assets→Characters→

▼图35-4 存在的Ethan3D模型

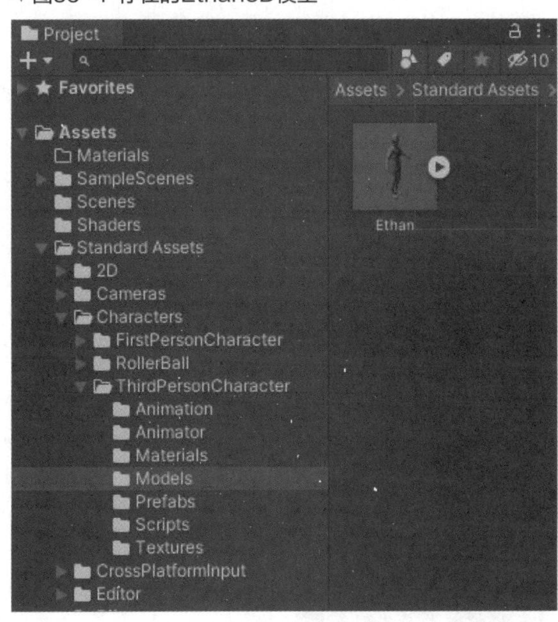

ThirdPersonCharacter→Models文件夹，其中包含Ethan这个基础的3D模型，如图35-4所示。将两个Ethan配置到场景中，按照图35-5调整Ethan和相机的位置。

▼图35-5 在场景中配置两个Ethan模型

在刚才创建的Materials文件夹中选择Standard Surface Material并显示出Inspector面板，如图35-6所示。Shader的位置与刚才创建完成的Standard Surface Shader作为Custom/Standard Surface Shader被关联起来。作为Standard Surface Shader创建的Shader通常会显示为Custom这样的组名。

▼图35-6 Standard Surface Material中关联着Custom/Standard Surface Shader

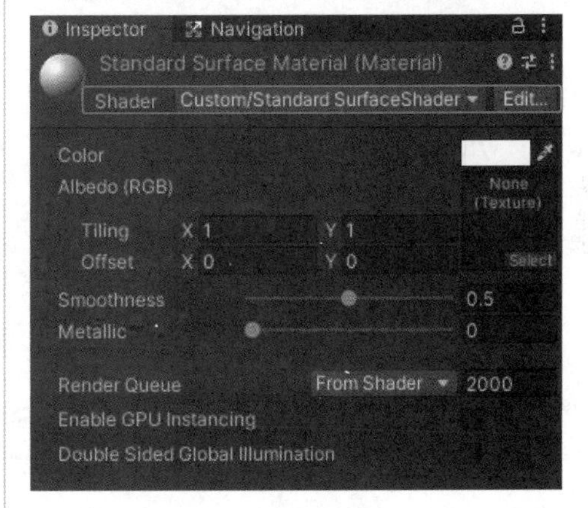

确认一下刚才创建完成的Standard Surface Shader的内容。双击Shaders文件夹中的Standard Surface Shader，会启动Visual Studio并显示代码。这个代码基本上不需要用户操作，是自动创建的表面着色器的内容代码，如下页列表35-1所示。

▼列表35-1　Standard Surface Shader的代码（笔者删除了一部分不需要的代码）

```
Shader "Custom/Standard Surface Shader"
{
    Properties
    {
        _Color ("Color", Color) = (1,1,1,1)
        _MainTex ("Albedo (RGB)", 2D) = "white" {}
        _Glossiness ("Smoothness", Range(0,1)) = 0.5
        _Metallic ("Metallic", Range(0,1)) = 0.0
    }
    SubShader
    {
        Tags { "RenderType"="Opaque" }
        LOD 200

        CGPROGRAM
        #pragma surface surf Standard fullforwardshadows

       #pragma target 3.0

        sampler2D _MainTex;

        struct Input
        {
            float2 uv_MainTex;
        };

        half _Glossiness;
        half _Metallic;
        fixed4 _Color;

        void surf (Input IN, Inout SurfaceOutputStandard o)
        {
            fixed4 c = tex2D (_MainTex, IN.uv_MainTex) * _Color;
            o.Albedo = c.rgb;
            o.Metallic = _Metallic;
            o.Smoothness = _Glossiness;
            o.Alpha = c.a;
        }
        ENDCG
    }
    FallBack "Diffuse"
}
```

列表35-1的内容是标准的表面着色器基本代码。

秘技282　什么是表面着色器程序

扫码看视频

对应 2019 2021

难易程度 ●●

本秘技将介绍如何实现秘技281中金色的Sphere的着色器，效果如图35-7所示。

▼图35-7　闪耀着金色光芒的Sphere

程序(Standard Surface Shader)

▼列表35-2 再次列出Standard Surface Shader的代码(笔者删除了一部分不需要的代码)

```
Shader "Custom/Standard Surface Shader"
{
    Properties
    {
        _Color ("Color", Color) = (1,1,1,1)
        _MainTex ("Albedo (RGB)", 2D) = "white" {}
        _Glossiness ("Smoothness", Range(0,1)) = 0.5
        _Metallic ("Metallic", Range(0,1)) = 0.0
    }
    SubShader
    {
        Tags { "RenderType"="Opaque" }
        LOD 200

        CGPROGRAM
        #pragma surface surf Standard fullforwardshadows ··········· (A)

       #pragma target 3.0 ··········· (B)

        sampler2D _MainTex; ··········· (C)

        struct Input
        {
            float2 uv_MainTex;
        };

        half _Glossiness; ··········· (D)
        half _Metallic; ··········· (D)
        fixed4 _Color; ··········· (D)

        void surf (Input IN, inout SurfaceOutputStandard o)
        {
            fixed4 c = tex2D (_MainTex, IN.uv_MainTex) * _Color;
            o.Albedo = c.rgb;
            o.Metallic = _Metallic;
            o.Smoothness = _Glossiness;
            o.Alpha = c.a;
        }
        ENDCG
    }
    FallBack "Diffuse"
}
```

代码解说

在代码列表35-2中，首先我们看到所有的程序代码包含在Shader { }当中。

```
Shader"组别名/着色器名"{
    /*···········*/
}
```

该着色器程序最开始处Properties { }中的代码如下。

```
Properties {
    属性变量名称(inspector显示名称，变量的类型)=初始值
}
```

这里的“inspector显示名称”表示Inspector面板中显示的内容。代码如列表35-3所示。

▼列表35-3 Properties的内容

```
Properties {
    _Color ("Color", Color) = (1,1,1,1)
    _MainTex ("Albedo (RGB)", 2D) = "white" {}
    _Glossiness ("Smoothness", Range(0,1)) = 0.5
    _Metallic ("Metallic", Range(0,1)) = 0.0
}
```

作为属性的变量名，颜色（_Color）、纹理（_MainTex）、圆滑度（_Glossiness）和金属度（_Metallic）等有质感的词汇被作为参数使用。在Unity中，属性的变量用下画线以及第1个字母大写的单词表示，以后也遵从这种记述方法。这在Inspector面板中的显示，如图35-8所示。在列表35-3中，可以看到Inspector显示名称里指定的名字是Inspector面板中显示的内容。

▼图35-8 Properties中定义的内容在Inspector面板中显示

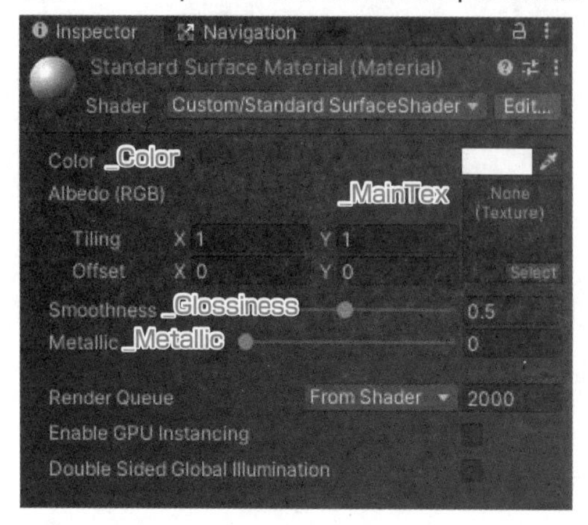

Properties变量的类型

Properties变量的类型如下所述。

Range（Min,Max）

有数值范围限制的参数通过滑块进行调整（图35-8的Smoothness以及Metallic），其设置范围一般为0~1之间，初始值只需要设置范围内合适的值即可。在列表35-3中，_Glossiness和_Metallic属性变量是作为Range型显示的，可以看到在图35-8中它们以滑块表示。

数值的类型

分为float（高精度）、half（中精度）和fixed（低精度）三种类型。三种类型表示不同的精度，float精度最高，fixed精度最低。

Unity的默认分开使用方法为普通的坐标float（和普通的float一样是32位）、颜色fixed（固定小数点数），除此之外还有half（浮动小数点值为16位）。half用于短向量、方向、对象物体的空间位置以及HDR颜色。如果包含的数字在两个以上的话，则在后面添加数字进行表示，例如，float2、float3、float4。其他的数值也是同样，例如Color有R、G、B、A四个数值，便可以设置为fixed4来表示。坐标*X*、*Y*、*Z*的情况则是float3，依此类推。

Color

在选色器面板中可以选择颜色，如图35-9所示。初始值是如同（1,1,1,1）这样指定4个数值，从左到右表示（R,G,B,A）。当然，（0,0,0,1）也可以，（0.5,0.1,0.2,0.3）也可以，设置任意数值都可以。为什么说什么数值都可以呢？这是因为最终的颜色还是在选色器中选择的。但是，不能指定（255,255,255,255）等类型的值。

▼图35-9 选色器面板

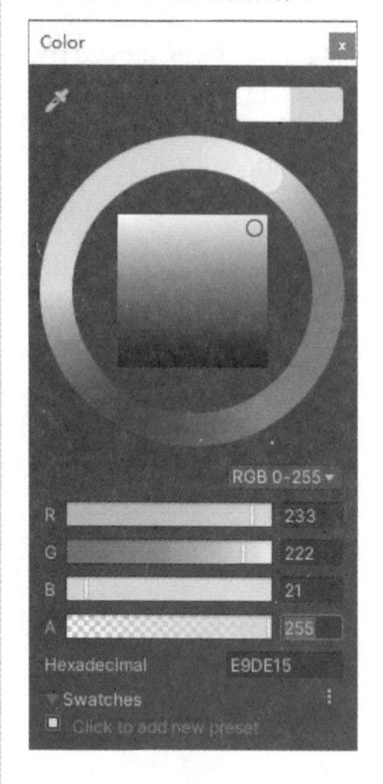

Vector

可以设置四个数值。Color和Vector只是显示方式不同，内容都是相同的。在显示当中，Color的选色器（R,G,B,A）及Vector（*X,Y,Z,M*）用四个数值显示。初始值和Color一样，设置类似（1,1,1,1）的四个值即可。

2D

可以进行纹理设置，如图35-8中的Non（Texture）。初始值为White { } 或者是Black { }，指定未填充纹理时的显示方式。

CUBE

设置立方体地图。Cubemap是图35-10中的物体。初始值指定为White { } 或者是Black { } 。

▼图35-10 Cubemap

理解这些变量之后再看列表35-2中的代码，是不是更容易理解了呢。接下来是Subshader { /*…*/ } 括起来的部分，这里是最重要的部分。Unity在画网格线时会找到需要使用的着色器，通过用户的显卡来选择辅助着色器。Subshader中包含了Tags。

结构为：

```
Tags{ Tag Name1 = "Value""Tagname2" = "Value2"… }
```

标签可以指定很多个，对于初学者来说，Tags的记述只需要记住以下两种类型即可。Queue（问号）可以决定对象物体的绘画顺序，默认省略。

▼指定不透明着色器的情况

```
Tags {
    "Queue" = "Geometry"
    "RenderType" = "Opaque"/*不透明*/
}
```

▼指定透明着色器的情况

```
Tags {
    "Queue" = "Transparent"
    "RenderType" = "Transparent"/*透明*/
}
```

一般记述为Tags { “Rendertype” = “Opaque” } 的情况居多。

接下来会显示LOD 200的代码。LOD是Level Of Detail的缩写，它指的是根据情况变更描绘特性的结构。若设置的LOD值在200以上，表示可以绘制Shader，以便用于负荷调整。对于初学者，可以不用太在意这个，并且这个不用记述也没有关系。

接下来是如下内容。

```
CGPROGRAM
/*……*/
ENDCG
```

这是记述着色器程序的“开始位置”和“结束位置”。

这是“决定性事物”，CGPROGRAM和ENDCG没有被括起来的话会出现错误。在其中记述了描绘处理。

接下来会出现如下记述。

```
#pragma surface surf Standard Fullforwardshadows
```

代码结构表示如下。

```
#pragma Surface函数名 照明模型选择
```

#pragma可以呼出pragma指示菜单。这表示“使用表面着色器”，函数名可以自由地设置，在Unity中默认使用surf，这里保持默认即可。这样（A）处表示函数surf照明模型选择为Fullforwardshadows。Fullforwardshadows表示正向渲染，在使用点光源及聚光灯时使用。这种情况下你可能认为Fullforward-shadows不是特别必要，因为它是默认设置的。在照明模型选择中可以指定Lambert（扩散反射光）或Blinn-Phong（镜面反射光的模型Specular）。Standard包含在其中。照明模型使用SurfaceOutputStandard处理构造体，和Unity的标准着色器一致。照明模型选择Lambert。

▼显示Standard的情况

```
Void Surf(Input In, Inout Surfaceoutput 0)
```

▼显示StandardSpecular的情况

```
Void Surf(In Put In, Inout Surfaceoutputstandard 0)
```

▼显示的另一种情况。

```
Void Surf(Input In, Inout Surfacestandardspecular 0)
```

（B）其中

```
#pragma target 3.0
```

有这样的记述。代码构成如下。

```
#pragma target 着色器模型
```

根据着色器模型能够使用的纹理数量，功能也会不太一样，数值高的一方拥有更多的功能。比如细分曲面等需要使用Directx的情况，设置为5.0是很必要的，这里先保持默认的3.0应该也没有问题。

（C）中有这样的记述。

```
sampler2D _MainTex;
```

_MainTex属性适用于设置图35-8的Albedo（RGB）。sampler2D表示纹理的类型（2D）。因此，属性_MainTex也表示的是纹理的类型。

接下来输入定义的代码构造。

```
Struct Input{
float2 uv_MainTex
};
```

这个显示的是纹理的坐标，用float2来进行定义。因为是U和V的二次元坐标，所以设置为float2。UV的后面是Properties { } 中显示的纹理变量名MainTex，由于变量名前添加了uv，能够自动地适用材料的纹理坐标（Tiling和Offset）。简单来说，纹理的UV值写作uv_Hogetex，也就是在前面加上uv。

（D）处记述如下所示。

```
half _Glossiness;
half _Metallic;
fixed4 _Color;
```

表示圆滑度的_Glossiness属性用half型显示，同样地，表示金属度的_Metallic属性也用half型表示。由于它们没有纹理坐标颜色，因此都可以用half型来显示。接下来_Color属性用表示颜色的“RGBA”四个颜色的fixed4来显示。它们的Inspector内容请参照图35-8。前面也已经讲过了，使用Properties中显示的属性名称时，一定要再次用恢复值的类型名称来显示一次。（C）中的_MainText也显示的是sampler2D这一类型，它们可以在surf()函数中使用。

▼列表35-4 函数

```
void surf (Input IN, Inout SurfaceOutputStandard o) {
    fixed4 c = tex2D (_MainTex, IN.uv_MainTex) * _Color;
    o.Albedo = c.rgb;
    o.Metallic = _Metallic;
    o.Smoothness = _Glossiness;
    o.Alpha = c.a;
}
```

在列表35-4的surf()函数中加入了从Unity传递的着色器参数（属性变量等）构造。输出表面着色器的输出构造体SurfaceOutputStandard中的内容，Surface-OutputStandard是根据Unity的版本提前定义好的。在Unity当中是按如下进行定义的，如列表35-5所示。

▼列表35-5 SurfaceOutputStandard构造体

```
struct SurfaceOutput
{
    fixed3 Albedo; // 漫反射颜色
    fixed3 Normal; // 写入切线空间法线
    fixed3 Emission;
    half Specular; // 0..1 范围内薄片能量
    fixed Gloss; // 薄片强度
    fixed Alpha; // 透明度Alpha
};
```

我们再看看列表35-4的代码，在surf()函数中有Input这样一个记述。从Input构造体中传输的信息用IN这个名字来读取，名字不是IN也没有任何问题（Hennsuu也可以，MyValue也没有关系），但是默认显示为IN，保留即可。

首先，使用纹理功能需要呼出Tex2D()函数菜单。Tex2D()函数计算UV坐标（uv_MainTex）当中纹理（_MainTex）上的像素。对_MainTextl以及_Color进行乘算，然后将fixed型的参数C带入进去。在Inspector当中调整纹理的亮度及色彩。然后，作为最后的色彩构成，在o.Albedo的C当中带入RGB，记述如下。

```
o.Albedo = C.Rgb;
```

o和刚才的IN一样，是将作为最后构成的Surface-OutputStandard写作o进行表示。接下来选择适用于Albedo的颜色，所谓Albedo（A）表示的是“从外面射进来的光的反射率”，和Diffuse（扩散）是相同的意思。

o.Metallic和o.Smoothness可以和属性变量直接进行连接。属性_Glossiness及_Metallic是Range型，所以在Inspector面板中可以使用滑块进行调节。

需要注意的是，在Properties当中不要定义_Glossiness，只需要定义_Metallic即可。对象物体不会显示出光泽，想要显示光泽的话需要将它们一起使用。

连接不上o.Alpha中的C值（纹理和颜色文件整合成的值），因为它是不透明着色器，放什么进去都不会有特别的变化。

```
o.Alpha = 1
```

根据下述代码为其赋值就解决上述问题。此外，还没有连接的项目会自动使用默认值。

最后有这样一个记述。

```
Fallback"Diffuse"
```

代码结构如下。

```
Fallback"防滑着色器名称"
```

所谓“防滑”，指的是如果Subshader当中记述的着色器程序没有显卡支持的话，就会使用Unity的漫反射Diffuse。在这里深入追究的话会很复杂，初学者不用了解这么多，只需要记住记述Fallback Diffuse即可。着色器程序的记述当中有“决定性事物”和“像这样写就好了”的记述。在这样的情况下什么也不用多想，直接遵照着做能够帮助你更好地理解。一定要在Visual Studio中进行创建。

Materials文件夹的Standard Surface Material中的着色器已经连接，打开Material的Inspector面板，单击Color旁边显示的白色色块，打开颜色选择器对话框，请选择适当的颜色，这里选择了黄色。

接下来，在Inspector面板中的Smoothness处指定默认值0.5，此处需要注意如果这里的值是0的话就不会被金属化。将Properties的初始值指定为0.5，将Metallic设置为1。然后，一个拥有黄金色光泽的金属Material就制作完成了，如图35-11所示。

将金色的金属Material配置到图35-5当中，拖放到场景中左侧的3D人物（Ethan）上，如图35-12所示。Game画面中的3D人物全身都显示着金属的金色。

▼图35-11 有光泽的金属Material制作完成

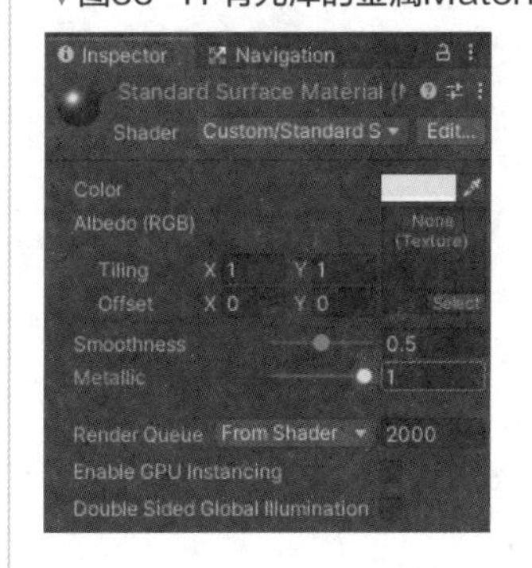

▼图35-12 在3D人物的一侧使用Standard Shader Material

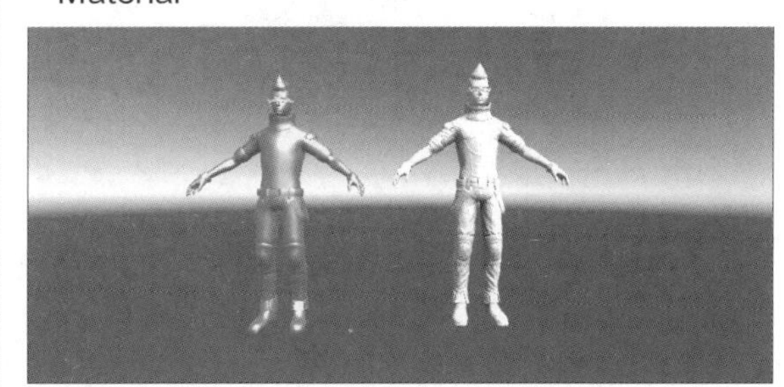

秘技 283 如何应用不能带来光泽的着色器

扫码看视频

对应 2019 2021

难易程度 ●●

使用Properties中指定的属性名称时，需要再次显示它的类型。这里讲解的是创建完全没有光泽的3D人物着色器，如图35-13所示。只需要使用在秘技282当中创建的一部分着色器，便可以完成。

秘技281的Shaders文件夹当中创建一个Standard Nonmetallic Shader着色器。在Materials文件夹中创建Standard Nonmetallic Shader。双击创建完成的Standard Nonmetallic Shader，启动Visual Studio，着色器的代码会被显示。

代码与秘技281的列表35-1完全相同。将代码按照列表35-6进行修改。

▼图35-13 没有光泽的3D人物

▼列表35-6　修改完成的Standard Nonmetallic Shader代码（蓝色字就是修改后的地方）

```
Shader "Custom/Standard NonMetallic Sahder" {
    Properties {
        _Color ("Color", Color) = (1,1,1,1)
        _AmbientColor("Ambient Color", Color) = (1,1,1,1) ····························· (A)
        _MySliderValue("This is a Slider", Range(0,10)) = 2.5·························· (B)
    }
```

```
    SubShader {
        Tags { "RenderType"="Opaque" }
        LOD 200

        CGPROGRAM
        #pragma surface surf Standard fullforwardshadows
        #pragma target 3.0

        sampler2D _MainTex;

        struct Input {
            float2 uv_MainTex;
        };
        half _Glossiness;
        fixed4 _AmbientColor; ········································ (C)
        float _MySliderValue; ········································ (D)

        void surf (Input IN, inout SurfaceOutputStandard o) {··········· (E)
            o.Albedo = fixed3(0,1.0,0); ······························ (E)
        }············································································ (E)
        ENDCG
    }
    FallBack "Diffuse"
}
```

首先是Properties的（A）。

```
_Ambientcolor("Ambient Color",Color = (1,1,1,1)
```

这是_Ambientcolor的属性变量名称，在Inspector面板中Amibient Color的白色色块处可以选择颜色。其他的颜色等（环境光）在这里虽然没有直接的关系，也请参考一下它是怎样进行显示的。

接下来在（B）的Inspector面板中显示This Is A Slider，0~10范围的滑块会被显示，初始值是2.5。

```
_MySliderValue(This Is A Slider,Range(0,10) = 2.5
```

这个和本秘技也没有直接的关系，请参考在Inspector中如何显示的即可。

（C）当中的_Amibientcolor属性显示为float型。这里可以用滑块进行调整。

```
fixed4 _AmibientColor
```

现在我们都明白，在Properties中指定属性名称时，需要再次显示它的类型。显示普通型属性，虽然要在surf()函数当中使用，这里将对着色器基本的写法和表示方法进行解说，但在surf()函数中仅在o.Albedo处指定了绿色，显示类型属性也没有使用。

在（E）当中定义了Surf()函数。

```
void surf (Input IN, inout SurfaceOutputStandard o)
{
    o.Albedo = fixed3(0,1.0,0);
}
```

surf()函数中的o.Albedo可以直接指定颜色。（0, 1.0, 0）是R、G、B的值，用绿色表示。为了将三原色的颜色值带入到Albedo当中，将它设置为fixed。

这里最重要的部分就是surf()函数，在o.Albedo中只需指定Green即可。然后查看在Inspector面板当中是如何显示的，是不是非常简单易懂呢?

Material中Inspector的显示如图35-14所示。

▼图35-14 Standard Nonmetallic Material的Inspector面板

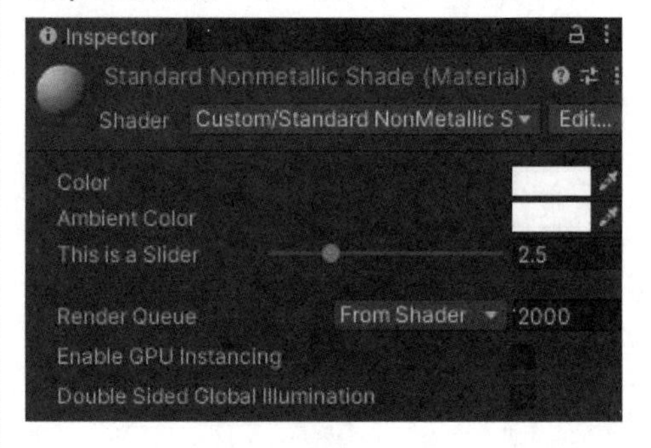

由于在Albedo中直接指定Green，所以即使再使用Color选择颜色，也不会显示其他颜色。让Inspector面板显示选中的颜色，需要参照秘技282中的列表35-2所记述的方法。此外，使用Amibient Color选择颜色，移动This is a Slider的滑块也不产生任何变化，可以将它们视为显示的事例。

将Standard Nonmetallic Material用到场景中的3D人物上，Game视图如图35-15所示。可以看到画面上仅显示绿色，并且完全没有金属光泽。

秘技 284

如何给对象添加阴影

对应 2019 2021

难易程度 ●●●

在surf()函数中，照明模型指定为Lambert。

这里讲解如何使用Inspector面板改变3D人物的颜色，设置纹理、透明度以及使其发光。各个处理都需要创建一个着色器，使用简短的代码可以更好地理解。首先创建Inspector面板中使3D人物颜色改变的着色器。人物颜色的指定方法与秘技280相似。在秘技283，直接使用着色器进行着色，本秘技介绍设置选色器选色。

▼图35-15 给3D人物上色

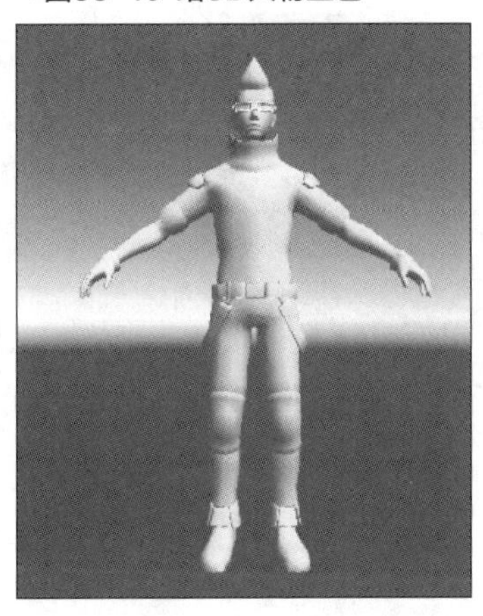

选中秘技281中创建的Shaders文件夹，单击鼠标右键，从快捷菜单当中选择Create→Shader→ Standard Surface Shader命令，将新创建的Shader命名为Add-ColorShader。

然后同样地选中秘技281中创建的Materials文件夹，单击鼠标右键从快捷菜单中选择Create→Material命令，将新创建的Material命名为Addcolormaterial。

将秘技281中导入的Ethan配置一个到场景中。调整相机和Ethan的位置，如图35-16所示。

▼图35-16 在场景中配置一个Ethan

选择刚才创建的Material文件中的Addcolormaterial并显示出Inspector。将刚才创建的AddColorShader作为Custom/AddColorShader，并将它连接到Shader位置。通常作为Standard Surface Shader创建完成的着色器都命名为Custom这样的组名。

先检查一下刚才创建的AddColorShader的内容。AddColorShader的内容与秘技281中列表35-1的内容完全一致。后面会多次创建着色器，内容与秘技281中的列表35-1几乎相同。只需以列表35-1为基础，写出Inspector中使颜色改变的着色器代码。与系统默认创建的秘技281中的列表35-1相比，这个内容更加简单。改变颜色的着色器如列表35-7所示。

▼列表35-7　AddColorShader代码

```
Shader "Custom/AddColorShader" {
    Properties{ ·································· (A)
        _Color("Diffuse Color", Color) = (1,1,1,1)
    } ·············································· (A)
    SubShader{
        Tags{ "RenderType" = "Opaque" }
        CGPROGRAM
        #pragma surface surf Lambert ·············· (B)
        struct Input { ···························· (C)
            float4 Dummy;
        }; ········································· (C)
        float4 _Color; ···························· (D)
        void surf(Input IN, inout SurfaceOutput o) { ··· (E)
            o.Albedo = _Color.rgb;
        } ·········································· (E)
        ENDCG
    }
    FallBack "Diffuse"
}
```

在（A）Properties当中定义了_Color，在Inspector面板中显示Diffuse Color，并显示出着色器的白色色块。

在（B）surf()函数中，照明模型指定了Lambert。Lambert表示朗伯反射，是一种通过扩散反射光阴影让对象物体看起来立体的表现手法。由于在照明模型处指定了Lambert，因此将surf()函数指定为Inout Surface-Output o，注意不是SurfaceOutputStandard（参照秘技283）。

（C）的Input构造体原本可以不需要使用，但是记述中没有的话会出现错误内容指定。

（D）中记述了下列内容。

```
float4 _Color
```

为了能在surf()函数中使用，属性名称_Color写为Float4（R,G,B,A）型。

在（E）surf()函数中输入属性变量和Input构造体的定义，输出表面着色器的输出构造体SurfaceOutput内容。现在已经指定了SurfaceOutputStandard，这里需要指定SurfaceOutput，它主要用于记述表面属性（反射率、颜色和法线等）。SurfaceOutput内容是根据Unity版本预先定义好的，在Unity 2019.1中是如下进行定义的。

```
struct SurfaceOutput
{
fixed3 Albedo;//漫反射颜色
fixed3 Normal;/写入切线空间法线
fixed3 Emission;
half Specular;//0..1 范围内薄片能量
fixed Gloss;//薄片强度
fixed Alpha;//透明度Alpha
```

o.Albedo带入值更改为_Color.Rgb，这样一来着色器选择的颜色会反映到Diffuse Color（扩散色）中。

选择Addcolormaterial，显示出Inspector面板后，会出现Diffuse Color色块，单击后显示着色器并选择绿色，如图35-17所示。

笔者这里选择了黄绿色，请各自确认好颜色后再进行选择。

▼图35-17 在Diffuse Color选色器中选择黄绿色

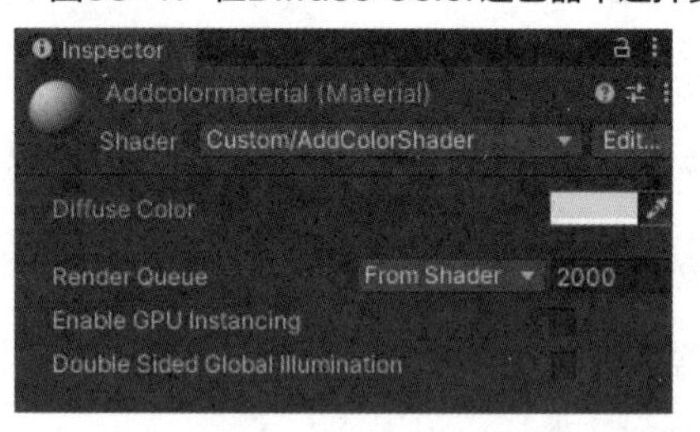

将反映这个黄绿色的材质拖放到场景中3D人物上，如上页图35-15所示。图像上有影子，因此变得有立体感。这是因为（B）中指定了#pragma surface surf Lambert。

```
#pragma surface surf Lambert
```

秘技

285 如何通过Shader指定纹理

扫码看视频

对应 2019 2021

难易程度 ●●●

Properties中记述了_Mytexture（“Select Texture”，2D）= “White{ }”，指定Texture创建纹理非常重要。这里需要创建能在Inspector面板中指定颜色的着色器。首先来看一下效果图，如下页图35-18所示。

▼图35-18 使用了纹理的3D人物

在Shader文件夹中创建名为TextureShader的着色器，在Materials文件夹中创建Texturematerial。和前面一样的，双击Shaders文件夹中的Texture-Shader后，启动Visual Studio，替换为列表35-8中的代码。

▼列表35-8　TextureShader的代码

```
Shader "Custom/TextureShader" {
    Properties { ········································ (A)
        _MyTexture("Select Texture",2D) = "White"{}
    } ··················································· (A)
    SubShader {
        Tags { "RenderType"="Opaque" }
        CGPROGRAM
        #pragma surface surf Lambert
        sampler2D _MyTexture; ··························· (B)
        struct Input { ·································· (C)
            float2 uv_MyTexture;
        }; ·············································· (C)
        void surf (Input IN, inout SurfaceOutput o) { ··· (D)
            o.Albedo = tex2D(_MyTexture,IN.uv_MyTexture).rgb; ··· (D)
        } ··············································· (D)
        ENDCG
    }
    FallBack "Diffuse"
}
```

代码与列表35-7几乎一样，下面介绍几个重要的代码的含义。

（A）Properties记述了如下内容。

```
_MyTexture("Select Texture", 2D) = "White" { }
```

2D（纹理显示）作为变量类型，表示在Inspector面板中显示Select Texture。

（B）记述了如下内容。

```
Sampler2D _MyTexture;
```

表示在属性中接收的数据适用于surf()函数。2D纹理则指定sampler2d。

（C）显示了Input构造体。

```
Struct Input{
  float2 uv_MyTexture;
};
```

这里的属性发生了变化，写为_MyTexture。在属性名称_MyTexture前面加了uv，表示可以将自动使用材料的纹理坐标（Tiling和Offset）加入到UV坐标中。在类似纹理的UV值uv_Hoge Tex前面加上uv。

（D）定义普通的surf()函数，记述了如下内容。

```
o.Albedo = tex2D(_MyTexture, IN, uv_MyTexture).rgb;
```

使用tex2D()函数，通过UV坐标（uv_MyTexture）计算纹理（MyTexture）中的像素颜色，然后传输到o.Albedo当中。这样就完成了纹理粘贴。

选择Materials当中的Texturematerial，可见Custom/TextureShader已经连接在一起了，如图35-19所示。

▼图35-19　Texturematerial的Inspector面板

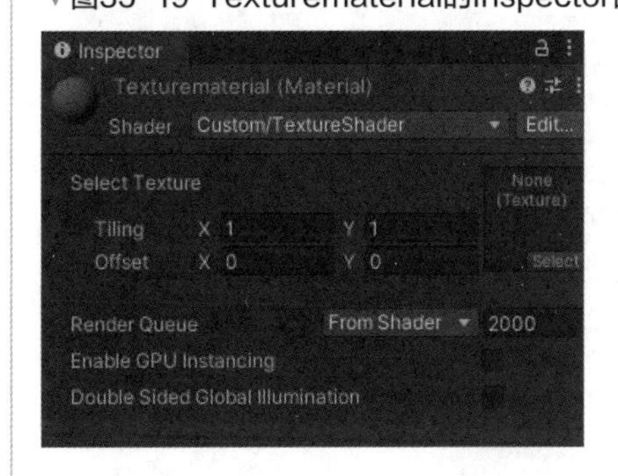

目前没有可以使用的纹理，从Asset Store中导入适当的纹理，此处导入Yughues Free Metalmaterials。导入之后在Unity中显示各个纹理，选择合适的纹理即可，如图35-20所示。

下面配置人物，将导入的Ethan配置到场景中，适当调整人物的位置，然后将Texturematerial拖到人物上，即可得到上页图35-18的效果。

▼图35-20 选择纹理

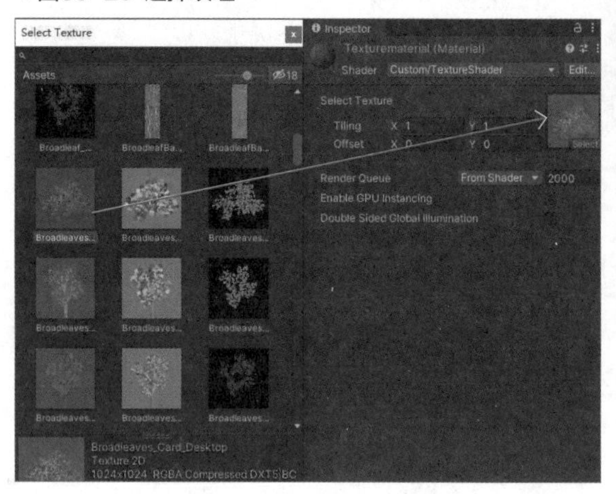

秘技 286 如何设置透明度

扫码看视频

对应 2019 2021

难易程度 ●●●

在#pragma指示的记述当中，有#pragma surface surf Lambert alpha这样的代码，设置透明度需要在Lambert后加上alpha。首先来看一下效果图，如图35-21所示。

在Shaders文件夹中创建名为TransparentShader的着色器。在Materials文件夹中创建名为Transparent-material的材质。和之前一样双击Shaders文件夹中的TransparentShader，启动Visual Studio，按照列表35-9进行代码替换。

▼图35-21 设置了透明度的3D人物

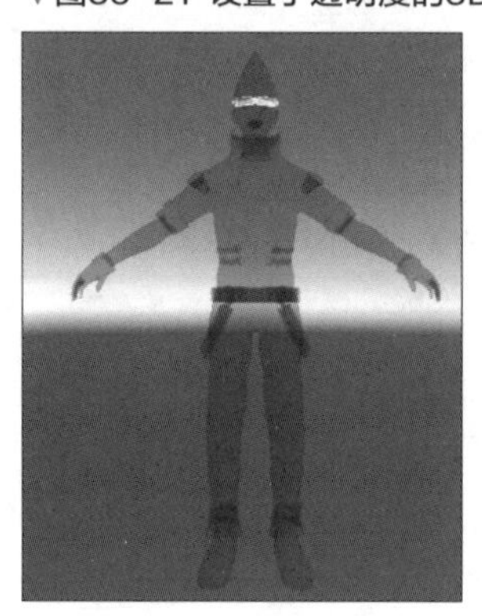

▼列表35-9　TransparentShader的代码

```
Shader "Custom/TransparentShader" {
    Properties {
        _MyTexture ("Select Texture", 2D) = "white" {}
        _MyAlpha("Alpha",Range(0,1))=1 ······················ (A)
    }
    SubShader {
        Tags {"Queue"="Transparent" "RenderType"="Opaque" } ······ (B)
        CGPROGRAM
        #pragma surface surf Lambert alpha····················· (C)
        sampler2D _MyTexture;
        float _MyAlpha; ······································ (D)

        struct Input {
            float2 uv_MyTexture;
        };

        void surf (Input IN, inout SurfaceOutput o) { ··········· (E)
            o.Albedo = tex2D(_MyTexture,IN.uv_MyTexture).rgb* _MyAlpha; ···· (E)
            o.Alpha = _MyAlpha; ·································· (E)
```

```
        } ········································································· (E)
        ENDCG
    }
    FallBack "Diffuse"
}
```

蓝色字体是更改后的代码，此处只对其中标记的几处代码进行讲解。

首先，Properties中的（A）记述了如下内容。

```
_MyAlpha("Alpha", Range(0, 1) = 1
```

Range类型0～1用滑块表示，所以Alpha的值可以用滑块选择。

（B）中的Tags和之前稍微有点区别。

```
Tags{ "Queue" = "Transparent""RenderType" = "Opaque" }
```

只需记住，在设置透明度时Tags这样书写即可。

（C）#pragma指示的记述也与之前稍有不同。

```
#pragma surface surf Lambert alpha
```

设置透明度时，若Lambert后面没有添加alpha，则对象物体不能被透明化。

（D）中记述了如下内容

```
float.MyAlpha;
```

这里的float显示了变量名称，一定注意在属性定义以后再使用变量名称。在属性中读取的数据被用到surf()函数中。

（E）surf()函数如下所述。

```
o.Alpha = tex2D(_Mytexture, IN, uv_MyTexture).rgb*_
MyAlpha;
o.Alpha = _MyAlpha;
```

纹理颜色随着透明度上升变得不透明，将选择的纹理乘以MyAlpha值。

在输出透明度的o.Alpha中指定_MyAlpha（通过滑块指定的Alpha值）。

选择Materials中的Transparentmaterial，Custom/TransparentShader已经被连接起来了，Inspector面板如图35-22所示。

▼图35-22 Transparentmaterial的Inspector

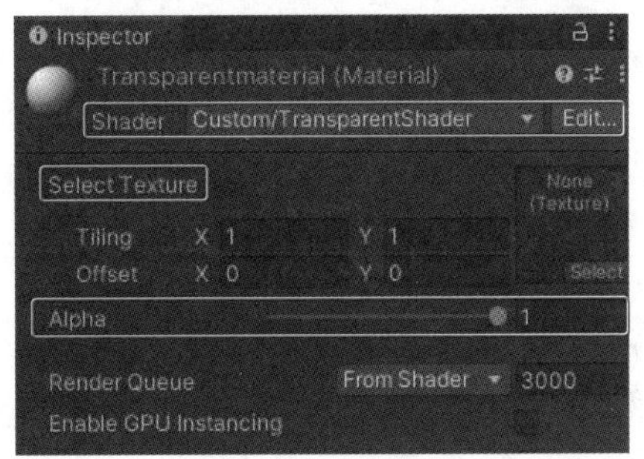

单击Select按钮，选择合适的纹理配置到场景中的3D人物上，将Transparentmaterial适配进去。适配后，移动图35-22的Alpha滑块即可进行透明化设置，效果如上页图35-21所示。

秘技 287

如何设置使物体发光的着色器

扫码看视频

对应 2019 2021

难易程度 ●●●

在surf()函数中，将发光色o.Emission指定为_MyEmissionColor这个属性名称，可以从Inspector面板中选择颜色进行设置。首先来看一下效果图，如图35-23所示。

和前面一样，在Shaders文件夹中创建名为EmissionShader的着色器。然后在Materials文件夹中创建名为Emissionmaterial的材质。双击Shaders文件中的EmissionShader，启动Visual Studio，按照下页列表35-10进行代码替换。

▼图35-23 3D人物在发光

▼列表35-10　EmissionShader的代码

```
Shader "Custom/EmissionShader" {
    Properties{
        _Color("Diffuse Color", Color) = (1,1,1,1)
        _MyEmissionColor("Emission Color",Color) = (0,0,0,0) ……………… (A)
    }
    SubShader{
        Tags { "RenderType" = "Opaque" }
        CGPROGRAM
        #pragma surface surf Lambert
        float4 _Color;
        float4 _MyEmissionColor; ……………… (B)

        struct Input { ……………… (C)
            float2 Dummy;
        };

        void surf (Input IN, inout SurfaceOutput o) { ……………… (D)
            o.Albedo = _Color; ……………… (D)
            o.Emission = _MyEmissionColor; ……………… (D)
        }……………… (D)
        ENDCG
    }
    FallBack "Diffuse"
}
```

蓝色字体是更改后的代码，此处只对其中标记的几处代码进行讲解。

首先，Properties中的（A）记述了如下内容。

```
_MyEmissionColor("Emission Color",Color) = (0, 0, 0, 0)
```

这是控制表面放出光芒的颜色和强度的属性代码，初始颜色是Black。

（B）记述了如下内容。

```
float4 _MyEmissionColor
```

Emission（表面放出的光的颜色和强度）有R、G、B、A四个颜色，用float4型来显示。在指定属性名称时一定要注意属性类型。在属性中读取的数据会用到surf()函数中。

（C）Input构造体在这里不会使用到，但是不记述的话会出现错误，这里设置一个假的替换值即可。

（D）surf()函数记述如下内容。

```
o.Albedo = _Color；
o.Emission = _MyEmissionColor；
```

定义基础颜色o.Albedo的_Color属性名，设置Inspector面板中选择的颜色。发光色o.Emission指定属性名为MyEmissionColor，设置Inspector面板中选择的颜色。

选择Materials当中的Emissionmaterial，Custom/EmissionShader已经连接到了一起，Inspector面板如图35-24所示。

▼图35-24 Emissionmaterial的Inspector面板

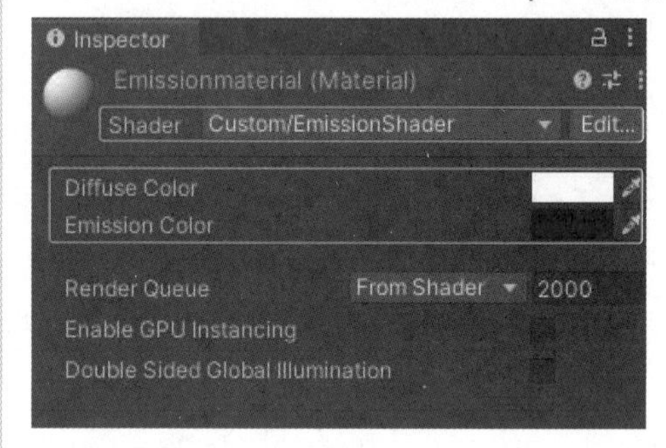

在选色器中选择的颜色如图35-25所示。

▼图35-25 指定Diffuse Color和Emission Color

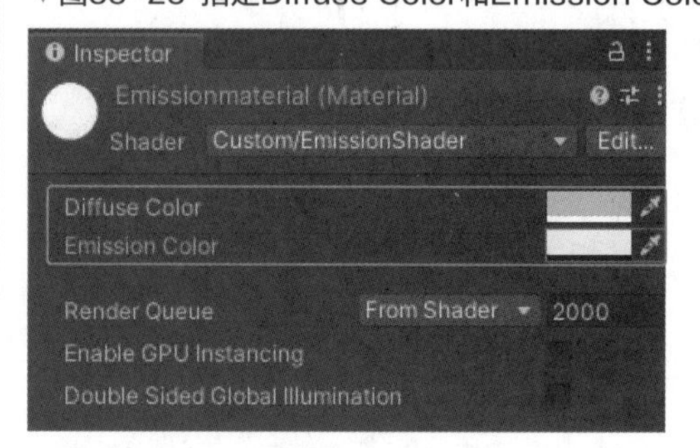

在场景上配置3D人物，将Emissionmaterial适配进去后效果如上页图35-23所示。可以看到周围的Emission Color在发光。

秘技 288

如何利用法线贴图添加凹凸图案

扫码看视频

对应 2019 2021

难易程度 ●●●

本秘技的要点是列表35-11中的（E）o.Normal=UnpackNormal（tex2D（_MainTex,IN,uv_MainTex）；使用纹理效果需要呼出tex2D()函数，UnpackNormal()函数编入使纹理贴图化。

使用UnpackNormal()函数得到正确的法线信息，可以计算漫散（扩散）和镜面反射（镜面），得到凹凸效果。o.Normal可以指定通过UnpackNormal()函数取得的法线信息，显示出SurfaceOutput定义的法线。

这里使用法线贴图显示对象物体（3D人物）的外观。法线贴图是凹凸图的一种，它们是特殊的纹理，可以抓捕光线添加到模型之中制作出凹凸、凹槽、划痕等效果。凹凸纹理（Bump Mapping）一般是根据法线贴图将类似凹凸处制作出凹凸效果的一种照明技巧。先来看一下人物的效果，如图35-26所示。

将创建的Shader命名为NormalMapShader，将Material命名为NormalMapMaterial。将一个Ethan配置到场景中，调整相机和Ethan的位置。选择Normal-MapMaterial，显示出Inspector面板。Shader中刚才创建完成的NormalMapShader作为Custom/Normal-Shader被连接起来了。通常Standard Surface Shader创建的Shader都会显示为Custom组别名称。

▼图35-26 3D人物的表面凹凸效果模型

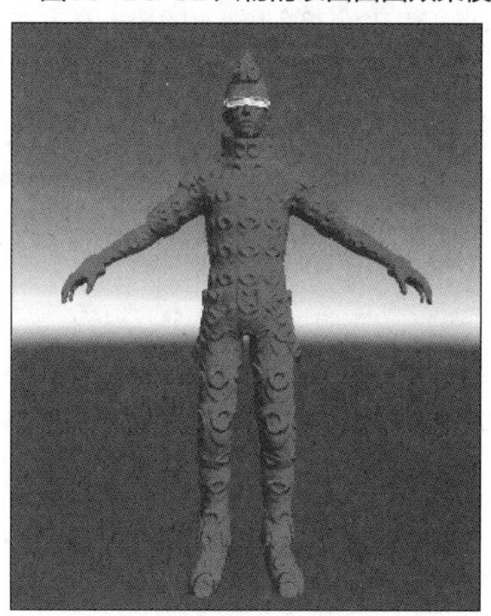

确认一下这里创建的NormalMapShader内容。NormalMapShader的内容与前面记述的代码一致，将此代码按照列表35-11进行更改。

▼列表35-11　NormalMapShader代码

```
Shader "Custom/NormalMapShader" {
    Properties{ ······························ (A)
        _MainTex("Bump", 2D) = "White"{}
    } ········································ (A)
    SubShader{
        Tags{ "RenderType" = "Opaque"}
        CGPROGRAM
        #pragma surface surf Lambert ············ (B)

        struct Input { ························· (C)
            float2 uv_MainTex;
        }; ···································· (C)
        sampler2D _MainTex ····················· (D)

        void surf(Input IN, inout SurfaceOutput o) { ··· (E)
            o.Albedo = fixed3(1.0, 0.1, 1.0);
            o.Normal = UnpackNormal(tex2D(_MainTex, IN.uv_MainTex));
        } ····································· (E)
        ENDCG
    }
    FallBack "Diffuse"
}
```

（A）Properties中的代码，在Inspector面板中显示Bump，将变量类型更改为2D并选择纹理。

（B）中的surf()函数在照明模型选择中指定Lam-bert。Lambert表示朗伯反射，是通过扩散反射光调整影子来使对象物体看起来更加立体的一种表现手法。指定了Lambert后，将surf()函数中的SurfaceOutput构造体指定为自变量。

（C）Input构造体记述了如下内容。

```
float2 uv_MainTex;
```

定义显示纹理坐标的float2，u和v是二维坐标，所以定义为float2。uv后面的Properties{ }中添加了纹理的变量名称_MainTex，有了这个就可以使用UV功能来实现纹理粘贴。

UV坐标也叫作纹理坐标。在模型的顶点坐标中，需要描绘的纹理部分值（UV坐标）显示为0～1。在属性名称_MainTex前添加了uv，表示可以自动启用材料的纹理坐标设置（Tiling和Offset），并加入到UV坐标中。简单来说，纹理的uv值类似uv_HogeTex这样，前面会添加uv_来表示。

（D）记述了如下内容。

```
sampler2D _MainTex;
```

sampler2D表示纹理的类型（2D），因此，属性_MainTex表示的是纹理的类型。在该属性中收到的信息会被应用到surf()函数中进行定义。

（E）surf()函数记述了如下内容。

```
o.Albedo = Fixed(1.0, 0.1, 1.0);
o.Normal = UnpackNormal(tex2D(_MainTex, IN, uv_
MainTex);
```

Albedo不可以在Inspector面板中设置，这里指定固定的“品红”色。由于是RGB的三原色，所以这里指定为fixed3。

接下来，呼出text2D菜单使用纹理，通过UV坐标（uv_MainTex）计算纹理_MainTex中的像素颜色，使用编入UnpackNormal()函数使纹理贴图化。

打开NormalMapMaterial的Inspector面板，Custom/NormalMapShader已经被连接起来了，会出现一个纹理选择栏。颜色固定为品红色显示，如图35-27所示。在Photoshop等软件中制作出图35-28中的图像。尺寸为普通尺寸（这里是300×300）即可，创建为BMP文件，将它命名为Texture.Bmp。

将这个文件拖动到Assets文件夹中，显示出Assets文件夹中读取的Texture.Bmp的Inspector面板，在Texture Type处指定Normal Map。接下来勾选Create from Grayscale复选框，如图35-29所示。

▼图35-27 NormalMapMaterial的Inspector

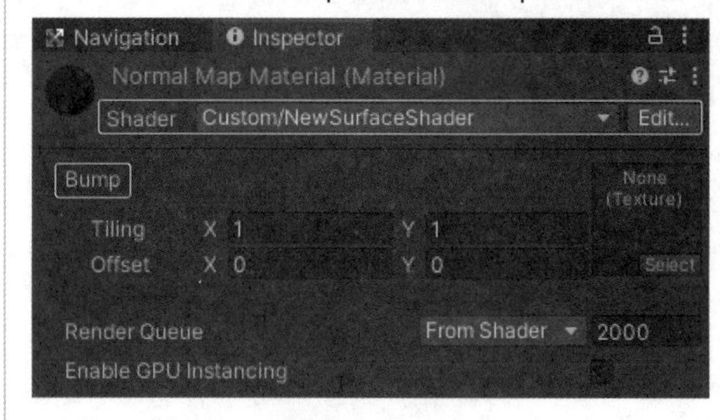

▼图35-28 用于纹理的图像

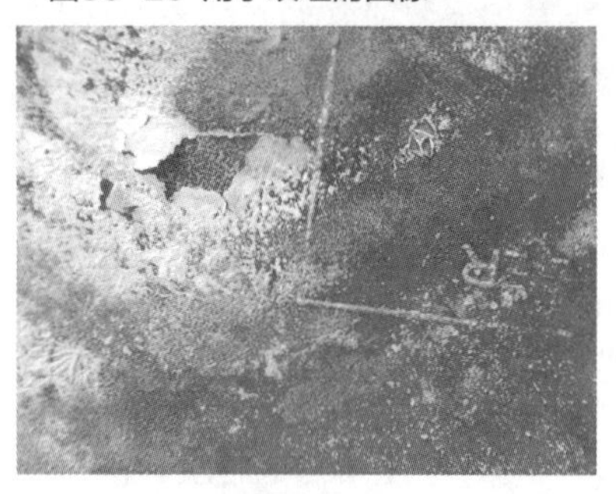

▼图35-29 选择Texture Type，勾选Create from Grayscale复选框

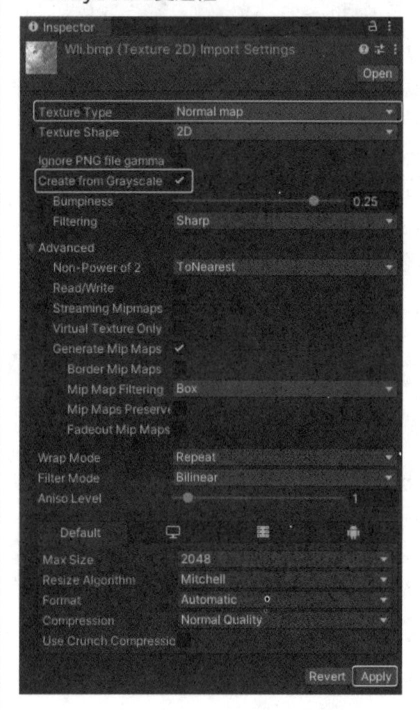

单击图35-29右下角的Apply按钮，图35-29当中已经应用了灰色。再次打开NormalMapMaterial的Inspector面板并选择Texture，将Tiling的*X*指定为20，将*Y*指定为15，如下页图35-30所示。这里保持默认值的话，花纹不会流畅地显示。刚才通过Photoshop

制作的Bmp图像已经可以作为纹理选择。将这个材质用于场景中的3D人物，如图35-31所示。

▼图35-30 在NormalMapMaterial的Inspector中选择纹理

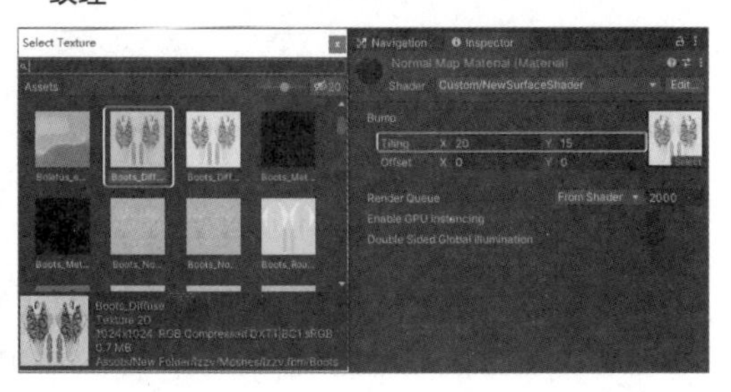

▼图35-31 在3D人物表面张贴了凹凸纹理

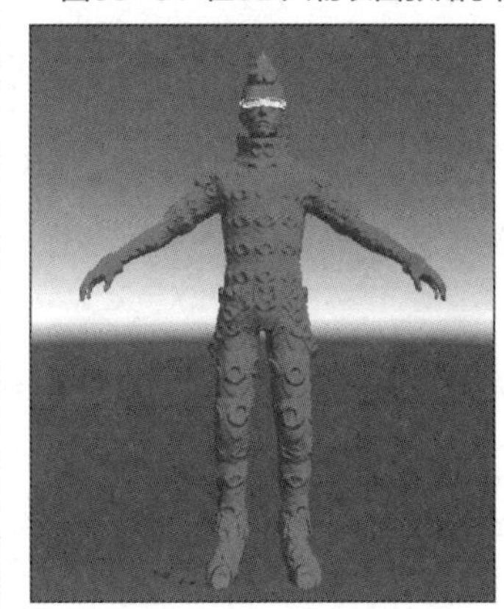

秘技

289 什么是边缘光

扫码看视频

对应 2019 2021

难易程度 ●●●

本秘技将有点难度，使用的边缘光是强调3D模型的轮廓，并且中心有半透明感的着色器。人物效果如图35-32所示。

▼图35-32 着色器实际安装处理后的效果

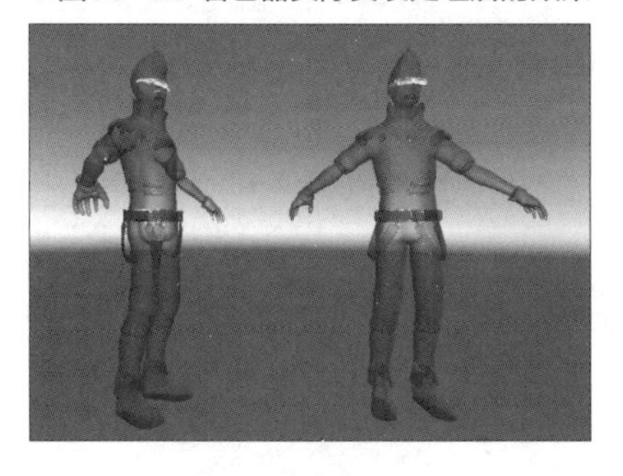

创建一个新的Shader，命名为RimlightingShader，同样，创建一个新的Material，命名为Rimlightingmaterial。在场景中配置两个Ethan，调整相机和Ethan的位置。在刚才创建完成的文件夹Materials中选择Rimlightingmaterial，显示Inspector面板。刚刚在Shader的位置中创建的RimlightingShader已经作为Custom/RimlightingShader被连接起来了。

通常使用Standard Surface Shader创建的Shader都会以Custom这样的组名来表示。

现在确认刚才创建的RimlightingShader内容。它的内容与前面记述的Standard Surface Shader代码相同。将代码按照列表35-12进行更改。

▼列表35-12　RimlightingShader代码

```
Shader "Custom/RimlightingShader" {
    Properties{
        _Color("Color", Color) = (1,1,1,1)
        _MainTex("Albedo (RGB)", 2D) = "white" {}
        _DotProduct("Rim effect", Range(-1,1)) = 0.25 ·························· (A)
    }
    SubShader{
        Tags{
            "Queue" = "Transparent"
            "RenderType" = "Transparent"
        }
        LOD 200
        Cull Off ·························· (B)
        CGPROGRAM
        #pragma surface surf Lambert alpha:fade ·························· (C)
        sampler2D _MainTex;
        fixed4 _Color;
        float _DotProduct;
```

```
        struct Input { ·································································· (D)
            float2 uv_MainTex;
            float3 worldNormal;
            float3 viewDir;
        }; ······································································ (D)

        void surf(Input IN, inout SurfaceOutput o) { ····································· (E)
            float4 c = tex2D(_MainTex, IN.uv_MainTex) * _Color;
            o.Albedo = c.rgb;
            float border = 1 - (abs(dot(IN.viewDir, IN.worldNormal))); ······················ (F)
            float alpha = (border * (1 - _DotProduct) + _DotProduct); ························ (F)
            o.Alpha = c.a * alpha; ·························································· (G)
        }·········································································· (E)
        ENDCG
    }
    FallBack "Diffuse"
}
```

在Properties当中有Inspector面板里显示的项目名称和类型。

（A）记述了如下内容。

```
_DotProduct("Rim Effect", Range(-1, 1) = 0.25
```

属性变量名为_Dotproduct，在Inspector中显示为Rim Effect，变量的类型使用具有限制范围的滑块Range表示，设置值为0.25。

（B）记述了如下内容。

```
Cull Off
```

它可以根据使用的对象物体类型，显示对象物体的内部状况。在这种情况下，为了保证模型的背面不会被删除，需要添加Cull Off。

（C）记述了如下内容。

```
#pragma surface surf Lambert alpha：fade
```

在这个着色器中，可以非常简单轻松地使用朗伯反射。另外，将拥有Alpha.Fade的透明着色器传输到Cg当中。原本的#pragma代码书写如下所示。

```
#pragma surface surfacefunction Lightmodel "Optional
Params"
```

surfacefunction是一个函数名，Unity中默认使用surf()函数。

在Lightmodel中使用Lambert。在Optional-params中可以指定很多项目，这里指定alpha.fade，它可以设置渗透性淡入/淡出。

（D）的Input构造体记述了如下内容。

```
Struct Input{
    float2 uv_MainTex；
    float3 worldNormal；
    float3 viewDir；
};
```

为了输入Unity现在的视野方向和世界法线方向，更改输入结构，需要定义各个变量的名称。在属性名称_MyTexture前面加了uv，表示将可以自动适用材料的纹理坐标（Tiling和Offset）加入到UV坐标中。简单来说，纹理的UV值类似uv_HogeTex这样，都会在前面加上uv。

这个着色器只能显示对象物体的轮廓，从其他角度观看对象物体时，它的轮廓会发生变化。从几何学来讲，模型的边缘是法线方向与现在的视野方向正交（90度）形成的所有三角形。Input构造体表示了各个worldNormal（对象物体的法线向量）和viewDir（视线向量）参数。

（E）在surf()函数中，通常会使用表面函数。

```
void surf(Input IN, Inout SurfaceOutputStandard o)
{
    /*··········*/
}
```

这个着色器将Lambertion反射作为照明函数使用，需要将表面输出构造的名称从SurfaceOutputStandard替换为SurfaceOutput，如下页列表35-13所示。

▼表35-13 surf()函数

```
void surf(Input IN, Inout SurfaceOutput o) {
    float4 c = tex2D(_MainTex, IN.uv_MainTex) * _Color;
    o.Albedo = c.rgb;
    float border = 1 - (abs(dot(IN.viewDir, IN.worldNormal)));
    float alpha = (border * (1 - _DotProduct) + _DotProduct);
    o.Alpha = c.a * alpha;
}
```

列表35-12的（F）记述了为如下内容。

```
float border = 1 - (abs(dot(IN.viewDir, IN.worldNormal)));
float alpha = (border * (1 - _DotProduct) + _DotProduct);
```

两个向量正交时的问题，需要使用Dot()函数（视线向量和法线向量的数量积）点积才能解决。需要这是两个向量正交，如果是正交则返还值为0。

使用 _DotProduct可以确认三角形完全消失时点积离0有多近。使用这个着色器的第二个方面是可以根据模型的边缘（透明）和_DotProduct（不透明）得到角度以及它们之间的缓慢变色。请参照上面的记述来进行它的线性插补处理。

（G）记述了如下内容。

```
o.Alpha = c.a*alpha;
```

纹理原始的Alpha决定最终的外观，需要加上新计算出的系数并指定Alpha。这里稍微有些难度，先将着色器用于已经配置到场景中的Sphere（球体）上，来看看它实际的效果是什么样的，如图35-33所示。

▼图35-33 在Sphere上使用Rimlightingmaterial

由图35-33可以知道Sphere的轮廓透明度很低，中央部分透明度高。轮廓部分的视线向量（相机看到的位置）和法线向量相交并且几乎垂直，中央部分近乎于平行角度，如图35-34所示。将向量相交的角度设置为透明即可，因此，（F）记述了如下内容。

```
float border = 1 - (abs(dot(IN.viewDir, IN.
worldNormal)));
```

算出点积的值，垂直相交时透明度为1，平行时透明度为0，用1减去绝对值（abs）。因此，垂直相交时为1，平行相交时为0。将这个值作为变量带入border中，平行相交时中央部分被透明化了。

▼图35-34 视线向量（viewDir）和法线向量（world-Normal）相交情况

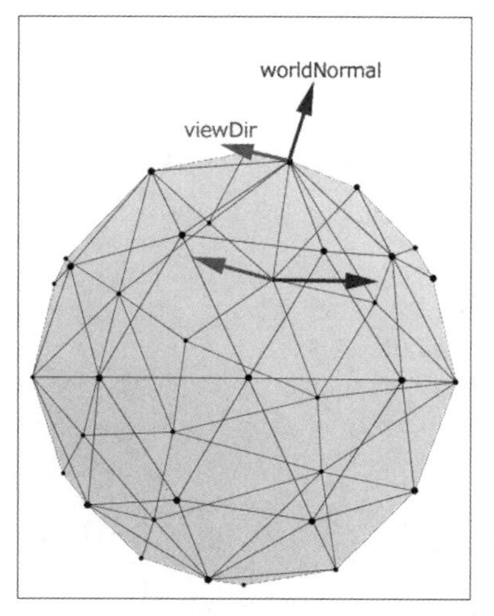

在轮廓图中，视线向量和法线向量相交接近于垂直角度时（不透明1），中央部分相交几乎接近平行角度（透明0）。

选择Materials文件夹中的RimlightingMaterial，并显示Inspector面板，如下页图35-35所示。Color选择淡蓝色，移动Rim Effect的滑块，3D人物的中央部分透明度发生变化。

▼图35-35 Rimlightingmaterial的Inspector

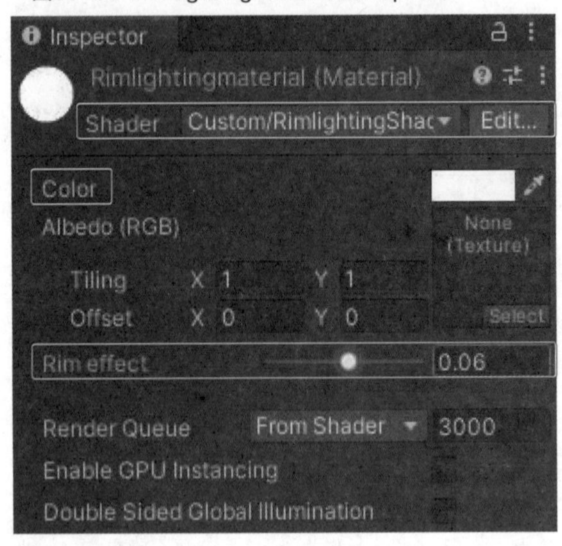

将材质拖动到图35-36的两个3D人物中，人物如同玻璃一样透明。

▼图35-36 3D人物变得如同玻璃一样透明

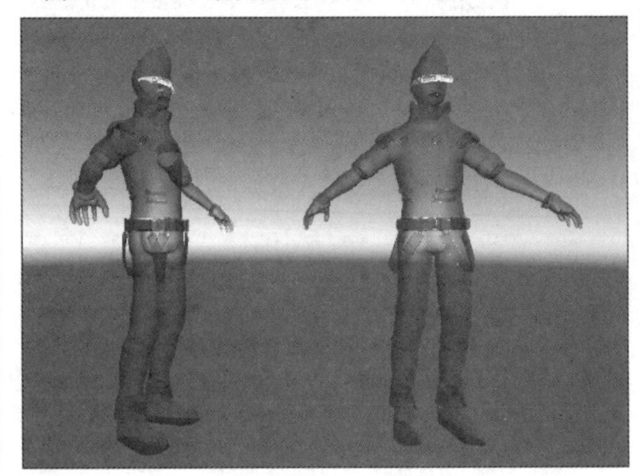

秘技 290

如何显示切片

扫码看视频

对应 2019 2021

难易程度 ●●●

surf()函数当中的要点是clip（frac（IN.wordPos.y*15）-0.5）。

本秘技介绍能够将对象物体切片（切成圆片）的着色器。Sphere（球体）和3D人物切片图像如图35-37所示。

▼图35-37 Sphere和3D人物被切片

首先，将新创建的Shader命名为SliceShader，将创建的Material命名为Slicematerial。在场景中配置一个Sphere与一个Ethan，如图35-38所示。

▼图35-38 各配置一个Sphere与Ethan

在刚才创建的Materials文件夹中选择Slicematerial，显示出Inspector面板。在Shader当中刚才创建的SliceShader已经作为Custom Surface Shader被连接起来了。通常，使用Standard Surface Shader创建的着色器都会以Custom这样的组名表示。

确认一下刚才创建完成的SliceShader内容。SliceShader中所记述的代码与之前的Standard Surface Shader一样。将代码按照下页列表35-14进行更改（关于代码，前面的章节中已经解说过的代码后面将省略解说）。

▼表35-14 SliceShader代码

```
Shader "Custom/SliceShader" {
    Properties {
        _Color("Color",Color) = (1.0,1.0,1.0,1.0)
    }
    SubShader {
        Tags {"RenderType"="Opaque"}
        Cull off
        CGPROGRAM
        #pragma surface surf Lambert

        struct Input { ········································ (A)
            float3 worldPos;
        }; ···················································· (A)
        float4 _Color;

        void surf (Input IN, inout SurfaceOutput o) { ·········· (B)
            o.Albedo = _Color;
            clip(frac(IN.worldPos.y * 15) - 0.5); ·············· (C)
        }······················································ (B)
        ENDCG
    }
    FallBack "Diffuse"
}
```

在（A）构造体当中，定义了float3型的worldPos变量，它可以得到对象物体的世界坐标位置。（B）surf()函数内容如列表35-15所示。

▼表35-15 surf函数

```
void surf (Input IN, Inout SurfaceOutput o) {
    o.Albedo = _Color;
    clip(frac(IN.worldPos.y * 15) - 0.5);
}
```

在（C）当中，IN.worldPos.y*15表示使用世界坐标乘以15，在frac()函数中指定自变量得到值的小数部分（10进数值）。也就是说，当值在大于0小于1时，会进行返还。再从中减去0.5，从-0.5再到0.5，一直重复执行。

在clip()函数中给到的值小于0时，它不会进行绘画，当值大于0时才会绘画。利用这一点来执行遮罩效果，竖向的类似于切片的形状创建完成。对IN.worldPos.y*15当中的15进行更改，便可以调整竖向的切割幅度。值越小，竖向切割的缝隙幅度越大，请自行尝试。

选中Materials文件夹中的Slicematerial并显示Inspector面板，如图35-39所示。Color选择蓝色，切片在着色器会自动执行。根据图35-39中Color的指定，Slicematerial如图35-40所示。

▼图35-39 Slicematerial的Inspector

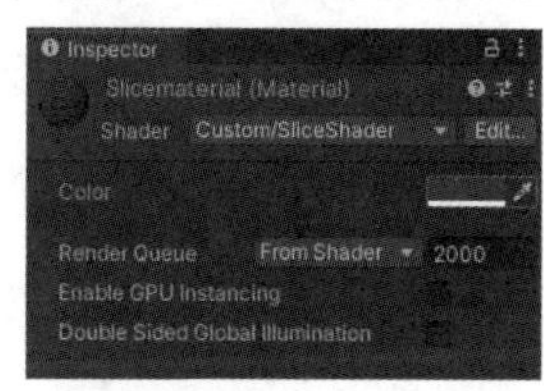

▼图35-40 Slicematerial创建完成

将图35-40的材质配置到Scene视图中，拖放到Sphere和3D人物上。切片似的条纹形状创建完成，如图35-41所示。

▼图35-41 切片似的条纹形状创建完成

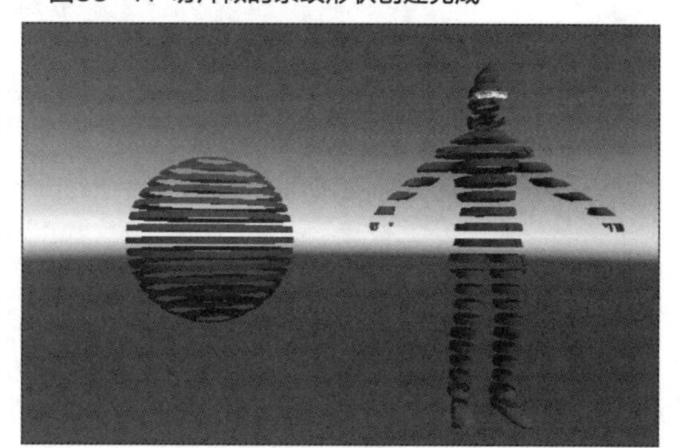

这里是之前一直使用的代码，除surf( )函数外，其他内容应该很好理解吧，重点是surf( )函数内的执行内容。

```
o.Alpha = _Color;
```

从选色器中指定颜色这个操作已经讲解了很多遍，应该没有问题了。问题在于

```
Clip(frac(IN.worldPos.y*15)-0.5);
```

能否成为代码的一部分。乘数15表示条纹的宽度。frac能够返回自变量的值的小数部分（十进数），大于0小于1时，值返回。

问题在于clip( )函数中-0.5的这个部分。前面讲解过，在clip( )函数中，给予的值小于0时，不会执行绘画。那么，不给予-0.5值会发生什么变化呢？不会形成切片，不会显示条纹形状。也就是说，不会被切片是因为绘画没有完整地进行下去。对象物体还是蓝色状态，且完整地显示着。

那么如果指定为-0.9会产生怎样的变化呢？小于0的不会执行绘画。值为-0.9时，虽然会显示条纹形状，但是显示量却极少，如图35-42所示。对象物体濒临消失状态。指定为1的话会成为透明人，只会显示出3D人物的墨镜。指定为-0.1时，条纹之间的缝隙会极其狭窄。因此指定为-0.5是尺寸最为合适的。在不知道执行之后会产生什么效果的情况下，可以试着更改指定的值来进行多次尝试，这样才能理解代码的含义。

▼图35-42 将指定的-0.5更改为-0.9

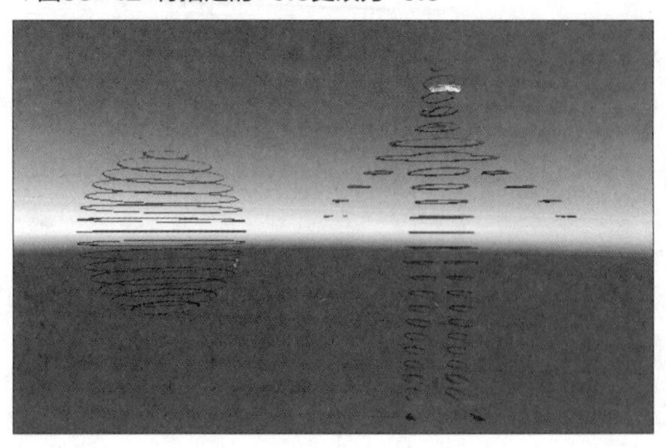